四川省气候业务技术手册

主　编：马振峰
副主编：周　斌　郭海燕

内容简介

本书系统介绍了四川省气候业务现状，涉及四川气候基本概况、气候业务所需的气候资料、资料来源、资料的质量控制和资料整编所用的算法、气候监测诊断、气候预测、重大气象灾害的评估与区划、气候服务和气候变化等内容。本书是对四川省气候中心开展的业务工作的全面总结，内容详实，实用性和针对性强，尤其对技术人员迅速抓握四川气候业务的基本内容、业务流程和技术方法具有较强的实践指导作用。

本书可供气象、地理、环境、生态、农业、林业、能源、环境、水文、建筑、旅游等相关专业从事科研和业务的技术人员参考使用，也可供相关学科的大中专院校师生学习和教学参考。

图书在版编目(CIP)数据

四川省气候业务技术手册 / 马振峰主编. — 北京 ：气象出版社，2021.6

ISBN 978-7-5029-7421-3

Ⅰ.①四… Ⅱ.①马… Ⅲ.①气象-工作-四川-技术手册 Ⅳ.①P468.271-62

中国版本图书馆 CIP 数据核字(2021)第 069939 号

四川省气候业务技术手册

Sichuan Sheng Qihou Yewu Jishu Shouce

出版发行：气象出版社

地　　址：北京市海淀区中关村南大街 46 号　　**邮政编码：**100081

电　　话：010-68407112(总编室)　010-68408042(发行部)

网　　址：http://www.qxcbs.com　　**E-mail：**qxcbs@cma.gov.cn

责任编辑：陈　红　林雨晨　　**终　　审：**吴晓鹏

责任校对：张硕杰　　**责任技编：**赵相宁

封面设计：艺点设计

印　　刷：北京中石油彩色印刷有限责任公司

开　　本：787 mm×1092 mm　1/16　　**印　　张：**23.75

字　　数：608 千字

版　　次：2021 年 6 月第 1 版　　**印　　次：**2021 年 6 月第 1 次印刷

定　　价：128.00 元

《四川省气候业务技术手册》编写组

主　编：马振峰

副主编：周　斌　郭海燕

成　员：张顺谦　杨淑群　邓　彪　孙昭萱　徐金霞
王春学　李小兰　卿清涛　秦宁生　王劲廷
邓国卫　刘　佳　甘薇薇　陈文秀　庞轶舒
孙　蕊　钟燕川　徐沅鑫　郑　然　陈　超
罗　玉　邢开瑜　詹兆渝　范　雄　梅清银
柏　建　赖　江　梁　颖　王　凌　吴　薇
李　红

前　　言

2011年初，中国气象局下发了《现代气候业务发展指导意见》，根据指导意见，我们及时制定了《四川省气候中心全面推进气候业务现代化建设实施方案》。经过近10年来的发展，四川气候监测诊断、影响评价、气候预测业务水平显著提升，在气候资源开发应用和气候服务能力等方面取得了良好进展。

气候监测经过10年的发展，一是建设完善了四川气候灾害监测评价业务平台，进一步完善了地面气候要素监测评价业务。监测要素从气温、降水发展到台站观测的全要素，监测分辨率从国家站网至区域站网，时间尺度从逐日提高到小时，监测手段从CIPAS过渡到全面基于CIMISS数据接口，从手工、半自动处理方式发展为自动实时更新监测资料，建设了基于CIMISS数据源的本地基本业务数据库系统，构建了四川气候灾害监测评价业务平台，逐步实现气候监测评价业务流程化和定量化。二是从无到有形成了省级极端天气气候事件与重要气候过程监测业务。本地化应用国家气候中心下发的极端天气气候事件监测业务平台，形成了四川省极端高温、极端低温、极端强降水等天气气候事件的监测评价业务。开展了华西秋雨、西南雨季等重要天气气候过程监测评价业务。

气候预测经过10年的发展，逐步建立了省级制作，市级和县级订正的多时间尺度的气候预测业务。利用MJO指数、西南季风指数和低频天气图等方法开展了延伸期强降水过程预报业务，发布延伸期强降水、强降温过程分县预报产品。随着国内外模式发展，结合DERF2.0和NCEP_CFSv2模式的逐日预报产品，采用动力与统计降尺度等技术方法，建立完善了四川省延伸期预报业务系统，于2017年正式投入业务运行。实现了基于气候模式产品的逐日滚动的延伸期强降水、强降温、高温过程站点/格点(25 km×25 km)的精细化的定量预测，并逐旬下发延伸期过程分县预测产品。建立完善了以物理统计、动力模式产品解释应用为主的月—季节—年度的气候预测业务。近两年制作发布了冬半年大气污染潜势预报业务产品。开展四川气候预测一体化系统研发，采用B/S构架，建设了集资料处理、诊断分析、延伸期过程预报、月—季—年度气候趋势预测、气象灾害和气候事件预测、预测质量检验和产品制作于一体的气候预测一体化业务系统，提升预测业务系统的集约化、客观化和智能化。此外，开展了四川省延伸期地质灾害预报业务系统和四川省大气污染气象条件监测预测业务系统的研发。提升四川强降水诱发滑坡泥石流灾害和大气污染潜势的预测水平，增强灾害防御能力，为政府防灾减灾决策提供科技支撑。

积极开展气象灾害风险普查和风险评估业务。一是建立了四川省气象灾害风险普查数据库及其管理系统。普查数据覆盖全省171个县、170条中小河流、834条山洪沟、近万个地质灾害点，要素齐全、记录完整、管理集约，已成为我省气象防灾减灾业务的数据基础，并广泛应用于基层气象防灾减灾业务能力建设、风险评估技术研究、风险防范科学决策等方面。二是建立了普查数据实时更新。开发了暴雨洪涝实时灾情手机APP，开启基于手机客户端的暴雨洪涝实时灾情收集，通过采取面向任务的移动灾情快速采集直报技术，实现在手机端对灾情数据的快速采集与入库；实现对不同来源和渠道获取的暴雨洪涝灾情数据的高效管理；灾情数据与暴雨洪涝灾害评估系统链接，实现对评估结果的快速验证。三是建立了致灾临界雨量阈值确定指标体系。运用统计回归分析和水动力模型等方法构建一整套中小河流、山洪、滑坡泥石流的致灾临界雨量阈值确定指标体系，相关结果供气象灾害风险预警业务应用。四是形成了灾前、灾中、灾后风险评估业务。开展了面向实时防灾减灾的暴雨洪涝灾害风险评估业务。完成全省主要气象灾害的风险区划，为省、市、县提供主要气象灾害的风险评估产品，在气象为农服务、气象灾害风险区划以及各级地方政府的防灾减灾规划编制中发挥重要作用。

近10年来，中心围绕气候业务技术瓶颈问题开展了研究工作。先后研究制定气候监测地方标准5项，建立了四川省区域性暴雨过程监测评价指标体系。针对四川乃至西南区域旱涝预测技术问题，中心技术人员主持完成了科技部行业专项、国家自然科学基金、省部级以上科研项目20余项，研究成果获省部级科技进步二等奖2项，三等奖6项。在国内外核心刊物发表学术论文60余篇，其中SCI论文18篇。近年来重点对西南地区月内重大天气过程预测新技术、延伸期预测技术、智能网格客观化预测技术以及华西秋雨、西南雨季等多项技术难题开展了研究，研究成果在气候监测预测业务中得到应用。在气候资源开发和应用技术研究方面，开展了四川复杂地形下太阳辐射分布式模拟研究，建立了四川省风能资源评估和四川省太阳能资源评估业务平台。开展了四川省强降水诱发地质灾害风险评估技术研究和四川水稻多灾种气象灾害精细化风险区划研究，为农业防灾减灾提供科技支撑。此外开展了四川雾霾潜势预报技术研究，建立了四川盆地雾霾气候数据库和四川盆地典型雾霾过程个例库，研究了气象因子对持续性雾霾天气过程发生的影响机理，建立了基于气象要素与雾霾发生关系的延伸期雾霾天气预测技术。

在防灾减灾气象服务方面，依托气候监测评价业务平台和气候预测业务平台，提供的气象公共服务、气象决策服务产品不断完善。服务产品在"省市县三级业务平台"上发布，为各级政府和有关部门提供了决策参考，多次获得省委省府领导批示。尤其在2013年芦山地震、2017年九寨沟地震服务中，针对地震灾区恢复重建、工农业生产、交通运输及抗旱防洪等多个环节提供了及时的气象服务，保障了地震灾区广大群众生命安全和救援工作的顺利开展，得到抗震救灾指挥部领导的好评。

开展四川省风能太阳能资源评估。编写《四川省风能太阳能资源开发建议书》《四川省风能太阳能发展规划》，为四川省制定能源发展规划提供科学依据。2010年以来，为17家风电企业提供了风能资源评估和咨询。在机场、隧道等交通设施服务方面，开展了10多项气候论证工作。主要有成都新机场选址、中科院望远镜站址粗选气候条件分析、康定跑马山隧道工程设计气象条件分析评估等。在气候生态服务方面，为雅安市政府开展了"中国生态气候城市·雅安"论证，为成都龙泉山城市森林公园增绿增景工程开展气候服务，为巴中市政府开展"中国气候康养之乡——巴中"论证，最近开展了川藏铁路建设气象灾害风险分析。此外，为四川15个市州进行了城市暴雨强度公式修订。2018年创建气象科技助力脱贫致富的服务样板。针对旺苍贫困县社会经济、农业产业布局、防灾减灾等方面的发展需求，从气候适宜性角度为旺苍名特优产业种植布局调整、经济种植示范园项目进行可行性论证，为贫困村探索集体产业发展模式，增加集体产业造血能力科学引种提供支撑；从趋利避害角度，对当地气候资源开发潜力和主要气象灾害风险进行科学评估。为当地重新调整茶叶种植 5300 亩，调整猕猴桃种植 4700 亩，收到显著经济效益。

建立了四川气候综合服务平台（四川气候秀）。包括四川气候秀网站、手机 APP、微信公众号三部分。通过四川省气候秀平台，用户可在线浏览气候动态、气候热点和气象科普等基础气候信息，也可订制最新的气候监测和预测、气候灾害风险评估、气候资源评估和行业气候分析论证服务。我们可协助用户准确评估气候影响、有效管理气候风险、合理应用气候资源和科学应对气候变化，为省内城市规划、国家重点建设工程、重大区域性经济开发项目等提供可行性论证服务，为政府决策、行业领域和社会公众提供精细化、定制化的气候信息服务，挖掘气候服务价值，结合地方需求，开展四川气候特色服务。

本书共分 7 章。第 1 章，气候概况，简要从四川自然地理、基本气候特征、主要气象要素特征和主要气象灾害作了介绍。第 2 章，气候资料，主要介绍四川气候业务的资料来源、资料的质量控制方法和资料整编所用的基本统计方法。第 3 章，气候监测诊断，详细阐述了四川气候监测和诊断业务内容和业务流程。第 4 章，气候预测，全面论述了四川气候预测内容、预测思路、业务流程、预测技术方法和质量检验等技术方法。第 5 章，重大气象灾害的评估与区划，详细阐述了重大气象灾害评估内容和技术、主要气象灾害风险区划、中小河流灾害普查和典型个例分析等。第 6 章，气候服务，系统地阐述了气候与农业、气候与水资源、气候与能源、气候与旅游、气候与城市规划、气候与重大工程和气候与扶贫开展的工作内容和业务流程等。第 7 章，气候变化，详细阐述了开展气候变化工作内容和技术方法，气候变化特征及影响以及气候变化预估等技术分析。

中国气象局预报与网络司气候处、国家气候中心、重庆市气候中心、甘肃省气候中心、湖北省气候中心、辽宁省气候中心、西南科技大学、成都信息工程大学等单位的专家在本手册的编写过程中给予了指导和大力支持，这里表示衷心感谢！

由于我们编写人员水平有限，书中错误和遗漏在所难免，敬请广大读者批评指正。

编　者

2020 年 4 月

目　　录

第 1 章　气候概况

1.1　自然地理概况

四川省位于我国西南地区，地处长江、黄河上游，与重庆、云南、贵州、西藏、青海、甘肃、陕西相邻，处于 97°21′—108°12′E，26°03′—34°19′N，东西长约 1075 km，南北宽约 900 km，总面积 48.41 万 km^2（徐裕华，1991；马力 等，2014）。地跨青藏高原、横断山脉、云贵高原、秦巴山地、四川盆地几大地貌单元，地势西高东低，由西北向东南倾斜。最高点是西部的大雪山主峰贡嘎山，海拔高达 7556 m。地形复杂多样。以龙门山—大凉山一线为界，东部为四川盆地及盆缘山地，西部为川西高山高原及川西南山地。四川盆地是我国四大盆地之一，面积 17 万 km^2，海拔 300～700 m，四周为海拔 1000～4000 m 的山地所环抱。盆地底部龙泉山以西为川西平原区，以东地区为盆地丘陵地貌区。盆地边缘地区以山地为主，多为海拔 1500～3000 m 的中低山地。主要的山脉有北东缘的米仓山、大巴山；东南缘的大娄山、七曜山、巫山；西北缘、西南缘的龙门山、邛崃山、大相岭等。川西南山地地区位于青藏高原东部横断山系中段，地貌类型为中山峡谷。全区 94% 的面积为山地，且多为南北走向，两山夹一谷。山地海拔多在 3000 m 左右，个别山峰超过了 4000 m。主要山脉有小凉山、大凉山、小相岭、锦屏山。大凉山山地为山原地貌，山原顶部海拔为 3500～4000 m，北部为大风顶，南部为黄茅埂。境内中部的安宁河谷平原，面积约 960 km^2。川西北高原地区为青藏高原东南缘和横断山脉的一部分，海拔 4000～4500 m，分为川西北高原和川西山地两部分。川西北高原地势由西向东倾斜，分为丘状高原和高平原。丘谷相间，谷宽丘圆，排列稀疏，广布沼泽。川西山地西北高、东南低。主要山脉有岷山、巴颜喀拉山、牟尼芒起山、大雪山、雀儿山、沙鲁里山。复杂的地形地势对四川气候的突出影响，表现在大面积区域内地带性气候类型被地形气候类型所取代，还表现在不同区域尺度的垂直分异作用叠加，导致气候类型的区域分布错综复杂。地理环境条件形成四川气候的地域特色。

1.2　基本气候特征

四川省处于东亚季风区，冬季盛行内陆冬季风，夏季盛行来自南方洋面的东南季风和西南季风。除此之外，青藏高原与周围自由大气的热力差异产生的高原季风，对四川的影响也很大。几种季风虽各有其主控区，但又常相互交融，形成四川复杂多变的天气气候。主要表现在：区域差异特别大；山地气候垂直变化显著，垂直气候带谱完备，亚热带上限高度高，季节性气候别具特色，有的四季分明，有的基本无冬，有的冬长无夏。冬干夏雨的季风气候特点更明显，秋雨多于春雨，多夜雨，山地最大降水高度出现于较高海拔；气候类型极多，局地气候千差万别。

1.2.1 气候要素空间差异显著

四川省各地年平均气温差异大，高值区在攀枝花市和盆地南部长江河谷地区，攀枝花最高达 20.9 ℃；低值区在川西高原北部及理塘附近，石渠最低为－0.9 ℃；区域温差达到 20 ℃以上（马振峰 等，2016）。全省各地年降水量的多寡相差也大，盆地西缘雅安等地降水最多，可超过 1600 mm，得荣年降水量仅 347.1 mm 全省最少。全省各地年日照时数的地域分布也不均衡，盆地区云多雾重日照少，川西高原和攀西地区多晴少云日照时数多，攀枝花达 2651.0 h 为全省最多，宝兴 749.4 h 为全省最少。

1.2.2 气候季节区域特色明显

四川省盆地区四季分明，春早冬迟（陈淑全 等，1997）；攀西地区的河谷地带无冬，高山区则无夏，春秋季节长；川西高原区大部地方无夏，北部甚至全年皆冬。冬暖夏凉，气温年变化幅度小，全省各地的气温年较差为 14～22 ℃；秋季受阴雨天气的影响，气温偏低，春温高于秋温。冬干夏雨的特点突出，降水主要发生在夏季，多数地区夏季降水量占全年降水总量 60%以上，最高达 75%，冬季则不足全年降水量的 5%。秋雨绵绵也是四川气候的特色之一；全年夜雨量约占年降水量 70%，“巴山夜雨涨秋池”正是这种景象的写照（张家诚 等，1985）。

1.2.3 局地气候类型千差万别

四川省境内气候类型多，分布错综复杂。亚热带类型集中成片出现于盆地和攀西河谷地区，最暖的南亚热带型基本无冬；温带、寒带气候类型是山地产物，出现在盆周山区、川西高山高原地区，依附山体分布于不同高度层面，平面图上呈齿状相嵌或斑状零散分布，反映出气候局地性强，咫尺之间可出现巨大变化；川西高原属于温带、寒带气候类型相连区，还有最冷的永冻型是终年有冰雪。由于多高山形成气温在垂直方向变化很大，山地垂直气候带呈现多层次结构是普遍现象，有完备的亚热带山地垂直气候带谱结构出现。例如贡嘎山，海拔 7556 m，位于大渡河谷西侧，岭谷相对高差在 6200 m 以上，贡嘎山区河谷是亚热带气候，自下而上从亚热带依次演变为温带、寒带直至永冻带气候类型，上部终年积雪，有现代冰川。

1.2.4 气象灾害种类多致灾重

四川省的气象灾害种类除台风以外，其他灾害都有发生，主要有干旱、暴雨洪涝、大风、冰雹、雷电、连阴雨、低温、霜冻等，其中干旱、暴雨洪涝是对社会经济、人民生活影响最大，危害最重的气象灾害。从西部高原到东部盆地，一年之中的任何季节、任何时段，都有气象灾害发生。气象灾害季节分布明显，春、夏两季频繁，秋季次之，冬季最少。历年资料显示，气象灾害年年都有，只有灾多灾少、灾重灾轻之别，难作有无灾害之分（詹兆渝 等，2005）。四川省气象灾害造成的经济损失占自然灾害的比重达 86.1%，高出全国平均状况 15.1%；近 10 年气象灾害损失相当于四川省 GDP 的 1.7%，是全国的 1.7 倍。近 10 年来，四川省气象灾害造成的经济损失增加明显，其中 2013 年经济损失最大（519.5 亿元）。

1.3　主要气象要素特征

利用四川省155个县站(国家气象站,宜宾县无)地面观测气象资料,分析气温、降水、日照、空气湿度、风速、云量等主要气象要素的时空分布特征。数据统计时段,气候平均值采用1981—2010年,气候极值采用1961—2016年。

1.3.1　气温

全省年平均气温14.9 ℃,2006年最高(15.8 ℃),1976年最低(14.1 ℃)。年内各月平均气温波动如图1.1,冬季(12—翌年2月)6.0 ℃,1月4.9 ℃;夏季(6—8月)22.8 ℃,7月23.6 ℃;春季(3—5月)15.5 ℃,4月15.7 ℃;秋季(9—11月)15.2 ℃,10月15.3 ℃;汛期(5—9月)21.5 ℃,盛夏(7—8月)23.3 ℃(图1.1)。

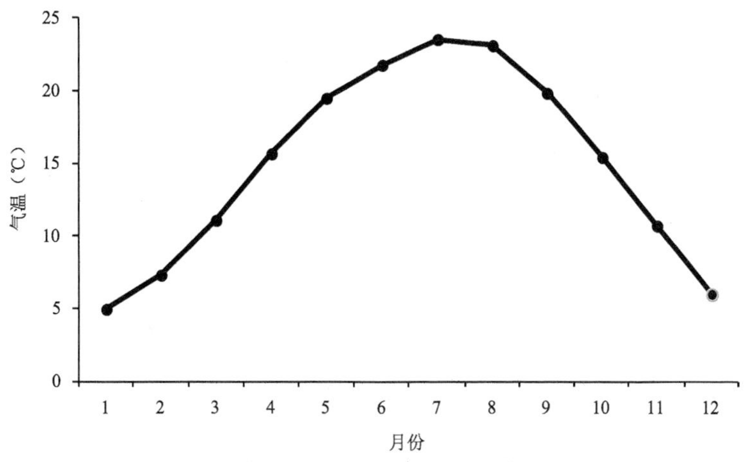

图1.1　四川省1—12月平均气温变化曲线(单位:℃)

1.3.1.1　年气温

1.3.1.1.1　平均气温

四川省年平均气温14.9 ℃,四川省各地年平均气温自东南向西北降低,高值区在攀枝花市和盆南长江河谷地区,攀枝花最高达20.9 ℃;低值区在川西高原北部及理塘附近,石渠最低为−0.9 ℃。盆地大部16～18 ℃,盆周山区14～16 ℃,攀西地区大部12～20 ℃,川西高原大部0～12 ℃(图1.2)。

1961—2018年,四川省年平均气温呈显著上升趋势,平均每10年升高0.17 ℃。1998年以前四川省年平均气温多数年份较常年值偏低,之后则大多数年份高于常年值。2006年、2013年和2015年这三年四川省年平均气温并列历史最高,为15.8 ℃。1976年最低(14.1 ℃)。

1.3.1.1.2　平均最高气温

全省年平均最高气温20.2 ℃,分布大致为东南高、西北低。全省高值区域在攀西地区,仁和最高达28.4 ℃;次高值区域在盆地南部,屏山高达23.1 ℃。全省低值区域在川西高原北部,石渠最低为6.9 ℃;次低值区域在理塘附近,为11.3 ℃。盆地大部20～22 ℃,攀西地区大部20～26 ℃,川西高原大部8～18 ℃(图1.3)。

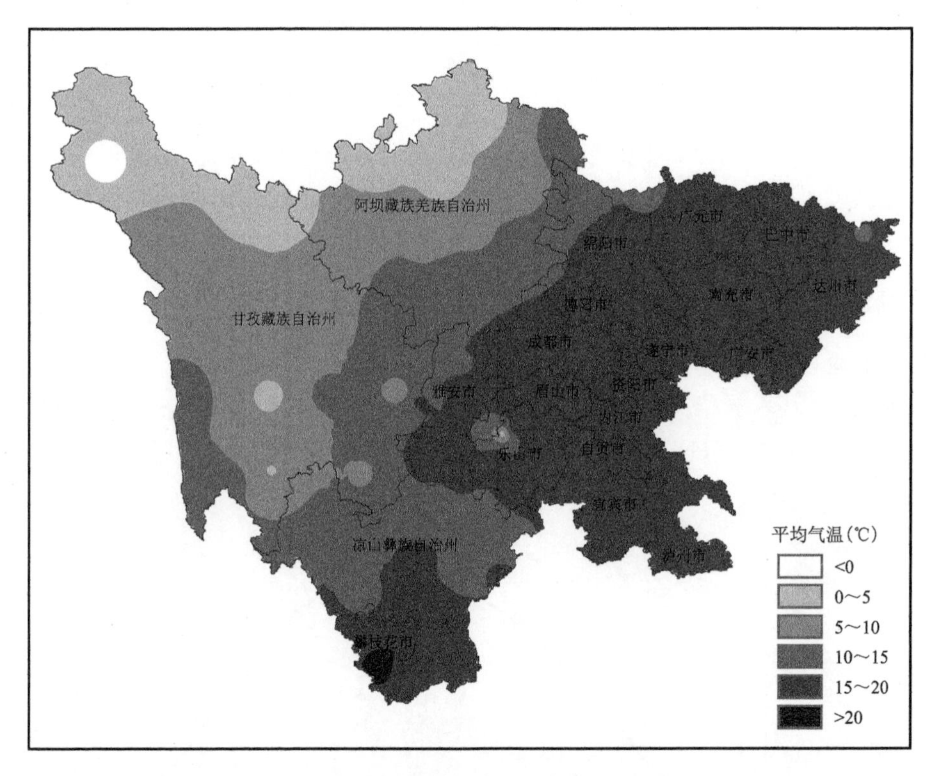

图 1.2　四川省年平均气温分布图(单位:℃)

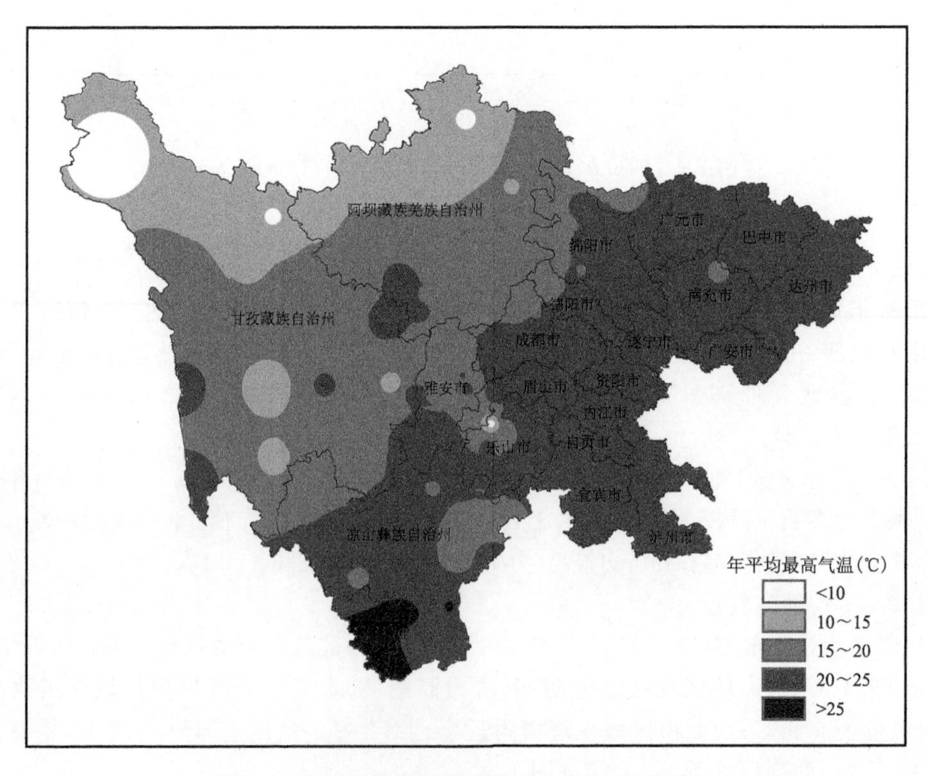

图 1.3　四川省年平均最高气温分布图(单位:℃)

1961—2018年，四川省年平均最高气温也呈显著的上升趋势，升温速率高于年平均气温的升温速率，平均每10年升高0.23 ℃。2000年以后连续18年四川省年平均最高气温高于常年值。

1.3.1.1.3　平均最低气温

全省年平均最低气温11.2 ℃，大致呈东南高、西北低分布。全省低值区域在川西北高原北部，石渠最低为−7.4 ℃，理塘−2.1 ℃为次低值。全省高值区域在盆地南部，长宁最高达15.6 ℃，攀枝花15.5 ℃为次高值。盆地大部12～14 ℃，攀西地区大部8～14 ℃，川西高原大部−6～8 ℃。(图1.4)。

1961—2018年，四川省年平均最低气温呈显著的上升趋势，平均每10年升高0.23 ℃。1998年以前多数年份年平均最低气温低于常年值，之后则多数年份高于常年值。

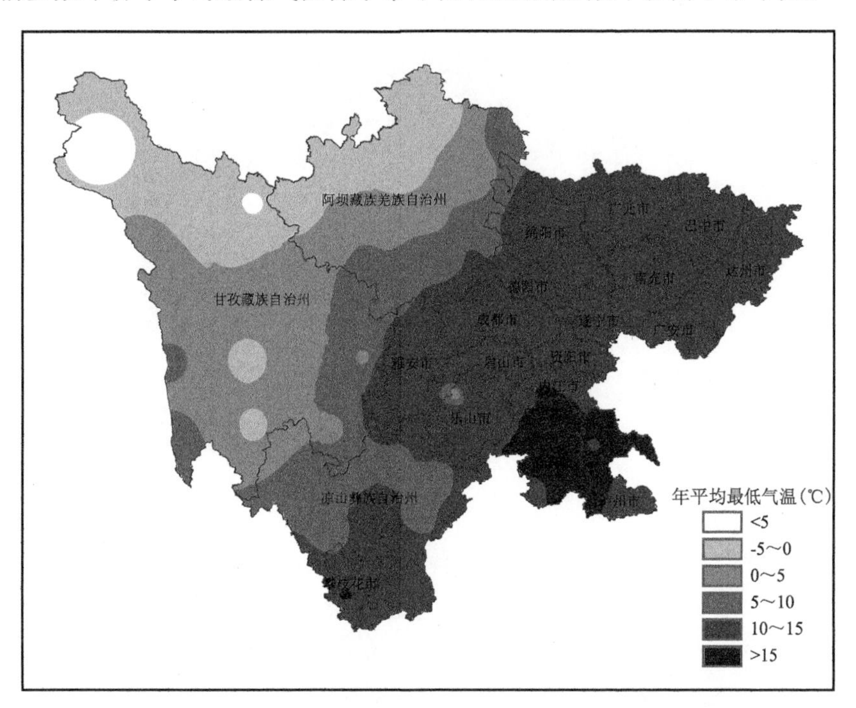

图1.4　四川省年平均最低气温分布图(单位:℃)

1.3.1.1.4　极端气温

各地年极端最高气温全省大致为东高西低分布，盆地大部和攀西地区南部38～43 ℃，长宁、叙永达43.5 ℃为全省最高(2011年8月17日、18日)，盆周山区及攀西地区北部34～37 ℃，川西高原北部在34 ℃以下，石渠25.5 ℃是全省最低(1961年6月12日)，峨眉山23.9 ℃(1956年1月9日)(图1.5)。

各地年极端最低气温全省大致为东南高西北低分布，川西高原北部在−20 ℃以下，石渠−37.7 ℃为全省最低(1995年12月29日)，盆地和攀西地区大部在−10 ℃以上，盆南长江河谷地区在−3 ℃左右，攀枝花0.4 ℃为全省最高(1999年12月25日)(图1.6)。

1.3.1.1.5　气温年较差

全省大部地区气温年较差为12～21 ℃，由川西南山地向高原北部、盆地东北部逐渐增大，木里最小为11.6 ℃，巴中最大为21.3 ℃。攀西地区大部在18 ℃以下，盆地东北部和川西高原北部在 20 ℃以上(图 1.7)。

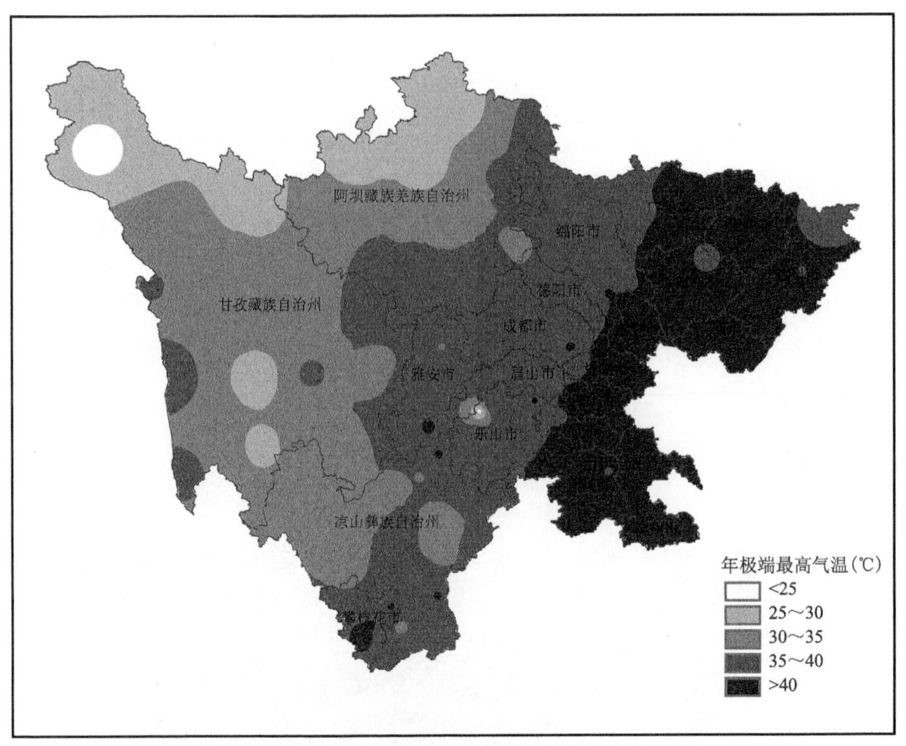

图 1.5　四川省年极端最高气温分布图(单位:℃)

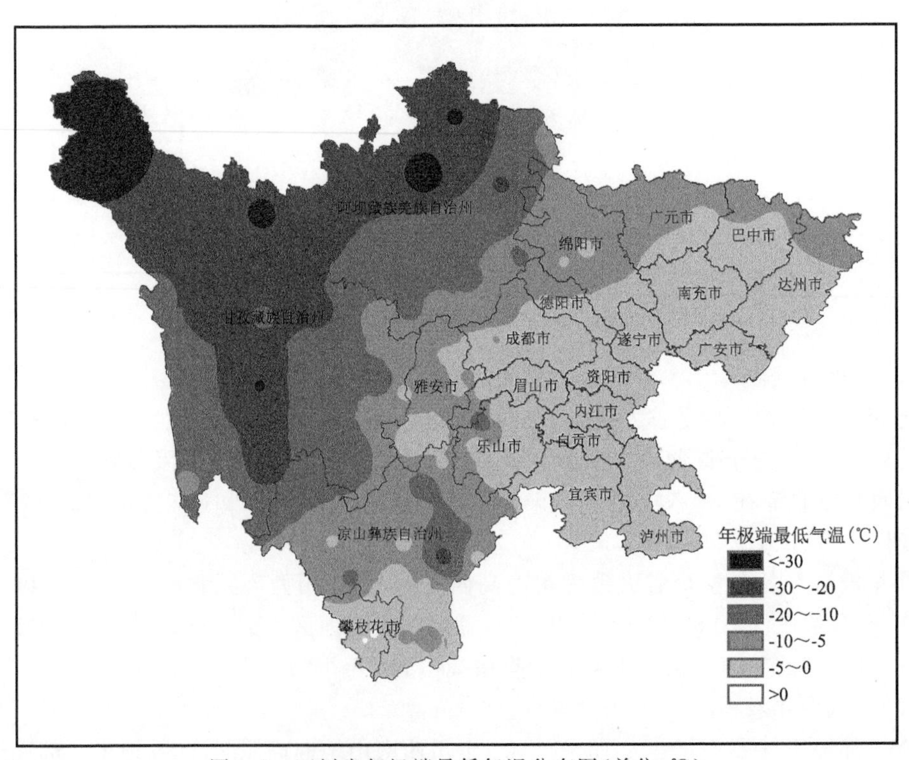

图 1.6　四川省年极端最低气温分布图(单位:℃)

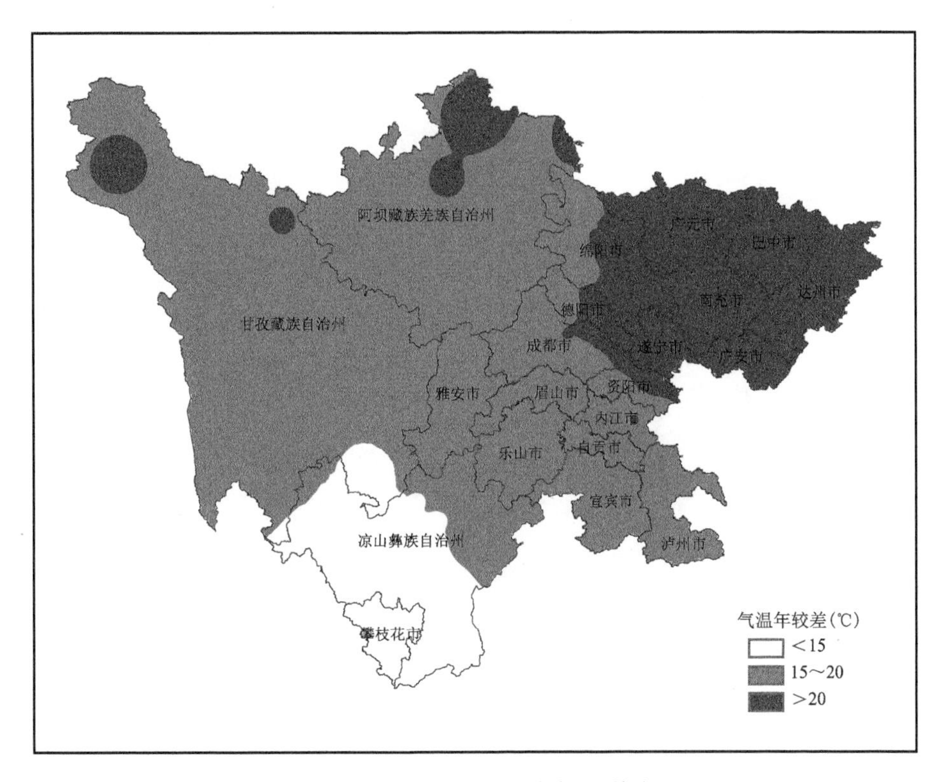

图1.7　四川省气温年较差分布图(单位:℃)

1.3.1.1.6　气温日较差

全省大部地区气温日较差的年平均值为6~17 ℃,呈现盆地区小,川西高原和攀西地区大的特征。川西高原和攀西地区大部在10 ℃以上,新龙最大达17.1 ℃;盆地大部在8 ℃以下,仪陇最小为5.7 ℃(图1.8)。

1.3.1.2　四季气温

1.3.1.2.1　春季气温

(1)平均气温

四川省春季平均气温为－0.7~23.8 ℃,基本分布形式依然是东高西低,川西高原南部边缘为春季气温最高中心,一般在18 ℃以上,攀枝花23.8 ℃为全省最高值;盆地区气温都在15 ℃以上,盆地区南部春季气温也在18 ℃左右,是全省次高中心。川西高原北部自东向西春季气温不断降低,西北部边缘区域是全省最低中心,一般在5 ℃以下,石渠－0.7 ℃为最低值。春季四川省最高与最低中心的温度值相差24.5 ℃(图1.9)。

(2)平均最高气温

春季全省平均最高气温为21.3 ℃,盆地大部20~24 ℃,川西南山地20~31 ℃,川西北高原大部8~23 ℃。仁和最高达31.5 ℃,石渠最低为6.9 ℃(图1.10)。

(3)平均最低气温

春季全省平均最低气温为11.1 ℃,盆地大部10~15 ℃,川西南山地8~17 ℃,川西北高原大部－4~10 ℃。石渠最低至－6.5 ℃,攀枝花最高为17.4 ℃(图1.11)。

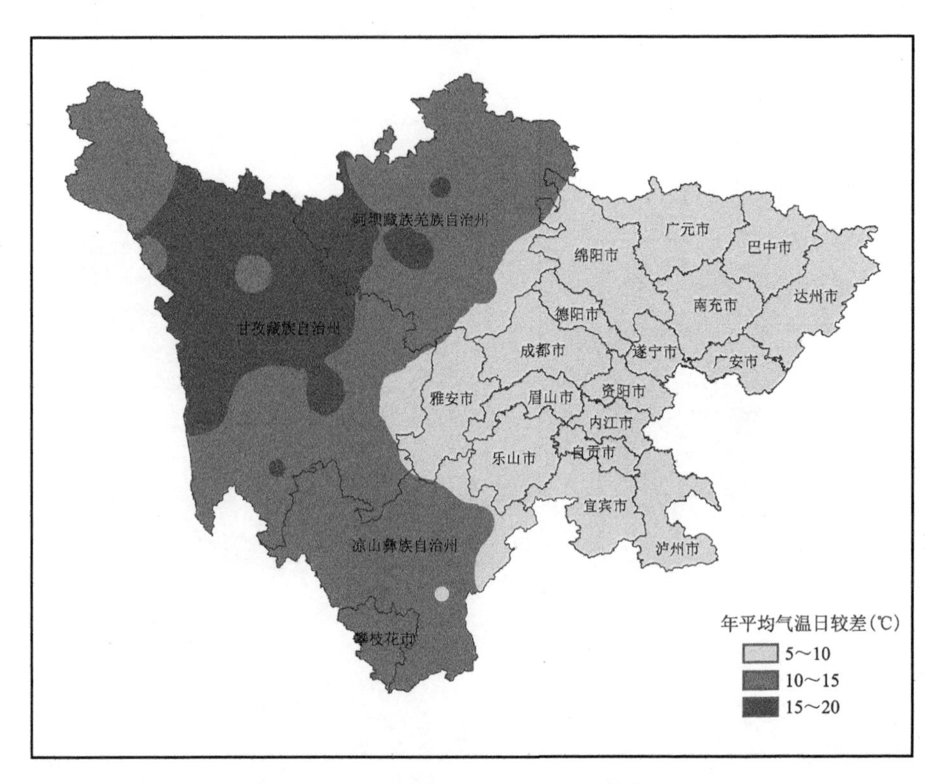

图 1.8　四川省气温日较差分布图(单位:℃)

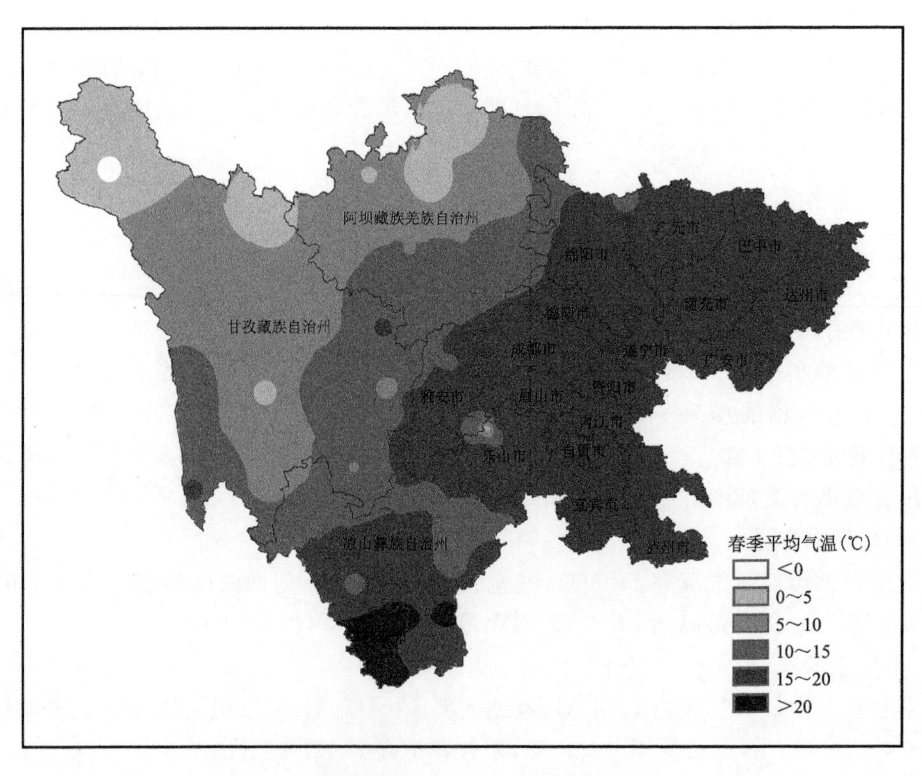

图 1.9　四川省春季平均气温分布图(单位:℃)

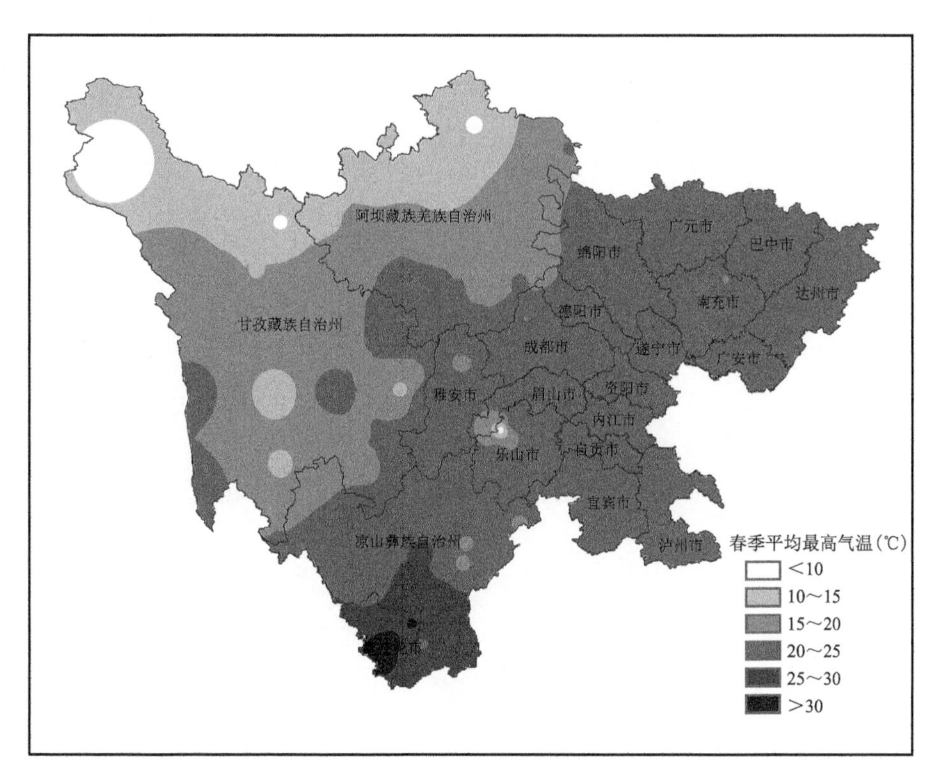

图 1.10　四川省春季平均最高气温分布图(单位:℃)

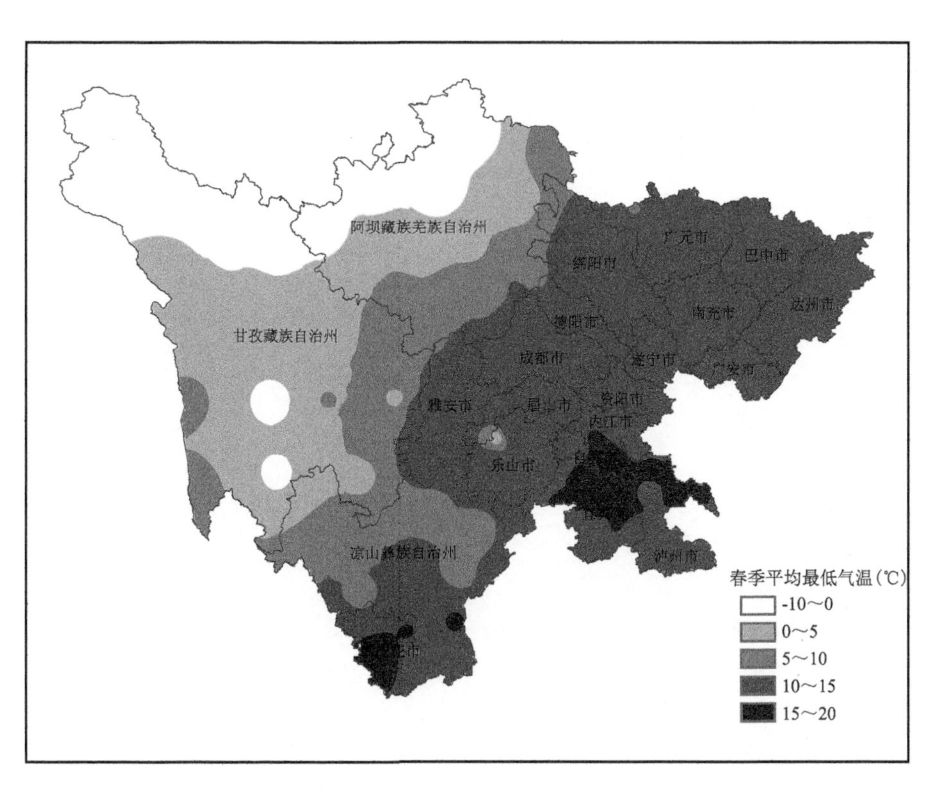

图 1.11　四川省春季平均最低气温分布图(单位:℃)

(4)极端气温

春季全省极端最高气温为 42.2 ℃(攀枝花,2012 年 5 月 21 日)。盆地大部 35～40 ℃,川西南山地 30～40 ℃,川西北高原大部 20～30 ℃(图 1.12)。

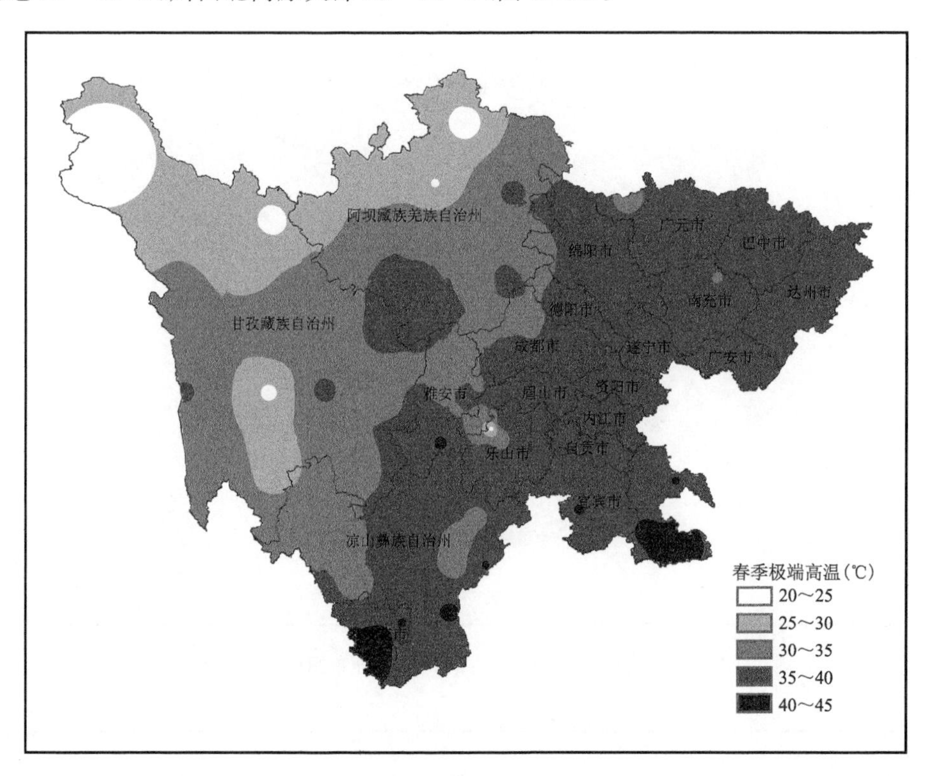

图 1.12　1961—2018 年四川省春季极端高温分布图(单位:℃)

春季全省极端最低气温为－29.9 ℃(红原,1974 年 3 月 27 日)。盆地南部 0～5 ℃,盆地其余地区 0～－5 ℃;川西南山地－10～0 ℃,川西北高原大部－20～－5 ℃(图 1.13)。

1.3.1.2.2　夏季气温

(1)平均气温

四川省夏季平均气温为 7.6～26.6 ℃,基本分布形式依然是东高西低,盆地区夏季平均气温差距不大,除平武外都在 24 ℃以上,全省气温最高中心位置发生了变化,位于盆地区东北部、中部和南部大片区域,在 26 ℃以上,渠县最高,为 26.6 ℃;川西高原西北部边缘区域依然是全省最低中心,在 10 ℃以下,石渠 7.6 ℃为最低值。夏季四川省最高与最低中心的温度差值只有 19 ℃(图 1.14)。

(2)平均最高气温

夏季全省平均最高气温为 28.1 ℃,盆地大部 28～32 ℃,川西南山地 24～31 ℃,川西北高原大部 16～28 ℃。仁和最高达 31.6 ℃,石渠最低为 14.8 ℃(图 1.15)。

(3)平均最低气温

夏季全省平均最低气温为 19.1 ℃,盆地大部 20～23 ℃,川西南山地 16～21 ℃,川西北高原大部 4～19 ℃。石渠最低至 2.5 ℃,长宁最高为 23.1 ℃(图 1.16)。

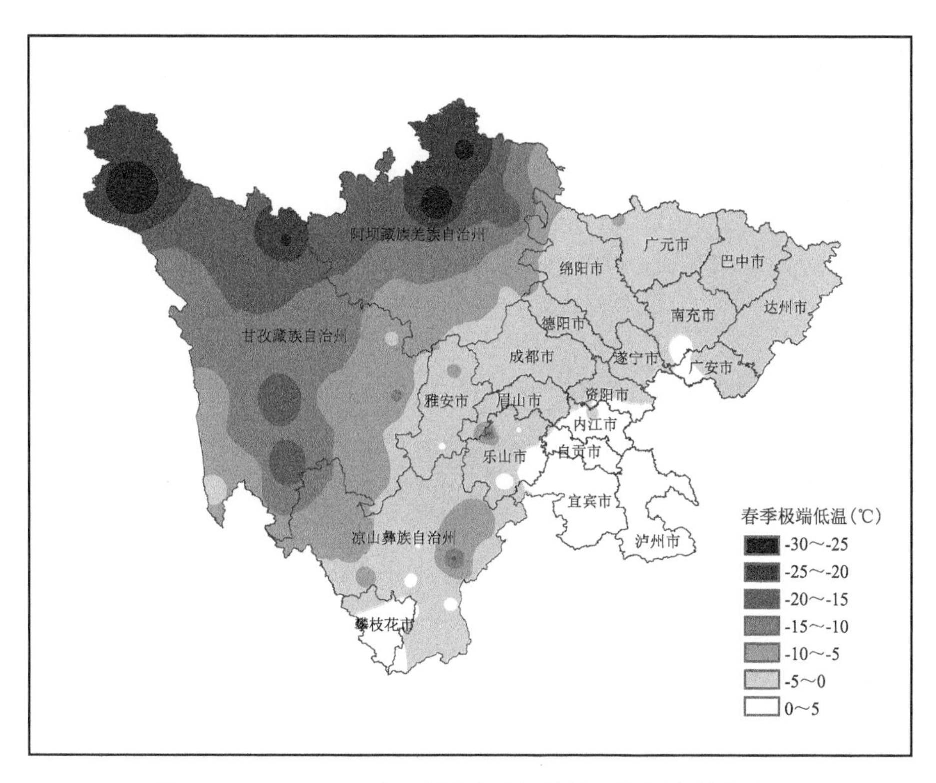

图 1.13　1961—2018 年四川省春季极端低温分布图(单位:℃)

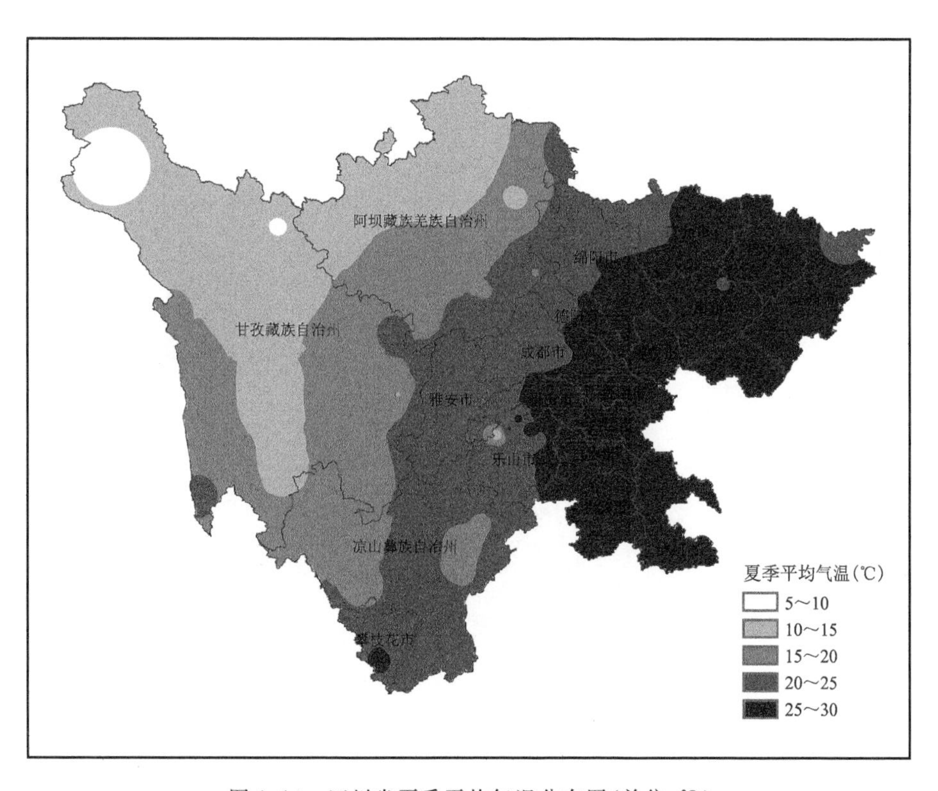

图 1.14　四川省夏季平均气温分布图(单位:℃)

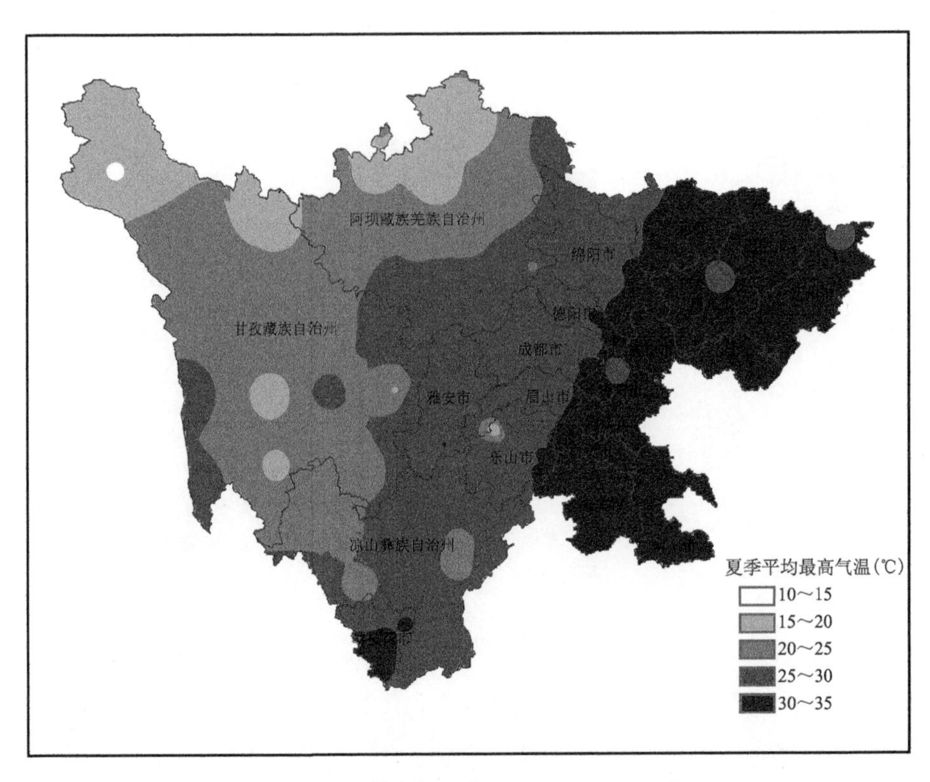

图 1.15　四川省夏季平均最高气温分布图(单位:℃)

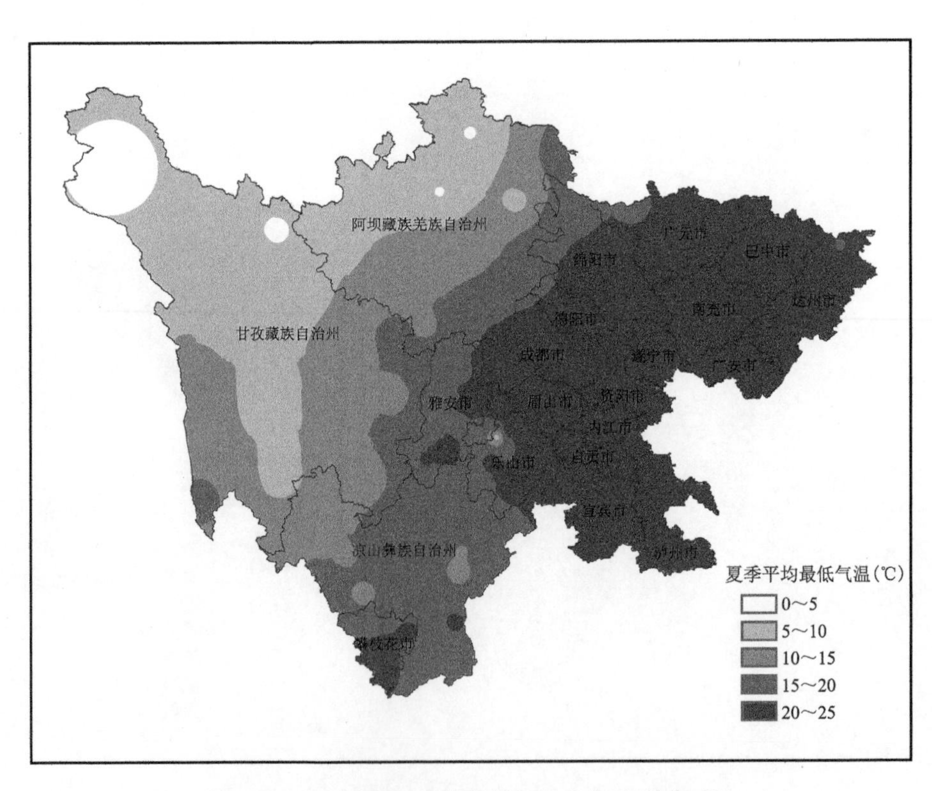

图 1.16　四川省夏季平均最低气温分布图(单位:℃)

(4)极端气温

夏季全省极端最高气温为43.5 ℃(长宁,2011年8月17日)。盆地大部36～41 ℃,川西南山地30～39 ℃,川西北高原大部24～38 ℃(图1.17)。

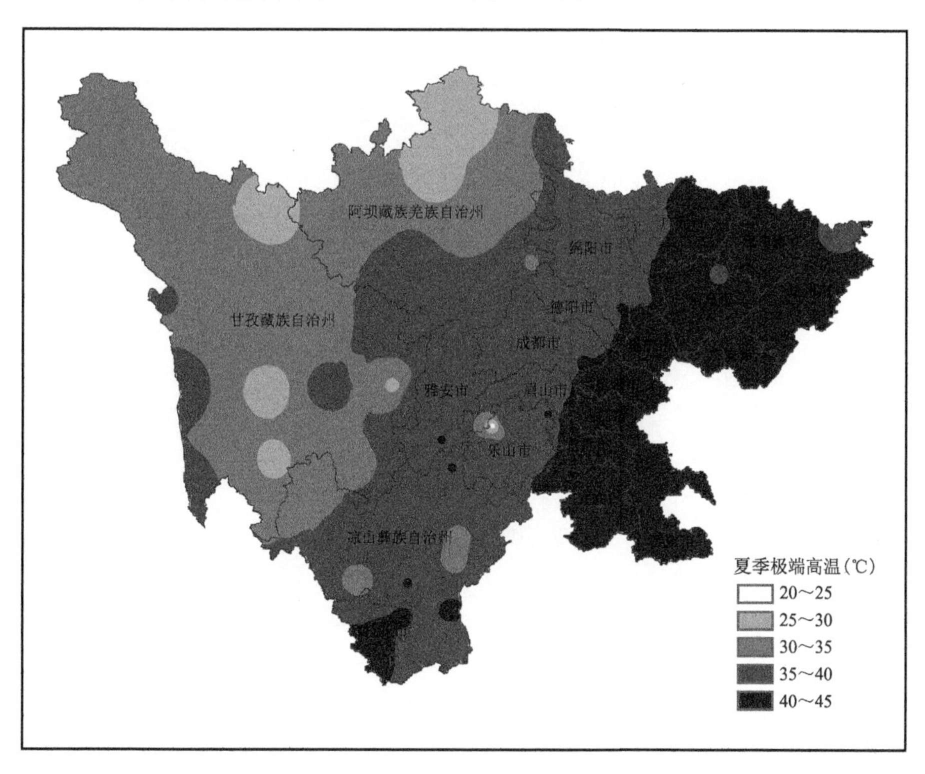

图1.17　1961—2018年四川省夏季极端高温分布图(单位:℃)

夏季全省极端最低气温为－9.5 ℃(石渠,1980年6月2日)。盆地大部12～18 ℃,川西南山地8～16 ℃,川西北高原大部－4～10 ℃(图1.18)。

1.3.1.2.3　秋季气温

(1)平均气温

四川省秋季平均气温为－1.1～19.6 ℃,最高气温中心又回到川西高原南部边缘区域,攀枝花19.6 ℃为全省最高值;盆地区秋季平均气温基本都在16 ℃以上,南部在18 ℃左右,是全省的次高中心;川西高原北部平均气温自东南往西北温度不断降低,最低中心还是西北部边缘区域,在5 ℃以下,石渠－1.1 ℃为最低值。秋季四川省最高与最低中心的温度差值接近21 ℃(图1.19)。

(2)平均最高气温

秋季全省平均最高气温为20.1 ℃,盆地大部18～22 ℃,川西南山地18～27 ℃,川西北高原大部8～22 ℃。仁和最高达27.0 ℃,石渠最低为7.1 ℃(图1.20)。

(3)平均最低气温

秋季全省平均最低气温为11.9 ℃,盆地大部10～16 ℃,川西南山地8～16 ℃,川西北高原大部－4～10 ℃。石渠最低至－6.9 ℃,长宁最高为16.4 ℃(图1.21)。

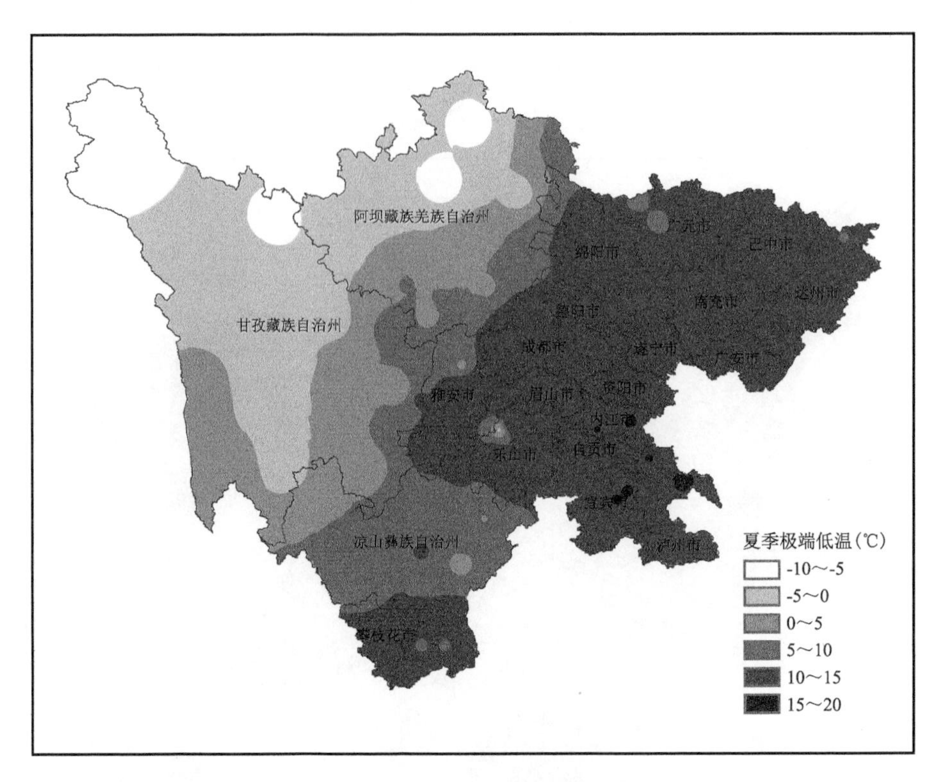

图 1.18　1961—2018 年四川省夏季极端低温分布图(单位:℃)

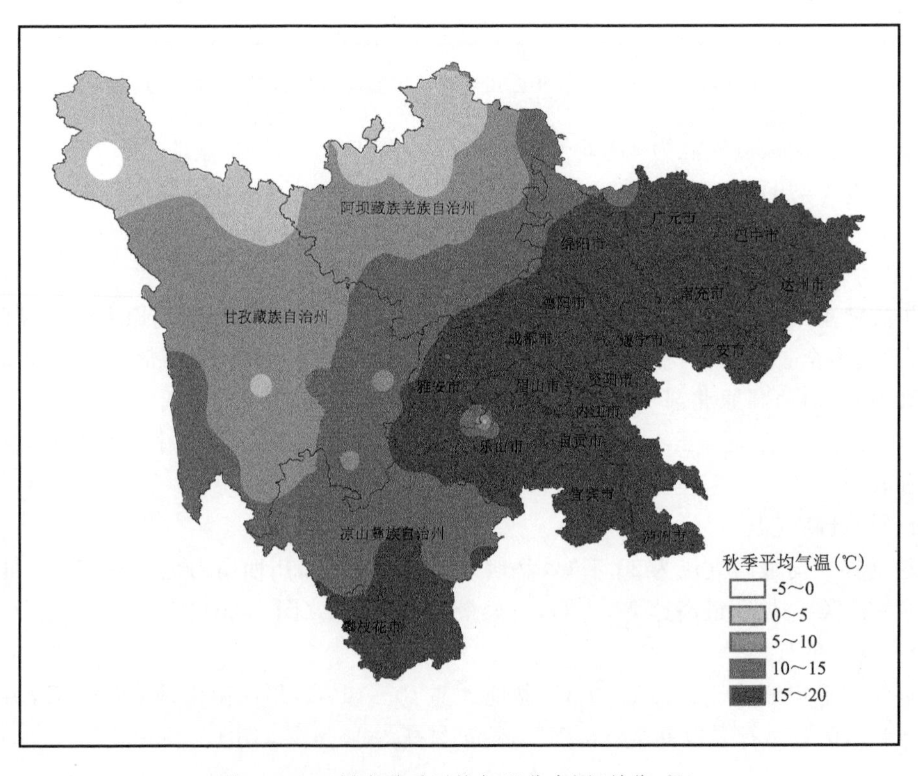

图 1.19　四川省秋季平均气温分布图(单位:℃)

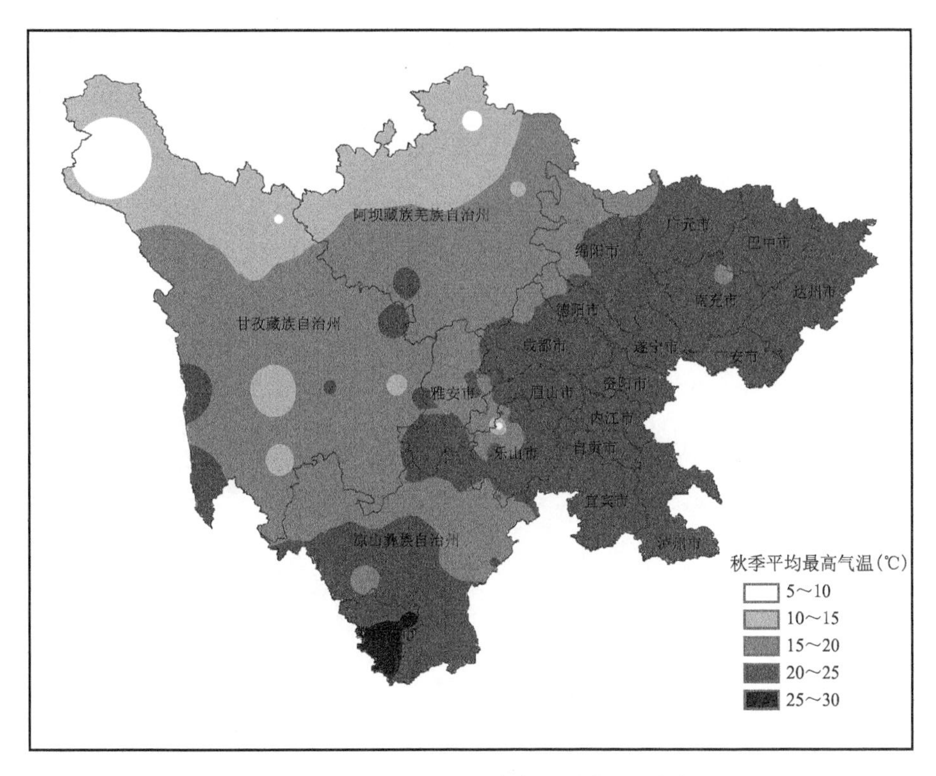

图1.20　四川省秋季平均最高气温分布图(单位:℃)

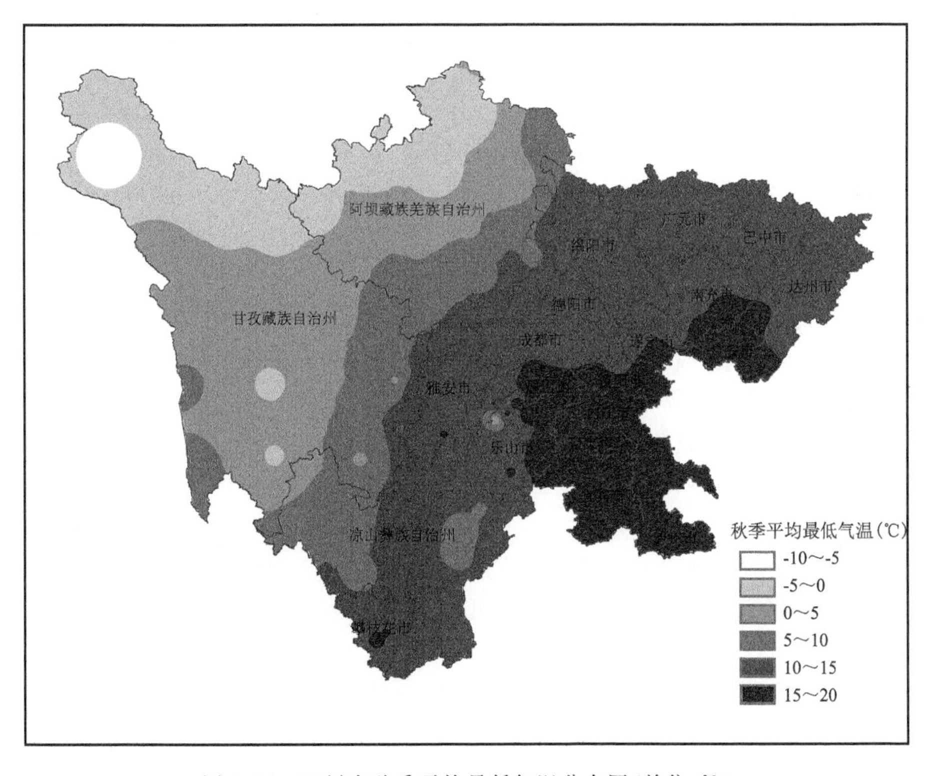

图1.21　四川省秋季平均最低气温分布图(单位:℃)

(4)极端气温

秋季全省极端最高气温为 42.9 ℃(1995 年 9 月 6 日)。盆地大部 28～36 ℃,川西南山地 25～35 ℃,川西北高原大部 20～32 ℃(图 1.22)。

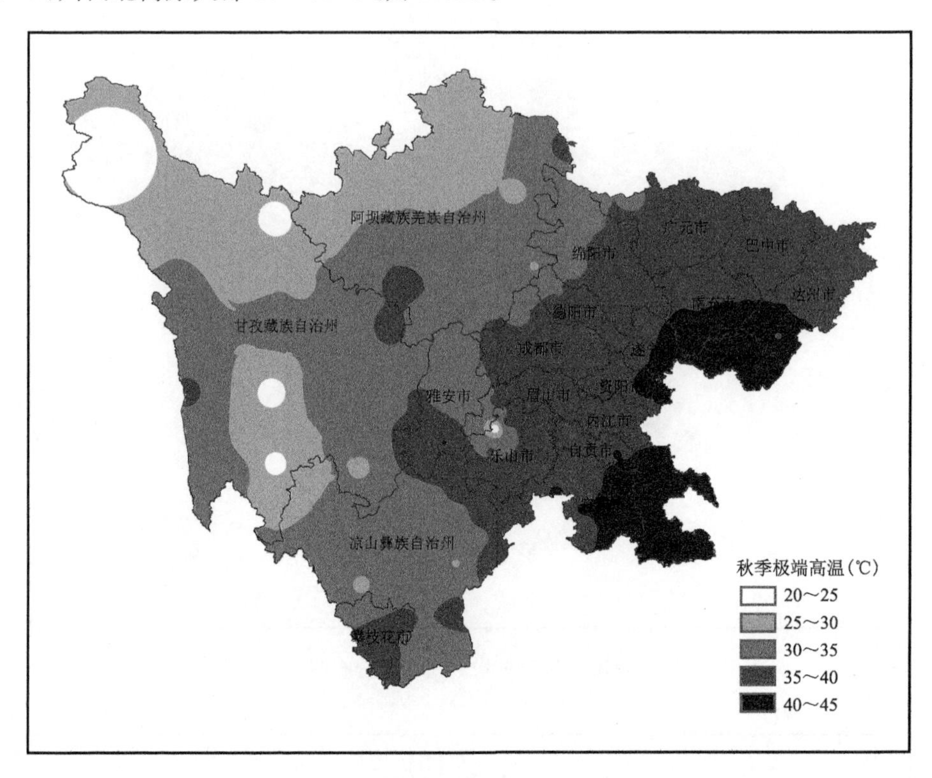

图 1.22　1961—2018 年四川省秋季极端高温分布图(单位:℃)

秋季全省极端最低气温为－30.3 ℃(石渠,2008 年 11 月 27 日)。盆地大部 0～8 ℃,川西南山地 0～10 ℃,川西北高原大部－20～0 ℃(图 1.23)。

1.3.1.2.4　冬季气温

(1)平均气温

四川省冬季平均气温为－11.4～14.3 ℃,基本分布形式与秋季相似,最高温度中心位于川西高原南部边缘区域,气温在 10 ℃以上,攀枝花 14.3 ℃为全省最高值;盆地部分地区以及川西高原南部大部分区域冬季平均气温在 5 ℃以上,盆地南部在 8 ℃左右,是全省的次高中心;川西高原西北部边缘区域依然是全省最低中心,在－5 ℃以下,石渠－11.4 ℃为最低值。冬季四川省最高与最低中心的温度差值接近 26 ℃(图 1.24)。

(2)平均最高气温

冬季全省平均最高气温为 11.0 ℃,盆地大部 8～13 ℃,川西南山地 8～22 ℃,川西北高原大部 0～14 ℃。仁和最高达 23.5 ℃,石渠最低为－1.5 ℃(图 1.25)。

(3)平均最低气温

冬季全省平均最低气温为 2.3 ℃,盆地大部 0～6 ℃,川西南山地－2～7 ℃,川西北高原－20～0 ℃。石渠最低至－18.9 ℃,攀枝花最高为 8.0 ℃(图 1.26)。

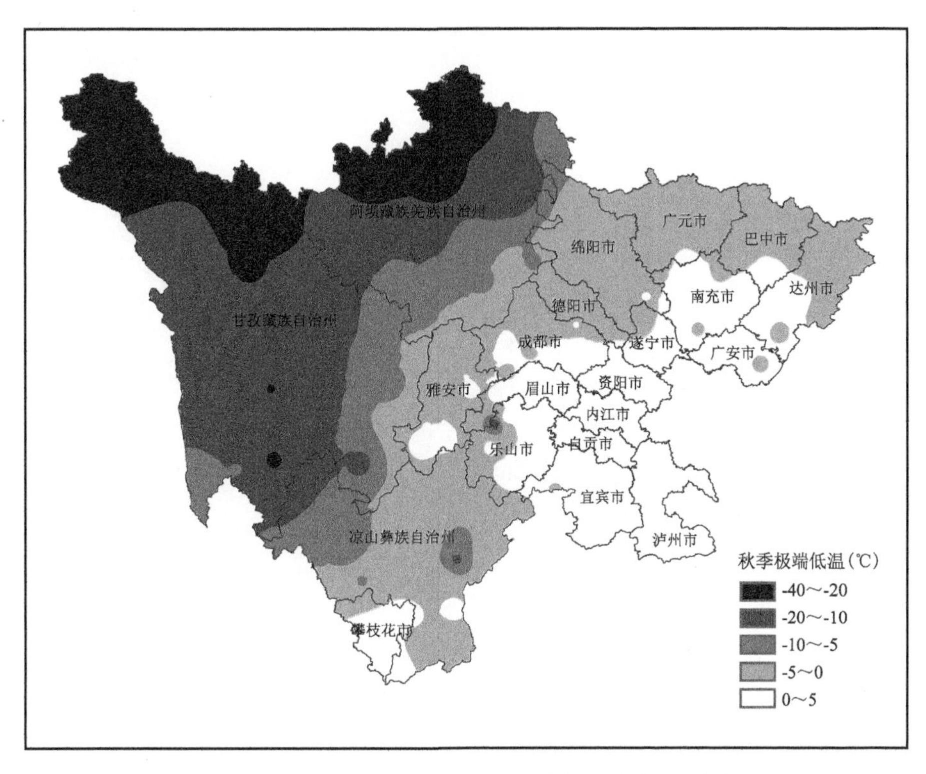

图1.23 1961—2018年四川省秋季极端低温分布图(单位:℃)

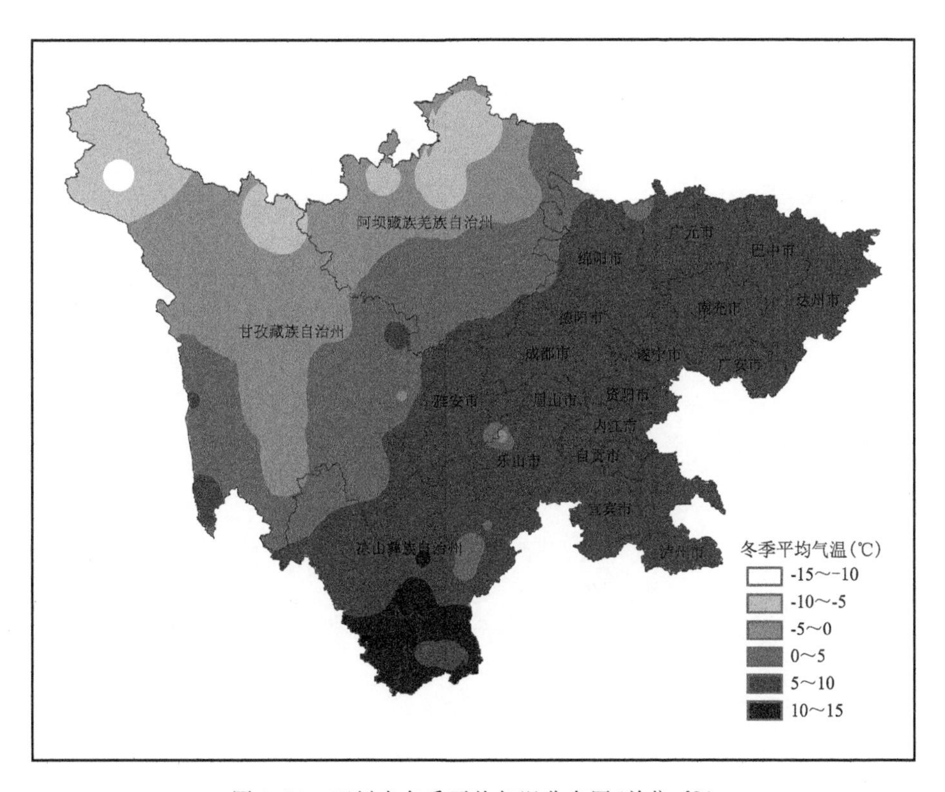

图1.24 四川省冬季平均气温分布图(单位:℃)

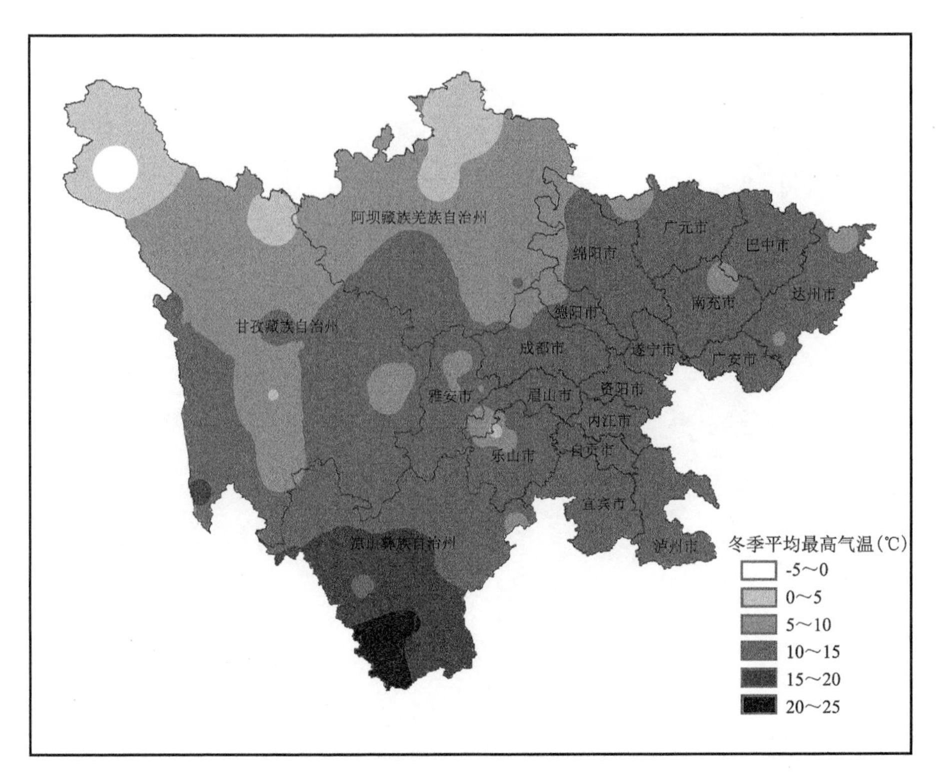

图 1.25　四川省冬季平均最高气温分布图(单位:℃)

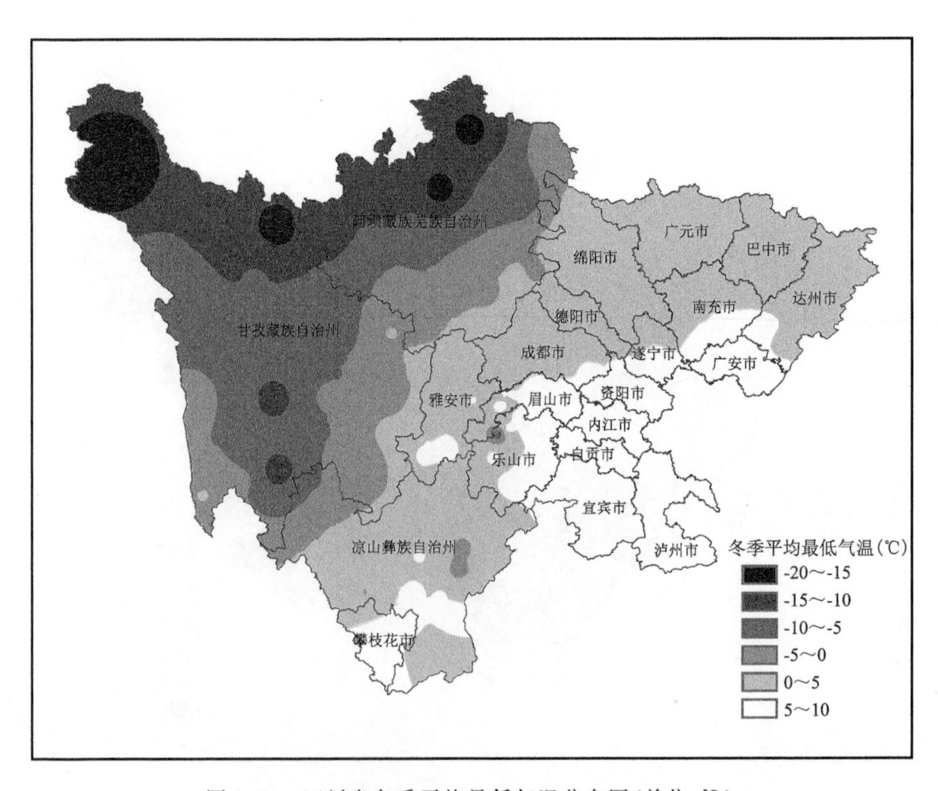

图 1.26　四川省冬季平均最低气温分布图(单位:℃)

(4)极端气温

冬季全省极端最高气温为36.7 ℃(古蔺,2009年2月12日)。盆地大部17～21 ℃,川西南山地20～31 ℃,川西北高原大部14～26 ℃(图1.27)。

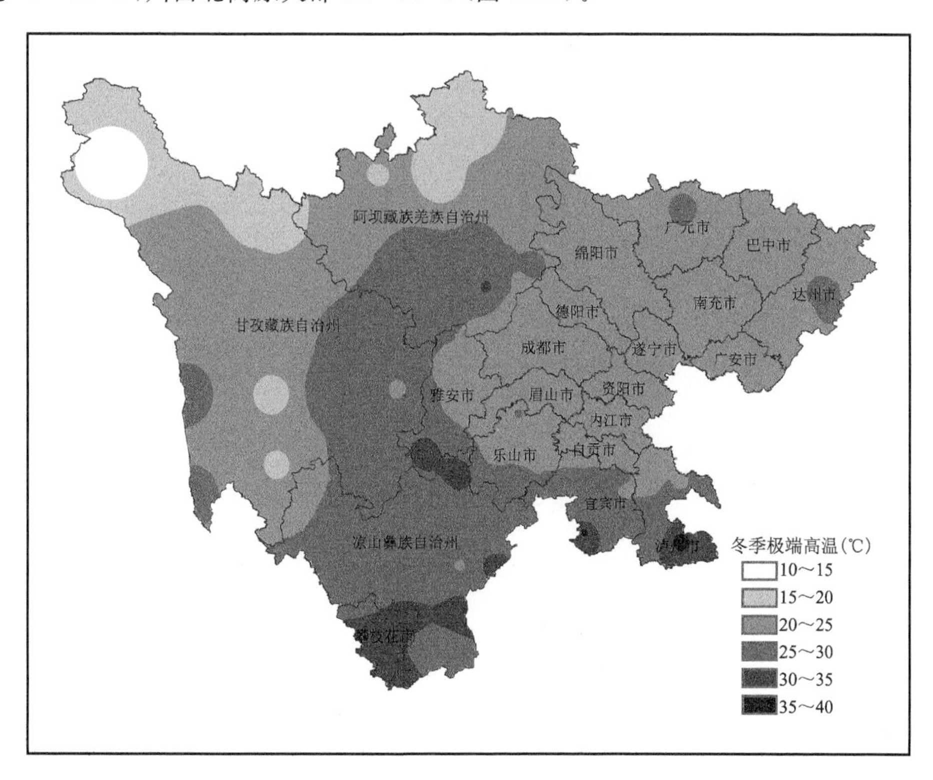

图1.27　1961—2018年四川省冬季极端高温分布图(单位:℃)

冬季全省极端最低气温为－37.8 ℃(石渠,1995年12月29日)。盆地大部－8～0 ℃,川西南山地－16～0 ℃,川西北高原大部－37～－8 ℃(图1.28)。

1.3.2　降水

全省平均年降水量为953.2 mm,1961年最多(1102.9 mm),2006年最少(789.7 mm)。年内各月平均降水量变化如图1.29,冬季34.2 mm,占全年降水的3.6%,1月降水量为10.4 mm;春季179.3 mm,占全年降水的18.8%,4月降水量为55.5 mm;夏季531.3 mm,占全年降水的55.7%,7月降水量为201.5 mm;秋季209.6 mm,占全年降水的22.0%,10月降水量为59.8 mm。汛期与盛夏降水量分别为752.1 mm、383.7 mm,占全年降水的78.9%、40.3%(图1.29)。

1.3.2.1　年降水

1.3.2.1.1　年降水量

盆地各地年降水量自四周向中部减少,盆中丘陵区普遍在1000 mm以下,少雨区不足800 mm;盆地四周在1000 mm以上,西缘最多可超过1600 mm。攀西各地年降水量相对均匀,最多1100 mm左右,最少区在金沙江河谷地带,为700～800 mm。川西高原大部地区为600～800 mm,得荣等地年降水量不足400 mm,全省最少(图1.30)。

1961—2018 年,四川省年降水量没有显著的线性变化趋势。20 世纪 60 年代、80 年代和 21 世纪 10 年代降水量多数年份多于常年值,而 20 世纪 70 年代和 21 世纪 00 年代则多数年份少于常年值。

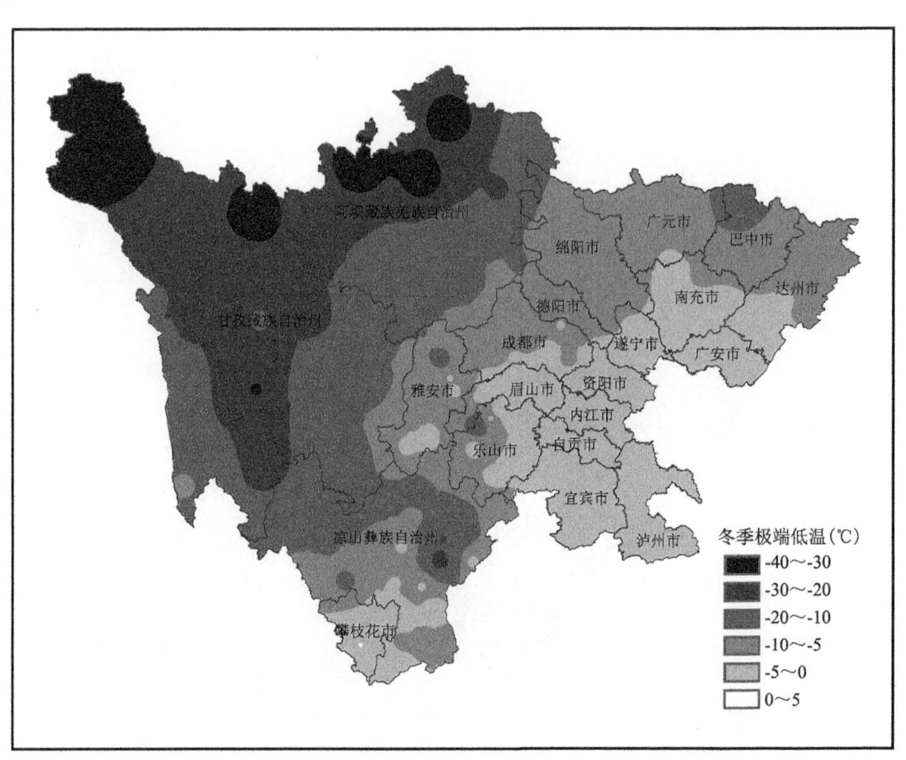

图 1.28　1961—2018 年四川省冬季极端低温分布图(单位:℃)

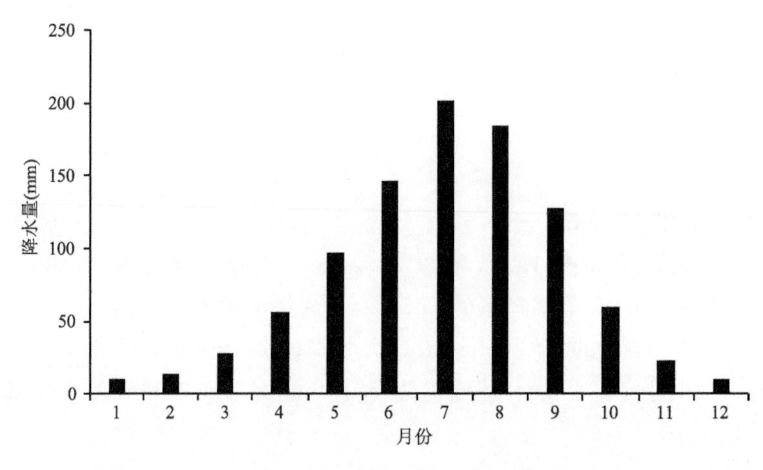

图 1.29　四川省 1—12 月平均降水量变化图(单位:mm)

1.3.2.1.2　年降水日数

全省平均年降水日数(日降水量≥0.1 mm)为 148.8 d。盆地与高原的过渡区域 160～220 d,雅安市为全省雨日最多中心,天全年降水日数达 229.5 d;盆地其余地区 120～160 d,广元 113.3 d 为盆地最少。攀西地区大部 100～160 d,仁和仅 93.0 d,布拖多达 175.0 d。川西高原 80～170 d，康定多达 177.3 d；得荣年降水日数仅 77.2 d，为全省最少(图 1.31)。

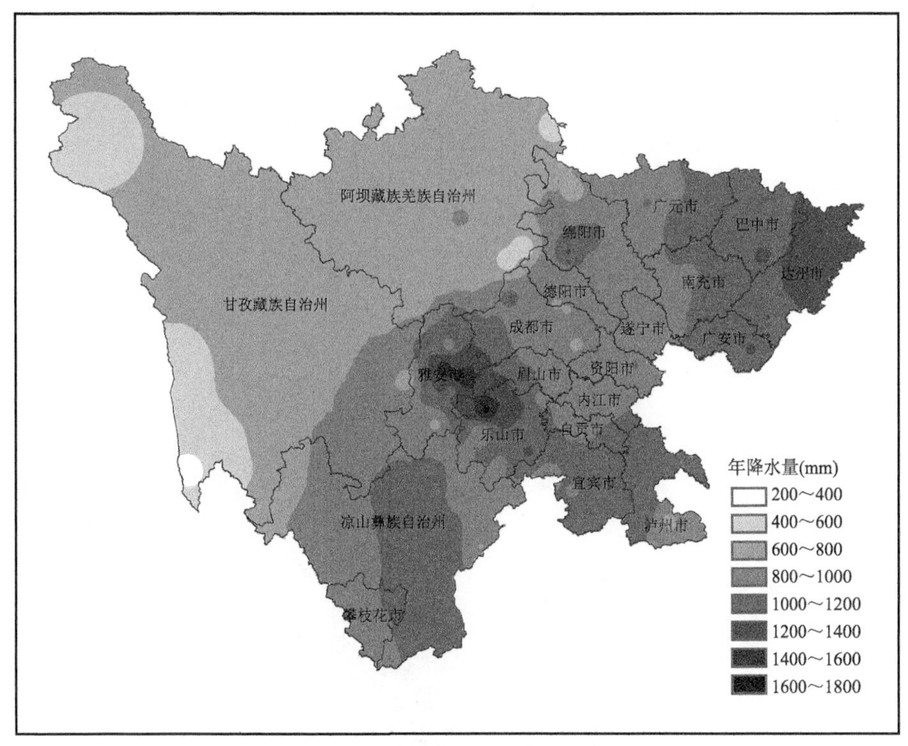

图 1.30　四川省年降水量分布图(单位：mm)

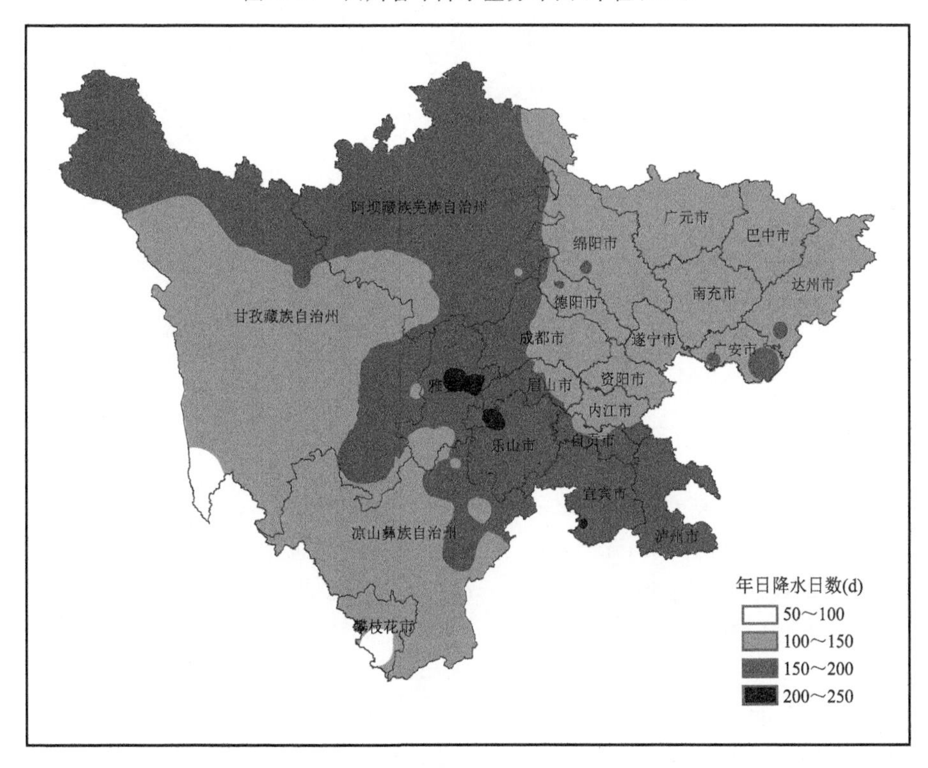

图 1.31　四川省年降水日数分布图(单位：d)

1.3.2.1.3 年最大日降水量

全省日降水量的最大值为 524.7 mm(峨眉山市,1993 年 7 月 29 日),次大值为 415.9 mm(都江堰,2013 年 7 月 9 日)。盆地区除古蔺、宝兴、石棉、广安等县不到 150 mm 外,大部分区域都在 200 mm 以上;超过 300 mm 地区主要分布在涪江以西的盆地西部和嘉陵江、渠江两江上游的盆地东北部地区。攀西地区安宁河流域日最大降水量在 100 mm 以上,局部大于200 mm,西部及东部的高山地带在 100 mm 以下。川西北高原除茂县达 104.2 mm 外,其余无 100 mm 以上的大暴雨出现,高原西北及西部的金沙江河谷地带在 50 mm以下(图 1.32)。

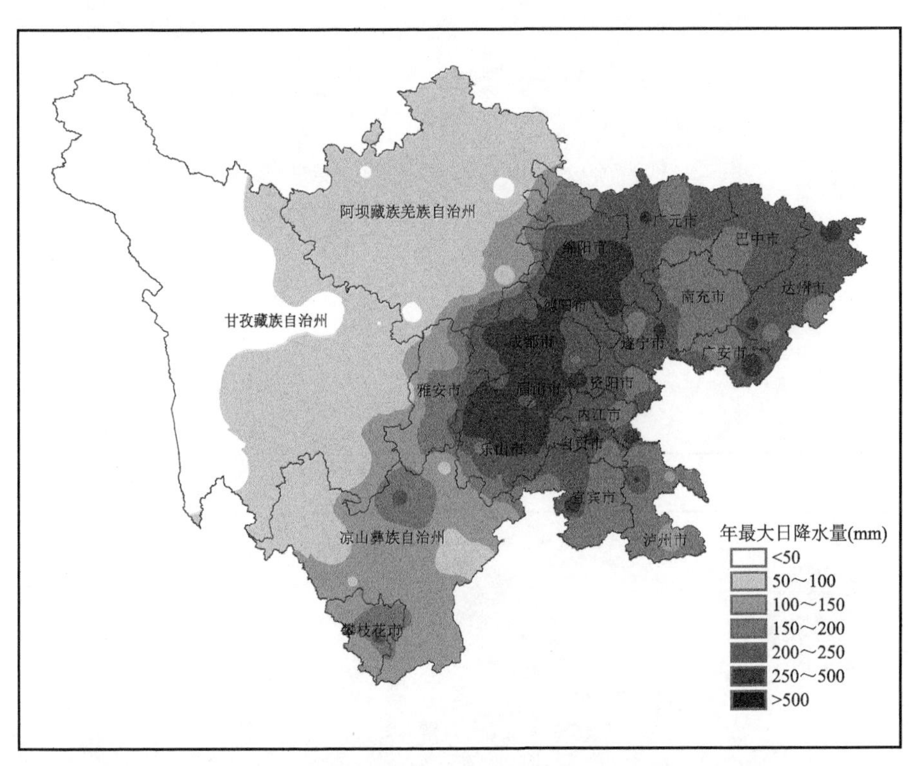

图 1.32 四川省最大日降水量分布图(单位:mm)

1.3.2.2 四季降水

1.3.2.2.1 春季降水

(1)降水量

春季降水量以盆地区东部、南部最多,一般为 200～300 mm;盆地区西部普遍为 150～200 mm,雅安地区局部可达 300 mm 以上,盆中及盆西北大部在 150 mm 以下。川西高原南部、东北部 150～200 mm,其余地区 75～150 mm。川西高原北部雅砻江以西在 100 mm 以下,得荣仅 26 mm,为全省最小值(图 1.33)。

(2)降水日数

春季全省平均降水日数为 38.4 d,盆地 40～50 d,川西南山地 20～40 d,川西北高原 20～50 d;峨眉山最多为 65.1 d,全次多为 58.8 d,得荣最少为 13.0 d(图 1.34)。

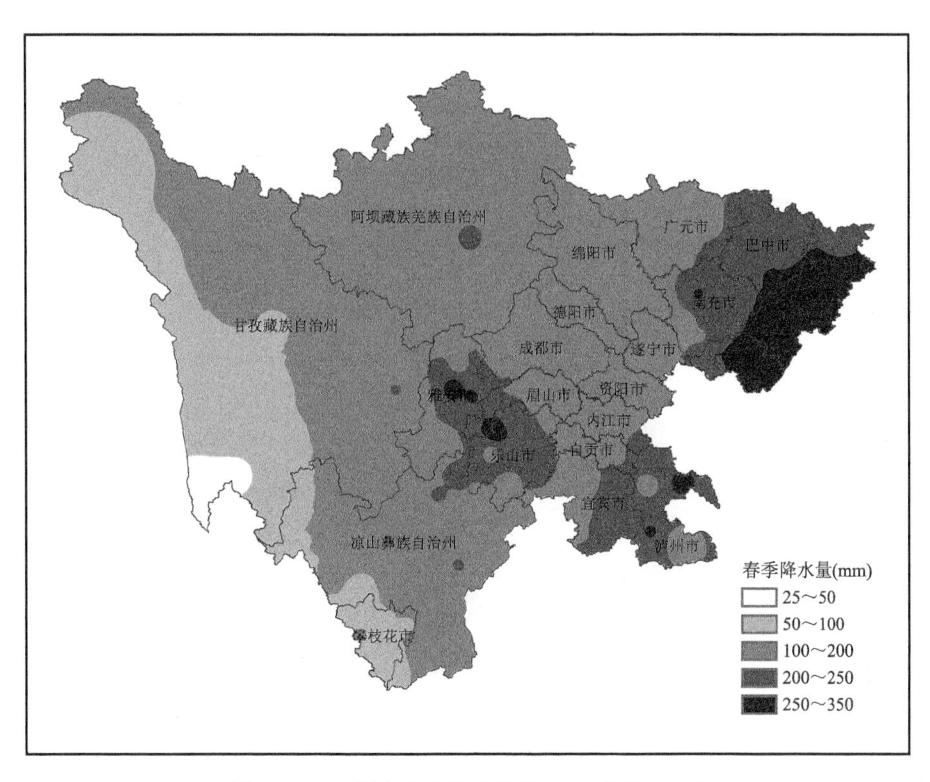

图 1.33　四川省春季降水量分布图(单位:mm)

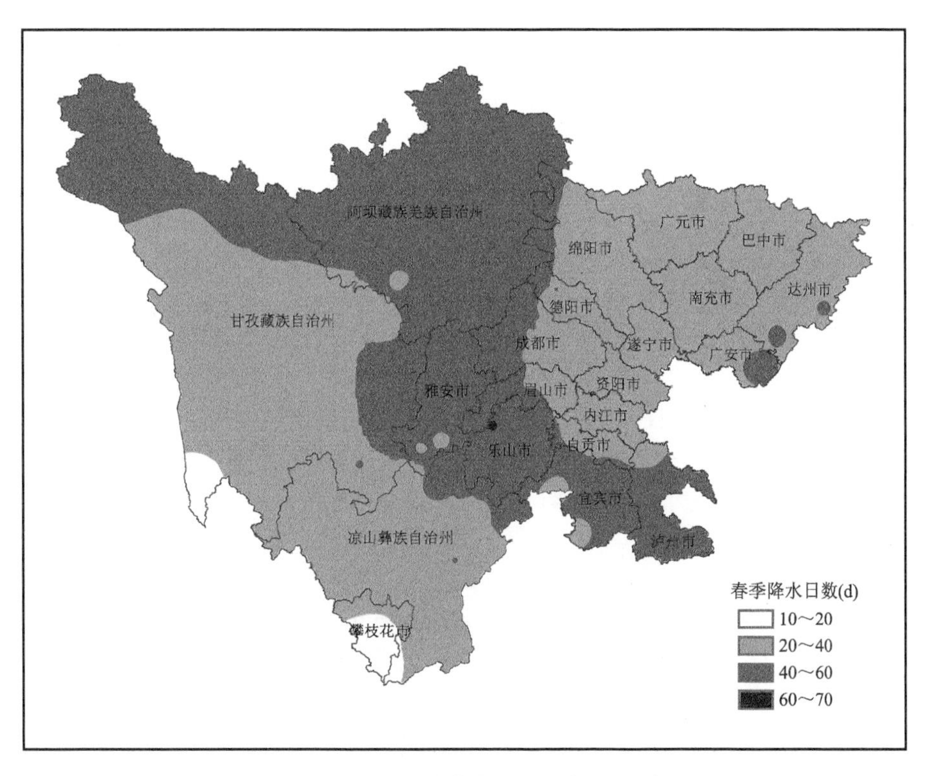

图 1.34　四川省春季降水日数分布图(单位:d)

1.3.2.2.2　夏季降水

(1)降水量

夏季降水量,以盆地区西部最多,一般 500～700 mm,最多中心天全、雅安、峨眉山市一带可达 900～1100 mm;盆地东部为 400～600 mm。川西高原南部大部分为 500～700 mm,川西高原北部为 300～500 mm(图 1.35)。

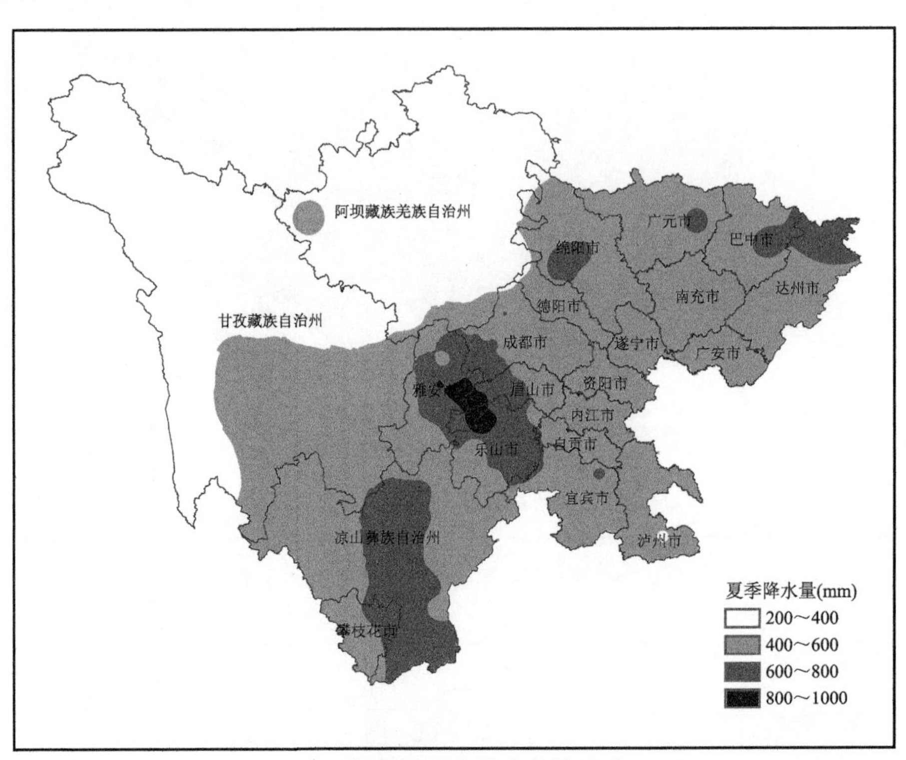

图 1.35　四川省夏季降水量分布图(单位:mm)

(2)降水日数

夏季全省平均降水日数为 49.6 d,盆地 30～50 d,川西南山地 40～60 d,川西北高原 50～70 d;九龙最多为 73.8 d,宜宾县最少为 27.9 d(图 1.36)。

1.3.2.2.3　秋季降水

(1)降水量

秋季降水量略多于春季,且多绵雨。盆地区东北部和西部至川西高原南部是秋季雨量最多的地区,为 200～300 mm,部分在 300 mm 以上。川西高原北部东面 150～200 mm,西面 100～150 mm,仍以得荣最少,58 mm(图 1.37)。

(2)降水日数

秋季全省平均降水日数为 38.9 d,盆地 30～50 d,川西南山地 30～40 d,川西北高原 20～40 d;峨眉山最多为 65.7 d,天全次多为 62.1 d,得荣最少为 15.8 d(图 1.38)。

1.3.2.2.4　冬季降水

(1)降水量

冬季是全年降水最少的季节,冬季降水量最多中心在盆地南部和西南部,也只有 50～100 mm,局部略多于 100 mm,盆地其余地区 25～50 mm;川西高原南部地区多为 10～

25 mm，川西高原北部地区普遍在 10 mm 以下(图 1.39)。

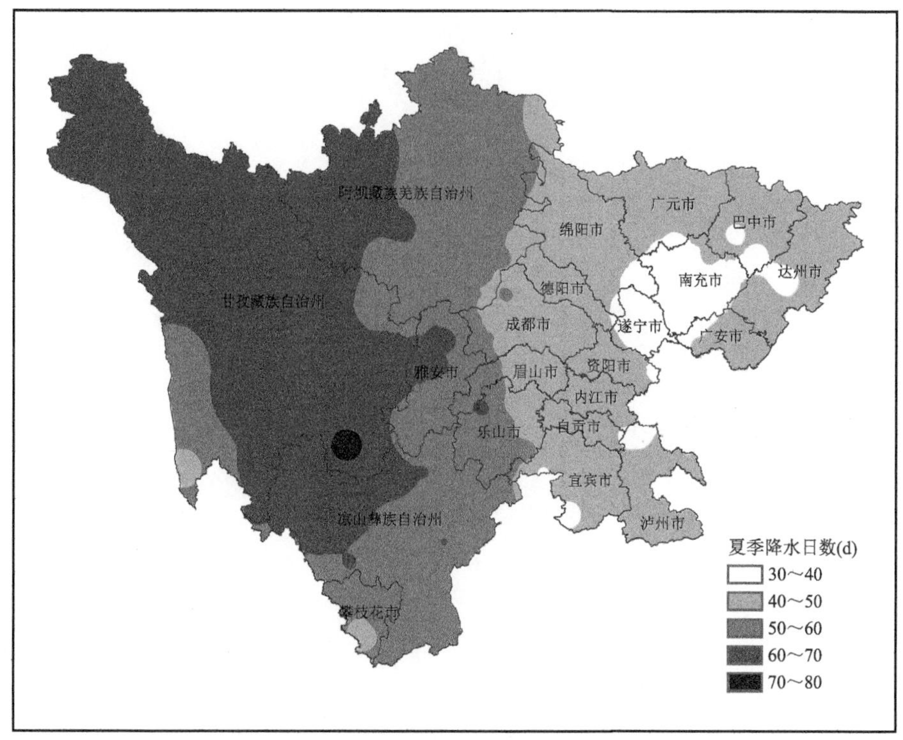

图 1.36　四川省夏季降水日数分布图(单位：d)

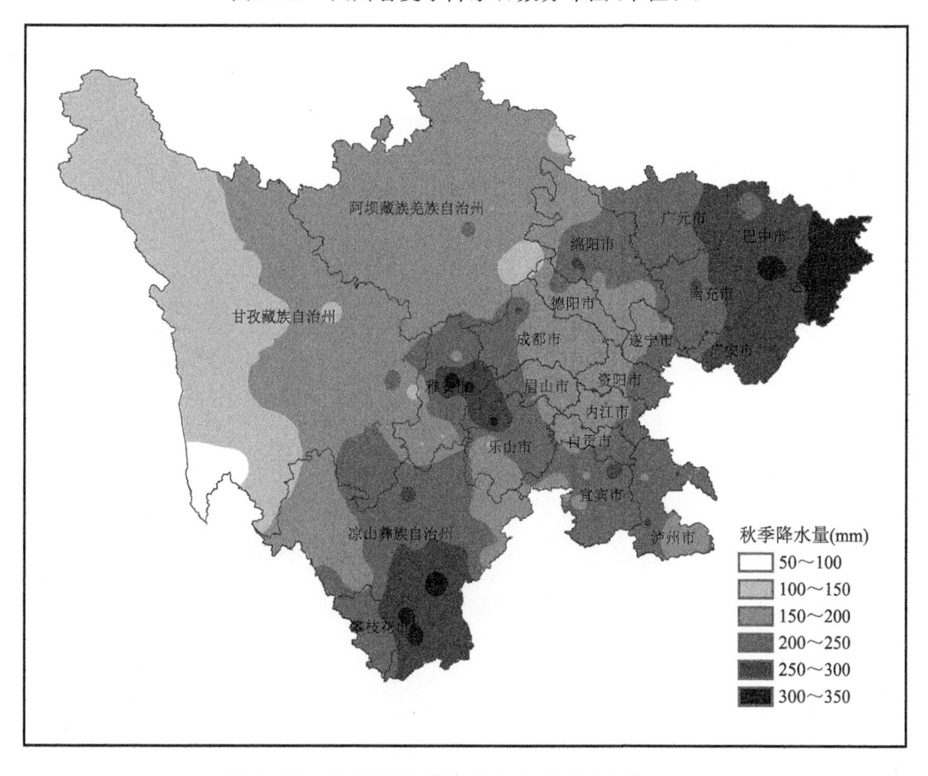

图 1.37　四川省秋季降水量分布图(单位：mm)

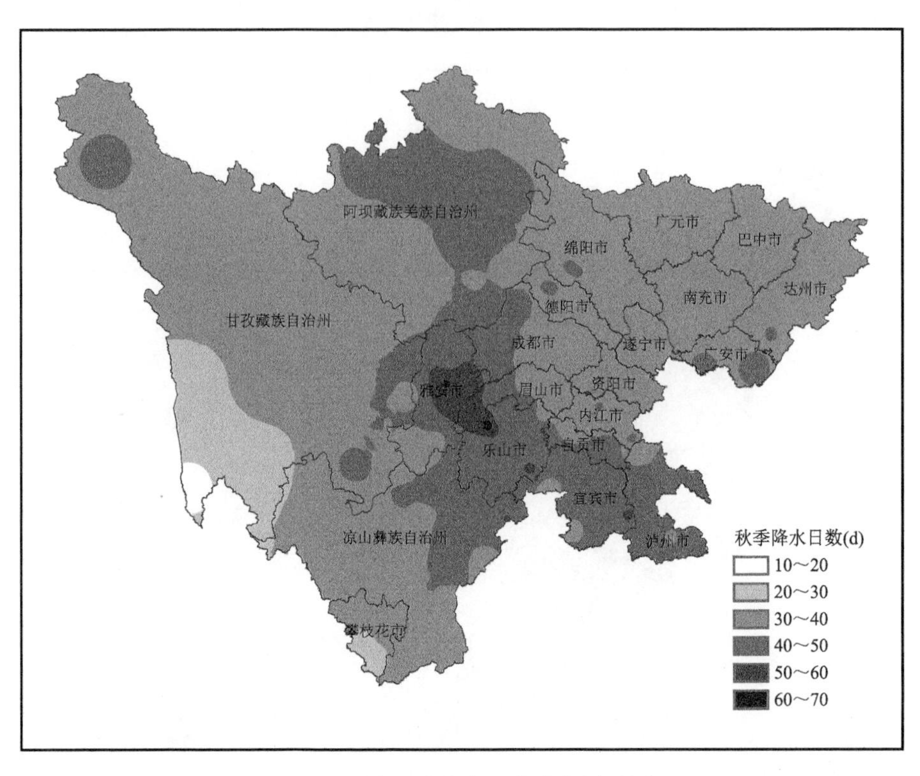

图 1.38　四川省秋季降水日数分布图(单位:d)

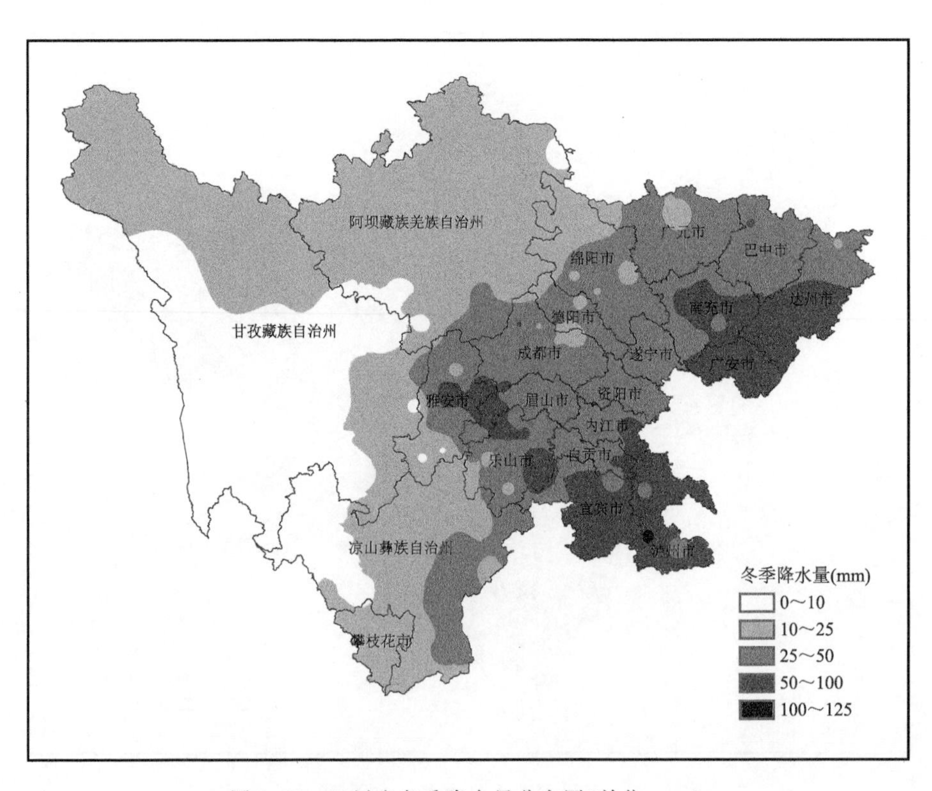

图 1.39　四川省冬季降水量分布图(单位:mm)

(2)降水日数

冬季全省平均降水日数为 21.1 d,盆地 2～17 d,川西南山地 2～12 d,川西北高原 1～9 d;峨眉山最多 48.1 d,兴文次多为 47.0 d,巴塘最少为 1.6 d(图 1.40)。

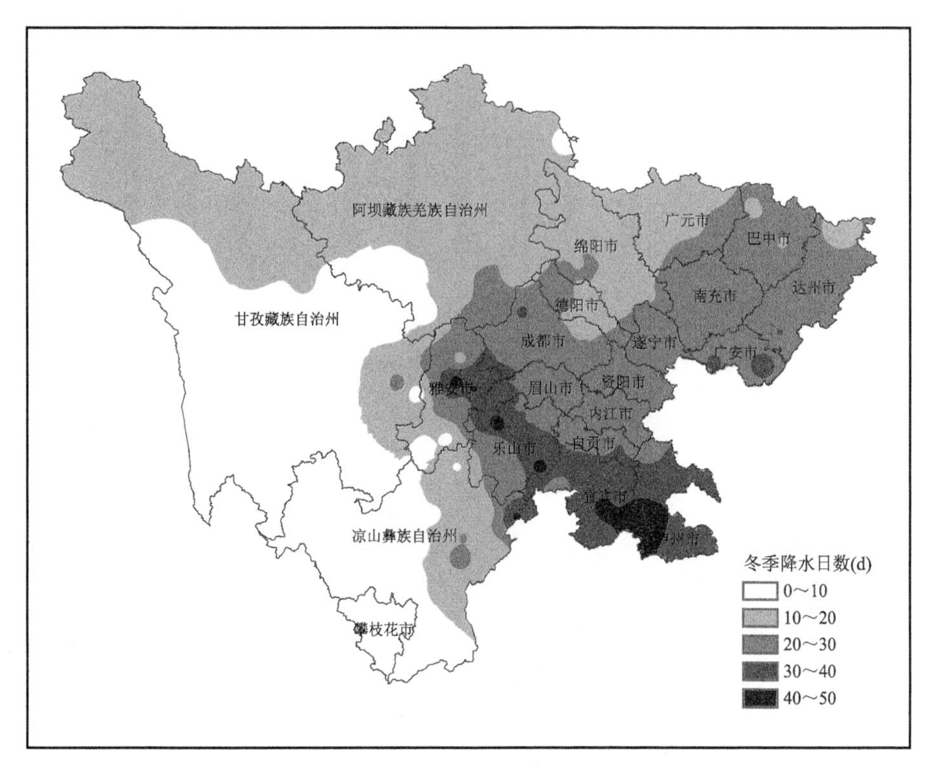

图 1.40　四川省冬季降水日数分布图(单位:d)

1.3.3　日照

全省平均年日照时数为 1416.7 h,1978 年最多(1676.7 h),1989 年最少(1270.8 h)。年内各月平均日照时数变化如图 1.41,冬季 272.1 h,占全年日照的 19.2%;春季 414.9 h,占全年日照的 29.3%;夏季 421.9 h,占全年日照的 29.8%;秋季 290.5 h,占全年日照的 20.5%。汛期与盛夏日照时数分别为 689.4 h、306.2 h,分别占全年日照的 48.7%、21.6%(图 1.41)。

1.3.3.1　年日照

全省各地年日照时数的地域分布很不均衡,盆地云多雾重日照时数少,高原山地多晴少云日照时数多。川西高原和攀西地区大部 1600～2400 h,部分地区在 2400 h 以上,其中攀枝花为全省最多,达 2651.0 h。盆地大部 900～1600 h,局部不足 900 h,其中宝兴 749.4 h 为全省最少(图 1.42)。

1.3.3.2　四季日照

1.3.3.2.1　春季日照

春季全省平均日照时数为 414.9 h,盆地 200～400 h,川西南山地 500～800 h,川西北高原 500～600 h。攀枝花最多达 813.3 h,宝兴最少为 206.4 h(图 1.43)。

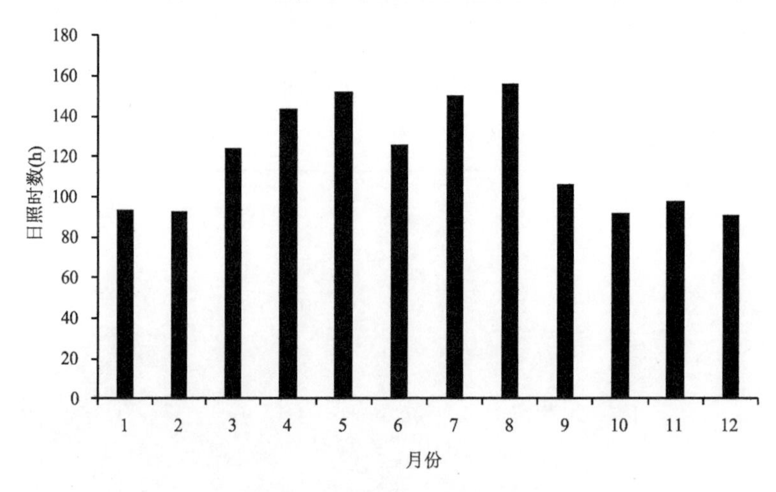

图 1.41　四川省 1—12 月平均日照时数变化图(单位:h)

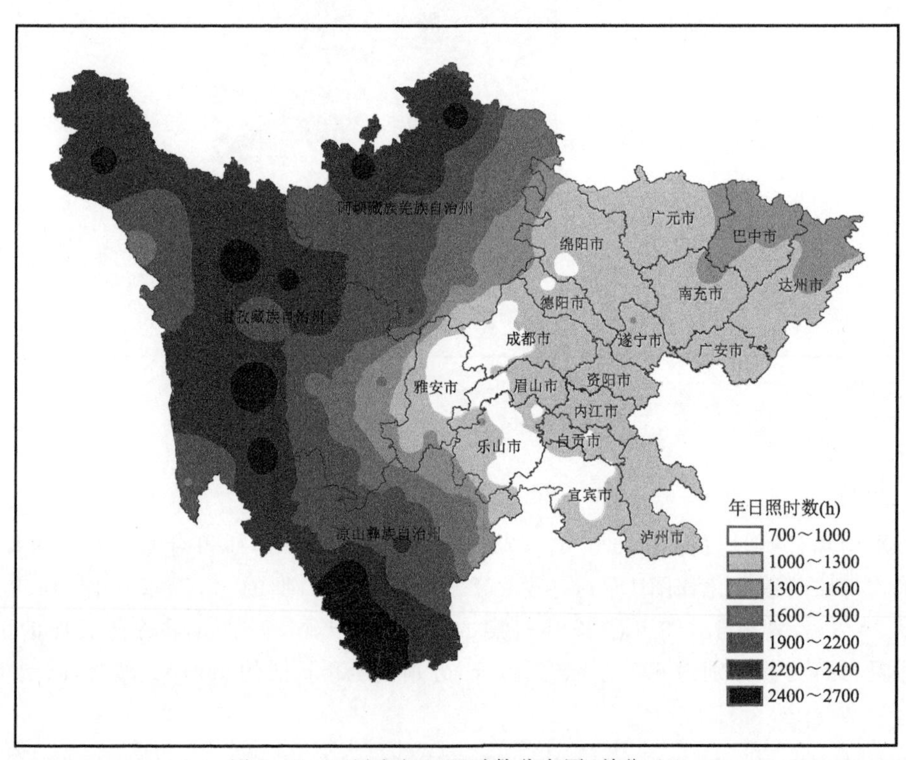

图 1.42　四川省年日照时数分布图(单位:h)

1.3.3.2.2　夏季日照

夏季全省平均日照时数为 432.0 h,盆地 300～500 h,川西南山地 400～500 h,川西北高原 500～600 h。若尔盖最多达 619.2 h,宝兴最少为 241.4 h(图 1.44)。

1.3.3.2.3　秋季日照

秋季全省平均日照时数为 293.9 h,盆地 150～300 h,川西南山地 400～500 h,川西北高原 400～600 h。理塘最多达 660.2 h,峨眉山市最少为 132.7 h(图 1.45)。

1.3.3.2.4　冬季日照

冬季全省平均日照时数为 272.1 h,盆地 100～300 h,川西南山地 500～700 h,川西北高原 500～7000 h。稻城最多达 774.0 h,邻水最少 75.2 h,南溪次少为 75.4 h(图 1.46)。

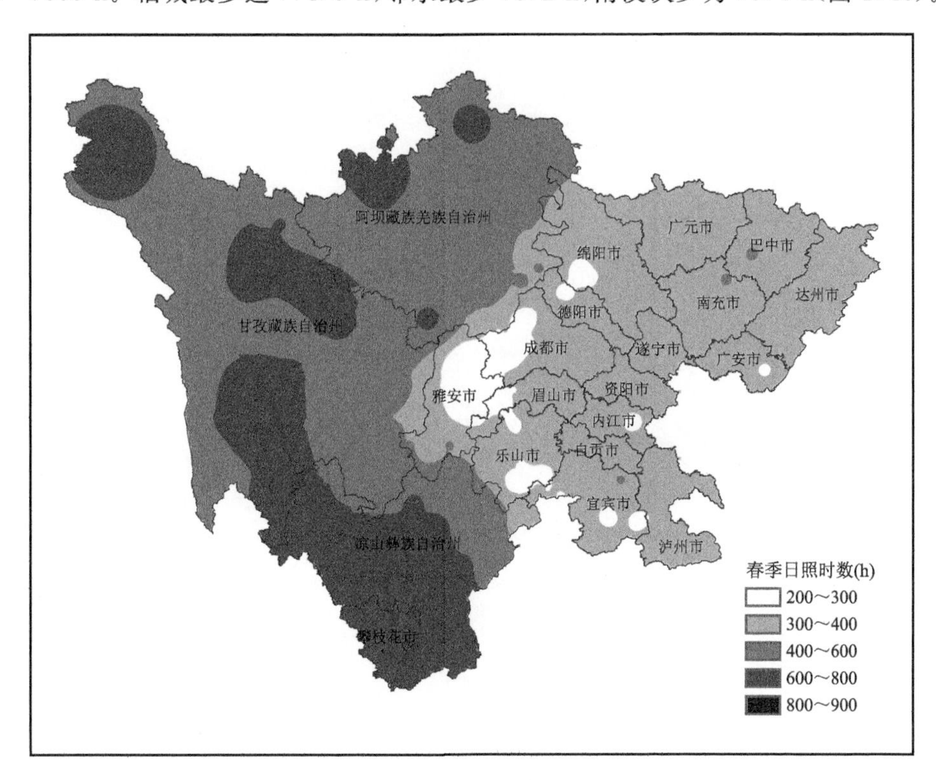

图 1.43　四川省春季日照时数分布图(单位:h)

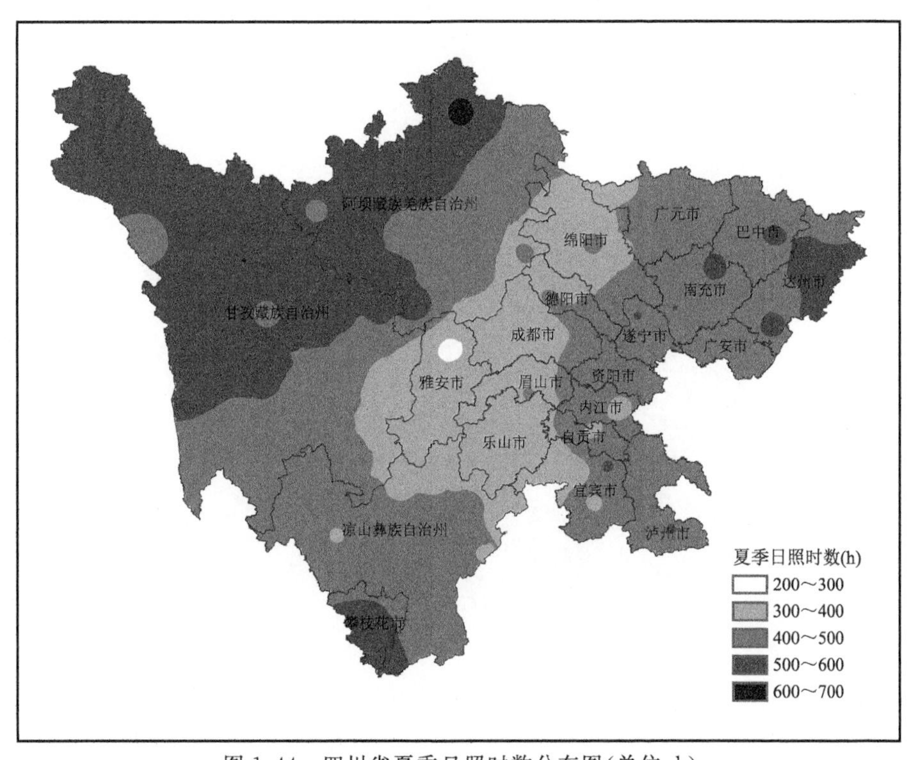

图 1.44　四川省夏季日照时数分布图(单位:h)

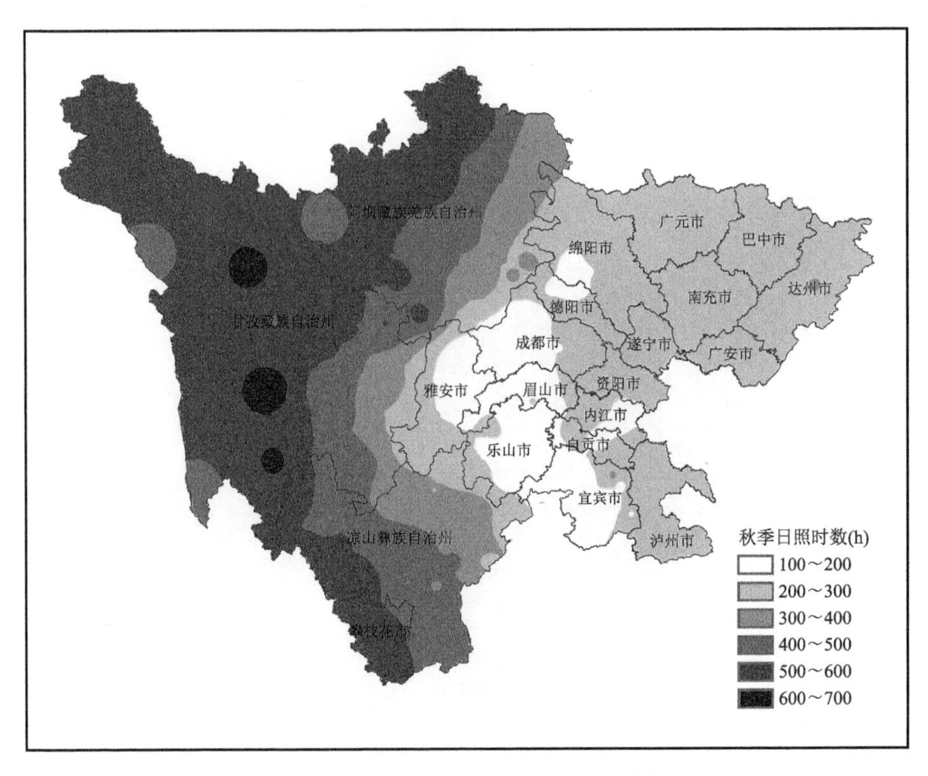

图 1.45　四川省秋季日照时数分布图(单位:h)

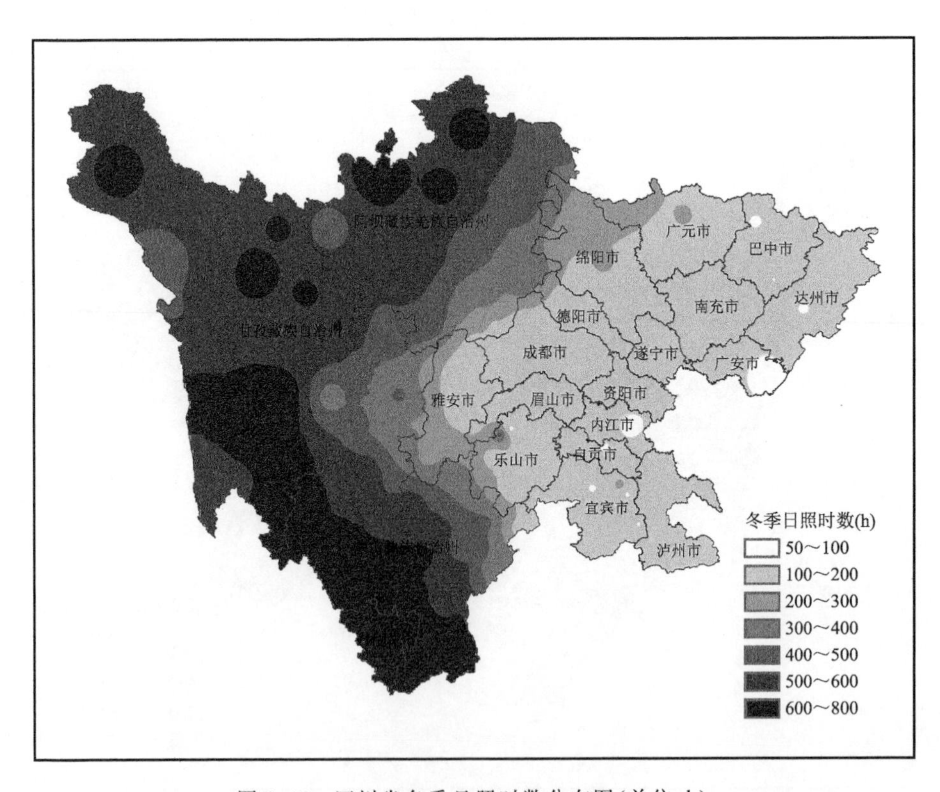

图 1.46　四川省冬季日照时数分布图(单位:h)

1.3.4　相对湿度

全省年平均空气相对湿度为 74%，1964 年和 1989 年并列最大(77%)，2013 年最小(68%)。年内各月平均空气相对湿度变化如图 1.47，冬季 72%，春季 69%，夏季 78%，秋季 79%；冬春季较小，夏秋季较大，汛期与盛夏分别为 77%、79%。

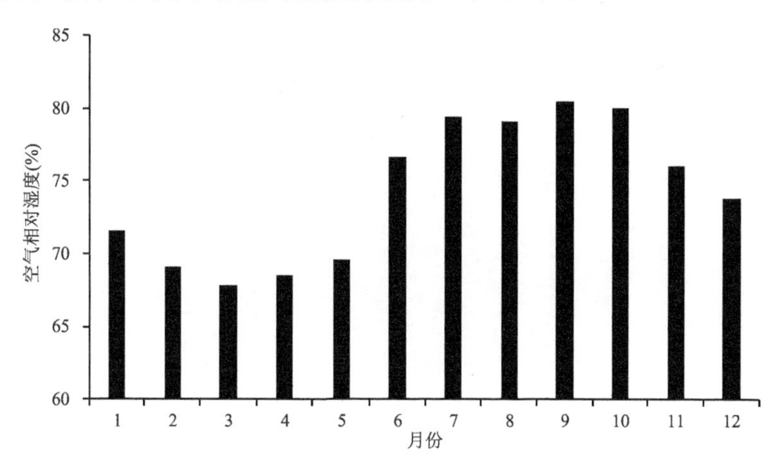

图 1.47　四川省 1—12 月平均空气相对湿度变化图(单位：%)

1.3.4.1　年相对湿度

全省各地年平均空气相对湿度自西向东逐渐增大，川西高原和攀西地区大部为 50%～70%，甘孜州西南部分地区小于 50%，其中得荣只有 46%，为全省最低。盆地大部在 70%以上，其中盆东北、盆西南和盆南 80%以上，蒲江、南溪、隆昌和江安达 85%，为全省最高(图 1.48)。

1.3.4.2　四季相对湿度

1.3.4.2.1　春季相对湿度

春季全省平均相对湿度为 68.8%，盆地 60%～80%，川西南山地 40%～70%，川西北高原 40%～60%。峨眉山站最高达 85.3%，得荣最低 39.0%，攀枝花次低为 39.8%(图 1.49)。

1.3.4.2.2　夏季相对湿度

夏季全省平均相对湿度为 78.5%，盆地 70%～85%，川西南山地 70%～80%，川西北高原 60%～80%。峨眉山站最高达 88.1%，得荣最低为 57.7%(图 1.50)。

1.3.4.2.3　秋季相对湿度

秋季全省平均相对湿度为 78.9%，盆地 80%～85%，川西南山地 60%～80%，川西北高原 50%～80%。峨眉山站最高达 89.5%，得荣最低为 50.4%(图 1.51)。

1.3.4.2.4　冬季相对湿度

冬季全省平均相对湿度为 71.7%，盆地 70%～80%，川西南山地 40%～70%，川西北高原 30%～60%。大竹最高达 87.6%，巴塘最低为 30.5%(图 1.52)。

1.3.5　风速

全省年平均风速为 1.6 m/s，1972 年最大达 1.7 m/s，2000 年最小为 1.3 m/s。年内各月平均风速变化如图 1.53，冬季 1.3 m/s，春季 1.7 m/s，夏季 1.4 m/s，秋季 1.2 m/s；秋冬季平均风速小,春季平均风速大,汛期与盛夏分别为 1.4 m/s、1.3 m/s。

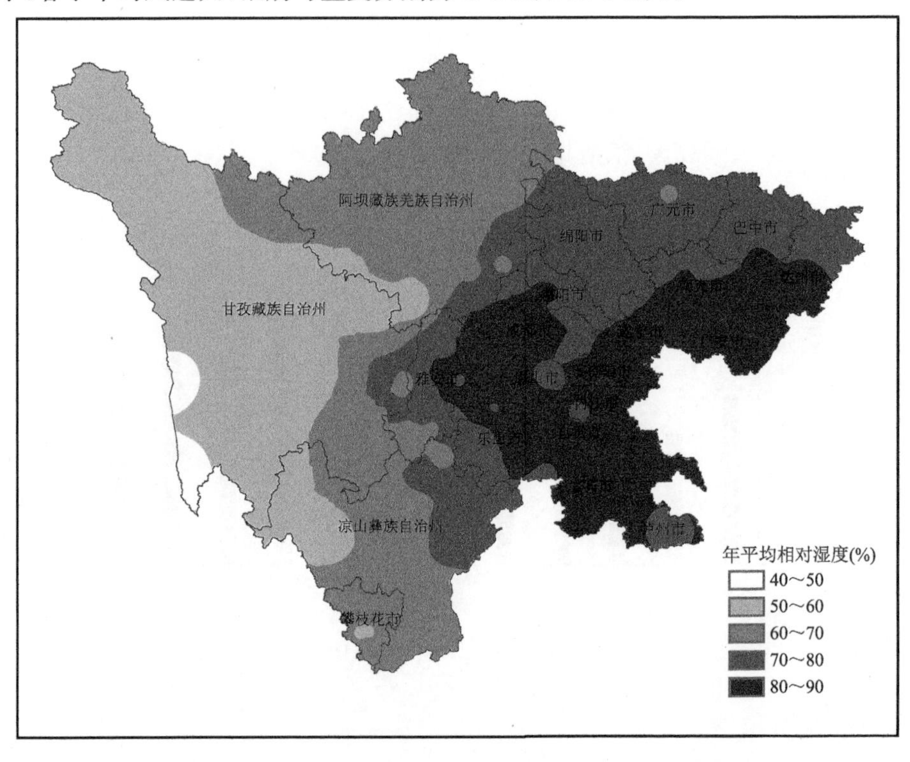

图 1.48　四川省年平均空气相对湿度分布图(单位:%)

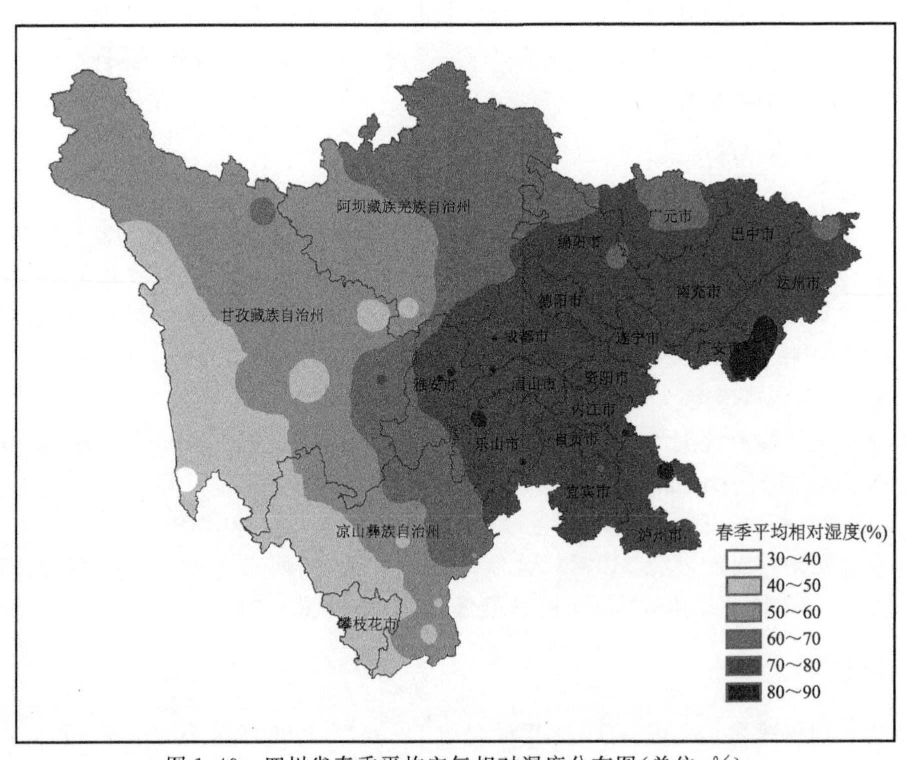

图 1.49　四川省春季平均空气相对湿度分布图(单位:%)

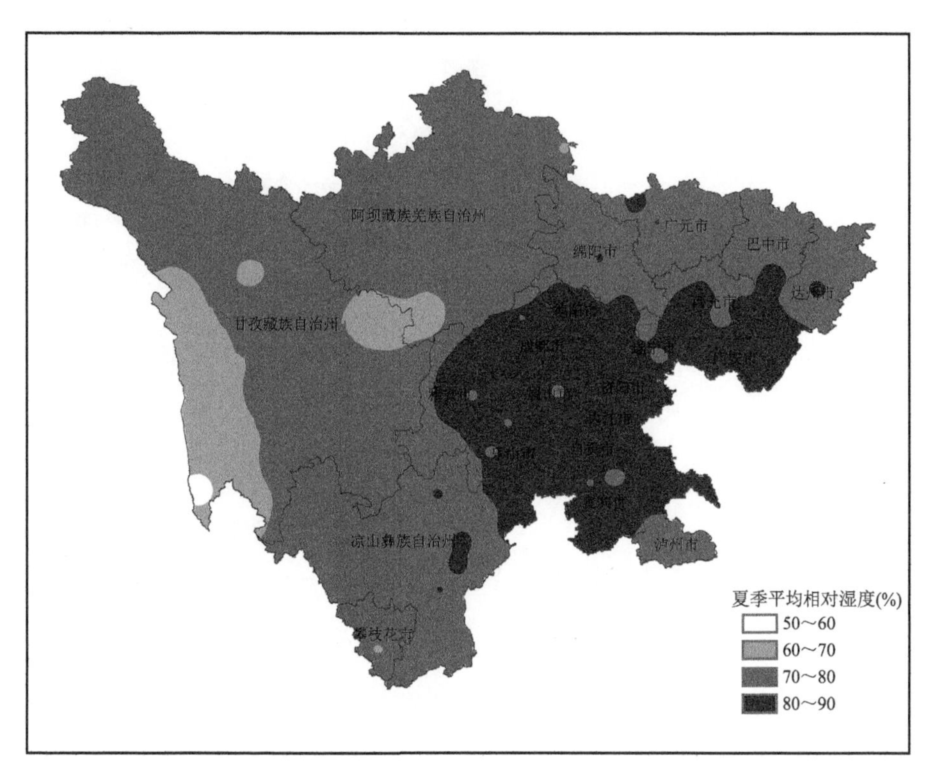

图 1.50　四川省夏季平均空气相对湿度分布图(单位:%)

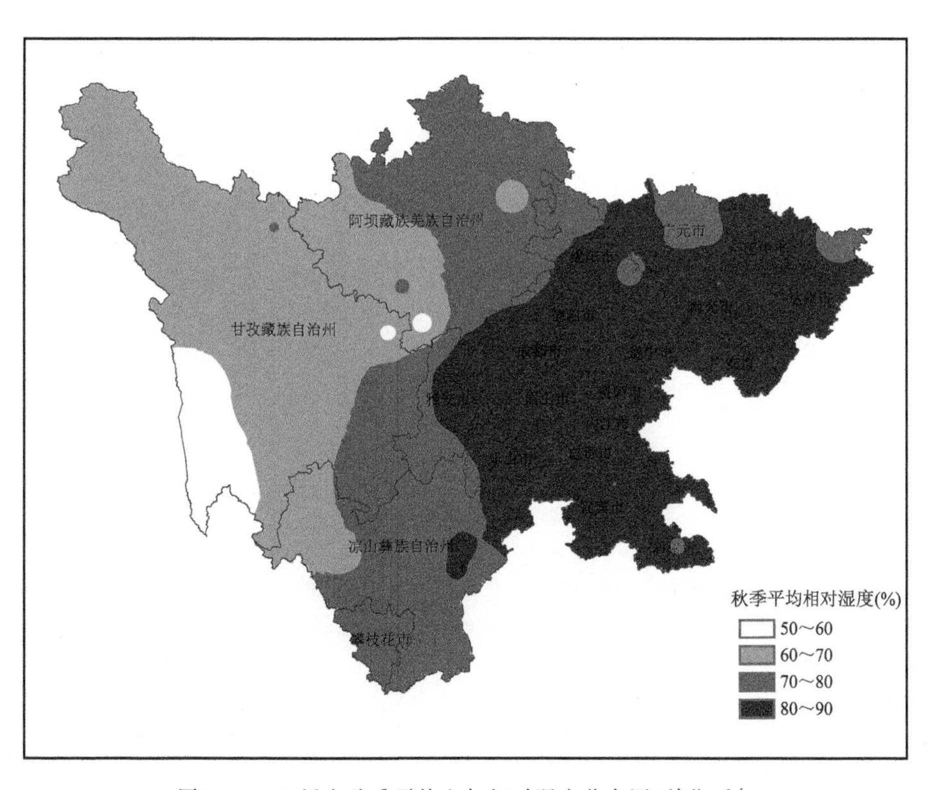

图 1.51　四川省秋季平均空气相对湿度分布图(单位:%)

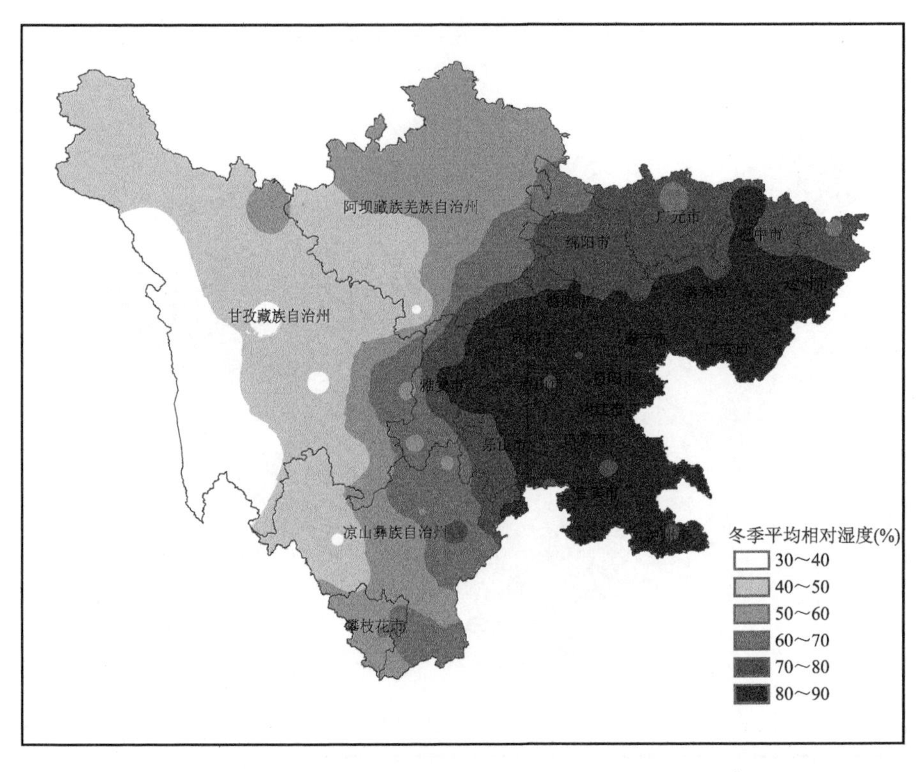

图 1.52　四川省冬季平均空气相对湿度分布图(单位:%)

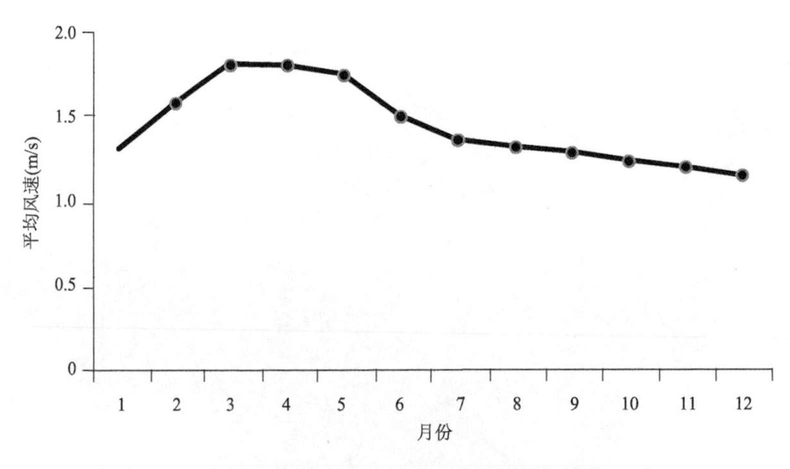

图 1.53　四川省 1—12 月平均风速变化图(单位:m/s)

1.3.5.1　年风速

全省大部地区年平均风速 3.0 m/s 以下,其中川西高原的北部和东南部、攀西地区中部 2～3 m/s,德昌 3.3 m/s 为全省最大。省内其余地区 2 m/s 以下,平武 0.5 m/s 为全省最小(图 1.54)。

1.3.5.2　四季风速

1.3.5.2.1　春季风速

春季全省平均风速为 1.7 m/s,盆地 1～2 m/s,川西南山地 2～4 m/s,川西北高原 1～

4 m/s。德昌最大为4.2 m/s,平武、汶川、天全、芦山等最小为0.7 m/s(图1.55)。

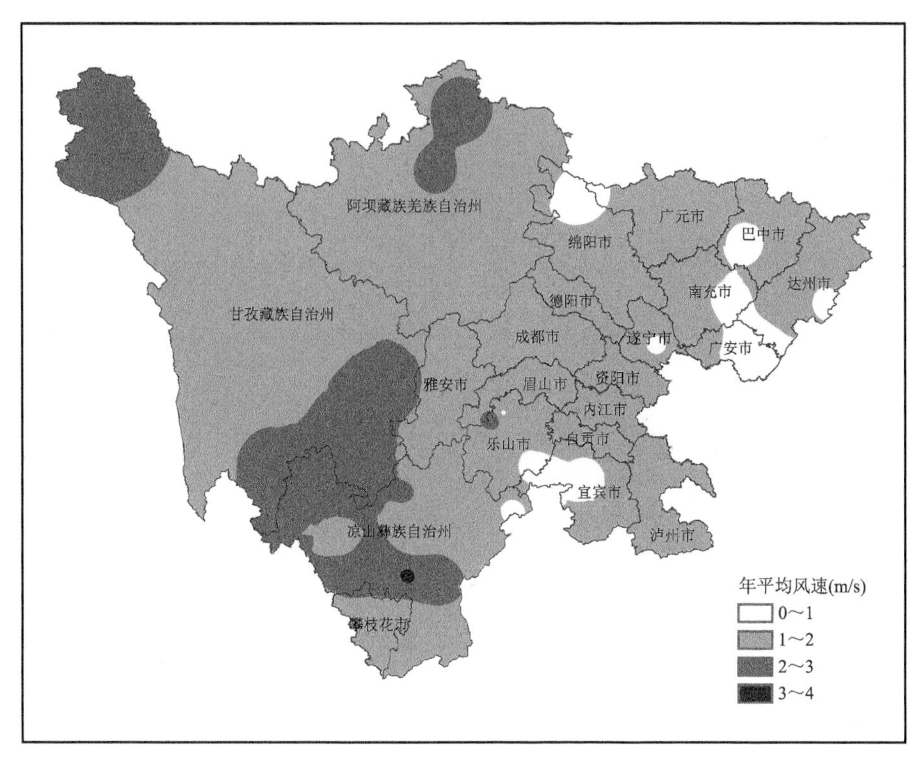

图1.54 四川省年平均风速分布图(单位:m/s)

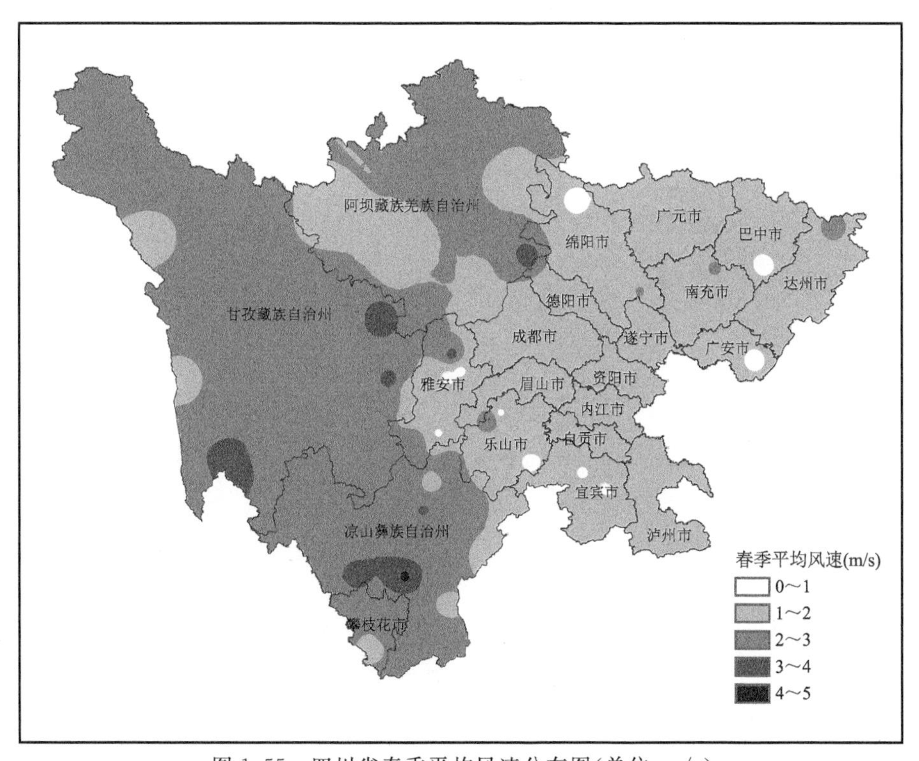

图1.55 四川省春季平均风速分布图(单位:m/s)

1.3.5.2.2　夏季风速

夏季全省平均风速为 1.4 m/s,盆地 1～2 m/s,川西南山地 1～3 m/s,川西北高原 1～3 m/s。茂县最大为 3.2 m/s,汉源最小为 0.5 m/s(图 1.56)。

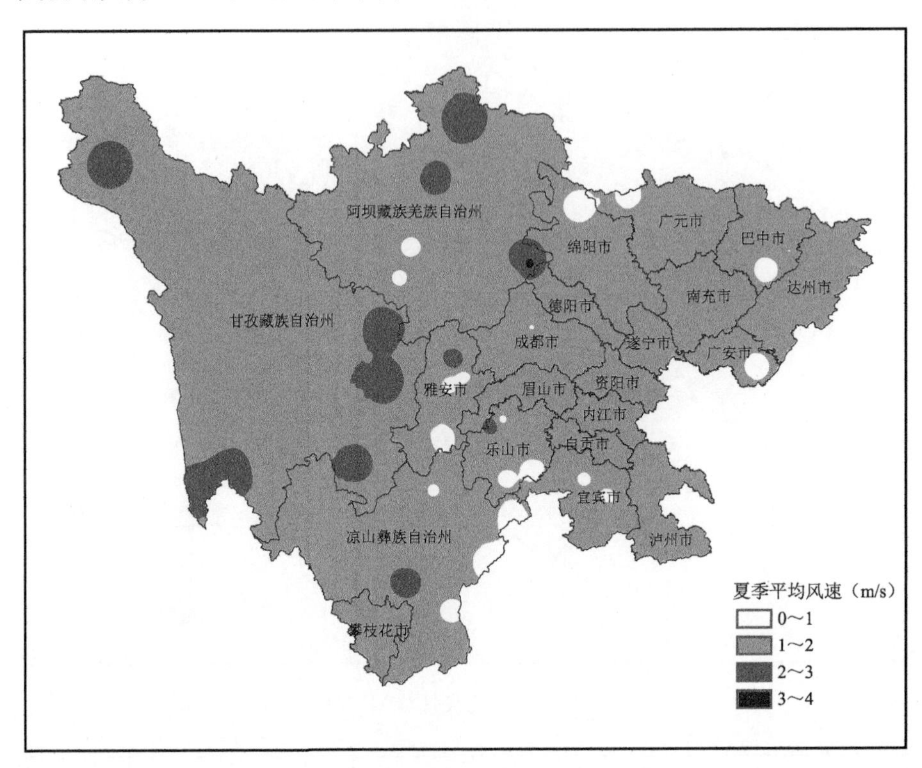

图 1.56　四川省夏季平均风速分布图(单位:m/s)

1.3.5.2.3　秋季风速

秋季全省平均风速为 1.2 m/s,盆地 0.5～2 m/s,川西南山地 1～3 m/s,川西北高原 1～3 m/s。茂县最大为 3.3 m/s,德昌次大为 3.0 m/s,平武最小为 0.3 m/s(图 1.57)。

1.3.5.2.4　冬季风速

冬季全省平均风速为 1.3 m/s,盆地 0.5～2 m/s,川西南山地 1～3 m/s,川西北高原 1～3 m/s。茂县、德昌最大为 3.6 m/s,沐川、平武、天全等最小为 0.4 m/s(图 1.58)。

1.3.6　云量

全省年平均总云量为 8 成,1966 年最多达到 8.4 成,2002 年最少为 7.1 成。年内各月平均总云量变化如图 1.59,冬季 7 成,春季 8 成,夏季 8 成,秋季 8 成;汛期与盛夏均为 8 成;年内各季节云量都较多。

1.3.6.1　年云量

全省各地年平均总云量的总体分布为东部盆地多、西部高原山地少。川西高原和攀西地区大都在 7 成以下,甘孜州大部和凉山州南部不到 6 成,其中木里只有 5 成,为全省最少。盆地大部分地区在 7 成以上,其中雅安达 9 成为全省最多(图 1.60)。

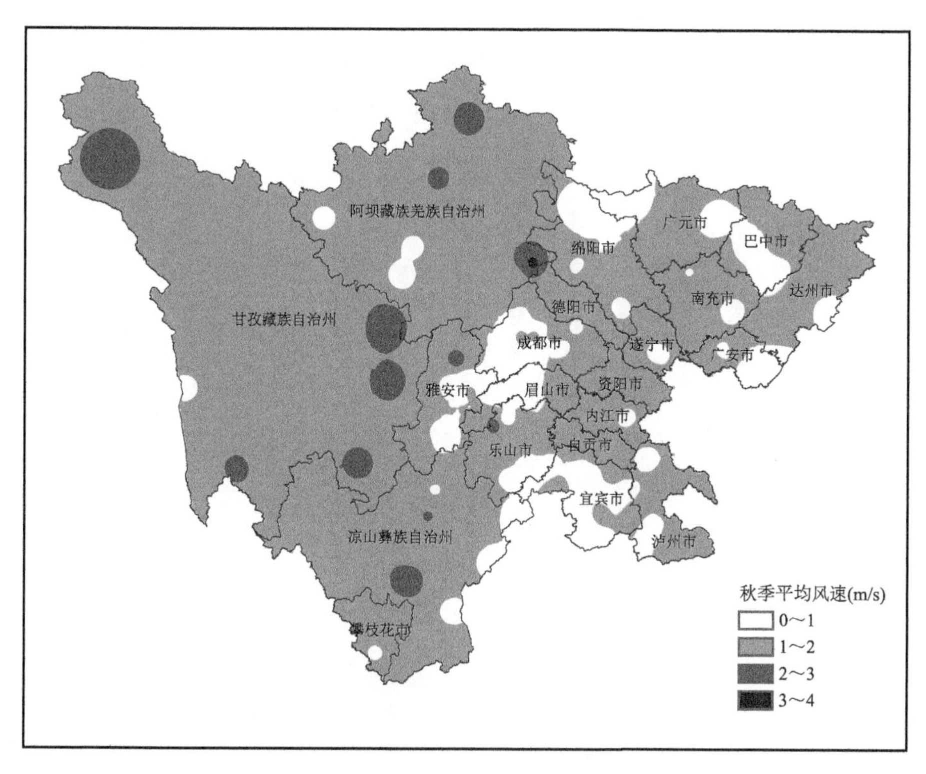

图 1.57 四川省秋季平均风速分布图(单位:m/s)

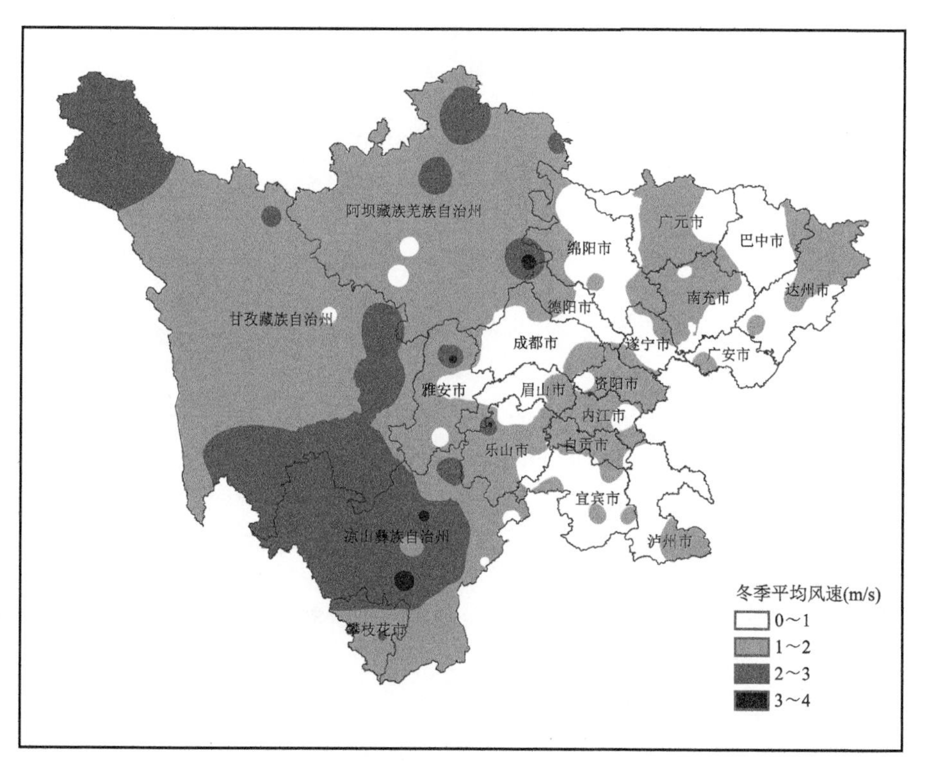

图 1.58 四川省冬季平均风速分布图(单位:m/s)

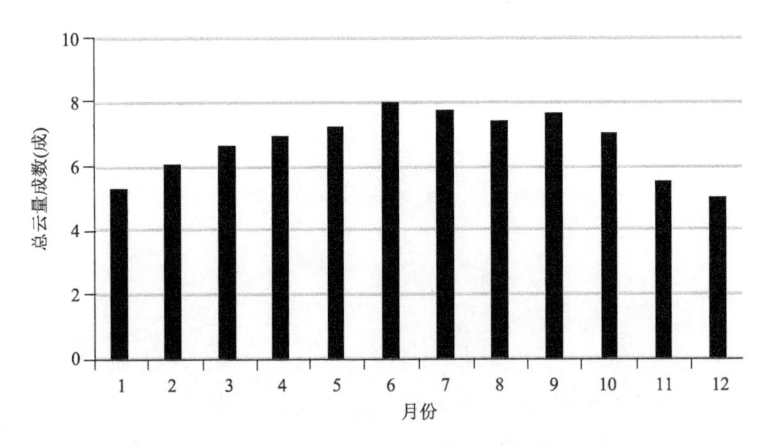

图 1.59　四川省 1—12 月平均总云量变化图(单位:成)

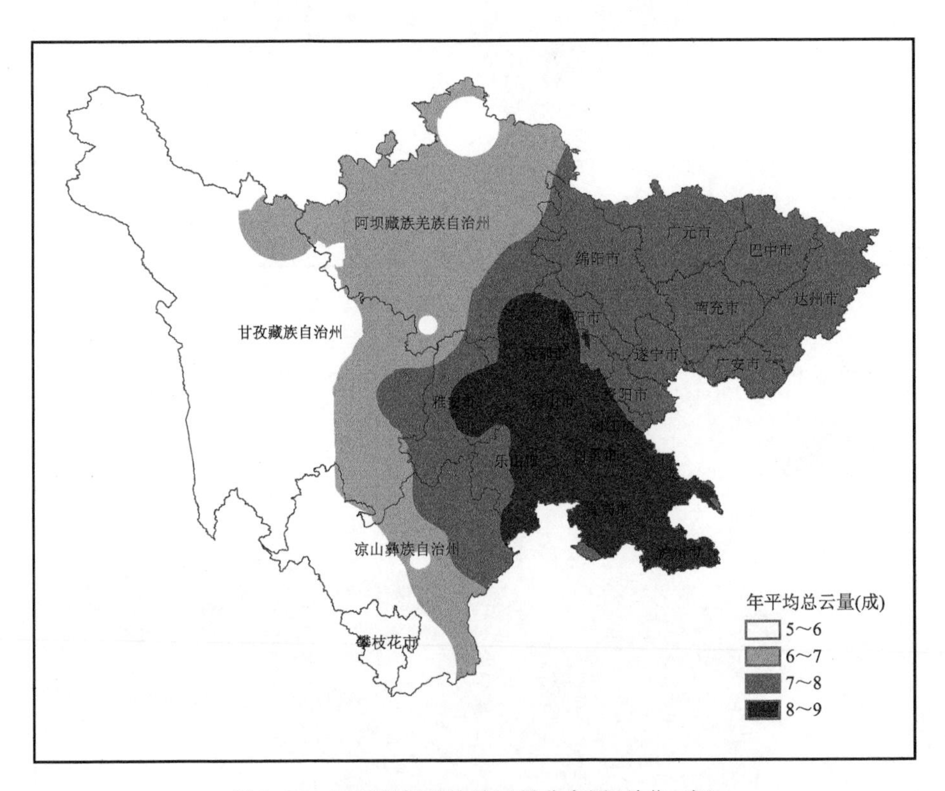

图 1.60　四川省年平均总云量分布图(单位:成)

1.3.6.2　四季云量

1.3.6.2.1　春季云量

春季全省平均总云量为 7.6 成,盆地 7～8.5 成,川西南山地 5～8 成,川西北高原 6～8 成。荥经最多达 8.9 成,攀枝花最少为 4.3 成(图 1.61)。

1.3.6.2.2　夏季云量

夏季全省平均总云量为 7.9 成,盆地 7～8.5 成,川西南山地 8～8.5 成,川西北高原 7～8.5 成。九龙最多达 8.9 成,若尔盖最少为 6.7 成(图 1.62)。

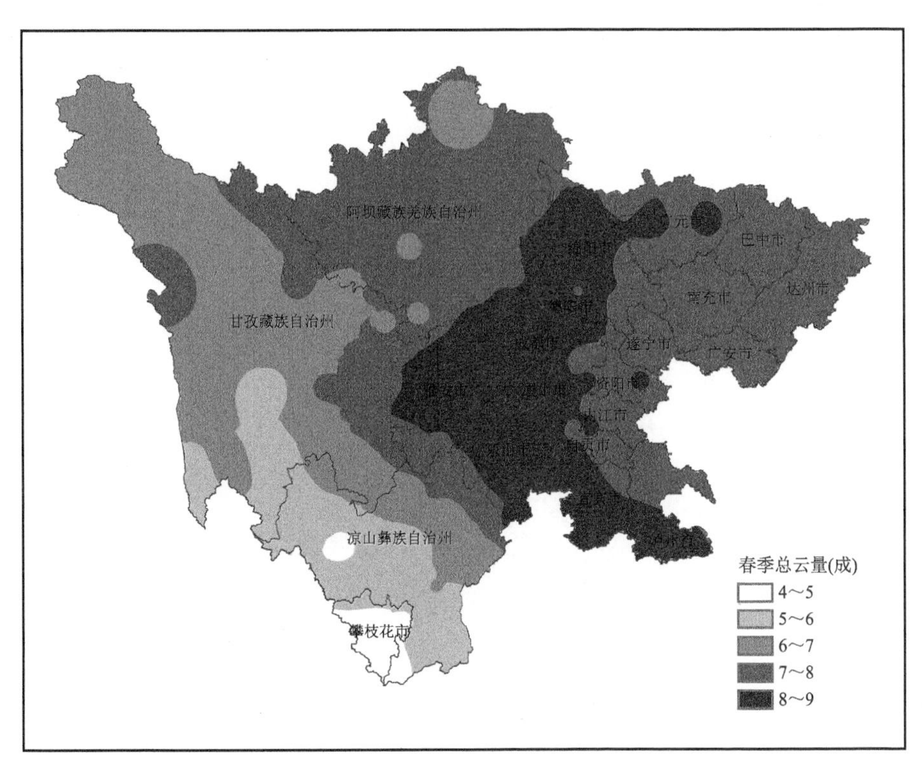

图1.61　四川省春季平均总云量分布图(单位:成)

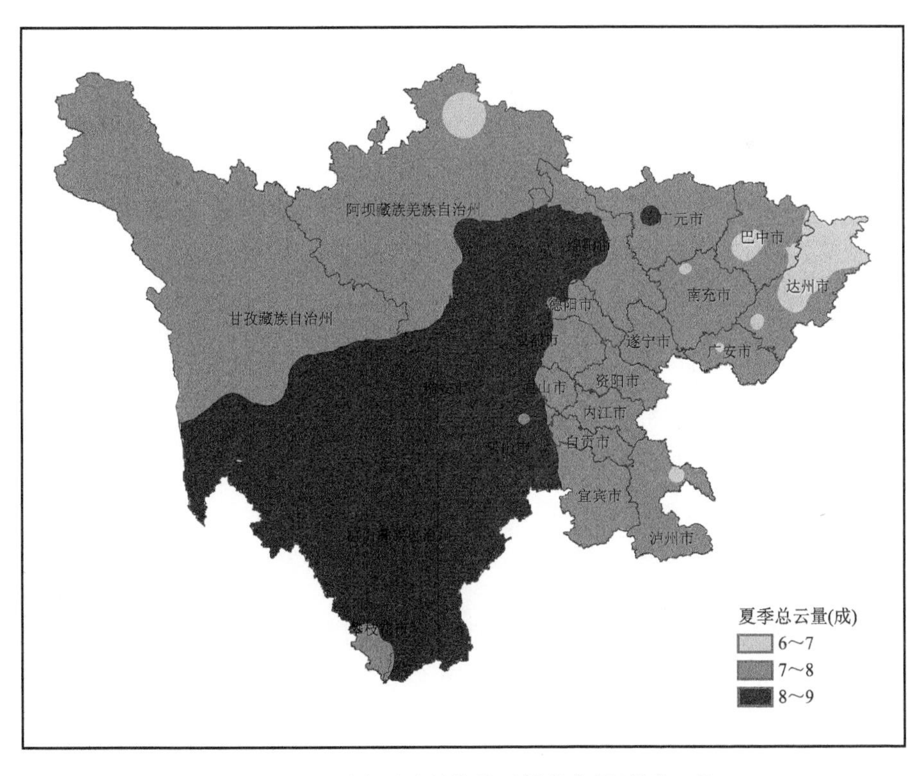

图1.62　四川省夏季平均总云量分布图(单位:成)

1.3.6.2.3　秋季云量

秋季全省平均总云量为 7.7 成，盆地 7～9 成，川西南山地 5～7 成，川西北高原 5～6 成。荥经最多达 9.3 成，得荣、理塘最少为 4.5 成（图 1.63）。

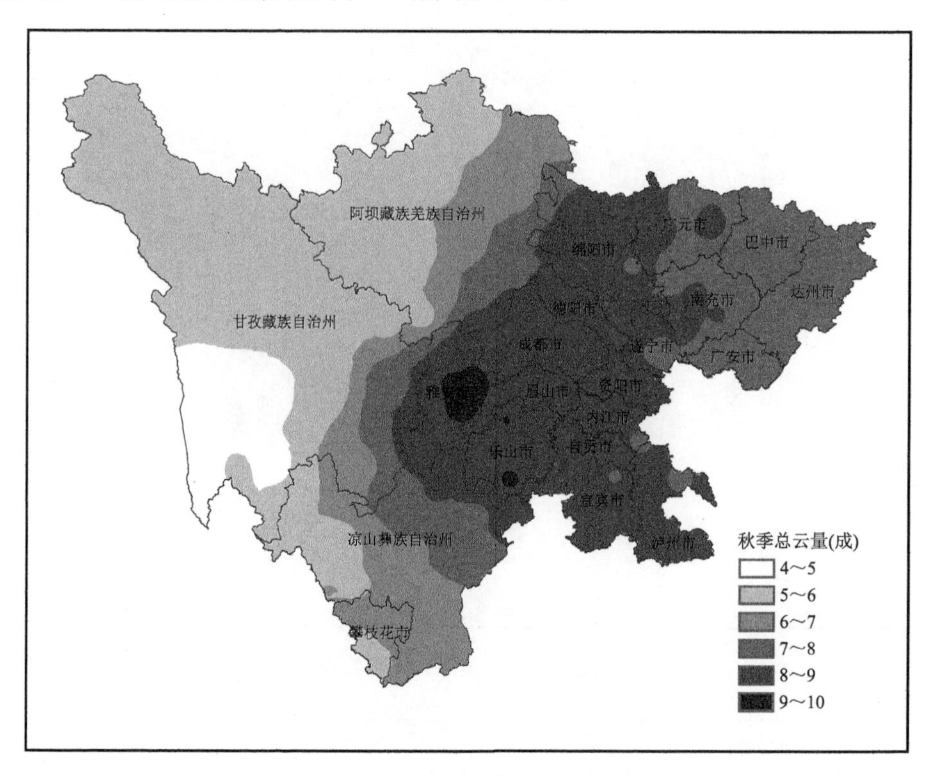

图 1.63　四川省秋季平均总云量分布图（单位：成）

1.3.6.2.4　冬季云量

冬季全省平均总云量为 7 成，盆地 6～9 成，川西南山地 2～6 成，川西北高原 2～6 成。沐川、兴文、荥经最多达 9 成，木里最少为 1.9 成，稻城次少为 2 成（图 1.64）。

1.4　气象灾害

四川气象灾害种类多，波及面广，灾害频繁。气象灾害主要有干旱、暴雨洪涝、大风、冰雹、高温、秋绵雨、低温霜冻等，其中干旱、暴雨洪涝是对社会经济、人民生活影响最大，危害最重的气象灾害。

1.4.1　干旱

由于四川地形复杂，气候条件差异较大，四川盆地、川西高原和攀西地区出现季节性干旱定义有所区别，按四川省地方标准简述如下（刘庆 等，2014）。

(1)盆地区：

春旱：在 3 月 1 日—5 月 5 日中，任意连续 30 d 的总降水量小于 20 mm。

夏旱：在 4 月 26 日—7 月 5 日中，任意连续 20 d 的总降水量小于 30 mm。

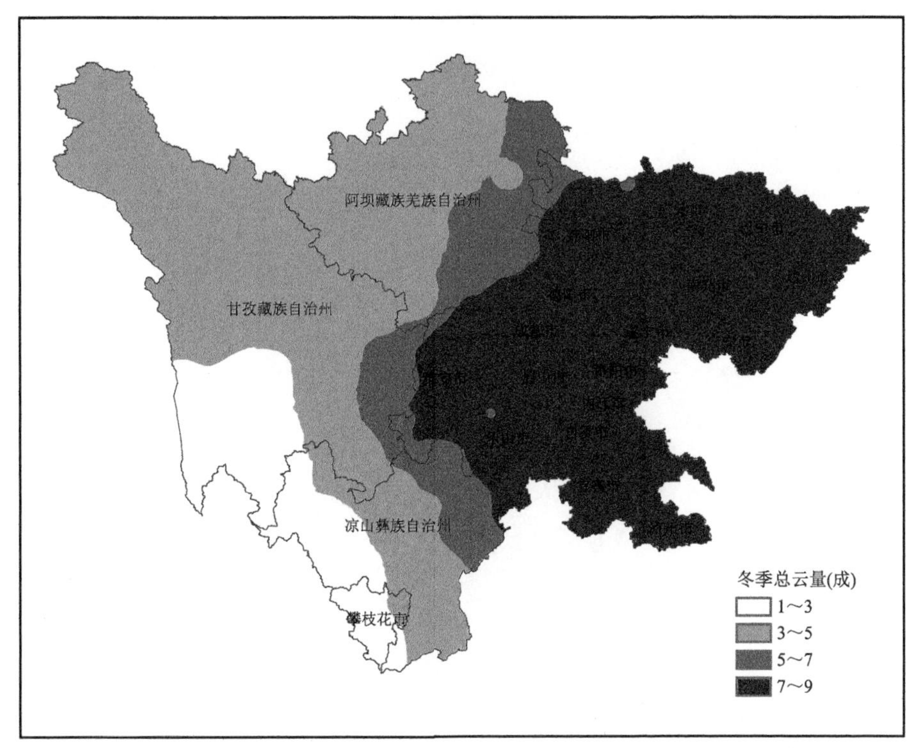

图1.64　四川省冬季平均总云量分布图(单位:成)

伏旱:在6月26日—9月5日中,任意连续20 d的总降水量小于35 mm。

(2)川西高原区:

春旱:在3月1日—5月5日中,任意连续30 d的总降水量小于10 mm。

夏旱:在4月26日—7月5日中,任意连续20 d的总降水量小于25 mm。

伏旱:在6月26日—9月10日中,任意连续20 d的总降水量小于20 mm。

(3)攀西地区:

春旱:在3月1日—5月5日中,任意连续30 d的总降水量小于15 mm。

夏旱:在4月26日—7月5日中,任意连续20 d的总降水量小于30 mm。

伏旱:在6月26日—9月10日中,任意连续20 d的总降水量小于30 mm。

干旱频率以该地干旱出现年数占统计资料年数的百分比来表示,频率愈大,干旱愈频繁。四川省盆地区春旱频率呈现出由西向东逐渐减少的特征,成都、德阳、绵阳、广元是春旱的高发区域,发生频率大多为60%~80%;而盆地东部和南部部分地方在20%以下。攀西地区春旱频率大都在80%以上,凉山州东北多为40%~60%。阿坝州少有春旱发生,中北部频率在20%以下;甘孜州从东北到西南春旱发生频率不断增加,西南部春旱发生频率最高,大部分地方在80%以上,东北部大多为40%~60%。全省乡城、盐源等地春旱频率最高,为98%,理县、天全等地几乎未监测到春旱(频率为2%)(图1.65)。

四川省盆地区夏旱呈现出与春旱相似的分布特征,西部大于东部。常发区范围和出现频率要高于春旱,在成都、德阳、绵阳和广元西部大片区域,夏旱发生频率高达80%以上,江油、绵阳达到93.0%;盆地东部和南部发生频率在20%~40%。攀西地区、川西高原夏旱与春旱分布基本一致,只是高发区范围偏小。全省得荣夏旱频率最高,为96%,天全、黑水、红原等地

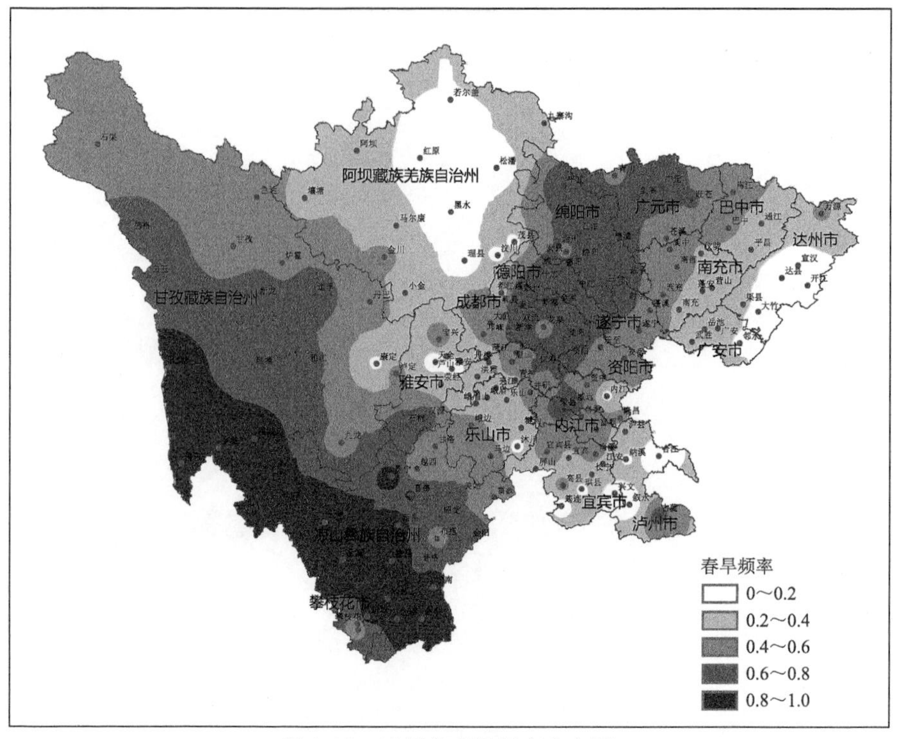

图 1.65　四川省春旱频率分布图

最低,只有 5%~7%(图 1.66)。

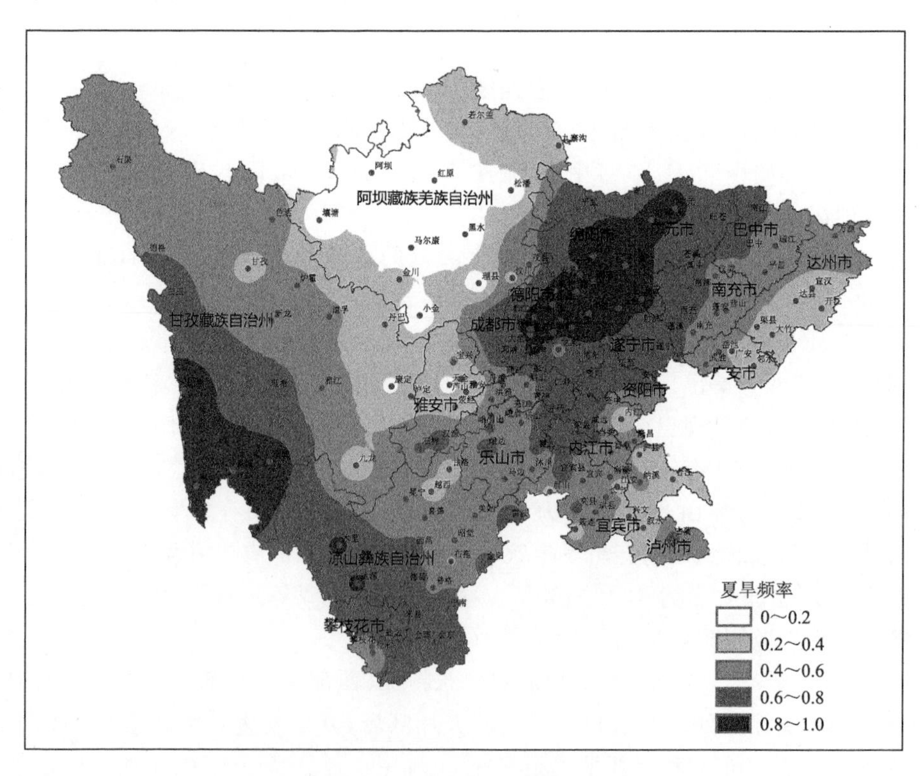

图 1.66　四川省夏旱频率分布图

四川盆地伏旱分布形势与春旱、夏旱正相反，干旱频率是东部高于西部，在南充、遂宁南部、广安西部、资阳东部以及泸州东南等地，伏旱发生频率高达60%以上。攀西地区和川西高原伏旱发生频率较低，都在40%以下，大部分区域低于20%。全省伏旱发生频率古蔺最高，为78%，天全、荥经、越西、雅安、木里、洪雅等地最低，为2%～5%（图1.67）。

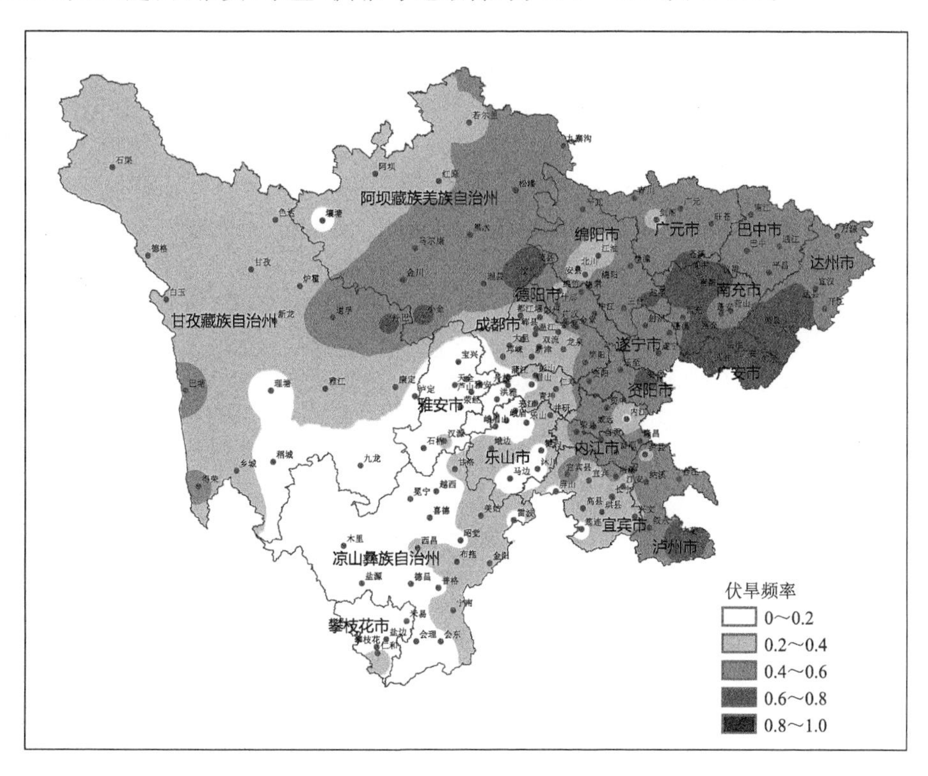

图1.67　四川省伏旱频率分布图

干旱是由于长时间降水偏少，造成空气干燥、土壤缺水、江河流量显著减少甚至断流，使工农业生产和人民生活受到影响。四川一年四季均有可能发生干旱，其中春旱、夏旱和伏旱对农业生产危害最大。四川的干旱主要由于季风气候周期变化及降水量分布不均所造成，根源是大气环流运行的异常，因此有一定的准周期规律性。20世纪60—70年代相对多旱，70年代重旱年份多；80—90年代相对少旱且程度较轻；近20年干旱增多，2006年干旱严重。四川历史典型干旱事件见表1.1。

表1.1　历史典型干旱事件

年份	事件	描述
1959	伏旱	主要分布在自贡、内江、宜宾、南充、达州大部，共75县（市），其中24县（市）发生2段伏旱。旱期在20～29 d的有31县，30～39 d的有3县，40 d及以上有17县，其中平昌为71 d，邻水65 d，古蔺、达县、宣汉64 d。仅达州就有60万 hm^2 耕地受灾，占耕地面积的93.5%；减产3成以上的达40万 hm^2。
1962	春旱	主要分布在成都、温江、绵阳、内江、自贡、乐山6区（市），共70县（市）。旱期在30～39 d的有15县（市），40～49 d有34县（市）、50～59 d有8县（市），60～66 d有13县（市）。旱期降水量大部分地区在15～25 mm。旱情严重的地区为成都、绵阳，旱期大部分为50～66 d。

续表

年份	事件	描述
1966	春旱	主要分布在内江、成都、自贡3区(市),全省共86县(市)。旱期在30～39天的有35县(市),40～49 d有25县(市)、50 d及以上26县市,南溪、江安66 d。其中绵阳、安县、梓潼、江油、平武、北川出现冬春连旱,16万 hm^2 农作物受灾,4.5万 hm^2 成灾,部分中小河流断流,塘库蓄水量只相当于上年的60%,少水、干塘比上年同期增加3倍以上,直接经济损失247万元。
1977	夏旱	主要分布在绵阳、成都、自贡3地(市),全省共81县(市),其中3县发生2段夏旱。旱期在20～29 d的有27县,30～39 d有25县(市),40 d及以上26县(市),其中简阳持续60 d。
1979	夏旱	主要分布在绵阳、成都、自贡、内江、乐山、雅安、南充、达州,其中14县(市)发生2段夏旱。旱期在20～29 d的有24县(市),30～39 d11县(市),40 d及以上31县(市),其中平武、乐至、遂宁、北川、江油、彭山、眉山、广汉、中江、彭州、郫县持续60～67 d。绵阳、安县、江油、梓潼、盐亭、三台、平武、北川出现春夏连旱,150个公社严重受旱。其中江油、安县2.5万 hm^2 农作物受旱,1.1万 hm^2 水稻脱水,4066.7 hm^2 玉米干死无收。
1985	伏旱	主要分布在达州、南充、遂宁、绵阳等地,全省共67县(市),旱期在20～29 d的有37县(市),30～39 d的有22县(市)。7月中、下旬降水量较常年偏少5～8成,而此时正是各类作物生长大量需水的时候,加上8月上旬高温天气,致使旱情急剧发展。全省265.7万 hm^2 作物受灾,占播种面积的62%,其中干死21.5万 hm^2,较1984年净增3成,成灾面积超过全年成灾总面积的一半。
1987	冬干	1986年12月—1987年2月盆地出现明显冬干,期间降水量为5～10 mm,川北不足10 mm,比常年偏少5成以上。与此同时,盆地各地冬季气温异常偏高,出现了1951年以来最暖的冬天。绵阳、遂宁、成都、乐山、内江、宜宾、南充、阆中、达州、巴中等11个县(市)冬季(1986年12月—1987年2月)的平均气温比1951年以来历年同期最高值高出0.1～0.8 ℃。整个冬季,盆地没有出现寒潮。异常的冬暖,使冬干加剧。1951年以来既出现大范围的秋冬连旱,又出现大范围冬暖的有1978—1979年和1986—1987年两次。而此次冬干、冬暖的范围、程度以及持续时间之长,都超过1978—1979年。
1990	伏旱	主要分布在达州、南充、泸州、宜宾、遂宁等地,全省共68县(市),旱期在20～29 d的有26县(市),30～39 d15县(市),40 d以上的25县(市)。盆地东部7月上旬到9月中旬降雨量较多年同期偏少6～9成,有的地方滴雨未下。全省291.3万 hm^2 农作物受灾,267万 hm^2 成灾,粮食减产约10亿kg,1295.4万人和1301万多头牲畜饮水困难。
1994	夏旱	主要分布在宜宾、自贡、遂宁、绵阳、德阳、内江、南充7地(市),全省共97个县(市、区),其中大足、营山2县发生2段夏旱。旱期20～29 d的有23县(市、区),30～39 d有46个县(市、区),40～55 d有26个县(市、区)。全省226.7万 hm^2 已栽大春农作物受旱,1400多万人、1200多万头大牲畜饮水困难,有1400多万人缺粮,因受旱引起疾病死亡175人,死亡大牲畜11万头,直接经济损失34亿元。
1996	夏旱	主要分布在广元、成都、自贡、遂宁、内江、南充、广安7地(市),全省共84个县(市、区),其中15县(市)发生2段夏旱。旱期20～29 d的有28县(市、区),30～39 d有12县(市、区),40 d以上的有29县(市、区),其中三台、盐亭、射洪、德阳、广汉、成都、金堂、双流、新都、简阳71 d,温江70 d。全省有1万 hm^2 稻田未能栽上秧,栽播的玉米有73万 hm^2 严重受旱,320万人、280万头牲畜饮水困难,全省干旱造成直接经济损失26亿元。
1997年	伏旱 秋干	主要分布在广元、德阳、遂宁、南充、巴中、达川、广安7地(市),全省共70个县(市、区),其中5县发生2段伏旱。旱期20～29 d的有19县(市、区),30～39 d有29县(市区),40 d以上有17县(市、区)。到10月底,全省水利工程蓄水仅52.6亿 m^3,占计划的69%,比蓄水较差的上年同期还减少了9.9亿 m^3。全省大春作物受旱面积120万 hm^2,影响粮食产量近40亿kg、棉花产量近2000万kg,有671万人、740万头大牲畜不同程度饮水困难,直接经济损失60亿元。

续表

年份	事件	描述
2000年	夏旱	主要分布在绵阳、德阳、遂宁、成都、眉山、自贡、南充、内江8市，全省共83个县(市)，其中广元市区发生2段夏旱。早期20～29 d的有19县(市)，30～39 d有17县(市)，40～53 d达46县(市)。夏旱导致全省156.1万hm^2粮经作物受旱，成灾64.7万hm^2，绝收17.8万hm^2，2312万人受灾，直接经济损失达22.5亿元。
2006	春夏伏连旱	四川省先后遭遇了中等强度春旱、夏旱和严重高温伏旱；全省共有322县站次出现旱情，平均持续时间达119.2 d。全省大部分地区伏旱长达40天，南充、遂宁等地达70 d以上，川东地区的旱情属百年一遇的特大伏旱。全省共有700多万人出现临时饮水困难，其中有486万人、596.61万头牲畜严重饮水困难，农作物受旱面积244.9万hm^2，绝收面积31.1万hm^2，损失粮食产量481.4万t；全省因旱灾造成直接经济损失132亿元，其中农业直接经济损失121.4亿元。
2011	伏旱	全省共有105县(市、区)发生了伏旱，其中轻旱43站，中旱32站，重旱12站，特旱18站。重、特旱站集中在盆南以及盆中、盆东北部分地区，主要包括泸州、宜宾大部，自贡、内江、广安、南充等部分县市，以及阿坝州、凉山州的个别地方。据四川省民政厅统计，受灾人口768.7万人，因灾饮水困难人口262.6万人，需政府救助人口127.9万人；饮水困难大牲畜132万头，农作物受灾面积45.2万hm^2，成灾25.1万hm^2，绝收7.7万hm^2；直接经济损失26.3亿元。
2013	冬春连旱	全省共有138站发生干旱，其中118站干旱持续天数在2个月以上，73站干旱持续100 d以上，有46站发生了秋冬春连旱，干旱持续达150 d数以上，有39站干旱持续天数排历史同期第1多位。全省有18个市(州)的110个县(市、区)受灾，受灾人口1302.2万人，因灾饮水困难261.5万人，需政府救助117.6万人，饮水困难大牲畜75.6万头(只)，农作物受灾面积94万hm^2，成灾50.9万hm^2，绝收11.5万hm^2，直接经济损失47.4亿元。

1.4.2　暴雨

四川东、西部地形的显著差异，使暴雨分布有着明显的地区特点。单站日降水量达到或超过50 mm即为该地一个暴雨日，日降水量50～99.9 mm为一般暴雨，100～249.9 mm为大暴雨，≥250 mm为特大暴雨。从年平均暴雨日数分布可以看出，以九寨沟、茂县、理县、泸定、锦屏山一线以东地区为主要暴雨区，这一线以西的地区则少有暴雨发生。四川盆地区主要有三大暴雨高发区，即青衣江暴雨区、龙门山暴雨区和大巴山暴雨区。

全省日降水量≥50 mm年平均日数为2.5 d；川西高原大部地区趋于0 d；攀西地区大部分为1～3 d，仅米易和会理的年均暴雨日数近4 d；盆地大部为2～4 d，盆周山区达4～6 d，雅安等地多至6.5 d。全省日降水量≥100 mm年平均日数与日降水量≥50 mm年均日数分布规律基本一致，只是天数减少。盆地区一般在0.5 d以上，雅安最多为2.1 d(图1.68)。

四川省暴雨天气主要发生在5—9月，最早在2月出现，最晚见于11月；较大范围的暴雨过程主要集中在7—8月，9月次之，6月暴雨过程次数相对较少。从一日最大降水量来看，盆地区大部分为150～250 mm，西南部、西北部有300 mm以上记录，最大值524.7 mm，出现于峨眉山市(1993年7月29日)。攀西地区一般为100～200 mm，川西高原大部地区小于100 mm。从三日最大降水量分析，盆地区普遍达250 mm以上，盆西北及盆北超过400 mm，攀西地区的米易、会理也有300 mm以上记录，持续性的强降水过程造成山洪地质灾害。

暴雨洪涝是四川省发生频率最高、危害最重的气象灾害之一。全省每年都会出现暴雨天

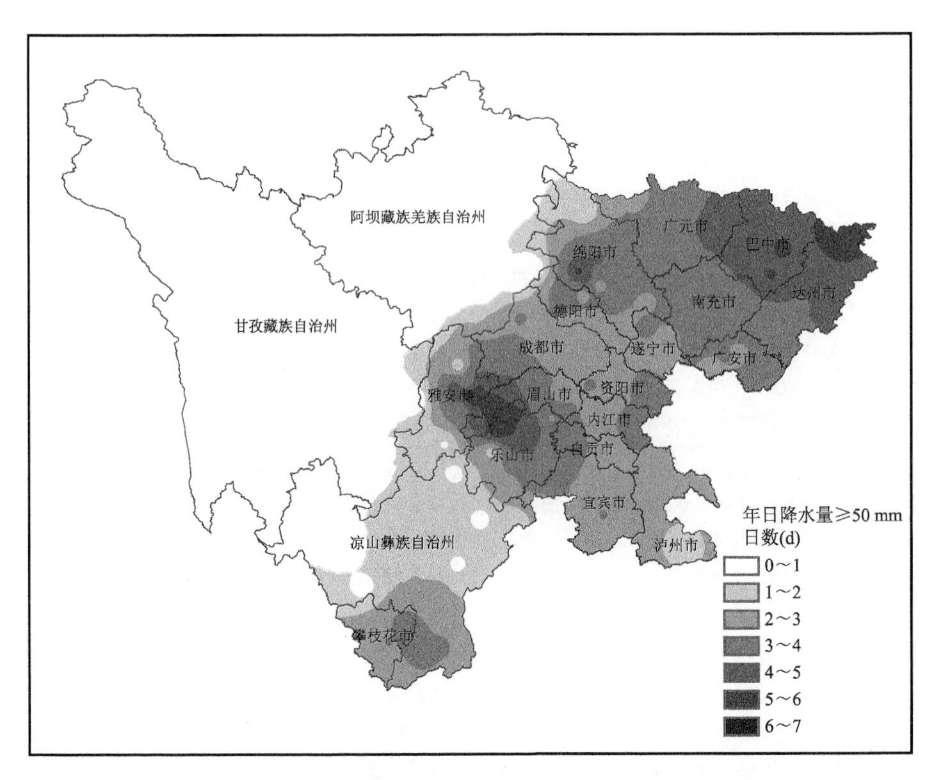

图 1.68　四川省日降水量≥50 mm 日数分布图(单位:d)

气过程,引发不同程度的洪涝灾害,对农业、工业、交通运输等国民经济部门以及人民的生命财产造成很大的损失。统计全省较大范围暴雨过程频次,20 世纪 60 年代和 80 年代偏多,70 年代、90 年代和 21 世纪前 10 年偏少。四川历史典型暴雨事件见表 1.2。

表 1.2　历史典型暴雨事件

时间	事件	描述
1961 年	四川盆地暴雨	6 月 23—29 日,四川盆地出现暴雨天气过程,暴雨区主要分布在成都市、绵阳、温江、雅安、乐山、南充、内江、达县等专区,共计 66 个县(市),其中日雨量大于 100 mm 的有 29 县(市),暴雨中心在绵阳市,最大日雨量(26 日)达 306.0 mm。7 天内有 3 天日雨量在 50 mm 的县(市)有剑阁、绵阳、北川、安县、梓潼、江油、德阳、广汉、中江、金堂、郫县、双流、新都、荥经、仁寿、夹江、犍为,此次暴雨使涪江、沱江、岷江同时发生特大洪水,受灾县死亡 1000 多人。
1973 年	四川盆地暴雨	9 月 5—7 日,四川盆地出现暴雨天气过程,主要分布在绵阳、达县、南充、内江、自贡等地市,共计 42 县(市)。其中 100 mm 以上的有 18 县(市)。暴雨中心在巴中县,最大日降雨量 329 mm。其中南充地区出现严重洪涝,沿江 9 县(市),186 个公社受灾。粮食减产 188t,垮塌房屋 5759 间,死亡 50 人。巴中县 12 个区受灾,受灾红苕 4926.6 hm^2、棉花 1959.3 hm^2,减产粮食 767.5 万 kg,冲垮水库 5 座,淹没水电站 20 处,冲垮 7 处,倒塌房屋 5519 间,伤 63 人,死 4 人。
1975 年	四川盆地暴雨	7 月 7—9 日,四川盆地出现暴雨天气过程,主要分布在自贡市和乐山、雅安、南充、达县、绵阳、内江等地,共 37 县(市),其中 14 县(市)日雨量大于 100 mm。暴雨中心出现在乐山县,日最大降雨量 213.7 mm。其中通江、南江、巴中、平昌和万源等地的农作物受灾 2.6 万 hm^2,成灾 1.3 万 hm^2;减产粮食 1577.8 万 kg;水库滑坡、崩塌 25 座;垮堰 466 处;淹没水电站 7 座;倒塌房屋 13315 间;死亡 37 人;经济损失 2000 万元以上。

续表

时间	事件	描述
1981 年	四川盆地暴雨	7 月 9—14 日，四川省出现自 1949 年以来最大的暴雨天气过程。主要分布在绵阳、成都、温江、内江 4 地(市)，其中 39 县(市)日雨量大于 100 mm，9 县日雨量大于 200 mm。暴雨中心出现在新都，日最大降雨量 299.6 mm。这次暴雨范围广、强度大、持续时间长，伴大风，雨区波及 141 个县(市)。暴雨区主要分布在盆地的西北部、中部，包括岷、沱、涪、嘉四江中上游。12 日有 23 个县降大暴雨，13 日有 17 个县降大暴雨，连续两天日降水量大于 50 mm 的有 28 个县，大于 100 mm 的有 7 个县。成都、温江、绵阳、内江、雅安、乐山、南充 7 地(市)和达县地区北部 6 天过程总雨量，共有 10 个县超过 300 mm，有 31 县(市)超过 200 mm，28 个县(市)超过 100 mm。这次暴雨洪涝过程，不论其降雨范围、强度和洪水的大小以及危害程度都是历史上罕见的。它仅次于 1870 年和 1840 年，居近两百年来的第三位，是 1949 年以来发生的特大洪水。这次洪灾使 119 个县受灾，占整个汛期内受灾县总数的 86%。被淹的县城达 53 个，占整个汛期受淹县城总数的 93%，被淹县以下场镇 559 个。全省农作物受灾 87.4 万 hm^2，占全年农作物受灾的 74%。城乡受灾人口 1584 万人，垮塌房屋 139 万间。死亡 888 人，伤 13010 人，冲走、死亡大牲畜 13.8 万多头。直接经济损失 20 亿元以上。
1987 年	四川盆地暴雨	6 月 24—28 日，四川省出现暴雨天气过程，暴雨区主要分布在凉山、攀枝花、广元、绵阳、德阳、成都、雅安、乐山、宜宾、自贡、内江、遂宁、南充、达县、万县、涪陵等地(市)，共计 86 个县，其中日雨量超过 100 mm 的有 24 县(市)，暴雨中心安县日最大降水量 348.9 mm。这场暴雨是盆地久旱中的转折天气，来势猛、强度大、范围广、时间长，是继 1981 年之后又一次大的洪涝，在历史同期仅次于 1961 年，与 1973 年相似，其范围超过 1961 年。与 1981 年 7 月的大暴雨比较，范围相当，但日雨量在 100 mm 以上的县数较 1981 年少。
1989 年	四川盆地暴雨	7 月 7—11 日，四川盆地出现暴雨天气过程，暴雨区分布在宜宾、雅安、乐山、广元遂宁、南充、达县、泸州等 14 个地(市)的 57 个县(市、区)，其中日雨量大于 100 mm 的有 22 县(市、区)，在 200 mm 以上的有 6 县市，暴雨中心在武胜县，其中 8 日、9 日均达大暴雨，最大日雨量为 298.4 mm，过程降水量为 503.1 mm。此次暴雨过程致使 86 个县(市)发生了洪涝灾害。随后 7 月 16—17 日和 25—27 日盆地再次出现较大暴雨过程。7 月所发生的这 3 次暴雨洪水灾害，使 66.7 万 hm^2 农作物受灾，全省因灾损失粮食约 6 亿 kg；垮塌房屋 20 多万间；受灾人口达数千万，其中死亡 1015 人，失踪 10 人；直接经济损失达 22.3 亿元。
1991 年	四川盆地暴雨	8 月 7—10 日，四川省出现暴雨天气过程，主要分布在乐山、雅安、宜宾 3 地区大部，共 41 县(市)，其中 6 县日雨量大于 100 mm。暴雨中心出现在峨眉山站，日最大降雨量 237.3 mm。全省 81 个县受灾，农作物受灾 80.7 万 hm^2，粮食减产 12.4 亿 kg，损失现粮 4146.8 万 kg；倒塌房屋 11.9 万间。死亡 287 人，受伤 11666 人，死亡大牲畜 4.5 万多头；直接损失 30 亿元。
1998 年	四川盆地暴雨	8 月 19—21 日，四川盆地出现暴雨天气过程，主要分布在广元、绵阳两市，德阳、资阳两地(市)大部，成都、南充等市部分地方以及射洪、荥经、南江 3 县，共 30 县，其中 13 县(市)日雨量大于 100 mm。暴雨中心出现在北川县，日最大降水量 265.8 mm。这次过程是造成长江中下游第 7 次洪峰的重要原因。绵阳、南充、资阳、德阳、成都、遂宁，广元 7 市(地)34 个县(市)608 万余人受灾；农作物受灾 22 万 hm^2；粮食减产 4.5 亿 kg；倒塌房屋 38352 间；死亡 33 人，受伤 698 人，失踪 8 人；直接经济损失 22.1 亿元。
2009 年	四川盆地暴雨	7 月 14—17 日，四川盆地西部 7 个市州 23 个县(市)先后出现暴雨天气过程，其中 8 个县(市)降了大暴雨。大监站 24 小时最大降水量为青川 203.7 mm，其次为北川 196.3 mm。地震灾区青川连续 3 天降了大暴雨，江油市连续 3 天出现暴雨。其中青川县 24 小时降水量突破当地 7 月历史极值，年大暴雨日数、连续大暴雨日数、过程总降水量均突破历史极值。暴雨共造成全省直接经济损失约 32 亿元。

续表

时间	事件	描述
2010 年	四川盆地暴雨	7 月 14—19 日，四川省出现了 1999 年以来 7 月范围最大、今年入汛以来强度最强的区域性暴雨天气过程，巴中、广元、南充、达州、遂宁、成都、绵阳、乐山、眉山、雅安、内江、凉山和甘孜 13 市州的 60 个县市降了暴雨，其中有 20 个县市降了大暴雨，剑阁县日降水量为 249.9 mm；万源、乐山两市降了特大暴雨，日降水量分别达 262.1 mm 和 257.6 mm。万源站日降水量创历史新高，乐山和剑阁的日雨量为本站建站以来年日降水量的第 2 高位，剑阁突破 7 月日降水量历史极值。巴州、南江等 22 县市出现一般洪涝，万源市、泸定县出现严重洪涝。此次过程致使 19 个市州的 97 个县（市、区）不同程度受灾。全省因灾直接经济损失 169.2 亿元。
2010 年	四川盆地暴雨	8 月中、下旬出现了 3 次区域性暴雨天气过程，其中“8 · 12”和“8 · 17”主要出现在盆地西部，汶川地震重灾区出现大暴雨级别的局部强降水，引发多处严重的地质灾害，灾情严重，“8 · 22”暴雨分布在盆东和盆南。这 3 次区域性暴雨天气过程造成全省因灾死亡 24 人，失踪 79 人，直接经济损失 153.73 亿元。
2013 年	四川盆地暴雨	7 月 7—13 日，成都、德阳、甘孜、广元、乐山、眉山、绵阳、内江、雅安、宜宾、自贡、阿坝等 12 市（州）43 县（市）出现暴雨，其中崇州、大邑、彭州、郫县、邛崃、双流、温江、新都、广汉、什邡、青川、北川、芦山、名山、荥县等 15 县（市）降了大暴雨，都江堰降了特大暴雨。都江堰本站 24 h 降雨量达 415.9 mm，彭州 309.8 mm，大邑 279.2 mm，均打破其历史极值；都江堰幸福站过程雨量 1106.9 mm，为四川器测以来之最。强降水导致各地山洪、泥石流、滑坡等地质灾害频发，多条河流、水库、桥梁损毁或出现险情，道路交通受阻，造成了人员伤亡和极大的财产损失。岷江、沱江、涪江、青衣江等主要江河干流爆发大洪水并造成洪峰叠加，给全省特别是地震灾区造成重大损失。全省 15 个市（州）的 75 个县不同程度受灾，受灾人口 209.4 万人，死亡 31 人，失踪 166 人，紧急转移安置 22.3 万人，直接经济损失 71.92 亿元。
2014 年	四川盆地暴雨	9 月 9—18 日盆地出现连续性降水过程，其中 17—18 日出现第三次区域性暴雨天气过程。达州、宜宾、南充、广安、巴中、内江、泸州、自贡、遂宁、广元、绵阳、资阳、乐山、甘孜、阿坝等 15 市（州）47 县站出现了暴雨，其中南江、平昌、达县、大竹、开江、渠县、泸定、岳池、旺苍、隆昌、阆中、射洪等 12 站降了大暴雨，广安、邻水 9 月 13 日出现了特大暴雨，广安 9 月 13 日日降水量达 269.9 mm，为此次降水过程日降水量的最大值，也突破了广安日降水量的历史记录，平昌、广安、南部过程雨量创历史新高。此次暴雨过程造成广元、南充、甘孜等 15 个市（州）51 个县（市、区）379.3 万人受灾，6 人死亡，12 人失踪，16.9 万人紧急转移安置，8.4 万人需紧急生活救助；4.2 万间房屋倒塌或严重损坏，7 万间一般损坏；农作物受灾面积 9.36 万 hm^2，其中绝收 2.24 万 hm^2；直接经济损失 57.5 亿元。
2018 年	四川盆地暴雨	7 月 7—12 日，出现今年第四次区域性暴雨天气过程，盆地西北部出现暴雨或大暴雨。据全省 156 个县级站 08 时雨量监测，阿坝州、成都、甘孜州、宜宾、广元、凉山、攀枝花、绵阳、内江、资阳、德阳 11 个市（州）共 38 站出现暴雨天气，其中 18 站降了大暴雨。此次暴雨过程影响范围较广，降水时间集中，局地强度大，造成损失重。强降雨导致四川盆地西北部多个城市内涝，农作物受淹，房屋等基础设施不同程度受损；多地出现泥石流、山体崩塌，人员伤亡，交通受阻；洪涝灾害严重，涪江、嘉陵江、沱江、大渡河等多条干流及支流出现超保证水位。据省防办，截至 11 日 18 时，本次区域性暴雨已经导致成都、德阳、绵阳、广元、遂宁、宜宾、阿坝州、甘孜州共 8 个市（州）41 个县（市、区）488 个乡（镇、街道）62.07 万人受灾，紧急转移 7.54 万人，因灾死亡 3 人，造成直接经济损失 13.15 亿元，其中水利设施直接经济损失 4.12 亿元。绵阳市、德阳市、广元市、阿坝州、成都市受灾较重。

1.4.3 高温

日最高气温≥35 ℃时即为该地一个高温日。全省年平均高温日数为 6.9 d，盆东北和盆南年高温日数在 10 d 以上，局部地区大于 20 d。攀西地区南部河谷地区在 25 d 以上，其中仁和等地达 32.5 d 为全省最多（图 1.69）。

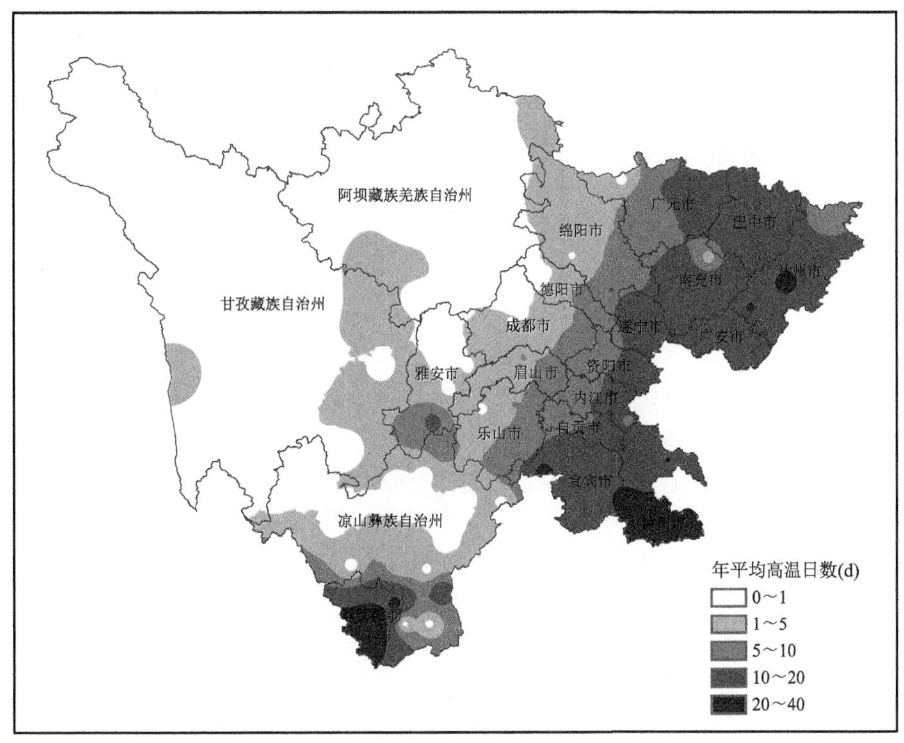

图 1.69　四川常年高温日数分布图(单位:d)

四川高温日数主要出现在盆地和攀西地区,川西高原罕有高温出现。盆地区高温日主要见于 7 月、8 月,个别年份 6 月或 9 月也有出现。攀西地区的高温日多见于 5 月、6 月,因昼夜温差大,湿度稍小,暑热体感不如盆地区。截至 2016 年,全省年极端最高气温达 43.5 ℃,2011 年 8 月 17 日、18 日分别出现于长宁、叙永等地。

高温热害指夏季出现对人体不利和影响作物生长的高温天气,如遇高湿,人体就有暑热不适之感。当出现>40 ℃的炎热酷暑天气,常会引起中暑,严重者可危及生命。从全省高温事件频次来看,20 世纪 70 年代相对较多,60 年代、80 年代和 90 年代相对较少,进入 21 世纪后高温过程增多增强。四川历史典型高温事件见表 1.3。

表 1.3　历史典型高温事件

年份	事件	描述
2006	高温	7 月 25 日—8 月 19 日,四川省出现了严重区域性高温天气过程,持续时间达 26 d,全省先后有 114 县出现高温天气,有 48 县出现日最高气温≥40 ℃酷热天气,8 月 10 日全省被高温天气笼罩达 110 县,8 月 12 渠县日最高气温达 43.3 ℃。长时间的高温少雨天气致使我省遭遇特大伏旱,对农业、水资源、能源、人民生活、林业等造成巨大危害和损失。据四川省救灾办统计,截至 9 月 5 日,全省共有 1000 万人出现临时饮水困难,486 万人、596.6 万头牲畜出现严重饮水困难;全省作物受旱 3100 多万亩,成灾 1748.3 万亩,绝收 467 万亩,直接经济损失 88.7 亿元。
2011	高温	8 月 8—20 日,全省先后有 100 县出现高温天气,有 22 县出现日最高气温≥40 ℃酷热天气,8 月 18 日全省被高温天气笼罩达 94 县,长宁县(8 月 17 日)、叙永县(8 月 18 日)的日最高气温均达 43.5 ℃,为全省气温至今(截至 2016 年)历史最大值。此次持续的高温少雨天气,给人民生产生活带来不同程度的影响。据民政厅不完全统计,截至 8 月 19 日 10 时,泸州、宜宾 2 个市 10 个县(区)不同程度遭受伏旱影响,受灾人口 178 万人,因灾饮水困难人口 45.4 万人;饮水困难大牲畜 27.3 万头;农作物受灾面积 10.5 万 hm^2,成灾 4.8 万 hm^2,绝收 1.2 万 hm^2;直接经济损失 3.5 亿元。

续表

年份	事件	描述
2016	高温	8月12—25日，全省先后有119县出现高温天气，有23县出现日最高气温≥40 ℃酷热天气，8月21日全省高温天气分布范围大，达到115站，达县(8月19日)、渠县(8月25日)的日最高气温达41.5 ℃。持续的高温少雨天气，造成局地伏旱偏重，其中阿坝州东南和西南部、南充南部等地有重度以上伏旱发生。全省干旱灾害造成36.8万人需要生活救助，其中12.7万人饮水困难。

1.4.4 秋绵雨

每年9—11月，降水日(日降水量≥0.1 mm)持续7 d或以上，就认为该地发生了一段秋绵雨天气。秋绵雨出现频率盆地西南部多于东北部，盆西南、盆南及凉山州东北部出现频率在80%以上，部分地方高达90%以上，几乎年年有秋绵雨；盆中、盆西北及盆东北部分和攀西地区西南沿一般在40%～60%，个别地方不足40%。盆地和攀西地区的其余大部地在60%～80%。

全省秋季最长连续雨日数平均为8.3 d，1982年最长达12.5 d，1998年最短为5.3 d。全省除盆中、盆西北及攀西地区西南沿在5～7 d外，省内其余大部地区7～10 d，九龙、天全等地最长达14 d左右(图1.70)。

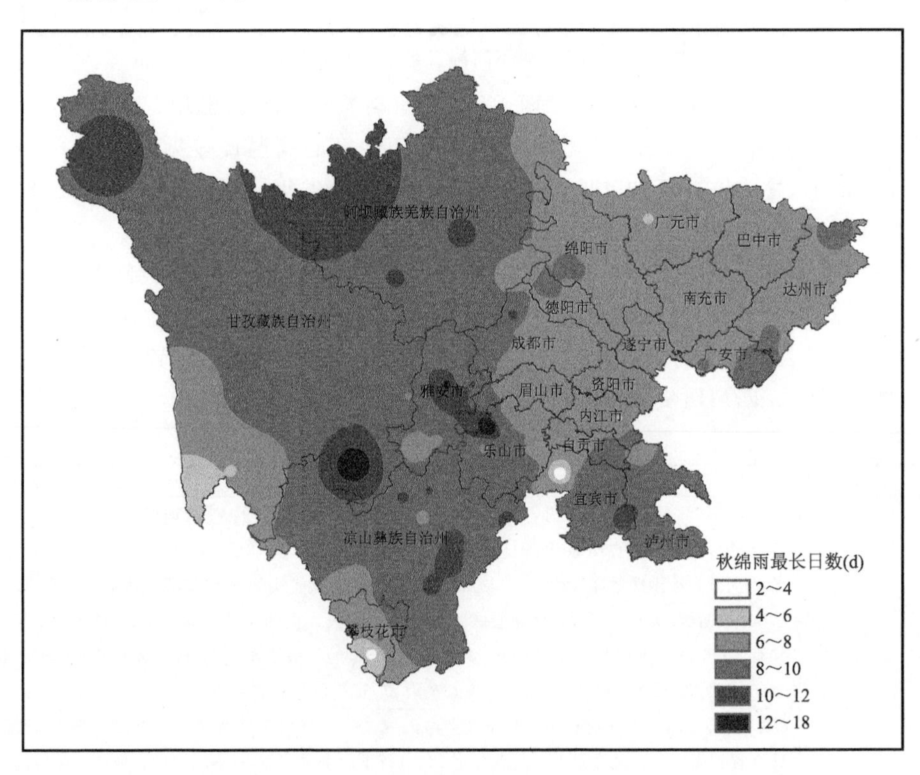

图1.70　四川秋绵雨最长日数分布图(单位：d)

各月连阴雨频率以9月最大，11月最小。绵雨集中时段主要在9月中旬至10月中旬。秋绵雨平均持续时间，盆地西部、盆地南部及凉山州12～16 d，盆中丘陵区和盆东约10 d左右。其中雅安1975年9月26日—11月22日曾出现持续58 d的特长绵雨。

秋季连阴雨在盆地及攀西地区发生均较普遍，常伴有低温寡照天气，是四川秋季主要的气候灾害之一。由于其发生时段正处于大春作物生长后期到收获期或小春农作物播种期，因此严重的连阴雨天气可导致农业生产的大幅减产。秋绵雨在20世纪60年代及80年代较重，70年代及90年代较轻，进入21世纪后又表现出偏重态势。四川历史典型秋绵雨事件见表1.4。

表1.4 历史典型秋绵雨事件

年份	事件	描述
1982	秋绵雨	8月下旬—9月，四川省发生大范围秋季连阴雨天气，部分地区的阴雨天气还持续到11月，雨日多日照少。长时间阴雨造成大春作物收晒困难，使部分已到手的粮食无法回收，小春作物耕种推迟。达州市大部地区雨日达21～24 d，宣汉、开江、达县、大竹、渠县降水量比常年同期偏多3～5成。秋季雨水多，湿度大，阴雨天气多，影响了棉花、红薯和部分水稻的收获，受灾面积达4.8万hm^2，成灾1.4万hm^2，粮食霉烂发芽2670万kg，棉花损失68万kg。同时对当年秋播也造成了不利影响。其中宣汉县低温造成800米以上的山区近1万hm^2水稻授粉不良，减产或基本无收。乐山市秋雨40 d，迟中稻受灾2万hm^2，玉米2.7万hm^2，损失198万元。稻草全区有70%未收回，损失100万元，稻谷霉变、生秧5万kg。犍为县由于日照少，影响榨糖率，产量比同期下降26%，减产390万吨白糖，损失55万元。金堂县8月25日—9月26日33天中雨日达30 d，全天无日照达22 d。长时间的阴雨天气对水稻棉花的收晒极为不利，造成部分稻谷生芽霉烂，减产10%～20%，棉花损失1/3，海椒损失20%～30%，对红苕产量也有一定影响。仁寿县连续40天中雨日达34 d，全天无日照达30 d，比同期偏少67%。棉花烂桃率30%，稻谷、玉米、高粱等生芽霉烂。长时间阴雨造成了交通事故达16车次。丹棱县雨日26天，日照偏少，全县稻谷霉烂生芽400万kg，稻草基本烂掉。蒲江县8月21日—9月30日40天中雨日达33 d，全天无日照达26 d。延长水稻收割期5～7 d，部分稻谷发芽霉烂，稻草霉烂50%，油菜育苗时间推迟7～10 d，有死苗现象，田间积水使秋耕推迟。
1988	秋绵雨	9—10月四川省秋绵雨较重，省内大部分县市发生连阴雨，10月秋绵雨主要出现在安岳、喜德、九龙一线以南地区和雅安、乐山一带。全省秋绵雨最重的地区是盆地南部，其中筠连县绵雨日数达48 d，是全省最严重的县。8月下旬—10月的阴雨天气使稻谷难以晒干，个别地区稻谷发芽霉烂，南充市仅因阴雨造成的直接经济损失就达1385万元。由于盆地低温寡照，气温偏低，日较差小，致使柑橘因光合作用减弱糖分积累少，果实偏小，全省柑橘产量由1987年的71万t减至55万t。秋雨还使棉花烂桃增多，秋桃量减小，仅内江地区因棉花烂桃落桃减产400万kg，价值1600万元，因棉花等级下降而损失人民币1320万元。此外，连阴雨对公路交通也造成影响，一是造成山体滑坡阻塞公路，二是损害路面。
1994	秋绵雨	四川盆地尤其是盆地南部的大部地区出现了较为严重秋季连阴雨天气，9月盆地内大部地区的日照时数为40～70 h，偏少2～6成，≥0.1 mm的雨日20 d左右，较多年平均值偏多1～6 d，9月下旬旬平均气温较多年平均值偏低2.0～4.0 ℃。10月盆地南部及西部日照仍然偏少，最少的宜宾市月日照时数仅21.0 h，较多年平均值偏少61%，长时间的低温阴雨寡照天气，对秋收秋种影响很大。
2007	秋绵雨	大部分农区先后出现了较长时间的连阴雨天气，主要特点是出现范围广，持续时间长，雨日偏多明显，气温偏低，日照明显不足。由于全省大部已进入大春作物成熟收获期，阴雨寡照天气对各地农业生产的影响程度不同，主要对盆地西部、北部周边山区迟熟的大春作物、盆南再生稻生产和盆中因旱迟栽部分水稻的收割有较严重不利影响。

续表

年份	事件	描述
2013	秋绵雨	全省大部地区出现了两次连阴雨天气，分别在9月上旬，9月中旬后期到9月下旬中期。全省秋季(9—11月)平均降水日数为40.0 d，降水日数在45 d以上的地区主要分布在盆西南、盆南，峨眉山降水日数最多，达61 d。全省平均最长连续降水日数为10 d，其中132站出现连续降水日数在7 d以上的秋绵雨，连续降水在10 d以上的站点主要分布在川西高原北部、攀西地区以及盆中、盆西地区。渠县10月26日—11月8日连续降水日数达14 d为全省最长连续时段。持续阴雨天气一定程度上减缓了各地大春收获进度，也影响对已收割作物的籽粒进行充分的晾晒，影响产量及品质，不利于在田晚秋作物的生长。

1.4.5 低温

单站日最低气温≤0 ℃即为该地一个低温日。全省年平均低温日数为35.2 d。四川盆地年平均日数自西向东不断减少；盆地南部大多1 d以下，叙永0.2 d为全省最低，盆地西部及盆周山区在10～50 d，盆地其余地区在1～10 d。攀西地区年平均日数变化很大，中部干热河谷地区低于1 d，高山地区超过50 d，其余地区1～10 d。川西高原大多在100 d以上，北部超过200 d，石渠271.5 d，为全省最高记录(图1.71)。

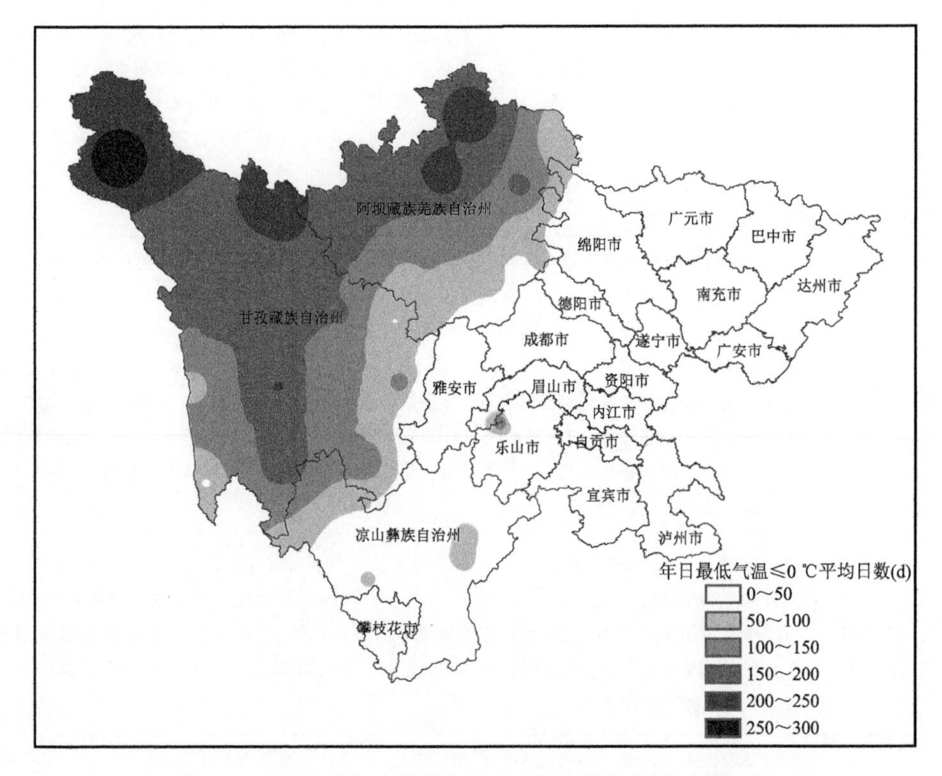

图1.71 四川常年日最低气温≤0 ℃日数分布图(单位：d)

极端最低气温多出现于1月或12月。全省极端最低气温分布是盆地区北部−8～−4 ℃，南部不低于−4 ℃；攀西地区大部分为−8～−4 ℃，攀枝花市河谷区在−4 ℃以上；川西高原区普遍在－12 ℃以下，石渠－37.7 ℃(1995 年 12 月 29 日)，是迄今已观测到的全省最低值。

当日最低气温≤0 ℃时易出现低温冻害天气。农作物易遭受霜冻或冻害。盆地区和川西南区虽然霜冻较少，但有的年份出现较重霜冻，对作物和经济果木如柑橘可造成很大损失。川西区霜冻期长，若初霜早现、终霜后延将缩短牧草的生长期，对牧业极为不利。四川历史典型低温事件见表 1.5。

表 1.5　历史典型低温事件

年份	事件	描述
1972	低温雪灾	3 月 31 日—4 月 2 日和 4 月 21—23 日盆东北出现第二次大范围降温，除达县、宣汉两县降温不足 8.0 ℃外，其余 9 县过程降温 10.7～14.2 ℃。两次降温过程中，通江、南江、万源、宣汉、平昌、开江 6 个县的 327 个乡普遍降了大雪，地面积雪超过 30 cm。31.8 万 hm^2 小春作物普遍受害，其中成灾面积 12.1 万 hm^2，粮食减产 5792 万 kg，油菜籽减产 570 万 kg。大春种苗损失严重，早稻烂种 433.5 万千克，占播种量的 36.5%；中稻烂种 270 万 kg，占播种量的 17.1%；红苕烂种 2566 万 kg，占播种量的 10%；玉米烂种死苗 1.2 万 hm^2，占已播面积的 24%，损失种子 50 万 kg，造成大春严重缺种缺苗。直接经济损失 4631.9 万元。
1975	低温雪灾	四川盆地自 12 月上旬开始，出现了一次持续 10 余天的连续降温天气过程，部分地区降雪，到 12 月中旬，盆地北部的大部分地区日平均气温已降到 0.0 ℃以下，盆地南部日平均气温也已降到 1.0～2.0 ℃，12 月的月平均气温，盆地内普遍较常年偏低 2.0～3.2 ℃，12 月的霜日盆地北部为 15～22 d，盆地南部的大部地区为 6～12 d，与多年同期比较，盆地北部偏多 8～13 d，盆地南部偏多 5～10 d，同时，盆地内部分地区、特别是盆地北部地区还出现了寒冻天气和结冰，长时间的低温霜冻天气，给农业生产带来极大影响。梓潼县，出现罕见冰冻，室内结冰 2～3 mm，野外池内结冰 100～150 mm，树枝冻干，蔬菜冻死。广元县，竹子、桉树、柑橘树被冻死 8%，小麦减产 30%，冻死生猪 749 头，耕牛 304 头。简阳县，收回的红苕基本冻烂，下窖的红苕因低温烂掉很多，据部分地区调查，烂苕率占总产量的 29.1%，全县 2800 hm^2 甘蔗未收的 3/4 全部冻死，仅一个区就冻死耕牛 89 头。
1985	低温雪灾	3 月 4—31 日，受西伯利亚强冷空气的影响，甘孜、阿坝两州连续 20 余天普降大雪、暴雨。两州绝大部分地区降雪日数在 10 d 以上，其中甘孜、新龙、道孚、康定达 18 d，降雪量一般是多年同期降雪量的 3～9 倍。康定县 3 月 19 日降水量高达 26.4 mm，3 月份降水总量多达 138.5 mm，分别是历年同期最大降水量的 2.4 倍和月平均降水量的 5.1 倍。这次降雪面积广、持续时间长、降雪量大，据省政府的不完全统计，有 77 个乡 116369 人受灾，冻死 3 人，造成雪盲 8087 人，冻摔伤 3296 人，77 户牧民下落不明，仅甘孜州就死亡牲畜 22 万头(只，匹)，约占当时牲畜总头数的 4.5%，折款 2000 多万元。
1990	低温雪灾	1989 年 11 月—1990 年 5 月，甘孜、阿坝两州遭受严重风雪灾害。甘孜、阿坝两州因灾死亡牲畜共计 30 多万头，直接经济损失 6000 多万元。甘孜州，18 个县中有 15 个县遭受雪灾，石渠、理塘、炉霍等县尤为严重。全州受灾 127 个村 9875 户 45773 人，受灾牲畜 69.3 万头(只、匹)，雪灾死亡牲畜 14.5 万头(只、匹)。阿坝州 13 个县有 9 个县遭到不同程度的危害，尤以小金、金川、马尔康、阿坝、松潘、南坪 6 个县受灾严重，全州牲畜因灾死亡 9.7 万头。
1991	低温雪灾	12 月 27 日—1992 年 1 月上旬末，全省出现了大范围的、近 10 多年来少有的霜雪冷冻天气，其中盆地内平均气温较常年同期偏低 1.0～3.0 ℃，极端最低温度达到－6.5～1.0 ℃。全省大部地方在 1991 年 12 月 26—28 日出现降温天气过程，降温多在 10.0 ℃左右，并普降大雪，积雪厚度 10～15 cm，高山地区积雪达 0.5 m 以上，雪后连日出现霜冻。这一时段内，川南有霜冻日数在 7 d 以上，川北在 10 d 以上。据统计，全省有 14 地(市、州)的 110 个县(市、区)，3100 多万人不同程度受灾。小春作物受灾 173.3 万 hm^2，成灾 73.3 万 hm^2，有的全部冻死，被迫改种。直接冻死大牲畜 2.5 万头。部分县、区交通中断，邮件积压，自来水和天然气管道冻裂，部分工矿企业生产设备严重受损，国家级风景名胜区蜀南竹海近 4.5 万株毛竹被大雪压断，给旅游资源造成严重破坏。

续表

年份	事件	描述
1994	低温雪灾	1月17—18日,盆地受高空低槽和地面强冷空气的影响,大部分地区出现降温降雪天气过程,过程降温一般5.0～7.0 ℃,普遍降雪2～9 mm,降雪覆盖面积和积雪深度均为多年同期少见。盆地内除泸州、宜宾、自贡、重庆等地(市)降小到中雪外,盆地西部、中部、东部的70多个县(市、区)降雪较大。其中,降暴雪的有郫县、都江堰、南部、蓬安、营山、开江、巫溪、云阳、武隆、垫江、忠县、龙宝、开县、城口、梁平、天城、达县等17个县(市、区)。积雪深度达10厘米以上的有都江堰、郫县、峨眉山、城口、龙宝、梁平、顺庆、仪陇、蓬安、营山、开江、达县、平昌、宜汉等14个县(市、区)。积雪最深的是万县市的龙宝区达24 cm。据统计,这次雪灾造成全省房屋损坏1.3万间,死亡大牲畜2.5万头,死亡9人。直接经济损失2.3亿元。
1996	低温雪灾	3月8日—4月中旬,全省在遭受入春以来第二次强降温天气过程之后,出现了长达37 d之久的严重低温阴雨天气时段,其特点为:(1)降温幅度大、气温异常偏低;(2)持续时间长;(3)雨日多,日照少。由于气候反常,导致大春生产季节推迟,水稻出苗期普遍推迟10 d以上,造成小春作物收获和大春作物移栽时间集中,光温水需矛盾突出。已经播种的田块也普遍出现烂种、烂秧现象。全省因灾损失稻种500万kg,约占已播量的15%～20%,比1995年增加10个百分点。粮食减产3.3亿kg、油菜减产1.5亿kg。全省因低温直接经济损失达22亿元。
2008	低温雨雪冰冻	1月中、下旬,我省大部分地方出现严重低温雨雪冰冻天气,其中盆地为50年一遇。低温雨雪冰冻天气持续时间长、范围广、强度大、影响严重。全省累计共有19个市(州)、99个县(市、区)、1049.3万群众不同程度受灾,因灾死亡5人,造成直接经济损失58.25亿元。

1.4.6　大风

瞬间风速≥17.2 m/s或风力达8级及以上即为该地一个大风日。四川的大风以甘孜、阿坝、凉山三州出现最多,盆地区较少。全省年平均大风日数为9.7 d,川西高原和攀西地区大部在10 d以上,其中甘孜州中部和西北部在40 d以上,丹巴的82.5 d为全省最大值。盆地区大风日数较少,多在5 d以下,其中北部山口河谷地区可达5～10 d(图1.72)。

大风的季节变化存在明显的地区差异。盆地大风春、夏多于秋、冬。攀西地区和川西北高原则春、冬多于夏、秋。川西高原瞬间最大风速达30 m/s以上,有达41 m/s的记录。盆地区瞬间最大风速一般为20～24 m/s,盆周山口河谷可达28～32 m/s。

大风是影响工农业生产和人民生活的主要气象灾害之一,每年均有发生。受经济布局影响,风灾的危害盆地区最严重,尤以盆周山口河谷地带为重。从每年大风日数统计来看,风灾发生频繁的年代主要是20世纪60年代中后期和70—80年代,90年代以后大风日数相对较少。其中灾情最重的是1989年4月10日的大风,造成了103县受灾,157人死亡、5567人受伤(重伤718人),经济损失15亿多元,是历史上罕见的。四川历史典型大风事件见表1.6。

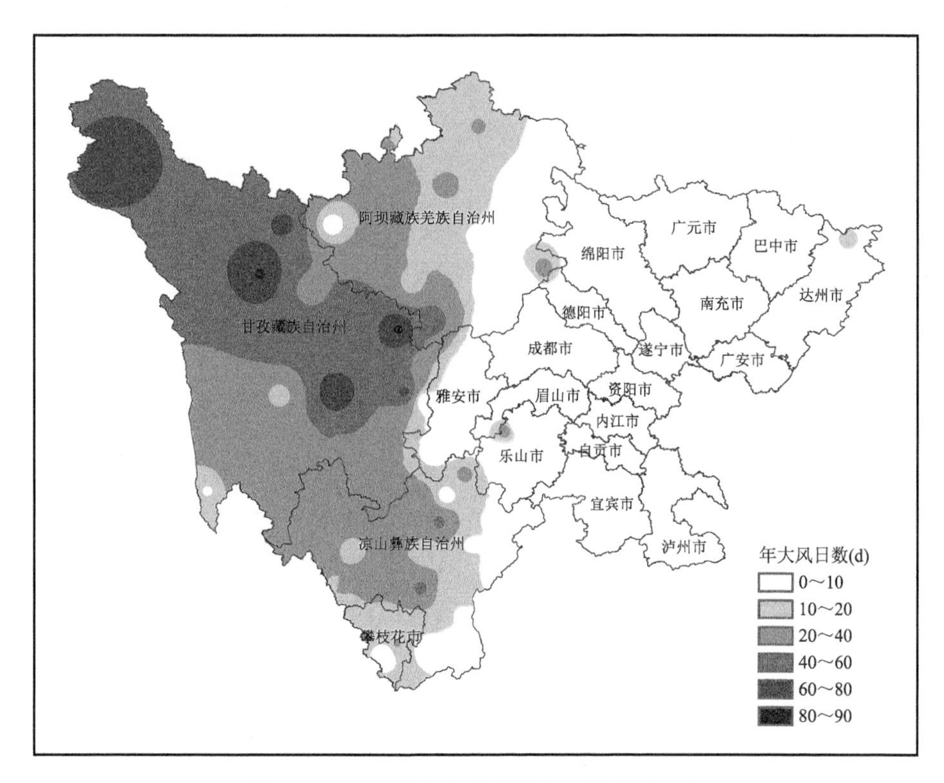

图 1.72　四川常年大风日数分布图(单位:d)

表 1.6　历史典型大风事件

年份	事件	描述
1956	大风	4 月 30 日晚，达州遭遇大风袭击。94 个乡 30 余万人受灾，1.3 万 hm^2 农作物受灾，其中 2273.3 hm^2 成灾，粮食减产 153 万 kg。大风刮倒房屋 4873 间，损坏房屋 1.6 万余间、猪牛圈 161 间、房瓦近 77 万块。刮翻木船 13 只，吹断树木 23.9 万株。砸死 25 人，伤 523 人，打伤牲畜 44 头。
1965	大风	7 月 4 日，双流、简阳两县发生大风，其中双流县有 4 个乡风力达 10 级。受灾玉米 724.5 hm^2、棉花 22.1 hm^2，吹毁房屋 4894 间，吹断吹倒树木 500 余株，伤 12 人，死 1 人。简阳江源乡受灾玉米 24.4 hm^2、13880kg，受灾烤烟 1.4 hm^2、3875 kg，受灾水稻 2.9 hm^2、2072 kg，吹坏房屋 565 间；死 7 人，伤 25 人。
1973	大风	5 月 27 日，筠连县 25351 户遭遇罕见的大风、冰雹、暴雨灾害。气象站所有房屋被风、雹损坏，部分围墙倒塌；农作物受灾 880.7 hm^2，半收和无收的 2334 hm^2，倒塌房屋 37254 间；伤亡人数 500 多人(死亡 43 人)，伤亡大牲畜 171 头。
1983	大风	6 月上旬，盆地北部达州、巴中等地的 215 个乡遭遇大风袭击，山口河谷地带风力达 10 级。粮食作物受灾 3.3 万 hm^2，成灾 6420 hm^2，粮食减产 1062 万 kg，经济作物受灾 1126.7 hm^2，其中 90%成灾；损坏住房 1.5 万间，其中垮塌 3426 间，损坏猪牛圈 4831 间；死耕牛 15 头、生猪 111 头，死亡 30 人、受伤 259 人。各种经济损失超过 1200 万元。
1989	大风	4 月 10 日的大风，造成了 103 县受灾，157 人死亡、5567 人受伤(重伤 718 人)，经济损失 15 亿多元，是历史上罕见的。

续表

年份	事件	描述
1995	大风	7月21—25日，盆地内自西向东发生了一次区域性大风天气过程。成都、德阳、绵阳、宜宾、自贡、雅安、乐山、内江、重庆、达州、巴中、广安、攀枝花、凉山等地29个县市出现了大风，其中宜宾、内江、江安、富顺、荣县、彭州、北碚、大竹、宣汉、盐亭瞬间风速达20～21 m/s。成都市区瞬间极大风速达26.0米/秒，是该市有气象记录以来的第二位。据统计，14个市、地、州的75个(市、区)563个乡(镇)受灾，因灾死亡52人，直接经济损失达3.5亿元。

1.4.7 冰雹

全省年平均冰雹日数为1.3 d，甘孜、阿坝两州冰雹最多，川西南区次之，盆地区最少。甘孜、阿坝两州属青藏高原全国多雹区的一部分，年雹日数一般在5 d以上，甘孜州中部和北部、阿坝州西北部可达10 d以上，石渠等地最多可达19.9 d；攀西地区的年平均雹日数1～3 d；盆地区一般仅0.1～0.2 d，平均十年中出现1～2次(图1.73)。

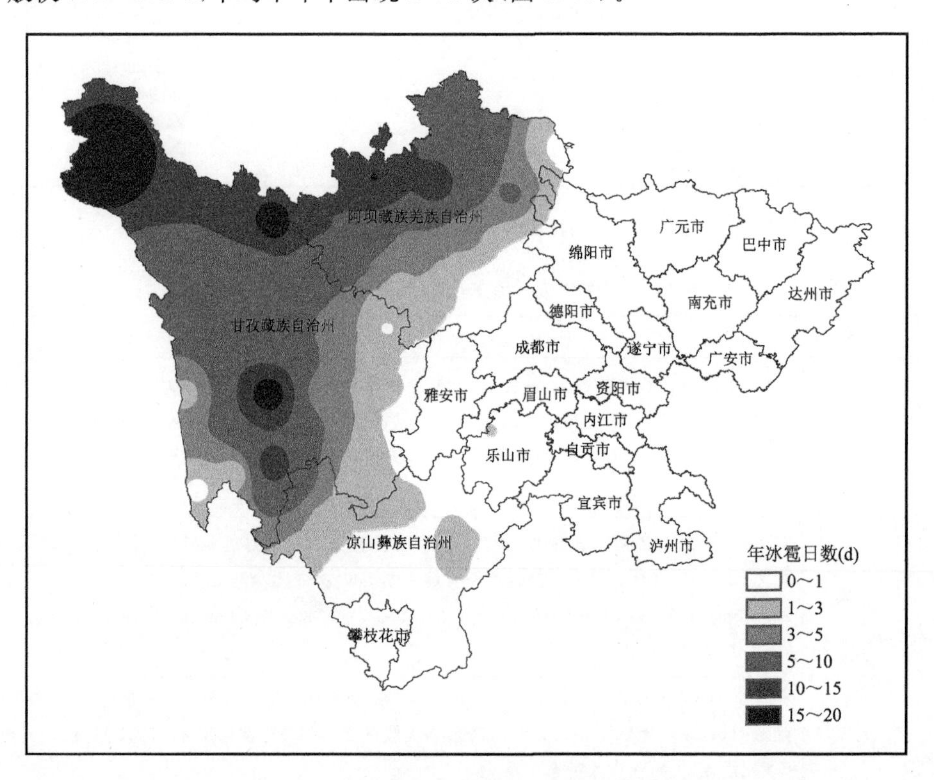

图1.73　四川常年冰雹日数分布图(单位：d)

川西高原区降雹始于3月，终于11月，4—11月降雹日普遍较多，5月、6月、9月特别集中，尤其6月为全年之冠。攀西地区是每年四川进入雹季最早的地区之一，1月开始降雹，4—5月极盛，11月仍有降雹。盆地区冰雹一般始于3月，终于9月，5月最多，8月次之，大范围区域性冰雹天气过程以3月中旬到5月中旬出现的频率高，面积广，强度大，危害重。

冰雹是本省多见的气象灾害之一，特别在山区常见。每次冰雹过程虽然影响范围一般不大，但在其出现区域可能造成人畜伤害和财物重大损失。四川盆地是主要种植区和工业区，人口密集，雹日虽不多，一旦有冰雹出现，损失较重。

1965 年 9 月 9 日，壤塘、色达两县降冰雹，最大直径为 17 mm。壤塘县达日乡受灾 39.6 hm^2，粮食减产 27739 公斤。色达县旭口乡 12.4 hm^2 青稞、小麦、豌豆受雹危害损失 1 成。

1978 年 5 月 4 日，盆地区发生一次大范围冰雹大风灾害，降雹范围波及 55 个县，雹粒一般蚕豆大，少数鹅蛋大。此时正值小春作物黄熟季节，这场冰雹造成百万亩农作物被毁，数十万间房屋倒塌或损坏，人畜皆有死亡。盆周深丘地带，降雹多，雹粒大，雹灾也最重。

1988 年 5 月 3—4 日雹灾，宜宾市 134 个乡 52 万余人受灾，倒塌房屋 760 余间，损坏房屋 35000 余间，因灾死亡 11 人，重伤 7 人，死猪 42 头，宜宾、南溪两县受灾尤重。四川历史典型冰雹事件见表 1.7。

表 1.7　历史典型冰雹事件

年份	事件	描述
1959	冰雹	8 月 1 日、8 月 25 日和 9 月 9 日，宣汉、开江、渠县、通江、南江县部分地方遭受冰雹袭击。其中开江、宣汉、南江、通江遭受雹灾 2 次以上。每次降冰雹时间均超过 40 min，低洼处积雹厚达 30 mm 左右，大春和晚秋作物受灾 1.5 万 hm^2，成灾 6533.3 hm^2，粮食减产 665 万 kg。房屋受损 1.8 万间、倒塌 1618 间；损毁猪牛圈 535 间；死亡 6 人，重伤 105 人。其中以 8 月 25 日渠县发生的冰雹为最重，3620 hm^2 农作物、12 万农户受灾，倒塌房屋 215 间，死 6 人，伤 94 人，沉船 15 只和船载铁锅 1500 口，经济损失 500 万元以上。
1965	冰雹	9 月 9 日，壤塘、色达两县降冰雹，最大直径为 17 mm。壤塘县达日乡受灾 39.6 hm^2，粮食减产 27739 kg。色达县旭口乡 12.4 hm^2 青稞、小麦、豌豆受雹危害损失 1 成。
1975	冰雹	8 月 20—22 日，简阳降冰雹，持续 45 min。4 个区受灾，其中遭受 2 次冰雹灾害的有 4 个乡。农作物受灾 1569.6 hm^2，粮食减产 168.7 万 kg；棉花受灾 716.8 hm^2，皮棉减产 12 万 kg；烤烟受灾 1.9 hm^2，吹倒树木 1391 株，倒塌房屋 737.5 间，合计损失 614.5 万元。
1978	冰雹	5 月 4 日，盆地区发生一次大范围冰雹大风灾害，降雹范围波及 55 个县，雹粒一般蚕豆大，少数鹅蛋大。此时正值小春作物黄熟季节，这场冰雹造成百万亩农作物被毁，数十万间房屋倒塌或损坏，人畜皆有死亡。盆周深丘地带，降雹多，雹粒大，雹灾也最重。
1983	冰雹	4 月 29 日，宣汉，万源、通江、南江、平昌、渠县、达县、邻水等县降冰雹。小春粮食作物受灾 11.7 万 hm^2，严重受灾 2.5 万 hm^2，减产逾 4000 万 kg；油菜受灾 9480 hm^2，严重受灾 3380 hm^2，减产 200 万 kg；大春水稻损失谷种 213.3 万 kg，玉米烂种 22.3 万 kg，红薯烂种 448 万 kg；倒塌房屋 3594 间，损坏 1.1 万间；死牲畜 17 头，死亡 1 人，受伤 21 人，直接经济损失 2500 余万元。
1988	冰雹	5 月 3—4 日雹灾，宜宾市 134 个乡 52 万余人受灾，倒塌房屋 760 余间，损坏房屋 35000 余间，因灾死亡 11 人，重伤 7 人，死猪 42 头，宜宾、南溪两县受灾尤重。
1995	冰雹	5 月 13 日，雅安、万县、达州、凉山、绵阳、德阳、乐山、宜宾等地(市)部分县(市)降冰雹。此次过程降雹时间长，均在 20 min 以上，最长达 40 min，强度大，开县最大雹径达 80 mm，伴 8 级大风，风速 17 m/s，给人民生命财产和经济带来一定损失。据不完全统计：农田受灾 4.3 万 hm^2，损坏房屋 21.8 万间，倒塌 4400 间，120 所学校 1.2 万名学生因教室损毁停课，死大牲畜 900 余头、家禽 4.8 万只，死 1 人，伤 1560 人，造成直接经济损失 1.7 亿元。

1.4.8　雷暴

四川省在全国属于雷暴偏多区域。全省年平均雷暴日数为 37.7 d，川西高原及攀西地区多在 40 d 以上，色达、盐源等地高达 77 d，为全省最多雷暴区。盆地区年雷暴日数一般为 30～40 d，盆地西北部和雅安市大部分区域为 20～30 d，宝兴 16.8 d 为全省最少(图 1.74)。

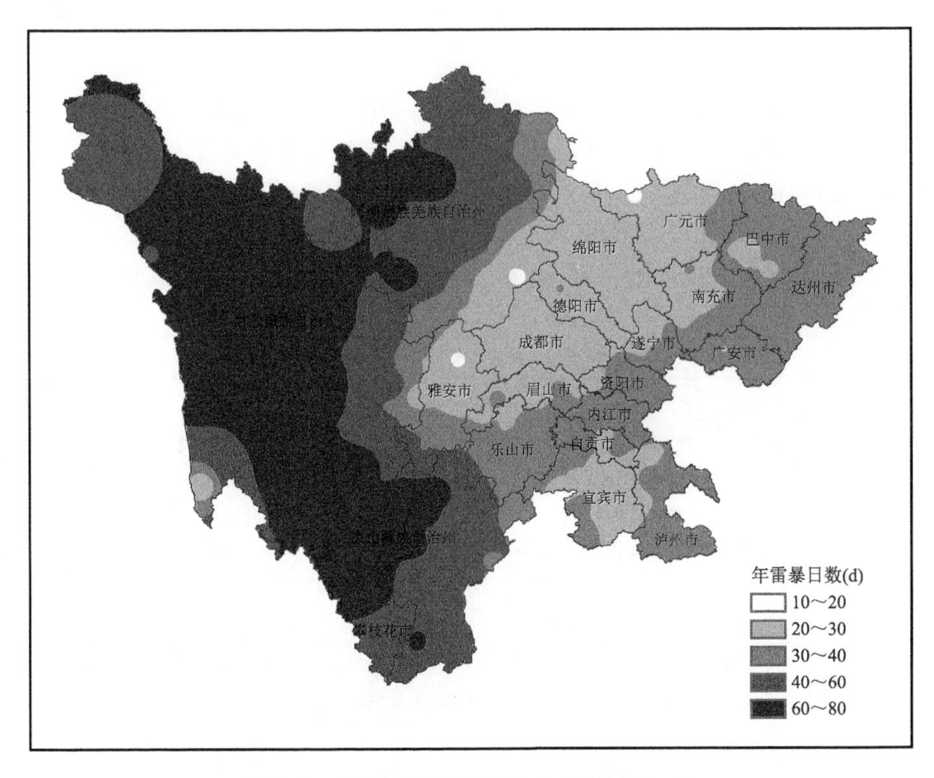

图 1.74　四川常年雷暴日数分布图(单位:d)

四川省每年都会出现雷暴，以春、夏两季居多。雷暴出现最多的月份，盆地区在 7 月、8 月，川西高原为 6—8 月，岷江上游及大凉山一带则以 5—7 月最多。

雷暴是一种伴有雷击和闪电的局地强对流天气，是大气中突然出现的放电现象。雷暴云强烈放电造成人畜伤亡或财产毁损的现象称为雷电灾害，是联合国确定为世界最严重的十大自然灾害之一。全省雷暴日数西部多于东部，东部雷暴灾害造成的损毁更大。

2004 年是四川省雷暴灾害损失较严重的一年。全年发生雷击 758 次，引发火灾、爆炸 19 起，电子电器设备受损 5006 起，供电故障 447 件，造成人员伤亡 156 人(其中死亡 67 人，伤 89 人)，直接经济损失 9210 万元。雷暴灾害主要出现在凉山、雅安、南充、绵阳、成都、达州等市(州)。雷暴灾害主要发生在 4—8 月，其特点是人员伤亡主要集中在农村，经济损失则主要集中在城市，电力、电信、建筑、石油、化工等行业和农村、居民住宅等为雷电灾害高发场所。7 月 4 日，凉山州盐源县一次雷击造成死亡 6 人、伤 9 人。该雷击事件列为“2004 年全国十大雷击人员伤亡事件”第三位。

1.4.9　雾

四川盆地是全国多雾区之一。全省年平均雾日数为 30.2 d，四川盆地的岷江、沱江、嘉陵江及长江干流的沿江河谷地带大部分都在 40 d 以上，其中青神县 118.5 d 为最多；盆地内其余地区雾日 20～40 d。川西高原年雾日数大部在 5 d 以下。攀西地区各地雾日差别大，北部在

5 d以下，南部多为5～20 d(图1.75)。

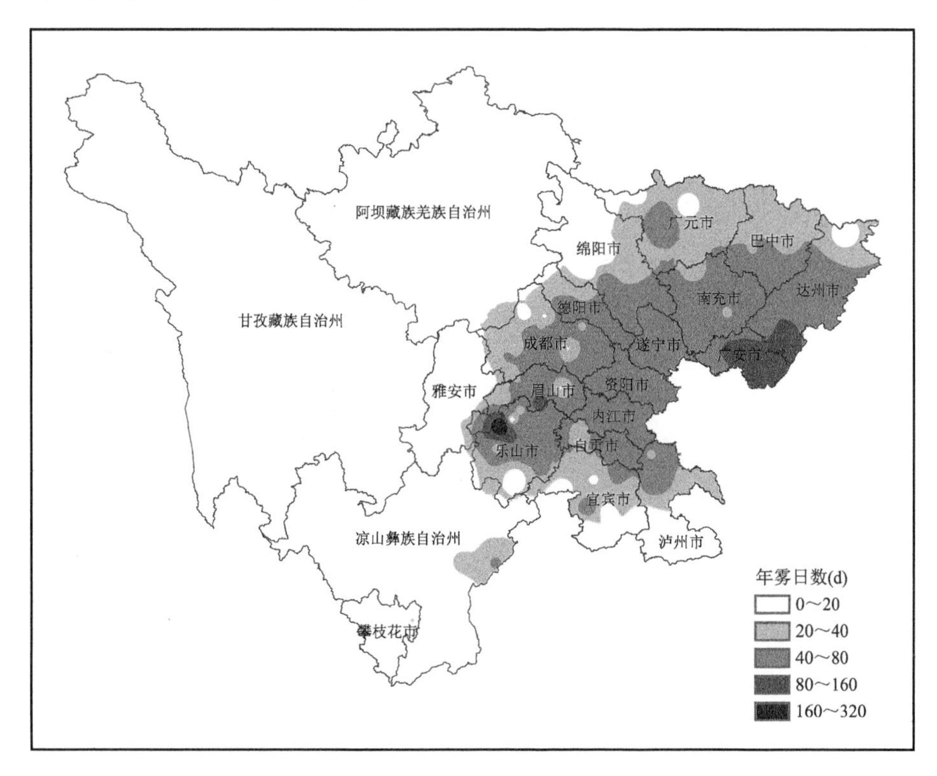

图1.75　四川常年雾日数分布图(单位:d)

雾是四川盆地一种常见的天气现象，全年均可有雾发生，其中以每年的12月、1月最多，多年月平均雾日盆地内沿江地区可达10 d以上，其中最多的地方可达15 d，10月、11月及2月次之，多年月平均雾日盆地内沿江地区可达7～10 d。以辐射雾为主，一般待日出之后可逐渐消散；在层结特别稳定的时候，大雾往往终日不散。

雾对生活、生产建设有诸多不利影响，因雾导致某些疾病发病率上升、交通运输受到影响等等。随着现代化建设发展和城市规模扩大，雾的危害性更为显著。从历年雾日数变化来看，20世纪70年代后期开始增多，80年代后期至90年代前期达到最多，21世纪头10年雾日数相对较少，21世纪10年代又开始增多，2016年全省平均雾日数达到46 d。

1997年12月15日夜开始，成都市入冬以来最大的一场浓雾骤然降临。连日的漫天浓雾经久不散，即使正午也难见天日。成渝高速公路成都到龙泉驿的18 km路段上的13 km处发生一起三车追尾事故。列车晚点不在少数。航班延误，旅客滞留，连续3 d的浓雾使成都双流机场三次关闭，400多架次进出港航班延误，100个航班取消，1万多名旅客滞留。

2005年12月25—30日，四川盆地出现区域性大雾。成都公交系统28日因大雾陷入半瘫痪状态，至少有100多条线路、1000多辆公交车被迫推迟半小时到1个多小时发车，超过10万市民出行受到不同程度延误。成都所有高速公路陆续关闭。大雾还导致双流机场关闭近6小时，115个进出港航班被直接延误，356个进出航班都做顺延调整，顺延时间在7小时左右，同时也使得约1万多名旅客滞留机场。从28日08—14时，全市因大雾共发生交通事故180起。成南高速路上，8辆小汽车与3辆大货车发生追尾，导致4人死亡，8人受伤。绵阳至三台公路塘汛段 12 辆车连环相撞，2 人死亡。

1.4.10 霾

全省年平均霾日数为 1.4 d。川西高原、攀西地区和盆地部分地区不足 0.5 d，盆地大部为 0.5～5 d，梓潼 18.3 d 为全省最多。四川省霾日主要出现在冬、春季节，夏、秋季相对较少，其中 12 月、1 月、2 月和 3 月平均霾日数达 0.4 d，为全年最多月份，7 月平均不足 0.1 d 为全年最少月份(图 1.76)。

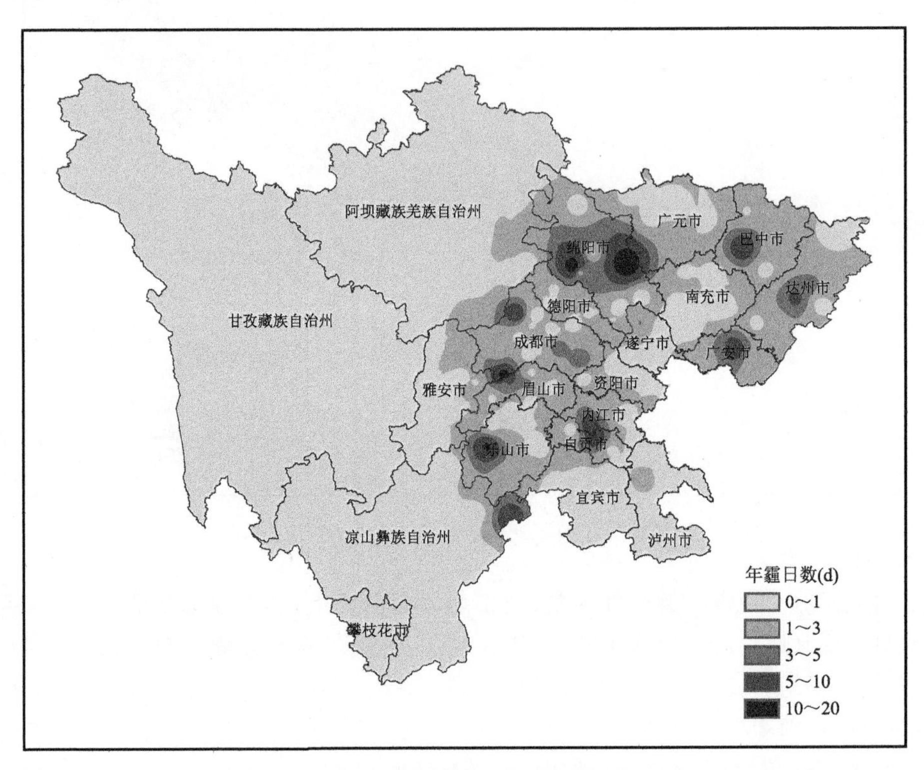

图 1.76 四川常年霾日数分布图(单位:d)

2016 年 1 月 1—6 日，省内盆地遭遇了一次区域性雾或霾天气，自贡、成都、眉山、达州、宜宾等地的大气污染严重，德阳、泸州、绵阳等地相对较重。

2016 年 12 月，四川雾或霾天气频现，全省有 135 县站出现雾或霾天气，主要笼罩在盆地区；3—9 日，四川盆地连续 7 天出现区域性大雾天气，13 日、16 日、22 日盆地分别出现区域大雾天气；7—13 日、19—22 日盆地连续出现霾天气。月内雾或霾日数多、分布范围广，为近年少见。雾霾天气日数多、范围广、强度大，对空运、航运和公路运输造成较大影响，飞机起降条件差，航班大面积延误或取消，高速公路大面积多次实施交通管制。重污染天气对公众的生活和身体健康影响较大。

参考文献

四川省气象局，2014. 气候术语：DB 51/T582—2013[S]. 成都：四川省质量技术监督局.

四川省气象局，2014. 四川天气预报手册[M]. 成都：西南交通大学出版社.

四川省气象局,2016. 四川省气候综合图集[M]. 北京:气象出版社.
徐裕华,等,1991. 西南气候[M]. 北京:气象出版社.
詹兆渝,2005. 中国气象灾害大典·四川卷[M]. 北京:气象出版社.
张家诚,林之光,1985. 中国气候[M]. 上海:上海科学技术出版社.

第2章 气候资料

气候资料即用来描述气候特征的数据，包括观测资料及代用资料，涵盖大气圈、水圈、陆地圈和冰雪圈，是研究气候和气候变化的基础数据，长度一般不少于30年。

2.1 资料来源

四川气候业务所使用的气候资料主要来源于地面气象观测、遥感探测和各种再分析资料。

2.1.1 地面观测

2.1.1.1 国家地面气象观测站

国家地面气象观测站按承担的观测业务属性和作用分为国家基准气候站、国家基本气象站、国家一般气象站三类。目前四川共建成国家级地面气象站156个，其中基准站14个（甘孜、稻城、康定、马尔康、红原、温江、绵阳、峨眉山、乐山、纳溪、越西、会理、万源、南部），基本站28个（石渠、德格、色达、道孚、巴塘、新龙、理塘、九龙、若尔盖、小金、松潘、都江堰、雅安、宜宾、叙永、广元、阆中、巴中、达川、南充、内江、遂宁、攀枝花、西昌、昭觉、雷波、盐源、木里），一般站114个。大部分台站始建于20世纪50年代后期和60年代初期，少量台站始建于50年代初，1949年前建站的有7个，其中峨眉山站始建于1932年、乐山站始建于1936年、峨眉山市气象站和松潘站始建于1937年、雅安站始建于1939年、广元站始建于1941年、汉源站始建于1944年。多数气象台站已经工作了近60年时间。地面气象观测资料是开展气候业务科研工作最重要的基础资料，但受城市发展的影响，许多台站都有1～2次的站址迁移，给资料的连续性造成了一定影响，在工作中需要注意这个问题，必要时应加以订正（四川省基层气象台站简史，2011）。

国家地面气象观测站承担的观测项目较多，包括云、能见度、天气现象、气压、空气温度和湿度、风向和风速、降水、日照、蒸发、地面温度（含草温）、雪深、浅层或较浅层地温、冻土、电线积冰、雪压等，但不同类别和不同气候区台站的观测项目有较大差异，表2.1给出了各观测项目的承担台站和观测方式。这些观测项目可分为器测和目测两种观测方式，其中器测项目在2002年之前与目测项目一样均为人工观测，2001年开始观测仪器的换型，逐步实现人工器测项目向自动观测的过渡，到2006年，全省所有国家地面气象观测站器测项目都实现了自动观测。根据台站类别和观测方式的不同，观测时次也不一样，人工器测项目基准站为24 h观测，基本站为每天02时、08时、14时、20时4次观测，一般站为每天08时、14时、20时3次观测，自动器测项目为全天24 h观测。根据中国气象局县级综合气象业务改革方案，2013年起，在已实现气压、气温、湿度、风向、风速、降水、地温等自动观测的基础上，逐步实现蒸发、能见度、云高、云量、日照、冻土、雪深、电线积冰等的自动观测，为适应自动观测的需要，同时对台站观测项目进行调整，基准站、基本站保留蒸发、云高、云量的观测，一般站取消蒸发和云的观测，天气现象的观测由 34 种减少为 21 种(四川省基层气象台站简史，2011)。

表 2.1　各观测项目承担台站和观测方式

观测项目	承担台站	观测方式
气温	全部台站	仪器换型前为人工器测，换型后为自动观测
降水	全部台站	仪器换型前为人工器测，换型后为自动观测
湿度	全部台站	仪器换型前为人工器测，换型后为自动观测
风向	全部台站	仪器换型前为人工器测，换型后为自动观测
风速	全部台站	仪器换型前为人工器测，换型后为自动观测
气压	全部台站	仪器换型前为人工器测，换型后为自动观测
地表温度	全部台站	仪器换型前为人工器测，换型后为自动观测
能见度	全部台站	仪器换型前为人工目测，换型后为自动观测
日照	全部台站	人工器测
雪深	全部台站	人工器测
蒸发	县级综改前为全部台站，综改后为基准站、基本站	仪器换型前为人工器测，换型后为自动观测
云	县级综改前为全部台站，综改后为基准站、基本站，且只观测云量、云高	人工目测
浅层或较浅层地温	仪器换型前为部分台站，换型后为全部台站	仪器换型前为人工器测，换型后为自动观测
冻土	部分台站	人工器测
雪深	部分台站	人工器测
电线积冰	部分台站	人工器测
天气现象	全部台站	县级综改前为 34 种人工观测，综改后为 21 种逐步实现自动观测

注：34 种天气现象：雨、阵雨、毛毛雨、雪、阵雪、雨夹雪、阵性雨夹雪、霰、米雪、冰粒、冰雹，露、霜、雾凇、雨凇、雾、轻雾、吹雪、雪暴、烟幕、霾、沙尘暴、扬沙、浮尘、雷暴、闪电、极光、大风、飑、龙卷、尘卷风、冰针、积雪、结冰。21 种天气现象：雨、阵雨、毛毛雨、雪、阵雪、雨夹雪、阵性雨夹雪、冰雹、露、霜、雾凇、雨凇、雾、轻雾、霾、沙尘暴、扬沙、浮尘、大风、积雪、结冰。

2.1.1.2　区域自动气象站

2004 年起四川开始布设区域自动气象站，当年建成区域自动气象站 47 个，到目前为止，全省共有区域自动气象站 4796 个，其中单要素站点 2250 个，多要素站点 2546 个。各市州区域自动气象站布设情况见表 2.2(四川省基层气象台站简史，2011)。

表 2.2　各市州区域自动气象站布设站数表

市州名	1 要素	2 要素	4 要素	6 要素	总数
全省	2250	1078	1190	252	4796
成都	32	94	71	97	305
德阳	110	33	40	0	183

续表

市州名	1要素	2要素	4要素	6要素	总数
绵阳	88	98	121	24	331
广元	116	52	88	18	274
眉山	64	66	19	14	163
乐山	125	86	38	9	258
雅安	126	147	70	0	345
遂宁	73	34	31	16	157
南充	128	20	57	4	209
广安	71	9	88	13	181
巴中	109	45	40	22	216
达州	145	139	23	13	321
资阳	70	38	26	0	134
内江	67	50	24	0	141
自贡	54	23	24	1	102
泸州	89	60	47	3	199
宜宾	100	41	93	5	239
攀枝花	32	30	20	0	82
甘孜	254	0	56	6	324
阿坝	172	2	93	0	267
凉山	225	11	121	7	365

注1:1要素观测项目:雨量,2要素观测项目:雨量、气温,4要素观测项目:雨量、气温、风向、风速,6要素观测项目:雨量、气温、风向、风速、气压、相对湿度。

注2:区域自动气象站以单要素观测居多,另有部分2要素和4要素观测站点,6要素观测站点很少,还有极少量的5要素观测站点。区域自动气象站为无人值守观测站,全天候24 h工作,每10 min记录并上传一次数据。

2.1.1.3 土壤湿度观测站

2009年之前,由农业气象观测站每旬逢8日进行土壤湿度人工测定,测湿深度主要为10 cm、20 cm和50 cm,全省共有农业气象观测站46个,其中一级农业气象试验站1个(温江),二级农业气象试验站1个(宜宾),一级农业气象观测站21个,二级农业气象观测站23个。2009年开始布设自动土壤水分站,当年完成17个站点的布设,目前全省共布设自动土壤水分站192个,2012年起已取消土壤湿度人工观测,全部采用自动观测(四川省基层气象台站简史,2011)。

2.1.1.4 酸雨观测站

1991年起四川开始布设酸雨观测站,目前全省共有酸雨观测站10个,主要开展pH值和电导率观测,各站点建站时间如表2.3(四川省基层气象台站简史,2011)。

表 2.3　各酸雨观测站建站时间

序号	台站名称	建站时间	序号	台站名称	建站时间
1	甘孜	1992	6	红原	1993
2	温江	1994(2004 之前在光华村)	7	巴塘	2007
3	简阳	2006	8	峨眉山	1991
4	西昌	1992	9	攀枝花	1991
5	达县	1992	10	安岳	2007

2.1.1.5　辐射观测站

四川目前共有辐射观测站 7 个,其中一级站 1 个,三级站 6 个,1992 年之前为人工观测,1992 年起改为综合遥测。各站点建站时间等信息如表 2.4(四川省基层气象台站简史,2011)。

表 2.4　四川辐射观测站信息表

序号	台站名称	级别	建站时间	观测项目
1	温江	1	1957(2004 之前在光华村)	总辐射、直接辐射、散射辐射、反射辐射、净辐射
2	甘孜	3	1993	总辐射
3	红原	3	1992	总辐射
4	绵阳	3	1978	总辐射
5	峨眉山	3	1958	总辐射
6	攀枝花	3	1977	总辐射
7	纳溪	3	2003	总辐射

2.1.1.6　其他地面观测站

2004 年开始布设闪电定位仪,目前全省共布设闪电定位仪 25 个,其中甘孜州 7 个,阿坝州 6 个,凉山州 4 个,成都、绵阳、广元、雅安、遂宁、南充、达州、自贡市各 1 个(四川省基层气象台站简史,2011)。

目前,四川气象部门通过自建以及与地震部门、测绘部门合作共建方式建立了 62 个 GPS/MET 水汽站点,可提供逐时单站 GPS 反演大气水汽总量、水汽二维分布、单站 24 h 和七天水汽时序图等产品。

2.1.2　遥感探测

2.1.2.1　天气雷达

2004 年在西昌(昭觉)建成四川第一部新一代天气雷达,2005 年先后建成成都、绵阳、宜宾三部新一代天气雷达,2006 年建成南充、广元两部新一代天气雷达,达县、乐山(五通桥)、康定新一代天气雷达分别于 2008 年、2011 年和 2015 年建成,目前全省共有 9 部新一代天气雷达,其中西昌、康定两部雷达为 C 波段雷达,其他为 S 波段雷达。

常规天气雷达的探测原理是利用云雨目标物对雷达所发射电磁波的散射回波来测定其空间位置、强弱分布、垂直结构等。新一代天气雷达除能起到常规天气雷达的作用外,还可以利用物理学上的多普勒效应来测定降水粒子的径向运动速度,推断降水云体的移动速度、风场结构特征、垂直气流速度等。新一代天气雷达在灾害性天气监测、预警方面，发挥着不可替代的作用，它可以有效地监测暴雨、冰雹、龙卷等灾害性天气的发生、发展，同时还具有良好的定量测量回波强度的性能，可以定量估测大范围降水。表 2.5 为新一代天气雷达提供的监测产品信息，四川省气象探测数据中心同时提供表列产品的全省组网拼图产品。

表 2.5 新一代天气雷达监测产品信息表

序号	产品名称	产品号	产品标识	分辨率/km	覆盖范围(极坐标,km)(笛卡儿坐标,km)	仰角/°
1	基本反射率 1	19	R	1.0	230	0.5,1.5,2.4
2	基本反射率 2	20	R	2.0	460	0.5,1.5,2.4
3	基本速度 1	26	V	0.5	115	0.5,1.5,2.4
4	基本速度 2	27	V	1.0	230	0.5,1.5,2.4
5	组合反射率 1	37	CR	1.0×1.0	230	
6	组合反射率 2	38	CR	4.0×4.0	460	
7	回波顶	41	ET	4.0×4.0	230	
8	VAD 风廓线	48	VWP	2.0 m/s	N/A	
9	弱回波区	53	WER	1.0	50x50	
10	风暴相对径向速度	56	SRM	1.0	230	
11	垂直累积液态水含量	57	VIL	4.0×4.0	230	
12	风暴追踪信息	58	STI	N/A	345	
13	中尺度气旋	60	M	N/A	230	
14	1 h 降水	78	OHP	2.0	230	
15	3 h 降水	79	THP	2.0	230	
16	风暴总降水	80	STP	2.0	230	
17	反射率等高面位置显示(CAPPI)	110	CAR	1.0	230	

2.1.2.2 卫星遥感

1990 年省局建立了 NOAA 卫星地面接收站，开始接收处理 NOAA/AVHRR 卫星遥感资料。NOAA 气象卫星是近极地太阳同步轨道卫星，飞行高度为 833～870 km，轨道倾角 98.7°，成像周期 12 h。NOAA 系列卫星采用双星运行，同一地区每天可有四次过境机会。AVHRR(Advanced Very High Resolution Radiometer)是 NOAA 系列卫星的主要探测仪器，它有 5 个光谱通道，其中 1～2 通道为反射通道，3～5 通道为辐射亮温通道，AVHRR 扫描宽度达 2800 km，星下点分辨率为 1.1 km。

2004 年建成了 EOS/MODIS 地面接收站，开始接收处理 EOS/MODIS 卫星遥感资料。EOS(Earth Observation System)卫星是美国地球观测系统的简称，它有两颗星，一颗上午星(TERRA 卫星)和一颗下午星(AQUA 卫星)。MODIS(MODerate－resolution Imaging Spectroradiometer)中分辨率成像光谱仪是 Terra 和 Aqua 卫星上搭载的主要传感器之一，它有 36 个光谱通道，最大空间分辨率可达 250 m，扫描宽度 2330 km。各通道光谱范围、主要用途、空间分辨率见表 2.6。

表 2.6　MODIS 各通道光谱范围、主要用途及空间分辨率

通道	光谱范围(单位:1—19 通道 nm,20—36 通道 μm)	分辨率/m	主要用途
1	620～670	250	陆地、云边界
2	841～876		
3	459～479	500	陆地、云特性
4	545～565		
5	1230～1250		
6	1628～1652		
7	2105～2135		
8	405～420	1000	海洋水色、浮游植物、生物地理、化学
9	438～448		
10	483～493		
11	526～536		
12	546～556		
13	662～672		
14	673～683		
15	743～753		
16	862～877		
17	890～920	1000	大气水汽
18	931～941		
19	915～965		
20	3.660～3.840	1000	地球表面和云顶温度
21	3.929～3.989		
22	3.929～3.989		
23	4.020～4.080		
24	4.433～4.498	1000	大气温度
25	4.482～4.549		
26	1.360～1.390	1000	卷云、水汽
27	6.535～6.895		
28	7.175～7.475		
29	8.400～8.700		
30	9.580～9.880		
31	10.780～11.280	1000	臭氧
32	11.770～12.270	1000	地球表面和云顶温度
33	13.185～13.485		
34	13.485～13.785	1000	云顶高度
35	13.785～14.085		
36	14.085～14.385		

2005年安装了DVB—S卫星遥感资料广播接收应用系统(现为CMACast系统),该系统可接收处理国家卫星气象中心广播下发的NOAA、MODIS和FY-3卫星资料。2011年成都市气象局在大邑建立新一代卫星资料直收站,2013年省局完成新一代卫星资料直收站建设,并于2015年在罗江建立了同类型直收站,罗江直收站接收的卫星资料通过专用光纤传送至省局,新一代卫星资料直收站可以接收处理NOAA、MODIS和FY-3等国内外多颗卫星遥感资料。

风云三号(FY-3)气象卫星是我国新一代极轨气象卫星,目前在轨运行有A、B、C三颗星,A、B星搭载有可见光红外扫描辐射计、红外分光计、微波温度计、微波湿度计、微波成像仪、中分辨率光谱成像仪、紫外臭氧垂直探测仪、紫外臭氧总量探测仪、地球辐射探测仪、太阳辐射测量仪、空间环境监测仪器包等11种探测仪器,C星除搭载上述11种探测仪外还增加了全球导航卫星掩星探测仪。FY-3遥感仪器主要性能指标如表2.7。

表2.7　FY-3遥感仪器主要性能指标

名称	光谱范围/μm	通道数	扫描范围/°	地面分辨率/km	频段范围/GHz	探测目的
可见光红外扫描辐射计(VIRR)	0.43～12.5	10	±55.4	1.1		云、植被、泥沙、卷云及云相态、雪、冰、地表温度、海表温度、水汽总量等
红外分光计(IRAS)	0.69～15.0	26	±49.5	17		大气温、湿度廓线、O_3总含量、CO_2浓度、气溶胶、云参数、极地冰雪、降水等
微波温度计(MWTS)		4	±48.3	50～75	50～57	大气温、湿度廓线、O_3总含量、CO_2浓度、气溶胶、云参数、极地冰雪、降水等
微波湿度计(MWHS)		5	±53.35	15	150～183	大气温、湿度廓线、O_3总含量、CO_2浓度、气溶胶、云参数、极地冰雪、降水等
中分辨率光谱成像仪(MERSI)	0.4～12.5	20	±55.4	0.25～1		海洋水色、气溶胶、水汽总量、云特征、植被、地面特征、表面温度、冰雪等
微波成像仪(MWRI)		10	±55.4	15～85	10～89	雨率、云含水量、水汽总量、土壤湿度、海冰、海温、冰雪覆盖等
地球辐射探测仪(ERM)	0.2～50, 0.2～3.8	窄视场2个, 宽视场2个	±50(窄视场			地球辐射
太阳辐射监测仪(SIM)	0.2～50					太阳辐射
紫外臭氧垂直探测仪(SBUS)	0.16～0.4	12	垂直向下	200		O_3垂直分布
紫外臭氧总量探测仪(TOU)	0.3～0.36	6	±54			O_3总含量
空间环境监测器(SEM)						卫星故障分析所需空间环境参数

FY-3中分辨率光谱成像仪(MERSI)的功能与EOS/MODIS相似,能高精度定量遥感云特性、气溶胶、陆地表面特性、海洋水色、低层水汽等地球物理要素,实现对大气、陆地、海洋的

多光谱连续综合观测。MERSI有20个光谱通道，其中1—5通道的空间分辨率为250 m，其余15个通道的空间分辨率为1000 m。250 m分辨率的可见光三通道真彩色图像，可实现多种自然灾害和环境影响的图像监测，监测中小尺度强对流云团和地表精细特征。仪器第8—16短波通道为高信噪比窄波段通道，能够实现水体中的叶绿素、悬浮泥沙和可溶黄色物质浓度的定量反演。仪器的2.13 μm通道对气溶胶相对透明，结合可见光通道，可实现陆地气溶胶的定量遥感。0.94 μm近红外水汽吸收带的3个通道，可增强对大气水汽特别是低层水汽的探测能力。

四川目前开展的卫星遥感业务主要有森林(草原)火灾监测、高原积雪监测、盆地大雾监测、植被长势监测、干旱监测、城市热岛监测等，特别是在川西森林(草原)火灾监测中，卫星遥感发挥了不可替代的作用，为林火的打早打小、避免特大森林火发生做出了重要贡献(四川省志·气象志，2014)。

2.1.3 再分析资料

再分析资料是采用当今最先进的全球资料同化系统和完善的数据库，对各种来源(地面、船舶、无线电探空、测风气球、飞机、卫星等)的观测资料进行质量控制和同化处理后，获得的一套完整的再分析数据集。

目前，国际上主要有NCEP、ECMWF、JMA 3家再分析中心。NCEP(National Centers for Environmental Prediction，美国国家环境预报中心)包含两个子计划：NCEP/NCAR(Reanalysis-1)、NCEP/DOEAMIP-II(Reanalysis-2)，前者是NCEP与NCAR(National Center for Atmospheric Research，美国国家大气研究中心)共同合作的一个项目，该项目建立了一个全球大气领域40年数据的分析记录。与此相比，NCEP/DOEAMIP-II采用了改进的同化系统，修正了NCEP/NCAR中的人为误差，并在土壤湿度、短波辐射通量几个方面做了较大的改进，被认为是一种较好的全球再分析资料。ECMWF(European Centre for Medium Range Weather Forecasts，欧洲中期天气预报中心)也是全球几家最主要的再分析中心之一，ECMWF再分析中心所包括的子计划有：ERA-l5、ERA-40、ERA-Interim以及以后的ERA-70。JMA(Japan Meteorological Agency，日本气象厅)所实施的再分析计划是JRA-25以及从2006年开始实施的JCDAS(JMA Climate Data Assimilation System)计划，二者所使用的数据同化系统相同(邓小花 等，2010)。表2.8和表2.9是各家再分析中心进行再分析时所用数据和资料同化方案的对比。

表2.8 NCEP,ECMWF,JMA各子计划所用数据对比

再分析资料	采用的数据
ERA-15	MARS数据，CCR数据，NESDIS 1-b数据，通过一维变分恢复的TOVS晴云辐射率数据(HIRS/MSU)。ECMWF业务上的主要的常规观测数据，还有COADS、FGGE、ALPEX等资料进行补充；SST、SIC数据库
ERA-40	对卫星资料使用得更多(如VTPR、TOVS、SSMI、ATOVS等)，常规观测资料的应用也加大，再加工过的气象卫星的风资料，CSR数据，改进的SST\ICE数据库
ERA-Interim	ERA-40及ECMWF业务上用的观测数据，卫星level-1c辐射数据，无线电探空仪的数据，再加工过的气象卫星的风资料，高度计波高度数据，静止卫星的晴空辐射数据，对受降水影响的SSM/I辐射数据进行一维修复

续表

再分析资料	采用的数据
NCEP/NCAR	全球无线电探空仪数据、表面航海数据、航行器数据、地表天气数据、卫星探测数据、SSM/I 表层风数据、云导风数据(SSM/I 的风数据在 Reanalysis-1 未使用,在 Reanalysis-2 中运用了 SSM/I 风速数据以及总的可降水量等参数)
JRA-25	ERA-40 中的观测数据、热带气旋周围的风数据(TCR)、数字化的中国雪深数据;SSM/I、TOVS 以及 ATOVS 数据、修复的 GMS-AMV、SSM/I 雪覆盖;逐日的臭氧资料、逐日的 COBE SST 和海冰数据等

表 2.9 NCEP,E CMWF,JMA 各子计划资料同化方案对比

	ERA-15 (1979—1993)	ERA-40 (1957—2002)	ERA-Ineterim (1989 年始)	NCEP/NCAR (1949 年—今)	JRA-25 (1979—2004)
分辨率	T106L31(模式的最顶层离地表 32 km 左右,达 10 hPa)	T159L60(模式的最顶层离地表 65 km 左右,达 0.1 hPa)	T255L91(模式的最顶层离地表 81 km 左右,达 0.01 hPa)	T62L28(模式的最顶层达 3 hPa)	T106L40(模式的最顶层达 0.4 hPa)
同化方案	3 d-OI(最优插值)	3 d-Var FGAT 臭氧的分析	4 d-Var 12 h 新的湿度分析对 SSMI 辐射数据是进行直接同化	谱统计插值 SSI (一种 3 d-Var)	地表变量中的温度、风、相对湿度等用 2 d-OI 同化;对大气及地表气压而言,用 3 d-Var

3 种再分析资料以 NCEP 再分析资料的使用最为广泛,它包含 3 个数据集,即分时资料(每 6 h 一次,每天 4 次)数据集、日平均资料数据集和月平均资料数据集,在气候业务中使用最多的是月平均资料数据集,其空间分辨率为 2.5°×2.5°,该资料集包含 1948 年至今逐月地面气温、地面气压、海平面气压、相对湿度、垂直速度、抬升指数、最佳抬升指数、大气可降水、位温、平均纬向风、平均经向风等地面资料,以及 17 层等压面(1000 hPa、925 hPa、850 hPa、700 hPa、600 hPa、500 hPa、400 hPa、300 hPa、250 hPa、200 hPa、150 hPa、100 hPa、70 hPa、50 hPa、30 hPa、20 hPa、10 hPa)上的气温、位势高度、垂直速度、相对湿度、比湿、平均纬向风、平均经向风等高空资料。

2.1.4 资料收集途径

2.1.4.1 地面资料收集途径

地面观测资料主要有 3 种收集途径,(1)从四川省气象探测数据中心主机共享目录下载 Z 文件进行解译,Z 文件是 ASC 文件,由原始观测数据按规定的字符数编码而成,业务人员需自行解译才能获得所需气象要素值,各类地面观测资料的下载目录见表 2.10;(2)用 CIMISS 系统提供的 MUSIC 数据接口直接检索得到所需气象要素值,这种方式需要业务人员熟悉每个接口的功能及其参数配置方法;(3)从四川省气候中心气候资料数据库中检索得到所需气象要素值,这种方式需要业务人员熟悉 SQL 命令。

表 2.10　地面观测资料 Z 文件下载目录

序号	资料类型	文件名举例	下载目录
1	国家自动站资料(全国和四川省)	Z_SURF_C_BCCD_20160221230226_O_AWS_FTM. txt(四川) Z_SURF_C_BABJ_20160223113517_O_AWS_FTM. txt(全国)	/aws/st_new
2	自动土壤水分资料和农业气象观测资料	Z_AGME_C_BCCD_YYYMMDDh hmmss _O_ASM-FTM. txt Z_ AGME _I_ IIiii_ YYYYMMDDh hmmss_ O_ CROP(SOIL, PHENO, GRASS,DISA,METE). txt	/agme
3	区域自动站多要素资料	Z_SURF_C_BCCD-REG_20160220104000_O_AWS_FTM. txt	/aws/st_reg
4	区域自动站单雨量资料	Z_SURF_C_BCCD-REG_20160220160127_O_AWS－PRF_FTM. txt	/aws/prf
5	自动站日文件	Z_SURF_C_BCCD_20160223160625_O_AWS_DAY. txt	/aws/st_day
6	自动站日照文件	Z_SURF_C_BCCD_20160223120426_O_AWS－SS_DAY. txt	/aws/ss
7	自动站辐射资料	Z_RADI_I_57604_20160225205800_O_ARS_FTM. txt	/radi
8	酸雨资料	Z_CAWN_C_BCCD_YYYYMMDDh hmmss _O_AR_FTM. TXT(酸雨)	/cawn

2.1.4.2　雷达卫星资料收集途径

雷达卫星资料主要从四川省气象探测数据中心主机共享目录下载获取,具体资料目录见表 2.11。

表 2.11　雷达卫星资料下载目录

序号	资料类型	文件名举例	下载目录
1	多普勒雷达基数据	Z_RADR_I_Z9839_20160225062100_O_DOR_SC_CAP. bin. bz2	/radr/base
2	多普勒雷达产品	Z_RADR_I_Z9280_20160224053338_P_DOR_SC_R_20_460_24. 280. bin	/radr/pup
3	风云三号 A 星资料	Z_SATE_C_BAWX_20160222085116_P_FY3 a_VIRRX_00N0_L2_SST_MLT_GLL_20160221_POAD_1000 m_MS. HDF	/fy3 a
4	风云三号 B 星资料	Z_SATE_C_BAWX_20160221155516_P_FY3B_VIRRX_G0T0_L2_FOG_MLT_GLL_20160220_POAD_1000 m_MS. HDF	/fy3b
5	风云三号 C 星资料	Z_SATE_C_BAWX_20180628080656_P_FY3C_VIRRX_GBAL_L1_20180628_0615_1000 m_MS. HDF	/fy3c

2.2　质量控制方法

气候资料质量主要从气象要素的气候界限值、区域界限值、本站界限值等方面进行控制,当观测值超过界限值时作疑误记录处理,并通过人工核查方法确定其正确与否,各界限值的含义及确立方法如下。

(1)气候界限值

通过分析统计全省所有站自建站至 2011 年各气象要素历史极值及出现时间,确立不同时间不同要素的气候界限值,包括气候极值和各月极限值。

(2)区域界限值

在气候学界限值的基础上做区域界限值检查,能更准确的检查处于不同气候区域的台站观测值的合理性。四川省地域广阔,地形复杂,气候类型多样,不同气象要素其空间分布特征差异很大,因此,针对不同气象要素进行不同的分区来建立各自的区域界限值指标。

对温度要素,参考四川气候图集温度带划分并兼顾四川地形,将全省分为 4 个区域(图 2.1)。

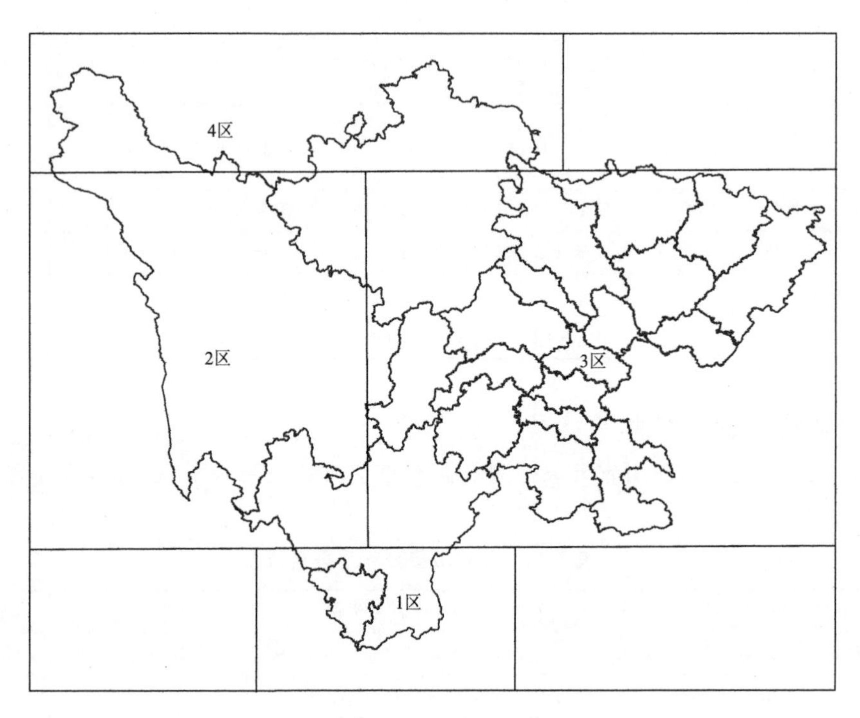

图 2.1 温度分区

对风向风速,参考四川气候图集把全省分为 2 个区域(图 2.2)。

对降水要素,参考四川气候图集把全省分为 6 个区域(图 2.3)。

对气压要素,以 50 m 为间隔,统计不同海拔高度范围的气压最大值、最小值,形成不同高度范围的界限值。

(3)台站界限值

统计各站自建站至 2011 年的风速极大值,经过人工核查,作为风速台站界限值。按月统计各站自建站至 2011 年四时次的气温最高、最低值,人工核查后,作为台站气温界限值。另外,也可以根据空间一致性原则通过与邻近站比较来判断观测资料的合理性。

2.3 资料整编

目前的气候资料整编一般是指对地面气象观测资料进行统计加工,形成气象要素的日、候、旬、月、年值及 10 年、30 年的气候标准值。

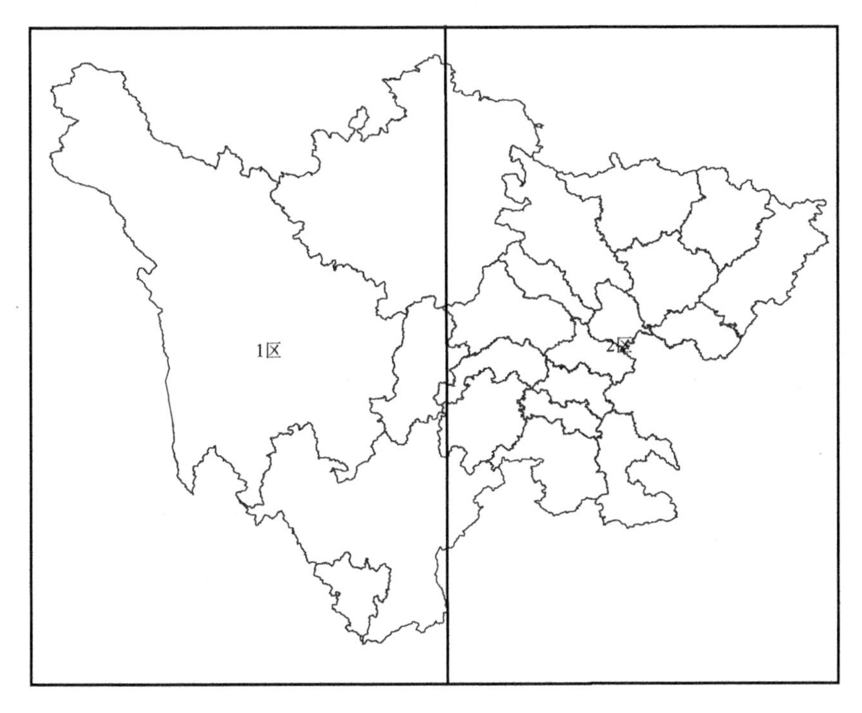

图 2.2　风向风速分区

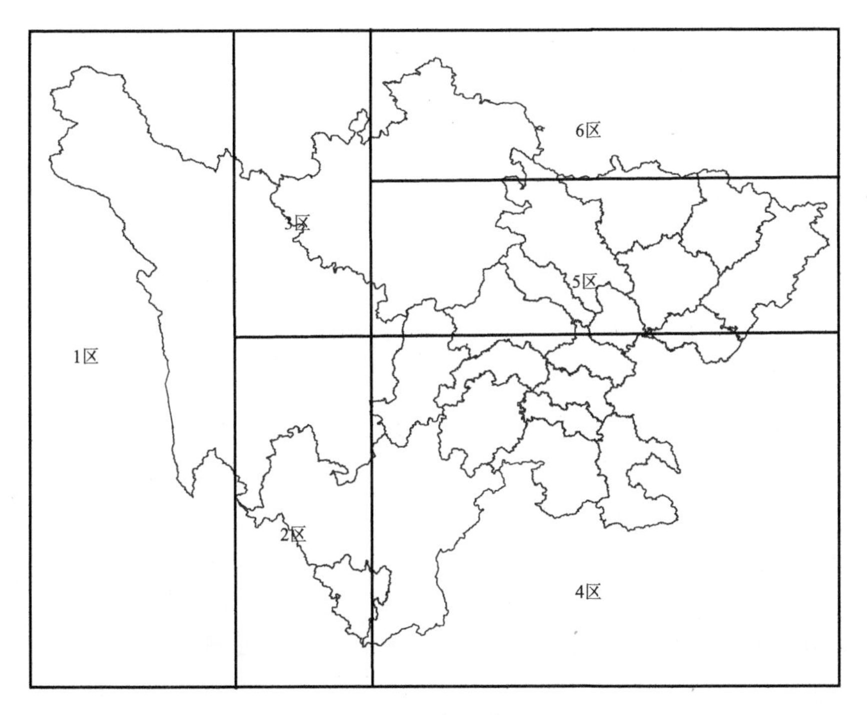

图 2.3　降水分区

2.3.1 统计方法

2.3.1.1 平均值统计

(1)日平均值

日平均值由四次定时值(北京时间 02 时、08 时、14 时、20 时)平均求得。

$$\bar{x} = \frac{\sum_{i=1}^{4} x_i}{4} \tag{2.1}$$

式中,x_i 表示四次定时值;i 取值 1,2,3,4;$\bar{x}$表示日平均值。

(2)月(旬、候)平均值

月(旬、候)平均值由日值(日平均值或日极值)平均求得。

$$\bar{x} = \frac{\sum_{i=1}^{n} x_i}{n} \tag{2.2}$$

式中,x_i 表示第 i 日的日值;i 取值为 $1,2,\cdots,n$,n 表示该月(旬、候)日数;$\bar{x}$表示月(旬、候)平均值。

(3)年平均值

年平均值由 12 个月平均值平均求得。

$$\bar{x} = \frac{\sum_{i=1}^{12} x_i}{12} \tag{2.3}$$

式中,x_i 表示第 i 月的月平均值;i 取值为 $1,2,\cdots,12$;$\bar{x}$表示年平均值。

2.3.1.2 总量值统计

某年(月)某气象要素总量值是指该年(月)该气象要素日总量值的总和。

(1)月(旬、候)总量值

月(旬、候)总量值为该月(旬、候)日总量值之和。

$$S = \sum_{i=1}^{n} x_i \tag{2.4}$$

式中,x_i 表示第 i 日的日总量值;i 取值为 $1,2,\cdots,n$,n 表示该月(旬、候)的日数;S 表示月(旬、候)总量值。

(2)年总量值

年总量值为 12 个月总量值之和。

$$S = \sum_{i=1}^{12} x_i \tag{2.5}$$

式中,x_i 表示第 i 月的月总量值;i 取值为 $1,2,\cdots,12$;S 表示年总量值。

2.3.1.3 频率统计

(1)月频率

月频率为月内某现象出现的次数占全月观测记录总次数的百分比(按 4 次定时观测统计)。

$$f = \frac{m}{n} \times 100\% \tag{2.6}$$

式中，f 表示某现象在月内出现频率；m 表示该现象在月内出现的次数；n 表示全月观测记录总次数。

(2)年频率

年频率由12个月频率平均求得。

$$\bar{x} = \frac{\sum_{i=1}^{12} x_i}{12} \tag{2.7}$$

式中，x_i 表示第 i 月的月频率；i 取值为1,2,…,12；$\bar{x}$表示年频率。

2.3.1.4 最长连续日数和止日

某现象最长连续日数是指在规定的时段内该现象连续出现最长的日数，这段时间最后的日期即为止日；如果规定时段的第一天出现该现象，应该上跨统计。

2.3.1.5 稳定通过各界限温度起、止日

日平均气温稳定通过各级界限温度起、止日用5日滑动平均法统计。即在一年中，任意连续5天的日平均气温的平均值大于或等于某界限温度的最长一段时间期内，于第一个5天(即上限)中挑取最先一个日平均气温大于或等于该界限温度的日期为起日；于最后一个5天(即下限)中挑取最末一个日平均气温大于或等于该界限温度的日期为止日。

2.3.2 不完整资料的统计

不完整资料指在统计规定的时段内，因台站观测仪器故障或其他原因而造成部分资料缺测的情况，当资料不完整时，按如下规定统计。

(1)平均值

——月平均：一月中各日值缺测7个及以上时，月平均为缺测。

——候平均：一候中各日值缺测2个及以上时，候平均为缺测。

——旬平均：一旬中各日值缺测3个及以上时，旬平均为缺测。

——年平均：一年中各月值缺测1个及以上时，年平均为缺测。

(2)总量值

——降水量

月降水量：一月中日降水量有7个及以上缺测时，月降水量为缺测。

年降水量：一年中各月降水量有1个及以上缺测时，年降水量为缺测。

——蒸发量、日照时数

月总量：一月中日总量有缺测且缺测数在6个及以下时，月总量=月实有观测日数日总量的合计值/月实有观测日数×月全部日数；日总量有7个及以上缺测时，月总量为缺测。

年总量：一年中各月总量值有1个及以上缺测时，年总量为缺测。

(3)月极值

如果不加特别说明，则只要各日值不全是缺测，则极值从实有记录中挑选，如果日值全部为缺测，则月极值也是缺测。

(4)年极值

除特殊说明外,资料不完整年份的实有资料都参加年极值和累年极值的挑取。

(5)日数

——月日数:一月中各日值有 7 个及以上缺测时,月日数为缺测。

——年日数:一年中各月日数有 1 个及以上缺测时,年日数为缺测。

(6)频率

——月频率:一月中各定时值有 11 个及以上缺测时,月频率为缺测。

——年频率:一年中各月频率有 1 个及以上缺测时,年频率为缺测。

一般站夜间不值班,每日只有三次(08 时、14 时、20 时)观测,其资料统计方法如下:

(1)02 时气温(T_{02}):计算公式如(2.8),日平均值计算公式如(2.9)。

$$T_{02}=\frac{T_{\min}+T_{前(20)}}{2} \tag{2.8}$$

$$T_{\mathrm{ave}}=\left(\frac{T_{\min}+T_{前(20)}}{2}+\mathrm{T}_{08}+\mathrm{T}_{14}+\mathrm{T}_{20}\right)/4 \tag{2.9}$$

(2)02 时地面温度(T_{d02}):计算公式如(2.10),日平均值计算公式如(2.11)。

$$T_{d02}=\frac{T_{d\min}+T_{d前(20)}}{2} \tag{2.10}$$

$$T_{\mathrm{dave}}=\left(\frac{T_{d\min}+T_{d前(20)}}{2}+T_{d08}+T_{d14}+T_{d20}\right)/4 \tag{2.11}$$

(3)02 时水汽压(P_{02})、相对湿度(RH_{02})和 5 cm,10 cm 地温(ST_{02})分别用 08 时记录代替,日平均值计算公式如(2.12)。

$$D_{02}=\frac{2\cdot D_{08}+D_{14}+D_{20}}{4} \tag{2.12}$$

式中,D_{02}代表 P_{02}或者 RH_{02}或者 ST_{02}。

(4)本站气压、云量、风向风速和 15 cm,20 cm,40 cm 地温,日平均按三次实测记录统计。

参考文献

邓小花,翟盘茂,袁春红,2010. 国外几套再分析资料的对比与分析[J]. 气象科技,38(1):1-8.

四川省地方志编纂委员会,2014. 四川省志·气象志(1986—2005)[M]. 北京:方志出版社.

四川省气象局,2011. 四川省基层气象台站简史[M]. 北京:气象出版社.

第 3 章　气候监测诊断

气候监测从广义上讲是指综合利用现代气象技术装备对气候系统所进行的各种气象观测(探测)活动，并通过相应的技术方法对观测资料进行分析处理，以揭示气候系统各部分现状，发现其重大变化的事实和征兆的过程。这里的气候监测特指利用已有的气候观测资料，对气候系统状态及异常气候事件的判别和分析。气候诊断是指运用数理统计方法和热力学动力学原理，对气候异常现象的形成原因进行的分析和研究。气候监测诊断是了解气候系统变化及其成因的重要手段(李清泉 等，2013)。

3.1　气候监测

四川气候监测业务主要是利用本地区历史和实时气候观测资料，分析各地气候异常状况，对极端气候事件和气候灾害进行预警和跟踪，提出应对措施建议，制作监测分析产品，并适时向政府和公众提供服务。

3.1.1　监测内容

四川气候监测业务以气候实况观测资料为依据，根据不同季节气候特点，针对政府和社会公众关注的重点热点气候问题，及时开展有针对性的气候监测分析工作，主要内容包括气候要素的监测分析以及对极端气候事件和主要气象灾害的监测分析。

3.1.1.1　气候要素监测

气候要素监测包括对温度、降水、日照、蒸发、湿度、风和各种天气现象的监测分析，重点分析监测时段内气候要素的时空变化特点以及与常年值和历史同期的比较，包括距平值、距平百分率、历史排位等，监测分析时间段根据服务需求而定。考虑到资料序列的长度，作历史对比分析时主要使用国家气象观测站资料，区域自动气象站资料由于序列长度较短，只用作实况分析。

3.1.1.2　气候灾害监测

四川是一个气候灾害十分严重的省份，主要的气候灾害有暴雨、干旱、高温、低温、连阴雨等。气候灾害监测就是根据每种灾害指标，监测其发生范围、持续时间、强度等级并进行历史对比分析等。

3.1.1.2.1　暴雨监测

四川暴雨监测主要根据不同区域(四川盆地、川西高原、川西南山地)的暴雨指标，监测某时段内发生暴雨、大暴雨和特大暴雨的台站数，统计单站暴雨过程降水总量及最大日降水量，分析暴雨站数和日降水量、过程降水量的历史排位等。

3.1.1.2.2 干旱监测

四川干旱监测采用干旱地方标准和国家标准气象干旱综合监测指数（*MCI*）进行监测，两套指标监测结果互为补充、相互印证。监测内容包括：干旱发生时段：干旱起止日期；干旱持续时间：干旱开始以来持续天数；干旱强度：即干旱等级，分为无旱、轻旱、中旱、重旱、特旱5个级别；干旱影响范围：即各等级干旱发生的台站数，包括监测日当天实有干旱台站数，以及当年曾经发生春旱、夏旱、伏旱的台站数。

3.1.1.2.3 高温监测

四川高温监测内容包括高温出现时段、高温日数、持续高温日数、极端最高气温、高温发生范围等。高温出现时段：指监测时段内日最高气温≥35 ℃的开始和结束日期；高温日数：指监测时段内日最高气温≥35 ℃的天数；持续高温日数：指日最高气温连续≥35 ℃的天数；极端最高气温：指监测时段内日最高气温的最大值；高温发生范围：指发生高温的站数及分布区域。高温监测需要分析高温站数、日数、极端最高气温的历史排位情况。

3.1.1.2.4 低温监测

四川低温监测内容主要包括低温日数、极端最低气温、最大降温幅度、低温发生范围等。低温日数：指监测时段内日最低气温≤0 ℃的天数；极端最低气温：指监测时段内日最低气温的最小值；最大降温幅度：指日最低气温由逐日下降转为升高前的降幅（度数）；低温发生范围：指发生低温的站数及分布区域。低温监测需要分析低温站数、日数、极端最低气温、最大降温幅度的历史排位情况，同时需要利用冷空气和寒潮国家标准，监测分析冷空气强弱和寒潮强度等级。

3.1.1.2.5 华西秋雨监测

每年9—11月依据华西秋雨国家标准开展华西秋雨监测，其内容包括华西秋雨开始日、结束日、秋雨期长度、秋雨日数、秋雨量、秋雨强度等。华西秋雨开始日：第一个多雨期的开始日；华西秋雨结束日：最后一个多雨期的结束日；秋雨期长度：华西秋雨开始日至结束日之间的总天数；秋雨日数：华西秋雨期间满足秋雨日条件的总天数；秋雨量：华西秋雨期间逐日监测站点平均降水量的累积值；秋雨强度：依据华西秋雨综合强度指数确定的强度等级，华西秋雨强度分为5级，即显著偏强、偏强、正常、偏弱、显著偏弱。华西秋雨监测需要分析起止日、长度、日数、雨量、强度指数的距平和历史排位情况。

3.1.1.3 极端气候事件监测

极端气候事件是指发生概率极小的气候事件，由于其很少发生，其破坏性更强，造成的社会经济损失、人员伤亡和生态系统损害更为严重，因此受到越来越多的关注。根据业务服务需要，四川主要开展极端日降水量、极端连续降水日数、极端连续无降水日数、极端连续干旱天数、极端最高气温、极端高温日数、极端最低气温、极端低温日数等的监测，监测内容包括极端事件的出现时间、发生范围等。

3.1.2 业务流程

四川气候监测业务依托省气候中心地面气象观测资料数据库，根据相关技术标准和业务规范，利用《四川省气候监测评价系统》《极端气候事件监测系统》和《气候与气候变化监测预测系统》(CIPAS 系统),分析气温、降水、日照等气候要素的动态变化,跟踪暴雨、干旱等气候灾害和极端气候事件的发生发展,制作发布监测产品,并向政府和有关部门提供服务,具体业务流程见图 3.1。

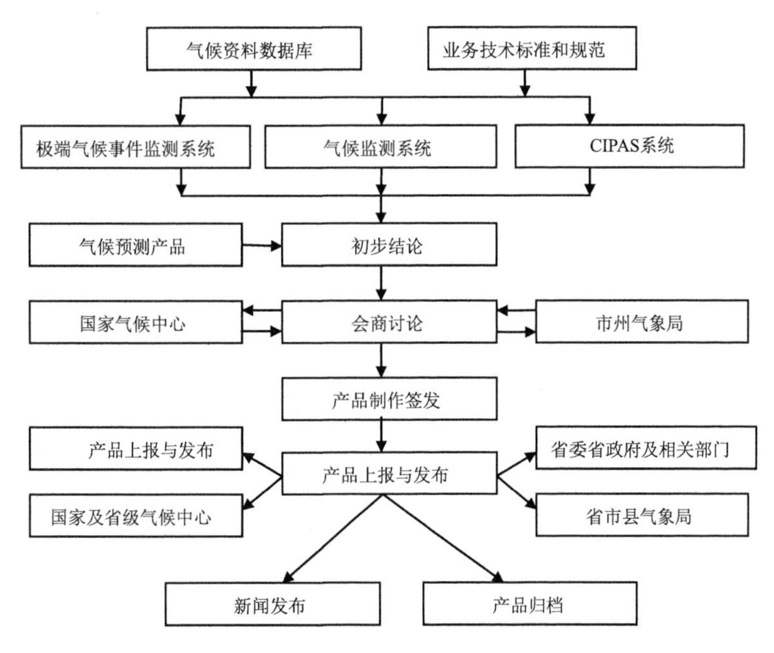

图 3.1　气候监测业务流程

3.1.2.1　数据收集与维护

完整准确的气候观测资料是开展气候监测分析的前提和基础,四川省气候监测系统每天定时从省气象探测数据中心自动获取全省地面气象观测台站的观测数据并追加到省气候中心的气候资料数据库。业务值班人员应利用该系统随时检查数据的完整性和准确性,若发现数据缺测或数据有误应立即报告科室领导,并主动联系省气象探测数据中心和相关市县业务技术人员,查找缺测原因、核实疑误记录,及时在系统中补齐缺测数据、修正错误数据。

3.1.2.2　产品制作

业务值班人员要密切关注各地天气气候的演变情况,紧密跟踪灾害性气候事件的发生、发展和变化。当出现气候异常或发生灾害性天气时,要及时利用相关气候监测分析业务系统,分析气温、降水、日照等气候要素的实际值、距平值、历史排位等,绘制异常气候区分布图,对发生的暴雨、干旱等气候灾害或极端气候事件的范围、强度等进行监测和评估,并与历史上同类灾害事件进行对比分析。根据业务系统输出的统计数据和图表信息,撰写分析材料,制作监测产品。

3.1.2.3　业务会商

坚持业务会商制度,业务值班人员在撰写监测分析产品时应与科室其他成员充分讨论,形成初步意见后,要主动与国家气候中心、省气象台、省农业气象中心、相关市州业务技术人员进行讨论会商,以保证部门上下气候监测结果的一致性。

3.1.2.4 产品发布

气候监测产品编写完成后，需经科室领导校审并报中心领导签阅，然后正式向外发布。报送单位及报送方式如下：

3.1.2.4.1 中国气象局、国家及省级气候中心

通过中国气象局决策服务信息共享平台发布，其 IP 地址为：10.1.64.187，进入该平台页面后，点“用户登录”，输入用户名：×××，密码：×××，进行登录，然后点“决策服务产品”下的“产品上传”，输入产品标题，产品类型选省级决策服务产品，二级分类选气候服务类，输入填报人和填报日期，点“浏览…”找到所要上报的产品文件，点“上传”即可完成监测产品的上报。

3.1.2.4.2 省委省政府及省级相关部门

通过办公网发送至省气象台决策服务科，由决策服务科统一报送。

3.1.2.4.3 省市县三级气象部门

通过四川省气象局省市县三级预报服务产品制作平台发送，输入用户名：×××，密码：×××，进入该平台，点“气候评价服务”下的“气候灾害监测分析报告”，输入产品标题和期号，点“调用文件”找到所要上传的监测产品，然后点“上传”即可完成监测产品的上传。

3.1.3 监测技术指标

3.1.3.1 极端天气气候事件监测指标

极端天气气候事件是指在一定时期内，某一区域或地点发生的出现频率较低的或有相当强度的对人类社会有重要影响的天气气候事件。极端天气气候事件监测指标可采用绝对阈值法或百分位法确定。

3.1.3.1.1 绝对阈值法

即选择某一气象要素大于等于或者小于等于某一特定值的方法。绝对阈值指标一般按照国家标准、行业标准、现行观测规范等确定，如根据四川气候术语的定义，当日最高气温≥35 ℃时定义为高温天气，当盆地台站日降水量≥50 mm 时定义为暴雨天气。

3.1.3.1.2 百分位法

百分位法归为相对阈值法。在统计学中把一组按由小到大排序的数据分为 100 等分后，选取某个长期序列的固定百分位值(通常取第 95 个或第 5 个百分位数等)作为阈值，超过这个阈值的值被认为是极端值，该事件被认为是极端事件。例如日最高气温超过第 95 个百分位数定义为暖昼、日最低气温小于第 5 个百分位数定义为冷夜、日降水量超过第 95 个百分位数定义为强降水天气。

3.1.3.2 气象要素重现期分析

气候监测分析业务中，经常遇到气候要素和极端气候事件出现的频率(重现期)的估算问题。重现期是指某一现象重复出现的间隔时间(即通常所说的 n 年一遇)，解决重现期计算问题主要有两种技术方法。一是经验频率估算方法，即将研究的气候要素样本时间序列按一定的界限分组，分别计算要素取值在各组中的频率，近似作为气候要素在某一取值范围内的概率；另一种是利用气候要素时间序列，选取气候理论模型，进行拟合试验，通过统计检验寻求最佳理论概率模型进行有关概率特征量的计算分析，后者随计算机应用技术的进步，应用也越来越广泛。

3.1.3.2.1　常用的气候概率模型

常用的气候概率模型主要有正态分布、对数正态分布、指数分布、伽马分布、韦布尔分布(Weibull distribution)、耿贝尔分布(Gumbel distribution)、皮尔逊Ⅲ型分布(Pearson-Ⅲ distributions)、广义极值分布(generalized extreme value distribution)、广义帕雷托分布(generalized Pareto distributions)等。

(1)正态分布:气候要素以连续变量 x 表示,其服从正太分布,概率密度函数为:

$$f(x)=\frac{1}{\sqrt{2\pi\sigma}}\mathrm{e}^{-\frac{(x-u)^2}{\sigma^2}} \tag{3.1}$$

式中,u 为位置参数,σ 为尺度参数。

(2)准正态分布:气候要素连续变量 x,其因为偏度存在而不服从正态分布,但经过适当的函数变换后的新变量 Y 服从正态分布,即有 $y=g(x)$ 服从正态分布。

(3)伽马(Gamma)分布:两参数偏态 Gamma 概率密度函数形式为:

$$f(x) = x^{\alpha-1}\beta^{-\alpha}\Gamma^{-1}(\alpha)\mathrm{e}^{-\frac{x}{\beta}} \tag{3.2}$$

上式成立的条件是 $x>0,\alpha,\beta>0$,对于 $x<0,f(x)=0$,其中 α,β 分别为 Gamma 理论概率密度曲线的形状参数和尺度参数。当 $\alpha=1$ 时,Gamma 概率模型即为指数模型;$\alpha<1$,Gamma 概率模型因高度正偏蜕变为逆 J 型分布;$\alpha>1$ 时,为通常意义上的 Gamma 概率模型。尺度参数 β 的大小表征随机变量取值的变化范围。

(4)广义极值分布(GEV):目前已经被水文和气象领域广泛应用于极值研究。极限值理论被认为由三种极值分布组成(Gumbel, Fréchet and Weibull),它的理论分布函数为:

$$F(x)=\begin{cases}\exp\{-[1-k(x-\xi)/a]^{1/k}, k<0, x>\xi+a/k \\ \exp\{-\exp[-(x-\xi)]\}, k=0 \\ \exp\{-[1-k(x-\xi)/a]^{1/k}, k>0, x<\xi+a/k\end{cases} \tag{3.3}$$

式中,ξ 代表位置参数,决定分布的位置;α 是尺度参数,是分布曲线伸展范围的体现;k 是形状参数,决定极端分布的类型:$k=0$ 的时候是耿贝尔分布,$k>0$ 时是韦布尔分布,$k<0$ 时是弗雷歇(Fréchet)分布。

3.1.3.2.2　拟合分布优度检验

对气候要素概率模型拟合实验,可选用任何理论概率模型。但拟合效果如何,需要进行分布统计假设检验。用于概率分布拟合优度检验的方法很多,常用的方法有卡方拟合优度检验法和柯尔莫哥洛夫检验方法等。

3.1.3.2.3　气候要素概率特征量的计算

气候业务中,往往需要计算气候要素异常值或极值的重现期,给定不同重现估算相应的气候要素值以及气候要素取值小于或等于某一临界值的累计概率值即气候保证率等。这些概率特征量采用如下方法计算:

假定随机极值变量 x 具有概率密度 $f(x)$,则对于任意实数 x_p:

$x<x_p$ 的概率:

$$F(x_p) = P(x < x_p) = \int_{-\infty}^{x_p} f(x)\mathrm{d}\,x = \frac{1}{T} \tag{3.4}$$

式中,T 为最小值的重现期;x_p 为极小值分位数(重现期极值)

$x\geqslant x_p$ 的概率:

$$1-F(x_p)=P(x\geqslant x_p)=\int_{x_p}^{\infty}f(x)\mathrm{d}x=\frac{1}{T} \tag{3.5}$$

式中，T 最大值的重现期；x_p 为极大值分位数（重现期极值）

3.1.3.3　气象干旱监测指标

气象干旱的监测指标定义很多，在研究同一地区气象干旱时不同学者往往采用不同的指标。省级业务单位根据当地的实际情况，主要利用降水量、降水距平百分率、无降水日数和连续无降水日数、土壤相对湿度、综合气象干旱指标以及卫星遥感等技术方法，开展干旱监测服务工作。有些省根据本省的实际情况，制定了适合本省的干旱监测指标和方法，如四川本省制定了春旱、夏旱、伏旱的地方干旱监测标准。总之，省级业务单位使用的干旱监测指标不统一，方法多种多样。

中国气象局国家气候中心借鉴国内外干旱监测方面的先进技术和方法，并广泛征求了农业、林业、水利、环保等各相关领域、各行业专家的意见与建议，对我国的气象干旱监测技术、评价方法及干旱等级做了深入研究，编制了国家标准《GB/T 20481—2006：气象干旱等级》，将综合气象干旱指数（*CI*）列为国家标准并在全国气象部门推广。后期针对 *CI* 指数在近几年干旱监测服务中暴露出来的问题，如对重大干旱反映偏轻、对近期降水反应敏感、干旱跳跃式发展、服务针对性不强的问题，国家气候中心对 *CI* 指数进行改进后发布了气象干旱综合监测指数（*MCI*）。

基于不同气象干旱监测指标结果很难互相引用和比较这种情况，四川省气象干旱监测业务，根据中国气象局《干旱监测和影响评价业务规定》（气发〔2005〕135 号）和《GB/T 20481—2006：气象干旱等级》，以国家气候中心推广应用的综合气象干旱指数（*CI*）和气象干旱综合监测指数（*MCI*）为主，四川省地方干旱监测标准仅作为参考。

3.1.3.3.1　综合气象干旱指数（*CI*）

CI 是一个融合了标准化降水指数和湿润度指数的一种综合指数，计算方法如下：

$$CI=aZ_{30}+bZ_{90}+cM_{30} \tag{3.6}$$

式中：Z_{30}、Z_{90} 分别为近 30 d 和近 90 d 标准化降水指数 SPI 值。M_{30} 为近 30 d 相对湿润度指数，该指数由 $M=(P-PE)/PE$ 得到；P 为某时段的降水量；PE 为某时段的可能蒸散量。a 为近 30 d 标准化降水系数，由达轻旱以上级别 Z_{30} 的平均值除以历史出现的最小 Z_{30} 值得到，平均取 0.4；b 为近 90 d 标准化降水系数，由达轻旱以上级别 Z_{90} 的平均值除以历史出现最小 Z_{90} 值得到，平均取 0.4；c 为近 30 d 相对湿润系数，由达轻旱以上级别 M_{30} 的平均值，除以历史出现最小 M_{30} 值得到，平均取 0.8。

通过（3.6）式，利用前期平均气温、降水量可以滚动计算出每天综合干旱指数 *CI*，进行干旱监测。综合气象干旱等级的划分如表 3.1。

表 3.1　综合气象干旱等级的划分

等级	类型	*CI* 值	干旱影响程度
1	无旱	$-0.6<CI$	降水正常或较常年偏多，地表湿润，无旱象
2	轻旱	$-1.2<CI\leqslant-0.6$	降水较常年偏少，地表空气干燥，土壤出现水分轻度不足
3	中旱	$-1.8<CI\leqslant-1.2$	降水持续较常年偏少，土壤表面干燥，土壤出现水分不足，地表植物叶片白天有萎蔫现象

续表

等级	类型	CI 值	干旱影响程度
4	重旱	$-2.4<CI\leqslant-1.8$	土壤出现水分持续严重不足，土壤出现较厚的干土层，植物萎蔫、叶片干枯，果实脱落；对农作物和生态环境造成较严重影响，工业生产、人畜饮水产生一定影响
5	特旱	$CI\leqslant-2.4$	土壤出现水分长时间严重不足，地表植物干枯、死亡；对农作物和生态环境造成严重影响、工业生产、人畜饮水产生较大影响

干旱过程的确定：当 CI 指数连续 10 d 为轻旱以上等级，则确定为发生一次干旱过程。干旱过程的开始日为第 1 天 CI 指数达轻旱以上等级的日期。在干旱发生期，当综合干旱指数 CI 连续 10 d 为无旱等级时干旱解除，同时干旱过程结束，结束日期为最后 1 次 CI 指数达无旱等级的日期。干旱过程开始到结束期间的时间为干旱持续时间。

干旱过程的强度：干旱过程内所有天的 CI 指数为轻旱以上的干旱指数之和，其值越小干旱过程越强。

3.1.3.3.2　气象干旱综合监测指数（MCI）

气象干旱是由于降水长期亏缺和近期亏缺综合效应的累加，气象干旱综合指数考虑了 60 d 内的有效降水（权重平均降水）和蒸发（相对湿润度）的影响，季度尺度（90 d）和近半年尺度（150 d）降水长期亏缺的影响。气象干旱综合指数（MCI）的计算公式如下：

$$MCI=a\,SPIW_{60}+b\,MI_{30}+cm_{30}\,SPI_{90}+d\,SPI_{150} \tag{3.7}$$

式中：

$$SPIW_{60}=SPI\,(WAP) \tag{3.8}$$

$$WAP=\sum_{n=0}^{60}0.95^{n}P_{n} \tag{3.9}$$

式中，$SPIW_{60}$ 为近 60 d 标准化权重降水指数；P_n 为距离当天前第 n 天降水量；MI_{30} 为近 30 d 湿润度指数；SPI_{90}、SPI_{150} 为 90 d 和 150 d 标准化降水指数；a 为标准化权重降水权重系数，取 0.45；b 为相对湿润度权重系数，取 0.2；c 为 90 d 标准化降水权重系数，取 0.15；d 为 150 d 标准化降水权重系数，取 0.25。系数 a，b，c，d 可根据当地气候状况和季节变化进行调整，这里给出的是参考值。气象干旱综合指数等级划分标准如表 3.2。

表 3.2　气象干旱综合指数 *MCI* 等级的划分

等级	类型	MCI	干旱影响程度
1	无旱	$-0.5<MCI$	地表湿润，作物水分供应充足；地表水资源充足，能满足人们生产、生活需要
2	轻旱	$-1.0<MCI\leqslant-0.5$	地表空气干燥，土壤出现水分轻度不足，作物轻微缺水，叶色不正；水资源出现短缺，但对人们生产、生活影响不大
3	中旱	$-1.5<MCI\leqslant-1.0$	土壤表面干燥，土壤出现水分不足，作物叶片出现萎蔫现象；水资源短缺，对人们生产、生活产生影响
4	重旱	$-2.0<MCI\leqslant-1.5$	土壤水分严重不足，出现干土层，作物出现枯死现象，产量下降；水资源严重不足，出现临时性人畜饮水困难
5	特旱	$MCI\leqslant-2.0$	土壤水分长时间严重不足，地表植物干枯、死亡；河流断流，水资源枯竭，人畜饮水困难

3.1.3.3.3 降水量距平百分率(P_a)

降水量距平百分率(P_a)计算方法如下：

$$P_a=\frac{R_i-\overline{R}}{\overline{R}}\times 100\% \tag{3.10}$$

$$\overline{R}=\frac{1}{n}\sum_{i=1}^{n}R_i \tag{3.11}$$

式中，R_i 为某时段降水量；$\overline{R}$ 为多年平均同期降水量；n 为样本数，$n=30$。本标准中取1981—2010年30 a气候平均值。降水量距平百分率的干旱等级见表3.3。

表3.3 降水量距平百分率划分的干旱等级

等级	类型	降水量距平百分率(P_a)/%(月尺度)	降水量距平百分率(P_a)/%(季尺度)
1	无旱	$-50<P_a$	$-25<P_a$
2	轻旱	$-75<P_a\leqslant-50$	$-50<P_a\leqslant-25$
3	中旱	$-90<P_a\leqslant-75$	$-75<P_a\leqslant-50$
4	重旱	$-99<P_a\leqslant-90$	$-90<P_a\leqslant-75$
5	特旱	$P_a\leqslant-99$	$P_a\leqslant-90$

降水量距平百分率由于只考虑降水，简便易算，因此应用十分普遍，我国国家级、各省(区、市)和地区级气象台站都在不同程度上使用该指标来评价干旱状况，但缺点是，一方面只考虑降水量，未考虑蒸发和下垫面状况，和实际情况常有出入，另一方面这种方法实质上暗含着将降水量当作正态分布来处理，等级划分存在问题，不同区域不同季节不可比。

3.1.3.3.4 标准化降水指数

CI 指数和 *MCI* 指数计算用到的标准化降水指数(*SPI* 或 *Z* 指数)是考虑到不同时间尺度和不同地区降水量变化幅度很大，而直接用降水量在时空尺度上难以互相比较。因此，假定降水量符合某种概率分布函数，然后做标准化变换，最后按照正态分布划分旱涝等级。标准化降水指标 *SPI* 就是在计算出某时段内降水量的Gamma分布概率后，再进行反演计算出正态标准化降水 *Z* 指数，最终用标准化降水累积频率分布来划分干旱等级。优点是计算方法相对简单，可适用于任意时间尺度，对干旱的反应较灵敏。缺点是只考虑了降水量，没有考虑蒸发的影响。其计算式为：

$$P_{(x<x_0)}=\frac{1}{\sqrt{2\pi}}\int_0^{\infty}\mathrm{e}^{-Z^2/2}\mathrm{d}x \tag{3.12}$$

对上式进行近似求解：

$$Z=S\,\frac{t-(c_2t+c_1)t+c_0}{((d_3t+d_2)t+d_1)t+1.0} \tag{3.13}$$

式中，$t=\sqrt{\ln\frac{1}{p^2}}$，$P$ 为利用降水Gamma分布求得的概率，并当 $P>0.5$ 时，$P=1.0-P$，$S=1$，当 $P\leqslant 0.5$ 时，$S=-1$；$c_0=2.515517$，$c_1=0.802853$，$c_2=0.010328$；$d_1=1.432788$，$d_2=0.189269$，$d_3=0.001308$。

由式(3.13)求得的 *Z* 值也就是标准化降水指数 *SPI*。标准化降水指数 *SPI* 的干旱等级见表3.4。

表 3.4　标准化降水指数 *SPI* 的干旱等级

等级	类型	*SPI* 值	累积频率/%
1	无旱	$-0.5<SPI$	69
2	轻旱	$-1.0<SPI\leqslant-0.5$	16～31
3	中旱	$-1.5<SPI\leqslant-1.0$	7～16
4	重旱	$-2.0<SPI\leqslant-1.5$	2～7
5	特旱	$SPI\leqslant-2.0$	<2

3.1.3.3.5　相对湿润度指数(*MI*)

相对湿润度指数的计算公式如下：

$$MI=\frac{R-PE}{PE} \tag{3.14}$$

式中，R 为某时段降水量；PE 为同时段的可能蒸散量，相对湿润度指数 MI 的干旱等级见表 3.5。

表 3.5　相对湿润度指数(*MI*)的干旱等级

等级	类型	相对湿润度指数(*MI*)
1	无旱	$-0.40<MI$
2	轻旱	$-0.65<MI\leqslant-0.40$
3	中旱	$-0.80<MI\leqslant-0.65$
4	重旱	$-0.95<MI\leqslant-0.80$
5	特旱	$MI\leqslant-0.95$

该指标考虑了降水和蒸发对干旱的共同影响，但指标中的可能蒸散量是指在充分供水条件下的土壤蒸散量，不是实际的蒸散情况，也没有反映作物的实际需水情况及土壤实际含水量等。

3.1.3.3.6　气象干旱地方标准

四川气象干旱地方标准针对不同区域春、夏、伏旱制定了不同的监测指标，具体标准如表 3.6。

表 3.6　四川省气象干旱旱情分级标准

旱类(时间段)	连续天数/d	雨量标准/mm			干旱等级划分标准(受旱天数)/d			
		四川盆地	川西南山地	川西北高原	轻旱	中旱	重旱	特旱
春旱(3—4 月)	30	<20	<15	<10	30～40	40～50	≥50	
夏旱(5—6 月)	20	<30	<30	<20	20～30	30～40	40～50	≥50
伏旱(7—8 月)	20	<35	<30	<25	20～30	30～40	40～50	≥50

3.1.3.4　区域性暴雨过程监测指标

单站暴雨分级标准见表 3.7，而判断一次暴雨过程是否属于区域性暴雨过程，目前主要依据省气象台制定的监测指标(马力 等，2014)，并参照四川省气候中心王春学等(2016)研制的区域性暴雨指标，该指标综合考虑了暴雨范围大小、日最大降水量、过程降水总量、过程持续时间，可以对区域性暴雨强度作历史对比分析。

表 3.7　四川各地暴雨标准

区域	24 小时雨量/mm		
	暴雨	大暴雨	特大暴雨
四川盆地及凉山州和攀枝花市	50～99.9	100～249.9	≥250
甘孜、阿坝两州	25～49.9	50～99.9	≥100

3.1.3.4.1　区域性暴雨过程的定义

集中暴雨站点：如果某站的 $R_{24}\geqslant 50$ mm，并且距离该站最近的 20 个站中，有 6 个以上站点的 $R_{24}\geqslant 50$ mm，则该站为一个集中暴雨站点。（或 10 个站中有 3 个）

集中大雨站点：如果某站的 $R_{24}\geqslant 25$ mm，并且距离该站最近的 20 个站中，有 6 个以上站点的 $R_{24}\geqslant 25$ mm，则该站为一个集中大雨站点。（或 10 个站中有 3 个）

区域性暴雨日：如果集中暴雨站点数 $N\geqslant 15$（全省台站数的 10%），则该日为一个区域性暴雨日。

区域性暴雨过程：出现一个或一个以上连续区域性暴雨日，则为一次区域性暴雨过程。

区域性暴雨开始日期：首个区域性暴雨日（D）的集中大雨站数为 N，$D-1$ 日集中大雨站数为 M，N 和 M 重合数为 L，如果 $L<6$ 或者 $L<0.3\cdot\min(N,M)$，则 $D-1$ 日为起始日，否则依次向前比较相邻两日的 L，直到确定起始日期。

区域性暴雨结束日期：首个区域性暴雨日（D）的集中大雨站数为 N，$D+1$ 日集中大雨站数为 M，N 和 M 重合数为 L，如果 $L<6$ 或者 $L<0.3\cdot\min(N,M)$，则 $D+1$ 日为截止日，否则依次向后比较相邻两日的 L，直到确定截止日期。

3.1.3.4.2　区域性暴雨过程监测评估

降水量：

$$I_{\text{pre}}=(P_1+P_2+\cdots+P_j)/n \qquad j=1,2,\cdots,n \tag{3.15}$$

式中，n 为集中暴雨站数最多日的集中暴雨站数，P_j 为其中第 j 个观测站点在本次区域性暴雨过程中的总降水量。

暴雨强度：

$$I_{\text{pin}}=\sum_{j=1}^{n}\max(P_{24,j})/n \qquad j=1,2,\cdots,n \tag{3.16}$$

式中，max() 为取最大值函数，$P_{24,j}$ 为第 j 个观测站点在区域性暴雨过程中最大的 24 h 观测降水量。

暴雨范围：

$$I_{\text{cov}}=n/N \tag{3.17}$$

式中，N 为全省台站总数。

持续时间：

$$I_{\text{dat}}=m \tag{3.18}$$

式中，m 为区域性暴雨过程开始日期到结束日期的持续天数（单位：d）

综合评估指数：各个单项指标标准化序列的加权平均值（1981—2010 年）。

综合评价标准：按百分位法，以 1981—2010 年的区域性暴雨过程为样本，分别选取 50 百分位、80 百分位和 95 百分位点的综合强度值（−0.2，0.7，1.2），将其分为四种过程，即一般区域性暴雨过程，较大区域性暴雨过程，重大区域性暴雨过程和特大区域性暴雨过程。

3.1.3.5　华西秋雨监测指标

3.1.3.5.1　华西秋雨开始日

(1)秋雨日:8 月 21 日起，监测区域内超过 50%的台站日降水量≥0.1 mm，则称为一个秋雨日，否则为一个非秋雨日；

(2)若连续出现 5 个秋雨日，则华西秋雨开始，并将第一个秋雨日定为华西秋雨开始时间。此时华西地区进入多雨期。

3.1.3.5.2　华西秋雨结束日

秋雨开始后，若连续出现 5 个非秋雨日，则多雨期结束，并将第一个非秋雨日定为多雨期结束时间。秋雨期内可以有一个或多个多雨期。如果满足以下条件之一则华西秋雨结束。

(1)11 月 1—20 日，若连续出现 10 日非秋雨日，则华西秋雨结束，并将最后一个多雨期的结束时间定为华西秋雨结束时间。

(2)若条件(1)不满足，监测持续到 11 月 30 日，以最后一个多雨期结束日作为华西秋雨结束日。

3.1.3.5.3　华西秋雨期长度 L 及指数 I_1

华西秋雨期长度 L 为华西秋雨开始日至结束日之间的总天数：

$$L = D_e - D_b \tag{3.19}$$

式中，D_e 为华西秋雨结束日；D_b 为华西秋雨开始日。

华西秋雨期长度指数 I_1 是表征某年华西秋雨期长短的指标，其计算公式为：

$$I_1 = \frac{L - L_0}{S_L} \tag{3.20}$$

式中，L 为某年华西秋雨期长度(d)；L_0 为华西秋雨期长度的气候平均值(d)；S_L 为华西秋雨期长度的气候标准差。

3.1.3.5.4　华西秋雨量 R 及指数 I_2

华西秋雨期间，逐日台站平均降水量的累积值为该区域华西秋雨量 R。

$$R = \sum_{i=D_b}^{i=D_e} x_i \tag{3.21}$$

式中，x_i 为第 i 天的台站平均降水量(mm)。

华西秋雨量指数 I_2 是表征某年华西秋雨量多少的指标，其计算公式为：

$$I_2 = \frac{R - R_0}{S_R} \tag{3.22}$$

式中，R 为某年的华西秋雨量(mm)；R_0 为华西秋雨量的气候平均值(mm)；S_R 为华西秋雨量的气候标准差。

3.1.3.5.5　华西秋雨综合强度指数 I_3

I_3 由华西秋雨期长度指数和秋雨量指数等加权求和来确定，其计算公式为：

$$I_3 = 0.5\ I_1 + 0.5\ I_2 \tag{3.23}$$

式中，I_1 为华西秋雨期长度指数；I_2 为华西秋雨量指数。

3.1.3.5.6　华西秋雨强度等级

依据华西秋雨期长度指数 I_1、秋雨量指数 I_2 以及综合强度指数 I_3 的大小划分华西秋雨强度等级(表 3.8)。

表 3.8 华西秋雨强度等级划分

强度	显著偏强	偏强	正常	偏弱	显著偏弱
等级	1 级	2 级	3 级	4 级	5 级
I_1	$I_1 \geqslant 1.5$	$1.5 > I_1 \geqslant 0.5$	$-0.5 < I_1 < 0.5$	$-1.5 < I_1 \leqslant -0.5$	$I_1 \leqslant -1.5$
I_2	$I_2 \geqslant 1.5$	$1.5 > I_2 \geqslant 0.5$	$-0.5 < I_2 < 0.5$	$-1.5 < I_2 \leqslant -0.5$	$I_2 \leqslant -1.5$
I_3	$I_3 \geqslant 1.5$	$1.5 > I_3 \geqslant 0.5$	$-0.5 < I_3 < 0.5$	$-1.5 < I_3 \leqslant -0.5$	$I_3 \leqslant -1.5$

3.1.3.6 冷空气过程监测指标

3.1.3.6.1 单站冷空气等级

中等强度冷空气:单站的 8 ℃>$\Delta T_{48} \geqslant$6 ℃;强冷空气:单站的 $\Delta T_{48} \geqslant$8 ℃;寒潮:单站的 $\Delta T_{24} \geqslant$8 ℃或 $\Delta T_{48} \geqslant$10 ℃或 $\Delta T_{72} \geqslant$12 ℃,且日最低气温≤4 ℃。这里的 48 h、72 h 内的气温必须是连续下降的。

3.1.3.6.2 区域性冷空气过程判定

单日中等及以上强度冷空气的站数大于等于 20%,且至少持续 2 d。

3.1.3.6.3 区域性冷空气过程强度

$$I=\frac{3N_3+2N_2+N_1}{N_3+N_2+N_1} \tag{3.24}$$

式中,I 为冷空气过程强度指数;N_1 为中等强度冷空气的站点数;N_2 为强冷空气的站点数;N_3 为出现寒潮的站点数。

区域冷空气过程强度等级划分见表 3.9。

表 3.9 区域冷空气过程强度等级划分

冷空气过程等级	强度指数
中等强度冷空气过程	$1.0 \leqslant I < 1.7$
强冷空气过程	$1.7 \leqslant I < 1.95$
寒潮过程	$1.95 \leqslant I$

3.1.4 监测分析业务系统

开发建立功能强大、性能优良的气候监测分析业务软件,是提高业务水平、加快服务时效、增强服务能力的关键。四川气候监测业务中使用的软件系统主要有:四川省气候灾害监测评估业务系统、四川省气候监测评价业务系统、极端气候事件监测系统和气候与气候变化监测预测系统(CIPAS 系统),现分别简介如下。

3.1.4.1 四川省气候灾害监测评估业务系统

四川省气候灾害监测评估业务系统(图 3.2)是由四川省气候中心联合部分市州自主设计开发的 C/S 结构的业务软件系统。其主要功能有:资料收集、要素阶段值统计、要素时间变化分析、要素极值统计、天气日数统计以及暴雨、干旱、高温、低温、华西秋雨等气候灾害的监测。资料收集是一个独立的软件,每天 08 时和 20 时自动运行,定时从省气象探测数据中心自动获取全省地面气象观测台站的观测数据并追加到省气候中心的气候资料数据库。系统运行环境需 Windows 2000 以上版本，绘图软件 Surfer 8.0。分别输入系统给用户设定的用户名和密码即可登录系统。

图 3.2　四川省气候灾害监测评估业务系统界面

系统主要分为以下九个功能模块，介绍如下。

3.1.4.1.1　要素阶段值统计

用于计算各站点及全省某时段某气象要素的阶段合计值(平均值)、距平值、距平百分率、历史排位等，统计气象要素发生异常的台站数量(如时段总降水量历史排位第 1 的台站数、时段平均气温距平超过 2 ℃的台站数等)，绘制上述统计量的空间分布图等。

3.1.4.1.2　要素时间变化分析

用于某站某要素逐日、逐旬、逐月、逐年变化曲线，以及历史同日、同旬、同月变化曲线的绘制。

3.1.4.1.3　要素极值统计

用于统计某要素日资料(如日降水量、日最高最低气温等)在某一时段的极大值、极小值、出现日期、历史排位等，并输出突破历史记录台站数、台站名，绘制极值空间分布图等。

3.1.4.1.4　天气日数统计

用于统计某时段的降水日数、最长连续降水日数、无降水日数、最长连续无降水日数、大风日数、积雪日数、降雹日数及其历史排位等，并可绘制天气日数及排位结果分布图。

3.1.4.1.5　暴雨监测

根据暴雨指标判断某时段某站是否发生暴雨、大暴雨或特大暴雨，统计暴雨过程降水总量、最大日降水量、发生暴雨的台站数量及上述统计量的历史排位，绘制暴雨落区图等。

3.1.4.1.6　干旱监测

干旱监测有两个子模块，分别采用干旱地方标准和国家标准(*CI* 指数)监测干旱，用于判断某站当前是否存在干旱及干旱的强度，统计不同强度等级干旱的发生站数，绘制干旱强度等级空间分布图等。

3.1.4.1.7　高温监测

用于判断某站是否发生高温，统计各站点某时段高温日数、连续高温日数及全省平均值，计算高温日数、高温站数历史排位，绘制高温日数空间分布图等。高温监测可在天气日数统计中通过设置高温日数统计项进行监测。

3.1.4.1.8　低温监测

用于判断某站是否发生低温，统计各站点某时段低温日数、连续低温日数、最大降温幅度及全省平均值，计算低温日数、低温站数历史排位，绘制低温日数空间分布图等。

3.1.4.1.9　华西秋雨监测

用于判断华西秋雨是否开始和结束，计算秋雨开始日、结束日、秋雨期长度、秋雨日数、秋雨量、秋雨强度指数及上述统计量的距平、历史排位等。

3.1.4.2　四川省气候监测评价业务系统

除四川省气候灾害监测评估业务系统外，中心还搭建了省市区(县)一体化的“四川省气候监测评价业务系统”(图 3.3)。系统采用 B/S 结构，通过 CIMISS 接口从四川信息中心读取气温、降水、雪、气压、日照、能见度、相对湿度、积雪、雾、大风、冰雹、雷暴等(逐日实时与历史)天气现象、气候要素数据，开发资料信息检索、气象要素统计、灾害统计分析、灾害评估等模块。系统运行的软件环境如表 3.10。

表 3.10　四川省气候监测评价业务系统运行软件环境

服务器端/客户端	软件环境类型	版本/型号
服务器端	操作系统	AIX 操作系统、windows server 2008
	Java 运行时(Runtime)	JDK 6.0 以上版本
	安装应用系统容器	Tomcat 6 以上版本
	数据库	DB2
客户端	操作系统	Windows XP/2003/ Server 及 Win7/8
	浏览器	Google 浏览器、FireFox 浏览器、360 浏览器(极速模式)

通过浏览器输入访问网址，即可登录打开省市区(县)一体化的“四川省气候监测评价业务系统”。省市区(县)三级用户分别输入系统给定的用户名和密码进行登陆，点击登录图标即可进入系统。

图 3.3　四川省气候监测评价业务系统界面

系统主要功能是实现对各种气象要素按时段、按区站进行查询统计展示；对常规气候要素和气象灾害的统计分析;并实现对气象灾害的综合评估。主要分为以下四大模块。

3.1.4.2.1　资料信息检索模块

资料信息检索模块用于监测数据的情况,系统运行状态、数据浏览、日数据。运行状态可查看站点数据的更新时间、缺测率等。数据浏览:按照时间段、要素查看全部国家站的数据。

3.1.4.2.2　气象要素统计模块

气象要素统计模块可对平均气温、高温、低温、降水、日照、相对湿度、极端气温、平均风速、降水日数、气压、高温日数、能见度等要素实现常规统计、位次统计、极值统计、日数统计、持续时间统计、历年同期统计等统计计算,还实现高温日数、积温计算、连续变化等模块功能。

3.1.4.2.3　灾害统计

灾害统计模块实现对灾害中的暴雨、干旱、高温、低温、大风、雷暴、冰雹、积雪、雾等灾害要素,按照地区、站,时间等方式进行统计查询,结果以表格、地图、图表等方式进行展示。

3.1.4.2.4　灾害评估

灾害评估模块分为干旱过程评估、地标干旱过程评估、区域性暴雨评估、冷空气评估、高温评估和低温评估6个部分。灾害评估结果以表格、图表、地图等方式展示。

3.1.4.3　极端气候事件监测系统

极端气候事件监测系统是国家气候中心推广的气候监测业务软件,2011年12月和2012年3月相继推出1.0版和2.0版,目前使用的是2.4版。该版本系统功能十分强大,可完成17类近300项指标的查询、统计和绘图,其核心功能是极端高温、极端低温、极端降水、极端干旱等极端事件的监测。该系统极端事件监测指标主要利用百分位法、排序法确定,对于任意一个监测指标,首先计算其每年的极值和次极值,然后对气候标准期(1981—2010年)内的序列进行排位,选取95%(或5%)的分位数作为极端事件的阈值,如果某年的监测值超过这一阈值则称为发生了极端事件。

系统中每个指标的计算均为一个独立的可执行程序,因此系统功能的扩展十分方便。系统使用的数据统一存放在..\ewce_data文件夹下,每一类资料单独存放在一个子文件夹中,每个台站一个文件,以台站号作为文件名。数据采用二进制格式存储,以短整型格式存放,按照1951年1月1日为起点,逐天存放,如果1年不满366 d,则最后一天以缺测值代替,第367个数据存放前面366个数据的年份,以下依次类推。为满足系统数据格式要求,针对四川数据特点,自主开发了一个数据格式转换软件dataCreate.exe,该软件从四川省气候中心气候资料数据库中提取各类数据并转换成系统所需格式的二进制文件存放到相应的文件夹中,该软件需在极端事件监测前运行。

3.1.4.4　气候与气候变化监测预测系统

气候与气候变化监测预测系统(CIPAS 2.0)是国家气候中心近年来开发的气候综合业务系统,是原气候信息交互显示与分析系统(CIPAS 1.0)的改进升级版,集气候监测、预测、交互分析功能于一体。利用该系统可实现全球大气环流、全球海洋、陆面状态、生态气候环境、极端气候事件和气候变化的监测。CIPAS 2.0主要监测项目见表3.11。

表 3.11　CIPAS 2.0 主要监测项目

监测项目分类	主要监测内容
全球大气环流	对流层环流和特征量监测、平流层过程监测、亚洲季风系统监测
全球海洋	全球海表温度监测、太平洋监测、印度洋监测、大西洋监测
陆面状态	南北极海冰范围监测、北半球积雪覆盖监测、中国积雪深度监测、土壤温度湿度监测
生态气候环境	植被状况监测、湖泊状况监测、生态环境状态监测、生态环境影响因子监测
极端气候事件	全球气温降水监测、中国单站极端气候事件监测、全球单站极端气候事件监测、中国和全球区域性过程性极端事件监测
物理量诊断	大气加热视热源 Q_1、视水汽源 Q_2、温度平流、850 hPa 水汽通量、850 hPa 通量散度、整层水汽通量、整层通量散度、大气静力稳定度、罗斯贝波通量、E-P 通量及散度
诊断分析	气候数据检索显示、气候数据在线分析(时间序列相关分析、时间序列与空间场序列的相关分析、空间场与空间场的相关分析、合成分析、主分量分析、相似检索)
气候变化监测公报	气温变化监测、降水变化监测、全要素变化监测、天气现象变化监测、台风变化监测、干旱变化监测、积雪变化监测、海冰变化监测、水资源变化监测、牧场变化监测、生态环境变化监测

3.1.5　监测实例

3.1.5.1　2011 年盛夏高温

2011 年 8 月 6—21 日，受强大的、稳定少动的副热带高压和青藏高压的交替影响，全省出现了一段持续性高温闷热天气过程，期间全省平均气温、平均最高气温位居历史同期第 2 高位，全省平均高温(日最高气温≥35 ℃)天数，位居历史第 3 高位，全省平均降水量位居历史同期第 2 低位。全省有 26 县市的日最高气温突破历史同期记录，其中 17 个县市突破历史记录，有 73 县市高温天数位居历史同期前 3 位，其中泸州和宜宾两市南部及双流、雷波、甘洛、金阳等共计 20 县市的高温日数突破或并列历史同期第一。

高温范围广、持续时间长，全省平均高温天数位居历史同期第 3 高位。

全省平均高温天数(日最高气温≥35 ℃)为 5.9 d，比常年偏多 4.4 d，位居历史同期第 3 高位，排在 2006 年、1994 年(同期高温天数分别 7.5 d、6.0 d)之后。有 54 个县市高温天数在 10 d 以上，主要分布在盆地东北部和南部，其中长宁、南溪、屏山、珙县、宜宾和古蔺 6 县达 15 d(图 3.4)。

全省有 73 个县市高温天数位居历史同期前 3 位，其中泸州、宜宾南部和双流、雷波、甘洛、金阳等 20 县市的高温日数突破或并列历史同期第一。

高温强度大，全省有 17 个县市的日最高气温突破历史记录，宜宾和泸州两市日极端最高气温普遍达 40 ℃及以上。

日极端最高气温盆地西部边缘地区在 30～35 ℃，中部达 35～37 ℃，东部和南部达 37～40 ℃，日最高气温在 40 ℃及以上的有 16 个县市，宜宾、泸州两市普遍达 40 ℃以上(图 3.5)，其中合江、叙永 40 ℃以上高温多达 9 d。全省有 48 站的日最高气温达极端高温事件标准，其中有 17 个县市的日最高气温突破历史记录，主要分布在泸州、宜宾 2 市，另有石棉、甘洛、金川、攀枝花、汶川、德昌、会东、昭觉、康定 9 县市突破历史同期极端最高气温值。其中长宁(8 月 17 日)、叙永(8 月 18 日)日最高气温达 43.5 ℃，为全省最高。

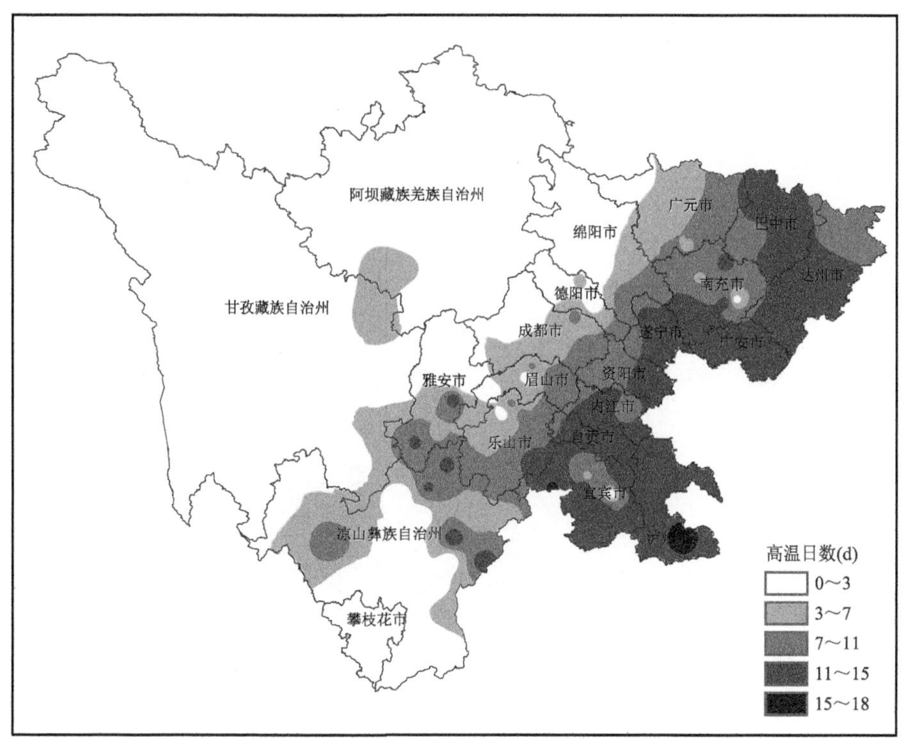

图 3.4　2011 年 8 月 6—21 日≥35 ℃高温日数分布图

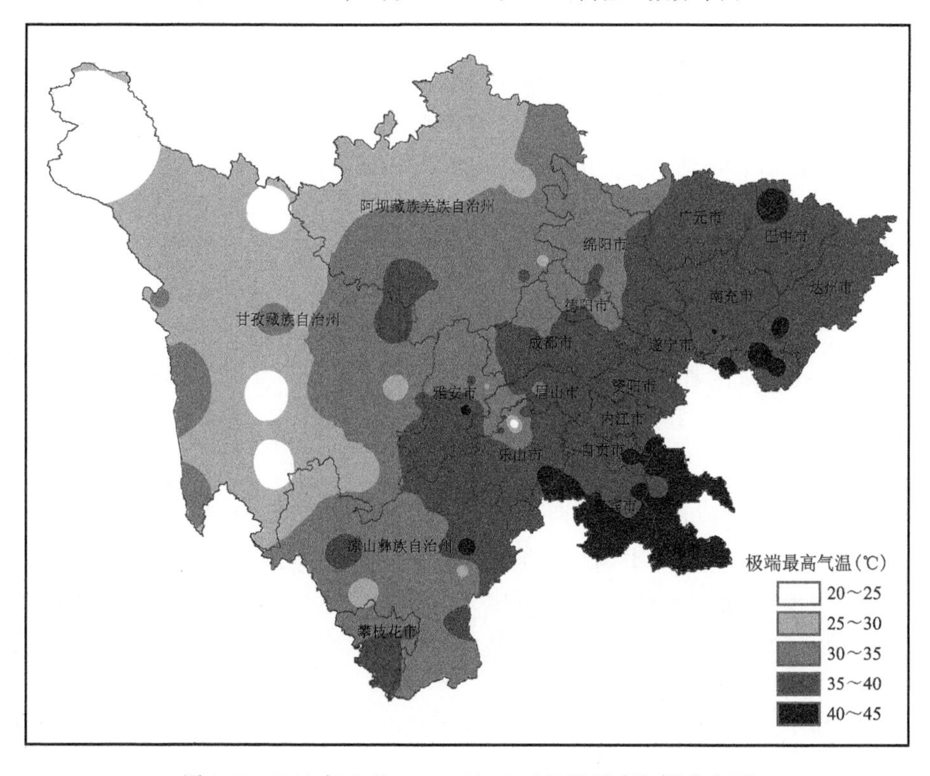

图 3.5　2011 年 8 月 6—22 日 08 时极端最高气温分布图

气温较常年显著偏高，全省平均气温和最高气温均为历史同期第 2 大值。

8 月 6—21 日，全省平均气温为 26.1 ℃，较常年同期偏高 2.7 ℃，位居历史同期第 2 高位，排在 2006 年(26.7 ℃)之后。盆地大部偏高 2 ℃以上，其中盆地南部偏高 3.0～5.4 ℃。(图 3.6)

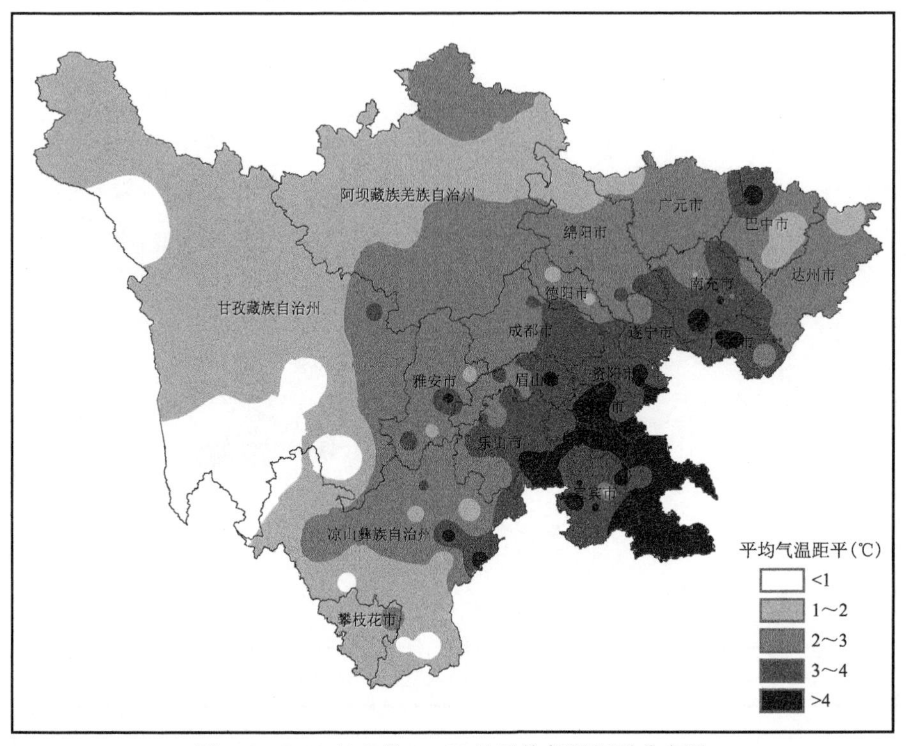

图 3.6　2011 年 8 月 6—21 日平均气温距平分布图

全省平均最高气温为 32.9 ℃，较常年同期偏高 3.9 ℃，位居历史同期第 2 高位，排在 2006 年(33.7 ℃)之后。盆地南部、川西北高原部分地区及川西南山地东部边缘偏高 4 ℃以上，其中泸州大部、宜宾和凉山两市州的部分县市偏高 6.4 ℃以上(图 3.7)

降水显著偏少，全省平均降水量位居历史同期第 2 低位。

全省平均降水量 38.0 mm，位居历史同期第 2 低位，排在 1972 年(23.0 mm)之后。盆地东北部、中部和南部及川西高原大部地区不足 15 mm。与常年同期相比，全省平均降水量较常年同期偏少 61%。除盆地西北部和西南部部分地区偏多外，全省大部地区偏少 5 成以上，其中盆地东北部、中部、南部和川西高原南部偏少 8 成以上(图 3.8 和图 3.9)。

3.1.5.2　2013 年“7 · 7”暴雨天气

2013 年 7 月 7—13 日 08 时，盆地西部出现了当年第四场区域性暴雨天气过程，此次暴雨过程发生在盆地西部的成都、乐山、眉山、雅安等 12 个市(州)，按全省 156 个县级站日雨量资料统计，全省共计有 43 个站出现了暴雨，其中大暴雨 15 站，特大暴雨 1 站。都江堰下了百年一遇的特大暴雨，过程雨量创下了全省有气象记录以来历次暴雨过程的新记录。大邑过程降雨量突破该站建站以来的历史极值。

过程雨量：都江堰市 7 月 7—13 日出现了特大暴雨，过程总雨量达 746.4 mm，为此次区域性暴雨过程全省县级站中的最大雨量，不仅打破了该站有气象记录以来的过程雨量的极大值，也同时打破了全省有气象记录以来暴雨过程雨量的极大值，且比历史第二位的北川 1992 年 7 月 22—29 日暴雨过程雨量 600.1 mm 多了 146.3 mm。都江堰市这次暴雨过程总雨量为全省之最，为百年一遇的特大暴雨(图 3.10)。

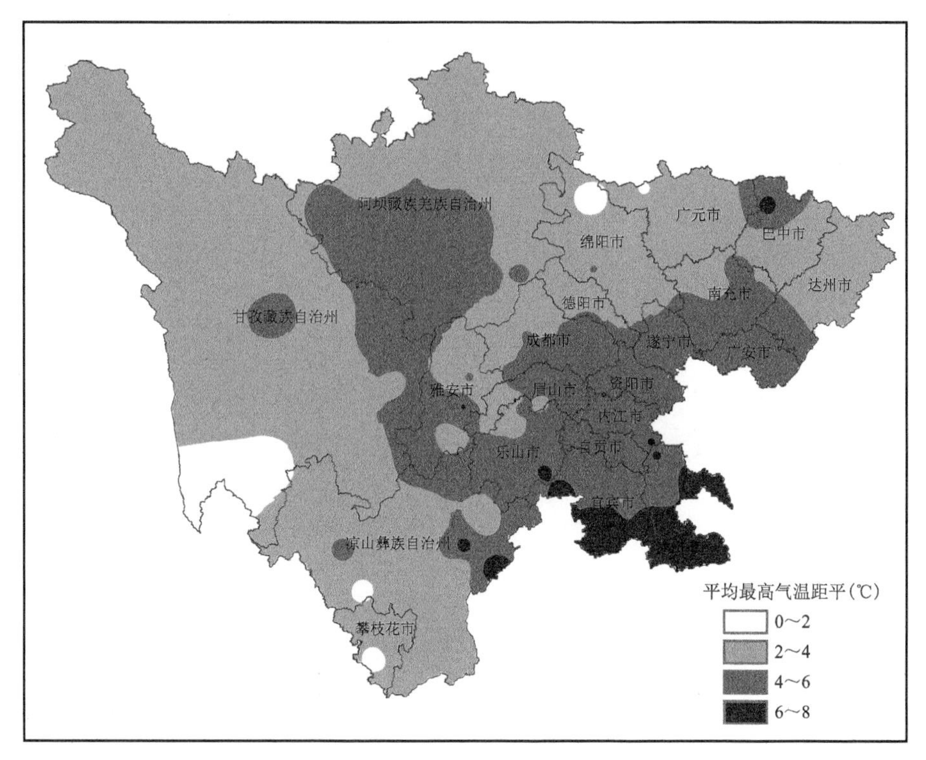

图 3.7　2011 年 8 月 6—21 日平均最高气温距平分布图

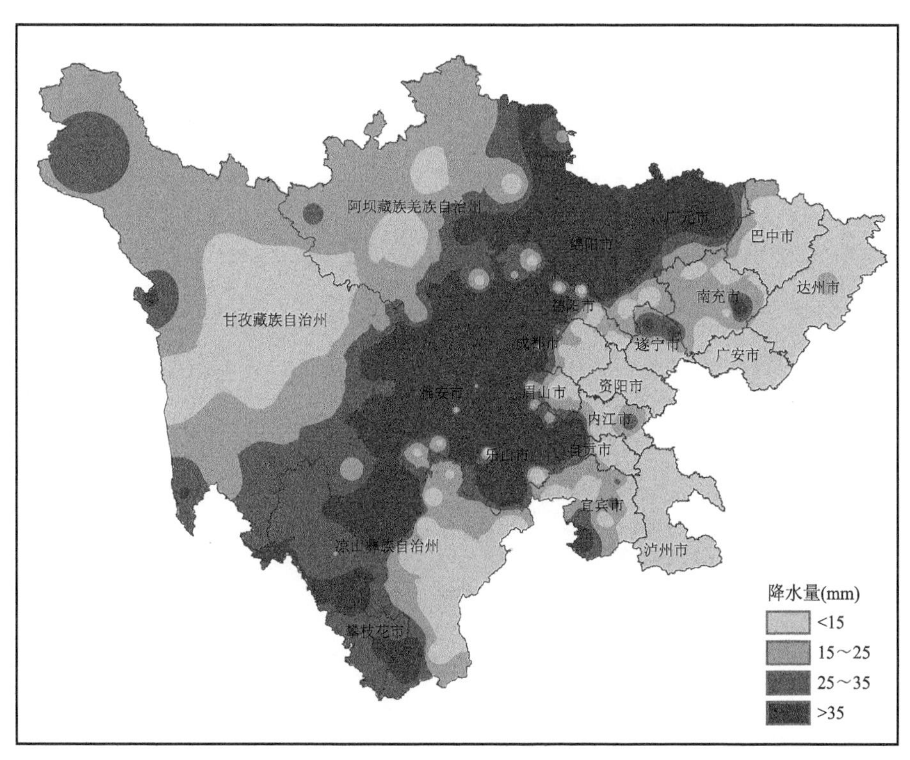

图 3.8　2011 年 8 月 6—21 日降水量分布图

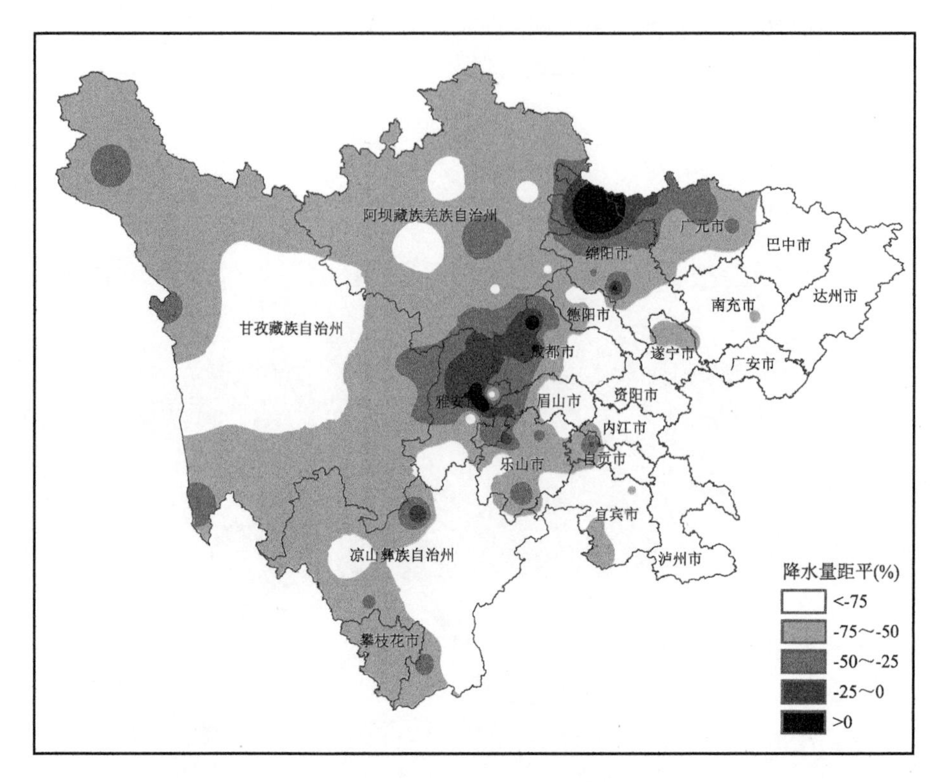

图 3.9　2011 年 8 月 6—21 日降水量距平百分率分布图

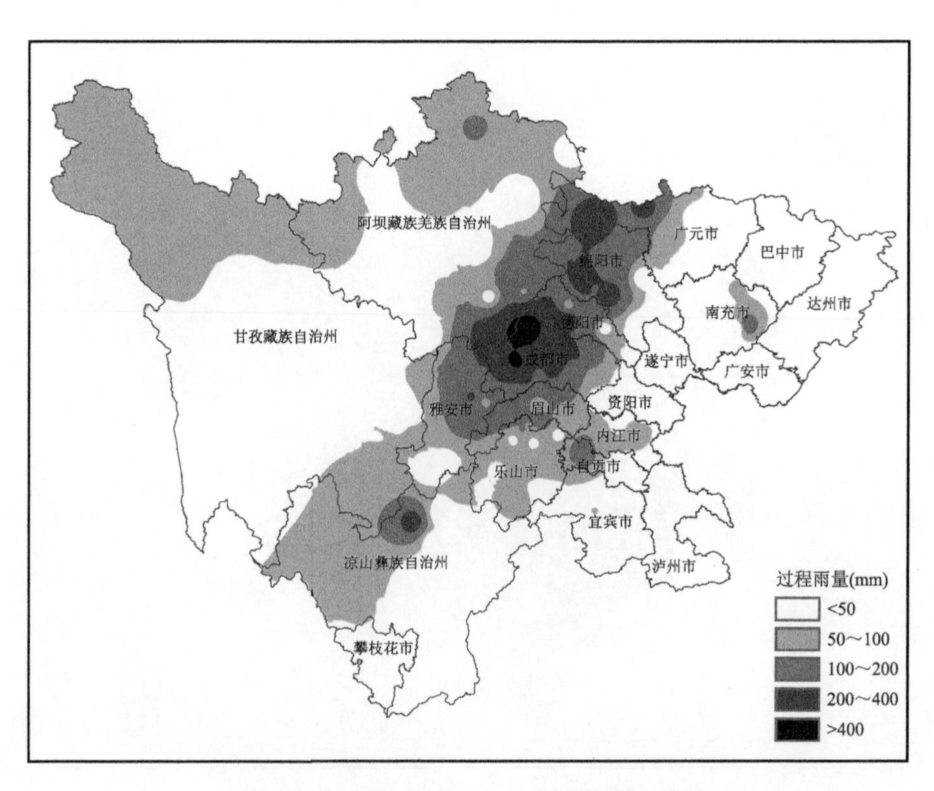

图 3.10　2013 年 7 月 7—13 日过程雨量分布图

过程雨量达 200 mm 以上的站还有：崇州、大邑、彭州、郫县、双流、温江、新都、绵竹、什邡、青川、北川、平武、芦山、名山 14 站。其中，大邑、彭州、郫县、温江、新都、绵竹、北川 7 站在 300 mm以上，大邑过程降雨量超过 500 mm，达 521.1 mm，打破了该站建站以来暴雨过程雨量的极大值。汶川、彭州、郫县、新都、平武 5 站的过程雨量位列各站历史前三位。崇州、彭州、新都、绵竹、平武、芦山、名山、荥县 8 站过程雨量为各站 7 月上旬历史最大。

日最大雨量：都江堰最大 24 h(8 日 20 时至 9 日 20 时)雨量达 415.9 mm，大邑最大 24 h(时间同上)雨量 279.2 mm，均打破该站历史极值，其中都江堰最大 24 h 雨量位列全省历史第二大日降雨量(全省历史最大日雨量，峨眉市 524.7 mm，1993 年 7 月 29 日)。另外，若尔盖、崇州、郫县、温江、青川、芦山、名山、宜宾县、荥县等 9 站日最大降水量位列各站 7 月上旬历史前 3 位。全省各站暴雨监测信息如表 3.12。

表 3.12　2013 年 7 月 7—12 日(08—08 时雨量)单站暴雨洪涝统计表

站点	起止日期(日/月)	过程雨量	三日最大降雨量	一日最大降雨量	暴雨等级	洪涝等级
茂县	8/7—10/7	98.1	98.1	36.9	暴雨	一般
壤塘	12/7—12/7	86.8	47.3	25.9	暴雨	
若尔盖	7/7—9/7	72.3	72.3	37.9	暴雨	一般
汶川	10/7—10/7	91.6	81.1	41.5	暴雨	一般
崇州	8/7—10/7	292.5	292.5	149.9	大暴雨	一般
大邑	8/7—10/7	521.1	515.1	244.8	大暴雨	严重
都江堰	8/7—10/7	746.4	697	292.1	特大暴雨	严重
金堂	11/7—11/7	111.6	81.5	54.8	暴雨	
龙泉驿	10/7—10/7	158	136.3	79.4	暴雨	
彭州	8/7—10/7	307.8	307.8	115.8	大暴雨	一般
郫县	8/7—10/7	323.4	302.4	160.3	大暴雨	一般
蒲江	8/7—8/7	152.3	152.3	96.2	暴雨	一般
邛崃	9/7—9/7	195.1	195.1	147.2	大暴雨	一般
双流	9/7—10/7	211.1	211.1	125.6	大暴雨	一般
温江	8/7—10/7	322.8	322.8	169.7	大暴雨	一般
新都	8/7—11/7	370.1	243	106.8	大暴雨	一般
新津	9/7—9/7	139.5	139.5	53.9	暴雨	
广汉	11/7—11/7	126.7	126.7	108.4	大暴雨	一般
绵竹	8/7—12/7	334.8	233	99.6	暴雨	一般
什邡	8/7—11/7	281.1	220.2	128.1	大暴雨	一般
理塘	9/7—9/7	26.3	26.3	26.3	暴雨	
石渠	12/7—12/7	29.4	29.4	29.4	暴雨	
青川	8/7—8/7	235.3	173.1	123.3	大暴雨	一般
峨眉市	8/7—8/7	73.8	73.8	73.8	暴雨	
夹江	8/7—8/7	102.5	102.5	84.6	暴雨	

续表

站点	起止日期（日/月）	过程雨量	三日最大降雨量	一日最大降雨量	暴雨等级	洪涝等级
犍为	8/7—8/7	51.8	51.8	51.8	暴雨	
沐川	8/7—8/7	97.8	90.1	68.8	暴雨	
丹棱	8/7—8/7	97.3	89.5	59.8	暴雨	
洪雅	8/7—9/7	160.4	160.4	71.9	暴雨	一般
彭山	9/7—9/7	125.1	125.1	87	暴雨	
青神	8/7—8/7	118.5	118.5	99.4	暴雨	
安县	8/7—8/7	184.2	155	90.4	暴雨	一般
北川	8/7—11/7	336.6	208.9	130.2	大暴雨	一般
平武	8/7—11/7	277	176.3	79.8	暴雨	一般
威远	10/7—10/7	66.3	66.3	66.3	暴雨	
宝兴	8/7—8/7	97.3	97.3	51.4	暴雨	
芦山	7/7—8/7	232.4	210.6	126.8	大暴雨	一般
名山	7/7—8/7	293.4	251.8	136.9	大暴雨	一般
雅安	9/7—9/7	136.8	127.8	56.9	暴雨	
荥经	8/7—9/7	181.9	181.9	89.3	暴雨	一般
宜宾市	9/7—9/7	56.9	56.9	56.9	暴雨	
宜宾县	9/7—9/7	106.7	106.7	97.9	暴雨	
荣县	9/7—9/7	136	136	116.5	大暴雨	一般

据全省加密自动站雨量资料统计：7月7日20时至7月11日10时，累计降水量1000 mm以上的1站，500～1000 mm以上的60站，250～500 mm以上184站，100～250 mm的553站，50～100 mm的437站。过程最大降雨出现在都江堰幸福村为1106.9 mm。

3.1.5.2　2016年1月寒潮天气

受北方强冷空气的影响，2016年1月19—25日，四川省出现了当年首场寒潮天气过程。全省共有147县站日最低气温在0 ℃以下，石渠最低至－28.0 ℃。全省共有14县站日最低气温突破历史最小值记录，温江站最低气温降至－6.5 ℃。全省平均最低气温降幅为9.6 ℃，降温幅度超过10 ℃的有64县站，会东降了16 ℃，为全省日最低气温最大降幅地区（图3.11，图3.12）。

此次过程降温幅度大。全省平均气温降温幅度达8 ℃，共有71县站的日平均气温降温幅度超过8 ℃，其中有18县站降温幅度超过10 ℃；盆南大部日平均气温降温幅度为8～10 ℃，攀西地区大部为8～17.5 ℃，阿坝州北部为8～11 ℃，其余大部地区日平均气温降温幅度为5～8 ℃，布拖降了17.5 ℃，为此次寒潮天气过程日平均气温降温最大地区。全省平均最低气温降幅为9.6 ℃，共有138县站日最低气温下降了8～16 ℃，降温幅度超过10 ℃的有64县站；攀西地区东部、川西高原北部、盆东北东部、北部，盆西局部最低气温降了10～16 ℃，会东降了16 ℃，为全省日最低气温最大降幅地区。

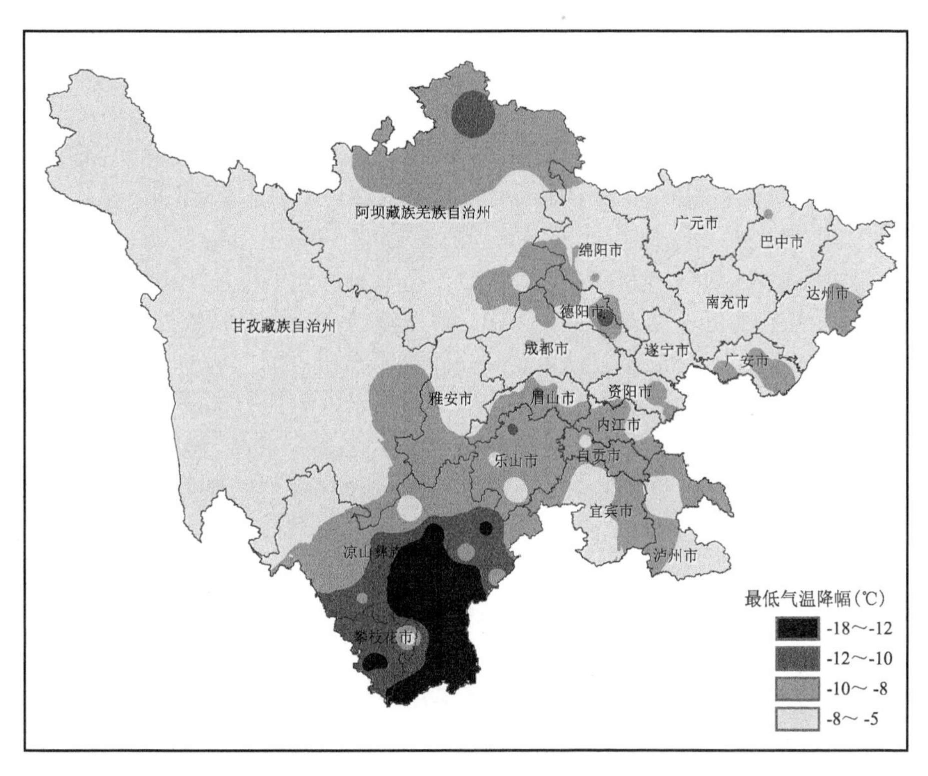

图 3.11　2016 年 1 月 19—25 日最低气温降温幅度分布图

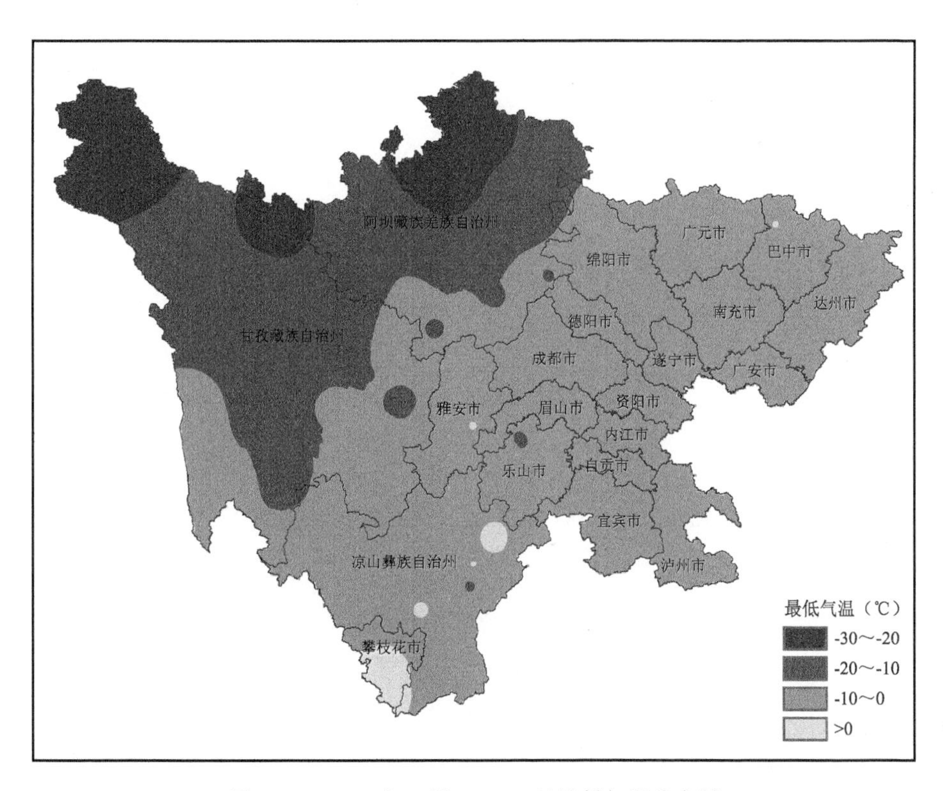

图 3.12　2016 年 1 月 19—25 日最低气温分布图

低温极端性强。全省共有147县站日最低气温在0 ℃以下，其中盆地和攀西大部地区0～−6 ℃，川西高原大部低于−10 ℃，石渠、红原、若尔盖、色达等县站日最低气温在−20 ℃以下，石渠最低至−28.0 ℃。全省共有14县站日最低气温突破历史最小值记录，分别是九寨沟(−10.4 ℃)、泸定(−6.2 ℃)、崇州(−6.7 ℃)、温江(−6.5 ℃)、安县(−6.9 ℃)、北川(−6.1 ℃)、什邡(−6.1 ℃)、东坡(−3.6 ℃)、蒲江(−4.9 ℃)、邛崃(−5.8 ℃)、广元(−8.6 ℃)、梓潼(−6.8 ℃)、通江(−7.2 ℃)、平昌(−5.8 ℃)。

持续降温时间较长，部分地方雨雪天气明显。按日最低气温统计，全省平均持续降温日数为4.4 d，共有76县站持续降温天数为5～6 d。降温期间盆地大部分地方降了小雨雪，盆地南部、甘孜州东部、南部、凉山州东部、北部降雪明显，其中自贡、内江、宜宾、泸州、雅安等地的部分地方降了大雪。川西高原、盆中北和攀西地区大部降水量为1～5 mm，盆南、盆西南为10～30 mm。与常年同期比较，全省平均降水偏多136%，阿坝州东南部、甘孜州东北和西北部、攀西地区东北部、盆南和盆西南大部偏多1～5倍，凉山州和甘孜州局地降水异常偏多5倍以上(图3.13)。

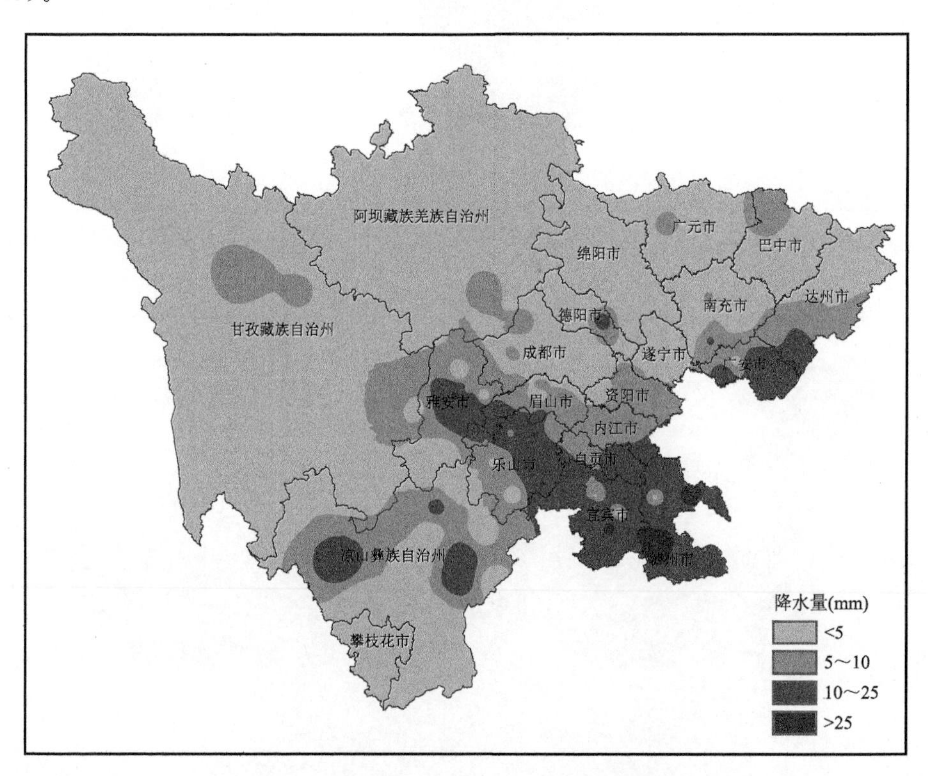

图3.13　2016年1月19—25日降水量分布图

3.2　气候诊断

从广义上讲气候诊断包括气候异常事件的检测与气候异常事件的成因分析，由于气候异常事件的检测与气候监测具有很大的重叠性，因此这里的气候诊断特指气候异常事件的成因分析，即通过统计和动力诊断技术方法，分析气候要素与其他物理因素之间的联系，探寻造成气候异常的原因。四川气候诊断业务起步较晚，目前尚处于研究探索阶段。

3.2.1　诊断内容

四川气候诊断业务主要从大气环流、季风、海温、青藏高原积雪异常等方面分析暴雨洪涝、高温干旱、低温雨雪、华西秋雨等气候灾害的形成原因，包括高度场、水汽场、流场、西风带长波、高空急流、西太平洋副热带高压、南亚高压、青藏高原低值系统、南支槽、东亚季风、南亚季风、高原季风、ENSO 事件、MJO、高原积雪等的异常分析。不同类型的气候灾害其形成原因不同，分析关注的影响因素也不一样。

对暴雨洪涝进行诊断分析时重点关注：西太平洋副热带高压面积、脊线、西伸脊点和南亚高压强弱、位置变化；中高纬度环流异常；低层辐合与暖湿空气输送情况；西南低涡、高原低值系统、低空切变线的东移情况；冷空气活动等。

对高温干旱的成因诊断重点分析：海温异常和厄尔尼诺事件；西太平洋副热带高压和南亚高压的强弱与位置变化；中高纬度地区经纬向环流特征；水汽输送与对流活动异常情况；青藏高原积雪异常、季风强弱影响等。

对低温雨雪的诊断主要分析：中高纬度地区大气环流异常与冷空气暴发南下情况；西太平洋副高、南支槽活动与水汽输送情况；海温异常与拉尼娜事件等。

对华西秋雨的成因诊断主要分析：中高纬度地区大气环流与冷空气活动；西太平洋副高、南支槽强弱与水汽输送；海温异常与拉尼娜事件；高原季风进退与强弱变化；MJO 的影响等。

3.2.2　业务流程

四川气候诊断业务依托地面气象观测资料开展气候异常事件监测诊断，利用 NCEP 再分析资料、SST 海温资料、OLR 射出长波辐射资料、国家气候中心环流指数等资料，运用统计分析、动力模式等方法对气候异常事件的成因得出初步诊断结论，再通过专家会商，经综合分析后概括得出气候异常事件形成的可能原因与物理机制，制作发布诊断产品，并向政府和有关部门提供服务，具体业务流程见图 3.14。

3.2.2.1　数据收集与预处理

业务值班人员首先从美国国家环境预报中心（NCEP）、美国国家海洋大气管理局（NOAA）、英国气象局 Hadley 气候研究中心、欧洲中期天气预报中心（ECMWF）等国外相关网站下载收集所需各类再分析资料，包括高度场、水汽场、风场、垂直速度场、海表温度、射出长波辐射资料等，从国家气候中心下载相关大气环流指数。然后利用 GrADS 等软件对数据进行预处理，计算生成所需等压面、时次和范围内的相关物理量。

3.2.2.2　诊断产品制作

当出现气候异常或极端气候事件后，业务值班人员要密切跟踪气候事件的发展进程。在省气象局启动气象灾害应急响应时，值班人员要按照工作职责进入应急响应工作状态，及时制作提供气候诊断分析产品。

气候诊断产品主要分析对流层下部 850 hPa、对流层中部 500 hPa 和对流层上部 100 hPa 位势高度、风矢量、水汽通量、垂直速度等物理量场并与常年同期比较；分析中高纬度地区大气环流异常对冷空气活动的影响，西太平洋副热带高压与南支槽强度位置变化对水汽输送的影

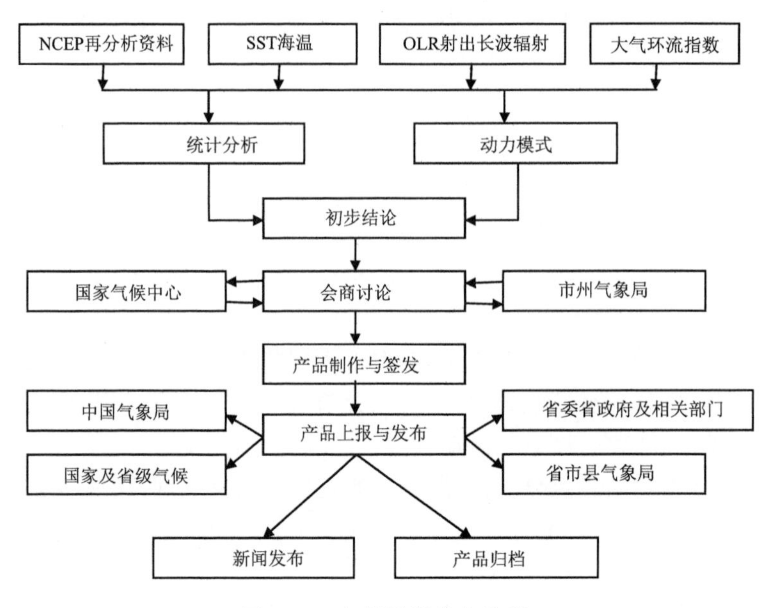

图 3.14 气候诊断业务流程

响,南亚高压、高原低值系统活动异常对低、高层水汽辐合辐散的影响等;分析海温异常和ENSO事件、青藏高原热力异常等。对于持续性干旱、高温热浪、连阴雨、持续性低温等范围大、持续时间长的气候异常事件,要分析全球气候变化背景,但重点分析大尺度环流系统和海陆热力异常的影响。对于暴雨、大风、冰雹等时空尺度相对较小的气候异常事件,重点分析天气尺度(中、小尺度)系统及局地地理环境条件的作用。

3.2.2.3 诊断业务会商

坚持业务会商制度,业务值班人员在制作诊断分析产品时应与科室其他成员充分讨论,形成初步意见后,要主动与国家气候中心、省气象台相关专家进行充分讨论会商,并和相关市州业务技术人员进行沟通,以保证部门上下对同一气候异常事件诊断分析结论的一致性。

3.2.2.4 诊断产品发布

气候诊断产品编写完成后,需经科室领导校审并报中心领导签阅,然后正式向外发布。发送范围、方式与气候监测产品的要求一致。

3.2.3 诊断技术方法

3.2.3.1 线性倾向估计

在气候变化诊断分析中,气候要素变化趋势是一项重要诊断指标,要了解某一气候要素是否出现持续性或阶段性的增加、减少,就需要从气候序列中分离出气候变化趋势,而线性倾向估计可以快速准确地提取气候要素的线性变化趋势,是气候变化诊断分析中常用的一种诊断方法(魏凤英 等,2007)。

用 x_i 表示样本为 n 的某一气候变量,用 t_i 表示 x_i 所对应的时间,建立 x_i 与 t_i 之间的一元线性回归公式:

$$y_i = a + bt_i (i=1,2,\cdots,n) \tag{3.25}$$

式中,a 为回归常数,b 为回归系数。a 和 b 可以用最小二乘法进行估计。对观测数据 x_i 及相应的时间 t_i,回归系数 b 和常数 a 的最小二乘估计为:

$$a=\bar{x}-b\bar{t} \tag{3.26}$$

$$b=\frac{\sum_{i=1}^{n}x_it_i-\frac{1}{n}(\sum_{i=1}^{n}x_i)(\sum_{i=1}^{n}t_i)}{\sum_{i=1}^{n}t_i^2-\frac{1}{n}(\sum_{i=1}^{n}t_i)^2} \tag{3.27}$$

利用回归系数 b 与相关系数之间的关系,求出时间 t_i 与变量 x_i 之间的相关系数

$$r=\sqrt{\frac{\sum_{i=1}^{n}t_i^2-\frac{1}{n}(\sum_{i=1}^{n}t_i)^2}{\sum_{i=1}^{n}x_i^2-\frac{1}{n}(\sum_{i=1}^{n}x_i)^2}} \tag{3.28}$$

回归系数 b 的符号表示气候变量 x 的趋势倾向,$b>0$ 时,说明随时间 t 的增加 x 呈上升趋势,$b<0$ 时,说明随时间 t 的增加 x 呈下降趋势。b 值的大小反映了上升或下降的速率,气候变化倾向率常用每10年的变化量表示,即 b 值扩大10倍即为气候倾向率。要判断变化趋势是否显著,就要对相关系数 r 进行显著性检验。

3.2.3.2 气候突变检测——滑动 t 检验

气候突变也称为快速气候变化,因为与缓慢的气候变化相比,人们往往来不及做出反应,因此,人们对未来气候发生突变的可能性非常关注。衡量气候变化的突变性有两个标准,一个是变化幅度,另一个是变化速度。在气候变化及未来预估业务中,需要对其突变性进行诊断,其中滑动 t 检验是一种最常用的诊断方法(魏凤英 等,2007)。

滑动 t 检验是考察两组样本平均值的差异是否显著来检验突变。其基本思路是把一气候序列中两段子序列均值有无显著差异作为来自两个总体均值有无显著差异的问题来检验。如果两段子序列的均值差异超过了一定的显著性水平,可以认为均值发生了质变,有突变发生。

对具有 n 个样本量的时间序列 x,人为设置某一时刻为基准点,基准点前后两段子序列为 x_1 和 x_2 的样本分别为 n_1 和 n_2,两段子序列平均值为 $\bar{x}_1$ 和 $\bar{x}_2$,方差为 s_1^2 和 s_2^2。定义统计量:

$$t=\frac{\bar{x}_1-\bar{x}_2}{s\cdot\sqrt{\frac{1}{n_1}+\frac{1}{n_2}}} \tag{3.29}$$

其中

$$s=\sqrt{\frac{n_1s_1^2+n_2s_2^2}{n_1-n_2-2}}$$

公式遵从自由度 $\nu=n_1+n_2-2$ 的 t 分布。这一方法的缺点是子序列时段的选择带有人为性。为了避免任意选择子序列长度造成突变点的漂移,具体使用这一方法时,可以反复变动子序列长度进行试验比较,提高计算结果的可靠性。

3.2.3.3 周期分析——功率谱

对气候资料序列做周期诊断分析可以了解气候要素的周期变化规律,有助于气候预测模型的建立,其中功率谱是应用最为广泛的一种周期分析方法(魏凤英,2007)。

功率谱分析是以傅里叶变换为基础的频域分析方法,其意义为将时间序列的总能量分解到不同频率上的分量,根据不同频率的波的方差贡献诊断出序列的主要周期,从而确定出周期

的主要频率，即序列隐含的显著周期。功率谱是应用极为广泛的一种分析周期的方法。

对于一个样本量为 n 的离散时间序列 $x_1, x_2, \cdots, x_n$，可以使用下面的方法进行功率谱估计。

$$x_t = a_0 + \sum_{k=1}^{\infty}(a_k \cos\omega kt + b_k \sin\omega kt) \tag{3.30}$$

其中 a_0, a_k, b_k 为傅里叶系数

$$\begin{cases} a_0 = \dfrac{1}{n}\sum\limits_{t=1}^{n} x_t \\ a_k = \dfrac{2}{n}\sum\limits_{t=1}^{n} x_t \cos\dfrac{2\pi k}{n}(t-1) \\ b_k = \dfrac{2}{n}\sum\limits_{t=1}^{n} x_t \sin\dfrac{2\pi k}{n}(t-1) \end{cases} \tag{3.31}$$

其中 k 为波数，不同波数 k 的功率谱值为

$$\bar{s}_k^2 = \frac{1}{2}(a_k^2 + b_k^2) \tag{3.32}$$

计算步骤：

(1)计算自相关系数；

(2)计算粗谱估计值；

(3)计算平滑谱估计值；

(4)确定周期；

(5)对谱估计作显著性检验。

3.2.3.4　经验正交函数分解

在气候监测预测业务中，经常需要从大量的气象资料场中提取相互正交的空间分布型，用少数几个新变量序列来反映原多个变量的变化信息，其中经验正交函数分解技术就是这样一种方法，并且成为气候业务领域中分析变量场特征的主要工具。经验正交函数(EOF)分解在数理统计学的多变量分析中称为主分量分析，是一种分解方法的两种提法(魏凤英，2007)。

有 m 个相互关联的变量，每个变量有 n 个样本构成矩阵形式 $\boldsymbol{X}_{m\times n}$，对 $\boldsymbol{X}$ 进行线性变换，即由 p 个变量线性组合为一个新变量：$\boldsymbol{Z}_{p\times n} = \boldsymbol{A}_{p\times n}\boldsymbol{X}_{m\times n}$，称 $\boldsymbol{Z}$ 为原变量的主分量，$\boldsymbol{A}$ 为线性变换矩阵。这一过程将原多个变量的大部分信息最大限度地集中到少数独立变量的主分量上。

主分量分析应用于气候变量场上，将由 m 个空间点 n 次观测构成的变量 $\boldsymbol{X}_{m\times n}$ 看作是 p 个空间特征向量和对应的时间权重系数的线性组合：$\boldsymbol{X}_{m\times n} = \boldsymbol{V}_{m\times p}\boldsymbol{T}_{p\times n}$，称 $\boldsymbol{T}$ 为时间系数，$\boldsymbol{V}$ 为空间特征向量。这一过程将变量场的主要信息集中由几个典型特征向量表现出来。

将某气候变量场的观测资料以矩阵形式给出：

$$\boldsymbol{X} = \begin{bmatrix} x_{11} & x_{12} & \cdots & x_{1j} & \cdots & x_{1n} \\ x_{21} & x_{22} & \cdots & x_{2j} & \cdots & x_{2n} \\ \vdots & \vdots & \vdots & \vdots & \vdots & \vdots \\ x_{i1} & x_{i2} & \cdots & x_{ij} & \cdots & x_{in} \\ \vdots & \vdots & \vdots & \vdots & \vdots & \vdots \\ x_{m1} & x_{m2} & \cdots & x_{mj} & \cdots & x_{mn} \end{bmatrix} \tag{3.33}$$

式中，m 是空间点，它可以是观测站或网格点；n 是时间点，即观测次数；x_{ij} 表示在第 i 个测站或网格上的第 j 次观测值。

EOF 展开，就是将公式分解为空间函数和时间函数两部分的乘积之和

$$x_{ij} = \sum_{k=1}^{m} v_{ik} t_{kj} = v_{i1} t_{1j} + v_{i2} t_{2j} + \cdots v_{im} t_{MJ} \tag{3.34}$$

也可写为矩阵形式：

$$\boldsymbol{X} = \boldsymbol{VT} \tag{3.35}$$

其中

$$\boldsymbol{V} = \begin{bmatrix} v_{11} & v_{12} & \cdots & v_{1m} \\ v_{21} & v_{22} & \cdots & v_{2m} \\ \vdots & \vdots & \vdots & \vdots \\ v_{m1} & v_{m2} & \cdots & v_{mn} \end{bmatrix}, \boldsymbol{T} = \begin{bmatrix} t_{11} & t_{12} & \cdots & t_{1m} \\ t_{21} & t_{22} & \cdots & t_{2m} \\ \vdots & \vdots & \vdots & \vdots \\ t_{m1} & t_{m2} & \cdots & t_{mn} \end{bmatrix} \tag{3.36}$$

分别称为空间函数矩阵和时间函数矩阵。根据正交性，$\boldsymbol{V}$ 和 $\boldsymbol{T}$ 应该满足下列条件

$$\begin{cases} \sum_{i=1}^{m} v_{ik} v_{it} = 1 \text{ 当 } k = l \text{ 时} \\ \sum_{j=1}^{n} t_{kj} t_{tj} = 0 \text{ 当 } k \neq l \text{ 时} \end{cases} \tag{3.37}$$

若 $\boldsymbol{X}$ 为距平资料矩阵，则可以对公式(3.35)右乘 $\boldsymbol{X}'$，即 $\boldsymbol{XX}' = \boldsymbol{VTX}' = \boldsymbol{VTT}'\boldsymbol{V}'$，空间函数矩阵可以由 $\boldsymbol{XX}'$ 中的特征向量求出，$\boldsymbol{T} = \boldsymbol{V}'\boldsymbol{X}$。

计算步骤：

(1)对原始资料矩阵 $\boldsymbol{X}$ 作距平或标准化处理。然后计算其协方差矩阵 $\boldsymbol{S} = \boldsymbol{XX}'$，$\boldsymbol{S}$ 是 $m \times m$ 的实对称阵；

(2)用求实对称矩阵的特征值及特征向量方法求出 $\boldsymbol{S}$ 阵的特征值 Λ 和特征向量 $\boldsymbol{V}$；

(3)矩阵 Λ 为对角阵，对角元素即为 $\boldsymbol{XX}'$ 的特征值 $\lambda(\lambda_1, \lambda_2, \cdots, \lambda_m)$；

(4)求时间系数矩阵 $\boldsymbol{T}$；

(5)计算每个特征向量的方差贡献率；

(6)显著性检验。

3.2.3.5　典型相关分析

在气候变化成因分析和气候预测模型建立中，往往需要诊断两组变量之间的相关关系，典型相关分析 CCA 是一种有效提取两组变量或两变量场相关信号的有用工具(魏凤英，2007)。

假设我们研究的两组变量或两个变量场，一组变量或一个场 $\boldsymbol{X}$ 有 p 个变量或空间点，样本量为 n；另一组变量或另一个场 $\boldsymbol{Y}$ 有 q 个变量或空间点，样本量亦为 n。这里要求 $n > p, q$，变量场 $\boldsymbol{X}$ 资料矩阵为：

$$\boldsymbol{X} = \begin{bmatrix} x_1 \\ x_2 \\ \cdots \\ x_p \end{bmatrix} = \begin{bmatrix} x_{11} & x_{12} & \cdots & x_{1n} \\ x_{21} & x_{22} & \cdots & x_{2n} \\ \cdots & \cdots & \cdots & \cdots \\ x_{p1} & x_{p2} & \cdots & x_{pn} \end{bmatrix} \tag{3.38}$$

变量场 $\boldsymbol{Y}$ 资料矩阵为：

$$\boldsymbol{Y}=\begin{bmatrix} y_1 \\ y_2 \\ \vdots \\ y_q \end{bmatrix}=\begin{bmatrix} y_{11} & y_{12} & \cdots & y_{1n} \\ y_{21} & y_{22} & \cdots & y_{2n} \\ \vdots & \vdots & \vdots & \vdots \\ y_{q1} & y_{q2} & \cdots & y_{qn} \end{bmatrix} \tag{3.39}$$

式中，$x_k(k=1,2,\cdots,p)$和 $y_k(k=1,2,\cdots,q)$均为含 n 次观测的向量：

$$x_k=(x_{k1\ x k2}\cdots x_{kn}) \tag{3.40}$$

$$y_k=(y_{k1\ y k2}\cdots y_{kn}) \tag{3.41}$$

变量场 $\boldsymbol{X}$ 的协方差阵为：

$$\boldsymbol{S}_{xx}=\frac{1}{n}\boldsymbol{XX'}=\frac{1}{n}\begin{bmatrix} x_1 \\ x_2 \\ \vdots \\ x_p \end{bmatrix}[x'_1 \quad x'_2 \quad \cdots \quad x'_p] \tag{3.42}$$

变量场 $\boldsymbol{Y}$ 的协方差阵为：

$$\boldsymbol{S}_{yy}=\frac{1}{n}\boldsymbol{YY'}=\frac{1}{n}\begin{bmatrix} y_1 \\ y_2 \\ \vdots \\ y_q \end{bmatrix}[y'_1 \quad y'_2 \quad \cdots \quad y'_q] \tag{3.43}$$

两场之间协方差阵为：

$$\boldsymbol{S}_{xy}=\frac{1}{n}\boldsymbol{XY'}=\frac{1}{n}\begin{bmatrix} x_1y'_1 & x_1y'_2 & \cdots & x_1y'_q \\ x_2y'_1 & x_2y'_2 & \cdots & x_2y'_q \\ \vdots & \vdots & \vdots & \vdots \\ x_py'_1 & x_py'_1 & \cdots & x_py'_q \end{bmatrix} \tag{3.44}$$

$$\boldsymbol{S}_{yx}=\frac{1}{n}\boldsymbol{YX'}=\frac{1}{n}\begin{bmatrix} y_1x'_1 & y_1x'_2 & \cdots & y_1x'_p \\ y_2x'_1 & y_2x'_2 & \cdots & y_2x'_p \\ \vdots & \vdots & \vdots & \vdots \\ y_qx'_1 & y_qx'_2 & \cdots & y_qx'_p \end{bmatrix} \tag{3.45}$$

显然 $\boldsymbol{S}_{xy}=\boldsymbol{S}'_{yx}$，将两个场组合为一个 $p+q$ 个变量的向量，$p+q$ 个变量的协方差阵为：

$$\boldsymbol{S}=\begin{bmatrix} \boldsymbol{S}_{xx} & \boldsymbol{S}_{xy} \\ \boldsymbol{S}_{yx} & \boldsymbol{S}_{yy} \end{bmatrix} \tag{3.46}$$

典型相关的基本思想是对两组变量分别作线性组合，构成新的一对变量 u_1,v_1，使得他们之间有最大相关系数。再分别作与 u_1,v_1，正交的线性组合 u_2,v_2，使它们之间有其次大的相关系数。如此进行下去，直至认为合适为止，$u_i,v_i,i=1,2,\cdots$. 就称为典型变量。

变量场 $\boldsymbol{X}$ 的原 p 个变量线性组合为一新变量：

$$u_1=c_{11}x_1+c_{21}x_2+\cdots+c'_{p1}x_p=\boldsymbol{c}'_1\boldsymbol{X} \tag{3.47}$$

其中 $c'_1=(c_{11} \quad c_{21} \quad \cdots \quad c_{p1})$

变量场 $\boldsymbol{Y}$ 的原 q 个变量线性组合为一新变量：

$$v_1=d_{11}y_1+d_{21}y_2+\cdots+d_{q1}y_q=\boldsymbol{d}'_1\boldsymbol{Y} \tag{3.48}$$

其中 $\boldsymbol{d}'_1=(d_{11} \quad d_{21} \quad \cdots \quad d_{q1})$

称 u_1,v_1 为典型变量，$\boldsymbol{c}'_1$ 和 $\boldsymbol{d}'_1$ 为典型荷载特征向量。

为使线性组合后的新变量具有数学期望等于0，方差等于1，即对 u_1 变量有：

$$\frac{1}{n}u_1u'_1=\boldsymbol{c}'_1\boldsymbol{S}_{xx}c_1=1 \tag{3.49}$$

同理，对 v_1 变量有：

$$\frac{1}{n}v_1v'_1=\boldsymbol{d}'_1\boldsymbol{S}_{yy}d_1=1 \tag{3.50}$$

上述一对典型变量之间的相关关系在两个变量场所有线性组合而成的典型变量中最大，即要求相关系数 $r_1=\frac{1}{n}u_1v'_1=\boldsymbol{c}'_1\boldsymbol{S}_{xy}d_1$ 最大。称 r_1 为典型相关系数。

再作线性组合 u_2,v_2，在与 u_1,v_1 线性无关情况下，满足在剩余方差中，它们之间相关系数 $r_2=\frac{1}{n}u_2V'_2=\boldsymbol{c}'_2\boldsymbol{S}_{xy}d_2$ 达到极大，且 u_2,v_2 方差为1。

如此继续下去，依次有第三对典型变量 $u_3,v_3,\cdots$ 可以证明，典型变量的对数等于两个变量场协方差阵 $\boldsymbol{S}_{xy}$ 的秩数，对气候场即为空间点数 p,q 中最小的数。这里假定可以找到 q 对典型变量。

计算步骤：

(1)对变量场 $\boldsymbol{X}$ 和 $\boldsymbol{Y}$ 进行标准化预处理。

(2)计算标准化后的变量场 $\boldsymbol{X}$ 的协方差阵 $\boldsymbol{S}_{xx}$，和变量场 $\boldsymbol{Y}$ 的协方差阵 $\boldsymbol{S}_{yy}$ 和两个变量场交叉协方差阵 $\boldsymbol{S}_{xy}$。

(3)解方程：$(\boldsymbol{S}_{yy}^{-1}\boldsymbol{S}_{yx}\boldsymbol{S}_{xx}^{-1}\boldsymbol{S}_{xy}-\boldsymbol{\lambda}\boldsymbol{S}_{yy})\boldsymbol{d}=0$，利用奇异值分解计算方法求出 $\boldsymbol{S}_{yy}^{-1}\boldsymbol{S}_{yx}\boldsymbol{S}_{xx}^{-1}\boldsymbol{S}_{xy}$ 矩阵的特征值 $\lambda_1\geqslant\lambda_2\geqslant\cdots\geqslant\lambda_q$ 及对应的荷载特征向量 $\boldsymbol{d}_1,\boldsymbol{d}_2,\cdots,\boldsymbol{d}_n$。

(4)利用特征值 λ_1 和荷载特征向量 $\boldsymbol{d}_i$ 求 $\boldsymbol{c}_i$。

(5)计算典型变量：$\boldsymbol{U}_i=\boldsymbol{c}_i^{\mathrm{T}}\boldsymbol{X},\boldsymbol{V}_i=\boldsymbol{d}_i^{\mathrm{T}}\boldsymbol{X},(i=1,2,\cdots,q)$。

(6)求典型相关系数：$r_i=\sqrt{\lambda_i}\ (i=1,2,\cdots,q)$。

(7)对典型相关系数进行显著性检验。

3.2.3.6 多元线性回归

设因变量 y 与自变量 x 有线性关系，那么建立 y 的 m 元线性回归模型：

$$y=\beta_0+\beta_1x_1+\cdots+\beta_mx_m+\varepsilon \tag{3.51}$$

式中，$\beta_0,\beta_1,\cdots,\beta_m$ 为回归系数；ε 是遵从正态分布 $N(0,\sigma^2)$ 的随机误差(魏凤英，2007)。

在实际问题中，对 y 与 x 作 n 次观测，即 y_t 对 $x_{1t},x_{2t},\cdots,x_{mt}$ 有：

$$y_t=\beta_0+\beta_1x_{1t}+\cdots+\beta_mx_{mt}+\varepsilon_t \tag{3.52}$$

建立多元回归方程的基本方法是：

(1)由观测确定回归系数 $\beta_0,\beta_1,\cdots,\beta_m$ 的估计 $b_0,b_1,\cdots,b_m$，得到 y_t 对 $x_{1t},x_{2t},\cdots,x_{mt}$ 的线性回归方程：

$$\bar{y}_t=b_0+b_1x_{1t}+\cdots+b_mx_{mt}+e_t \tag{3.53}$$

式中，$\bar{y}_t$ 表示 y_t 的估计；e_t 是误差估计或称为残差。

根据最小二乘法，要选择这样的回归系数 $b_0,b_1,\cdots,b_m$，使

$$Q=\sum_{t=1}^{n}e_t^2=\sum_{t=1}^{n}(y_t-\bar{y}_t)^2=\sum_{t=1}^{n}(y_t-b_0-b_1x_{1t}-\cdots-b_mx_{mt})^2 \tag{3.54}$$

达到极小。

(2)对回归效果进行统计检验。

构造统计量：

$$F=\frac{U/m}{Q/(n-m-1)} \tag{3.55}$$

式中，U 为回归平方和，Q 为残差平方和。

原假设：

$$H_0:\beta_1=\beta_2=\cdots=\beta_m=0 \tag{3.56}$$

若 H_0 成立，则认为回归方程无意义。可以证明，当 H_0 为真时，统计量 F 遵从自由度为 m 和 $n-m-1$ 的 F 分布。给定显著性水平 α，若计算值 $F>F_\alpha$，则在显著性水平 α 上拒绝原假设，认为回归方程有显著意义。

(3)利用回归方程进行预报。

将给定的样本值 $x_{1t+1},x_{2t+1},\cdots,x_{mt+1}$ 带入回归方程，即可得到一步预测：

$$\bar{y}_{t+1}=b_0+b_1x_{1t+1}+\cdots+b_mx_{mt+1} \tag{3.57}$$

实际使用时，应该给出 $\bar{y}_{t+1}$ 的给定显著性水平置信区间。

3.2.3.7　利用 CIPAS 平台开展物理量诊断

3.2.3.7.1　水汽通量诊断

根据水汽通量的数值和方向，能了解降水过程的水汽来源，以及这种水汽输送和某些天气系统的关系，是气候事件成因诊断中常用的物理量。

水汽通量即表示水汽输送强度的物理量。它的定义是：单位时间内流经某一单位面积的水汽质量。一般所说的水汽输送是指水平的水汽输送，用水平的水汽通量表示其强度。计算公式为：

$$|F_H|=\frac{|\mathbf{V}|q}{|\boldsymbol{g}|} \tag{3.58}$$

式中，$\mathbf{V}$ 为风速矢量，q 为比湿，$\boldsymbol{g}$ 为重力加速度。

气候信息交互显示与分析平台(CIPAS)是面向气候监测、诊断及预测等基础气候业务的支撑系统(吴焕萍 等，2013)。通过 CIPAS 平台可以计算任意区域单层或整层大气水汽通量，并绘制相关图片，见图 3.15。

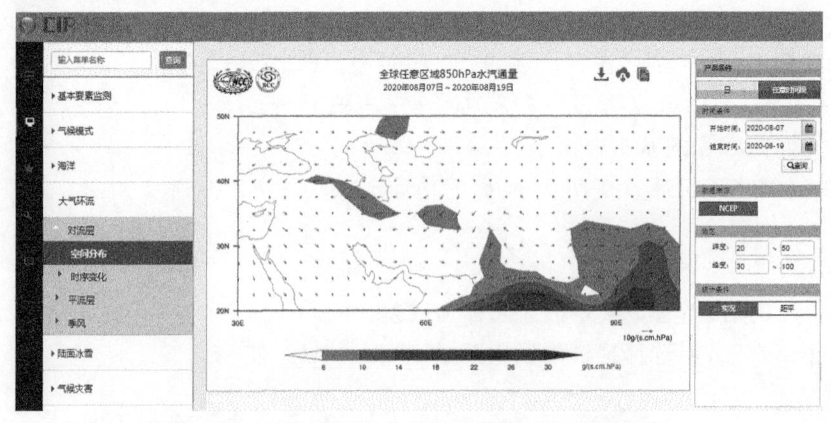

图 3.15　CIPAS 平台水汽输送通量查询绘图界面

3.2.3.7.2　西太副高诊断

西太平洋副热带高压是一个在太平洋上空的永久性高压环流系统，对我国天气的影响十分重要，夏半年更为突出。在西太平洋副热带高压控制下的地区，有强烈的下沉逆温，使低层水汽难以成云致雨，造成晴空万里的稳定天气，时间长了可能出现大范围干旱。

计算方法：500 hPa 高度场，10°—60°N、110°—180°E 范围≥5880 gpm 的区域内，格点位势高度与 5870 gpm 之差乘以格点面积的累积值，为西太平洋副高强度指数。

通过 CIPAS 平台可以对副高强度进行诊断分析，并绘制相关图片，见图 3.16。

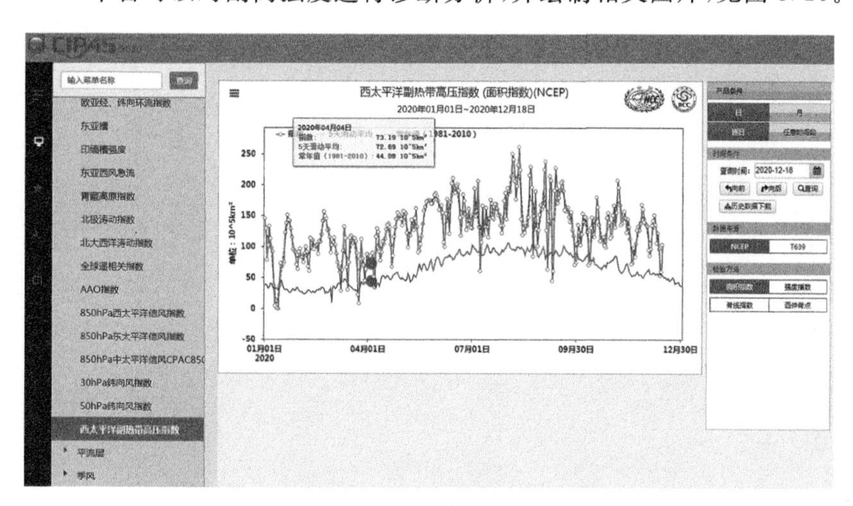

图 3.16　CIPAS 平台西太平洋副热带高压指数查询绘图界面

3.2.3.7.3　印缅槽强度诊断

冬季西南地区严重干旱的发展、演变和减弱与同期 500 hPa 南支槽活动及整层水汽输送有着密切的关系。冬季南支槽强度持续偏弱，槽前西南气流水汽输送偏弱，到达我国西南地区水汽相应减少，造成西南地区严重干旱。20 世纪 60 年代中期至 80 年代中期，冬季印缅槽长期处于偏强的状态下。80 年代后期至 2007 年均以偏弱为主。近年来，冬季印缅槽指数以偏强为主要特征。

通过 CIPAS 平台可以对印缅槽强度进行诊断分析，并绘制相关图片，见图 3.17。

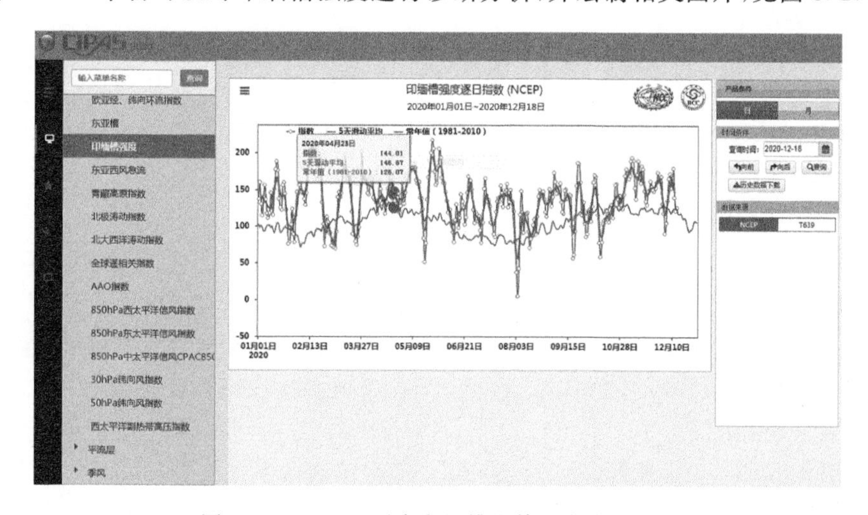

图 3.17　CIPAS 平台印缅槽指数查询绘图界面

3.2.3.7.4　印度洋偶极子强度诊断

夏季 IOD 正位相年，华西区域夏季为异常气旋性环流控制，赤道印度洋低空东风异常，这些异常环流都利于华西区域降水偏多。此外，正位相年，夏季四川东北部及黔渝大部为水汽辐合区，水汽输送依靠孟加拉湾西南气流和西太平洋副热带高压外围的偏东气流完成。对应于印度洋海温正(负)异常，华西区域上空的热状况异常分布将使其大气对流增强(减弱)。因此，夏季 IOD 异常位相为华西秋雨预报提供了一个有用的前期信号。

通过 CIPAS 平台可以对印度洋偶极子进行诊断分析，并绘制相关图片，如图 3.18 所示。

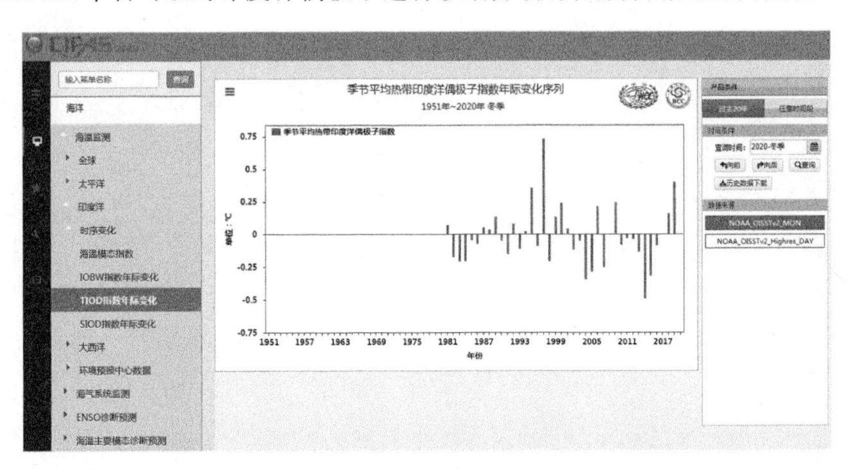

图 3.18　CIPAS 平台印度洋偶极子指数查询绘图界面

3.2.4　诊断实例

3.2.4.1　2006 年四川高温伏旱

2006 年，四川省出现了有气象记录以来影响范围最广、强度最大、持续时间最长、危害最为严重的极端高温伏旱事件。全省共有 700 多万人出现临时饮水困难，农作物受旱面积 244.9 万 hm^2，绝收 31.1 万 hm^2，直接经济损失 132 亿元(杨淑群 等，2008)。

3.2.4.1.1　气温降水实况

2006 年盛夏(7—8 月)四川省平均气温 25.5 ℃，较常年同期偏高 2.3 ℃，位列历史同期第 1 高位；全省平均降水量 235.6 mm，较常年同期偏少 39%，位列历史同期第 1 少位。全省先后有 126 个县(市)发生伏旱，其中 53 个县(市)旱期在 40 d 以上；77 个县日最高气温打破历史记录(图 3.19 和图 3.20)。

3.2.4.1.2　诊断分析

这种极端气候事件的发生与大气环流的持续异常密切相关，其中南亚高压偏强偏北、副热带高压异常偏西是造成 2006 年四川高温干旱的主要原因。

夏季高原加热作用在高原上空形成的南亚高压是稳定于对流层上部的行星尺度的暖性高压，南亚高压主体控制区一般温度偏高、干旱少雨。南亚高压在盛夏的异常东伸北抬，是导致四川高温干旱的重要原因。

从 100 hPa 高度距平场来看(图 3.21)，2006 年南亚高压主体位置向北超过北纬 40°N，向东可到东经 120°E，多年平均南亚高压主体在北纬 35°N 附近，即南亚高压位置偏北、偏东，强

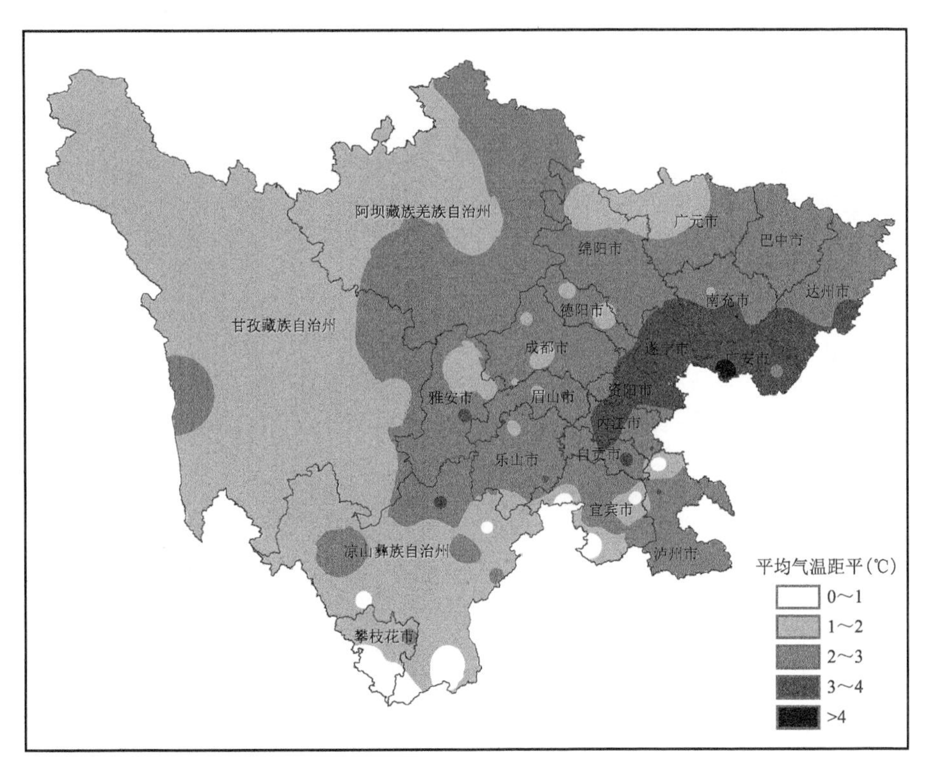

图3.19　2006年7—8月四川省平均气温距平分布

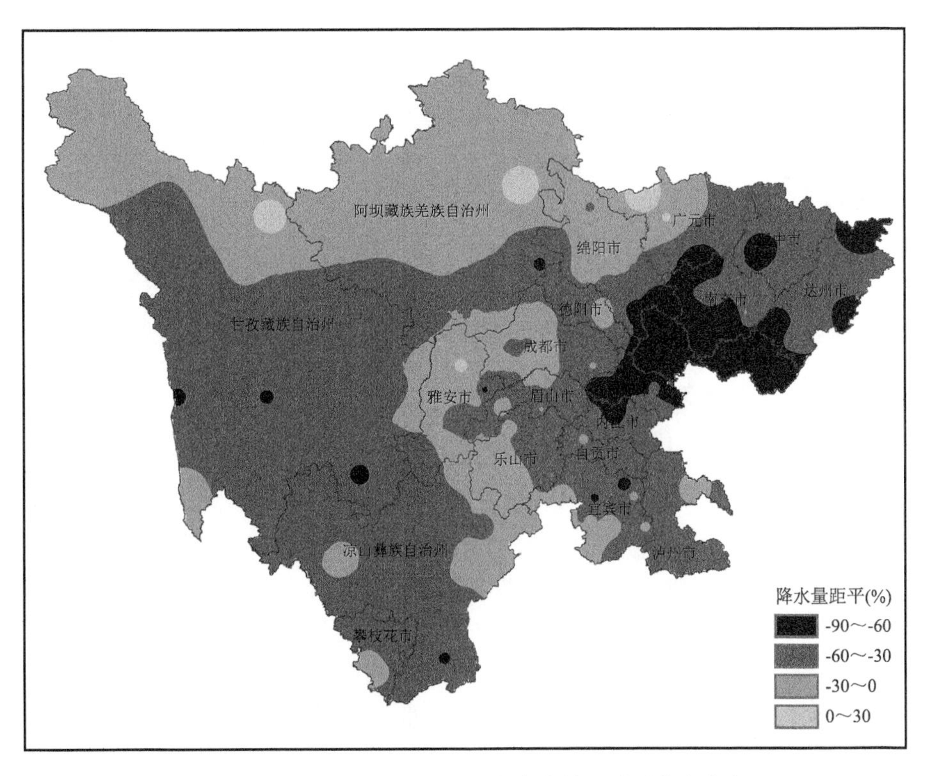

图3.20　2006年7—8月四川省降水量距平百分率分布

度偏强。从时间演变来看,2006 年 6 月第 1 候南亚高压已经北移到青藏高原上空,较常年偏早 2 候,盛夏南亚高压主要为东部型。

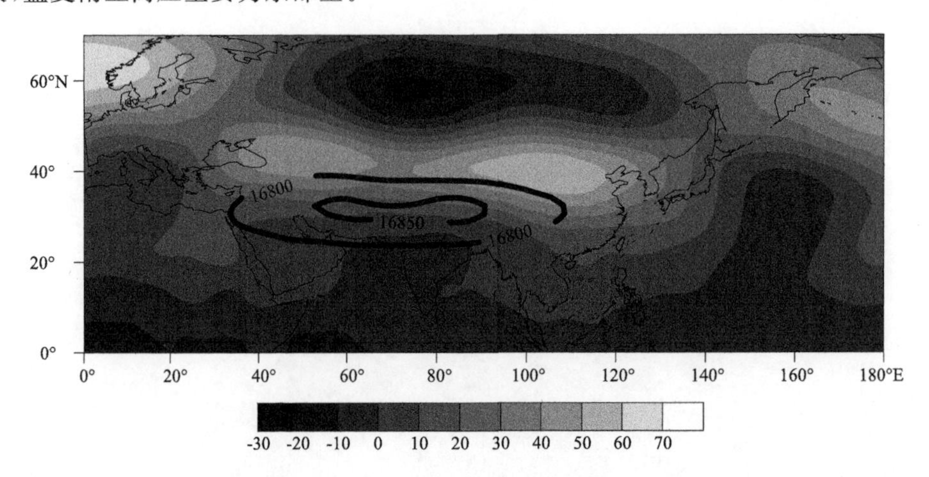

图 3.21　2006 年 7—8 月 100 hPa 高度距平场(阴影),南亚高压多年平均位置(黑色实线)

2006 年 7 月 500 hPa 高度场上(图 3.22),中纬度地区气流平直,西太平洋副热带高压 5880 gpm 线比常年偏西 10 个经度,偏北 5 个纬度,尤其是 5860 gpm 线由往年 120°E 向西扩展控制了青藏高原,同时西太平洋副高控制范围内高度场偏大。可见 2006 年 7 月,西太平洋副热带高压与往年相比异常偏西、偏北、偏强。同时阿拉伯半岛上的伊朗高压异常偏东,东亚副热带地区高度场普遍增加,我国西南地区上空被高度正距平场控制。

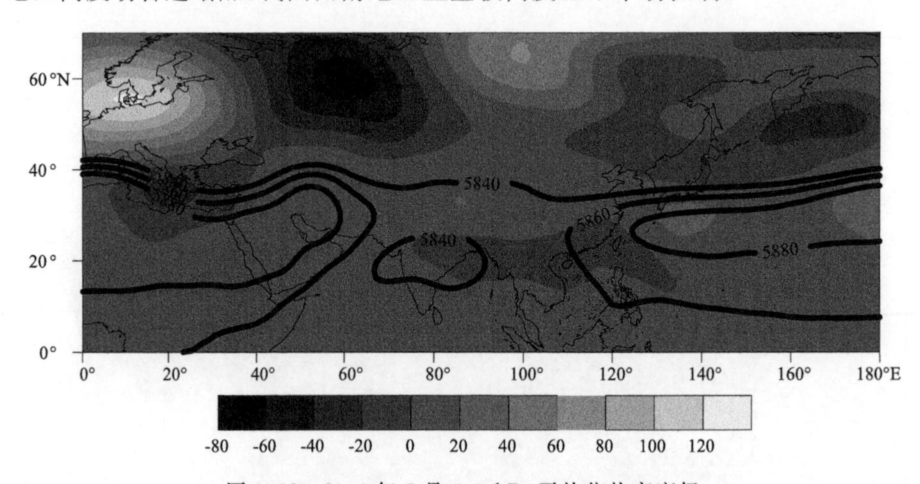

图 3.22　2006 年 7 月 500 hPa 平均位势高度场

2006 年 8 月 500 hPa 高度场上(图 3.23),鄂霍次克海附近有异常高压脊发展,西太平洋副热带高压继续维持异常偏西、偏强状态,值得注意的是,西太平洋副高西侧 5880 gpm 线闭合中心由常年 150°E 向西移动到 130°E 附近,而青藏高原由气候平均态的热低压转为受 5860 gpm线大陆性副热带高压控制,它们与东伸的伊朗高压一起构成了东亚大陆副热带地区高压带,这个高压带既抑制了来自青藏高原低层的低压扰动,同时下层的辐散气流也抑制了来自热带的水汽输送。四川地区受副热带高压的正距平高度控制,这里对流层中下层盛行下沉气流,引起对流层底层绝热增温,使得气温持续异常偏高,这也在很大程度上促进了 2006 年夏季四川持续高温伏旱的发展。

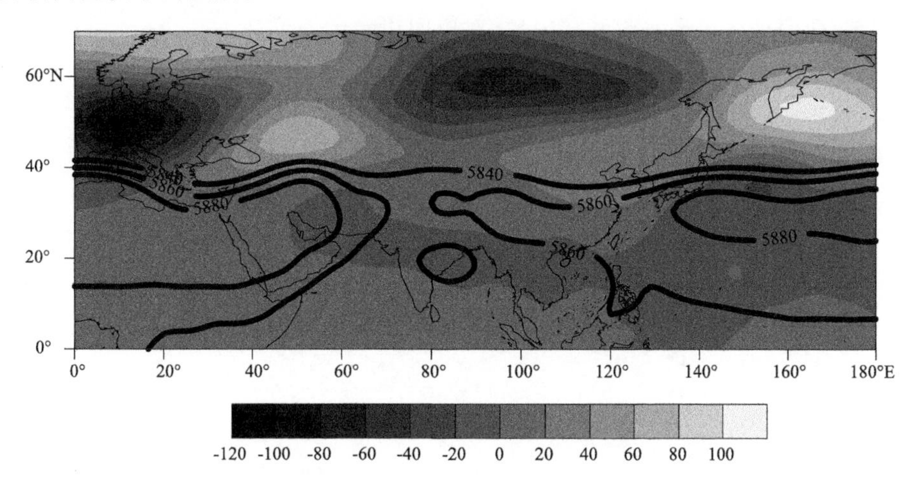

图 3.23　2006 年 8 月 500 hPa 平均位势高度场

图 3.24 给出了多年平均 7 月份的整层水汽输送以及 2006 年 7 月份整层水汽输送距平场。可知，我国西南部多年平均 7 月份水汽输送主要来自孟加拉湾的西南气流，2006 年 7 月我国西南地区出现东北向的水汽输送异常，西南水汽输送变少。

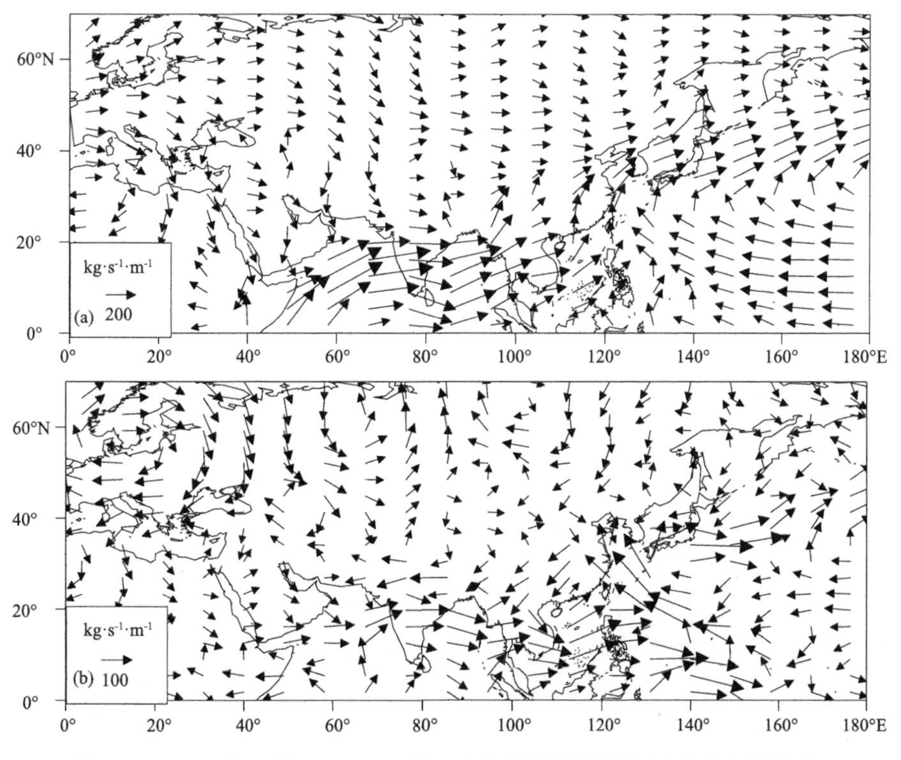

图 3.24　2006 年 7 月 1000～300 hPa 水汽输送通量距平(a)及多年平均(b)

图 3.25 给出了多年平均 8 月的整层水汽输送通量以及 2006 年 8 月整层水汽输送通量距平场。常年平均与 7 月类似，主要水汽输送通量仍然是来自孟加拉湾地区的西南水汽，2006

年8月西南水汽输送的向北分量减少，向东分量增多，在我国华南到云南一带出现来自东侧的水汽输送异常，西南地区出现水汽输送辐散，对应四川降水偏少。

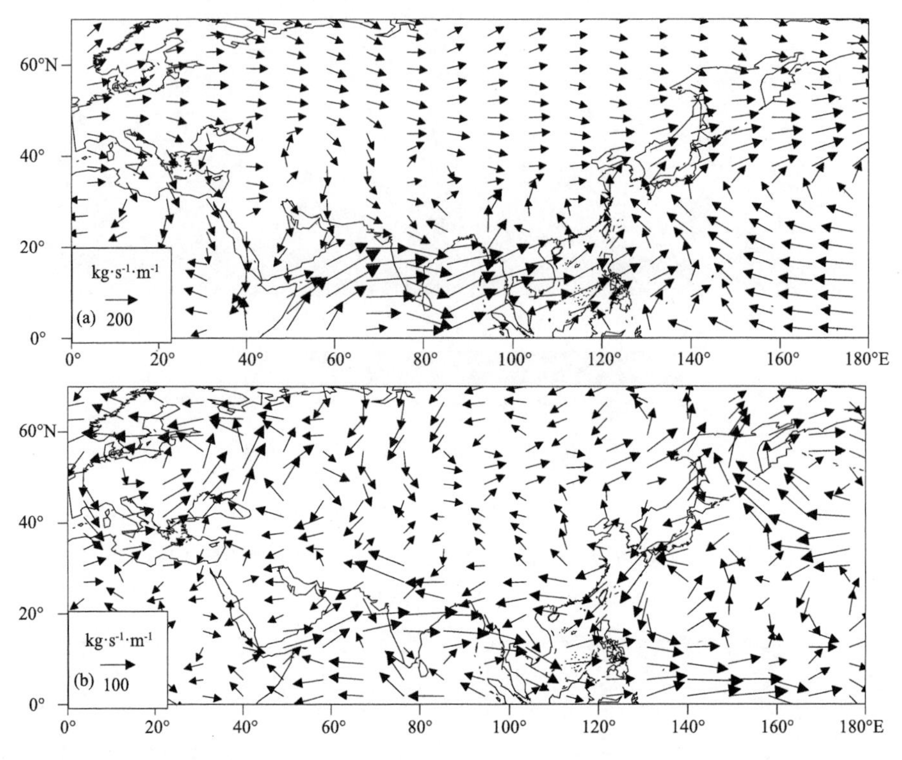

图3.25 2006年8月1000～300 hPa水汽输送通量距平(a)及多年平均(b)

3.2.4.2 2013年“7·7”暴雨

3.2.4.2.1 暴雨过程概况

2013年7月7—13日，盆地西部出现了区域性暴雨天气过程，按全省156个县级站日雨量资料统计，全省共计有43个站出现了暴雨，其中大暴雨15站，特大暴雨1站。据省民政厅统计，截至7月14日15时，已造成15个市州的96个县不同程度受灾，受灾人口344.4万人，因灾死亡68人，农作物受灾面积15.65万 hm^2，直接经济损失200.8亿元。

过程雨量达200 mm以上的站有14站，其中，大邑、彭州、郫县、温江、新都、绵竹、北川7站在300 mm以上(图3.26)。都江堰市7—13日出现了特大暴雨，过程总雨量达746.4 mm，为此次区域性暴雨过程全省县级站中的最大雨量，不仅打破了该站有气象记录以来的过程雨量的极大值，也同时打破了全省有气象记录以来暴雨过程雨量的极大值，且比历史第二位的北川1992年7月22—29日暴雨过程雨量600.1 mm多了146.3 mm。都江堰市这次暴雨过程总雨量为全省之最，为百年一遇的特大暴雨。

3.2.4.2.2 诊断分析

选取四川盆地西部过程雨量大于50 mm的55个气象台站，计算了区域平均降水量的逐日变化(图3.27)，7月6日盆西开始出现较弱降水(不足1 mm)，7—8日降水量迅速增多(8日达53.7 mm)，随后降水量逐渐减少，12日减少到10 mm以下。中低层的湿度对降水的贡献最为重要，对比分析同期950 hPa、850 hPa和700 hPa的比湿变化，发现这三个高度的比湿与

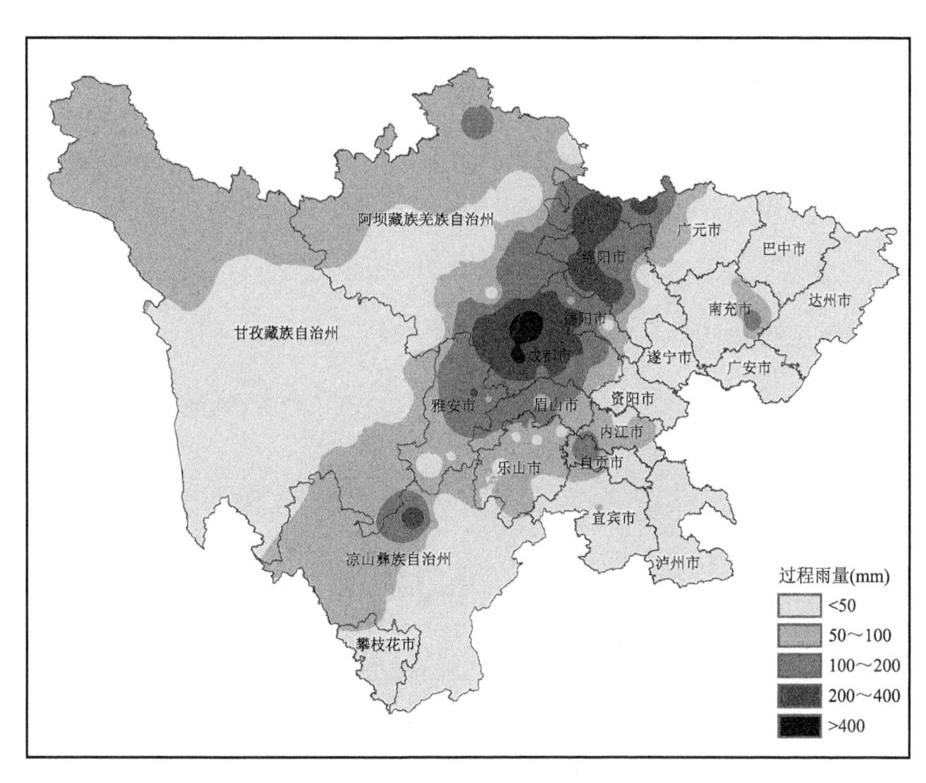

图 3.26　2013 年 7 月 7—13 日暴雨过程降水量分布图

实际降水有很好的对应关系。在最大降水(8 日)发生前,三者都有一个迅速增加的过程,随后 700 hPa 比湿逐渐减小,但是 950 hPa 和 850 hPa 比湿则是先减少后略增加,即 950 hPa 和 850 hPa比湿变化非常一致,但和 700 hPa 比湿变化有一定差异(王佳津 等,2017)。

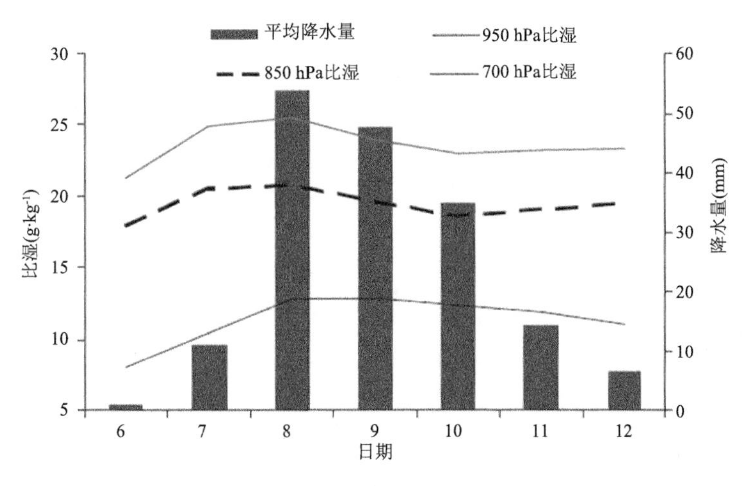

图 3.27　2013 年 7 月 6—12 日四川盆地西部平均降水量,
950 hPa、850 hPa 和 700 hPa 比湿随时间的变化

分析 2013 年 7 月 7—12 日整层水汽输送通量场(图略),发现水汽主要来自西南孟加拉湾、中南半岛和南海西部,另外从西北部、北部也有一定的水汽输送,但相对较弱。散度场显示

四川盆地西部有显著的水汽通量辐合，并且从盆地向东南延伸到南海北部有一条水汽输送通量的辐合带，从盆地向北延伸到内蒙古及新疆东北部也存在一条水汽输送通量的辐合带，这与950 hPa和850 hPa上的水汽轨迹路线基本吻合，而700 hPa上水汽轨迹并没有出现对应的辐合区，可以说700 hPa的水汽输送可能多为路过的水汽，对暴雨过程起作用的水汽主要来自950 hPa和850 hPa。

参考文献

李清泉，周兵，王朋岭，等，2013. 近20年我国气候监测诊断业务技术的主要进展[J]. 应用气象学报，24(6)：666-676.

王春学，马振峰，秦宁生，等，2016. 四川盆地区域性暴雨过程的识别及时空变化特征[J]. 气象科技，44(5)：776-782.

王佳津，肖递祥，王春学，2017. 四川盆地极端暴雨水汽输送特征分析[J]. 自然资源学报，32(10)：1768—1783.

魏凤英，2007. 现代气候统计诊断与预测技术(2版)[M]. 北京：气象出版社.

吴焕萍，张永强，孙家民，等，2013. 气候信息交互显示与分析平台(CIPAS)设计与实现[J]. 应用气象学报，24(5)：631-640.

杨淑群，潘建华，柏建，2008. 2006年四川极端高温干旱影响系统分析[J]. 西南大学学报(自然科学版)，30(7)：133-137.

第 4 章　气候预测

气候主要反映一个地区的冷、暖、干、湿等基本特征。气候预测是依据大气科学基本原理，运用气候动力学、统计学等手段，考虑全球海洋、冰雪、陆面、辐射等对大气的影响，研究导致气候异常成因的基础上对未来冷、暖、干、湿趋势进行的预测。目前短期气候预测业务主要包括延伸期、月、次季节、季节和年度尺度的预测。由于气候预测服务的前瞻性，对政府制定防灾减灾措施和经济建设发展规划具有重要的决策参考价值，越来越受到各级政府的高度重视和社会公众的高度关注。

因气候预测时间尺度长、原理复杂，所需资料十分广泛，而且气候预测注重于外源(海温、海冰、积雪等)异常的影响，所以气候预测包含的不确定因素多，只能提供在一定超前时间的有限预测信息，预测效果有不稳定性，预测能力与服务需求之间有一些差距。提高短期气候预测业务产品的精准化、客观化水平和定量化程度，提升气候预测服务能力，满足社会发展对短期气候预测业务服务的高要求，对保障四川省经济发展、减少气象灾害损失具有重要意义。

4.1　预测内容

气候预测主要针对关注时段内的降水量及距平百分率、温度及距平、气候灾害等进行趋势预测，并发布预测产品。四川省短期气候预测业务主要包括延伸期、月、季、年、关键农事季节(春播、抢收抢种、三秋等)等时间尺度的日常气候预测，以及针对重大社会活动、政府相关决策部门和企业的不同需求而制作的专题气候预测。目前，四川省气候中心定期发布延伸期、月、季、年及关键农事活动期间气候趋势预测产品，不定期根据用户需求提供未来气候预测服务产品。

预测服务产品因服务对象和时间尺度的不同，关注重点有所不同。延伸期预测主要关注未来 11～30 d 强降水、强降温天气过程及温度、降水趋势。月预测主要关注未来一个月温度、降水、气候灾害趋势及月内主要降水(降温)天气过程。季节和年度预测主要关注气温、降水、旱涝以及气候灾害趋势，如汛期关注夏旱、伏旱、洪涝等的趋势预测，冬季关注冬干、冷暖冬、低温、冷空气活动等的趋势预测。关键农事活动针农业生产的服务需求和不同的服务时段主要关注：春播期间的春旱、倒春寒、连阴雨、适播连晴时段的预测，抢收抢种期间的夏旱、小春作物收晒、大春作物播种晴好时段以及高原雨季开始期的预测，三秋期间的华西秋雨、低温时段、大春作物收晒晴好时段的预测。

4.2 预测思路

影响短期气候变化的主要因素是大气外强迫和大气内部动力两个方面的因子，制作短期气候预测的物理基础支撑也来自这两个方面。四川省气候预测主要通过分析海洋、陆地和冰雪等外强迫因子、大气环流因子的异常及其之间的相互关系，分析这些因子影响四川省气候的机理，提取对预测有价值的强信号，采用统计分析、模式产品释用等方法，参考国家气候中心有关指导产品，形成延伸期、月、季、年等不同时间尺度的气候趋势预测产品。预测产品的制作思路大致相同，但由于各类预测产品关注的时间尺度和预测重点不同，各类气候预测产品的制作思路稍有不同。

4.2.1 延伸期预测

延伸期预测：(1)通过对国家级下发的 DERF2.0 模式逐日预报产品、美国 CFS 模式产品、欧洲中心 SYSTEM4 模式产品进行降尺度解释应用，生成四川省 158 站降温降水过程预测产品；(2)利用建立的西南季风涌指数，采用最优子集回归建立的月内强降水过程预测方法，预测延伸期主要天气过程；(3)通过预报 MJO(RMM1 和 RMM2)指数的波峰位置，预测延伸期内主要天气过程发生时段；(4)利用划分低频关键区、计算各关键区低频系统的周期，建立低频天气图方法，确定出延伸期主要天气过程时段；(5)MAPFS 本地化应用分析，主要计算与目前大气环流场相似的历史大气环流要素，并对历史相似年份进行分析合成，推演出延伸期主要天气过程；(6)参考国家气候中心月动力延伸集合预报产品；(7)对以上结果进行综合分析、会商，得出延伸期预测结论并发布预测产品。

4.2.2 月气候预测

月尺度预测：(1)分析四川省当月相关资料及气候背景，了解四川省各地目前所处气候背景状况，包括主要气象要素的年际、年代际变化情况，特别是 21 世纪以来的变化趋势；(2)利用多项环流指数与预报要素的相关，选择有预报意义的前兆因子，分析这些因子对本地气候的影响机理，建立本地客观定量化的月预测方法，计算得出四川省 158 站月降水、气温的定量预测结果；(3)通过 MODES 系统的本地化应用，结合对国家级月动力延伸预报模式产品进行动力一统计降尺度解释应用，得出四川省各站点月气温、降水的预测结果；(4)利用四川省短期气候预测信息系统中的预测方法，分析前期大气环流和本地气候的异常特征，查找前期大气、海洋背景变化和气候异常的相似年，分析相似年后期气候要素变化及灾害发生的可能趋势，供决策应用；(5)参考国家级月动力延伸预报模式及国内外多家模式(S2S)的月尺度形势场预测、降水气温概率和定量预测结果；(6)对于月内主要降水降温过程，应用四川省延伸期预测系统的综合预测结果进行预测；(7)对上述各部分的分析结果进行综合全面的分析和集成，并参考国家气候中心指导意见，与周边省气候中心进行会商，完成对国家气候中心相关预测产品的客观订正，最终形成四川省每月降水、气温气候趋势及月内主要天气过程的预测结论，发布月预测产品，并根据需求制作相关决策服务材料。

4.2.3　季节气候预测

季节尺度预测:(1)分析四川省季节相关资料、气候特征,了解四川省各预报季节处于什么样气候背景下,包括主要气象要素的年际、年代际变化情况,重点分析季节气候变化的周期性及可能变化趋势;(2)分析青藏高原积雪、海冰、海洋等外强迫因子与季节气候要素的影响关系,建立预测模型,预测季节气候要素可能的变化趋势,提供给决策应用;(3)FODAS 系统的本地化应用,得出四川省季节气温、降水的预测结果;(4)利用四川省短期气候预测信息系统中的多种方法,分析前期大气环流和天气气候的异常特征,查找历史相似年份并做合成分析,预测季节气候要素及灾害的可能变化趋势;(5)对上述各部分进行综合全面的分析和集成,完成对国家气候中心相关预测产品的客观订正,与相关省进行趋势会商,最终形成季节降水、气温趋势预测及极端性、灾害性、关键性气候趋势结论,发布季节预测产品。

4.2.4　年度气候预测

年度气候预测:(1)分析全省及各地区历年气候变化特征,了解气候背景,根据气候变化特征和变化趋势研判年度气候趋势;(2)通过分析前期大气环流、海洋状况和前期天气气候的异常成因等,利用数理统计和动力—统计方法进行分析预测,如逐步回归、最优气候均态法、多因子综合法以及海气耦合模式的季节预测产品及其本地化的解释应用预测结果;(3)采用多种预测结果的集成技术进行最后预测结果的客观集成,生成年度气候趋势预测产品。(4)综合上述的分析,形成年度、冬、春、夏、秋季主要气象要素气候趋势,旱涝趋势及不同季节内主要灾害性、关键性天气气候出现时段及强度的趋势预测,在每年的 11 月发布预测产品。

4.2.5　专题气候预测

专题气候预测:(1)分析预测时段内气象要素的变化特征以及预测对象(泥石流、森林火险)所处气候背景,研判预测时段可能的气候趋势;(2)分析前期大气环流和极端天气气候异常特征,寻找相似年,对指定阶段的气候趋势和主要天气过程进行预测;(3)应用四川省短期气候预测信息系统中的分析方法,查找与近期大气环流场相似的历史特征,合成和推演预测时段内的降水、气温气候趋势;(4)对于月内主要降水降温过程,应用四川省延伸期预测系统的综合预测结果进行预测;(5)对多种结果进行综合集成,最终根据用户需求得出指定时段的专题气候趋势,向特殊用户提供服务产品。

4.3　业务流程

气候预测业务工作流程包括:资料收集处理、预测制作、预测会商、产品发布、结果评定及技术总结等几个方面。针对国家气候中心的指导产品,在数据应用和分析处理的基础上,制作延伸期—月—季—年尺度气候预测以及灾害、极端气候事件的预测,通过对预报效果的检验,发布针对不同时段、不同性质、不同灾种和不同对象的预测产品。具体业务流程见图 4.1。

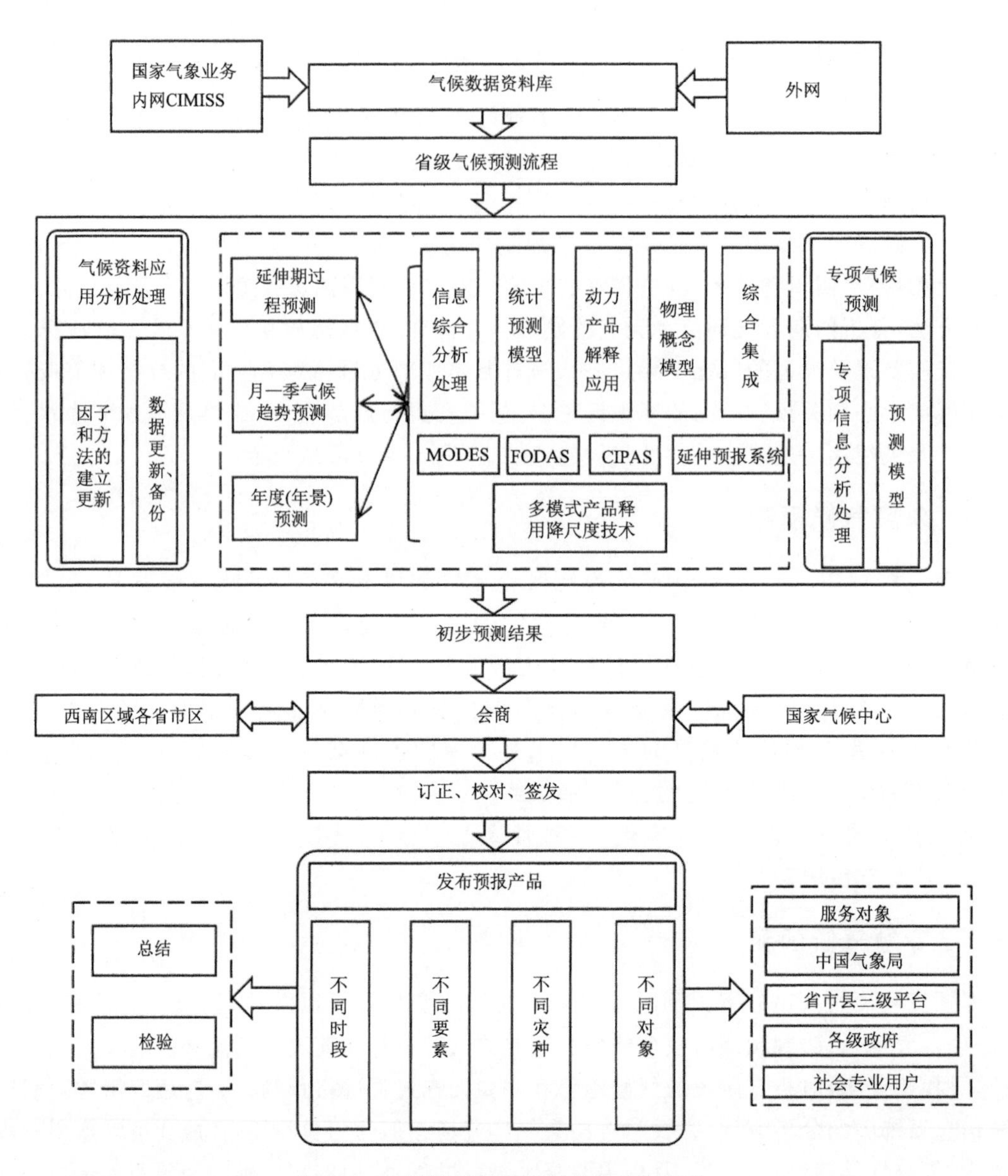

图 4.1　四川短期气候预测业务工作流程

4.3.1　资料收集

为保证气候预测业务正常运行，同时满足气候服务的需要，每天通过 CIMISS 接口获取西南区域基本气象要素数据，同时通过互联网和局域网收集、整理、续补最新的外强迫和大气环流等相关资料。资料内容包括：(1)西南各站点逐日、逐月气象监测资料；(2)NCEP/NCAR 逐日、逐月再分析数据；(3)国家气候中心下发的气候系统环流监测指数集；(4)本地化的动力与统计集成的季节气候预测系统(FODAS)和多模式解释应用集成预测系统(MODES)运行所需的数据；(5)国家气候中心下发的 DERF2.0 模式产品和次季节—季节(S2S)多模式预测图形产品，美国 CFS 模式和欧洲中心 SYSTEM4 模式产品资料等。(6)全国统一使用的基础气候资料、气候诊断信息和基本气候监测指标等可通过气候业务内网查看或获取。

4.3.2 预测制作

业务值班人员通过分析所关注区域在预测时段的气候背景，运用本地建立的短期气候预测系统、CIPAS、FODAS、MODES系统、预报效果较好的客观化预报方法，参考国内外短期气候预测对预测时段的预测结果，同时通过对前期和同期影响本地气候的外强迫、环流等各种物理强信号的分析，采用多种预测分析技术，初步制作出未来气候趋势预测结果，提交会商讨论。

4.3.3 预测会商

气候预测会商是气象部门讨论预测思路、交流预测技术、统一预测意见、提高气候预测准确率的重要手段。会商的种类主要包括常规的延伸期、月、季、年、汛期及其滚动预测会商、专项预测服务会商、月气候监测预测技术总结会商等。其中汛期、年度预测会商主要采用现场会议的形式，其他预测会商一般采用视频或电话会商形式。年度、汛期值班预报员与西南区域中心各省预报员及专家进行会商，形成区域气候趋势的初步预测意见，参加全国的气候趋势预测会商并对预测产品进行订正，最终形成预测服务产品提交领导签发。延伸期、月、季及专项预测值班预报员主要采用视频或电话会商的方式，与国家气候中心及本省周边其他省(区、市)值班预报员会商后，形成决策服务产品提交领导签发。

4.3.4 产品发布

目前，气候预测产品主要包括延伸期预报—月—季—年度气候趋势，春运气候趋势、关键农事气候趋势、气象灾害及其次生灾害趋势预测等，其中延伸期预报和月气候趋势预测产品的空间分辨率已经精细到县。发布方式根据业务要求和服务需求的不同有所不同：延伸期预报产品主要在气象部门各级相关单位内部交流应用，不定期提交省防汛抗旱办公室等政府部门用于决策服务；月、季、年度气候趋势预测产品除在气象系统内部交流应用外，还会以公文交换和电子文档的形式服务于政府和相关部门，不定期在省防汛抗旱办工作会及全省自然灾害趋势会上发言，供政府决策参考；春运、关键农事、气象灾害及其次生灾害、专题服务等预测产品主要以电子文档的形式服务于政府和相关部门。预测产品发布在四川省三级业务平台上。四川省气候中心现有的气候预测业务服务产品见表4.1。

4.3.5 评定与总结

在预测时段结束后对预测结果进行质量评定。目前中国气象局规定质量评定及考核的项目是：延伸期预报、月气候预测、夏季气候预测。其中月、季节气候预测中降水、气温要素趋势预测结果的考核评定按照(气预函〔2013〕98号文《月、季气候预测质量检验业务规定的通知》)进行评定，延伸期强降水过程预测按照(气预函〔2013〕43号文《月内强降水过程预测业务规定(试行)》的通知》)进行评定；强降温预测目前按照(气预函〔2014〕96号文(预报司关于印发《月内冷空气强降温过程预测业务规定(试行)》的通知))进行评定；高温过程预测按照(气预函〔2017〕37号《预报司关于开展延伸期高温过程预测业务试验的通知》)进行评定。完成评定后预测人员需对上一阶段的预测工作进行技术总结。月气候预测技术总结主要针对每月气候预测模式产品检验评估、主要影响因子、影响系统预测以及业务预测结论正误等方面进行分析总结交流，凝练科学问题，提出预测着眼点和技术措施。

表 4.1 预测业务服务产品表

序号	产品名称	完成时间	文件格式	发布方式	发送单位
1	延伸期分县预报	每旬末前	Word 文档	省市县三级平台	气象部门各级相关单位
2	月气候趋势预测	月末前 1 天	Word 文档、纸质	公文交换、邮寄、网络、省市县三级平台	省府应急办、省财政厅农财处、省民政厅农救处、省国土资源厅、省统计局、省安委办、省交通厅、省武警总队、省防汛指挥部、省农牧厅信息中心、省护林防火指挥部、省农水局抗旱办。气象部门各级相关单位
3	春播(3—4 月)气候趋势预测	每年 2 月 28 日前	Word 文档、纸质		
4	汛期(5—9 月)气候趋势预测	每年 4 月 20 日前	Word 文档、纸质		
5	夏收夏种(5—6 月)气候趋势预测	每年 4 月 30 日前	Word 文档、纸质		
6	盛夏(7—8 月)气候趋势预测	每年 6 月 30 日前	Word 文档、纸质		
7	三秋(10—11 月)气候趋势预测	每年 8 月 31 日前	Word 文档、纸质		
8	冬季(12—2 月)气候趋势预测	每年 11 月 30 日前	Word 文档、纸质		
9	年度气候趋势预测	每年 11 月 20 日前	Word 文档、纸质		
10	春运、气象及次生灾害、专题服务等气候趋势预测	不定期	Word 文档	网络、省市县三级平台	按需提供

4.3.6 气候预测业务系统

目前在短期气候预测业务中，常用的主要业务系统有 CIPAS(Climate Inactive Plottingand Analysis System-气候信息交互显示与分析系统)、MODES(Multi-Model Downscaling Ensemble System-多模式解释应用集成预测系统)、FODAS(动力一统计集成的季节气候预测系统)和 S2S(次季节一季节多模式预测产品可视化系统)。除此以外还可应用四川省气候中心开发的本地化的短期气候预测系统中的相关技术方法进行预测。下面就主要系统进行介绍。

4.3.6.1 气候信息交互显示与分析系统(CIPAS)

CIPAS 是由国家气候中心开发的集约化业务系统，主要面向国家级和省级气候中心业务科研人员，实现的功能有气候与气候变化监测、预测、预测产品检验、预测产品制作、在线交互式分析等核心业务。

该系统整合集成了动力与统计相结合气候预测系统(FODAS)、多模式集成气候预测系统(MODES)、气候极端事件监测系统、ENSO 监测预测系统等多个原有分散的气候业务系统，实现高度集约化。

系统页面展示“监测”“预测”“交互分析”等各模块的统一界面。

(1)监测模块

用户登录成功后，进入系统首页，默认显示“监测”菜单，如图 4.2 所示。

监测模块界面左侧以“一级菜单”“二级菜单”方式，提供分类的“功能菜单”导航。具体内容如表 4.2 所示。

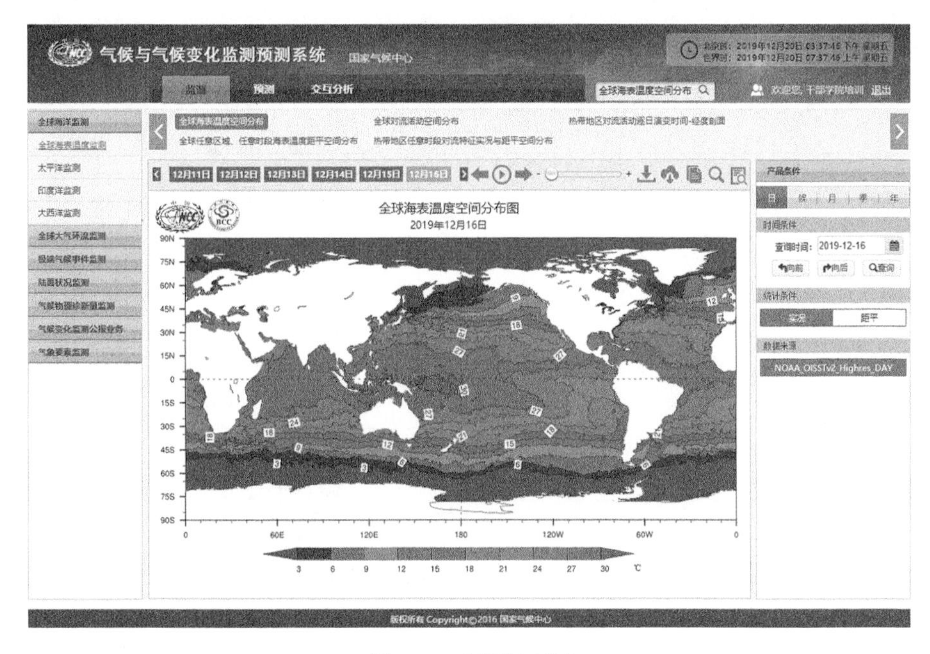

图 4.2　监测界面图

表 4.2　监测模块中一级菜单和二级菜单的内容

一级菜单	二级菜单
全球海表温度监测	全球海表温度监测
	太平洋监测
	印度洋监测
	大西洋监测
全球大气环流监测	对流层环流和特征量监测
	平流层过程监测
	亚洲季风系统监测
极端气候事件监测	中国气温降水监测
	全球气温降水监测
	单站气温极端气候事件
	单站降水极端气候事件
	中国气候事件监测
陆面状况监测	海冰密集度监测
气候物理诊断量监测	气候物理诊断量监测
气候变化监测公报业务	气温变化监测
	海温变化监测
	海平面变化监测
	降水变化监测
	全要素变化监测

续表

一级菜单	二级菜单
气候变化监测公报业务	天气现象
	台风变化监测
	季风环流变化监测
	区域性气象干旱变化
	积雪变化监测
	海冰变化监测
	冰川冻土变化监测
	水体面积变化监测
	水资源变化监测
	湖泊水位变化监测
	气候变化驱动因子变化
气象要素监测	站点气候要素监测
	区域气候要素监测

产品条件中包含：时间尺度（如日尺度、月尺度、候尺度、季尺度、任意时间段等）、时间条件、数据来源、高度层、统计条和地区范围选择等，如图 4.3 所示。

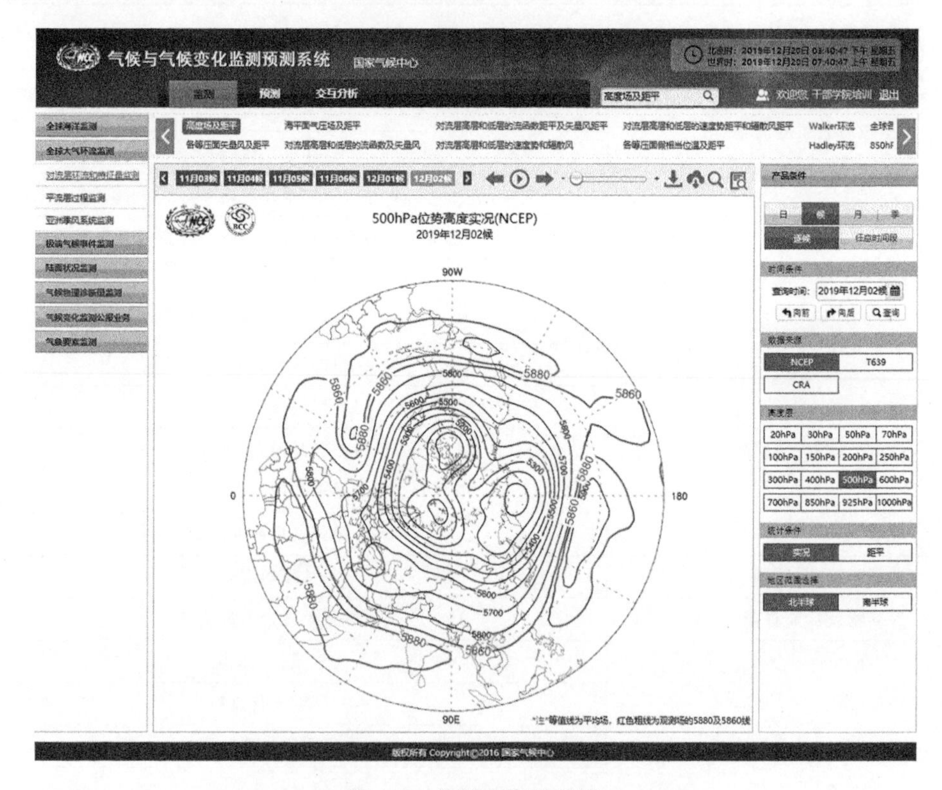

图 4.3　监测查询界面图

(2)预测模块

点击“预测”菜单，进入预测系统界面，如图 4.4 所示。

图 4.4　预测界面图

预测模块中所包含的内容见表 4.3。

表 4.3　预测模块中一级菜单和二级菜单的内容

一级菜单	二级菜单
专项气候	季节内过程预测
	初霜冻和终霜冻日期监测
	初霜冻和终霜冻日期预测
	春季沙尘日期监测预测
	春播期气候条件监测
	春播期环流形势分析
	春播期气候类型预测
气候现象预测	气候现象预测
气候事件预测	气候事件预测
模式数据产品展示	海气耦合模式季节预测(2 代产品)
	DERF2.0 模式产品展示
热带气旋动力—统计诊断预测	热带气旋异常变化物理概念模型
	热带气旋特征量统计
	影响热带气旋环境场诊断
	台风强度(累计能量)预测

续表

一级菜单	二级菜单
气候模式 DERF2.0 解释应用	气候模式 DERF2.0 解释应用
基于 BCC—CSM 动力统计预测	预测因子
	气温降水模式预测
	气温降水动力—统计预测与检验
延伸期预测与检验	强降水过程
	强降温过程
	气温降水趋势实时评估
气候事件监测预测	华南前汛期基本特征及影响因子监测
	华南前汛期预测模型
	影响中国梅雨关键系统监测
	中国梅雨预测模型
	影响华西秋雨关键系统诊断
	华西秋雨预测模型
ENSO/ MJO 监测预测	ENSO 海洋监测
	ENSO 海气诊断
	ENSO 预测
	MJO 监测
	MJO 预测
	MJO 诊断
	基于 MJO 影响的重构场
MODES 亚洲格点预测	亚洲多模式集合确定性预测及检验
	基于国外气候模式的亚洲气候格点预测
	基于国外模式的中国气候预测与检验
	基于国外模式的东亚季风指数

(3)交互分析模块

点击“交互分析”菜单，进入交互分析系统界面，该系统包括预测产品制作和交互诊断分析。预测产品制作界面如图 4.5 所示。

系统可以制作的产品有降水距平百分率预测图，根据降水距平反演降水量预报图，气温距平预测图，根据气温距平反演平均气温预报图，并生成报文。

点击“交互诊断分析”菜单，页面切换至交互诊断分析画面，交互诊断分析包含有合成分析、相关分析、EOF 分析、线性回归分析、奇异值分解 5 个业务，默认显示为合成分析制作画面。

4.3.6.2　多模式解释应用集成预测系统(MODES)

MODES 系统的目的是在已有基础上结合省级用户对多模式气候预测产品的不同需求，基于可获得的国外以及国家气候中心的模式数据和观测数据，比较不同统计降尺度方法，通过

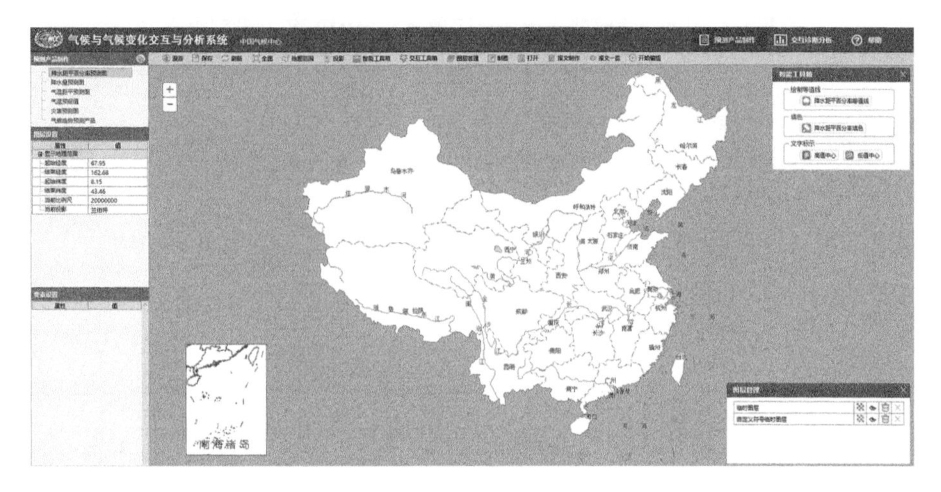

图 4.5　交互与分析界面

预报因子和参数选取方案试验改进已有的降尺度解释应用模型，利用多模式几何与解释应用技术建立客观集成系统，并进行业务化，在区域气候中心试用和检验，最终形成基于先进模式系统并可供国家和省级等多层次使用的业务化的月季尺度气候预测产品。目前系统版本为 MODES1.22，系统整体界面如图 4.6 所示，系统总共包括三大模块的内容，从下往上依次是系统配置与管理、数据管理与更新、气候预测分析。其中：

(1)系统配置与管理

该模块为系统运行前的一些配置准备工作，包括数据库及运行环境配置、站点分类配置、区域图形与站点配置、环境变量写入配置。

(2)数据管理与更新

该模块为地面月观测资料的更新功能，包括 CIPAS 月观测数据存放位置(FTP)的设置、MUMON 文件本地存放位置的设置，同时包括下载、追加 MUMON 数据功能。

(3)气候预测/分析

该模块为整个系统的重点部分，包括常规地面气候要素(如降水、气温等)的监测及其合成分析，以及多模式气候资料的降尺度和集合预报功能(图 4.6)。

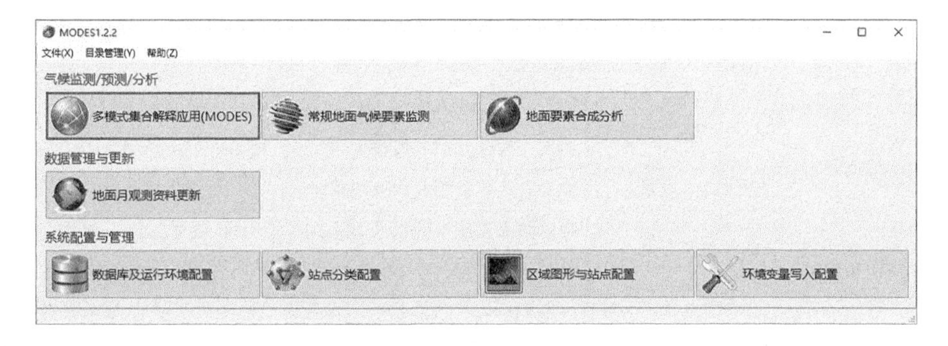

图 4.6　MODES 系统界面

“多模式解释应用集成预测系统(MODES)”功能汇总说明如表 4.4 所示。

表 4.4 “多模式解释应用集成预测系统(MODES)功能汇总表

模块	子模块	功能	功能描述
系统配置与管理	数据库及运行环境配置	数据库配置	数据库地址、名称、用户名及密码配置
		Python 运行环境配置	系统的数据科学计算及图形图像的绘制都用 Python,因此需要进行 Python 运行环境的配置
	站点分类配置	站点管理	树结构,包括站点分类的添加、名称更改、删除等操作
		站点排序管理	站点信息排序管理
		导入更新及导出站点信息	支持站点信息的导入导出,txt 格式
	区域图形与站点配置	图形配置分类及相关设置	各区域及站点分类选项,及区域标识名、绘图标题设置
		投影方式选择	按照不同方式对地图进行投影,实现各种不同的地图投影效果来满足特定要求,具体包括兰伯特投影与麦卡托投影
		GIS 图层操作	选择各区域及站点的地理边界信息文件
		插值经纬度设置	站点插值经纬度范围设置
		绘图经纬度设置	区域绘图经纬度范围设置
		测试绘图	根据添加的地理边界信息文件,同时可修改地理文件的颜色及线宽,通过该功能可绘制出相应图形
	环境变量写入配置	—	系统环境目录环境变量设置工具
数据管理与更新	地面月观测资料更新	CIPAS 月观测数据存放位置(FTP)设置	存放 CIPAS 月观测数据的 ftp 设置,包括 ftpIP 地址、用户名、密码设置,以及 MUMON 路径设置
		MUMON 文件本地存放位置设置	本地用来存放 MUMON 文件的路径
		下载 MUMON 数据	下载地面月观测资料数据
		追加 MUMON 数据	追加地面月观测资料数据
气候监测预测分析	地面要素合成分析	目录及窗口管理	可以打开分析结果存放目录;对多个地面要素合成结果进行窗口平铺、关闭及顺序排列等操作
		合成时间设置	设置合成年份的起始及结束时间
		合成方式选择	提供降水正距平频次合成_CIPAS 色标、温度正距平频次合成_CIPAS 色标、降水差异性 T 验证和温度差异性 T 验证四种合成方式
		差异性 T 验证年份	当合成方式为降水差异性 T 验证或温度差异性 T 验证时,选择起始和结束年份进行相应差异性 T 检验
		区域及站点类型选择	基于区域站点数据得到预报结果,可供选择的区域及站点信息包括四川省站点、重庆站点西南区域 5 省站点、长江、汉江、黄河流域站点以及全国站点

续表

模块	子模块	功能	功能描述
气候监测预测分析	常规地面要素监测	目录配置管理	设置配置文件目录、输出图片存放目录等信息。
		日累加观测要素监测	基于站点信息的日累加降水要素监测、气温要素监测、高温要素监测
		月观测要素监测	基于站点信息的月降水要素监测、气温要素监测
		窗口及顺序排列操作	对生成的多个地面要素监测结果进行窗口平铺及顺序排列等操作
		操作配置	支持产品多选操作，从而一次性生成多个地面要素监测结果；同时支持点击相应要素节点直接至执行产生监测结果
	多模式集合解释应用(MODES)	系统配置	包括用于观测资料的获取及回报起始年份的设置、中间结果输出设置、Python 数值计算程序调用方式设置，以及产品存放目录设置等
		模式选择	提供国家气候中心 NCC-CG CM、日本 TCC-MRICG CM、美国 NCEP-CFS、欧洲中期预报中心 ECMWF_SYSTEM4 等 4 种气候模式资料
		降尺度预报方法选择	提供区域分区因子提取回归法、BP-CCA(东亚 500 hPa 高度场)、BP-CCA(东亚 SLP)等降尺度预测方法
		集成预测方法选择	将两个以上的降尺度预测结果以统计方法集成为单一预测结果，提供算术平均集合、距平符号最优集合、超级集合(MLR)等集合预测方法。
		预报对象选择	提供降水距平百分率、气温距平、降水量、气温、高温大于 35 ℃日数、大于 50 mm 暴雨日数、极端最高气温、极端最低气温、轻旱日数、中旱日数、重旱日数、干旱日数等预报对象

MODES 系统主要包括常规地面要素监测、地面要素合成分析、多模式集合解释应用三大功能，以下分别介绍。

(1)常规地面要素监测

“常规地面要素监测”是通过应用服务器从数据库中读取要素数据，根据数据库中的数据以及所给的时段(开始月、开始日、结束日、结束月)生成基于站点信息的日累加降水、气温、高温要素监测产品以及月降水、气温要素监测产品，包括气温距平、降水距平、气温多年均值、降水多年均值等，并以图形形式输出。支持多种要素监测产品的同时计算输出，在主界面中点击常规地面要素监测”按钮，模块的整体界面如图 4.7 所示。

当生成多个要素监测产品时，可以利用该功能将结果图像进行平铺，以更好的观察监测结果，如图 4.8 所示。

当生成多个要素监测产品时，可以利用该功能将结果图像进行顺序排列，如图 4.9 所示。

(2)地面要素合成分析

“地面要素合成分析”是对气候状态(如某要素的正、负距平)进行时序合成运算分析，用以反映地面监测要素在特定周期上的平均特征，确定不同气候态造成的影响程度。为了反映地面监测要素在特定周期上的平均特征，对其进行时序合成运算分析，系统提供了降水正距平频次合成_CIPAS 色标、气温正距平频次合成_CIPAS 色标、降水差异性 t 验证和气温差异性 t 验证四种合成方式。当合成方式为降水差异性 t 验证或温度差异性 t 验证时，选择起始和结束年份进行相应差异性 t 检验。在主界面中点击“地面要素合成分析”按钮，模块的整体界面如图 4.10 所示。

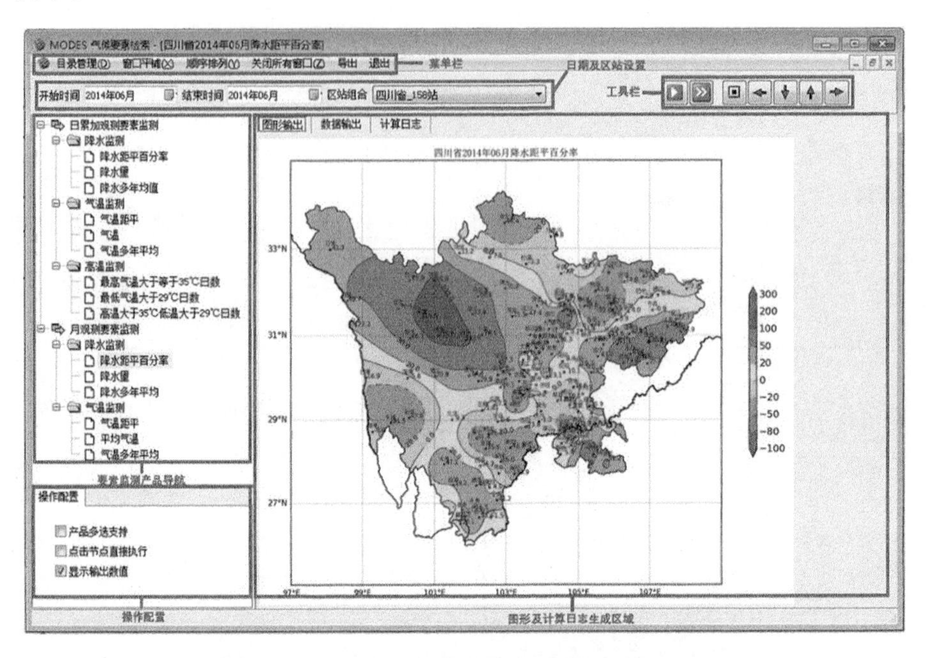

图 4.7　MODES 系统“常规地面要素监测”功能

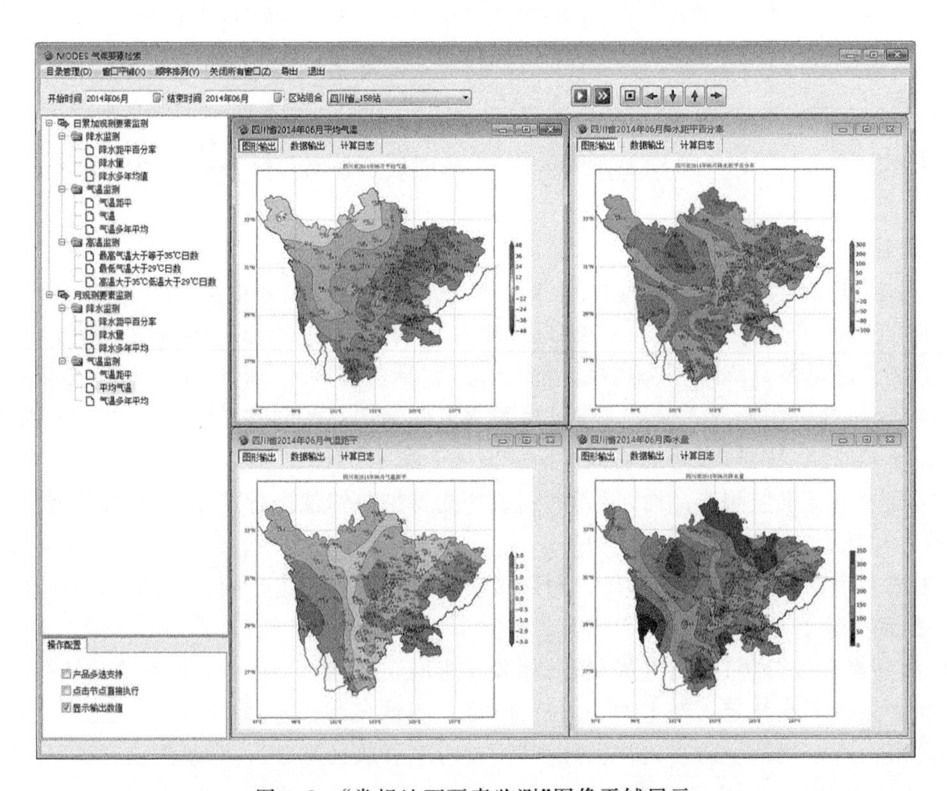

图 4.8　“常规地面要素监测”图像平铺展示

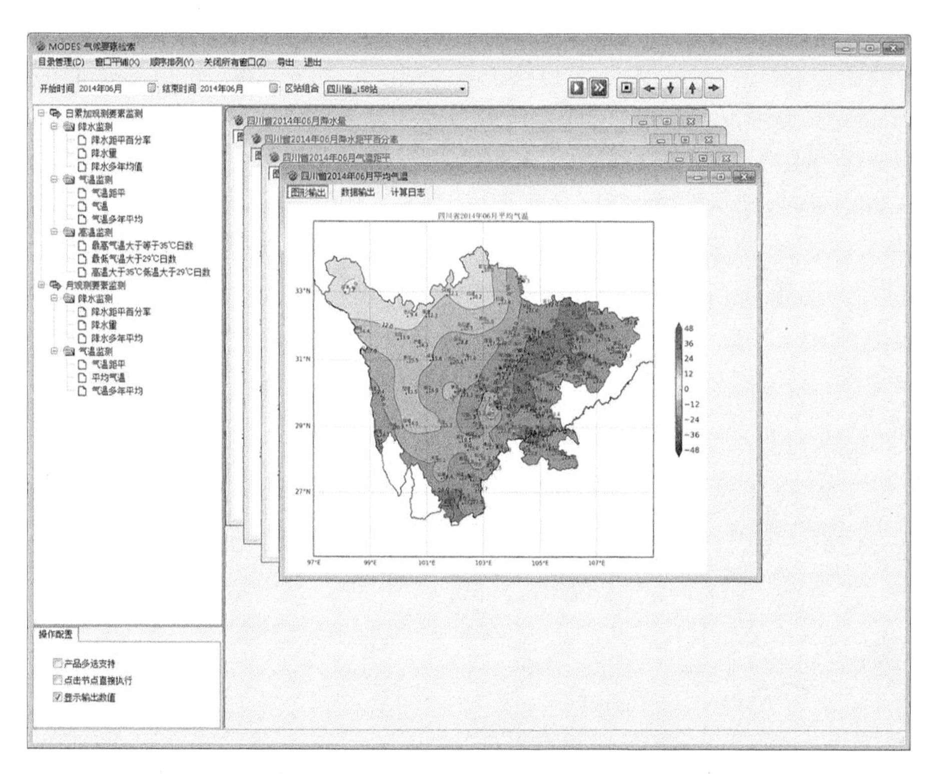

图 4.9　“常规地面要素监测”图像顺序排列

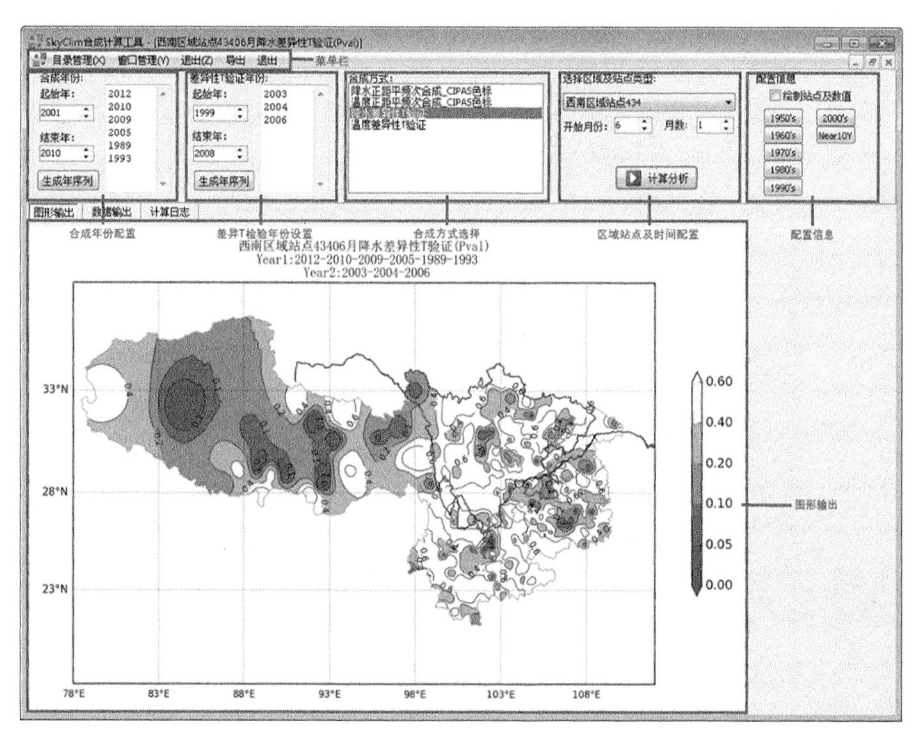

图 4.10　地面要素合成分析

(3)多模式集合解释应用

“多模式集合解释应用(MODES)”模块主要实现多模式的预报、诊断、评估工作。选取国家气候中心 NCC、美国 NCEP、日本 TCC 等的模式产品数据，基于本地气候要素(如降水、气温等)聚类分区的多模式产品进行降尺度预报，可供选择的降尺度方法有区域分区因子提取回归法、BP-CCA(东亚 500 hPa 高度场)以及 BP-CCA(东亚 SLP)三种方法，再根据模式降尺度产品进行集合预测，可供选择的集合方法有算术平均集合法、距平符号最优集合法和超级集合法。利用相关相似和差异性 t 检验方法对多模式产品做分析评估，得出模式预测回报效果好的区域，利用独立样本检验法对多模式气候预测产品解释应用系统降尺度方法和集合方法进行回报检验，最终提供单方法、集成方法和最优集成方法 3 类预测和距平符号一致率验证、距平相关系数验证和逐渐年回报验证等检验产品。在主界面中点击多模式集合解释应用“(MODES)”按钮模块的整体界面如图 4.11 所示。

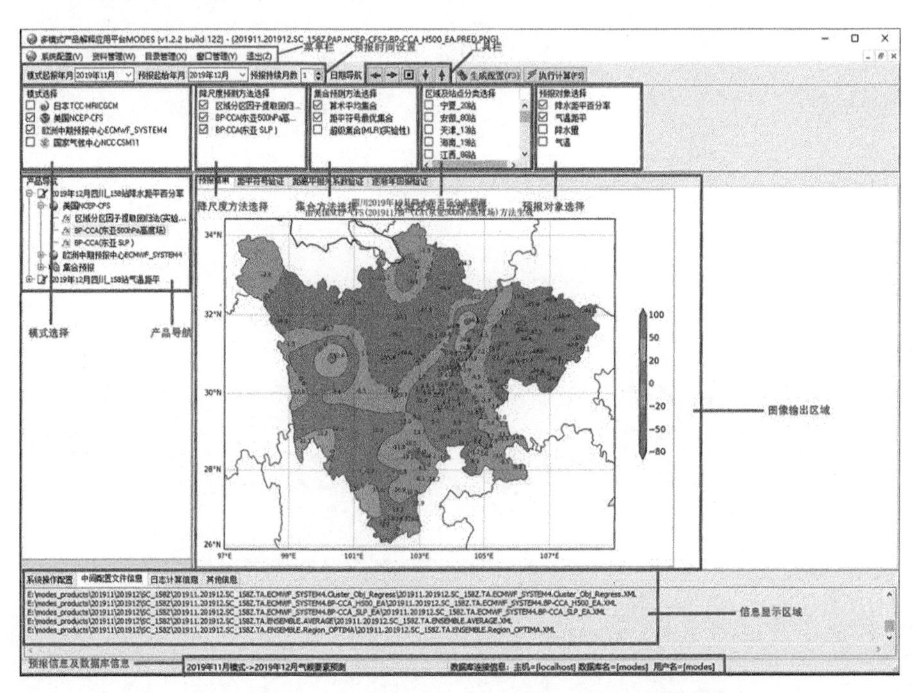

图 4.11　“多模式集合解释应用”界面展示

该模块主要包括 6 个子模块。各模块的名称、编号及简要描述见表 4.5。

表 4.5　多模式集合解释应用模块分解

编号	模块名称	简写	模块描述
1	模式选择子模块	MODES_MODEL_CONFIG	选择多模式气候产品
2	降尺度预测方法选择子模块	MODES_METHOD_DOWNSCALE	根据指定的降尺度方法建立预测因子和预测对象之间的统计关系
3	集合预测方法子模块	MODES_METHOD_ENSEMBLE	对多种模式－降尺度产品按照指定集成策略进行集成
4	区域及站点分类选择子模块	sky_region_config	选择进行预报的区域及站点信息

续表

编号	模块名称	简写	模块描述
5	预报对象选择子模块	MODES_Predict_Object	选择进行模式预测的对象，如降水距平、气温等
6	产品图形输出子模块	PRED_DERF_DOWNSCALE_IMG_OUT	将计算结果输出为预测图和回报检验图

4.3.6.3　次季节—季节多模式预测产品可视化系统(S2S)

次季节—季节(subseasonal to seasonal，S2S)多模式预测产品可视化系统使用全球 11 个中心交换的 S2S 气候模式数据，制作中国、欧洲中心、美国等国家 S2S 气候模式未来 5～30 d 的候、周、旬尺度全球及区域、地面和高空多种要素气象预测可视化产品图。为方便用户使用 S2S 模式数据，国家气象业务内网发布 S2S 多模式预测产品专栏，该专栏展示次季节—季节多模式预测产品可视化系统所生产的预测图形产品，提供实时预报数据下载，用户可查看最新的预报产品图，登陆并获取最新的实时预报数据文件。

(1)系统使用说明

国省业务用户可通过如下地址访问国家气象业务内网发布的 S2S 模式产品专栏：

http://10.1.64.154/s2s/

1)网页访问

主页面：右侧的缩略图按照要素和产品类型分类排列，左侧功能区可按照产品、要素、中心、区域 4 个维度进行筛选，选择定位具体产品(图 4.12)。

图 4.12　S2S 系统界面

产品对比：通过左侧不同维度的选择，可进行图形产品的对比。图 4.13 为通过左侧功能区筛选进行中国区域产品图(2 m 温度)对比。

详细展示页面：点击缩略图进入展示页面，左上角为产品图名称，通过下拉框选择起报时间，可选择区域、层次中间为产品图，产品图包括名称、数据产生中心、数据起报时间、区域、时效、单位等信息，下侧预报时效可按照候(5 d)、周(7 d)、旬(10 d)展示未来 30 d 的均值预测；右上角提供图形下载，登录后可进行数据下载(图 4.14)。

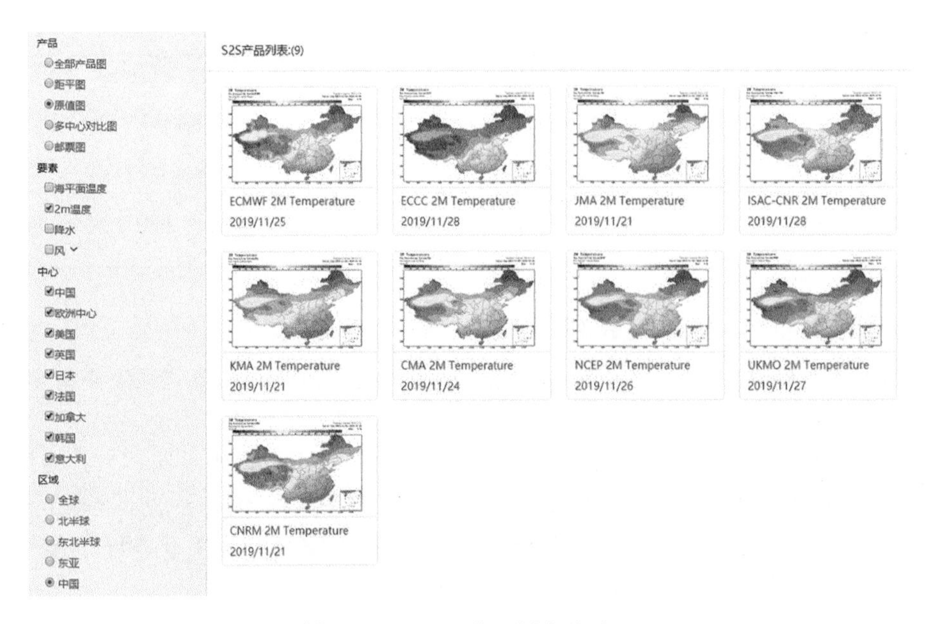

图 4.13　S2S 系统不同产品对比

图 4.14　S2S 系统产品展示界面

用户登录：点击右上角登录获取数据下载权限，登录后可点击按钮退出数据下载权限。

数据下载：用户登录后，可通过下载界面下载数据文件，数据文件为 grib 格式。在线提供的数据下载为实时预报数据文件，回算数据文件获取通过离线服务提供(图 4.15)。

2)数据文件名规则

S2S 文件名命名规则如下：

s2s_[centre]_{yearOfCycle}_[dataDate]_{shortName}.grib

s2s 为固定代码，表示 s2s 数据产品；

[centre]为模式中心代码；

{yearOfCycle}为数据产品生成年份

[dataDate]为数据文件起报时间；

{shortName}为要素名简称

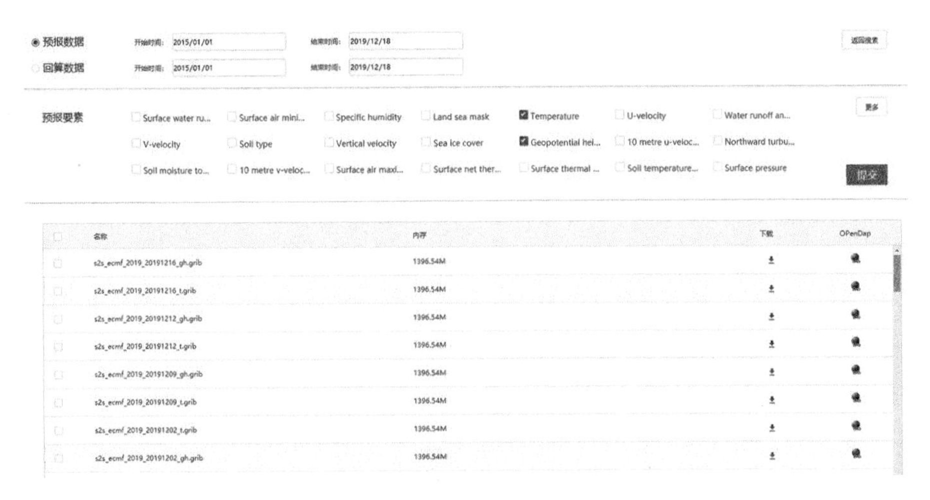

图 4.15　S2S 系统数据下载界面

实时预报：:{yearOfCyle}=[of]

回算预报：:{yearOfCyle}[ofdataDate]

(2)数据情况说明

S2S 可视化系统数据及产品图主要特点有：

多中心：包括 11 个中心实时预报与回算数据。分中心情况 BoM 澳大利亚，CMA 中国，ECCC 加拿大，ECMWF 欧洲中心，ISACCNR 意大利，HMCR 俄罗斯，JMA 日本，KMA 韩国，CNRM 法国，NCEP 美国，UKMO 英国

多要素：共 45 种要素。

多层次：主要包括 500 hPa，750 hPa，850 hPa。

多区域：包括全球、北半球、东北半球、东亚、中国。

多时间尺度：候、周、旬尺度，未来 5～30 d 预测(部分中心最长可至 60 d)。

(3)S2S 模式数据列表

S2S 模式数据列表、气象要素表、最新数据列表可通过点击专栏顶端的 tab 页面查看(图 4.16)。

Origins	Time range	Resolution	Ens.Size	Frequency	Re-forecasts	Rfc length	Rfc frequency	Rfc size
BoM(ammc)	d 0-62	T47L17	3*11	2/week	fix	1981-2013	6/month	3*11

图 4.16　S2S 模式数据列表

4.3.6.4　四川省延伸期预报系统

四川省气候中心自主研发了“四川省延伸期预报系统”，系统包括数据浏览、格点预报、分县预报、预报测评模块、产品展示、指数预报共六个模块。该系统基于 MJO 和季风涌活动对四川省延伸期过程的影响，建立客观预测模型；利用中国气象局下发的多模式产品(CFS，DERF2.0)进行本地化的降尺度解释应用，建立预测方法；将上述模型和方法集成在延伸期预测系统中。本系统可制作逐旬滚动的覆盖全省各县的强降水、强降温过程的预测产品。实现了对延伸期过程的客观化预报，提供分辨率为 5 km×5 km 的降水量、气温气象要素网格预报

产品;同时采用 WebGIS 技术,实现了气象数据浏览功能,多模式数值预报产品的显示。系统具有格点预报订正和制作功能,可以用户登陆方式对降水量、气温气象要素网格点进行画落区、气候区划、单点和预报曲线拖动等图形交互式订正,并制作格点预报产品。

(1)主界面介绍

系统主界面(图 4.17)的顶端是菜单栏,左侧是工具条,中间为地图工作区,底部为图表区。菜单栏包括“数据浏览”“格点预报”“分县预报”“预报测评”“产品展示”,可以实现不同模块之间切换。右侧操作区主要是实现数据资料与格点预报产品查询检索、显示和提交操作。底部图表区为趋势订正功能操作面板,通过点击工具箱上的“趋势订正”打开。左侧工具条提供了若干格点编辑工具,当点击不同工具时,工具箱会自动展开相应的第二级和第三级界面,引导用户正确操作。

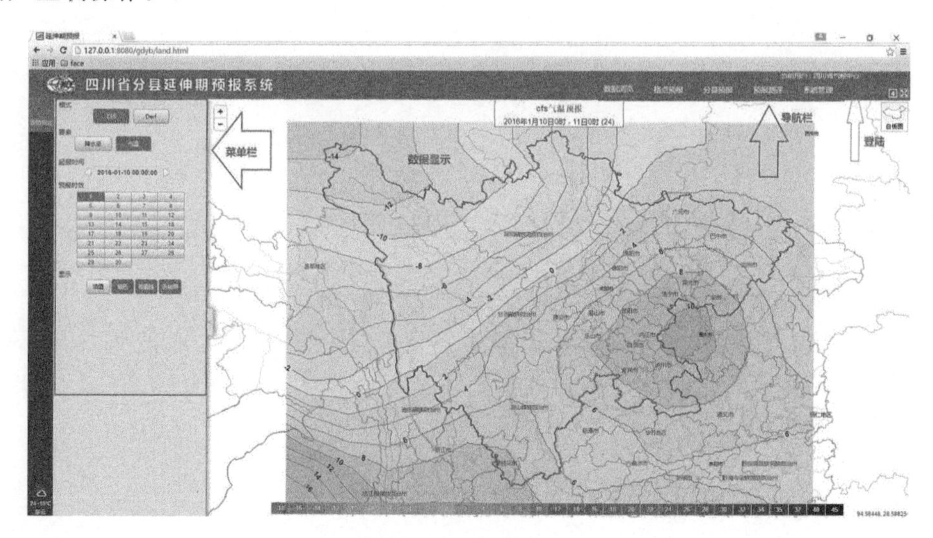

图 4.17　界面布局

主界面分为菜单栏、导航栏、地图数据展示区,格点预报左侧为工具条,除格点预报以外模块通过左侧导航栏可以切换要查询浏览的数据类型以及制作的预报类型,格点预报工具条提供各类格点编辑工具,功能区主要负责资料检索和显示方式切换等操作,资料以填值、渐变填色、等值线和色斑图等形式在地图上展示。

(2)地图操作

通过鼠标可进行地图操作,按住左键移动地图,滚轮实现地图放大、缩小,也可以通过点击地图左上角的按钮缩放地图(图 4.18)。

(3)格点预报订正制作

格点预报订正和制作平台为预报员提供了一个气象格点预报人机交互工作平台,基于客观预报产品的基础上,参考天气实况、各家模式资料对初始场进行编辑,制作和发布最终的格点预报产品(图 4.19)。

格点订正的一般流程是:预报员首先通过客户端调入待订正的格点初始场(可能是初始化的产品或其他预报员订正过后的格点产品),然后选择不同的订正工具对格点预报网格进行编辑。订正完成后提交保存产品,并生成格点预报。

格点订正支持要素反馈,最大、最小值与相应的时间序列相互反馈;短时间累加值与长时

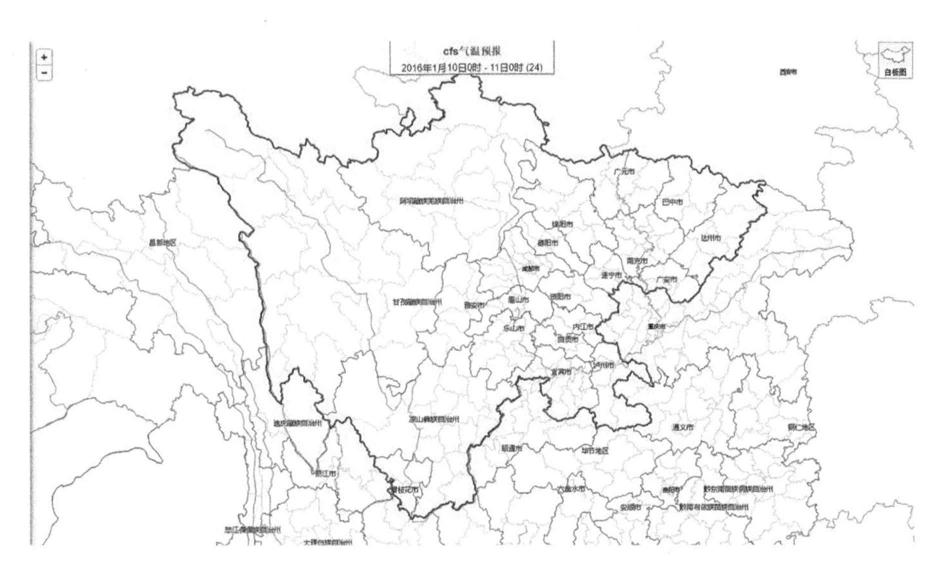

图 4.18　地图界面

间累加值之间相互反馈，具体设计的业务如下：

1)修改最高气温、最低气温后，反馈到地面温度的时间序列；

2)修改完地面温度的时间序列后，反馈到最高气温和最低气温上；

3)修改完一天雨量后，反馈到当天的短时效降雨上；

格点预报订正和制作平台为格点预报业务提供丰富实用编辑订正工具，并且操作流畅，大大减少工作量，提高工作效率。

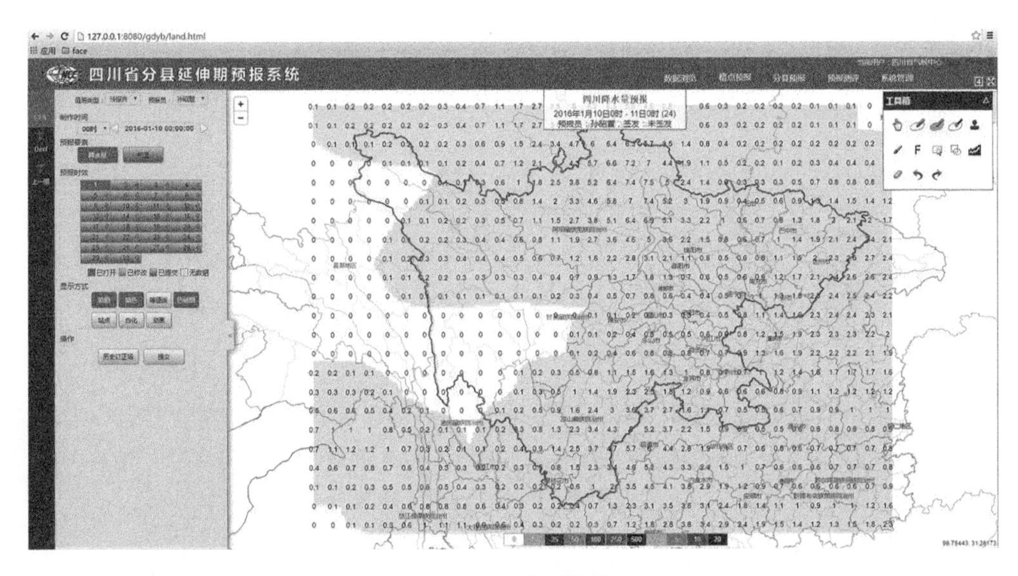

图 4.19　格点预报界面

点击主界面菜单栏上的“格点预报”项，进入格点预报页面，其界面与强对流界面相似，最大的区别是格点预报地图左侧为工具条，该工具条为格点编辑工具箱，具体见表 4.6。

表 4.6　工具条图标

图标	功能	图标	功能
	移动地图		全屏显示
	绘制落区		区域赋值
	拾取落区		盖章
	画刷		风向订正
	单元格编辑		区划订正
	趋势订正		橡皮擦
	撤销		重做

通过功能区选择起报时间、预报要素、预报时效，打开待编辑订正的格点产品。

(4)分县预报

下载当前时间订正后提交的产品，根据每个区县的代表站所在位置得出未来 30 天的产品，如图 4.20 所示。

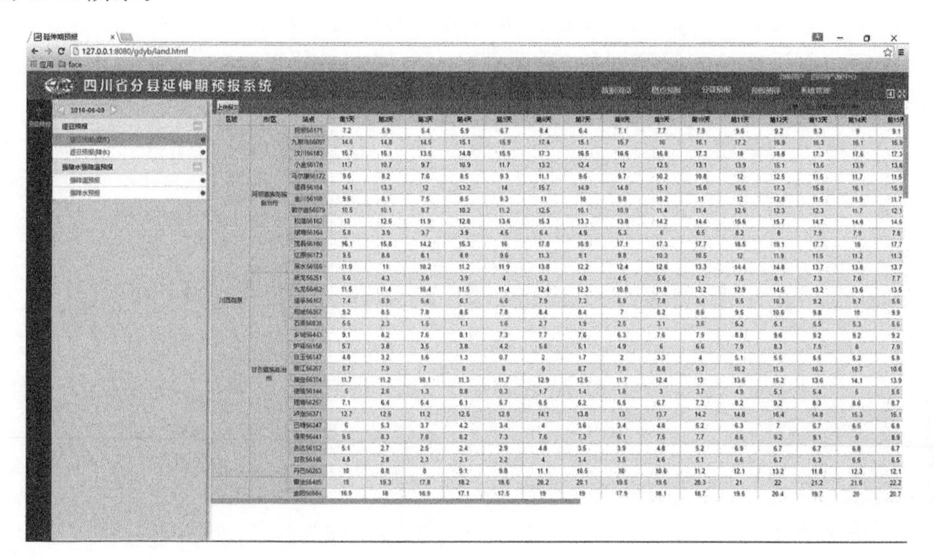

图 4.20　逐日预报

下载当前时间订正后提交的产品，根据各区县的代表站所在位置和要素所需阈值计算得出未来 30 天的逐站强降水、强降温过程产品，如图 4.21 所示。

根据计算出的每个站的值，转换成报文，并提交到服务器上。

(5)产品测评

选择要查看的区县，在界面上显示该区域下所在站过去 40 天的检验值(图 4.22)。

(6)产品展示

选择时间、要素和时间类型查询未来 30 天的预报，其中候和旬是经过计算后的结果。要素有气温、降水、气温距平、降水距平率 4 个要素。在地图上点击或在右上角选择区域都可以切换右侧时序图的值,该值表示选中区域的站点值(图 4.23)。

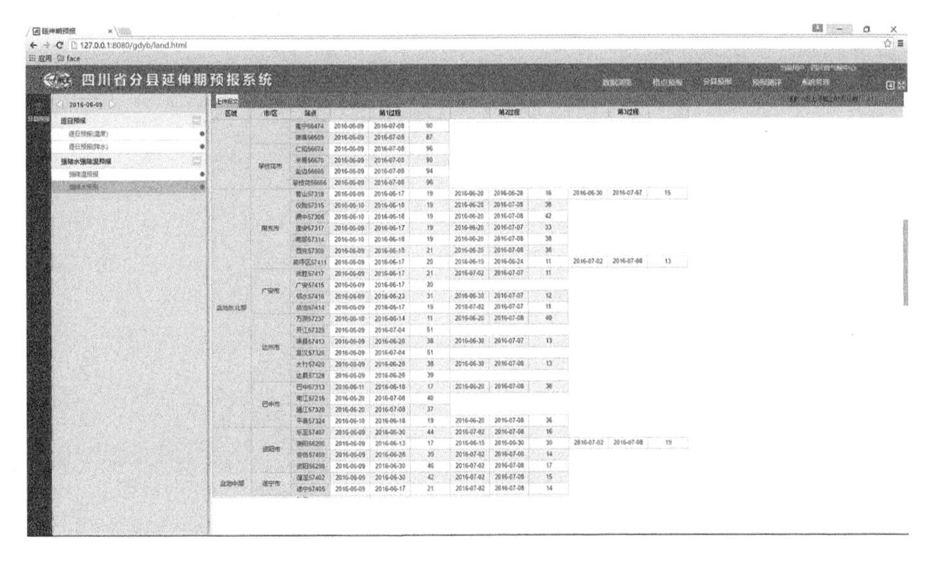

图 4.21　强降水

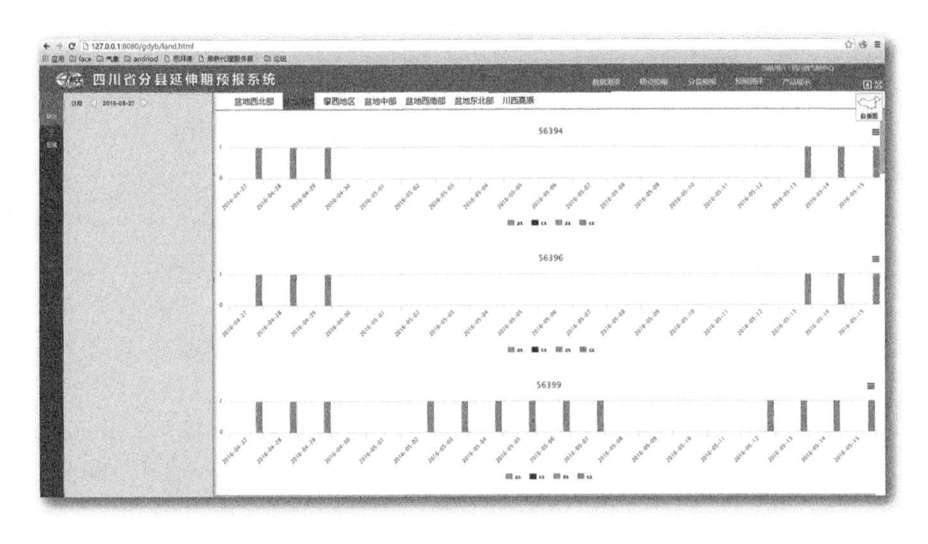

图 4.22　预报测评

4.3.6.5　四川省短期气候预测业务系统

目前四川省气候中心正在完善“四川省短期气候预测业务系统”,系统包括资料处理模块、数据分析模块、统计预测模块、气候模式产品释用模块、集成预测模块、检验评估模块等 6 大模块。该系统的资料处理模块实现从内外网下载相关数据进行处理并入库;通过数据分析模块分析气候背景以及外强迫、环流、模式产品等对本地气候影响的指示信号;统计预测模块包括多因子回归预测模型、最优子集回归预测模型和多因子降维预测模型,实现对气温降水趋势的客观化、定量化预测;气候模式产品释用模块主要利用 BP－CCA、切比雪夫多项式展开和 EOF 分解的方法,对国家气候中心下发的月 DERF 模式和 CG CM 模式预测产品进行本地化降尺度释用,实现对四川及西南区域降水、气温趋势的预测;集成预测模块主要通过平均及权

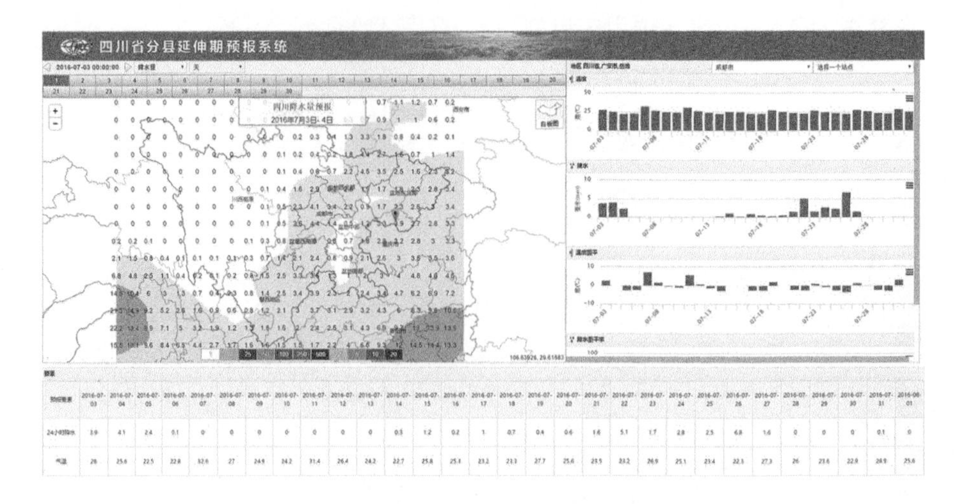

图 4.23　产品展示

重法对上述各种客观定量化方法的预测结果进行集成，得出综合预测结果；此外数据分析模块实现了对西南区域内任意时段的气温、降水等气象要素及主要降水/降温天气过程的查询，对盆地大雨开始期，西南雨季开始期与结束期，华西秋雨，各季节开始期和盆地春旱、夏旱、伏旱开始期和强度等多种气候事件的查询。

4.4　气候预测技术方法

短期气候预测是一门十分年轻的科学，气温、降水的短期气候预测在四川省气象业务服务中占据了重要的地位。四川省气候特征复杂，旱涝分布受多因子共同影响，不仅与前期多区域海温(印度洋、西太平洋、赤道中东太平洋、大西洋等)、青藏高原积雪以及两极海冰等的变化息息相关，而且与同期关键环流系统(西太平洋副热带高压、中高纬环流分布、印度洋高度场、高原高度场等)的空间分布也紧密相关。未来气候趋势变化，有时候是多种因素的综合作用，另一些时候可能是部分因子发挥了主导作用，还有一些时候是少数甚至某一个因子起决定作用。预测过程中，甚至同一因子由于分析的角度不同，对未来气候的影响也会产生分歧。因此，任何一种方法(模型)、任何一种物理因子的预测效果都不是绝对稳定的，这样就给预测的综合研判带来了很大困难。

综合考虑四川省预测技术的现状，目前所采用的气候预测方法大致分为以物理因子和前兆强信号为基础的物理统计模型方法和利用动力产品资料降尺度应用的动力统计预报方法两大类。

4.4.1　统计预测技术方法

气候统计预测理论，将预测对象视为一种气候状态，从许多气候状态的关联以及自身演变规律出发，利用气候统计方法建立预测模型。这类方法充分利用了气候的过去信息，比较容易建立预测模型。这类方法虽然不利于揭示气候变化的物理机制，预测水平也不稳定，但由于气候系统具有一定的概率特性、因果特性和相关特性，因此，气候预测很大程度上依赖于统计预测。尽管不断有新的预测方法涌现，但在理论和实践上，气候统计预测方法仍具有强大的生命力。特别在省市级气候预测业务中是不可或缺的手段。

物理统计法即根据气候系统资料的分析寻找有先兆意义的预测因子和气候信号，据此研制基于气候统计关系，但有明确物理依据的预测模型。随着短期气候预测理论研究的发展和观测事实的不断揭示，物理因子的分析受到极大重视，对影响大气环流变化和气候异常的物理因素的分析，无论从广度和深度方面都得到很大发展，如海气相互作用，陆地热状，遥相关型的研究等。四川省气候中心在日常业务中，主要将影响四川省气候要素的重要物理因子和前兆强信号相结合，构建物理意义清晰的统计预测方法。即是将一种或多种物理影响因子作为自变量，将气温和降水作为因变量，利用各种统计模型，建立适合四川省的物理统计预测方法。这既克服了一般数理统计模型物理基础薄弱的弊端，又避免了概念模型的主观性，从而形成有物理意义，且客观、定量化的预报产品。预测业务中常用的气候统计预测方法有：(1)时间序列分析类，主要包括均生函数法、最优气候均态法、经验模态分解(empirical mode decomposition，EMD)法等；(2)相关与回归分析类，主要包括多元回归、逐步回归、滑动平均回归、自回归等；(3)空间场分析类，包括经验正交函数(empirical orthogonal function，EOF)分析、奇异值分解(singular value decomposition，SVD)、典型相关分析(canonical correspondence analysis，CCA)等方法。以上各种统计方法，是了解其预测要素与因子之间的关系，进行气候统计诊断与预测的有力工具。

4.4.1.1　时间序列预测方法

气象要素是随时间变化的，对它的观测形成一组有序数据，称这种数据为时间序列。时间序列模型的基本思想是认为气象要素在随时间变化的过程中任一时刻的变化和前期要素有关，利用这种关系建立相关的预测方法来描述它们变化的规律，然后利用所建立的模型做出要素未来时刻的预报估计值。

(1)均生函数预测方法

均生函数模型是基于系统状态前后记忆的基本思想，构造一组周期函数，通过建立原时间序列与这组函数间的回归，建立预测方程。

设一等间隔样本量为 N 的时间序列

$$X(t)=\{X(1),X(2),\cdots,X(N)\} \tag{4.1}$$

根据(4.1)式构造各级均值生成函数(mean generating function，MGF)：

$$\bar{x}_l(i)=\frac{1}{n_l}\sum_{j=0}^{n_l-1}x(i+j) \qquad (i=1,2,\cdots,l;l=1,2,\cdots,M) \tag{4.2}$$

式中，$n_l=\text{int}\,(N/l)$，$M=\text{int}\,(N/2)$或 $\text{int}\,(N/3)$，int 表示取整数。

根据(4.2)式可求得 M 个均生函数。

$\bar{x}_1$

$\bar{x}_2(1),\bar{x}_2(2)$

$\bar{x}_3(1),\bar{x}_3(2),\bar{x}_3(3)$

…………

$\bar{x}_M(1),\bar{x}_M(2),\cdots,\bar{x}_M(M)$

对 $X_l(i)$作循环外推构造周期性延拓序列：

$$f_l(t)=\bar{x}_l[t-l\times\text{int}(\frac{t-1}{l})] \quad (t=1,2,\cdots,N+q) \tag{4.3}$$

式中，q为预报步长，这样便可得到M个长度为$N+q$的周期函数序列。为了拟合原序列中的高频成分，对原序列$x(t)$进行差分运算，即有

$$\Delta x(t)=x(t+1)-x(t) \quad (t=1,2,\cdots,N-1)$$

$$\Delta^2 x(t)=\Delta x(t+1)-\Delta x(t) \quad (t=1,2,\cdots,N-2)$$

随之建立相应的序列

$$x^{(1)}(t)=\{\Delta x(1),\Delta x(2),\cdots,\Delta x(N-1)\}$$

$$x^{(2)}(t)=\{\Delta^2 x(1),\Delta^2 x(2),\cdots,\Delta^2 x(N-2)\}$$

同理计算$x^{(1)}(t)$与$x^{(2)}(t)$的均生函数$\bar{x}^{(1)}(t)$，$\bar{x}^{(2)}(t)$和其延拓序列$f_l^{(1)}(t)$，$f_l^{(2)}(t)$。为了拟合时序中向上递增或向下递减的趋势，进一步建立累加延拓序列：

$$f_l^{(3)}(t) = x(1) + \sum_{i=1}^{t-1} f_l^{(1)}(i+1) \qquad (t=2,\cdots,N;l=1,2,\cdots,M) \tag{4.4}$$

最后共求得4 m个均生函数外延序列：$f_l(t)$，$f_l^{(1)}(t)$，$f_l^{(2)}(t)$，$f_l^{(3)}(t)$，用这些周期性延拓序列为因子，建立最优子集回归方程进行模拟和预测。

建立方程基本思路是对生成的4 m个自变量建立所有可能的回归子集。采用双评分准则，通过粗选、精选确定出一个最优回归子集作为预报模型。若双评分准则(couple score criterion，CSC)值达到极大值即确定了最优回归子集。

构造是指对每一均生函数作为一个拟合序列计算与原序列$X(t)$的CSC值。当$CSC>\chi_\alpha$时入选。式中α视计算的精度选取0.05，0.01或0.001等。

CSC双评分准则的原理基本同前，这里不再赘述。

精选是指在已得到的q个均生函数中，选出p个($p<q$)，再用最小二乘原理建立回归模型，均生函数进入方程的次序遵照下列三种方案：

1)按CSC的值由大到小排列，采用前向筛选逐个进入方程。

2)先建立q个变量的回归模型，按回归系数值由大到小，前向筛选逐个进入方程。

3)按最优子集回归原理，穷尽所有的可能组合。当模型的CSC值出现极大值时停止筛选。

(2)最优气候均态预测方法

从美国气候预测中心发布的气候预测公报中看到，典型相关和气候均态(optimal climate normal，OCN)是美国制作短期气候预测的两种常用统计方法，其中OCN主要用于温度的预测。其实，OCN的基本思想并无新意但在计算上有其独特之处。它是相对于持续性预测概念而言的一种预测方法。持续性气候预测的概念是用现时值作为下一时刻的预测值。而最优气候均态预测则是用前k个时刻的平均值作为下一时刻的预测值。该方法易于制作，并可提前一年做出下一年度的预测并有一定的预报技巧。

气候系统并不是静态不变的。按照世界气象组织(World Meteorological Organization，WMO)的建议，气候平均值应基于一个特定的30年，如1951—1980年，1961—1990年，这样使得世界各地均在一个统一标准下。距平的正负可以明确表示冷暖变化。事实上，许多研究表明，用最近k年($k<30$)平均值作为预测，其预报技巧要比用30年平均值好。

OCN方法的最大特点是非常简便，而预测效果并不比复杂模型差。

原理与方法：假设一气候变量序列，x_i，$i=1,2,\cdots,n$。构造序列

$$\bar{x}_{ik} = \frac{1}{k}\sum_{i=1}^{k} x_i - j \tag{4.5}$$

式中，$k=1,2,\cdots,n$；$i=n_1+1,n_2+2,n_1+L$；n_1 为统计基本样本量，通常取为30年；k 代表所计算的气候平均的年数；L 为实验样本量；$n=n_1+L$。式(4.5)表示分别求出 $1,2,\cdots,n_1$ 年的平均值。以这些平均值一次做出 $n_1+1,n_1+2,\cdots,n_1+L$ 时刻的预测值。再以预测值与实况值最接近为标准，得出实验预测的每个时刻“最优”平均数。以某种准则确定做出下一时刻预测的平均数。

确定最优平均数准则：可以选用以下几种方法确定最优平均数。

最优相关系数：

$$R(k) = \frac{\sum_{i=k+1}^{n}(\bar{x}_{i,k} - C_{\mathrm{WMO}})(x_i^{\mathrm{obs}} - C_{\mathrm{WMO}})}{\sqrt{\sum_{i=k+1}^{n}(\bar{x}_{i,k} - C_{\mathrm{WMO}})^2 \sum_{i=k+1}^{n}(x_i^{\mathrm{obs}} - C_{\mathrm{WMO}})^2}} \tag{4.6}$$

式中，x_i^{obs} 表示预测年份的观测值。C_{WMO} 为WMO推荐的30年平均值。上式是对统计样本而言，对独立样本的距平相关系数为：

$$R_{\mathrm{indep}} = \frac{n[R(k)]}{n-1} - \frac{1}{(n-1)R(k)} \tag{4.7}$$

以距平相关系数达最大为标准，确定最优平均数。

绝对误差：

$$\mathrm{ABS}\ (k) = \sum_{i=k+1}^{n} \mid \bar{x}_{i,k} - x_i^{\mathrm{obs}} \mid /(n-k) \tag{4.8}$$

其中 $k=1,2,\cdots,n_1$。以 ABS(k)最小为标准确定最优平均数。

均方误差：

$$\mathrm{RMS}\ (k) = \sqrt{\sum_{i=k+1}^{n}(\bar{x}_{i,k} - x_i^{\mathrm{obs}})^2/(n-k)} \tag{4.9}$$

以 RMS(k)达到最小为标准，确定最优平均数。

频率指数：在OCN的应用中，经反复试验，设计出一种以最优平均数出现的频率来确定作下一时刻预测的平均数的准侧。定义一个指数：

$$I(k) = \frac{m(k)}{L} \tag{4.10}$$

式中，$m(k)$为相同 k 出现的次数，L 为实验预测次数。以 $I(k)$达到最大为标准，确定最优平均数。

4.4.1.2　相关与回归分析方法

统计学预测方法优点在于在过去资料基础上，直接研究气候系统过去的实际行为，揭示出呈现的规律。主要是通过大量历史数据的分析、计算，建立一个变量(因变量)与若干个变量(自变量)间的多元线性方程；再经过显著性水平检验，若效果显著，则可将所建立的方程用于预测。多元统计预测方法有很多，如逐步回归、最优子集回归、神经网络(施能，1995)等。

(1)逐步回归方法

逐步回归统计预报方法是众多回归分析方法中的一种，但因它对每个因子在预报方程中的贡献进行了显著性水平检验，以确保最后得到的预报方程是"最优的"，因而得到广泛应用，特别是有大量待选因子时，逐步回归方法有很好的优势。双重检验引入和剔除因子同时进行的方案如下：

将因子一个个引入，引入因子的条件是，该因子的方差贡献是显著的，同时，每引入一个新因子后，要对老因子逐个检验，将方差贡献变为不显著的因子剔除。

因子统计量 $F_1=\dfrac{V_{\max}}{(r_{yy}-V_{\max})/(n-l-1)}$ 遵从分子自由度为1，分母自由度为 $n-(l+1)-1$ 的 F 分布，其中 r 是相关系数，n 是样本长度，l 是已引入的因子个数，第 K 个因子的方差贡献 $V_k=r_{ky}^2/r_{yy}$，$V_{\max}$ 是其中的最大值，$F_{1\alpha}$ 是 F 检验的临界值，当 $F_{\max}>F_{1\alpha}$ 时，引入此因子。

因子统计量 $F_2=\dfrac{V_{\min}}{r_{yy}/(n-l-1)}$ 遵从分子自由度为1，分母自由度为 $n-l-1$ 的 F 分布，$V_{\min}$ 是方差贡献 V_K 中的最小值，$F_{2\alpha}$ 是 F 检验的临界值，当 $F_{\min}<F_{2\alpha}$ 时，将此因子剔除。

在引入和剔除因子对系数矩阵作消去变换时，采用高斯消元法，公式如下，对 K 列作变换：

$$r_{ij}=\begin{cases}1/r_{kk} & i=k,j=k\\ r_{kj}/r_{kk} & i=k,j\neq k\\ -r_{ik}/r_{kk} & i\neq k,j=k\\ r_{ij}-r_{ik}r_{kj}/r_{kk} & i\neq k,j\neq k\end{cases}\tag{4.11}$$

逐步回归方法的应用关键在因子的选择，要求：

1)因子有明确的物理意义，即因子的天气、气候概念清晰，对预测对象影响的物理机制明确。

2)因子的相互独立性，即要求预报方程的因子应是相互独立的，如500 hPa高度场与四川省天气气候有很大的相关，特别是关键区的因子，若不进行一定的因子预处理(四川短期预测业务系统中的因子预处理方法将在4.4部分介绍)，可能会造成预报方程的因子中同类因子过多；

3)因子的代表性，气候系统是一个复杂的系统，影响因素非常多(如：大气圈、海洋圈、岩石圈、冰雪圈、生物圈)，预报方程应尽可能多包含各方面的因子，所以，方程的因子不应过少，根据我们的经验，一般不要低于8个；

4)方程的稳定性，若方程的因子过多，方程的拟合率也许较高，但带来不少的随机性，实际预测时，预测质量忽高忽低，很不稳定，所以，方程的因子也不应太多，根据我们的经验，一般不要多于20个。方程因子个数可通过调整 $F_{1\alpha}$ 和 $F_{2\alpha}$ 来进行适当的人为控制。

(2)线性回归方法

假定预报量 y 与因子 x 的关系为 p 次多项式，而且以 x_i 处对预报量 y_i 观测的随机误差 $e_i(i=1,2,\cdots,n)$ 服从正态分布 $N(0,\sigma)$。那么我们就得到了多项式回归模型

$$y_i=\beta_0+\beta_1x_i+\beta_2x_i^2+\cdots+\beta_px_i^p+e_i\tag{4.12}$$

多项式回归问题可以化为多元线性回归问题来解决。如果令 $x_{i1}=x_i,x_{i2}=x_i^2,\cdots,x_{ip}=x_i^p$，于是(4.12)式就转化成一般的多元线性回归模型

$$\bar{y}_i=\beta_0+\beta_1x_{i1}+\beta_2x_{i2}+\cdots+\beta_px_{ip}\tag{4.13}$$

用最小二乘估计法，即 $Q=\sum\limits_{i=1}^{n}(y_i-\hat{y}_i)^2\rightarrow$ 最小转化成下列多元一次方程组：

$$
\begin{aligned}
&n\beta_0 + \beta_1 \sum_{i=1}^{n} x_{i1} + \cdots + \beta_p \sum_{i=1}^{n} x_{ip} = \sum_{i=1}^{n} y_i \\
&\beta_0 \sum_{i=1}^{n} x_{i1} + \beta_1 \sum_{i=1}^{n} x_{i1}^2 + \cdots + \beta_p \sum_{i=1}^{n} x_{i1} x_{ip} = \sum_{i=1}^{n} x_{i1} y_i \\
&\beta_0 \sum_{i=1}^{n} x_{i2} + \beta_1 \sum_{i=1}^{n} x_{i2} x_{i1} + \cdots + \beta_p \sum_{i=1}^{n} x_{i2} x_{ip} = \sum_{i=1}^{n} x_{i2} y_i \\
&\beta_0 \sum_{i=1}^{n} x_{ip} + \beta_1 \sum_{i=1}^{n} x_{ip} x_{i1} + \cdots + \beta_p \sum_{i=1}^{n} x_{ip}^2 = \sum_{i=1}^{n} x_{ip} y_i
\end{aligned}
\tag{4.14}
$$

按一般的线性代数求解出 $\beta_0,\beta_1,\cdots,\beta_p$。用(4.14)式即可求得预报量的模拟值。

(3)神经网络方法

人工神经网络(artificial neural network,ANN)是一种模仿人的大脑神经元特性和人脑认知功能构造的一种处理非线性知识信息的新方法。人工神经网络有多种模型,目前国内外应用最为广泛的反向传播(back propagation,BP)神经网络是一种由导师训练网络,通过对原始数据的预处理,将输入数据加载到网络的输入端,再把网络的实际响应输出与期望输出相比较得其误差,然后根据误差情况,修正各连接权函数,使网络朝着误差变小的正确响应方向上变化下去,直到实际响应输出与期望输出之间的均方差达到允许范围(陈云浩 等,2001)。BP 神经网络模型(图 4.24)。

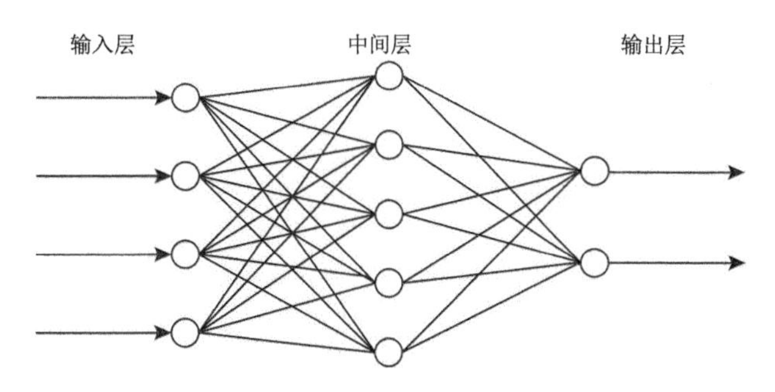

图 4.24　BP 神经网络模型

BP 算法不仅有输入层节点、输出层节点,还可有 1 个或多个隐含层节点。对于输入信号,要先向前传播到隐含层节点,经作用函数后,再把隐节点的输出信号传播到输出节点,最后给出输出结果。节点的作用的激励函数通常选取 S 型函数,如:

$$
f(x)=\frac{1}{1+\mathrm{e}^{-x/Q}} \tag{4.15}
$$

式中,Q 为调整激励函数形式的 Sigmoid 参数。该算法的学习过程由正向传播和反向传播组成。在正向传播过程中,输入信息从输入层经隐含层逐层处理,并传向输出层。每一层神经元的状态只影响下一层神经元的状态。如果输出层得不到期望的输出,则转入反向传播,将误差信号沿原来的连接通道返回,通过修改各层神经元的权值,使得误差信号最小。对于含有 n 个节点的任意网络,各节点之特性为 Sigmoid 型。为简便起见,指定网络只有一个输出 y,任一节点 i 的输出为 O_i,并设有 N 个样本 $(x_k,y_k)(k=1,2,3,\cdots,N)$,对某一输入 x_k,网络输出为 y_k 节点 i 的输出为 O_{ik},节点 j 的输入为:$net_{jk}=\sum_i W_{ij}O_{ik}$,将误差函数定义为:$E=$

$\frac{1}{2}\sum_{k=1}^{N}(y_k-\bar{y}_k)^2$，中 $\hat{y}_k$ 为网络实际输出，定义 $E_k=(y_k-\hat{y}_k)^2$，$\delta_{jk}=\frac{\partial E_k}{\partial net_{jk}}$，且 $O_{jk}=f(net_{jk})$，于是：$\frac{\partial E_k}{\partial W_{ij}}=\frac{\partial E_k}{\partial net_{jk}}\frac{\partial net_{jk}}{\partial W_{ij}}=\frac{\partial E_k}{\partial net_{jk}}O_{ik}=\delta_{jk}O_{ik}$，$j$ 为输出节点时，$O_{jk}=\hat{y}_k$

$$\delta_{jk}=\frac{\partial E_k}{\partial \bar{y}_k}\frac{\partial \bar{y}_k}{\partial net_{jk}}=-(y_k-\bar{y}_k)f'(net_{jk}) \tag{4.16}$$

若 j 不是输出节点，则有：

$$\delta_{jk}=\frac{\partial E_k}{\partial_{\text{net}}}=\frac{\partial E_k}{\partial O_{jk}}\frac{\partial O_{jk}}{\partial net_{jk}}=\frac{\partial E_k}{\partial O_{jk}}f'(\text{net}_{jk})$$

$$\begin{aligned}\frac{\partial E_k}{\partial O_{jk}}&=\sum_m\frac{\partial E_k}{\partial \text{net}_{mk}}\frac{\partial \text{net}_{mk}}{\partial O_{jk}}=\sum_m\frac{\partial E_k}{\partial \text{net}_{mk}}\frac{\partial}{\partial O_{jk}}\sum_i W_{mi}O_{ik}\\&=\sum_m\frac{\partial E_k}{\partial \text{net}_{mk}}\sum_i W_{mj}=\sum_m\delta_{mk}W_{mj}\end{aligned}$$

因此

$$\begin{cases}\delta_{jk}=f'(net_{jk})\sum_m\delta_{mk}W_{mj}\\\frac{\partial E_k}{\partial W_{ij}}=\delta_{mk}O_{ik}\end{cases} \tag{4.17}$$

如果有 M 层，而第 M 层仅含输出节点，第一层为输入节点，则 BP 算法为：

第一步，选取初始权值 W。

第二步，重复下述过程直至收敛：

1)对于 $k=1$ 到 N

①计算 O_{ik}，net_{jk} 和 $\hat{y}_k$ 的值(正向过程)；

②对各层从 M 到 2 反向计算(反向过程)；

2)对同一节点 $j\in M$，由式(4.16)和(4.17)计算 δ_{jk}；

第三步，修正权值，$\Delta w_{ij}=-\mu\frac{\partial E}{\partial w_{ij}}$，$\mu>0$，其中 $\frac{\partial E}{\partial w_{ij}}=\sum_{k}^{N}\frac{\partial E_k}{\partial w_{ij}}$。

从上述 BP 算法可以看出，BP 模型把一组样本的 I/O 问题变为一个非线性优化问题，它使用的是优化中最普通的梯度下降法。如果把神经网络看成输入到输出的映射，则这个映射是一个高度非线性映射。通过对所研究问题的大量历史资料数据的分析及目前的神经网络理论发展水平，建立合适的模型，并针对所选的模型采用相应的学习算法，在网络学习过程中，不断地调整网络参数，直到输出结果满足要求。

4.4.1.3 空间场分析方法

在气候统计分析中，存在着大量两个变两场之间的相关问题，即两个场之间相关的空间结构和它们各自对相关场的贡献。这就需要分离出两变量场的空间相关模态。目前在气候预测中经常使用经验正交函数(EOF)分析、奇异值分解(SVD)等方法来分离两场相关模态并提取两场耦合相关信息。

(1)奇异值分解(SVD)

SVD 是对两个变量场的交叉协方差阵地对角化运算，通常认为 SVD 方法是揭示两个场相关模态时一个不错的方法，因为它可以使用少数的几对特征向量解释要素场的大部分方差。

设有两个零均值的气象序列：两个场的协方差矩阵为

$$\boldsymbol{C}_{q\times p}=\boldsymbol{X}_{q\times n}\boldsymbol{Y}'_{n\times p} \tag{4.18}$$

式中，$\boldsymbol{Y}_{p\times n}$为预报量场，$\boldsymbol{X}_{q\times n}$：为预报因子场

$$\boldsymbol{C}_{q\times p}=\boldsymbol{L}_{q\times m}\boldsymbol{\Sigma}_{m\times m}\boldsymbol{R}'_{m\times p} \tag{4.19}$$

该式代表对 $\boldsymbol{C}_{q\times p}$的奇异值分解，$\boldsymbol{L}$ 是 $q\times m$ 阶矩阵，称为左奇异向量，$\boldsymbol{L}'\boldsymbol{L}=\boldsymbol{I}$；$\boldsymbol{R}$ 是 $p\times m$ 阶矩阵，称为右奇异向量，$\boldsymbol{R}\boldsymbol{R}'=\boldsymbol{I}$，其中 $m=\min(q,p)$；$\boldsymbol{\Sigma}$ 是 $m\times m$ 对角阵

$$\boldsymbol{\Sigma}=\begin{bmatrix}\sigma_1 & 0 & \cdots & 0\\ 0 & \sigma_2 & \cdots & 0\\ \cdots & \cdots & \cdots & \cdots\\ 0 & 0 & \cdots & \sigma_m\end{bmatrix} \tag{4.20}$$

式中，$\sigma_1,\sigma_2,\cdots,\sigma_m$ 为 $\boldsymbol{C}$ 矩阵的奇异值。

第 i 对空间分布型所能解释的协方差占总协方差的百分比为：

$$P_i=\frac{\sigma_i^2}{\sum_{i=1}^{m}\sigma_i^2} \tag{4.21}$$

前 h 组奇异向量所解释的方差占原资料场的协方差百分比为：

$$P_h=\frac{\sum_{i=1}^{h}\sigma_i^2}{\sum_{i=1}^{m}\sigma_i^2} \tag{4.22}$$

(2)经验正交函数分解方法(EOF)

EOF 方法(经验正交函数分解)，可以根据气象要素的主要特征来确定出正交函数的形式，是气象统计分析中比较常用的方法之一。设气象场为 $\boldsymbol{F}_{m\times n}$，EOF 的基本原理就是将气象场分解为仅仅与时间或空间相关联的两部分：

$$\boldsymbol{F}_{m\times n}=\boldsymbol{T}_{m\times n}\boldsymbol{X}_{n\times m}$$

式中，$\boldsymbol{F}_{m\times n}$是原始场；$\boldsymbol{T}_{m\times n}$是时间系数矩阵。

4.4.2 气候动力模式产品降尺度释用方法

气候模式的动力学方法优点是在支配系统演变的物理规律的基础上，从因果制约上揭示其规律，克服了统计学方法的缺陷。自 1995 年以来，国家气候中心已研制和发展了可运用于我国短期气候预测的动力气候模式系统，主要用于开展月到季节时间尺度的短期气候预测和气候模拟以及变化机理研究，并向各省(区、市)发布月动力延伸预报产品资料。

动力气候模式研究是当前大气科学研究的前沿课题，也是提高短期气候预测准确率的发展方向(李维京和陈丽娟，1999)。但是由于目前气候模式输出的空间分辨率较低，缺少区域气候信息，模式提供的降水量、温度等要素，尤其是区域气候要素的预报仍不太理想，很难对区域尺度的气候要素的变化做出合理的预测。目前有 2 种方法可以弥补气候模式难以准确预测区域气候要素变化的不足，一是发展更高分辨率的区域气候模式；二是降尺度方法。而对于四川省而言，降尺度方法是更为可选的方法。降尺度法基于这样一种观点：区域气候要素变化是以大尺度(如大陆尺度甚至行星尺度)气候为条件的，它把大尺度、低分辨率的气候模式输出信息

转化为区域尺度的地面气候要素变化信息(如气温、降水),从而弥补气候模式对区域气候预测的局限。目前常用的气候动力模式释用方法,有统计释用和动力释用两种。

利用国家级气候动力模式预测产品,借助气候统计学方法,建立大尺度气候预报因子与区域气候要素间的统计函数关系,实现对动力模式产品进行统计降尺度解释应用。这实质上是气候统计学与动力方法的有机结合,相互取长补短,是提高短期气候预测准确率的有效方法之一。

在统计降尺度方法的应用研究中,常用的统计方法很多,但大多数统计降尺度方法的最重要环节是区域预报量的确定和大尺度气候预报因子的选择。四川气候预测业务中,对国家级气候模式预测产品释用过程中,预报量与预报因子降维应用切比雪夫多项式展开、经验正交分解等方法。

针对四川省实际情况,通过对月动力延伸预报的 500 hPa 环流特征量进行分析发现,部分环流特征量(西太平洋副热带高压面积与强度、极涡面积与强度、高原高度场以及经纬向环流指数)的预报技巧高于环流形势场的预报水平,用这些预报技巧较高的环流特征量作为预报因子进行预报,有一定效果,因此建立月动力延伸环流预报的温度、降水解释模型:通过对高度场历史资料的评估分析,寻求影响局地站点的高影响区,该区域同时是模式预报能力较高的关键区,利用该区域的环流特征来进行温度和降水的解释应用。

四川省在此指导思想下,利用 DERF 模式产品资料开展了动力一统计相结合的预报建模,并在此基础上建立了"成都区域中心动力气候模式产品解释应用平台"系统(图 4.25),该系统包括了动力产品资料查询、物理统计方法、动力释用方法、旱涝预测、检验评估、相关绘图等 6 个模块。该系统主要利用了 DERF 模式中的 500 hPa 位势高度场资料,在假定订正后的 500 hPa 月高度场预报完全准确的条件下,结合西南区域月气温、降水资料,利用 CCA、相似等统计方法,建立了用 DERF 预报产品预测西南区域逐月气温和降水场。在实际预测检验中发现,该系统集成方法的 PS 评分都在 70 以上,预报效果良好。

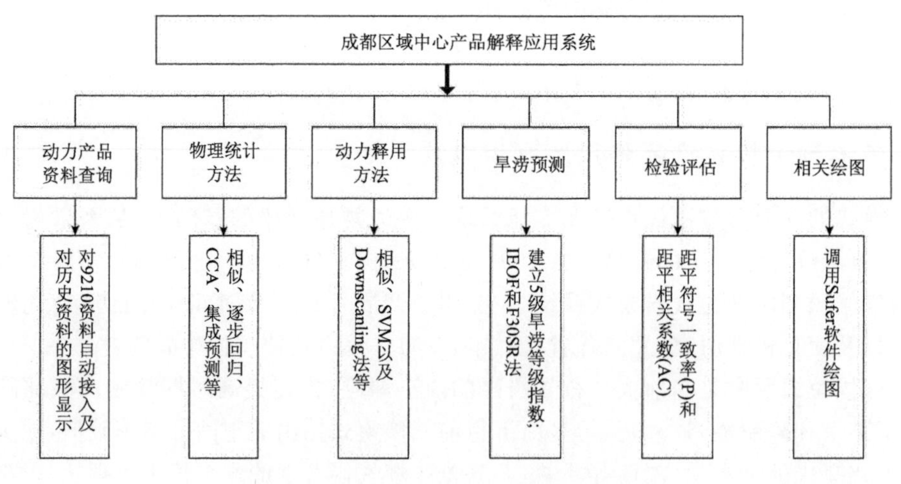

图 4.25　成都区域中心动力释用平台系统

四川在对国家级动力气候模式产品进行降尺度释用的技术研究中,充分考虑目前月动力延伸预报对环流特征量预报能力较高的特点,在因子选取中采用了多种构建技术,同时也应用了李维京等(1999)的动力释用技术来实现国家级模式产品的降尺度释用。

在动力-统计相结合的预报思路下，国家气候中心也在大力研发动力-统计相结合的预报模型，如已经投入业务运行的 FODAS 系统和 MODES 系统，并已向各省(区、市)进行了推广应用。四川省利用自身资源，加大对 FODAS 系统和 MODES 系统进行本地化应用，对四川省月、季温度、降水进行订正预报，并已成为四川省月、季预测的基本系统之一。

在日常的业务中，为提高多个降尺度预报模型的准确性和稳定性，四川省将多种方法进行综合集成：根据各方法的历史表现确定其权重的大小，以各方法各站的预报评分作为该站集成预报中各方法的权重基础，只使用高于各方法平均预报评分的方法参加预报集成；为保证各方法权重和为 1，并加大各方法的权重比，把参加集成的各方法预报评分的平方与各方法预报评分平方和的比作为各自的权重系数，权重系数及综合集成预报值用下式来表示：

$$W_{t,k,j} = P_{t,k,j}^2 / \sum_{j=1}^{N} P_{t,k,j}^2 \tag{4.23}$$

$$F_{t,k} = \frac{1}{N}\sum_{j=1}^{N} W_{t,k,j} f_{t,k,j} \tag{4.24}$$

通过以上集成预报，有效地提升了动力-统计预报模型的准确率和稳定性，而通过实际的业务工作检验，该方法能有效提升四川省月预报水平。

气候动力模式是短期气候预测的一个重要发展方向，将会有很大的发展前途，对短期气候预测工作将产生深远的影响。

4.4.2.1　降尺度技术方法

四川气候预测业务中的降尺度释用方法主要有：切比雪夫多项式展开、经验正交分解、R 方程、相似分析等。

(1)切比雪夫多项式展开

设某一气象场 $F(x,y)$(主要指 500 hPa 月平均位势高度场)，因有 $m \times n$ 个等距格点的观测值，可用切比雪夫多项式来定义：

$$F(x,y) = \sum_{i=0}^{m-1} \sum_{j=0}^{n-1} A_{ij} \varphi_i(x) \varphi_j(y) \tag{4.25}$$

其系数

$$A_{ij} = \frac{\sum_{x=1}^{m} \sum_{y=1}^{n} F(x,y) \varphi_i(x) \varphi_j(y)}{\sum_{x=1}^{m} \sum_{y=1}^{n} \varphi_i^2(x) \varphi_j^2(y)} \tag{4.26}$$

$$i=0,1,2,\cdots,m-1;j=0,1,2,\cdots,n-1$$

式中，$F(x,y)$为 500 hPa 月平均场上某格点(x,y)的位势高度值；m 为平均高度场的列点数；n 为平均高度场的行点数；$\varphi_i(x)$为沿 x 方向最简整数化的第 i 阶切比雪夫正交多项式因子；$\varphi_j(y)$为沿 y 方向最简整数化的第 j 阶切比雪夫正交多项式因子。A_{ij} 为 500 hPa 月平均高度场的 $i \times j$ 阶特征场的权重系数，简称“$i \times j$ 阶展开系数”。由于高阶特征场的天气学意义不明确，本项目研究中只取 $i,j \leqslant 2$ 的前 5 个低阶特征场的展开系数。若把各个二维特征场的数值分布形态视为等压面上的流线分布形态，则由天气学中的风、压关系易知，各个 $i \times j$ 阶特征场的天气学意义分别是：

A_{00}代表了某气象场的平均状态。对于 500 hPa 高度场，A_{00}是所展开场区的高度，代表了系统的强度，正值越大，表示高度越高；负值越大，表示高度越低。

A_{01}表示场区内纬向输送的大小，在地转假定下（下同）就是均匀西风或东风的权重。可称为西风（$A_{01}>0$）指数或东风（$A_{01}<0$）指数。

A_{10}表示场区内经向输送的大小。即均匀南风（$A_{10}>0$）或北风（$A_{10}<0$）的权重。可称为经向指数。

A_{02}表示场区内经向切变强弱。对于 500 hPa 高度场，$A_{02}>0$ 表示南北高，中间低，场区内气旋性切变占优势；$A_{02}<0$ 表示南北低，中间高，场区内反气旋性切变占优势；在副高内，可看作副高强度指数。在切变线附近，A_{02}为切变强度指数。

A_{20}表示场区内纬向切变强弱。对于 500 hPa 高度场，$A_{20}>0$ 表示东西高，中间低，场区内气旋性切变占优势；$A_{20}<0$ 表示东西低，中间高，场区内反气旋性切变占优势；在西风带，可看作槽线强度指数。

A_{ij}实质上是要素场中具有 $i\times j$ 阶特征场这种分布特征的权重。所以 A_{ij}具有与之相应的 $i\times j$ 阶特征场等价的天气学意义，因此其值即是要素场中相应特征分布之天气学意义的量化体现，因而可为天气预报分析提供客观、定量化的信息依据。

（2）EOF 分解

EOF 分解作为一种系统降维和特征值提取方法在气候分析和气象预报中已有广泛的应用（施能，1995）。对 EOF 的良好性能的总结分析认为其主要优点可归结为：

1）能用相对少的综合变量因子描述复杂的场资料变化；

2）当变量值相关密切时，展开收敛速度快，很容易将变量场的信息集中在几个主要模态上；

3）分解出来的特征向量互相正交，时间系数也互相正交；

4）能过滤变量序列的随机干扰。

对一个要素场 X 进行 EOF 分解，可分解成时间函数 Z 和空间函数（特征向量）V 两部分，其数学表达式为：

$$\boldsymbol{X}=\boldsymbol{V}\cdot\boldsymbol{Z} \tag{4.27}$$

设气象要素场 $\boldsymbol{X}$ 有 m 个空间点，样本长度为 n，对其作 EOF 分解时，主要计算过程可概括为：

求实对称矩阵

$$\boldsymbol{A}=\frac{1}{n}\boldsymbol{X}\cdot\boldsymbol{X}^{\mathrm{T}} \tag{4.28}$$

式中，$\boldsymbol{A}$ 为 $m\times m$ 阶实对称方阵，$\boldsymbol{X}^{\mathrm{T}}$ 为 $\boldsymbol{X}$ 的转置矩阵。

求实对称矩阵 $\boldsymbol{A}$ 的特征值组成的对角矩阵 $\boldsymbol{\Lambda}$ 和特征向量 $\boldsymbol{V}$。其中 $\boldsymbol{\Lambda}$ 阵中对角线上的元素 $\lambda_1,\lambda_2,\cdots,\lambda_m$ 为 $\boldsymbol{A}$ 的特征值；$\boldsymbol{V}$ 由对应的特征向量 $v_1,v_2,\cdots,v_m$ 组成，为列向量矩阵。

求出时间系数矩阵 $\boldsymbol{Z}$

$$\boldsymbol{Z}=\boldsymbol{V}^{\mathrm{T}}\cdot\boldsymbol{X} \tag{4.29}$$

式中，$\boldsymbol{V}^{\mathrm{T}}$ 为 $\boldsymbol{V}$ 的转置矩阵。计算每个特征向量的方差贡献 R_k：

$$R_k=\frac{\lambda_k}{\sum_{i=1}^{m}\lambda_i}\quad(k=1,2,\cdots,p;i=1,2,\cdots,m(p<m)) \tag{4.30}$$

及前 p 个特征向量的累积方差贡献 G：

$$G=\frac{\sum_{i=1}^{p}\lambda_i}{\sum_{i=1}^{m}\lambda_i} \tag{4.31}$$

在建立四川月降水量、月平均气温的降尺度预测模型时，均采用式(4.27)—(4.30)，分别对预报量和预报因子作 EOF 分解后，再建立相应的各分量预报模型。

(3)R 方程

李维京等(1999)提出了一种动力和统计相结合的降尺度释用方法，从大尺度大气动力学方程组出发，推导出月降水距平百分率与月环流场的关系，从而建立月降水距平百分率预报方程(R 方程)，随后利用月动力延伸的 500 hPa 平均环流场和实际降水资料反演出月降水距平百分率预报方程的系数。近年国内对月动力延伸集合预报产品的释用研究大多以此为基础，并取得了较好的预报效果。

从大尺度大气动力学方程组出发，推导出月降水距平百分率预报方程：

$$R'=A_1\nabla^2\varphi'+A_2\frac{\partial\varphi'}{\partial x}+A_3\frac{\partial\varphi'}{\partial y}+A_4\varphi'+A_5 \tag{4.32}$$

式中，R' 表示降水距平百分率；A_1、A_2、A_3、A_4、A_5 都是与气候平均状态有关的系数。将式(4.32)差分得：

$$\begin{aligned}R'=&A_1\Big[\frac{\varphi'(x+\Delta x,y)-2\varphi'(x,y)+\varphi'(x-\Delta x,y)}{\Delta x^2}\\&+\frac{\varphi'(x,y+\Delta y)-2\varphi'(x,y)+\varphi'(x,y-\Delta y)}{\Delta y^2}\Big]\\&+A_2\frac{\varphi'(x+\Delta x,y)-\varphi'(x-\Delta x,y)}{2\Delta x}\\&+A_3\frac{\varphi'(x,y+\Delta y)-\varphi'(x,y-\Delta y)}{2\Delta y}+A_4\varphi'(x,y)+A_5\end{aligned} \tag{4.33}$$

由此可见，某站的月降水距平百分率由该站上空 500 hPa 环流涡度 $\nabla^2\varphi'$、地转风 $\partial\varphi'/\partial x$、$\partial\varphi'/\partial y$ 以及高度距平 φ' 决定。

为了检验月降水距平百分率方程对四川区域降水距平百分率所能描述的程度，按式(4.32)计算四川月降水距平百分率，1961—2001 年为历史样本，逐月 500 hPa 月平均位势高度场取自美国环境预报中心(National Centers for Environmental Prediction，NCEP)再分析资料，2.5°×2.5°经纬网格，多年平均值为 1981—2010 年平均。以每个测站距离最短的网格点作为该测站的基准点，计算各基准点的环流涡度 $\nabla^2\varphi'$、地转风 $\partial\varphi'/\partial x$、$\partial\varphi'/\partial y$ 以及高度距平 φ'，再按各站月降水量分别确定各月降水距平百分率方程的系数。

该预测方法虽然各单个因子与预报对象相关不高，但物理意义明确，是较好的降尺度预报方法之一。

4.4.2.2　预报因子区域的选取

预报因子的选择是应用统计降尺度法过程中一个非常重要的环节，因为预报因子的选择很大程度上决定了预报对象预报效果的好坏。在统计降尺度方法中，应该尽可能应用物理意义较为明确的预报因子。因为大气环流对地面气候要素有重要的影响，而且模式模拟的效果也是最好的，因此大气环流常常成为预报因子的首选。预报因子的选择一般遵循4个标准：

(1)选择的预报因子要与所预报的预报量有很强的相关；

(2)它必须能够代表大尺度气候的重要的物理过程和大尺度气候变率；

(3)所选择的预报因子必须能够被模式较准确地模拟，从而纠正模式的系统误差；

(4)应用于统计模式的预报因子间应该是弱相关或无关。

另外，大尺度气候预报因子区域的大小，对预报结果也是有很大影响的，因此选择最佳的大尺度气候预报因子区域是必要的。

根据以上原则，我们设计了6种方法构建预报因子，并对部分因子的物理意义进行了分析。

(1)选取500 hPa高度场预报关键区

通过相关普查，筛选出与月降水量、月平均气温显著相关的500 hPa高度场预报关键区。这些预报关键区体现了影响月降水量或月平均气温的500 hPa形势演变，有一定的天气学意义。如由2月降水量展开得到的第1时间系数与500 hPa高度场的相关可知，四川2月降水预报关键区在10°—90°E，10°—60°N，即从孟加拉湾、欧亚上空到青藏高原上空高度场与四川2月降水密切相关，当此区域出现负的高度距平时，西风低槽活动频繁，四川2月降水偏多；反之，该区域高度场偏高时，为高压脊或浅槽控制的时段较多，南支西风低槽不活跃，四川2月降水偏少。此方法缺点是有些月份的降水距平百分率的一些主成分在东亚区域找不到相关显著的因子。

如果在欧亚区域找不到相关显著的因子，如12月降水量的第1主成分相关显著区域在150°—210°W，20°—60°N，远离四川上空，不容易从天气学原理上做出适当解释。但利用较远的、相关显著的500 hPa高度场来制作该月四川降水量的预报，考虑的是短期气候过程具有全球性、非绝热性、驻波性、遥相关性的特征。

(2)对500 hPa高度场特定区域做降维

对特定的500 hPa区域位势高度场做EOF展开或切比雪夫多项式展开，用特征系数作为预报因子。气候要素场的EOF展开可以浓缩大范围场内大气环流主要信息、生成能反映特征值年际间变化且彼此正交的预报因子。切比雪夫多项式展开能得到与时间分布变化无关的空间分布典型场和与空间分布无关的时间权重系数(预报因子)。切比雪夫多项式展开系数也满足正交性条件，收敛快。

在实际业务中，第1种方法是选取对本地天气气候影响最直接的区域(30°—150°E，10°—65°N，以下简称直接影响区)作展开，该区域是影响四川的主要天气尺度系统的活动区，主要系统包括青藏高压、西太平洋副热带高压、孟加拉湾槽、中高纬度西风带槽脊(包括乌拉尔山、贝加尔湖的阻塞高压和东亚大槽等)这些系统都对四川降水有重要影响。第2种方法是对四川上空区域做展开。毕竟四川的气候受四川上空气象要素的影响是最直接的。

另外，为保证所有预报月份构建的预报因子与月降水量的相关能通过显著性水平检验，还用了第3种方法，即对直接影响区内2.5°×2.5°经纬网格的小区域滑动展开(分别作EOF展开和切比雪夫多项式展开)，从这些小区域展开得到的时间系数或切比雪夫系数中查找相关显著的预报因子。

(3)500 hPa 月平均高度场资料做重组(涡度)

根据地转关系近似 $u=-\frac{1}{f}\times\frac{\partial\varphi'}{\partial x}$，$v=\frac{1}{f}\times\frac{\partial\varphi'}{\partial y}$ 以及地转涡度表达式 $\xi=\frac{9.8}{f}\times\nabla^2\varphi'$ 以直接影响区中每个格点(x,y)作为基准点进行差分运算，得到直接影响区内各格点 500 hPa 环流涡度场，从中选取相关显著的区域作预报因子。

(4)对 500 hPa 显著相关区做降维

对显著相关区位势高度场做 EOF 展开或切比雪夫展开，用特征系数作为预报因子。利用自然正交函数展开(EOF)求取具有二维空间尺度特征的向量因子，即 500 hPa 高度场特征向量分布及其时间系数变量，再利用特征向量具有明确物理意义且与预报量相关性好的时间系数作因子进行预测，进而做出四川各月降水量分布的预报。由于自然正交函数能够对要素场的内在特征信息进行浓缩并定量化提取，生成彼此相互独立的场量因子，因此可作为建立月降水量预报模型的信息源，这样提高了预报信息的质量，提炼出物理意义清晰的高度距平场为因子的月降水量预报模型，从而获得对预报目标成因更完备的认识。

4.4.2.3　降尺度预报方法的建立

通过以上用同期大气环流场与四川月降水量、月平均温度的相关分析以及各大气环流场对四川月降水量、月平均温度产生影响的物理机制分析，可得到较为清晰的同期大气环流对四川月降水量、月平均温度影响的概念模型，并以此为基础确定出预报因子的区域并构造了多种预报因子选取方法。

众所周知，影响气候及气候变化的因素非常广泛、非常复杂，现阶段尚有许多影响气候的物理机制并不清楚，对短期气候变化过程的认识还非常有限，任何一种预报方法(模型)、任何一种物理因子的预测效果都不会非常稳定，不同的统计降尺度方法各有其优缺点，在不同区域、不同的情形下，选择不同的统计降尺度法所得的预报结果会很不一样，这就给降尺度方法的选择带来很大困难。因此，只有通过多次试验来选择最适合四川月降水量、月平均气温预测的统计降尺度方法。在预报模型的建立过程中，选取回归分析、相似分析等方法。

(1)最优回归分析

回归分析是气候预测中应用最为广泛、发展比较完善的统计方法。在用回归分析建立降尺度预测方程过程中，一个重要的问题是保证回归方程最优，既预报准确，又应用方便。回归方程中包含的预报因子越多，回归平方和就越大，剩余平方和就越小，剩余方差一般就小。但为了方便应用，又希望方程中包含较少的变量。因此所建立的回归方程应包含对预报量有显著作用的预报因子。

目前选择最优回归筛选方程的方法主要有：前向筛选方法、后向筛选方法、逐步筛选方法等。逐步筛选回归分析方法是目前气候预测中应用最普遍的方法，能得到近似最优回归方程。四川气候中心在作预测模型选择的试验时，选用了逐步回归法。

设预报量 y 与预报因子 $x_1,x_2,x_3,\cdots,x_m$ 有线性关系，那么建立 y 的 m 元线性回归模型：

$$y=\beta_0+\beta_1 x_1+\cdots\cdots+\beta_m x_m+\varepsilon \tag{4.34}$$

式中，$\beta_0,\beta_1,\cdots,\beta_m$ 为回归系数。

具体步骤如下：

1)计算预报量与预报因子之间，预报因子相互之间的相关系数 $r_{iy},r_{ij}(i,j=1,2,\cdots,m-1)$，$m-1$ 为因子数，组成相关距阵如下：

$$\boldsymbol{R}^{(0)}=\begin{bmatrix} r_{11} & r_{12} & \cdots & r_{1y} \\ r_{21} & r_{22} & \cdots & r_{2y} \\ \vdots & \vdots & \vdots & \vdots \\ r_{y1} & r_{y2} & \cdots & r_{yy} \end{bmatrix} \tag{4.35}$$

假定有 p 个待选因子，由 $\boldsymbol{R}^{(0)}$ 矩阵逐步回归计算。

2)从 p 个待选因子 $x_1,x_2,x_3,\cdots,x_p$ 中选取方差贡献最大的因子，方差贡献的计算公式为：

$$V_k^{(1)}=[r_{ky}^{(0)}]^2/r_{kk}^{(0)} \tag{4.36}$$

对入选的因子作 F 检验，统计量为：

$$F=\frac{V_k^{(1)}}{(r_{yy}^{(0)}-V_k^{(l)})/(n-1-l)} \tag{4.37}$$

若通过 F 检验，则引进第 k 个因子，对 $\boldsymbol{R}^{(0)}$ 矩阵第 k 列作消去变换。

在实际计算过程中假定进行了 l 步，引进 l 个因子，则在剩下的因子中方差贡献的计算公式如下：

$$V_k^{(l+1)}=[r_{yy}^{(l)}]^2/r_{kk}^{(l)} \tag{4.38}$$

在剩下的因子中选取方差贡献最大者，作如下 F 检验，统计量为：

$$F=\frac{V_k^{(l+1)}}{(r_{yy}^{(l)}-V_k^{(l+1)})/[n-(l+1)-1]} \tag{4.39}$$

则对 k 列作如下消去变换：

$$r_{ij}^{(l+1)}=\begin{cases} 1/r_{kk}^{(l)} & (i=j=k) \\ r_{kj}^{(l)}/r_{kk}^{(l)} & (i=k,j\neq k) \\ -(r_{ik}^{(l)}/r_{kk}^{(l)}) & (i\neq k,j=k) \\ r_{ij}^{(l)}-r_{ik}^{(l)}r_{kj}^{(l)}/r_{kk}^{(l)} & (i\neq k,j\neq k) \end{cases} \tag{4.40}$$

3)对引进的因子，同样求各因子的方差贡献，选取最小者作 F 检验，若该因子不显著，则剔除该因子，对矩阵 $\boldsymbol{R}^{(l)}$ 的第 k 列作消去变换。

以上过程反复进行，直到无因子可以剔除，无因子可以引进为止。

4)最后计算结果引入 l 个因子，则可建立如下方程：

$$\tilde{y}=b_1\tilde{x}_{1t}+b_2\tilde{x}_{2t}+\cdots+b_l\tilde{x}_{lt}+b_0 \tag{4.41}$$

其中 $b_k=r_{ky}^{(l)}$。复相关系数为：

$$R=\sqrt{1-r_{yy}^{2(l)}} \tag{4.42}$$

以上逐步回归计算对每一个预报量(各站气候要素)或预报量展开得到的前几个主分量进行。

在预报模型建立前，将四川各月降水量、月平均气温作 EOF 展开，四川 1—12 月降水量的前 5 个主分量、月平均气温的前 3 个主成分作为预报量。

在与预报量同期的 500 hPa 大气环流场位势高度场上，各预报分量从场中选择通过 $\alpha=0.05$ 显著性水平检验的预报因子，如果因子太多则提高置信水平。为了使方程中的预报因子互相无关，独立地对预报量产生影响，所以在建立预报模型之前，将每组预报因子分别作 EOF 展开，这样得到具有二维空间尺度特征的向量因子，即位势高度场特征向量分布及其时间系数变量，再利用与预报量相关性好的时间系数作新的预报因子进行预测，进而做出四川各月降水量、月平均气温分布的预报。

(2)相似分析

相似预测方法是一种传统的天气气候预测方法。它的优点是思路明确,直观性强,可进行多种类型的短期气候过程或气候要素的定量预报。但由于资料的局限,以往的相似预测方法只能进行预测时刻之前的简易相似,即从现有的历史样本中找出尽可能与近期天气气候事件相似的气候过程作为相似样本,再根据多数相似样本的演变规律做出预报。然而两个气候过程前期的相似并不能保证它们后续发展也一定相似,因为影响短期气候变化的因素太多、太复杂,初始状态的相似并不意味着未来的发展也相似,仅以惯性的作用从前期少数气候事件推断气候的演变缺乏依据,相似预测方法的出路在于寻找预报时段的相似。

四川气候预测业务中,采用的是欧氏距离来评估两个空间平面场的相似程度。空间平面场的历史样本 X_j,k,l 与预报样本 X_0,k,l 之间的距离表征了它们在性质上的差异,该差异越小,两样本越相似;反之,差异越大越不相似。

C_{ij} 表示两样本的相似离度,则

$$C_{ij}=0.5\times(S_{ij}+D_{ij}) \tag{4.43}$$

其中

$$S_{ij}=(\sum\mid X_{ijk}-E_{ij}\mid) \tag{4.44}$$

$$D_{ij}=(\sum\mid X_{ijk}\mid)/M \tag{4.45}$$

$$X_{ijk}=X_{ik}-X_{jk} \tag{4.46}$$

$$E_{ij}=(\sum X_{ijk})/M \tag{4.47}$$

式中,X 表示因子数值;M 表示每个样本取 M 个时间系数;k 表示格点序号,$k=1,2\cdots,M$;i,j 表示两个不同的样本。显然,X_{ijk} 表示 i 样本与 j 样本对应的逐个时间系数的差值,所以 E_{ij} 表示了 i 样本与样本 j 所有时间系数之间的总平均差值。另外,$\mid X_{ijk}\mid$ 表示 i,j 两样本的逐个时间系数的绝对距离,所以 D_{ij} 表示两样本所有时间系数间的平均距离,它能反映 i,j 样本的时间系数之间在总平均数值上的差异程度,即靠近程度,称为值系数。

从式中可知,若 $S=0$,i,j 两个样本的形状是完全相似的,相反,如果 $X_{ij1},X_{ij2},\cdots,X_{ijk}$ 彼此差异很大,两样本的形状就不相似。形状差别越大,S_{ij} 越大,S_{ij} 反映了 i,j 两样本的相似程度,称为形系数。

相似离度 C_{ij} 是由形系数 S_{ij},和值系数 D_{ij} 决定的,由于 S_{ij} 与 D_{ij} 数量级相同,因此 C_{ij} 值取两者平均即可。C_{ij} 越小越相似,C_{ij} 越大越不相似。

4.4.2.4　模式释用效果检验

对 5 种预报模型和 1 种集成预测进行了 2015—2016 年的回报检验,找出适合于四川气候预测最优方案与方法,如表 4.7 所示。R 方程、逐步回归的降水预测评分分别为 71、72.2,以上两种预报模型降水预测评分都明显高于 5 种降维技术的平均评分,集成预测也表现出较好的预报效果,检验评分高于各方法平均分;同样,R 方程、逐步回归这两种模型预测气温的评分也高于 5 种降维技术的平均评分,分别为 78.8 和 74,集成预测的评分为 72.3。可见,R 方程、逐步回归和集成预测这三种预报模型能较好地提取出对四川省有预报意义的物理因子,具有较好的应用价值,预报结果成为了四川省短期气候预测业务的主要参考依据。

表 4.7 近 2 年采用不同预报模型的回报 Ps 评分结果

预报模型	切比雪夫展开	EOF 降维	R 方程	逐步回归	相似离度	集成预测	各方法平均
降水	70.2	68	71	72.2	69.8	70.6	70.3
温度	71.6	69.4	72.8	74	70.2	72.3	71.7

4.4.3 预测信号

气候要素(气温、降水)的气候趋势主要受到外强迫因子和环流因子的共同影响,找到具有物理意义的气候异常因子或预测强信号是气候预测的关键。以下分析主要以夏季为例,分析前期和同期关键预测信号对四川夏季降水的影响。

4.4.3.1 外强迫信号

(1)海温

众所周知,海洋在地球气候的形成和变化中起到非常重要的作用,因此被认为是地球气候系统中最重要的组成部分(李永华 等,2012)。在影响气候异常的诸多因子中,海洋热状况的变化和海气相互作用是引起短期气候变化的重要因素之一,海洋对大气运动的强迫主要通过海表温度(sea surface temperature,SST)变化及产生的热通量变化来实现,海温的变化与异常在时间与空间上与气候变化都具有相关性,前期的海温变化可能会影响到后期的气候变化。已有的研究表明,海洋热状况的改变对大气环流及中国气候的影响,主要集中在几个关键海区,分别是厄尔尼诺(El Niño)事件发生的赤道中、东太平洋海区、海温最高的赤道西太平洋“暖池”区、印度洋和南海海区。夏季降水对四川省经济和人民生活有着重要影响,尤其是干旱和洪涝灾害常常造成严重的经济损失。本节拟综合考虑热带太平洋一印度洋海表温度变化与四川省夏季降水的联系,从而为预测本省夏季旱涝趋势提供依据。

1)热带太平洋典型区域海温

厄尔尼诺(拉尼娜)事件是指赤道中、东太平洋海水表面大范围持续异常偏暖(冷)的现象,其作为海洋变化的强信号,对全球范围的气候异常都有着明显的影响(翟盘茂 等,2009)。国家气候中心在业务上主要以 Niño3.4 区的海温距平指数作为判定厄尔尼诺(拉尼娜)事件的依据。当 Niño3.4 区海温距平指数≥0.5 ℃(≤−0.5 ℃),并预计这种状况能持续 3 个月及以上时,即认为进入厄尔尼诺(拉尼娜)状态。当 Niño3.4 区海温距平指数≥0.5 ℃(≤−0.5 ℃)至少持续 6 个月(过程中间允许一个月未达标准)则定义为一次厄尔尼诺(拉尼娜)事件;如若该区指数≥0.5 ℃(≤−0.5 ℃)持续 5 个月,且 5 个月的指数之和≥4.0 ℃(≤−4.0 ℃)时,也定义为一次厄尔尼诺(拉尼娜)事件(图 4.26)。

众多研究表明,ENSO 对西太平洋副高的活动有明显的影响,厄尔尼诺年由于西太平洋副高位置偏南,并有西伸的特征,控制了长江以南地区,四川盆地(尤其是盆地东北部)地区处于副高外围辐合区,降水偏多,容易出现极端洪涝情况,如 1998 年的大洪水就是在厄尔尼诺影响下发生的;拉尼娜(LaNiña)年西太平洋副高位置偏北,四川盆地处于副高外围的辐散区,降水偏少,容易出现严重的干旱事件。ENSO 循环同样对冬季气温有着非常重要的影响。Li 等(1996)指出,厄尔尼诺发生年的冬季,中纬度西风和逆环流将加强,不利于东亚冷空气爆发。

如图 4.27a 所示,当前期冬季 Niño1+2 区海温异常偏高时,全省大部地区降水以偏多为

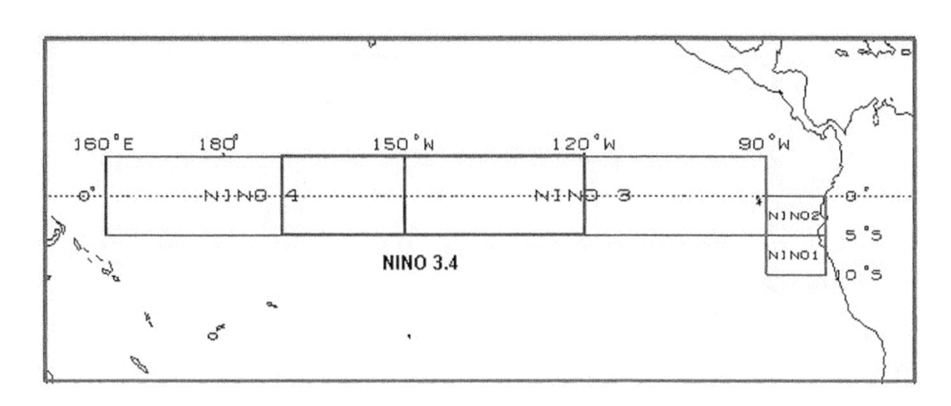

图 4.26　赤道太平洋海温监测区分布图

主，尤其在川西高原北部、攀西地区、盆地东北部、盆地南部降水显著偏多；当前期冬季 Niño3 区海温异常高时，川西高原、攀西地区、盆地东北部、盆地中部、盆地南部降水异常偏多(图 4.27b)；当前期冬季 Niño3.4 区海温异常高时，川西高原北部、盆地北部、盆地南部降水异常偏多(图 4.27c)；当前期冬季 Niño4 区海温异常偏高时，甘孜州与阿坝州交界处、巴中、泸州零星地分布着降水偏多的区域(图 4.27d)。

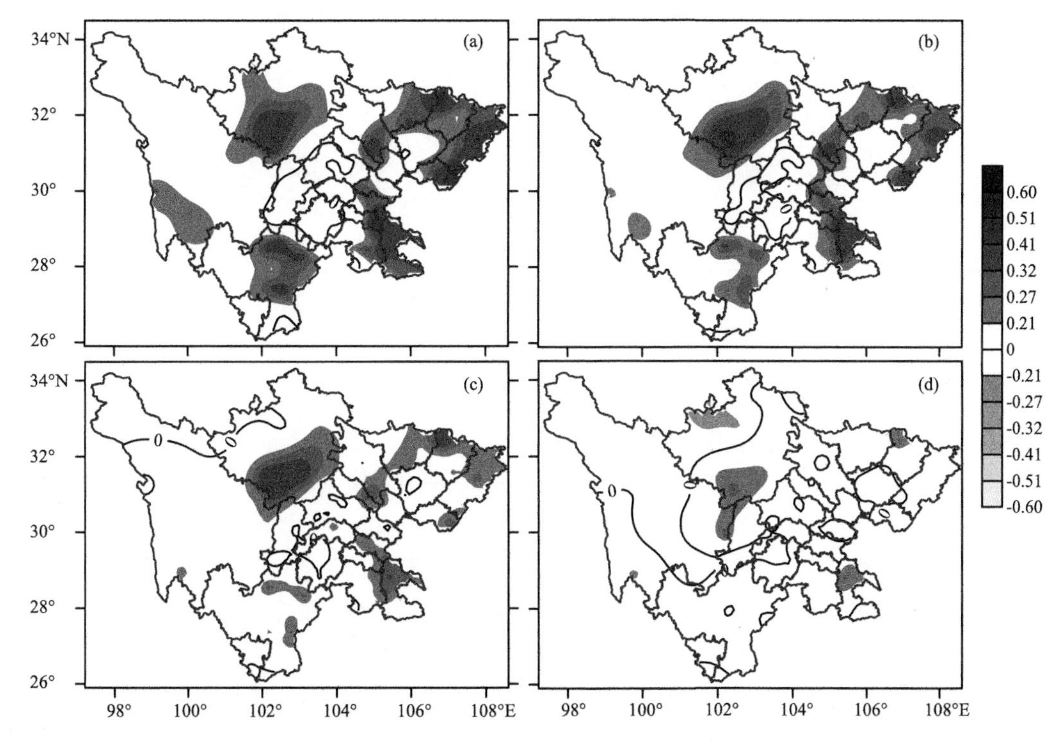

图 4.27　四川省夏季降水与前期冬季赤道中东太平洋关键区 Nino1.2 区(a)、Nino3 区(b)、Nino 3.4 区(c)、Nino4 区(d)海温的相关系数分布(图 4.27—图 4.41，都是相关系数图，显著性水平检验阈值相同，为：80%(±0.21)；90%(±0.27)；95%(±0.32)；99%(±0.41))

如图 4.28 所示，当前期春季 Nino1+2 区海温异常偏高时，全省降水自西向东表现为"+－+"的分布形式，即川西高原、攀西地区、盆地东北部、盆地中部和盆地南部降水异常偏多，而盆地西部降水偏少，尤其是西南部降水显著偏少(图 4.28 a)；当前期春季 Nino3 区海温异常偏高时，全省降水分布与图 4.28 a 较为一致，同样表现为自西向东呈“＋－＋”的分布形式，即川西高原、攀西地区、盆地东北部、盆地中部和盆地南部降水异常偏多，而盆地西部降水异常偏少(图 4.28b)；当前期春季 Nino3.4 区海温异常偏高时，川西高原北部降水异常偏多，盆地西南部降水异常偏少(图 4.28c)；当前期春季 Nino4 区海温异常偏高时，川西高原北部降水异常偏少，盆地大部也零星地分散着降水偏少的区域(图 4.28d)。

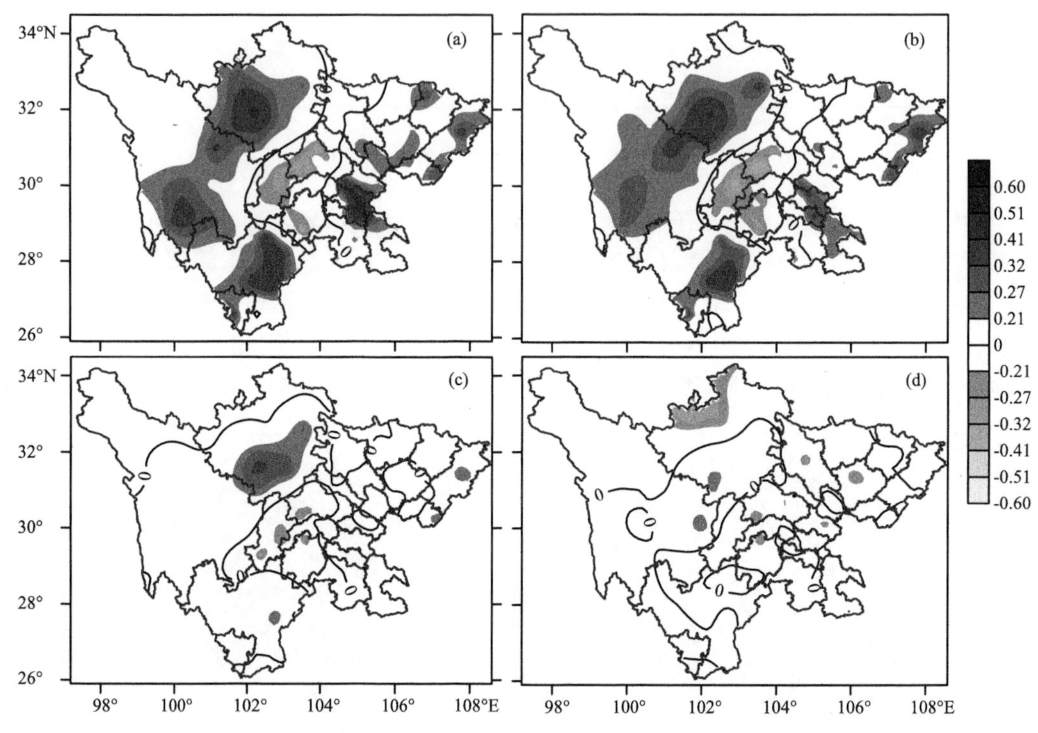

图 4.28 四川省夏季降水与前期春季赤道中东太平洋关键区 Nino1.2 区(a)、Nino3 区(b)、Nino3.4 区(c)、Nino4 区海温的相关系数分布

2)热带印度洋典型区域海温

热带印度洋全区一致海温模态(tropical Indian Ocean basin-wide SSTA，IOBW)定义为热带印度洋(20°S—20°N，40°—110°E)区域平均的海温距平。这一模态是热带印度洋海温变化最主要的模态，它通常在冬季开始发展，第二年春季达到最强。IOBW＞0 表示印度洋海温表现为全区一致偏暖型，IOBW＜0 表示印度洋海温表现为全区一致偏冷型。

热带印度洋海温偶极子(tropical Indian Ocean dipole，TIOD)定义为热带西印度洋(10°S—10°N，50°—70°E)的海温距平与热带东南印度洋(10°S—0°，90°—110°E)的海温距平之差。这一模态表现出显著的季节锁相的特征，通常在夏季开始发展，秋季到达峰值，冬季很快衰减。TIOD＞0 表示 TIOD 正位相，TIOD＜0 表示 TIOD 负位相。

副热带南印度洋偶极子(southern Indian Ocean dipole，SIOD)定义为西南印度洋(45°—30°S，45°—75°E)与东南印度洋(SEIO：25°—15°S，80°—100°E)区域平均海温距平的差值，SIOD＞0 表示 SIOD 正位相，SIOD＜0 表示 SIOD 负位相。

当前期冬季印度洋海温表现为全区一致偏暖型即指数 IOBW＞0 时，川西高原南部、盆地

南部、盆地西北部的部分地区降水异常偏多，攀西地区南部、川西高原北部的部分地方降水异常偏少(图 4.29a)；当前期冬季热带印度洋海温偶极子 TIOD 异常偏高时，全省大部地区降水以偏多为主(图 4.29b)；当前期冬季副热带南印度洋偶极子 SIOD 海温异常偏高时，全省大部地区降水异常偏少(图 4.29c)。

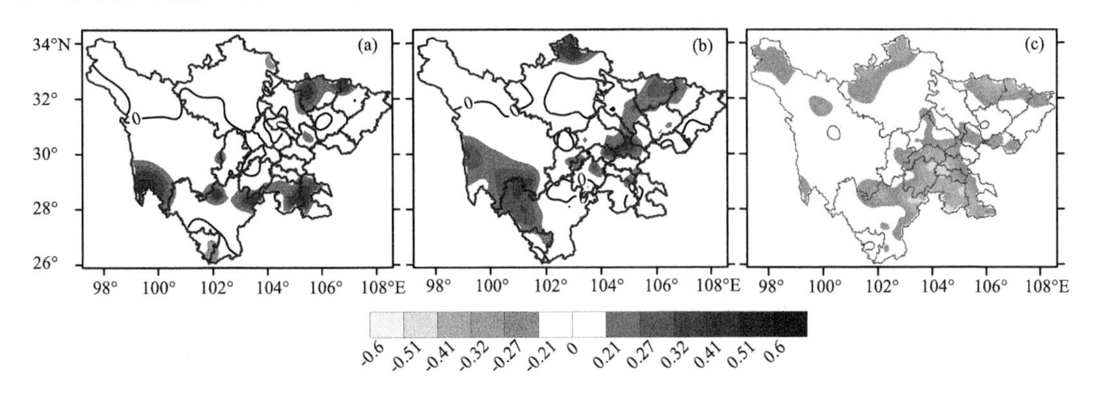

图 4.29　四川省夏季降水与前期冬季印度洋海温重要模态 IOBW(a)、TIOD(b)、SIOD(c)的相关系数分布

当前期春季印度洋海温表现为全区一致偏暖型即指数 IOBW>0 时，川西高原南部、盆地南部、广元、巴中的部分地方降水异常偏多，川西高原北部的九寨沟降水异常偏少(图 4.30a)；当前期春季热带印度洋海温偶极子 TIOD 异常偏高时，川西高原南部、广元、巴中、南充的交界处降水异常偏多，而降水偏少区域主要出现在盆地，分布相对零散(图 4.30b)；当前期春季副热带南印度洋偶极子 SIOD 海温异常偏高时全省降水以偏少为主，尤其是盆地西南部和盆地南部降水显著偏少(图 4.30c)。

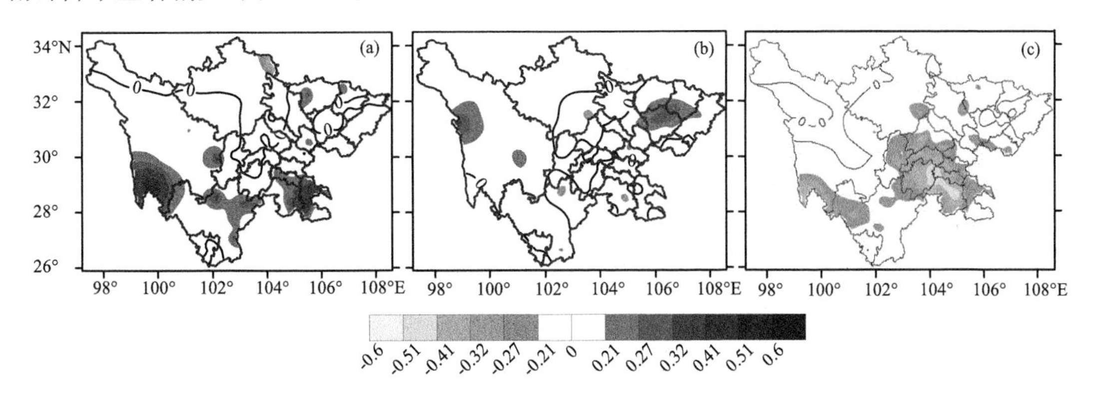

图 4.30　四川省夏季降水与前期春季印度洋海温重要模态 IOBW(a)、TIOD(b)、SIOD(c)的相关系数分布

3)西太平洋暖池区海温

热带西太平洋暖池(简称西太暖池)，因其集聚了全球海温最高，体积最大的暖水团而得名。该暖池区内常伴随着强烈的海气相互作用和对流活动，因而对区域乃至大尺度气候异常产生影响。研究表明，暖池上空的对流加热不但维持着沃克环流的能量循环，且对局域哈得来环流异常起到驱动作用，从而影响西太平洋副热带高压以及东亚气候异常。

当前期冬季西太平洋暖池面积异常偏大时，川西高原北部、盆地北部降水异常偏少(图 4.31a)；当前期冬季西太平洋暖池强度异常偏强时，川西高原北部、盆地东北部降水异常偏少，降水偏多区域分布零散(图 4.31b)。

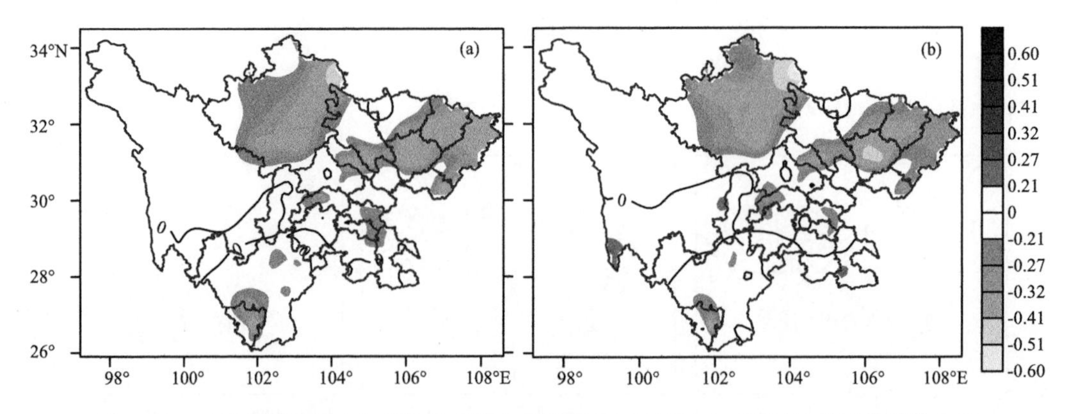

图 4.31　四川省夏季降水与前期冬季西太平洋暖池区面积(a)、强度(b)的相关系数分布

当前期春季西太平洋暖池面积异常偏大时,川西高原北部、攀西地区、盆地东北部降水异常偏少(图 4.32a);当前期春季西太平洋暖池强度异常偏强时,全省降水自南向北呈现为"一＋一"的分布特征,具体表现为攀西地区、川西高原北部、盆地东北部降水异常偏少,降水偏多区域主要出现在川西高原南部、盆地西南部、盆地南部,分布较为零散(图 4.32b)。

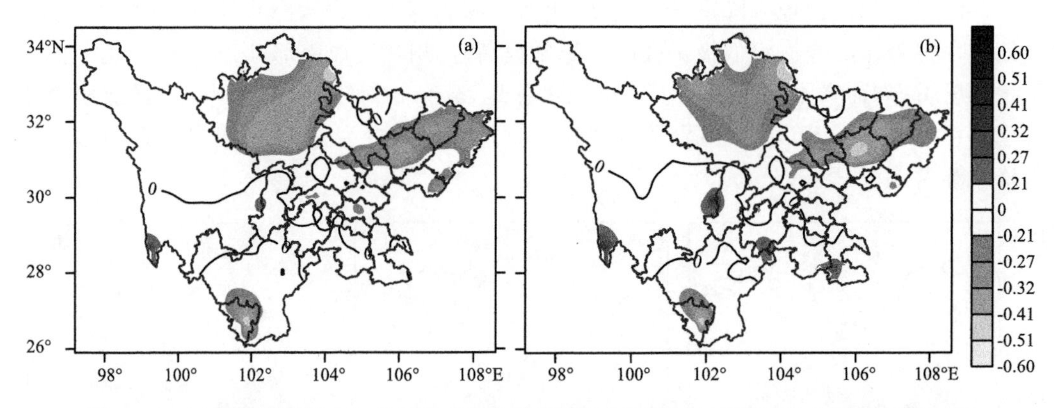

图 4.32　四川省夏季降水与前期春季西太平洋暖池区面积(a)、强度(b)的相关系数分布

(2)冰雪

伴随着卫星观测资料的应用、积雪站点观测资料的整理以及计算技术的迅速发展,积雪方面的研究取得了长足进步。大量的统计诊断结果揭示了欧亚大陆积雪和青藏高原积雪与亚洲季风、大气环流以及气候变化的关系(韦志刚 等,1998)。由于积雪融化后,土壤长时间的湿度异常是地气系统"记住"积雪异常的物理机制,"湿土壤"在延长积雪对天气气候的影响过程中起了重要作用,是积雪影响我国降水的主要机理(陈兴芳和宋文玲,2000)。

1)东亚积雪

当前期冬季欧亚积雪面积异常偏多时,全省降水表现为北多南少的分布特征,川西高原北部、盆地东北部降水异常偏多,攀西地区、盆地西南部、盆地南部零星地分布着降水偏少的区域(图 4.33a);当前期冬季青藏高原积雪面积异常偏多时,全省降水自西南向东北方向表现为"＋一＋"的分布特征,具体表现为攀西地区、盆地东北部、盆地中部和盆地南部的部分地区降水异常偏多,盆地西部零星地分布着降水异常偏少的区域(图 4.33b)。

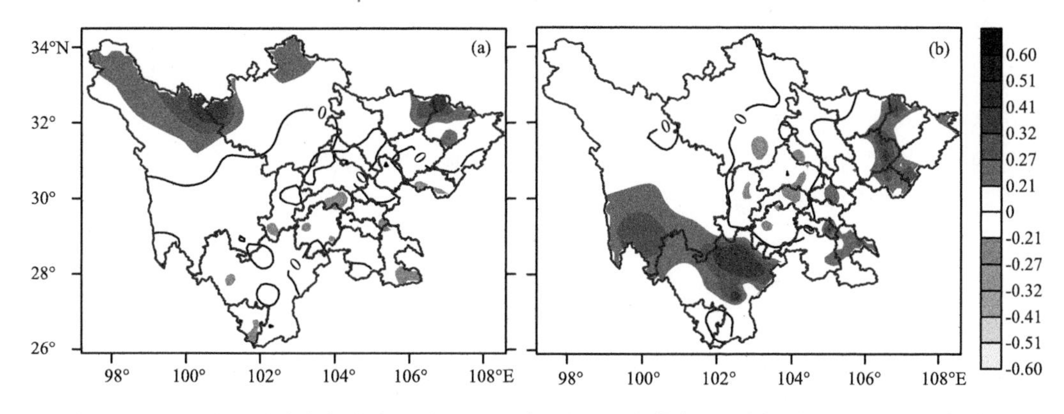

图 4.33　四川省夏季降水与前期冬季欧亚积雪面积(a)、青藏高原积雪面积(b)的相关系数分布

当前期春季欧亚积雪面积异常偏多时，全省降水以偏多为主，具体表现为攀西地区、川西高原北部、盆地西北部降水异常偏多(图 4.34a)；当前期春季青藏高原积雪面积异常偏多时，全省降水也是以偏多为主，川西高原、攀西地区、盆地东北部降水异常偏多(图 4.34b)。

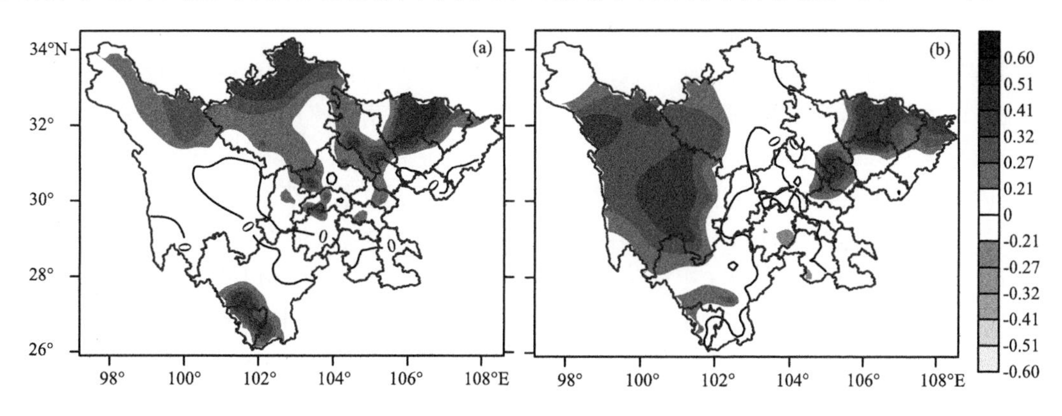

图 4.34　四川省夏季降水与前期春季欧亚积雪面积(a)、青藏高原积雪面积(b)的相关系数分布

2)青藏高原积雪

青藏高原平均海拔 4000 m 以上，高原地区积雪覆盖的异常将直接导致其周边和邻近地区大气环流的异常。雪被冰盖是大气的冷源，它不仅使冰雪覆盖地区的气温降低，而且通过大气环流的作用，可使远方的气温下降。由于冰雪覆盖面积的季节变化，使周边地区的平均气温也发生相应的季节变化。

吴统文和钱正安(1999)对青藏高原冬春积雪与中国夏季降水的关系作了诊断分析和解释，之后进一步从积雪对高原热力作用、后期东亚大气环流的季节变化、季风环流及降水的影响等方面予以分析，发现青藏高原积雪对于四川省夏季降水有很大的影响，主要体现为：当青藏高原积雪处于偏多年时，盆地东部和川西高原地区降水偏多，盆地西部地区降水偏少；当青藏高原积雪处于偏少年时，盆地东部和川西高原地区降水偏少，盆地西部地区降水偏多。造成这种现象的主要原因是冰雪覆盖的致冷效应，使地面出现冷高压，而高层等压面降低，出现冷涡。导致夏季南亚高压北跳时间异常，同时影响到东亚夏季风的强弱。因此，在青藏高原冰雪覆盖面积变化特别显著的年份，往往会造成四川省大部分地区出现气温和降水的异常。

4.4.3.2 环流信号

大气环流异常将直接导致局地气候异常，我们可以通过分析前期大气环流异常和后期大气环流异常之间的联系来探索预测指标，从而对四川省气温、降水进行趋势预测。随着四川省短期气候预测技术的发展和观测事实的不断涌现，发现 ENSO、西太平洋副热带高压、中高纬西风带波动、东亚季风、高原季风、西伯利亚高压、北极涛动、青藏高原积雪异常等物理因子对四川省气温、降水有重要的影响。基于上述物理因子所建立的预报模型，由于有了一定的物理基础，会使得预测效果更加稳定。

(1)西太平洋副热带高压

西太平洋副热带高压是一个在太平洋上空的永久性高压环流系统，在我国简称西太平洋副高。西太平洋副热带高压对四川省天气、气候有重要影响。它的范围一般采用 500 hPa 高度图上西太平洋地区(180°E 以西)5880 gpm 线包围的区域来代表。它的位置和强度随季节而变化。每年 6 月以前，副高脊线位于 20°N 以南；到 6 月中、下旬，副高脊线北跳，并稳定维持在 20°—25°N 之间；7 月上、中旬，副高脊线再次北跳，摆动在 25°—30°N；7 月末至 8 月初，副高脊线跨越 30°N，到达一年中最北的位置；8 月底或 9 月初，高压脊开始南退，雨带随之南移；10 月以后，高压脊退至 20°N 以南。

副高是向中国大陆及四川省输送水汽的重要系统。四川省水汽输送通道虽然主要依靠西南气流从印度洋输送来，而副高位置、强度和活动，不仅与西南气流的水汽输送有关，而且还影响着东南季风从太平洋向大陆输送的水汽。同时，西太平洋副高的北侧是沿副高北上的暖湿空气与中纬度南下的冷空气相交绥的关键地带，往往形成大范围的阴雨天气。

在月气候预测业务中，国家气候中心定义了副高脊线位置、西伸脊点、面积指数和强度指数等用以描述副高形态变化的 4 个指数。在四川省月预测业务工作中，杨小波等(2014)指出(表 4.8)，副高脊线南北位置指数在四川省夏季月降水预测的信号中表现得最为突出。这也表明，副高脊线偏北时，引起盆地西部降水偏多，盆地东部、川西高原降水偏少；反之，副高脊线偏南时，引起盆地西部降水偏少，盆地东部、川西高原降水偏多。

表 4.8 夏季西太平洋副高指数分别与急流轴线指数、川渝地区降水 PC1 指数的相关系数

副高	脊线位置	西伸脊点	强度指数	面积指数
急流轴线指数	0.37*	0.06	−0.22	−0.16
川渝降水 PC1 指数	−0.47*	−0.09	0.23	0.17

夏季降水与同期西太平洋副热带高压特征指数的相关分析表明，当西太平洋副热带高压偏强、偏大时，四川降水以偏多为主，其中广元、泸州、甘孜州与阿坝州交界处、凉山州东侧为显著高相关区(图 4.35a,b)；当西太平洋副热带偏北时，四川省大部地区降水偏少，其中川西高原南部、攀西地区、盆地南部、东北部、中部(遂宁、资阳)、绵阳东南部、德阳降水显著偏少(图 4.35c)；当副高偏东时，四川省降水以偏少为主，其中盆地大部降水显著偏少(图 4.35d)。其中，副高南北位置对四川省夏季降水影响最大，东西位置次之。

(2)季风

四川省位于青藏高原东南侧，地质结构复杂多样，囊括高原、盆地、丘陵等多种地形、地貌，处于全球最著名的季风区，同时收到包括东亚季风、西南季风(南亚季风)和高原季风等季风系统的耦合影响。

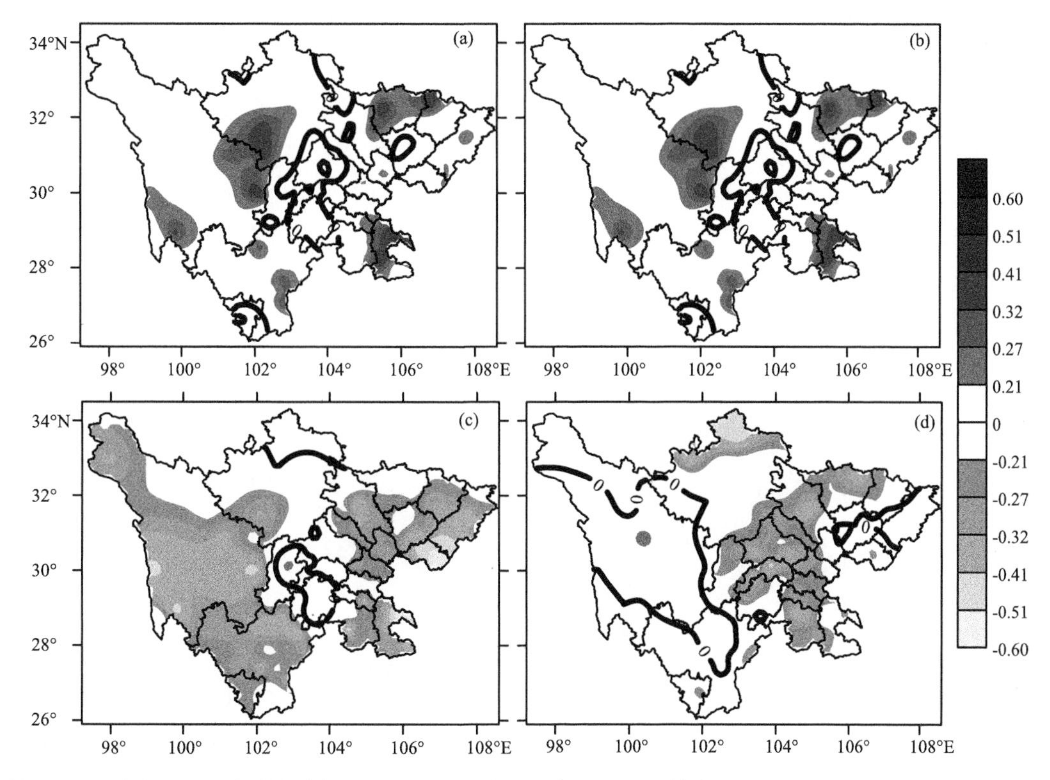

图 4.35　夏季西太平洋副热带高压面积(1)、强度(2)、脊线(3)、西伸脊点(4)与四川夏季降水的相关关系

1)高原季风

随着青藏高原冷热源性质和强度,及其与四周大气的热力差异的季节演变,高原主体部分的气压场发生明显的季节演变,冬季在高原上形成冷高压,夏季形成热低压,盛行风场随之发生显著季节演变,形成高原季风。高原季风在冬季表现为反气旋式环流,夏季表现为气旋式环流,在 600 hPa 高度场上表现最为明显,季风环流系统水平范围低层大,高层小,夏季比冬季厚度大。高原夏季风最强出现在 7 月,冬季风最强出现在 12 月,夏季低压开始出现时间大约为第 19 候,结束时间大约为 56 候。高原高压向低压转变缓慢,而低压向高压转变迅速(白虎志等,2005)。

在四川省短期气候预测业务中,高原季风是一个重要的物理影响因子。研究表明,高原夏季风、四川省夏季气温和降水均存在明显的阶段性变化特征,而且它们的变化趋势有一定联系。对于高原季风的 22 a 低频变化,20 世纪 70 年代初期以前和 80 年代末以来偏强,70 年代中后期至 80 年代中期前偏弱;对于四川省气温的 6～8 a 时间尺度,70 年代处于偏暖期,60 年代和 80 年代处于相对偏冷期;对于四川东部夏季降水 6～8 a 时间尺度,70 年代末以前少雨,70 年代末以后以多雨为主;对于四川西部夏季降水准 2 a 时间尺度,50 年代至 60 年代中期降水相对偏多期,60 年代中期至 70 年代降水相对偏少期,80 年代偏多期和 90 年代降水减少期。高由禧和郭其蕴(1958)指出,高原季风的东界大致在 110°E 附近,是我国南方“秋高气爽”和“秋雨绵绵”两大气候现象的分界线。汤懋苍等(1984)研究表明高原夏季风强年,对应华西降水是多雨年;弱年则对应华西降水少雨年。马振锋等(2003)研究指出高原夏季风强年,5—6 月四川盆地降水随着南亚高压脊线北移而增多,7—8 月四川盆地降水减少;高原夏季风弱年,主汛期前期库区降水少，后期降水略有增多。田俊和马振峰(2010)，庞铁舒等(2017)等研究指出，高原夏季风对四川省降水有显著影响，高原季风的异常将引起 700 hPa 环流场的异常，同时会影响进入四川省的水汽通道。当高原夏季风偏弱时，巴尔喀什湖至贝加尔湖低压槽、亚洲东部高压脊、印度低压均加强，同时西太平洋副热带高压偏北，南亚高压偏强偏北，并且来自孟加拉湾的西南水汽输送和源于西太平洋的偏南风水汽输送均加强，这种环流形式有利于四川盆地西部夏季降水偏多，川西高原、攀西地区及盆地东部降水偏少(图 4.36)；当高原夏季风偏强时，情况相反。

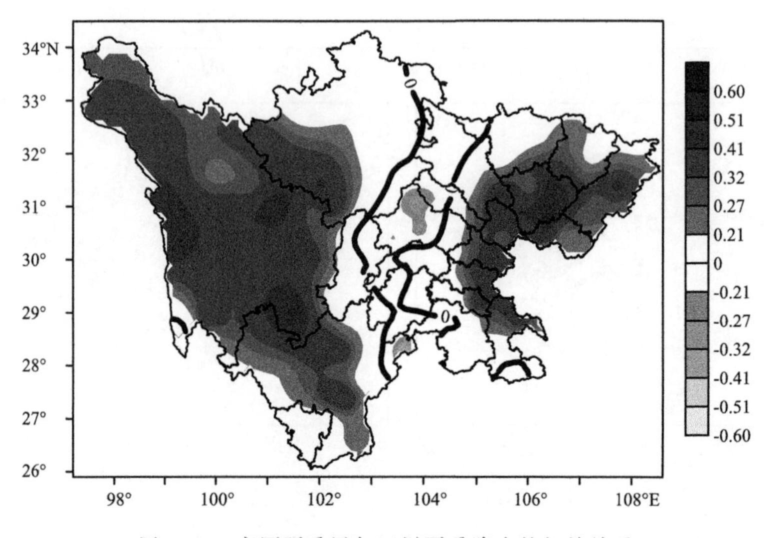

图 4.36　高原夏季风与四川夏季降水的相关关系

2)东亚季风

东亚季风具有独立于南亚季风的复杂的时空结构，是亚洲季风的重要组成部分，覆盖了副热带和中纬度的大范围地区。东亚季风的雨带狭长，伸长至几千千米，其移动和变化影响着包括中国、日本、韩国及其周边地区(张庆云 等，2003)。东亚季风就其成因而言，包括三个方面：太阳辐射的经向差异，海陆热力差异和青藏高原与大气之间的热力差异。夏季风从副热带海洋吹向陆地(偏南风)；冬季风从高纬大陆吹向海洋(偏北风)。当东亚夏季风偏强时，四川省大部降水偏少，其中盆地东部、盆地西北部大部地区，盆地南部、川西高原、攀西地区的局部地区降水显著偏少(图 4.37)。

3)西南季风

西南季风，盛行于南亚和东南亚一带的夏季风，以印度夏季风最为典型。来源于印度洋上的东南信风，穿越赤道后，受地球自转偏向力影响转向西南方向，路经热带海洋，携带大量水汽，为印度半岛和东南亚一带降水的主要来源。经印度半岛、孟加拉湾向东，可影响到中国西南、华南一带；当西南季风发展强盛时，也可深入到长江流域。当西南夏季风偏强时，四川省大部降水偏少，其中川西高原南部、攀西地区局部、盆地南部和中部的局部地区显著偏少，盆地西部和东北部局部地区降水显著偏多(图 4.38)。

(3)印缅槽

印缅槽为半永久系统，冬季强盛，夏季消失。然而夏季孟加拉湾印缅槽区高度场的强弱直接影响四川省西南侧水汽的输送，对四川省夏季降水有很强的指导意义。由图 4.39，可以看出，当高度场偏弱时，孟加拉湾受低槽影响，四川省西南侧水汽输送旺盛，四川省降水以偏多为主，其中甘孜州南部、甘孜阿坝交界处、攀西地区局部、盆地南部和东北部部分地区降水显著偏多。

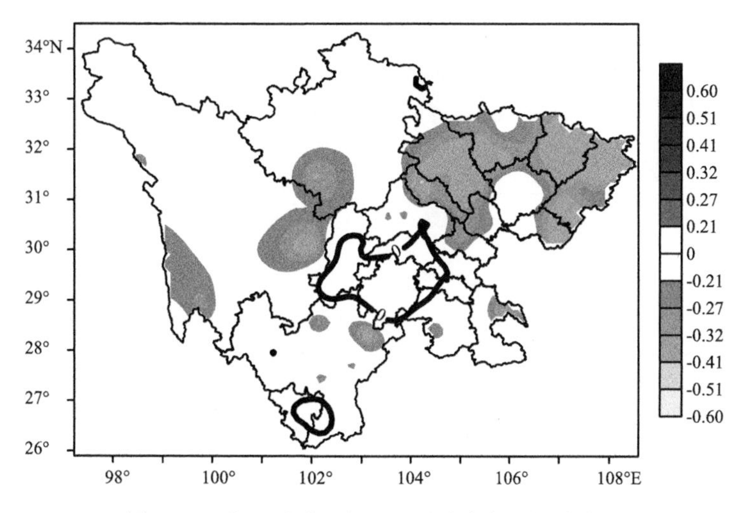

图 4.37　东亚夏季风与四川夏季降水的相关关系

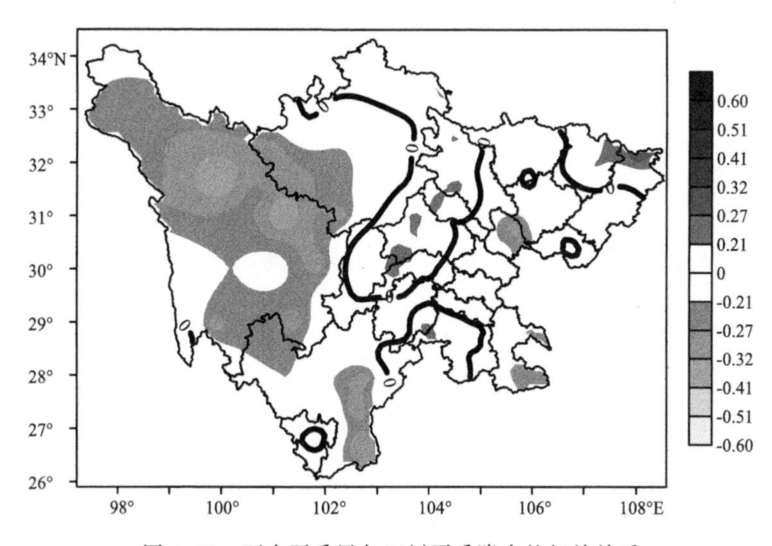

图 4.38　西南夏季风与四川夏季降水的相关关系

(4)西伯利亚高压

西伯利亚高压，也称蒙古一西伯利亚高压或亚洲高压，冬季位于西伯利亚、蒙古地区的大范围高气压(反气旋)中心，是典型的大陆气团，由于海陆热力性质不同，冬季时，大陆降温快，海洋降温慢，大陆性气候明显，气流自太平洋流向欧亚大陆，在西伯利亚地区形成高压区。西伯利亚高压是北半球四个主要的季节性大气活动中心之一，它的存在强烈地影响了亚洲东部地区(龚道溢 等，2002)。

西伯利亚高压与中国及四川省的气温关系密切。由于冷空气在西伯利亚地区大量汇集和堆积，一旦冷空气南下，即可能造成中国及四川省大规模的寒潮降温过程。龚道溢等指出(图

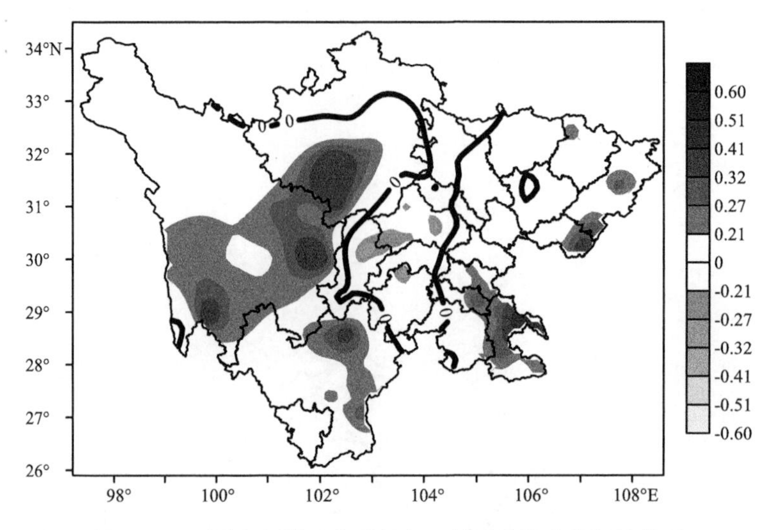

图 4.39　夏季印缅槽区高度场与四川夏季降水的相关关系

略)，当西伯利亚高压偏强一个标准差时，对应四川省气温将偏低 0.4～0.8 ℃，而对应四川省降水(尤其是盆地东部地区)将减少 5%。因此冬季西伯利亚高压的变化对四川省气温、降水有重要影响，当西伯利亚高压偏强时，对应四川省盆地地区气温偏低，降水偏少；当西伯利亚偏弱时，对应四川省盆地区气温偏高，降水偏多。而对于四川省川西高原地区的气温、降水，西伯利亚高压给出的预测信号不显著，这也显示出高原地区气候系统的复杂性。

(5)南亚高压

南亚高压，也称青藏高压，是夏季对流层上部全球最强大、最稳定和范围最大的高压。夏半年(5—9 月)位于南亚对流层上部的反气旋环流系统。在 100 hPa 高度附近最明显，强度和位置有明显季节变化。5 月份高压中心位于中南半岛北部，6—9 月主要活动于青藏高原和伊朗高原上空。7—8 月高压范围最大，从非洲西岸(20°W 附近)起，经南亚到达西太平洋(160°E 附近)，成为 100 hPa 上最强大、最稳定的环流系统。10 月以后，高压向东南退缩至太平洋上空，远离亚洲大陆，不再称南亚高压。高压中心和强度有十几天到几十天的东西振荡和明显的年际变化。南亚高压是影响四川省夏季月尺度短期气候变化的重要环流系统(尤卫红 等，2006)。

四川省位于青藏高原东侧，夏季受到南亚高压的影响巨大。杨小波等(2014)指出，当南亚高压东伸脊点偏西，面积偏小，对应西风急流轴线异常偏北时，会造成盆地西部降水偏多，而盆地东部和川西高原降水偏少；当南亚高压东伸脊点偏东，面积偏大，对应西风急流轴线异常偏南时，会造成盆地西部降水偏少，而盆地东部和川西高原降水偏多。因此南亚高压作为影响四川省的重要因子，在夏季月气候趋势预测时，是必须要考虑的重要因子。

(6)高原高度场

四川地处青藏高原东麓，其降水分布直接受青藏高原上空环流场影响。当北区高度场偏高时，四川省降水以偏少为主，其中川西高原大部、盆地东北部降水显著偏少；盆地南部及攀西高原东部降水偏多，部分地区显著偏多(图 4.40)。当南区高度场偏高时，四川省降水以偏少为主，其中甘孜北部及巴中降水显著偏少；盆地南部及攀西地区降水偏多，盆南及攀西地区东部降水显著偏多。与北区高度场相比，南区高度场对四川夏季降水的影响更大，通过显著性水平检验的范围更广。

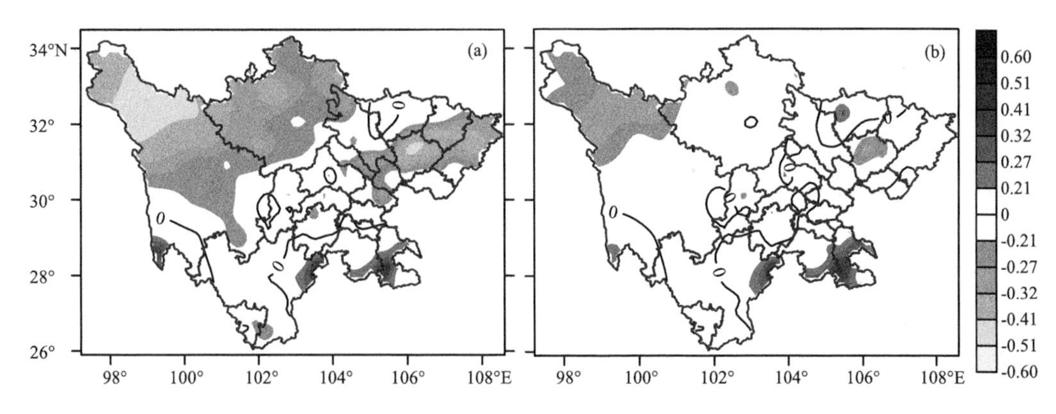

图 4.40　夏季青藏高原北区(a)和南区(b)高度场与四川夏季降水的相关关系

(7)乌拉尔山阻塞高压

四川夏季旱涝分布与中高纬环流异常所导致的向南冷空气输送有很大关联。四川省地处西南腹地，当中高纬地区乌拉尔山阻塞高压偏强时，其东侧的槽区将引导冷空气传至四川省境内，致使全省大部降水偏多，其中盆地东部、西北部部分地区表现为降水异常偏多(图 4.41)。

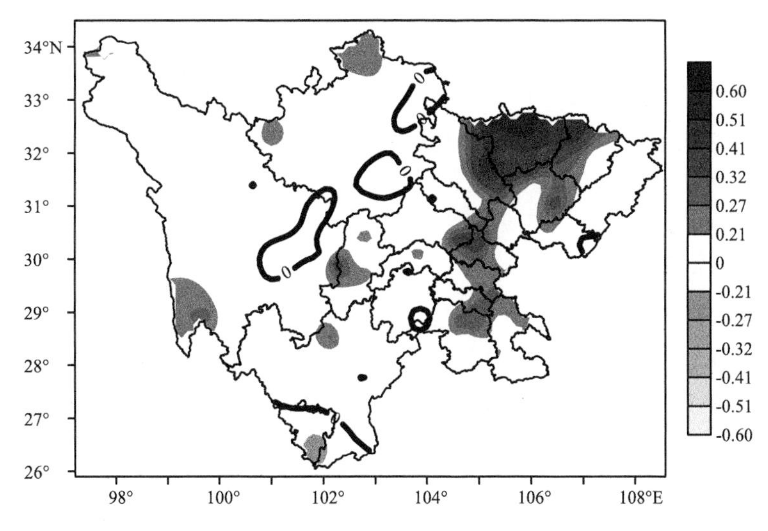

图 4.41　夏季乌拉尔山阻塞高压强度与四川夏季降水的相关关系

(8)其他重要物理影响因子

影响四川省月尺度气候趋势变化的物理因子是复杂多样的。如冬季东亚大槽的东西位置以及强度将直接影响到北方冷空气的路径，当东亚大槽偏西，偏强时，冷空气容易进入盆地地区，造成四川省气温偏低；又如冬季北极涛动反映了中高纬度大气环流的主要特征，当北极涛动处于正位相时，这些系统的气压差较正常强，限制了极区冷空气向南扩展，反之亦然。由于气候预测的复杂性，还有更多物理因子并未发现，有些因子影响气候的物理机制也并不清晰，仍需进一步研究。

4.4.4 各季节气候异常成因诊断及主要气候灾害的环流特征

随着全球气候变暖,各种自然灾害频繁发生。大气环流的调整和演变,将直接引起气候的异常,从而导致各种气候灾害的发生,北半球环流的季节变化比较突出,以 500 hPa 为例,平均环流的季节变化主要表现为:

(1)西风的季节变化

冬半年 500 hPa 只有一个西风极大中心,位于 30°—40°N,平均最大风速超过 20 m/s;夏半年西风极大中心在 35°—45°N 附近,平均最大风速比冬半年减小一半左右,另外在 70°—75°N附近还有一个次大值。

(2)经向度的季节变化

冬半年环流经向度的最大值出现在 50°N 左右,夏半年最大值在 60°N 附近,但强度小得多,仅为冬半年的 13%。

(3)超长波的季节变化

1 波的槽脊 1 月份分别与两大洋相一致,槽区位于太平洋而脊位于大西洋附近;7 月分别与两大陆相一致,槽区位于北美大陆而脊区位于欧亚大陆。2 波冬夏季无明显变化。

(4)副热带高压的季节变化

北半球副热带高压常分裂为几个单体,其季节变化是很明显的,表现在副热带高度的季节性升降。它三个单体中,太平洋副高四季存在,而北非和大西洋副高在夏半年中心强度高于太平洋副高,但冬季趋于消失,这表明他们的季节变化比太平洋副高更强。

四川省主要气候灾害分别是:春季低温、春旱、夏旱、伏旱、暴雨洪涝、秋季连阴雨、大风、冰雹、雪灾等。由于大气环流季节性的调整和演变,在不同的季节,影响四川的大气环流系统不同,引发的气候灾害就不同,故对不同季节影响四川气候的环流系统分别进行分析,结合四川省春、夏、秋、冬气候特点,分析影响四川省四季气候异常的前期及同期大气环流特征及各季节主要气候灾害的环流特征。

4.4.4.1 春季

春季(3—5 月)是四川省的关键农时季节,春旱和低温气候灾害的发生导致春播的气象条件差,严重影响了农业生产;春季是冬季和夏季的过渡季节,冬夏的大气环流特征兼而有之,下面针对四川春季的主要气候灾害—春旱和低温,分析其同期和前期的大气环流特征,可为四川省短期气候预测提供预测依据,为春季农业生产提供前瞻性服务。

(1)春季气温、降水 EOF 分析

春季降水前四个模态的累计方差贡献率为 56.1%。其中第 1 个模态的方差贡献率为 23.9%,在该模态中除川西高原局部地区,省内其余地区一致偏多,偏多权重较大的区域集中在盆地中西部地区(图 4.42a)。该模态时间系数的周期为 2～3 a(图 4.43a)。第 2 模态的方差贡献率为 15.7%,在该模态中川西高原大部,攀西地区,盆地西南部、南部和东北部的局部地区降水偏少,省内其余地区降水偏多,其中偏少中心位于高原西南部,偏多中心位于盆地西北部(图 4.42b)。该模态的时间系数呈缓慢下降的趋势,在 2000 年前以正位相为主,2000 年后以负位相为主(图 4.43b)。第 3 模态的方差贡献率为 10.1%,降水表现为“X”型,盆地东北部、攀西地区和川西高原南部降水偏少,偏少中心位于攀西地区南部,省内其余地区降水偏多,偏多中心位于阿坝南部和盆地南部(图 4.42c)。该模态时间系数自 80 年代以来呈缓慢下降趋势，2000年前以正位相为主，2000年后以负位相为主(图4.43c)。第4模态的方差贡献率为6.4%，攀西地区东部和盆地南部降水偏少，偏少中心位于凉山州、雅安和乐山的交界；省内其余地区降水偏多，偏多中心位于阿坝北部(图4.42d)。该模态的时间系数有较明显的上升趋势，1996年以前主要为负位相，以后以正位相为主(图4.43d)。

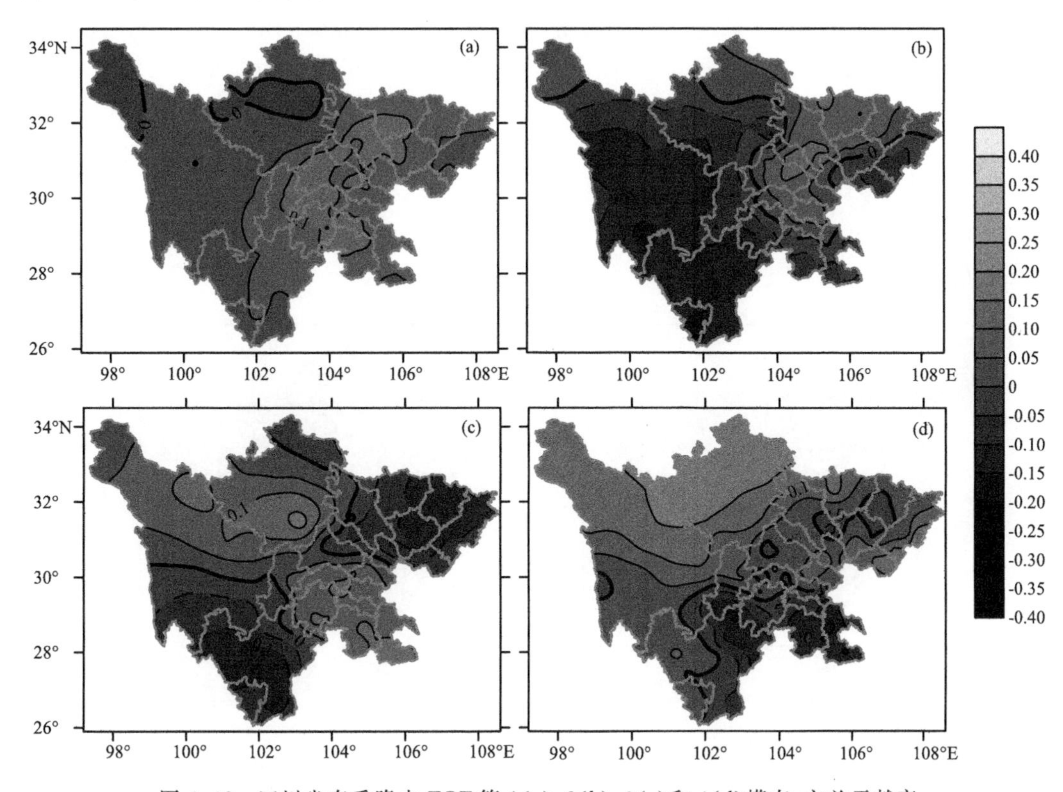

图4.42 四川省春季降水EOF第1(a)、2(b)、3(c)和4(d)模态，方差贡献率分别为23.9%，15.7%，10.1%和6.4%

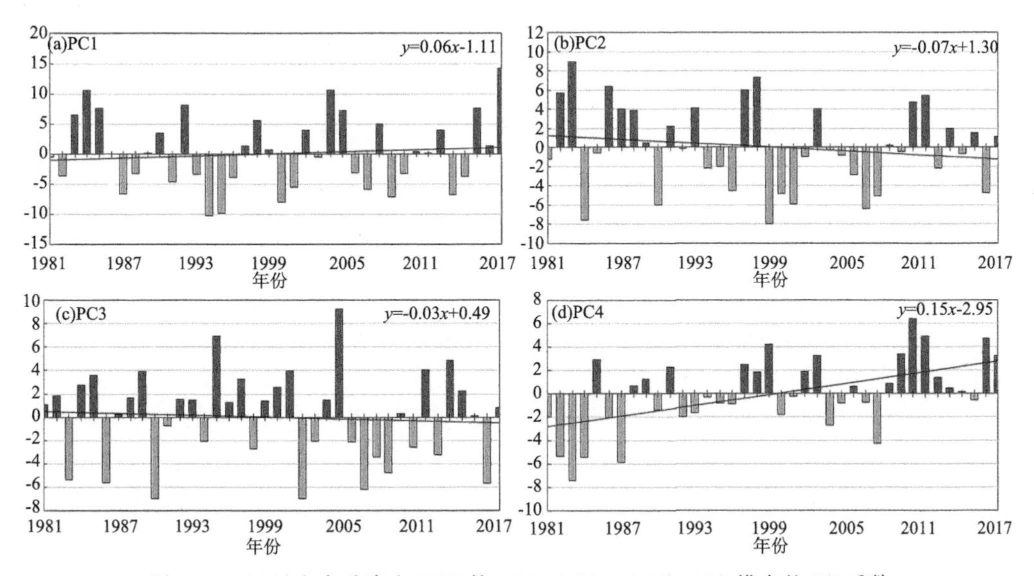

图4.43 四川省春季降水EOF第1(a)、2(b)、3(c)和4(d)模态的PC系数

春季气温前四个模态的累计方差贡献率为 90.7%。其中第 1 个模态的方差贡献率为 69.9%，该模态表现为全区一致偏暖型（图 4.44a）。该模态的时间系数在 1996 年前后由负转正，1996 年以后基本为正位相，且系数有明显的上升趋势，说明在气候变暖的大背景下，四川省的气温有明显增高的趋势（图 4.45a）。第 2 模态的方差贡献率为 14.6%，该模态表现为高原盆地反向型，川西高原和攀西地区气温偏高，盆地气温偏低（图 4.44b）。该模态系数在 2000 年前以负位相为主，之后以正位相为主（图 4.45b）。第 3 模态的方差贡献率为 3.9%，在该模态中甘孜西部、阿坝北部、盆地西北部和盆地东北部气温偏低，偏低中心位于甘孜西部，省内其余地区气温偏高，偏高中心位于攀西地区南部（图 4.44c）。该模态的时间系数存在 2～3 a 的振荡，同时有缓慢下降趋势（图 4.45c）。第 4 模态的方差贡献率为 2.3%，阿坝、甘孜北部、盆地西南地区的南部和盆地南部（图 4.44d）。该模态时间系数呈缓慢下降趋势，并且在 2010 年后均为负值（图 4.45d）。

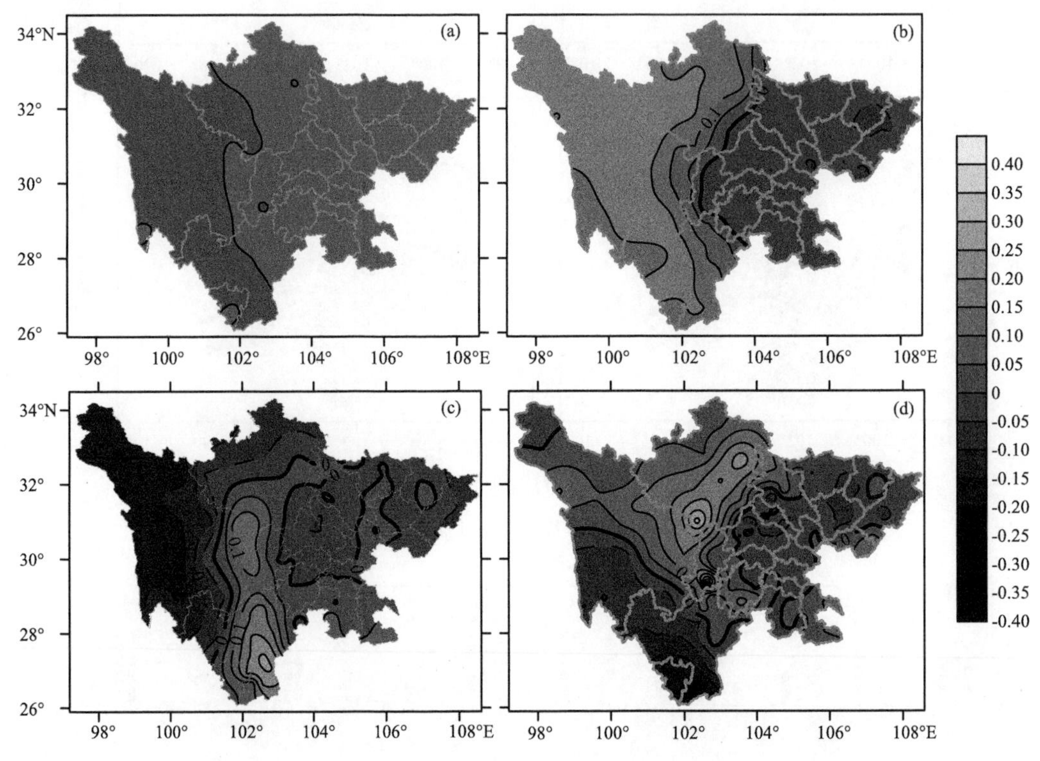

图 4.44　四川省春季气温 EOF 第 1(a)、2(b)、3(c)和 4(d)模态，方差贡献率分别为 69.9%，14.6%，3.9%和 2.3%

(2)春季冷、暖、干、湿四种气候型对应大气环流、海温分析

四川省春季气温、降水按照正、负距平的不同配置，可分为低温多雨型、低温少雨型、高温多雨型以及高温少雨型 4 类。选取四川省 158 个代表站，资料年代为 1980—2018 年，平均 3—5 月降水距平百分率，降水距平百分率小于－10%的定义为少雨年，降水距平百分率大于 10%的定义为多雨年，气温距平大于 0.5 ℃的定义为高温年，气温距平小于－0.5 ℃的定义为低温年。高温多雨年分别为 1998 年、2002 年、2004 年、2005 年、2008 年、2013 年、2016 年、2018 年；低温多雨年分别为 1983 年、1984 年、1985 年、1990 年、1992 年；高温少雨年份分别为

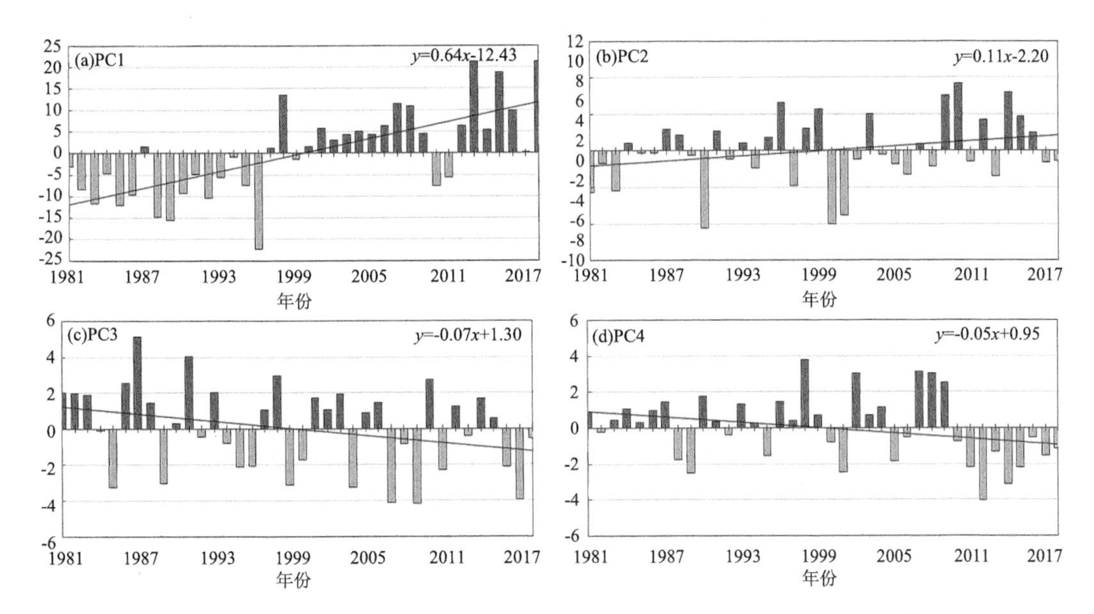

图4.45 四川省春季气温EOF第1(a)、2(b)、3(c)和4(d)模态的PC系数

1987年、1994年、2000年、2001年、2009年、2014年;低温少雨年份为1982年、1986年、1995年。

高温多雨年(图4.46)海温距平场为厄尔尼诺型,西太副高偏强、偏西、偏北,我国大部受正高度距平控制,西伯利亚高压偏弱,气温易偏高;低层孟加拉湾水汽条件较好,而在印缅槽区域,正高度距平较弱,表明月内有南支槽活动,利于四川省产生降水。

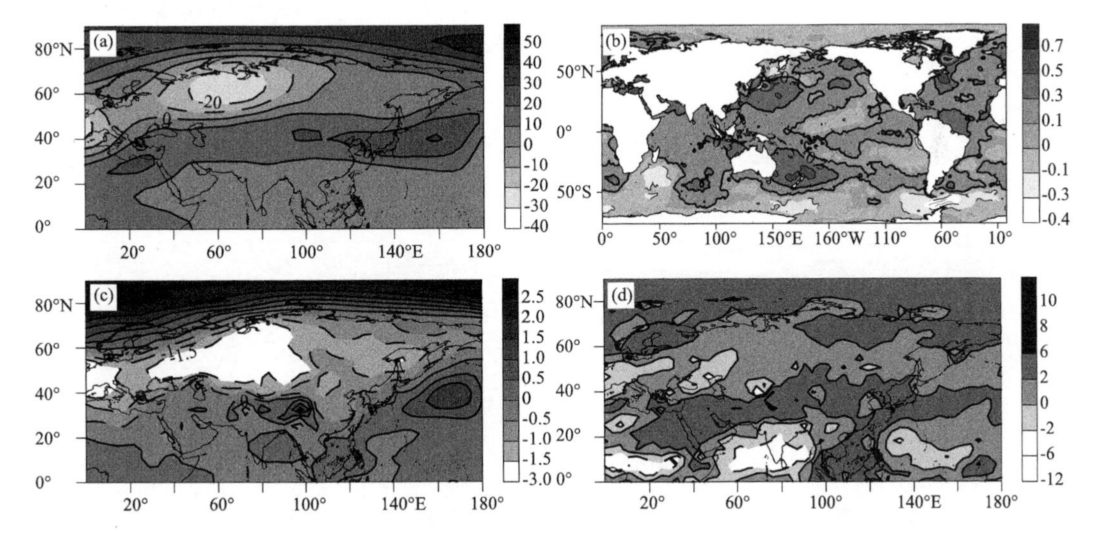

图4.46 四川省春季高温多雨年环流合成500 hPa高度场距平(a)、海表温度距平(b)、海平面气压场距平(c)、向外长波辐射距平(d)

高温少雨年(图4.47)欧亚中高纬环流自西向东为"－＋－"分布,四川省处在槽后脊前,低层吹偏北风,水汽条件差,不利降水;海平面气压场上,西伯利亚高压明显偏弱,四川省又受到正高度距平控制,气温偏高。

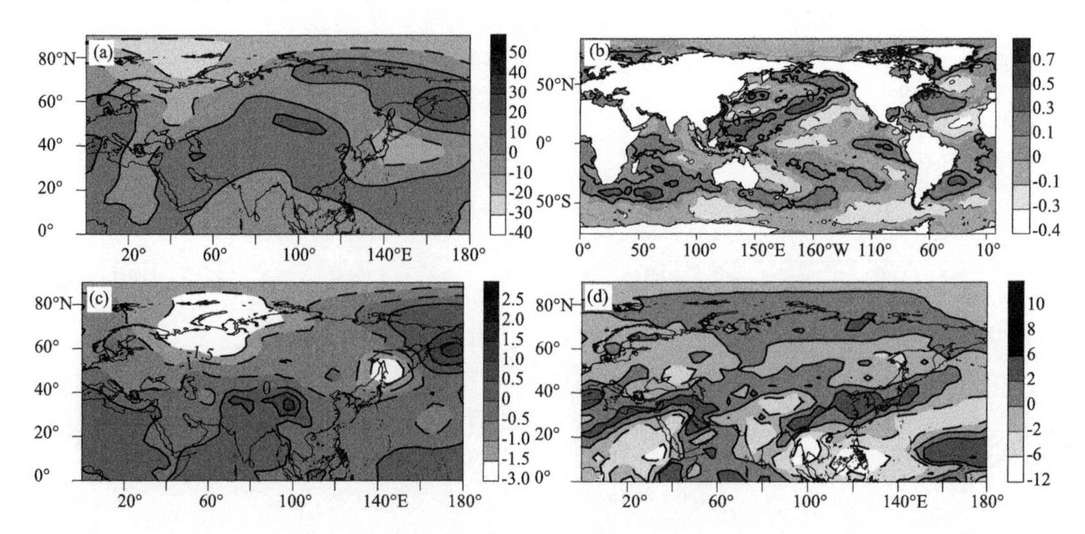

图 4.47　四川省春季高温少雨年环流合成 500 hPa 高度场距平(a)、海表温度距平(b)、海平面气压场距平(c)、向外长波辐射距平(d)

春季低温多雨年(图 4.48),欧亚地区中高纬自西向东为“+－+”分布型,北正南负的高度距平场利于冷空气南下;新疆北部有负距平中心,高原高度场偏低,日本海附近正高度距平,这种西低东高的环流配置下,四川省处在槽前脊后,南方水汽输送配合北方冷空气,易形成降水。而从海平面气压场上看,西伯利亚高压略偏强,四川省易发生低温冷事件。

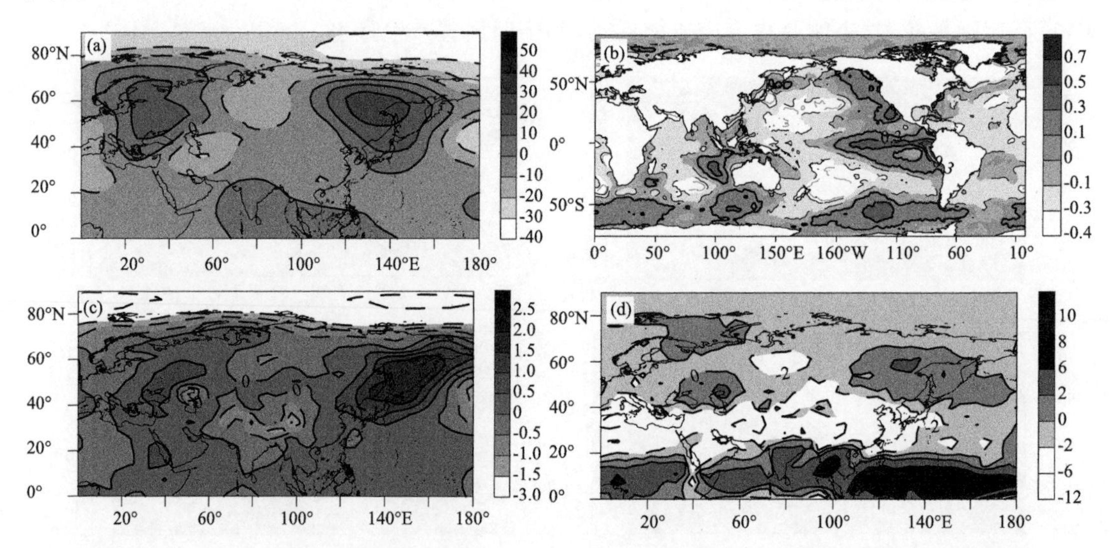

图 4.48　四川省春季低温多雨年环流合成 500 hPa 高度场距平(a)、海表温度距平(b)、海平面气压场距平(c)、向外长波辐射距平(d)

低温少雨年(图 4.49),低温的主导因子依然是西伯利亚高压偏强,500 hPa 高度场上,我国大部地区受负高度距平控制,欧亚中高纬表现为两脊一槽型环流,海温距平场为拉尼娜型,均利于产生低温;地球向外长波辐射(outgoing longwave radiation,OLR)正值,表明对流活动弱,不利降水。

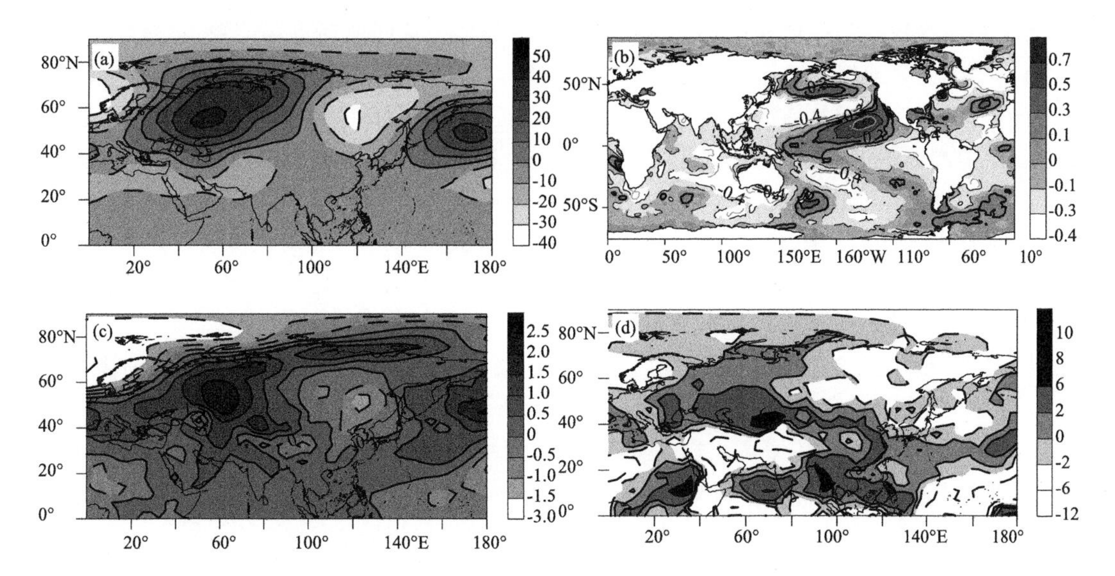

图 4.49　四川省春季低温少雨年环流合成 500 hPa 高度场距平(a)、海表温度距平(b)、海平面气压场距平(c)、向外长波辐射距平(d)

(3)春季降水异常的同期环流特征

四川春季降水与同期北半球 500 hPa 高度场的相关分析表明:显著负相关区主要位于极地地区,乌拉尔山地区也为负相关区,正相关区主要位于欧洲北部、贝加尔湖至鄂霍次克海地区,欧亚中高纬地区出现“+－+”的遥相关特征,也即负 EU 型遥相关波列。类似的,春季降水偏少年,极地、欧洲西海岸、贝加尔湖、东亚地区为负距平区,欧洲至乌拉尔山地区为正距平区,出现正 EU 型遥相关波列;春季降水偏多年,欧洲大部、东亚地区为正距平区,乌拉尔山至贝加尔湖地区为负距平区,表现出负 EU 型遥相关波列特征。以上表明,影响四川春季降水的系统在欧亚地区主要有极涡、东亚大槽、乌拉尔山至贝加尔湖地区槽(脊)、欧洲地区槽(脊),即当欧亚地区出现正 EU 型遥相关波列时,极涡偏强、东亚大槽偏强、乌山地区为槽脊,欧洲地区为槽,对应四川省春季降水偏少,春旱常发生在这种环流背景下。

(4)春季降水异常的前期环流特征

春季降水与前一年秋季北半球 500 hPa 高度场的相关分析结果表明:显著负相关区主要分布于欧洲附近地区,正相关区主要分布于北太平洋、贝加尔湖、欧洲以西地区。以上说明,当前一年秋季欧亚地区出现负 EU 型遥相关型时,四川春季降水易偏少。

春季降水与前一年冬季北半球 500 hPa 高度场的相关分析结果表明:显著负相关区主要位于极涡、里海至我国北方地区的纬向带上,正相关区主要位于欧洲西岸至贝加尔湖的纬向带上,从高纬至低纬呈现出“－+－”经向遥相关波列。这一分布特征说明,当前一年冬季极涡偏弱、西伯利亚高压也偏弱,我国大部受高值系统控制,中纬度地区出现“北高南低”的环流型时,四川春季降水偏少,易发生春旱。

(5)春播期间环流特征

春季,四川省进入水稻等大春作物播种、育秧季节。春播这一关键时期的“天时”,对大春作物的生长具有举足轻重的影响。然而,春季,四川盆地气温很不稳定,容易出现低温、阴雨等灾害。做好春播期间(3—4 月)的特殊农时预报服务,对农业生产意义重大。由此,这里给出了春播较好年和较差年同期和前期 500 hPa 环流形势场。从同期环流场可知，春播好年，巴尔喀什湖至我国北方地区为显著正距平区，乌拉尔山至鄂霍次克海纬向带为显著负距平区，呈现出显著的负 EU 型遥相关特征，说明乌拉尔山和鄂霍次克海地区为低压槽，我国北方地区为高压脊，亚洲中高纬地区这种“南高北低”环流形势，不利于北方强冷空气入侵，造成四川盆地气温偏高，春播期间气候条件较好。与之相反，春播差年，乌拉尔山地区、鄂霍次克海地区为异常正距平区，我国大部为负距平区，说明乌拉尔山和鄂霍次克海地区出现阻塞高压，亚洲地区为“两脊一槽”的环流形势，利于北方强冷空气入侵，导致四川盆地气温偏低，春播期间气候条件较差。

从前期冬季环流场看到，春播好年，极地、我国北方以及整个低纬度地区为正距平区，中纬大部地区为负距平区；春播差年，高纬大部、我国北方以及整个低纬度地区为负距平区，中纬度 20°—40°N 的环状带为正距平区。以上分布表明，当前一年冬季北极涛动(AO)异常负(正)位相，我国北方及整个低纬度地区为高压(低压)所控制，当年春播条件较好(差)。

4.4.4.2　夏季

夏季(5—9 月，即通常所说的汛期)是四川省一年的主要降雨季节，其降水量占全年的 65%，这个关键季节降水的多少与全省的旱涝密切相关，也与高原雨季开始期的早晚有很大关系。由于夏季旱涝以及高原雨季开始期的早晚，直接影响到人民生命财产安全以及工农业生产。下面主要针对四川夏季的干旱(夏旱、伏旱)和洪涝以及高原雨季开始的早晚，分析降水偏多偏少的同期和前期大气环流特征，可为四川省短期气候预测业务人员提供预测依据，为政府防灾减灾提供气象保障服务。

(1)主汛期(6—8 月)气温、降水 EOF 分析

四川夏季降水的前 4 个模态的累计方差贡献率为 56.1%。其中第 1 个模态的方差贡献率为 23.9%，表现为全省一致偏多型(图 4.50a)。时间系数显示该模态有 2～4 a 的变化周期，近年来以负位相为主(图 4.51a)。第 2 模态的方差贡献率为 15.7%，自西向东表现为“－＋－”型，川西高原、攀西地区、盆地东部降水偏多，盆地西部降水偏少(图 4.50b)。该模态时间系数的变化周期为 2～4 a(图 4.51b)。第 3 模态的方差贡献率为 10.1%，表现为“南北反向”型，其中盆地东北部、西北部和川西高原北部降水偏少，川西高原南部、攀西地区、盆地西南部和盆地南部降水偏多(图 4.50c)。该模态在 2000 年前以正位相为主，2000 年以后以负位相为主，近年来由负转正(图 4.51c)。第 4 模态的方差贡献率为 6.4%，表现为“东西反向”型，其中盆地西部、川西高原和攀西地区大部降水偏多，省内其余地区降水偏少(图 4.50d)。该模态 2000 年之前以负位相为主，之后以正位相为主(图 4.51d)。

四川夏季气温的前 4 个模态所占的方差贡献率为 87.9%，是夏季气温的主要变化形态。其中第 1 个模态的方差贡献率为 69%，表现为全省一致偏暖型(图 4.52 a)。该模态的时间系数有明显上升趋势，并在 2005 年前后发生转折，近几年均以正位相为主，说明四川省夏季气温呈上升趋势(图 4.53a)。第 2 模态的方差贡献率为 11.7%，表现为“高原盆地反向”型，川西高原、攀西地区气温偏高，盆地大部偏低(图 4.52b)。该模态在近几年以正位相为主(图 4.53b)。第 3 模态的方差贡献率为 4.2%，川西高原大部和盆地西北部气温偏低，省内其余地区气温偏高(图 4.52c)。该模态的时间系数在 1998 年前后出现转折，在此之前以正位相为主，在此之后以负位相为主，在整体偏暖的背景下，近几年高原大部和盆地西部有偏冷的趋势(图 4.53c)。第 4 模态的方差贡献率为 3.0%，表现为“南北反向”型，其中川西高原大部、盆地西

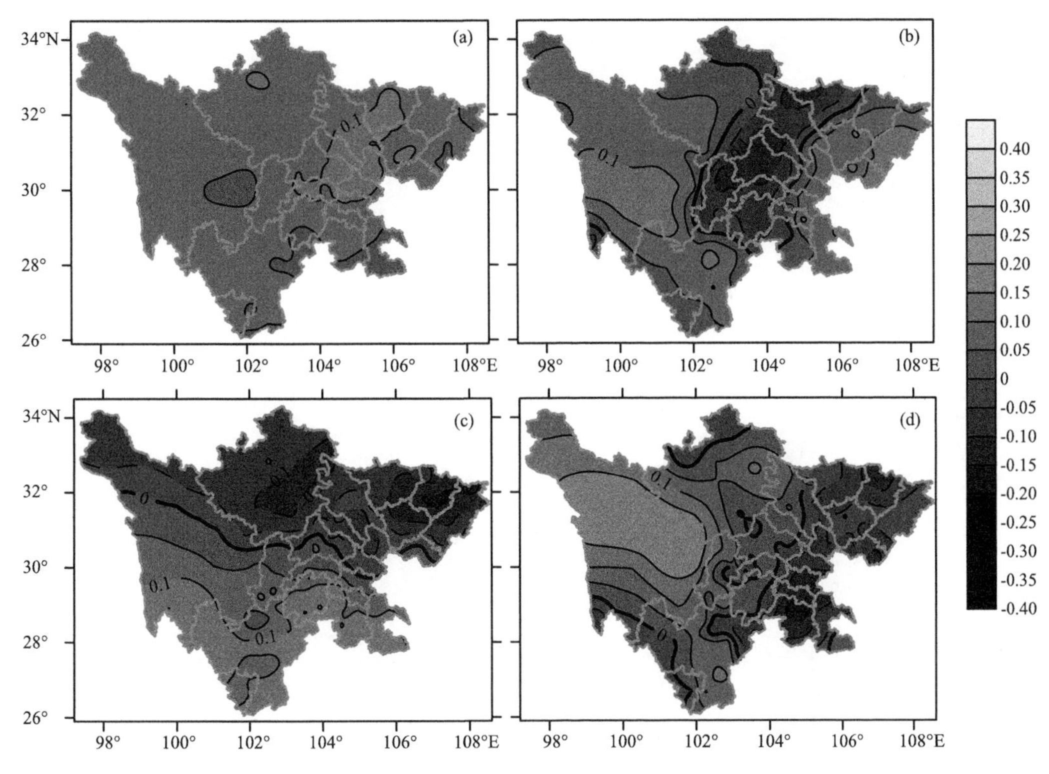

图 4.50　四川省夏季降水 EOF 第 1(a)、2(b)、3(c)和 4(d)模态，方差贡献率分别为 23.9%，15.7%，10.1%和 6.4%

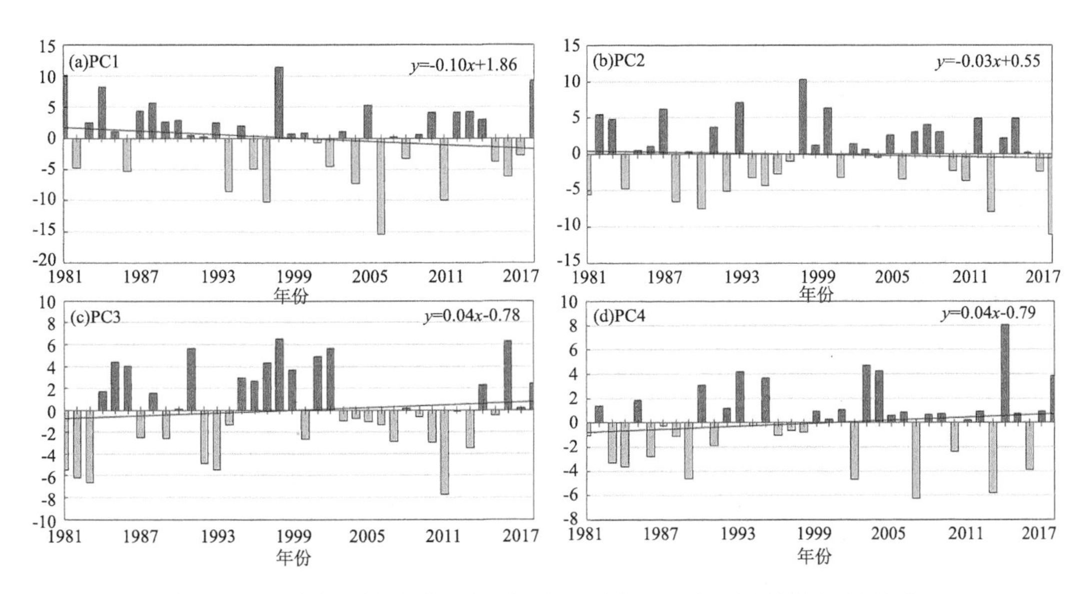

图 4.51　四川省夏季降水 EOF 第 1(a)、2(b)、3(c)和 4(d)模态的 PC 系数（黑色实线为 PC 系数的趋势线，方程为一元线性方程）。

北部的北部地区和盆地东北部气温偏低，省内其余地区气温偏高(图 4.52d)。该模态在 2000 年以前以弱负位相为主，之后以正位相为主，时间系数整体呈上升趋势(图 4.53d)。

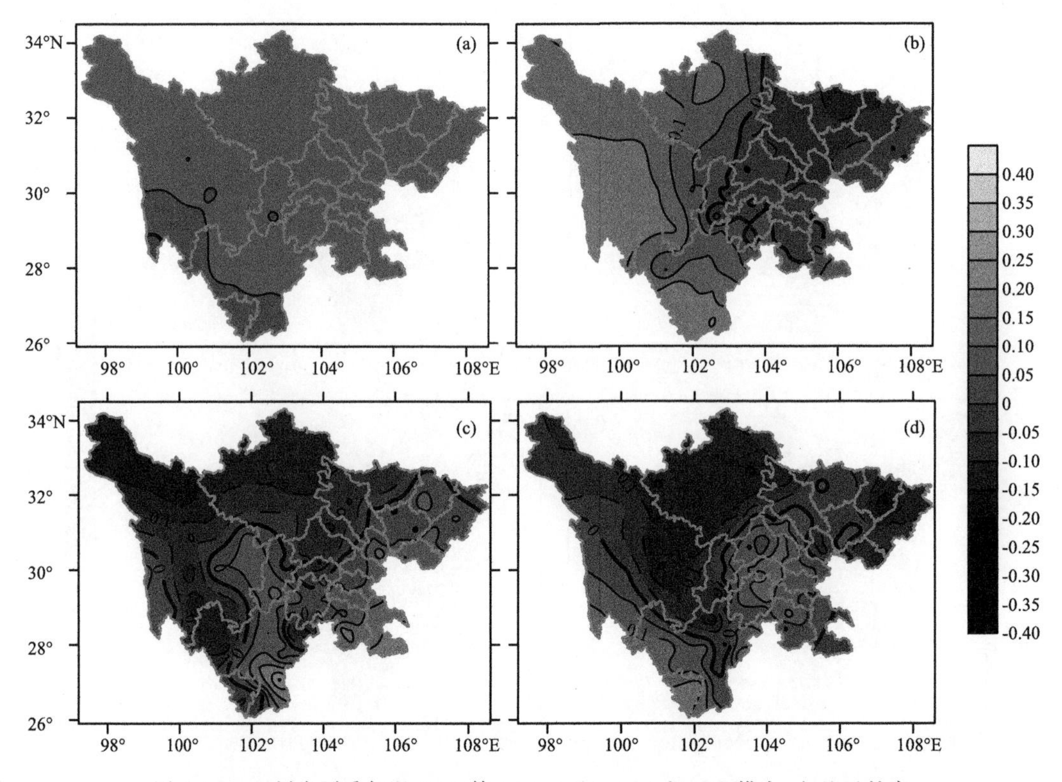

图 4.52　四川省夏季气温 EOF 第 1(a)、2(b)、3(c)和 4(d)模态，方差贡献率分别为 69.0%，11.7%，4.2%和 3.0%

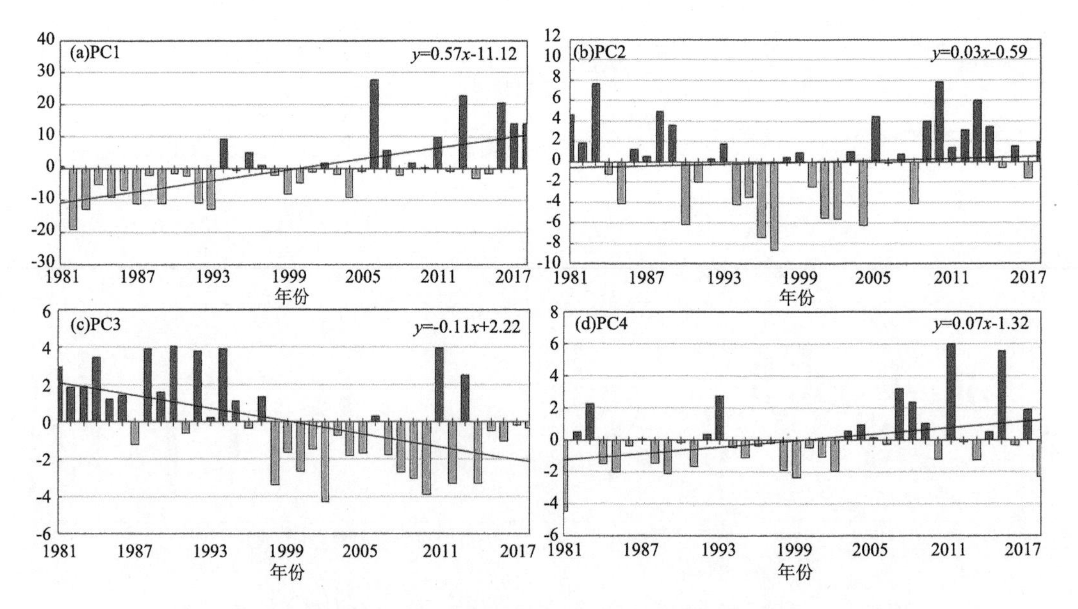

图 4.53　四川省夏季气温 EOF 第 1(a)、2(b)、3(c)和 4(d)模态的 PC 系数（黑色实线为 PC 系数的趋势线，方程为一元线性方程）

(2)主汛期降水典型偏多年、典型偏少年对应大气环流、海温分析

夏季旱涝年挑选的标准，选取四川省 158 个代表站，资料年代为 1980—2018 年，平均 6—

8 月降水距平百分率，降水距平百分率小于或等于－10％的定义为旱年，分别为 1982 年、1994 年、1997 年、2004 年、2006 年、2011 年，降水距平百分率大于或等于 10％的定义为涝年，分别为 1981 年、1984 年、1988 年、1998 年、2005 年、2013 年、2018 年。

从旱年的 850 hPa 风场距平合成（图略）来看，南海至菲律宾地区呈气旋性环流异常，我国北方到日本为反气旋性环流异常，表示西太平洋副热带高压位置偏北偏东。对流层中高层的中高纬度贝加尔湖到我国东北地区为反气旋性异常环流。200 hPa 青藏高原上为异常东风，高原的北面有较强反气旋性环流异常，表明青藏高压位置偏北，强度偏强，在这种环流形势下，高原东部经河套到华北地区有较强的西南风，导致偏北气流被局限在较高纬度，冷空气条件不足，自南海西太平洋地区的偏南风水汽输送减弱，使进入中国东部和南部地区的水汽减少，不足以北推或西进至华北和盆地西部地区，导致大量水汽只能在盆地东部和长江中下游地区辐合。而涝年与旱年刚好相反，低层，西太平洋地区有一对距平涡旋。南海至菲律宾呈反气旋性环流异常，西北太平洋为气旋性环流异常，四川省位于两距平涡旋西侧异常偏南气流和异常偏北气流的交汇处。200 hPa 青藏高原南部为反气旋环流异常，高原的西北和东北侧各有一较强气旋性环流异常，表明青藏高压位置偏南，强度偏弱。源于西太平洋上的偏东风水汽输送大大加强，使进入我国东部和南部地区的水汽增多，有利于将水汽向西、向北扩展到四川大部和华北地区，同时孟加拉湾偏南风水汽输送和高原北侧偏西风水汽输送均加强，使大量水汽能够在四川省辐合，导致降水偏多。

对比旱涝年 6—8 月海表温度距平图（图 4.54），旱年的海表温度距平在阿拉伯海、孟加拉湾和印尼群岛为负距平，西太平洋为正距平，北太平洋以正距平为主。而涝年的海表温度距平在中东太平洋为异常的暖海温距平，在阿拉伯海、孟加拉湾至印尼群岛均为异常的正距平，南半球澳大利亚东侧海域也为正距平，仅在西太平洋的暖池地区及北太平洋的中部为微弱的负距平。从时间演变上看，旱年中东太平洋海温由冬季的异常偏冷到正常偏冷，再到异常偏暖，为拉尼娜衰减年；涝年的中东太平洋海温由冬季的异常偏暖逐渐到中性状态，再到异常偏冷状态，为厄尔尼诺衰减年（图 4.54—图 4.56）。

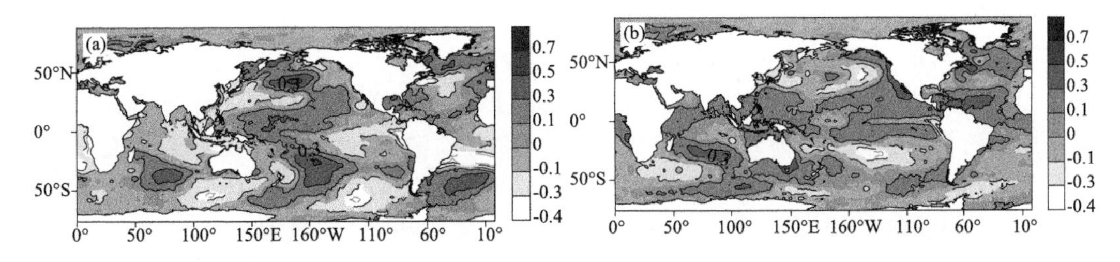

图 4.54　四川省涝年前期冬季 12—2 月海表温度（SST）距平合成分布图(a)旱年；(b)涝年

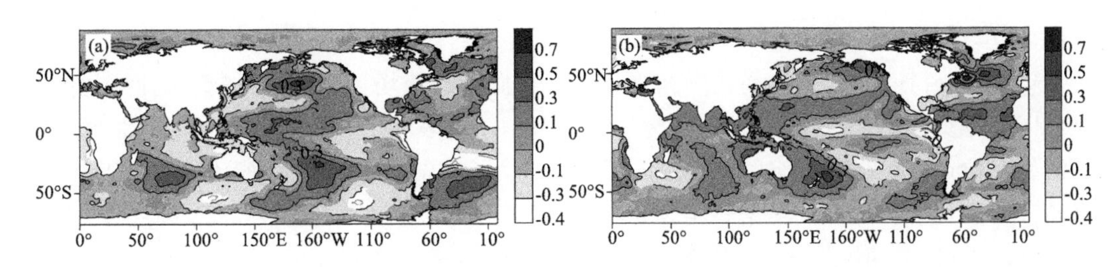

图 4.55　四川省涝年前期春季 3—5 月 SST 距平合成分布图(a)旱年；(b)涝年

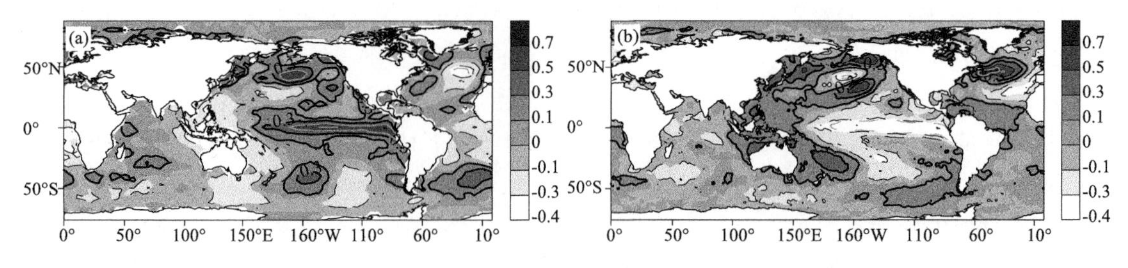

图 4.56 四川省涝年同期夏季 6—8 月 SST 距平合成分布图(a)旱年;(b)涝年

四川夏季降水与同期北半球 500 hPa 高度场的相关分析表明:显著正相关区主要分布于极地、欧洲西海岸、乌拉尔山地区、鄂霍次克海地区以及我国东南沿海地区,显著负相关区主要分布于欧洲地区,而贝加尔湖地区为不显著的负相关区。以上说明极涡和西太平洋副热带高压强弱、亚洲中高纬地区"两槽一脊"或"两脊一槽"的环流型,将直接影响到四川夏季降水的多寡。从夏季降水偏多年环流场可以看出,乌拉尔山地区、鄂霍次克海地区以及东半球极地地区为异常正距平区,而贝加尔湖地区和日本以东洋面为异常负距平区,这说明东半球极涡异常偏弱,乌拉尔山和鄂霍次克海地区高压脊建立,贝加尔湖地区为低压槽,东亚槽偏强,盛行经向环流,利于冷空气南下,造成四川夏季降水偏多。与之相反,四川夏季降水偏少年,极地地区以及乌拉尔山地区为异常负距平区,而巴尔喀什湖至我国东部的整个纬向带为异常正距平区,呈现出"南高北低"的环流型,盛行纬向环流,不利于冷空气南下,造成冷暖空气不能交汇形成降水,导致四川省夏季降水偏少。从偏多、偏少年差值图上还可以看出,当偏多(少)年时,我国东部沿海为异常正(负)距平区,这一特征表明副热带高压偏强(弱)、偏西(东),有利于(不利于)南方暖湿气流到达四川上空,造成四川省夏季降水偏多(少)。

综上所述,影响四川夏季降水的主要系统有极涡、东亚大槽、乌拉尔山和鄂霍次克海高压脊(低压槽)、贝加尔湖低压槽(高压脊)、西太平洋副热带高压。当极涡偏弱、东亚大槽偏强、乌拉尔山和鄂霍次克海地区为高压脊、贝加尔湖地区为低压槽,西太平洋副高偏强、偏西时,四川省夏季降水偏多,这是典型洪涝年的同期环流特点。

夏季降水与前一年冬季北半球 500 hPa 高度场的相关分析结果表明:显著正相关区主要分布于欧洲沿岸以西地区、北美、东北太平洋,而显著负相关区主要分布于冰岛附近地区以及美国西海岸,这些地区为冬季环流对夏季环流有预测指示意义的关键区。夏季降水与前期春季北半球 500 hPa 高度场的相关分析表明:整个中太平洋地区以及加拿大大部地区为显著正相关区,而北太平洋和美国大部为显著负相关区,这种分布表现出明显的 PNA 遥相关型特征,即当春季 500 hPa 高度场为正 PNA 遥相关型时,对应四川夏季易出现洪涝。

(3)夏旱环流特征

每年 5—6 月期间,四川省易出现初夏干旱。从同期环流场可见,夏旱偏重年,欧洲至西伯利亚地区都为负距平区,我国大部地区为正距平区。以上表明,欧亚中高纬地区为"北低南高"的环流型,盛行纬向环流,冷空气活动较弱,同时西太平洋副热带高压偏强、偏西,四川省初夏降水异常偏少,夏旱偏重;夏旱偏轻年,乌拉尔山地区和鄂霍次克海地区为正距平区,贝加尔湖地区为负距平区,中纬度地区为"两脊一槽"的环流形势,盛行经向环流,有利于强冷空气的活动,四川省初夏降水异常偏多,夏旱偏轻或不出现。

分析前一年冬季环流场可见，夏旱偏重年，乌拉尔山地区至西西伯利亚为负距平区，我国大部为正距平区，呈现出“南高北低”的环流型；夏旱偏轻年，欧洲大部、鄂霍次克海地区为正距平区，巴尔喀什湖至贝加尔湖地区为负距平区，欧亚地区为“两脊一槽”的环流形势。由此说明，当前一年冬季欧亚地区为“南高北低”环流型时，四川省夏旱偏重；当前一年冬季欧亚地区为“两脊一槽”环流型时，四川省夏旱偏轻。

(4)伏旱环流特征

从伏旱偏重年和偏轻年同期环流场可知，伏旱偏重年，欧洲西海岸、乌拉尔山、鄂霍次克海、我国东南沿海地区为负距平区，而欧洲、贝加尔湖、日本海地区为正距平区。由此表明，欧亚地区在纬向带上呈现出显著的正 EU 遥相关波列，而在东亚地区呈现出“－＋－”经向遥相关波列，这种环流特征导致四川盛夏出现严重伏旱。与之相反，伏旱偏轻年，欧洲、贝加尔湖、日本海地区为负距平区，欧洲西海岸、乌拉尔山、鄂霍次克海、我国东南沿海地区为负距平区。这表明，欧亚地区在纬向带上呈现出显著的负 EU 遥相关波列，而在东亚地区呈现出“＋－＋”经向遥相关波列，这种环流特征导致四川盛夏伏旱偏轻。

对比前一年冬季环流场可以看到，两类环流差异区主要位于太平洋地区。伏旱偏重年，北太平洋地区为正距平区，赤道太平洋地区为负距平区，为正 NPO 遥相关特征；伏旱偏轻年，北太平洋地区为负距平区，赤道太平洋地区为正距平区，为负 NPO 遥相关特征。由此可知，前一年冬季正(负)NPO 遥相关波列，对应四川省伏旱偏重(轻)。

(5)川西高原雨季开始期环流特征

川西高原地处青藏高原东侧，干湿季分明，全年降水主要集中于 5—10 月，而雨季开始期的预报历来为当地政府和农业生产部门十分重视和关注。为此，下面分析川西高原雨季开始早晚与之对应的环流特征。首先川西高原雨季开始期的计算方法：

开始期计算标准：4 月 21 日至 6 月 30 日，满足任意 5 天滑动累计雨量大于或等于多年平均候雨量的某一天为止，即：

$$K_{雨}=R_5/\bar{R}_{雨候}\geqslant 1 \tag{4.48}$$

式中，$\bar{R}_{雨候}=\bar{R}_{5-10}/36$，$\bar{R}_{5-10}$为多年平均的 5—10 月总雨量，$R_5$ 为任意 5 天滑动累计雨量。以后连续 15 天内，又有任意 5 天滑动累计的 $K_{雨}\geqslant 1$，则第一个 5 天中日雨量≥10 mm 的这一天即为雨季开始期。如果雨季开始日在 4 月份，则统一规定 5 月 1 日为雨季开始期。

从川西高原雨季开始早晚年同期环流场可知，雨季开始偏早年，贝加尔湖地区以及低纬度地区为负距平区，而我国北方大部地区至鄂霍次克海为正距平区，亚洲中高纬度地区为“东高西低”的环流形势；雨季开始期偏晚时，乌拉尔山至鄂霍次克海地区为负距平区，我国南方及整个低纬度地区为正距平区，中纬度地区呈现出“南高北低”的环流型。从以上分析可知，不论雨季开始早晚，北方强冷空气的活动都比较弱，盛行纬向环流，不利于冷空气到达川西高原地区，中纬度系统并不是影响雨季早晚的决定性因素；雨季偏早(晚)年，青藏高原受低压槽(高压脊)控制，印缅槽偏强(弱)，西太平洋副热带高压偏弱(强)、偏东(西)，这些系统给川西高原地区带来了足够的暖湿水汽，造成川西高原雨季开始期偏早(晚)。

在前期冬季环流场，偏早年冬季孟加拉湾地区和西太平洋地区为负距平区，而偏晚年冬季孟加拉湾地区和西太平洋地区为正距平区。这种差异主要表现出印缅槽和副热带高压的不同，即冬季印缅槽偏强(弱)、西太平洋副高偏弱(强)、偏东(西)，川西高原雨季开始期偏早(晚)。

4.4.4.3　秋季

秋季(9—11月)是夏季至冬季的过渡季节，其冬夏的环流特征兼而有之。下面针对秋季降水及主要气候灾害——连阴雨，分析秋季降水异常及连阴雨的前期和同期的环流特征，为连阴雨的预报提供依据。

(1)秋季气温、降水EOF分析

四川秋季降水EOF的前4个模态的累计方差贡献率为56.8%。其中第1个模态的方差贡献率为24.6%，表现为全省降水一致偏多，偏多中心位于盆地西南部(图4.57a)。该模态的时间系数2～4 a的振荡周期，近几年以正位相为主，降水增多(图4.58a)。第2模态的方差贡献率为15.4%，川西高原北部、盆地东部降水偏多，偏多中心在阿坝北部和盆地东北部，省内其余地区降水偏少，偏少中心在甘孜西部(图4.57b)。该模态的时间系数在2000年前以负位相为主，之后以正位相为主(图4.58b)。第3模态的方差贡献率为10.7%，表现为自西向东"－＋－"型，盆地西部降水偏多，偏多中心位于成都、绵阳和德阳的中部地区，省内其余地区降水偏少，偏少中心位于攀西地区南部和盆地南部(图4.57c)。该模态的时间系数有2～4 a的变化周期，近10年来以负位相为主(图4.58c)。第4模态的方差贡献率为6.0%，在该模态中，川西高原、盆地西部和盆地东北部的部分地区降水偏多，偏多中心位于阿坝甘孜交界处，省内其余地区降水偏少，偏少中心位于攀西地区西北部(图4.57d)。该模态的时间系数有6 a左右的变化周期，整体呈缓慢上升趋势(图4.58d)。

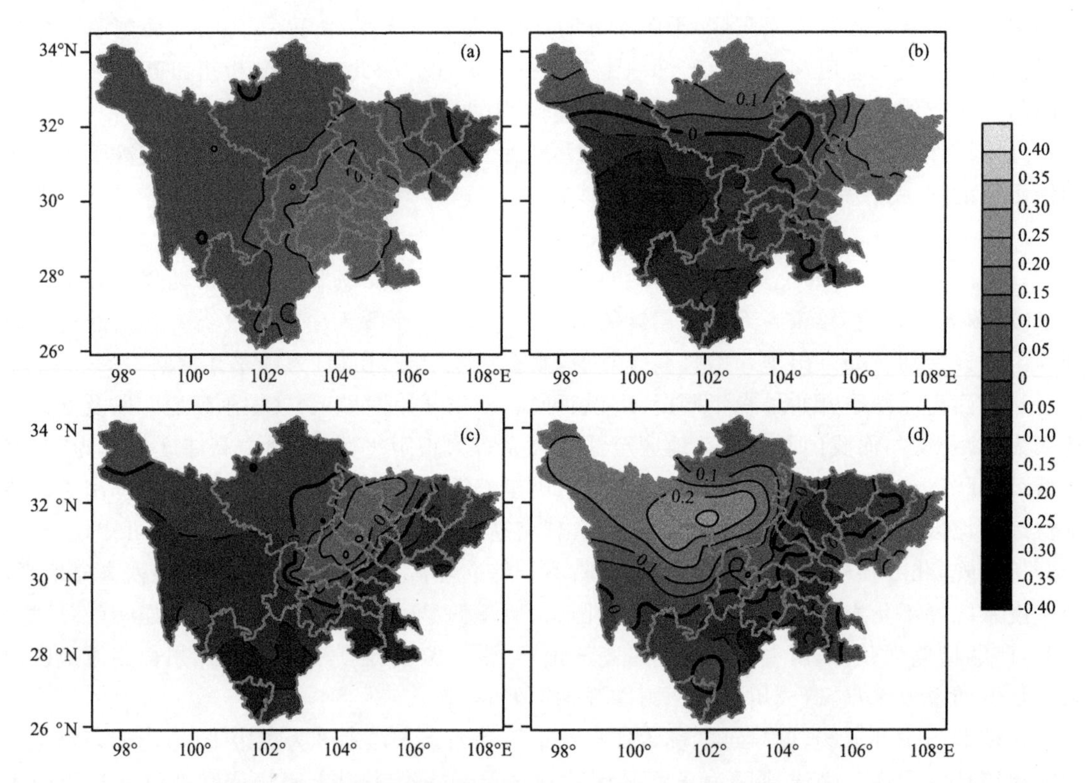

图4.57　四川省秋季降水EOF第1(a)、2(b)、3(c)和4(d)模态，
方差贡献率分别为24.6%，15.4%，10.7%和6.0%

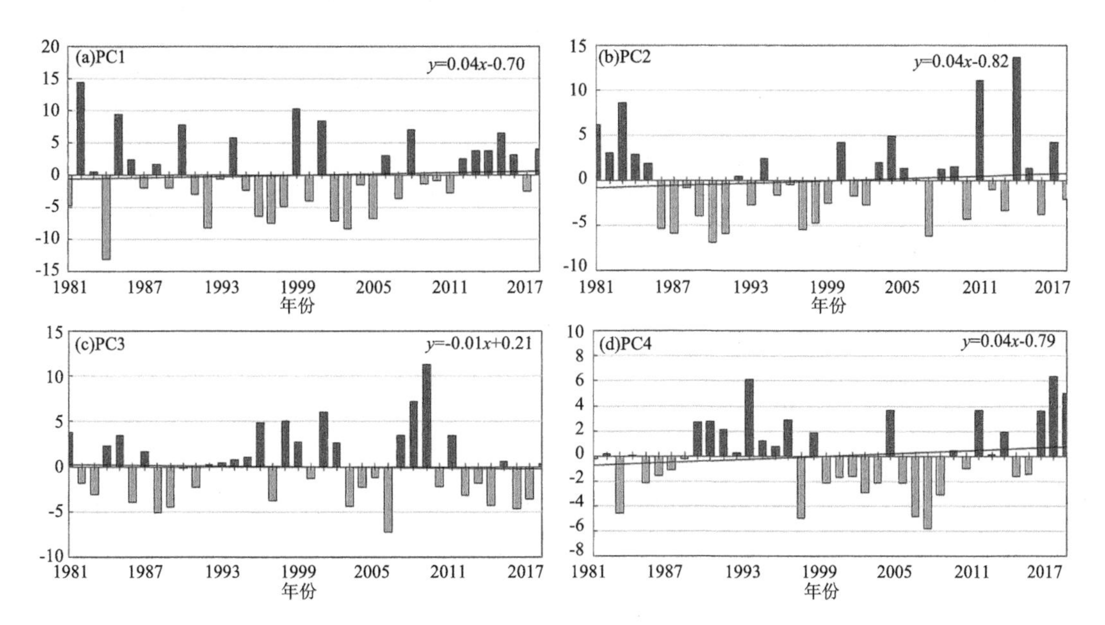

图 4.58　四川省秋季降水 EOF 第 1(a)、2(b)、3(c)和 4(d)模态的 PC 系数
(黑色实线为 PC 系数的趋势线,方程为一元线性方程)

四川秋季气温 EOF 的前 4 个模态的累计方差贡献率为 89.7%。其中第 1 个模态的方差贡献率为 72.2%,表现为全省一致偏暖型(图 4.59a)。该模态的时间系数在 1996 年由负转

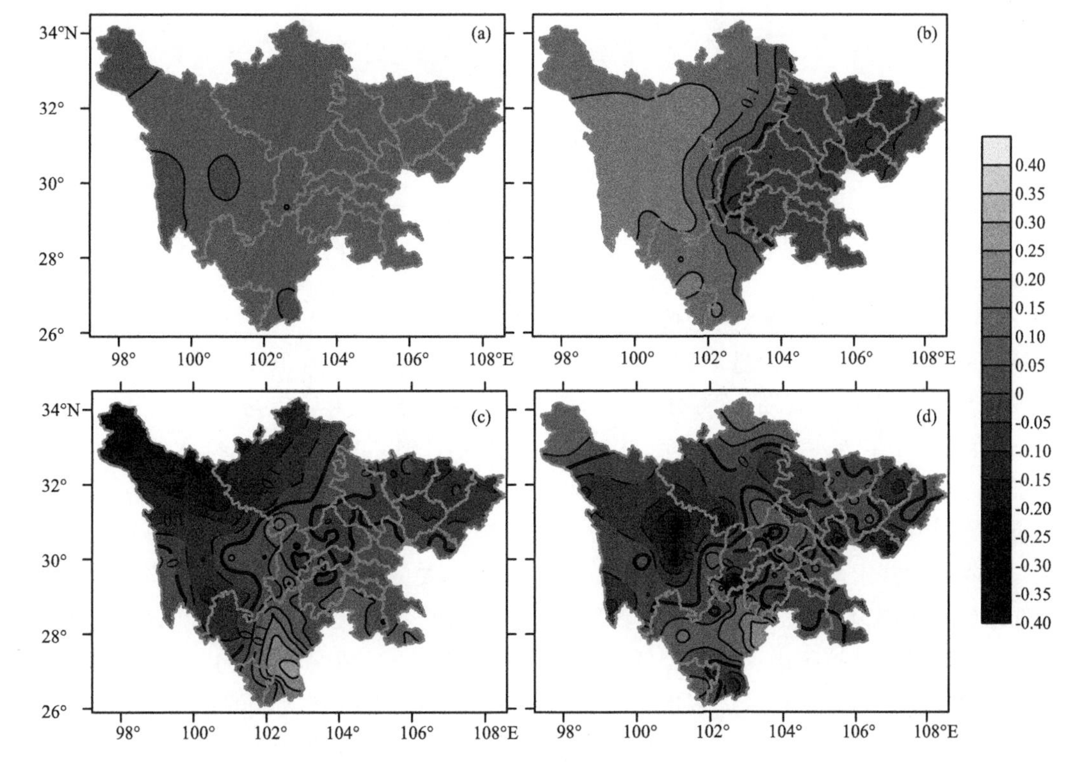

图 4.59　四川省秋季气温 EOF 第 1(a)、2(b)、3(c)和 4(d)模态,方差贡献率
分别为 72.2%,12.1%,3.02%和 2.42%

正，并呈明显的上升趋势，全省气温上升明显（图 4.60a）。第 2 模态的方差贡献率为 12.1%，表现为高原盆地反向型，川西高原和攀西地区偏暖，其中甘孜大部偏暖幅度较大，盆地偏冷（图 4.59b）。该模态时间系数缓慢上升，近 10 年来以正位相为主（图 4.60b）。第 3 模态的方差贡献率为 3.02%，川西高原大部、盆地东北部、盆地西北部局部地区偏冷，中心位于高原西北部，省内其余地区偏暖，中心位于攀西地区大部（图 4.59c）。该模态时间系数年代际振荡明显，近 6 年来处于负位相背景（图 4.60c）。第 4 模态的方差贡献率为 2.42%，川西高原大部、盆地东北部局部、盆地南部以及盆地西部的局部地区偏冷，偏冷中心位于甘孜中东部，省内其余地区偏暖，偏暖中心位于攀西地区东北部（图 4.59d）。该模态的时间系数在 2010 年出现明显转折，该年以前以负位相为主，之后则均为正位相（图 4.60d）。

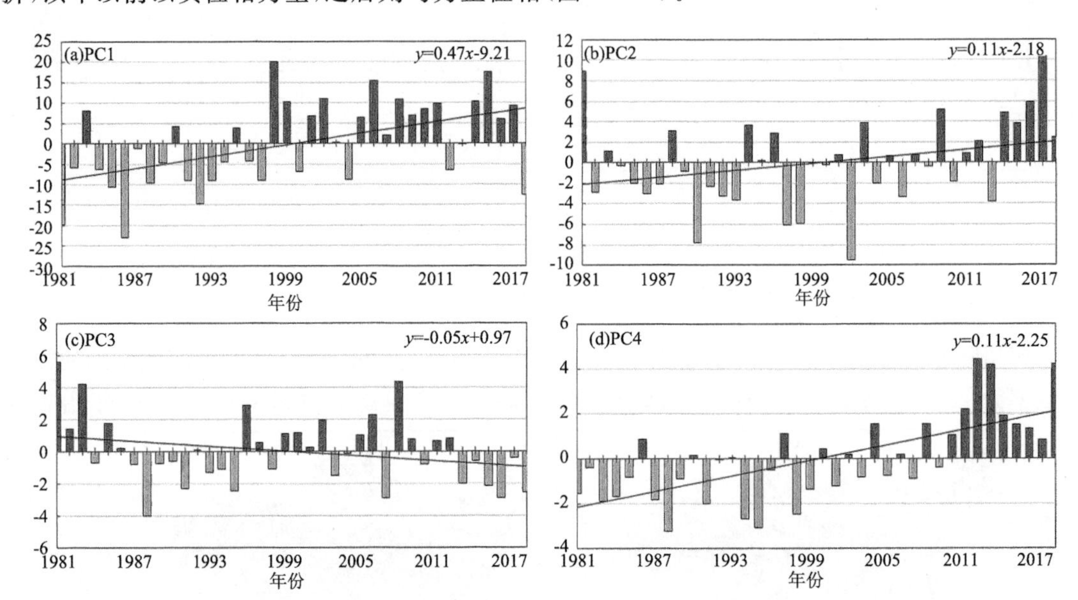

图 4.60 四川省秋季气温 EOF 第 1(a)、2(b)、3(c)和 4(d)模态的 PC 系数

（黑色实线为 PC 系数的趋势线，方程为一元线性方程）

（2）秋季降水典型偏多年、典型偏少年对应环流、海温分析

秋季旱涝年挑选的标准，选取四川省 158 个代表站，资料年代为 1980—2018 年，平均 9—11 月降水距平百分率，降水距平百分率小于等于－10%的定义为旱年，分别为 1980 年、1982 年、1985 年、1990 年、1994 年、1999 年、2001 年、2008 年、2014 年、2015 年，降水距平百分率大于等于 10%的定义为涝年，分别为 1972 年、1984 年、1992 年、1996 年、1997 年、1998 年、2002 年。

四川省秋季降水与同期北半球 500 hPa 高度场的相关分析表明，极地地区、乌拉尔山以及整个低纬度地区都为显著的负相关区，除欧洲部分地区外，基本无显著的正相关区。多雨年表明，极地大部地区，乌拉尔山以及整个低纬度地区为负距平区。少雨年表明，极地大部地区以及整个低纬度地区为正距平区。多雨年和少雨年差值场同样反映出类似的空间分布特征。以上说明低纬环流场、极涡、乌拉尔山低压槽（高压脊）是秋季降水的主要影响系统，当低纬高度场偏低（高）、极涡偏强（弱）、乌拉尔山地区出现低压槽（高压脊）时，四川省秋季降水偏多（少）。

秋季降水与前期春季北半球 500 hPa 高度场的相关分析结果表明，低纬大部地区为显著负相关区，北美地区、中太平洋至日本海地区为正距平区。这种分布特征表明，当前期春季出现负 PNA 遥相关型波列，且低纬大部地区高度场偏低时，四川省秋季降水易偏多，反之亦然。秋季降水与前期夏季北半球 500 hPa 高度场的相关分析结果表明，低纬度地区基本都为显著的负相关区，基本没有出现显著的正相关区域，说明前期夏季北半球低纬地区高度场偏低，同年秋季降水将偏多，反之亦然。

四川省秋季降水典型偏多年，850 hPa 风场（图略）上中国东南沿海以反气旋环流为主，四川省同时受西太副高西侧的偏南气流及来自印缅地区的西南气流影响，水汽输送较为充沛。同期的 OLR 分布场上（图 4.61 左），菲律宾群岛至我国南海、印度洋西部地区为明显的正异常中心；与之相反的是在孟加拉湾大部、中太平洋地区以及我国中东部大部为明显的负异常中心，这些地区对流异常活跃。对应的典型环流场为乌拉尔山以及整个低纬度地区为负距平区，这种分布形势有利于高纬度的冷空气南下，为降水的形成提供了较为有利的冷空气条件；冷暖空气的配合以及充沛的水汽输送最终利于四川省降水偏多。而在四川省秋季降水典型少年，同期 OLR 场（图 4.61 右）在赤道西太平洋地区对流活跃，而在菲律宾群岛至我国东南沿海地区为明显的正异常中心。对应的典型环流场最为明显的特征是低纬高度场偏高、极涡偏弱、乌拉尔山地区出现高压脊，850 hPa 风场距平场上（图略）显示出西太平洋地区存在着明显的气旋性环流，四川省盛行明显的偏北气流，最终不利于降水的偏多。

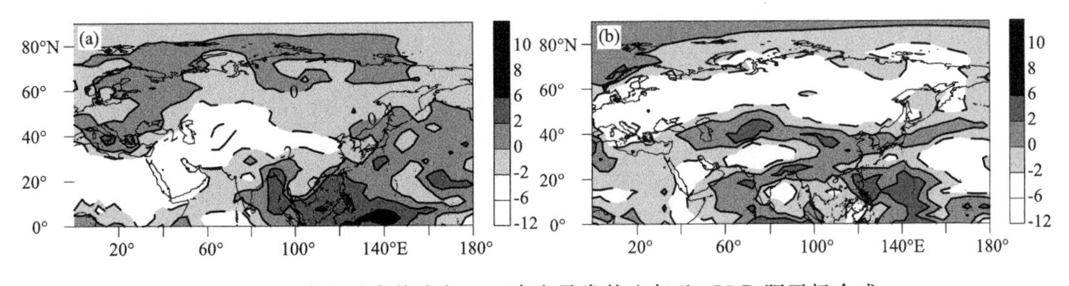

图 4.61　降水异常偏多年(a)、降水异常偏少年(b)OLR 距平场合成

对比秋季旱涝年前期和同期海表温度距平图（图 4.62—图 4.64），从时间演变上看，旱年中东太平洋海温由冬季的正常偏暖到异常偏暖，为厄尔尼诺发展年；涝年的中东太平洋海温由冬季的异常偏冷逐渐到中性状态，再到正常偏暖状态，为拉尼娜衰减年。旱年夏季至秋季，印度洋的海表温度距平表现为印度洋偶极子（Indian ocean dipole，IOD）为负位相；反之，涝年夏季至秋季，印度洋的海表温度距平表现为 IOD 为正位相。前人研究表明，夏季 IOD 异常位相为秋季降水预报提供了一个有用的前期信号，而秋季 IOD 正位相则对秋季降水的发生发展起到较好的延续作用。

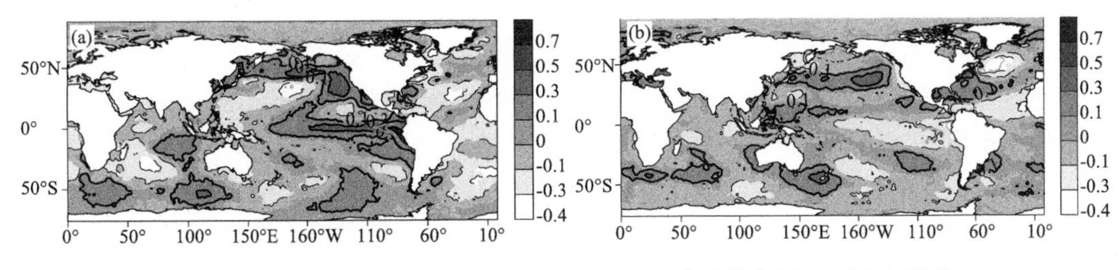

图 4.62　四川省涝年前期春季 3—5 月 SST 距平合成分布图(a)旱年；(b)涝年

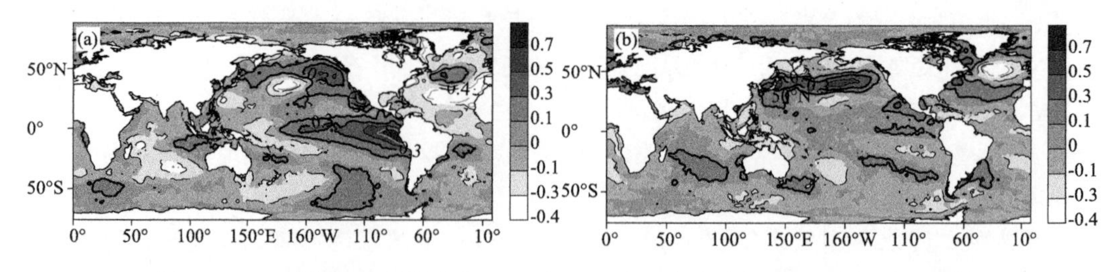

图 4.63　四川省涝年前期夏季 6—8 月 SST 距平合成分布图(a)旱年；(b)涝年

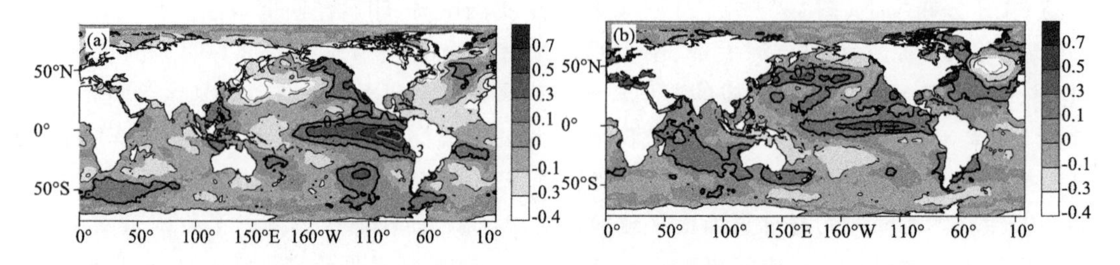

图 4.64　四川省涝年同期秋季 9—11 月 SST 距平合成分布图(a)旱年；(b)涝年

(3)华西秋雨环流特征

华西秋雨是我国西部地区秋季多雨的一种特殊型的高影响天气气候事件，主要发生在渭水流域、汉水流域、四川盆地、滇东到黔等大部地区，四川省盆地地区均属于华西秋雨监测站点，具有降雨持续、无光照、气温偏低等特点，持续时间较长的秋绵雨天气将会给盆地区域的经济作物带来巨大的损失。因此，秋绵雨是三秋气候趋势预测的重点。通常来讲，我国华西地区年降水量呈双峰型，秋季降雨量多于春季，在水文上则表现为显著的秋汛。华西秋雨一般出现在 9—11 月，最早出现日期有时可从 8 月下旬开始，最晚在 11 月下旬结束。随着大气环流由夏季到秋季的转换，影响我国的冬季风开始活跃，东亚夏季风南撤，秋季频繁南下的冷空气因受秦岭和云贵高原以及青藏高原东侧地形阻滞，常常易与原停滞在该区域的暖湿空气相互作用，使低层锋面活跃加剧，产生仅次于夏季降水的一个次极大值降水区。

从同期环流场，当秋雨较重年，极地、青藏高原以及整个低纬度地区都为负距平区，而 40°N附近的纬向带基本为正距平区。这表明，北极涛动处于正位相，印缅槽偏强，高原低槽活跃，低纬低值系统引导西南暖湿气流向北输送进入华西地区，造成四川盆地秋季多雨。当秋雨偏轻年，极地、贝加尔湖、青藏高原以及整个低纬度地区都为正距平区，而 40°—60°N 的纬向带为负距平区。这表明，极涡偏弱，北极涛动处于负位相，贝加尔湖地区为高压脊，强冷空气不能进入四川省，而南边低值系统不活跃，水汽输送较弱，造成秋雨不明显。

对比秋绵雨偏重、偏轻年前期夏季环流场可以看到，秋绵雨偏重(轻)年，乌拉尔山至贝加尔湖地区、我国大部、整个低纬地区都为异常负(正)距平区。这说明，当前期夏季乌拉尔山至贝加尔湖地区为低压槽(高压脊)，印缅槽偏强(弱)，青藏高原地区为低压槽(高压脊)，西太平洋副热带高压偏弱(强)、偏东(西)，当年秋绵雨较重(轻)。

华西秋雨偏强年(图 4.65a)，纬向上从乌拉尔山到我国东部，形成了一个西北—东南走向的“＋－＋”波列型分布，在东亚中高纬呈典型的东高西低型，经向上在热带至东亚中高纬沿岸地区呈“－＋－”波列型分布，类似于 PJ 波列正位相(Nitta,1987)。从水汽场来看(图 4.65b)，整层水汽通量在中南半岛附近呈气旋式环流，其北侧偏东偏南气流将中低纬海洋的暖湿水汽向西输送，由于受高原地形阻挡，南海附近的东南水汽输送及 30°N 左右的偏东风水汽输送只能到达 100°E 左右，故使得整层水汽通量正好在华西地区上空显著辐合，这就为强秋雨提供了充足的水汽条件。

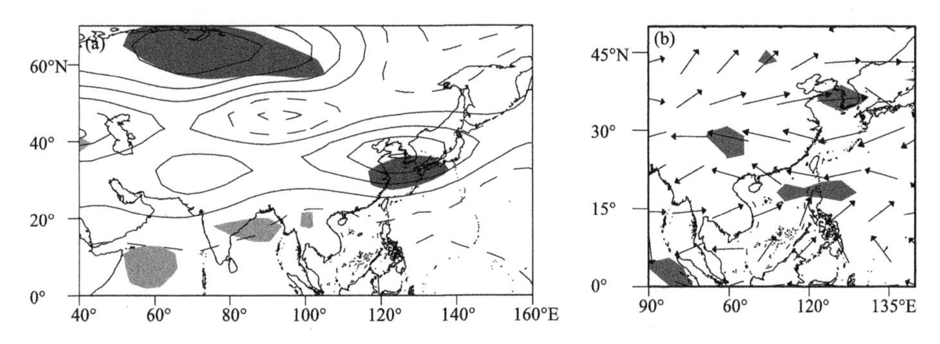

图 4.65　500 hPa 位势高度异常(a)和整层水汽通量及其散度(b)在华西秋雨强弱年 9—10 月的合成差值场(高度场单位：gpm，阴影区为通过了 95%的显著性水平检验；水汽通量单位：kg/(m² · s)，阴影区为整层水汽通量通过 95%显著性水平检验的辐合区)

对华西秋雨有显著影响的关键系统，可能不仅仅存在于对流层中、低层，而是从高层到低层的这一区域的环流异常之间的相互配置共同作用的结果。以往研究标明在青藏高原的东侧在冬季和夏季均有明显的上升运动，为了了解华西秋雨偏强区域周围地区平均垂直环流的情况，我们分别计算绘制了华西秋雨偏强、偏弱年，沿 106°E 和 27.5°N 的经、纬圈垂直环流距平差值图。由秋季经圈环流的异常可以得到，在 20°—40°N 这个区域内从低层到高空 200 hPa 基本均为上升气流，且在其偏南的范围内 500 hPa 以下还伴有偏南气流，这说明这种南来的暖湿上升气流造成了西南地区东部的华西秋雨区。在 30°N 以南对流层中、高层还分布了三个次级正环流圈，这更有利于水汽的向南输送与抬升。沿着华西秋雨高强度中心的纬圈环流也反映出了垂直环流的有利配置，虽然对流层上层以偏东气流为主，但中下层的高原附近还是存在很多的扰动。高原东侧 700 hPa 以下有明显的上升气流，正好对应华西秋雨高值区。

(4)华西秋雨与北半球秋季欧亚遥相关的联系

大气遥相关指数是表现大气环流变化的重要特征，许多研究表明 500 hPa 环流形势对华西秋雨多寡有着重要影响，而大气遥相关指数正是表征 500 hPa 环流变化的重要因子。

通过研究 6 类大气遥相关指数与华西秋雨标准化距平的同期相关系数发现华西秋雨与同期 EA(东大西洋型)、WP(西太平洋型)相关不明显，与 PNA(太平洋一北美型)指数相关不显著，没有通过 95%的显著性水平检验，而与 EU_a(秋季欧亚遥相关型)、AO(北极涛动)、NAO(北大西洋涛动)指数则存在显著的相关关系，与秋季 EU_a 呈显著负相关、AO、NAO 呈显著正相关，相关系数分别为－0.46，0.36，0.27(均通过了 95%的显著性水平检验)，其中与 EU_a 相关关系最为密切。而许多研究表明北半球欧亚遥相关型异常与东亚地区的降水异常密切相关，我国东部季风区 11 月亚洲中高纬度地区，暖干(冷湿)型的前期同期环流特征具有 EU 型(反 EU 型)的遥相关距平结构。EU 具有显著的季节变化，夏季较弱，秋冬季则较强，我们通过对北半球秋季平均的 500 hPa 高度场做 EOF 分析得到欧亚遥相关型的空间分布，因季节变化 EU 活动节点发生相应的变化。因此对传统 EU 指数第二、第三个活动节点做相应的调整，最终选取活动中心位于(55°N，20°E)、(50°N，55°E)、(65°N，95°E)三个点的 500 hPa 位势高度场来计算秋季 EU 指数(下文简称 EU_a),重点分析北半球秋季欧亚遥相关型与华西秋雨的关系。研究表明,华西秋雨与 EU_a 指数均在 20 世纪 80 年代中期发生突变,具有一致的跃变性特征。整个华西区域秋雨与 EU_a 指数基本均呈负相关,且阶段性明显,20 世纪 80 年代中期以前,华西秋雨与 EU_a 指数相关系数波动明显,在-0.4 以上,显著影响区域主要集中在华西南部即四川盆地西南部、贵州大部等地;80 年代中期之后,两者相关显著增加,相关系数稳定在-0.4 以下,基本均超过了 95%的置信度,说明到 20 世纪 80 年代后期 EU_a 指数对华西秋雨的影响在加强,且显著相关区域明显北移,EU_a 对四川东北部、重庆大部以及陕西南部地区秋雨的变化影响更为突出。

EU_a 正异常年,由东北大西洋至日本海上空呈现出明显的"+-+-"的纬向高度距平分布,两个正异常中心分别位于大西洋中心东北侧与乌拉尔山以东,两个负异常中心分别位于欧洲西部以及日本海上空,贝加尔湖以南及以西区域上空为气旋式环流,利于冷空气南下,而关键区盛行偏南风,华西秋雨区北部,水汽通量散度为负,水汽辐合,有利于北部降水,华西南部水汽通量为正值,水汽辐散,不利于降水。华西秋雨与 EU_a 相关显著北部地区,表现为有利于降水偏多,而显著相关南部水汽通量为正值,水汽辐散,不利于降水。EU_a 负异常年,贝加尔湖以西及南部为反气旋式环流形势,我国中东部地区为较强的东南风,东南暖湿气流输送有利于华西东部地区水汽集聚,从而有利于降水发生,华西秋雨西部地区缺乏水汽,动力条件不足,不利于秋雨偏多。

(4)华西秋雨对应的海温背景

从华西秋雨强度指数与海温的相关性来看,赤道中东太平洋海温与秋雨强度指数存在显著负相关性,夏季到秋季赤道中太平洋海表温度偏低(高)时,秋季 500 hPa 高度场容易出现正(负)异常东亚/太平洋(EAP)遥相关波列,西太平洋副热带高压偏西(东),华西地区来自南海西太平洋和孟加拉的水汽输送偏多(少),华西秋雨偏强(弱)。此外,可以看到印度洋地区海温也是影响秋雨强度的重要因子。印度洋海温偏高,一方面有利于西北太平洋地区对流层低层异常反气旋式环流的发展和东南水汽输送的加强,另一方面印度洋海温的偏高有利于印度洋地区对流的活跃和西南水汽输送的加强。在中高纬地区,贝加尔湖地区为异常低槽区,易引导冷空气南下影响我国华西地区导致华西地区秋季降水偏多。IOD 的季节锁相表现为夏季发展,秋季强盛的特点,华西秋雨与 IODI 相关性也呈现出相应的变化趋势:即春、夏季正相关发展、范围扩大,其中夏季 IOD 与华西秋雨显著相关,在四川东部、重庆、贵州北部以正相关为主;秋季稳定且正相关性较高,与夏季时滞相关较为一致;冬季减弱并呈反相关。

利用合成分析法对 IOD 与华西秋雨的关系研究发现:相对于 IOD 的季节锁相特征,华西秋雨与 IODI 相关性也呈现出相应的变化趋势:即春、夏季正相关发展、范围扩大,其中夏季 IOD 与华西秋雨显著相关,在四川东部、重庆、贵州北部以正相关为主;秋季稳定且正相关性较高,与夏季时滞相关较为一致;冬季减弱并呈反相关。

对 IOD 正、负位相年位势高度场和风场合成分析,发现中层 500 hPa 位势高度场在 IOD 正位相年,孟加拉湾东岸有一异常浅槽,槽前的中国西南地区有西南气流异常,该气流带来的丰沛水汽可能使得西南地区降水增加,也为华西秋雨偏多提供大尺度环流条件。低层850 hPa 风场中,IOD 正位相年中国西南部有异常气旋性环流,有助于这一地区降水增加,从其正、负位相年的差值场分布可以看出在印度洋和中国内陆上分布的"异常气旋—反气旋"对,且夏、秋季赤道印度洋低空存在东风异常,该异常环流结构作为偶极子发生、发展的主要动力学原因,对秋季偶极子的延续起到作用。

对 IOD 正位相年整层垂直积分水汽输送通量进行合成分析，发现冬、春季华西大部区域为水汽辐散区，夏、秋季四川东北部及黔渝大部为水汽辐合区，水汽主要来自孟加拉湾及南海，水汽输送则依靠孟加拉湾西南气流和西太平洋副热带高压外围的偏东气流完成。水汽辐合区为假相当位温高能带。IOD 负位相年，南海气旋异常输送矢量在 110°E 以东转向，与来自太平洋的气旋异常汇合，水汽辐合区集中在长江下游；秋季水汽输送以南海为主，且矢量在 115°E 以东转向，华西大部处于水汽辐散区域。

对四季 IOD 异常合成的秋季 OLR 差值分布对比发现，IOD 正位相年，华西区域 OLR 负异常偏强，对流活动旺盛；而负位相年则对流受到抑制。即印度洋海温正(负)异常，对应的热状况异常分布在秋季华西区域上空使其大气对流增强(减弱)。综上，夏季 IOD 异常位相为华西秋雨预报提供了一个有用的前期信号，而秋季 IOD 正位相则对华西秋雨的发生发展起到较好的延续作用。

4.4.4.4　冬季

冬季(12—翌年 2 月)是四川省一年最寒冷的季节，这个关键季节温度的偏高偏低与人民生产生活息息相关。下面主要分析四川冬季降水偏多、偏少以及气温偏高(暖冬)偏低(冷冬)的同期和前期大气环流特征，为四川省百姓生活提供气象保障服务。

(1)冬季气温、降水 EOF 分析

四川冬季降水 EOF 的前 4 个模态的累计方差贡献率为 60.6%。其中第 1 个模态的方差贡献率为 37.9%，表现为全省降水一致偏多，偏多中心位于盆地中部和西部部分地区(图 4.66a)。

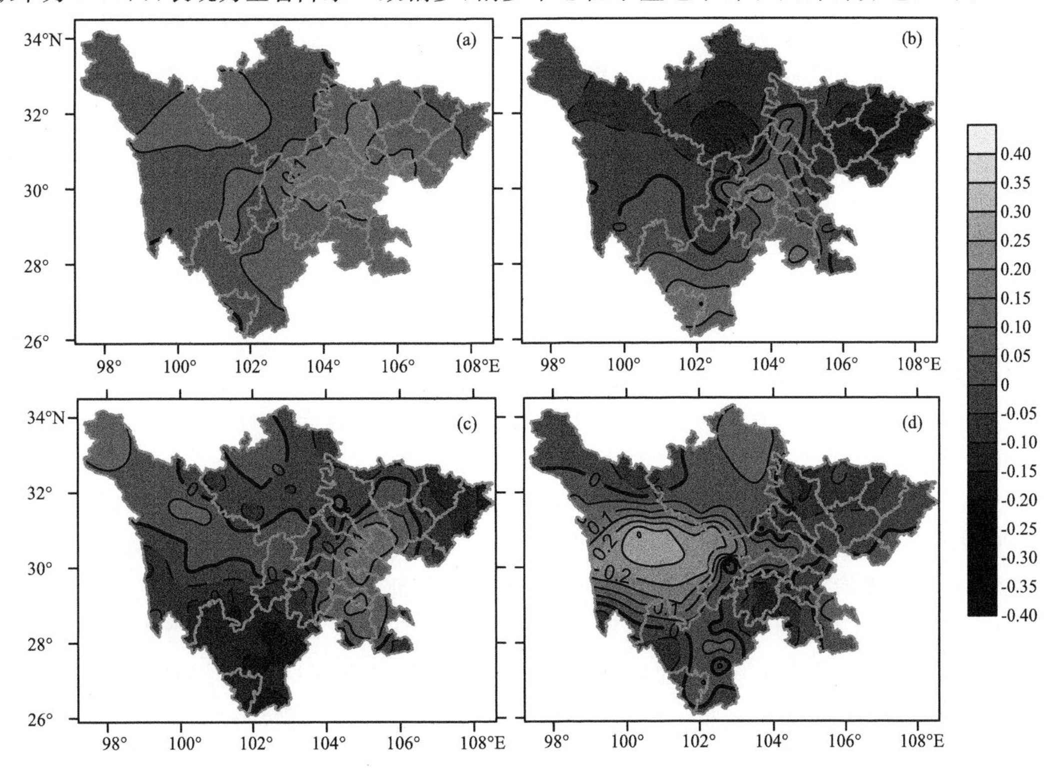

图 4.66　四川省冬季降水 EOF 第 1(a)、2(b)、3(c)和 4(d)模态，方差贡献率分别为 37.9%，10.0%，7.3%和 5.5%

该模态时间系数的振荡周期为 2～4 a(图 4.67a)。第 2 模态的方差贡献率为 10.0%，大致呈“南北反向”分布型，其中川西高原大部、盆地东北部、西北部和中部部分地区降水偏少，偏少中心位于盆地东北部，省内其余地区降水偏多，偏多中心位于盆地西南部和攀西地区南部(图 4.66b)。该模态时间系数的振荡周期为 2～4 a(图 4.67b)。第 3 模态的方差贡献率为 7.3%，在该模态中，甘孜北部、盆地中部南部、盆地西南部部分地区降水偏多，偏多中心位于盆地中部；省内其余地区降水偏少，偏少中心位于攀西地区中南部(图 4.66c)。该模态时间系数的振荡周期为 2～4 a(图 4.67c)。第 4 模态的方差贡献率为 5.5%，大致呈“东西反向”型，其中川西高原、攀西地区和盆地西部以及南部的零星地区降水偏多，偏多中心位于甘孜大部，省内其余地区降水偏少(图 4.66d)。该模态时间系数在 1996 年发生转折，之前以负位相为主，之后以正位相为主(图 4.67d)。

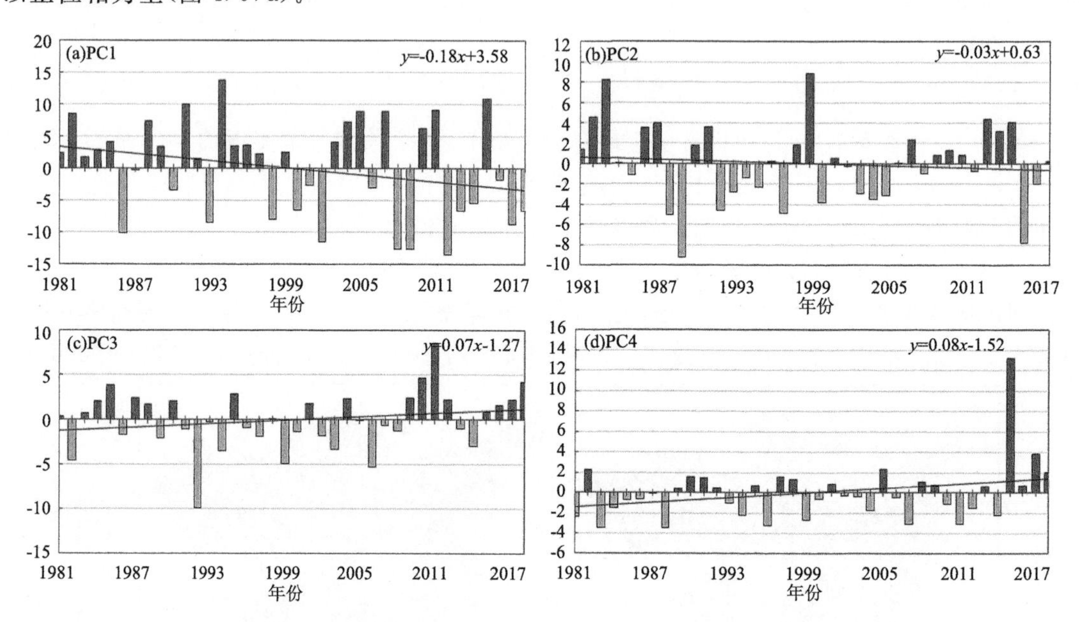

图 4.67　四川省冬季降水 EOF 第 1(a)、2(b)、3(c)和 4(d)模态的 PC 系数

(黑色实线为 PC 系数的趋势线，方程为一元线性方程)

四川冬季气温 EOF 的前 4 个模态的累计方差贡献率为 92.8%。其中第 1 个模态的方差贡献率为 72.8%，表现为全省一致偏暖(图 4.68a)。该模态时间系数呈明显上升趋势，在 1996 年发生转折，在此之前以负位相为主，之后以正位相为主(图 4.69a)。第 2 模态的方差贡献率为 15.0%，表现为“高原盆地反向型”，川西高原和攀西地区偏暖，盆地偏冷(图 4.68b)。该模态的时间系数呈上升趋势，在 2015 年以前以负位相为主，近几年均为正位相(图 4.69b)。第 3 模态的方差贡献率为 3.18%，川西高原西部、盆地西北部、中部偏冷，省内其余地区偏暖(图 4.68c)。该模态时间系数年代际周期变化明显，近几年处于负位相周期背景(图 4.69c)。第 4 模态的方差贡献率为 1.84%，攀西地区、盆地中南部以及西部部分地区气温偏冷，其余地区偏暖(图 4.68d)。该模态时间系数上升明显，转折年在 2010 年前后，近 10 年均为正位相(图 4.69d)。

(2)冬季冷、暖、干、湿四种气候类型对应大气环流、海温分析

四川省冬季气温、降水按照正、负距平的不同配置，可分为低温多雨型、低温少雨型、高温

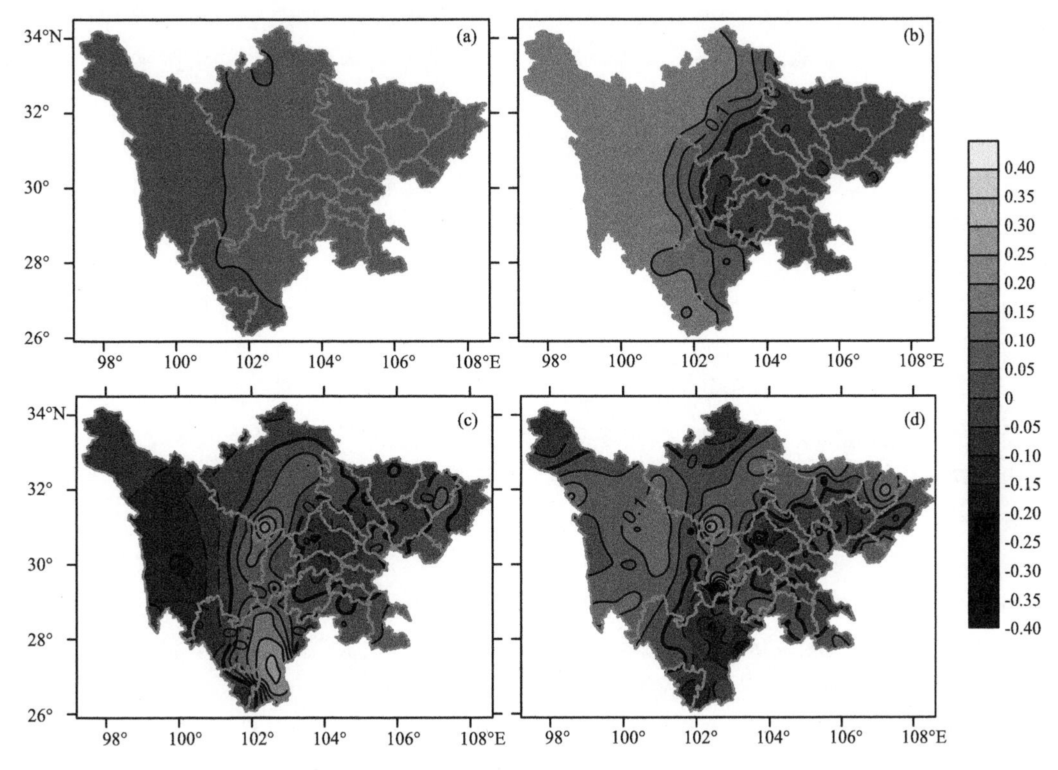

图 4.68　四川省冬季气温 EOF 第 1(a)、2(b)、3(c)和 4(d)模态,方差贡献率分别为 72.8%,15.0%,3.18%和 1.84%

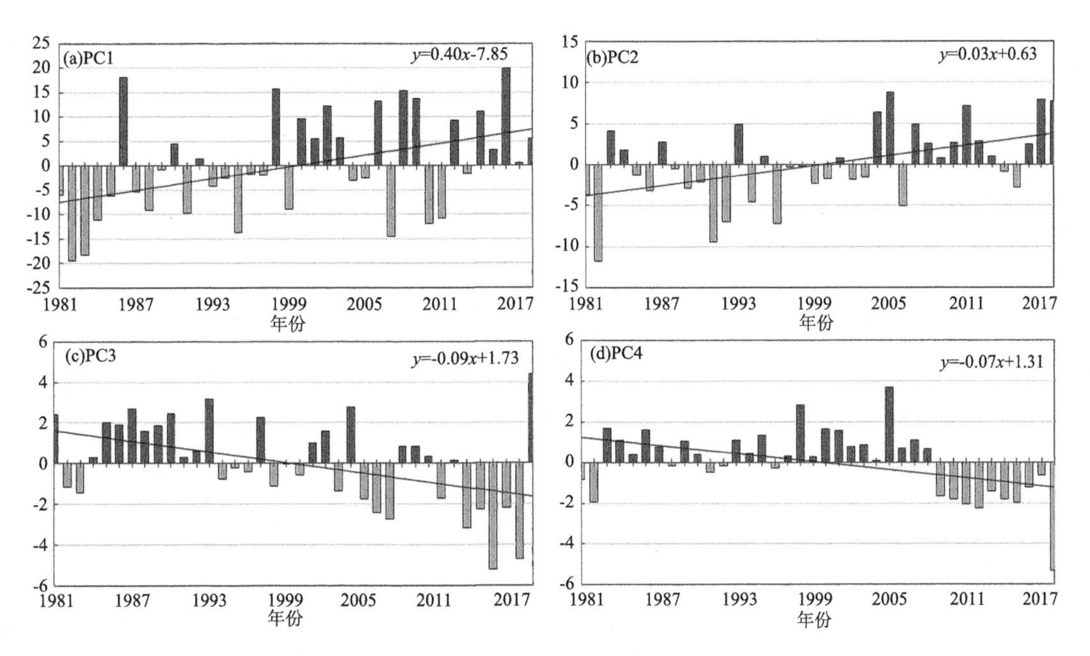

图 4.69　四川省冬季气温 EOF 第 1(a)、2(b)、3(c)和 4(d)模态的 PC 系数(黑色实线为 PC 系数的趋势线,方程为一元线性方程)

多雨型以及高温少雨型4类。选取四川省158个代表站，资料年代为1980—2018年，平均12—2月降水距平百分率，降水距平百分率小于－10%的定义为少雨年，降水距平百分率大于10%的定义为多雨年，温度距平大于0.5 ℃的定义为高温年，温度距平小于－0.5 ℃的定义为低温年。高温多雨年分别为1989年、2003年、2004年、2005年、2015年；低温多雨年分别为1982年、1988年、1991年、1994年、2007年、2010年、2011年；高温少雨年份分别为1980年、1986年、1990年、1998年、2000年、2002年、2008年、2009年、2012年、2013年、2014年、2017年、2018年；低温少雨年份为1993年。

四川冬季降水与同期北半球500 hPa高度场的相关分析表明：显著正相关区主要位于欧洲和西伯利亚地区，负相关区主要位于极地、青藏高原东部以及西亚地区，欧亚地区呈现出显著的"－＋－"经向遥相关波列特征。说明极涡偏强，西伯利亚冷高压异常偏强，同时我国大部地区受低值系统控制，冷空气活跃，四川冬季降水偏多，反之亦然。从冬季降水偏多、偏少年的差值图上还可以看到，乌拉尔山地区为正距平区，鄂霍次克海至我国西部大部地区为负距平区。表明东亚大槽偏强(弱)、偏西(东)，乌拉尔山地区为高压脊(低压槽)，四川冬季降水偏多(少)。

四川冬季降水与前期夏季北半球500 hPa高度场的相关分析表明：显著负相关区主要位于极地地区，而显著正相关区主要位于欧洲和乌拉尔山地区。说明前期夏季欧洲地区为高压脊(浅槽)，乌拉尔山地区出现阻塞高压(低压槽)，极涡偏强(弱)，后期冬季四川省降水偏多(少)。四川冬季降水与前期秋季北半球500 hPa高度场的相关分析表明：在欧亚地区，显著正相关区同样位于乌拉尔山地区，负相关区还是位于极地地区。说明前期秋季乌拉尔山地区出现阻塞高压(低压槽)，极涡偏强(弱)，后期冬季四川省降水偏多(少)。

冬季温度趋势预报是气候预测业务的一个重要内容。这里给出了冬季气温异常偏高、偏低年同期500 hPa环流形势图。从同期环流场可以看出，冷冬年，乌拉尔山至极地地区为正距平区，鄂霍次克海、我国东部至青藏高原地区为负距平区。由此表明，乌拉尔山出现阻塞高压，贝加尔湖至我国东部为低压槽区，青藏高原地区受低值系统控制，东亚大槽偏西，呈现出"西高东低"的环流型，盛行经向环流。在这种环流配置下，有利于极地冷空气沿乌拉尔山高压脊前部的偏北风南下，而青藏高原地区多高原低槽的活动，造成四川省出现冷冬。与之相反，暖冬年，乌拉尔山、贝加尔湖至鄂霍次克海地区为异常负距平区，西亚至东亚的整个纬向带都为正距平区。由此表明，乌拉尔山地区为低压槽，东亚大槽偏东，呈现出"南高北低"的环流形势，盛行纬向环流，四川省大部地区处于高压脊的控制之下，造成四川省出现暖冬。

高温多雨年(图4.70)，欧亚中高纬表现为"西高东低"分布型，AO以正位相为主，极涡面积偏小、强度偏强，西伯利亚高压和冬季风偏弱，不利于强冷空气南下；乌拉尔山脊偏强，高原高度场偏高，副高西伸脊点较常年偏东，脊线位置较常年偏北，低纬地区负距平，利于水汽输送。OLR场上印度洋南部至菲律宾群岛附近为较强负距平，对流较强，有利于水汽向四川省输送。SST在赤道中东太平洋为暖海温，处于厄尔尼诺发展、拉尼娜衰减状态，易形成高温天气。

低温多雨年(图4.71)，欧亚中高纬呈"北高南低"型分布，高原高度场偏低，利于强冷空气南下；低纬地区负距平，印缅槽较强，利于水气输送。OLR场四川省为负距平，对流较强，易形成降水天气。SST在赤道中太平洋为冷海温，西部和东部为暖海温，处于厄尔尼诺发展、拉尼娜衰减状态，仍受冷海温影响，易形成低温天气。风场上看，北太平洋为反气旋控制，欧亚大陆

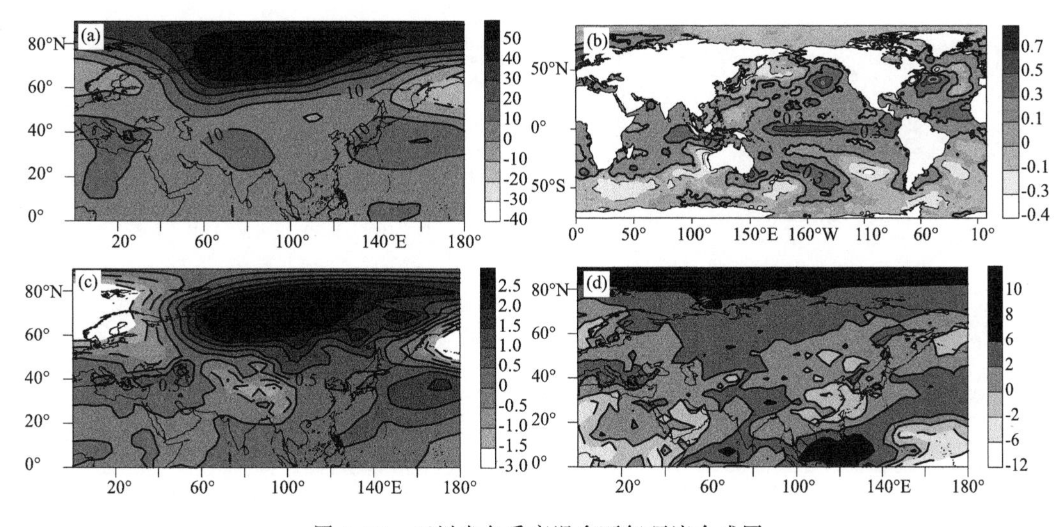

图 4.70　四川省冬季高温多雨年环流合成图

(a)500 hPa 高度场距平；(b)海表温度距平；(c)海平面气压场距平；(d)向外长波辐射距平

中部为气旋性环流，四川省为西南风控制，利于水汽输送。从环流指数上看，典型年相同的特征为西伯利亚高压偏弱、北半球极涡中心位置偏南以及西太平洋副热带高压偏北偏东。这一型的环流冷空气及水汽条件均较好，易形成低温多雨天气。

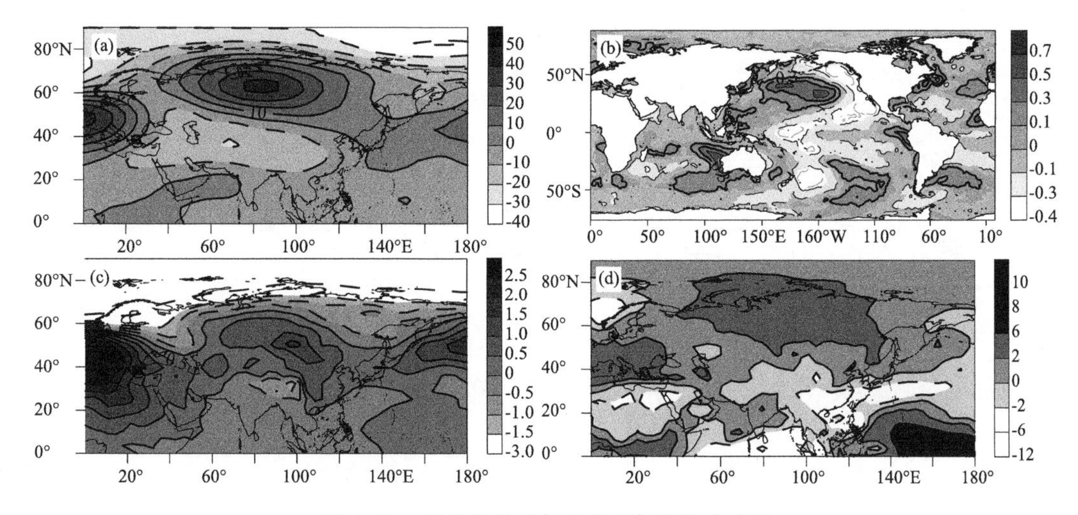

图 4.71　四川省冬季低温多雨年环流合成图

(a)500 hPa 高度场距平；(b)海表温度距平；(c)海平面气压场距平；(d)向外长波辐射距平

高温少雨年(图 4.72)极涡偏东、偏强，500 hPa 欧亚中高纬自西向东呈“＋－＋”的分布型，我国南方大部为高度场正距平控制，冷空气不易南下。北太平洋大部、印度洋至西太平洋的海表温度表现为一致的暖位相分布，赤道中东太平洋呈冷位相分布。OLR 场我国南方为较强负距平，对流较强，易形成降水天气，但极地冷空气供应不足仍是少雨的原因。

低温少雨年(图 4.73)的情况下，AO 负位相，极涡面积偏大、强度偏弱，西伯利亚高压和冬季风均偏强，欧亚中高纬 500 hPa 高度场呈“西低东高”型分布，十分有利于冷空气南下。印度洋大部至西太平洋海表温度呈显著的负距平分布，赤道中太平洋海温略偏暖，呈明显拉尼娜发

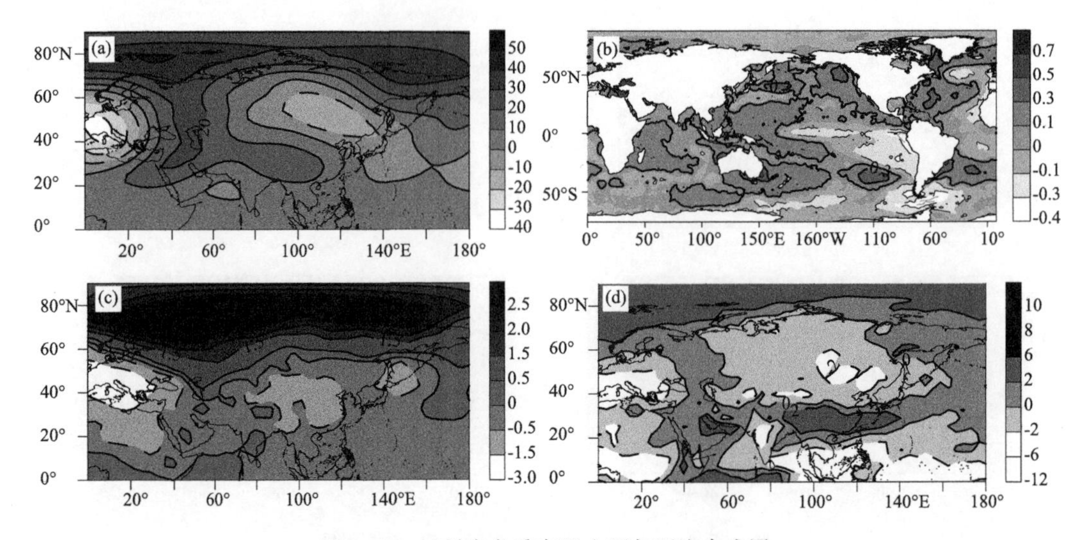

图 4.72　四川省冬季高温少雨年环流合成图

(a)500 hPa 高度场距平；(b)海表温度距平；(c)海平面气压场距平；(d)向外长波辐射距平

展状态，易发生低温。从 OLR 上看，印度洋南部至菲律宾群岛附近为较强负距平，对流较强，有利于水汽向四川省输送。低层风场在四川省上空为反气旋距平，也不利降水形成。这一型易形成低温天气，但降水条件不理想。

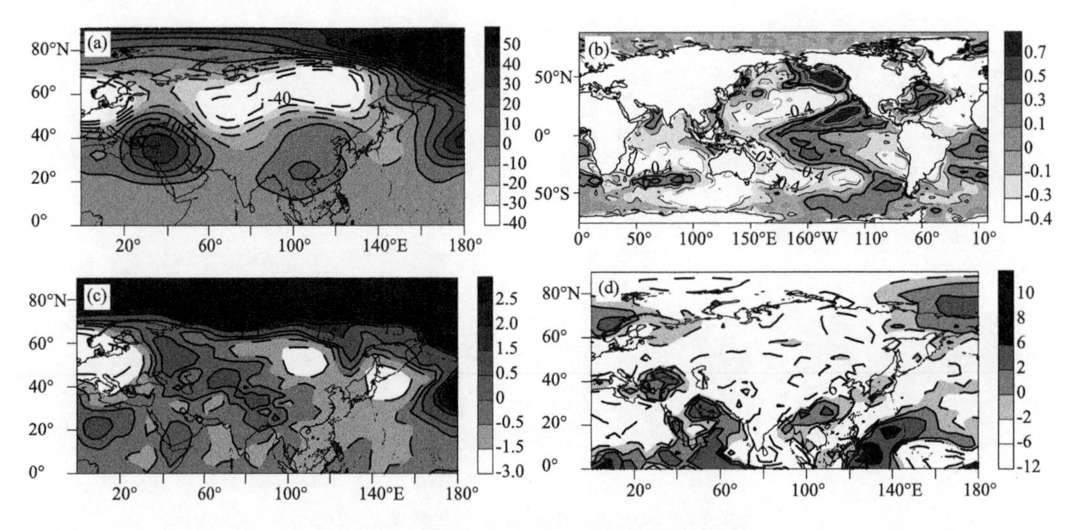

图 4.73　四川省冬季低温少雨年环流合成图

(a)500 hPa 高度场距平；(b)海表温度距平；(c)海平面气压场距平；(d)向外长波辐射距平

为了揭示四川盆地不同气候型的环流特征不同大气环流型对气温和降水的影响，分析了暖干年平均和冷湿年平均的 1 月 500 hPa 高度距平场。当出现暖干型环流气候时，欧亚地区以 45°N 为界，以南为正距平区，以北为负距平区。表明乌拉尔山和鄂霍次克海地区没有出现阻塞高压，西伯利亚高压偏弱，同时，青藏高原低槽活动偏弱，南支槽偏弱，以上特征反映出北方冷空气活动偏弱，西南暖湿气流也不强盛，进而导致四川盆地气温偏高、降水偏少。当出现冷湿型环流气候时，里海至我国中部地区、菲律宾海至夏威夷群岛上空为负距平区，整个西伯利亚至北太平洋上空为正距平区。可以看出，乌拉尔山至鄂霍次克海有明显的阻塞高压，西伯利亚高压偏强，青藏高原地区多短波槽活动，同时南支槽活跃，来自印度洋的西南暖湿气流与强冷空气在四川盆地汇合，造成四川盆地气温偏低、降水偏多。

由暖湿年平均和冷干年平均的 1 月 500 hPa 高度距平场分析表明，当为暖湿型环流气候时，阿留申群岛及其附近地区为正距平区，其余大部地区为负距平区。表明乌拉尔山地区无阻塞高压，阿留申低压偏弱，东亚大槽槽线偏浅，冷空气活动较弱，同时高原高度场偏低，南支槽偏强，进入盆地的暖湿气流强盛，以上环流将导致四川盆地气温偏高，降水偏多。与之相反，当为冷干型环流气候时，热带太平洋、亚洲大陆为正距平区，阿留申群岛及其附近地区为负距平区。表明乌拉尔山至贝加尔湖地区出现阻塞高压，西伯利亚冷高压偏强，东亚大槽槽线偏深，阿留申低压偏强，造成四川盆地气温偏低、降水偏少。

为了得到 4 类气候型所对应的典型环流型的显著性差异区域，分析 1 月 500 hPa 高度场的 t 检验值分布。从暖干、冷湿型气候的环流差异场可以得到，显著正差异区位于伊朗高原至青藏高原地区，显著负差异区位于整个西伯利亚地区。表明暖干、冷湿型气候所对应的环流特征在是欧亚中高纬度地区表现为出南北气压场的差异。暖干(冷湿)型气候所对应的环流特征是对应乌拉尔山至贝加尔湖为低压槽(高压脊)，西伯利亚高压偏弱(强)，青藏高原高度场偏高(低)，南支槽偏弱(强)，这直接造成四川盆地气温偏高(低)、降水偏少(多)。从暖湿、冷干型气候的环流差异场看到，显著正差异区主要位于中高纬度的北太平洋地区，显著负差异区主要位于西伯利亚地区。表明整个中高纬度地区呈现出东西气压场的差异，当为暖湿(冷干)型环流时，贝加尔湖为低压槽(高压脊)，西伯利亚高压偏弱(强)，阿留申低压偏弱(强)，东亚大槽槽线偏浅(深)，这直接造成盆地气温偏高(低)、降水偏多(少)。

阿留申低压对盆地暖湿、冷干型气候有重要影响，但其是通过什么途径影响盆地呢？针对此问题，将关键区(范围为 180°—150°W，40°—55°N)的标准化 500 hPa 区域平均高度场定义为 Ik，以此来反映阿留申低压的变化。Ik 分别对 500 hPa 和 1000 hPa 高度场的回归。在 500 hPa高度场上，当阿留申低压减弱时，将导致乌拉尔山至青藏高原地区、热带印度洋至太平洋上空高度场显著降低。表明东亚副热带西风急流偏弱，东亚大槽槽线偏浅，乌拉尔山地区没有阻塞高压，贝加尔湖为低压槽，西伯利亚高压偏弱，中高纬度盛行纬向环流，冷空气较弱；高原地区多低值系统活动，南支槽偏强，来自印度洋和孟加拉湾的西南暖湿气流强盛，导致四川盆地气温偏高、降水偏多，反之亦然。从 1000 hPa 环流场上也表现出了可看到类似的分布特征，说明此种异常特征具有相当准正压结构。

东亚冬季风是一个深厚的环流系统，强(弱)冬季风年对应低层西伯利亚高压偏强(弱)，阿留申低压偏深(浅)，高层副热带西风急流偏强(弱)，此种异常将导致我国大部地区气温偏低(高)，降水偏少(多)。结合前面分析可知，阿留申低压从侧面表征了东亚冬季风的强弱变化。阿留申低压减弱的同时，东亚冬季风也随之减弱，导致乌拉尔山地区不易形成阻塞高压，贝加尔湖地区为低压槽，东亚大槽槽线偏浅，同时高原高度场偏低，南支槽偏强，造成盆地出现暖湿型气候，反之亦然。

综合前面分析可知，暖型(冷型)环流气候所对应的环流特征表现为对应乌拉尔山至贝加尔湖地区为低压槽(高压脊)，西伯利亚高压偏弱(强)，中高纬度地区盛行纬向(经向)环流，冷空气不易(容易)向南扩散至中低纬度地区，造成四川盆地气温偏高(低)；干型(湿型)气候所对应的环流特征表现为环流对应青藏高原地区高度场偏高(低)，南支槽偏弱(强)，来至印度洋和孟加拉湾的西南暖湿气流偏弱(强),造成四川盆地降水偏少(多)。差异 t 检验表明,暖干、冷湿型气候所对应的环流场表现为南北气压场的差异,而暖湿、冷干型气候则环流表现为东西气压场的差异。

4.5 典型个例分析

4.5.1 延伸期个例分析

4.5.1.1 南海 ISO 活动对四川省延伸期降水过程预测的作用

将四川省 5—9 月日降水量≥25 mm 的降水过程作为分析和预报对象,通过分析逐日的低频信号与降水量之间的统计关系,找到影响四川省降水过程的关键低频因子和关键区域,进而构建降水过程的低频预报因子与预报方法。

将亚洲季风区 2006—2010 年逐日的 850 hPa 西南风(V_{sw})做 30～60 d 带通滤波,取其绝对值后,再做汛期(5—9 月)有雨日的合成,以此反映出四川省有雨日夏半年季风 CISO(ISO 对年循环的锁相)的活动强度。降水过程方面,以逐日的四川省平均降水量为依据,在 2006—2010 年 5—9 月(共 756 d)挑选出雨日和无雨日,其中,雨日定义为:四川省平均日降水量≥25 mm;无雨日定义为:日降水量≤1 mm。为了分析影响降水过程的关键低频因子和关键区域,将滤波得到的 CISO 的活动场进行了雨日合成。

南海作为中国东部夏季西南季风登陆的必经之地,是联系东亚热带季风与副热带季风的枢纽。亚洲季风区中以南海地区的 CISO 活动中心最为显著。

4.5.1.2 MJO 指数法在四川省夏季延伸期强降水预报中的应用

季节内振荡在天气气候的演变中扮演了重要角色,一般指时间尺度大于 7～10 d 但小于 90 d 的准周期变化。20 世纪 70 年代初,Madden 等(1971)首先发现季节内振荡存在于热带地区,并指出热带低频振荡(Madden－Julian oscillation,MJO)向东传播,周期为 40～50 d,具有纬向 1 波的全球尺度特征。MJO 以热带地区对流增强/减弱区的向东传播为主要特征。积云对流首先在东印度洋暖水面上形成,10～20 d 后积云对流带和低压区域东移至印尼群岛和西一中太平洋。随着积云对流东移至东太平洋冷水面上空,对流减弱甚至消失。在一定时间后,东印度洋的对流又重建并向东移动形成新的循环。与热带对流异常相伴随的,近赤道地区纬向风、海平面气压场、云量、降水等同样以 30～60 d 为主要周期从西向东传播。

业务中使用的 MJO 指数来自澳大利亚气象局 MJO 观测结果的逐日独立指数,该指数由近赤道地区(15°S—15°N)平均 850 hPa 纬向风场、200 hPa 纬向风场和 OLR 场的合成场,在移除季节变化、年变化、年际变化以及更长时间尺度变化的成分之后,进行 EOF 分析,以第一模态和第二模态(EOF1 和 EOF2)的时间系数(PC1 和 PC2)作为多变量 MJO 序列 1 和 2(RMM1 和 RMM2)。指数法制作延伸期强降水预报的思路如图 4.74 所示。根据 RMM1 所做预报:分别根据峰值位相后推 41 d 及其随后的波谷位相后推 21 d,便可得到南海夏季风 ISO 的峰值位相出现的时间范围,将两个时间取平均得到南海夏季风 ISO 峰值所在的时间点,记为 t 时刻,在$[t-3,t+3]$时段预报一次强降水过程。根据 RMM2 所做预报:分别根据峰值位相后推 51 d 及其随后的波谷位相后推 30 d,便可得到南海夏季风 ISO 的峰值位相出现的时间范围，将两个时间取平均得到南海夏季风ISO峰值所在的时间点，记为t时刻，在[$t-3$,$t+3$]时段预报一次强降水过程。

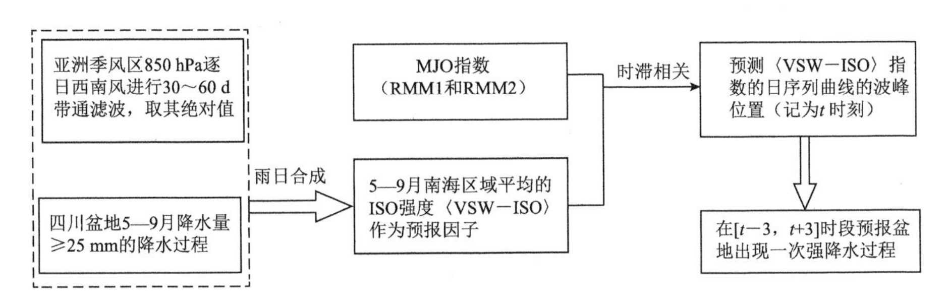

图4.74　四川省汛期延伸期降水过程的低频预测方法示意图

用此方法对2006—2009年的四川盆地汛期强降水过程进行了回报试验。从回报结果看(表4.9)，2006—2010年间，该预报方法的平均完全准确率(完全正确次数/预报次数)为53%，漏报率(漏报次数/(完全正确次数+漏报次数))为67%，说明该预报方法对四川省降水过程有较好的预报能力，可以应用于四川省延伸期降水过程预报业务中。

表4.9　2006—2009年共4年的回报漏报次数

	预报次数	完全正确	空报	漏报
2006年	3	2	1	3
2007年	4	2	2	7
2008年	4	2	2	9
2009年	4	2	2	11
合计	15	8	7	30

以2013年7月的回报试验为例，根据南海ISO与RMM1、RMM2的交叉滞后相关，当RMM1序列出现峰值之后的50～60 d内，南海地区将出现一次ISO活动的峰值，而当RMM1序列出现谷值之后的30天左右的时间南海地区也应该是ISO活动的峰值期。5月11日RMM1达到了活动峰值，5月28日达到了活动谷值(图4.75)，按预报模型中的方法判断，7月5—11日四川盆地将发生一次强降水过程。

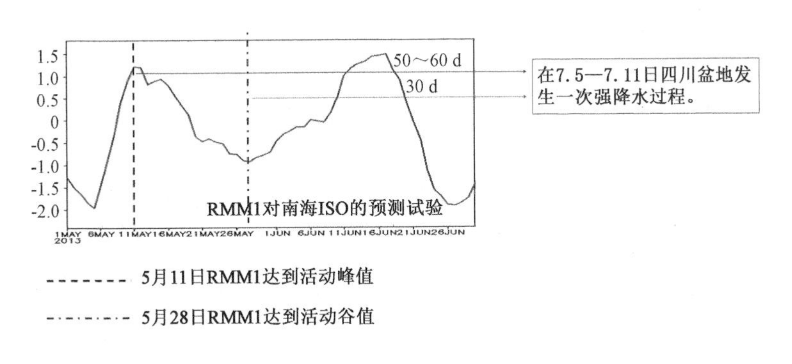

图4.75　四川省2013年汛期延伸期降水过程预测实验

从降水实况来看，7月7—11日盆地西部确实出现了一次区域性暴雨过程，盆地西部大部分市州均出现了100 mm以上的大暴雨(图4.76)，与预报的强降水时段一致。

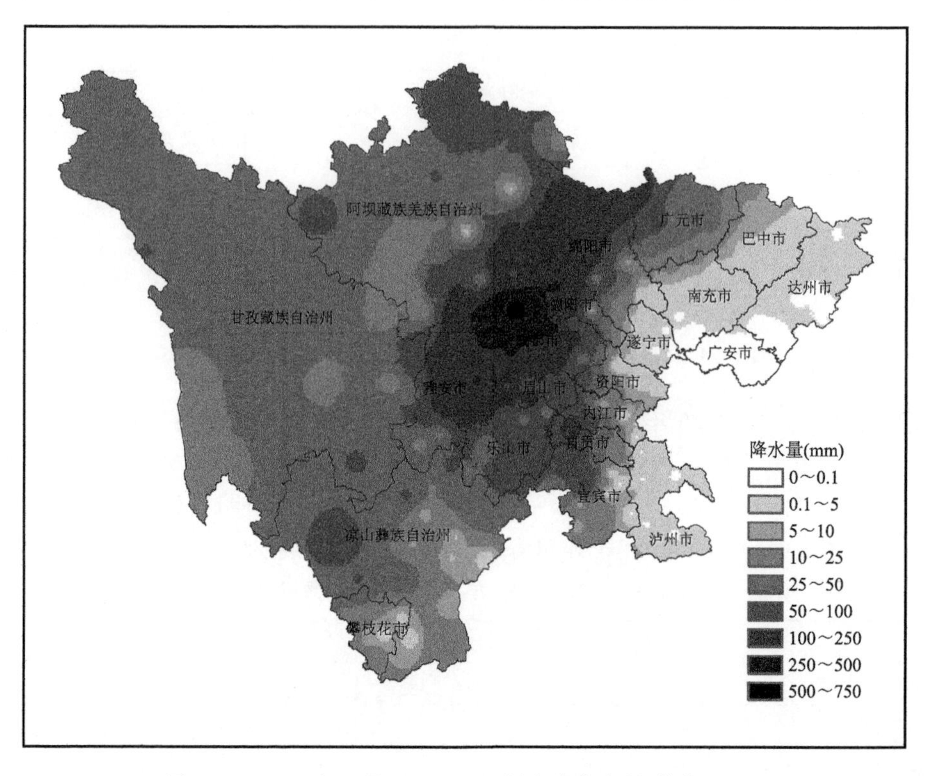

图4.76　2013年7月7—11日四川省降水实况(单位:mm)

4.5.1.3　模式预报

延伸期模式预报主要利用CFSv2模式提供的多初值未来45 d预报值及Derf2.0模式提供的未来50 d预报值，采用澳大利亚国立大学资源与环境中心研发的Anusplin插值方法，考虑地形作用，将预报值插值到指定站点，并利用线性平均集合法提供各站点或区域未来11～30 d逐日降水过程、气温过程预报产品。各产品均逐日滚动更新，通过跟踪订正，确定未来可能出现的降水时段和高/低温时段等。

以2017年7月中下旬强降水过程预报为例，根据延伸期预报系统的逐候降水落区预测显示(图4.77)，2017年7月中下旬盆地西部和高原发生强降水可能性较大，尤其是盆地西部和南部将达到中到大雨，其中7月第4候盆地西南部降水可能会达到暴雨量级。延伸期预报系统中站点预报模块制作的盆地主要站点降水逐日预报图(图4.78)同样显示7月16—19日、21—24日盆地西部、南部发生强降水可能性较大。

根据对模式预报产品解释应用，在2017年6月21日的延伸期预测产品中明确提出了7月18—20日将会有一次强降水过程发生，降水量级将达到中到大雨；在2017年7月10日的产品中明确提出了7月22—24日攀西地区和盆地西北部将会有一次强降水过程发生，降水量级将达到大雨。对应2017年7月18—19日以及22—23日全省降水量实况来看(图4.79)，预报结果与实况基本一致，尤其对这两次强降水过程的最大落区均有较好把握。

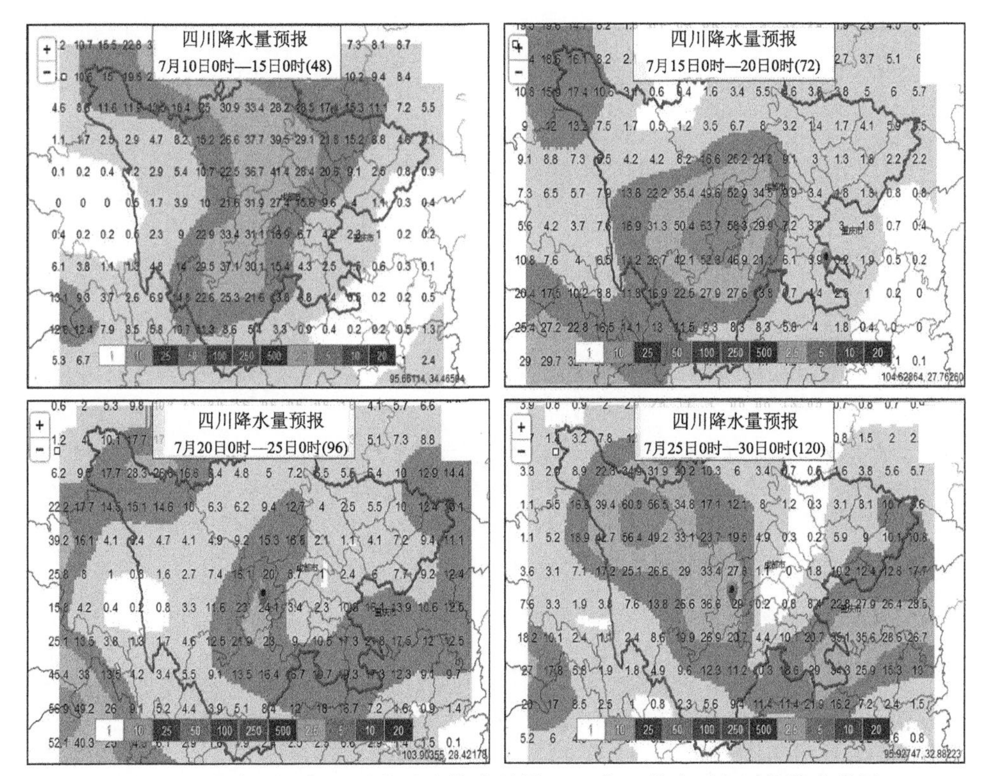

图 4.77　相似误差订正后的动力模式预报 2017 年 7 月中下旬逐候降水量图

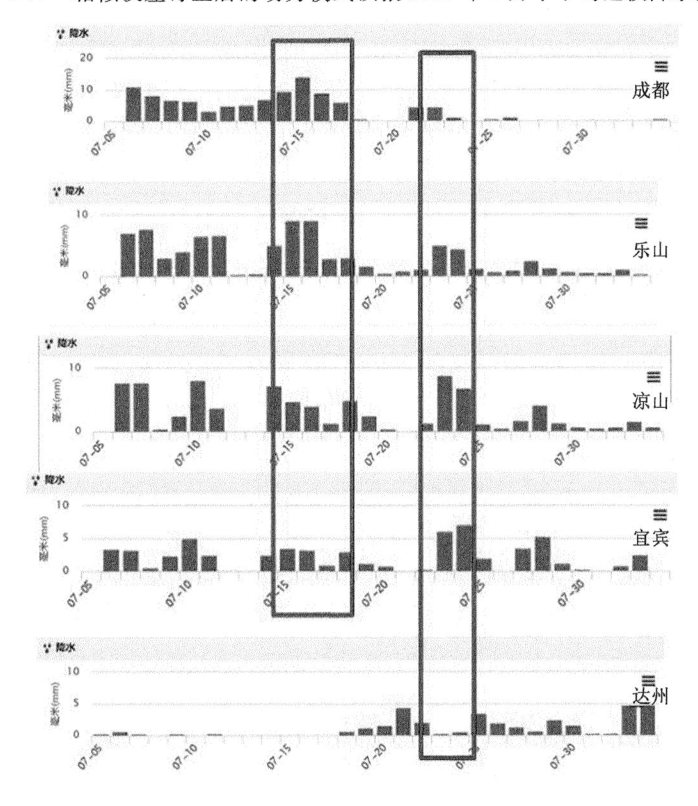

图 4.78　延伸期预报系统中站点预报模块制作的 2017 年 7 月盆地主要站点降水逐日预报图

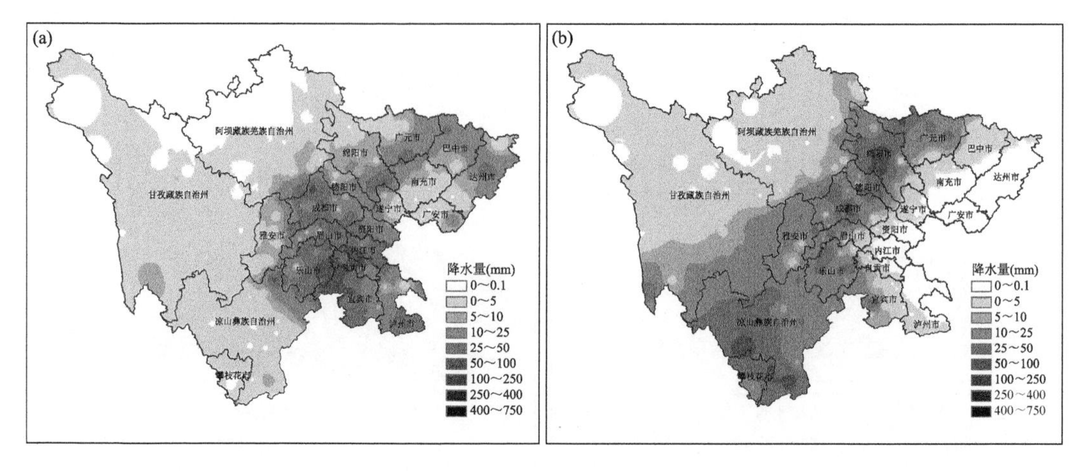

图 4.79　四川省降水实况图

(a)2017 年 7 月 18—19 日；(b)2017 年 7 月 22—23 日

4.5.2　月预报个例分析

以 2017 年 2 月气温预报为例，月预报主要从三个方面进行考虑，一是气候背景，二是模式及客观化方法，三是外强迫及环流因子的统计分析。

4.5.2.1　气候背景

从近 36 年(1981—2016 年)的气候背景来看(图 4.80a)，四川地区 2 月气温主要表现为东冷西暖，考虑到近年全球变暖背景下，气温持续升高，分析近 10 年(2007 年到 2016 年)四川地区 2 月气温发现(图 4.80b)，盆地偏冷区域范围缩小，同时川西及攀西地区气温存在异常偏高，从近 36 年的气温距平趋势(图 4.80c)也可以看出，近年来气温持续升高，目前四川处于偏暖的气候背景下。

4.5.2.2　模式及客观化方法

首先分析国内外模式对四川地区气温的预报，主要参考的有国家气候中心(NCC)、日本东京气候中心(TCC)、韩国泛太平洋气候中心(APEC)等业务化发布的多种数值模式预测产品。如图 4.81 所示，以国家气候中心模式为例，2 月四川地区气温以全区一致偏高为主。此外，客观化方法包括中国气象局下发的 MODES 和 FODAS 及本省客观化模型 MLR，结果显示，三个客观化方法对 2 月气温的预测也均以大部偏高为主，MODES 预测在四川省盆地西北部及西南部的局部地区存在气温偏低，本地化客观方法 MLR 预测在四川省攀西地区存在气温偏低的可能性。

4.5.2.3　外强迫及环流因子的统计分析

统计分析主要从前期外强迫及同期环流来分析，前期外强迫主要考虑海温、海冰、积雪，影响 2 月的同期环流因子主要考虑西伯利亚高压、西太平洋副热带高压、AO、高原高度场，利用模式及前期相关因子对同期影响因子进行预测，并讨论其与气温的相关性。例如由前期海温相似合成年(图 4.82a)、2 月高原高度场与气温的相关性(图 4.82b)，预计 2 月气温偏高。

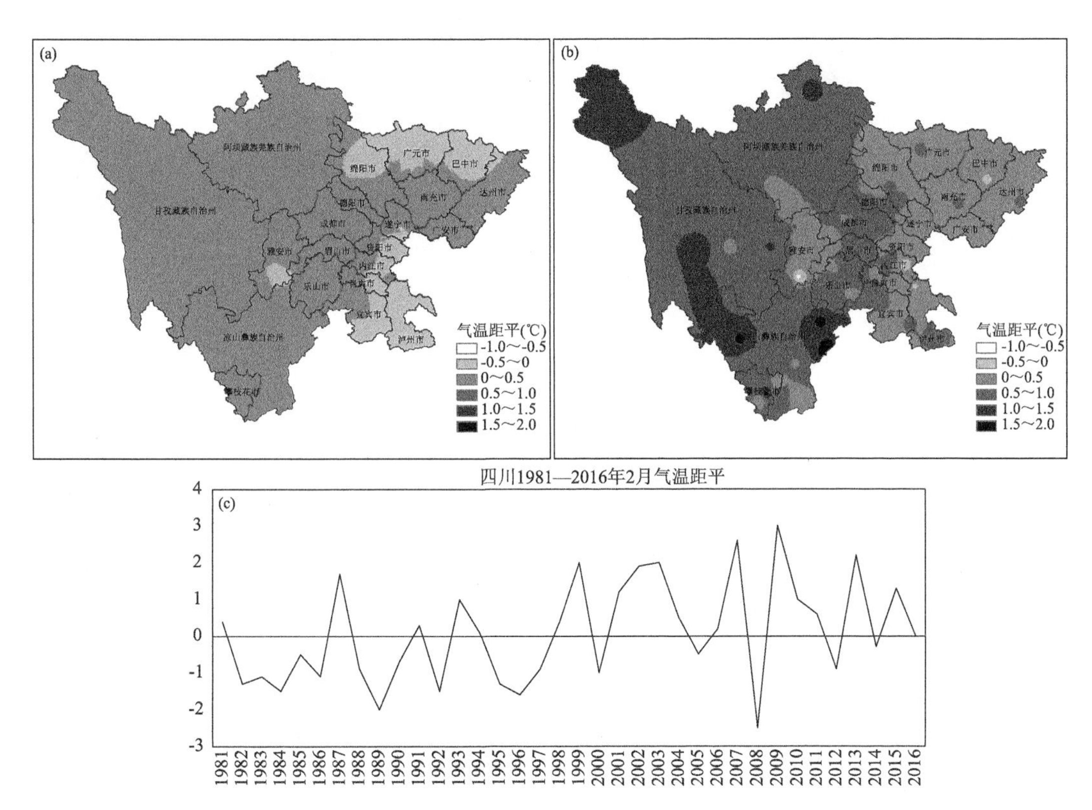

图4.80 四川1981—2016年(a)及2006—2016年(b)2月平均气温正距平次合成及1981—2016年(c)2月平均气温距平变化趋势

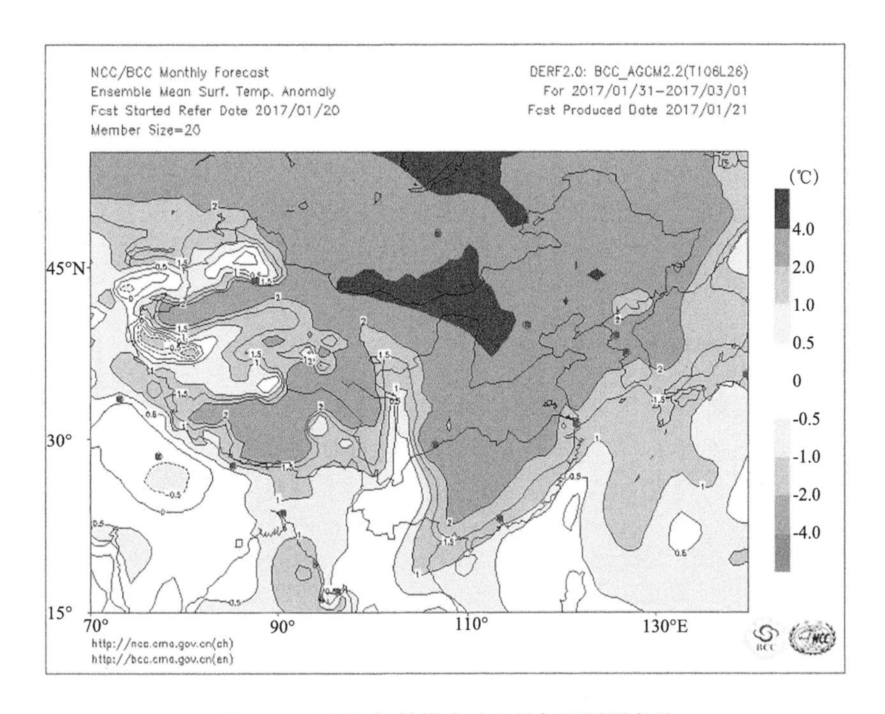

图4.81 NCC气候模式对2月气温预测产品

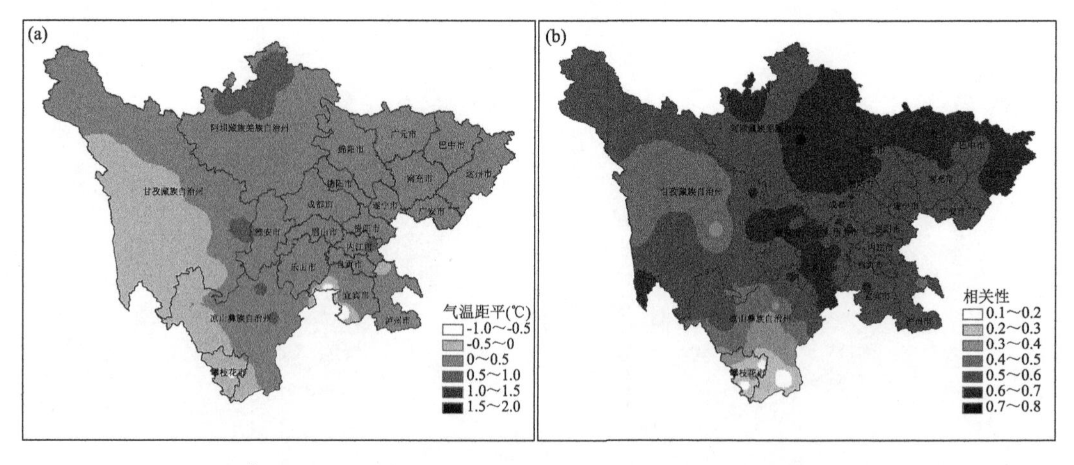

图 4.82　前期中东太平洋海温相似年 2 月气温距平合成图(a)、2 月高原高度场与气温相关图(b)

由以上分析，综合考虑模式预测结果、客观方法结果及统计分析结果，得到 2017 年 2 月四川全省气温以偏高为主(图 4.83a)，后期 Ps 评分为 95.7，预报结果基本与实况(图 4.83b)一致。

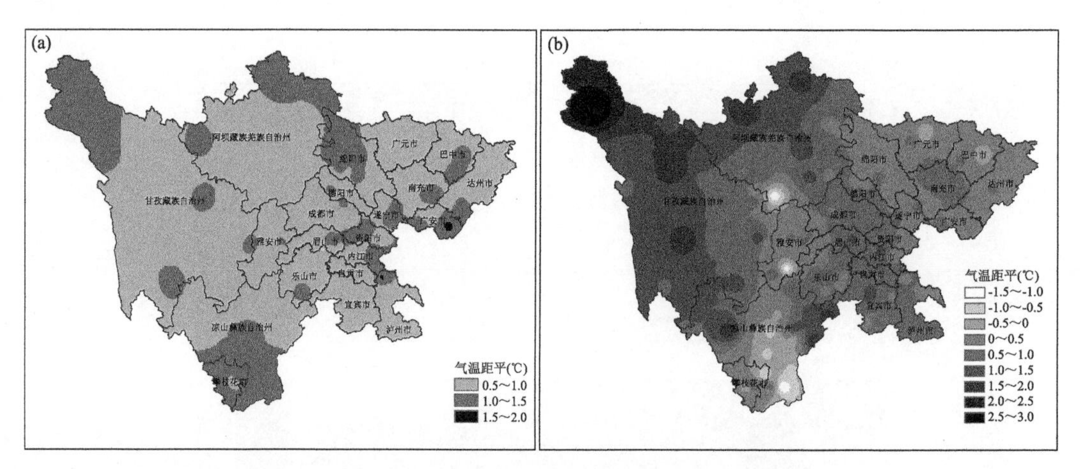

图 4.83　四川 2017 年 2 月气温距平预报图(a)与实况图(b)

4.5.3　汛期降水预测典型个例分析

这里以 2017 年汛期 6—8 月降水预测为例介绍汛期预测的主要思路。在制作预测时，主要从客观化方法、外强迫因子、关键环流系统和气候背景四个方面进行分析，最终得到预测结果。

4.5.3.1　客观化方法的应用

客观化方法的应用主要包含三部分内容：本地客观预报模型、国内外数值模式预测以及本地化预测系统预测。

目前本地建立的客观化模型主要有多因子回归模型、最优子集回归模型和多因子降维模型，并均已投入业务使用，汛期预测主要选取前期大气环流、海洋、冰雪等高影响预报因子共

11 个。从图 4.84a 可以看出，多因子回归模型预测 2017 年 6—8 月四川以少雨为主，其中川西高原部分地区、盆地南部降水较常年略偏多，省内其余地区较常年略偏少，盆地中部降水较常年偏少 20%到 50%。多因子降维模型预测盆地西南部和东北部的局部地区降水较常年略偏多，省内其余地区降水较常年偏少 20%以上（图 4.84b）。

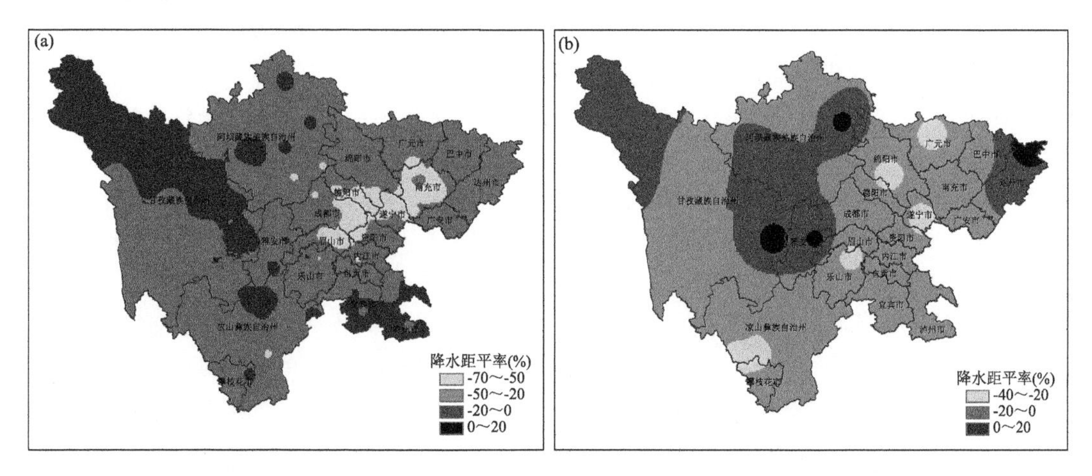

图 4.84　本地客观化预测模型预测 2017 年 6—8 月降水距平百分率
（a）多因子回归模型；（b）多因子降维模型

目前常用的国内外数值预报模式主要有国家气候中心二代季节模式（BCC）、欧洲中期天气预报中心（ECMWF）、日本东京气候中心（TCC）、韩国泛太平洋气候中心（APEC）等业务化发布的多种数值模式产品。以欧洲中心模式为例来看（图 4.85），2 月起报的 2017 年 6—8 月降水距平百分率预测结果，BCC 预测汛期降水为东多西少的分布，ECMWF 预测全省大部少雨。由模式的预测结果检验来看，ECMWF 的汛期预测效果要优于其他几个模式，且性能较稳定，因此将 ECMWF 的预测产品作为重点参考的预测依据之一。

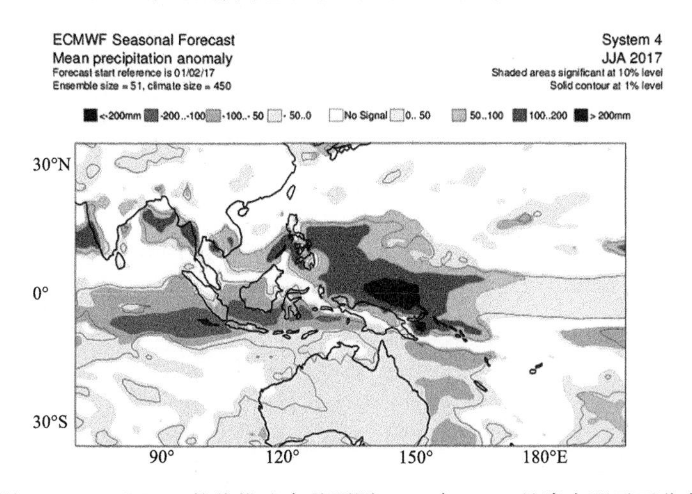

图 4.85　ECMWF 数值模式产品预测 2017 年 6—8 月降水距平百分率

4.5.3.2　外强迫场的基本特征及其影响分析

前期冬季外强迫场的变化特征是夏季降水的重要预测信号。除了气候预测最强信号——赤道中东太平洋海温之外，其他区域的海洋信号，以及积雪、海冰、陆面温度等都是夏季降水预测的重要因子。根据2017年前期冬季海温的变化特征可以发现，赤道中东太平洋海温信号并非异常强信号，其处于中性偏冷状态，后期向偏暖发展的态势（根据中国、美国、日本、韩国等多家海洋预测模式判断）。而其他海洋区域对我国气候有影响的海温信号处于异常位相：NAT（北大西洋三极子）处于正位相；西太平洋暖池偏大偏强；黑潮区海温偏高；SIOD正位相；前冬 MJO异常活跃。冰雪圈强迫方面：欧洲积雪面积偏大，高原积雪面积偏小。另外，2016/2017年，中国经历了近50年来最暖的冬天，西伯利亚高压偏弱，东亚冬季风偏弱。那么在赤道海温处于中性偏冷后期转暖的状态下，前冬异常强信号的多因子共同作用是外强迫对四川夏季降水预测的关注重点。

依据上述2017年前冬外强迫气候特征的分析，以最强信号赤道中东太平洋演变特征为基础，结合青藏高原积雪、印度洋海温特征量（IOBW，SIOD，TIOD）、西太平洋暖池、黑潮海温、东亚冬季风、前冬西南气温等9个因子，在历史上寻找与2017年前冬外强迫相似的年份，通过筛选可以发现1997年和2006年的相似因子最多（图4.86）。其中1997年除了前冬四川气温和北大西洋三极子变化特征与2017年趋势相反外，其余都相同；而2006年则是除了北大西洋三极子和黑潮海温外，其余外强迫因子变化趋势都与2017年相似。

赤道中东太平洋演变	青藏高原积雪	IOBW	SIOD	TIOD	NAT	西太平洋暖池	黑潮海温	东亚冬季风	前冬西南气温
2017	-	-	+	-	+	+	+	-	+
1982	+	-	+	+	-	-	+	-	-
1986	-	-	0	+	+	-	-	+	-
1990	-	0	+	0	+	-	+	+	0
1997	-	-	+	-	-	+	+	-	-
2002	+	+	-	0	-	+	+	+	+
2006	-	-	+	-	-	+	-	-	+
2009	+	+	-	+	+	+	+	-	+

图4.86　2017年前冬相似年选择

1997年和2006年四川夏季降水合成结果（图4.87）显示，四川大部降水以偏少为主，其中盆地北部降水异常偏少，降水正常偏多区位于攀西地区的局部。由此考虑，在前冬的外强迫作用下，2017年四川夏季降水趋于大部偏少。

4.5.3.3　环流因子影响分析

基于前人的研究成果，在四川汛期预测过程中主要考虑了中高纬环流、西太平洋副热带高压、高原高度场和高原夏季风等对汛期降水可能造成的影响，依据国内外数值模式对大气环流预测的结果和前期外强迫信号对环流的影响，采用相关分析、相似分析和回归分析等方法，对预测结果进行统计订正。

首先根据国内外模式环流的预测，以国家气候中心二代季节模式为例（图4.88），2017年夏季北半球中高纬地区以纬向环流为主，东亚东岸自北向南呈“＋－＋”分布，副热带高压偏

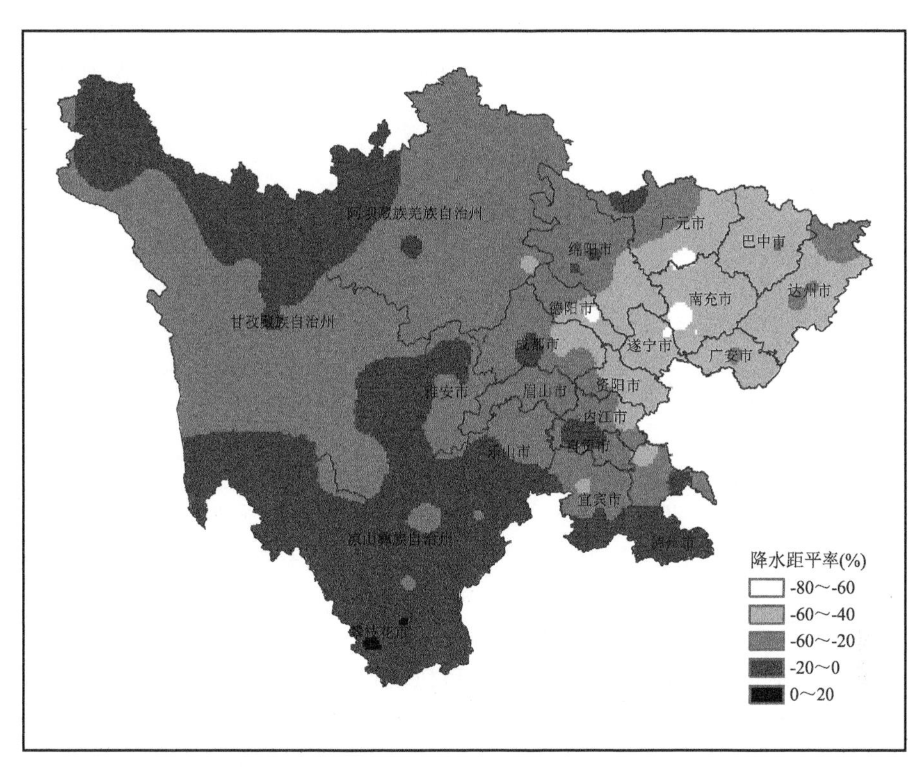

图 4.87　1997 年和 2006 年四川省夏季降水合成图

大、偏强、偏西，南支槽偏弱，高原高度场偏强。结合前期外强迫因子（赤道中东太平洋、西太平洋暖池、欧亚积雪异常状况）对夏季环流的影响，和 2017 年前期冬季和春季外强迫因子的实况。预计 2017 年夏季西太副高偏强、偏大、偏西，南支槽偏弱，高原高度场偏强，高原季风偏弱，中高纬地区以纬向环流为主。

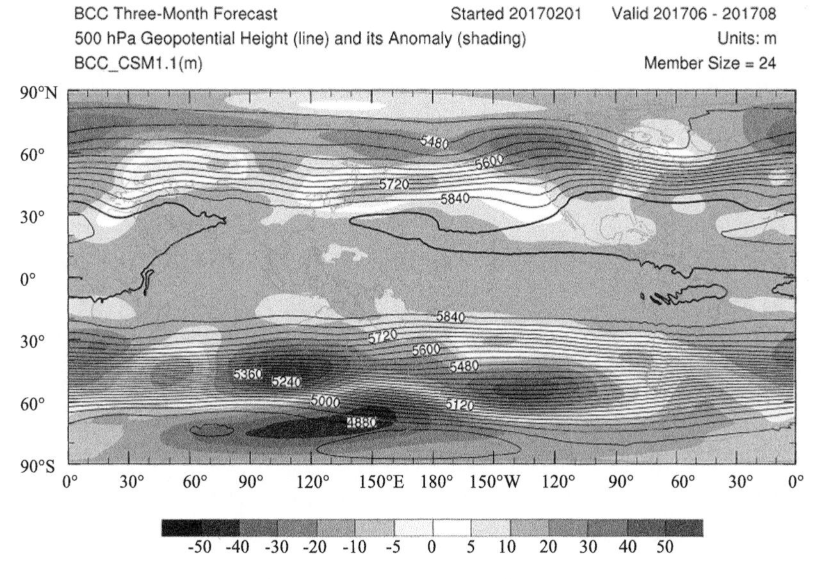

图 4.88　BCC 二代季节数值模式预测 2017 年汛期 6—8 月 500 hPa 环流预测图

以高原环流因子为例，讨论其对汛期降水的影响，高原夏季风和高原高度场与汛期降水的相关图（图 4.89），当高原高度场偏高，高原季风偏弱时，有利于四川盆地南部、西北部，攀西地区降水偏多，省内其余地区降水偏少。

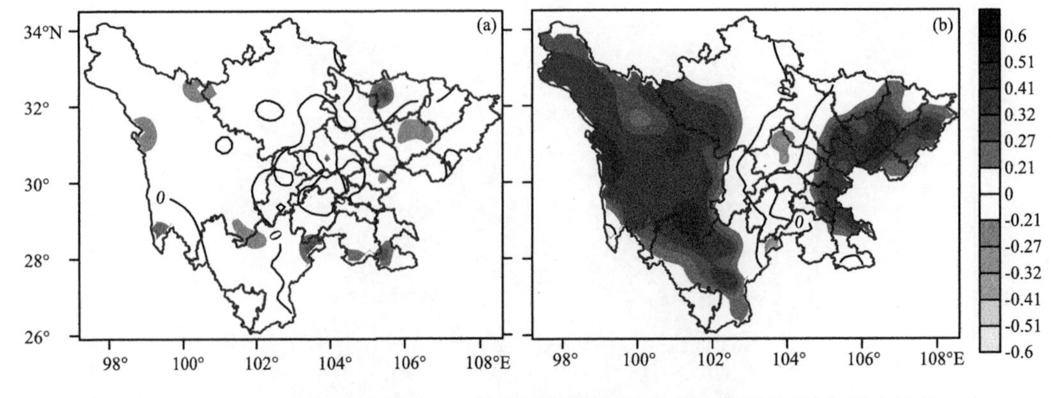

图 4.89　1981—2016 年汛期 6—8 月高原高度场(a)和高原夏季风(b)与降水相关

4.5.3.4　四川夏季气候背景分析

根据四川夏季降水量的时间变化特征分析可以发现（图 4.90），四川夏季降水变化存在5 a 左右的变化周期。2002—2008 年处于干旱少雨阶段，2009—2013 年处于多雨周期，自 2015 年开始，四川夏季再一次进入少雨周期。四川夏季降水这种周期变化的强迫在气候预测中是不可忽视的，比如，在通常情况下赤道中东太平洋异常偏暖有利于四川降水偏多，处在降水偏多周期的 1998 年，四川夏季降水较常年偏多近 20%，为有记录以来夏季降水第三多的年份，然而同样处于强厄尔尼诺的海温背景下的 2016 年，降水却总体偏少。从夏季降水气候变化周期判断，2017 年处于夏季干旱少雨阶段。

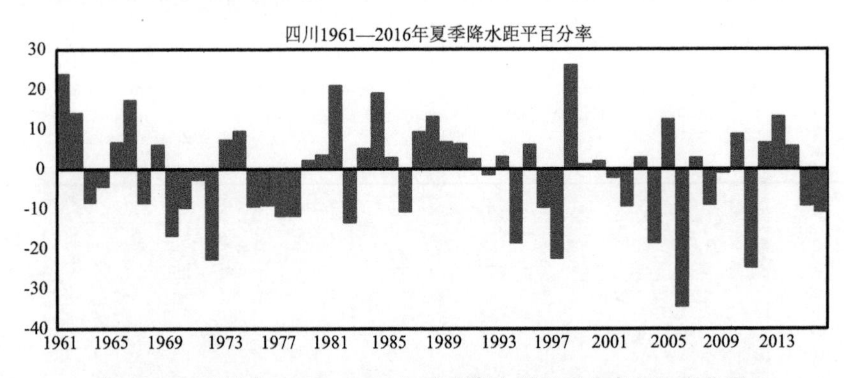

图 4.90　四川省 1961—2016 年夏季降水距平百分率年际变化图

根据四川省夏季降水量变化周期，重点关注近 6 年的降水分布情况，从合成图（图 4.91）可以看出，在降水量偏少的大背景下，四川主要降水偏多区位于盆地南部、盆地中部和盆地西北部部分地区、阿坝部分地区，其余地区降水以偏少为主。

综合以上分析，我们在 2017 年 3 月预计汛期 6—8 月四川降水以偏少为主，全省呈南多北少的分布特征，其中川西高原南部、攀西地区、盆地南部降水较常年正常略偏多，省内其余地区降水较常年略偏少。

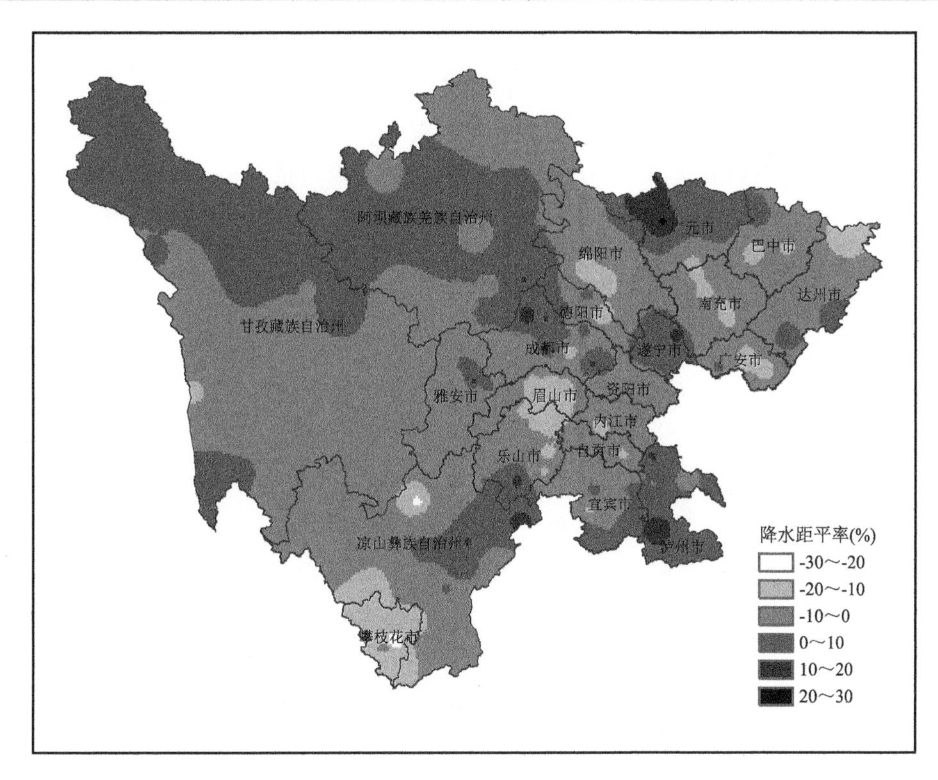

图4.91 2011—2016年四川省夏季降水合成图

对比2017年汛期降水实况来看(图4.92),全省降水较常年正常略偏少4%,其中盆地西北部,川西高原南部部分地区和攀西地区东部降水较常年正常略偏多,省内其余地区降水较常年偏少。2017年的汛期预测基本把握了汛期降水的主要分布特征,Ps评分为73.3分,取得了很好的服务效果。

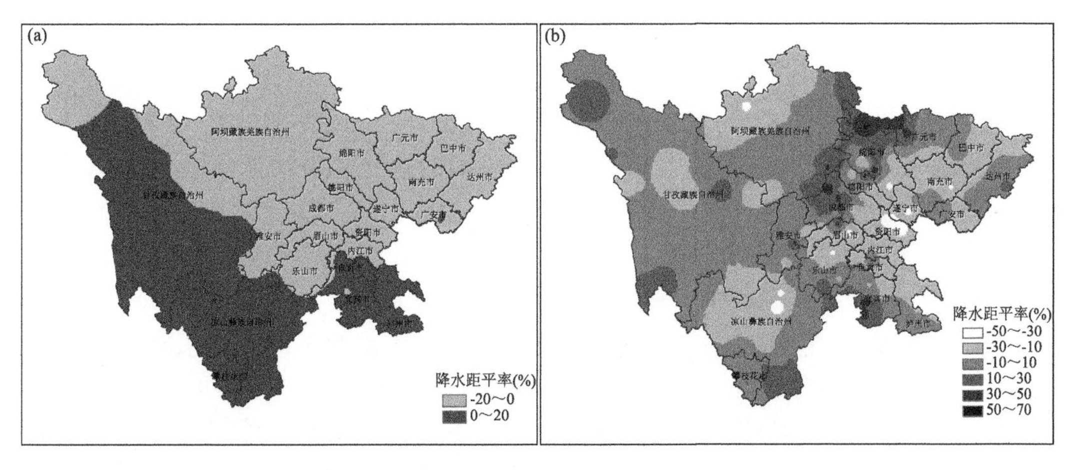

图4.92 2017年汛期6—8月降水距平百分率预测(a)与实况(b)对比

4.5.4 森林火险等级预报方法

四川省拥有丰富的林业资源,森林覆盖率为34.31%,属全国第二大林区,但同时也是我国森林火灾的多发区和重灾区。研究表明,四川省森林火灾的重灾区主要位于川西高原南部的甘孜藏族自治州(甘孜州)、攀西地区的凉山彝族自治州(凉山州)和攀枝花市,且春季(3—5月)是重灾区森林火灾的高发季节。我们针对四川省森林火灾重灾区和高发期,通过对植被水分平衡指数与林火次数的相关性分析,定义了森林火险等级预报指标,并根据该指标与气象要素之间的密切关系,建立了四川省森林火险气象等级预报模型,旨在实现气候预测由要素预报向灾害预报转变,完善四川省森林火险预报预警业务。

4.5.4.1 植被水分平衡指数

植被水分平衡指数所反映出的植被水分状况作为一个自然生态因素,是决定森林火险的主要因子。它直接影响着着火的难易程度,是预测林火发生,估计火险大小的主要指标。另一方面,在干旱条件下,土壤水分是影响植被生长的主要因素,因此也可以把植被水分平衡指数作为判断土壤水分状况的因子。植被水分平衡指数的计算模型为:

$$W = \sum (E_j - R_j) \quad (j = 1, 2, \cdots, m) \tag{4.49}$$

式中,W 为植被蒸发量与降水量的差值;E_j 为植被日潜在蒸散量,四川省植被多为松树林、柏树林,取 $E_j = 0.8ET_{0j}$,ET_{0j} 为日水面蒸发量;R_j 为日降水量;m 为日数。其中,ET_0 采用 FAO 于 1998 年修订的 Penman-Monteith 模型修正式计算,基于能量平衡和微气候学方法的 Penman-Monteith 模型由于具有较充分的理论依据,所计算的 ET_0 仅受制于当地气候条件,与植被种类、土壤类型等无关,被认为是估算 ET_0 最可靠的模型之一。以下,通过分析植被水分平衡指数与四川省重灾区春季林火之间的相关关系,探讨植被水分平衡指数在森林火险预警中的作用,从而建立一个合理可行的综合火险指数。

4.5.4.2 综合火险指数

林火高发期(春季)植被含水量应该是上年秋季至当年春季的气象条件累积作用的结果,因此,春季植被水分平衡指数定义为:

$$K = W_1 + W_2 + W_3 \tag{4.50}$$

式中,W_1,W_2,W_3 分别为上年秋季、上年冬季、当年春季的植被水分平衡指数。对四川省林火重灾区春季林火发生次数与同期植被水分平衡指数进行相关分析表明,火灾发生次数与植被水分平衡指数相关系数达 0.64,可通过 0.01 的显著性水平检验,即当植被水分平衡指数较小时,林火发生率较高。通过上述研究发现,在缺乏各大森林实地监测的情况下,由于 K 指数既考虑了水分收支的物理过程,又考虑到林木着火难易程度,因此,利用 K 作为综合火险预报指标是一种客观可行的方法。

4.5.4.3 预报因子与综合火险指数相关分析

利用 2004—2011 年重灾区逐月、逐季的降水量、平均气温、最小相对湿度、平均相对湿度、日照时数、最高气温、最低气温、干旱指数 CI 等气象要素与相对应的季节综合火险指数进行相关性分析(表 4.10)。结果表明重灾区春季综合火险指数 K 与同期或前期降水量、最小相对湿度、平均相对湿度、日照时数、干旱指数呈负相关,与平均气温呈正相关,且均通过了 90%的显著性水平检验。另外,火险综合指数 K 与平均气压、最高气温、相对湿润度指数也有一定的相关性,但与前期的风速相关性不明显。因此可将上述七个气象要素用于森林火险预报方程的建立之中。

表 4.10　重灾区春季林火次数与气象因子相关系数表

序号	气象因子	相关系数
1	春季降水量	−0.62
2	春季平均温度	0.65
3	冬季降水量	−0.81
4	冬季最小相对湿度	−0.87
5	冬季相对湿度	−0.93
6	2 月日照时数	−0.64
7	冬季干旱指数 CI	−0.74
8	冬季日照时数	−0.64

4.5.4.4　建立综合火险预报模型

利用 2004—2011 年重灾区春季的综合火险指数(K),待选资料:春季降水量(x_1)、春季平均气温(x_2)、冬季降水量(x_3)、冬季最小相对湿度(x_4)、冬季相对湿度(x_5)、日照时数(x_6)、冬季干旱指数 CI(x_7)等 7 个与重灾区森林火险相关显著的气象要素,运用双重检验的逐步回归方案,建立了重灾区春季火险等级预报模型:

$$K = 4824.056 + 1.158\,x_1 - 150.34\,x_2 - 7.392\,x_3 + 76.385\,x_4 - 90.429\,x_5 \quad (4.51)$$

回归方程的复相关系数达 0.92,平均预测残差为 2,通过 0.05 显著性水平检验。

林业行业标准《LY/T 1172—95:全国森林火险天气等级》,规定了森林火险天气等级由最低 1 级至最高 5 级。该标准仅根据气象因子来决定火险等级,是中国各地当日森林火险天气等级实况的评定和森林火险天气等级预报准确率的事后评价的依据。考虑到与《全国森林火险天气等级》标准的一致性,同时参考中国林业科学研究院资源信息研究所等的相关研究,按照正态分布将综合火险指数 K 进行等级划分,如表 4.11 所示。

表 4.11　四川省重灾区综合火险等级

等级	综合火险指数 K	危险程度	可能性	蔓延性
1 级	$K<-87$	没有危险	不会燃烧	不会蔓延
2 级	$-87\leqslant K<-13$	低度危险	难以燃烧	难以蔓延
3 级	$-13\leqslant K<61$	中度危险	较易燃烧	较易蔓延
4 级	$61\leqslant K<135$	高度危险	容易燃烧	容易蔓延
5 级	$K\geqslant 135$	极度危险	极易燃烧	极易蔓延

4.5.4.5　综合火险预报模型效果检验

利用逐月、逐季节的气象资料对上述建立的综合火险预报模型进行检验。图 4.93 为拟合与后报曲线,拟合时段是 2004—2011 年,后报是 2012—2014 年。在大多年份,K 值的预测值和观测值基本吻合,2004—2011 年的 K 值拟合率高达 0.90,并且对 2012—2014 年做了后报,预测值与观测值非常接近。从重灾区综合火险等级预报模型效果检验(表 4.12)来看,2004—2011 年回代准确率达到 72.7%,2012—2013 年准确预报出综合火险等级分别为 4 级和 3 级。

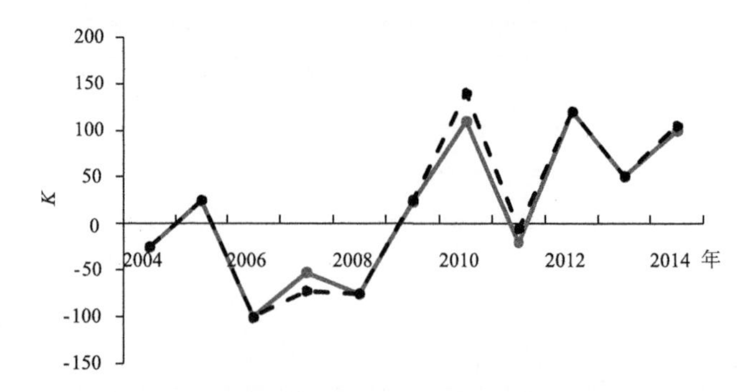

图 4.93　2012—2014 综合火险指数 K 的观测值(黑虚线)和模拟值(灰实线)年际变化曲线

表 4.12　重灾区综合火险等级预报模型效果检验

年份	模拟结果	实况
2004	2	2
2005	3	3
2006	1	2
2007	2	2
2008	2	3
2009	3	3
2010	4	4
2011	3	3
2012	4	4
2013	3	3
2014	5	4
正确率	72.7%	

影响预测模型拟合能力和预测能力的原因，可能有以下几点：(1)由于受到资料的限制，用于检验的样本长度太短，可能在一定程度上影响了准确率；(2)由于受到气象站点分布及站点数的限制，所选站点数和站点代表性均存在差异，这也会影响模型的预报结果。

4.5.5　华西秋雨预测方法

我们通过对大量观测资料的计算分析和理论研究，建立一种客观反映华西秋雨特征的指数序列，探索华西秋雨形成的物理过程，揭示华西秋雨年际和年代际变化规律，得出华西秋雨变率及其与强迫因子之间的物理联系，进而揭示华西秋雨发生机理，旨在提高气候预测水平，完善华西秋雨预报业务。

4.5.5.1　华西秋雨强度指数

华西秋雨的灾害性主要体现在日照不足、多阴雨日，这种天气气候特征对农业的影响极大，因此建立一个综合考虑雨量、雨日及日照时数三个影响因子的华西秋雨指数。

改进的华西秋雨指数 $MARI$ 计算公式为：

$$MARI=\frac{R_{aut}}{R_{year}}\times L \tag{4.52}$$

式中，R_{aut} 为华西地区秋季 9—10 月秋雨期内降水量；R_{year} 为华西地区年降水量；L 为华西秋雨日数。

注：秋雨指数为 $MARI$，公式中秋雨雨量占年降水的比值可以消除地理分布带来的降水量差异又可以突出华西秋雨降水量较大的特征。若某一天气象台站出现有效降水（日降水量≥0.1 mm）且日照时数小于 0.1 h，则算为一个雨日，否则为一个非雨日。对华西秋雨日数的统计标准规定如下：

(1)若出现连续 5 个及以上的雨日则算作一个雨期的开始，第一个雨日出现的时间为雨期开始时间；

(2)若雨期内任意雨日之后出现连续 5 个及以上的非雨日，同时将这一雨日之后的第一个非雨日定为雨期结束时间；

(3)雨期开始时间至雨期结束时间前一日之间的时段为雨期持续时间。

以此的华西秋雨指数的 ±1 倍标准差为判断华西秋雨强弱的标准，对华西秋雨指数 $MARI$ 的阈值进行如表 4.13 的划分。

表 4.13　华西秋雨强度等级划分

强度	显著偏强	偏强	正常	偏弱
等级	1 级	2 级	3 级	4 级
I_1	$I_1\geqslant3.2$ d	$3.2>I_1\geqslant2.4$	$2.4>I_1\geqslant1.5$	$I_1<1.5$

4.5.5.2　华西秋雨预测模型

利用经验正交函数展开（EOF）方法分析 1959—2011 年华西秋雨指数（MARI）时空变化特征，结果（表 4.14）显示前 6 个模态通过了显著性水平检验，累积方差贡献率达到 89.4%，其中前两个模态的方差贡献率分别为 57.7% 和 15.2%。第一模态空间型（图 4.94a1）表现为华西秋雨全区一致分布型，大值中心分布在陕西南部到四川东北部地区，为华西秋雨气候变率的主模态。用 TC1（华西秋雨第一模态（主模态）时间系数）与 74 项环流指数以及 Nino 各区海温指数进行相关分析（表 4.15），发现 TC1 与南海副高强度指数、印缅槽指数、南方涛动指数和 Nino4 区海温指数都有很好的持续性相关关系。该相关一般从 7 月、8 月即表现出来，TC1 与 8 月南海副高强度和印缅槽的相关系数都通过了 0.05 的显著性水平检验，与 8 月南方涛动指数和 Nino4 区海温的相关关系更大，通过了 0.01 的显著性水平检验。通过相关分析可以大致给出华西秋雨和其影响因子之间的关系：当夏秋季节南海副高强度偏弱（强）、印缅槽偏强（弱）、南方涛动指数偏大（小）、Nino4 区海温偏低（高）时，我国华西秋雨偏强（弱）。

表 4.14　华西秋雨强度等级划分

模态序号	方差贡献率/%	累积方差贡献率/%
1	57.7	57.7
2	15.2	72.9
3	7.1	80
4	4.8	84.8
5	2.6	87.4
6	2	89.4

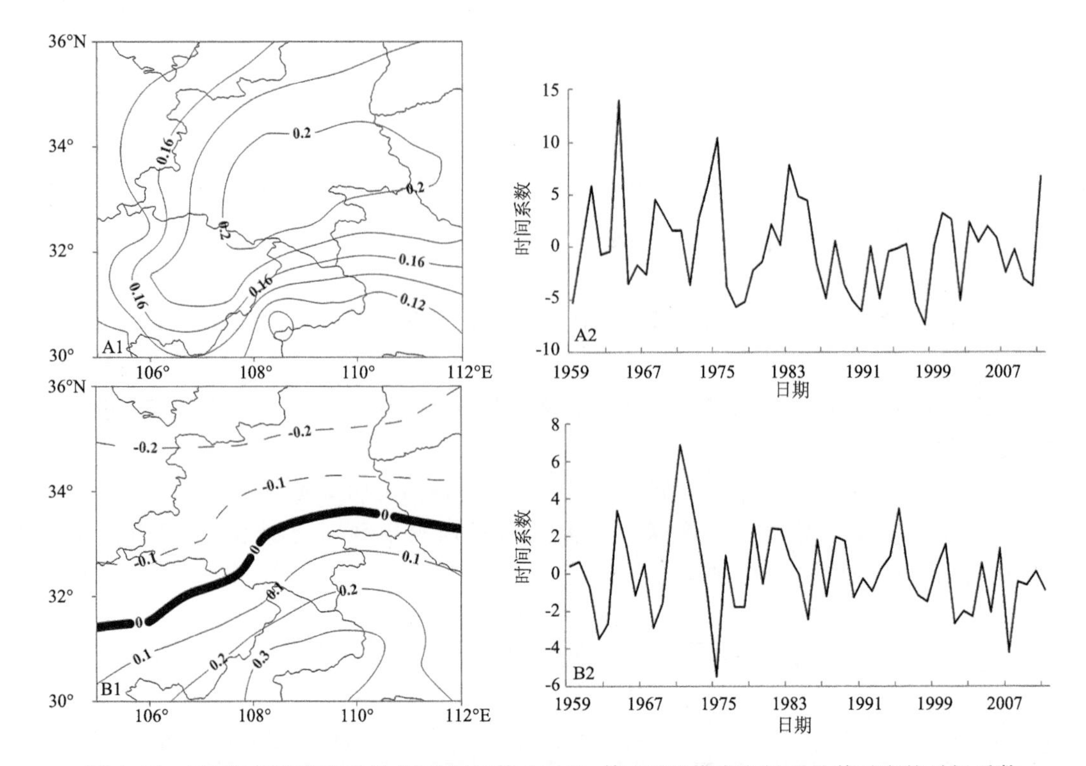

图 4.94 MARI 标准化距平场 EOF 展开第 1(A1)、第 2(B1)模态空间型及其对应的时间系数

表 4.15 华西秋雨影响因子与 TC1 相关系数表

影响因子	7 月	8 月	9 月	10 月
南海副高强度指数	−0.14	−0.28*	−0.12	−0.32*
南海副高强度指数(3～5)	−0.10	−0.29*	−0.17	−0.33*
南海副高强度指数(11～13)	0.10	0.10	0.17	0.09
印缅槽指数	−0.19	−0.34*	−0.40**	−0.53**
印缅槽指数(3～5)	0.02	−0.37**	−0.35**	−0.47**
印缅槽指数(11～13)	−0.18	−0.20	−0.18	−0.15
南方涛动指数	0.29*	0.46**	0.46**	0.31*
南方涛动指数(3～5)	0.32*	0.37**	0.38**	0.33*
南方涛动指数(11～13)	−0.06	0.10	0.10	0.06
Nino4 海温指数	−0.41**	−0.39**	−0.45**	−0.43**
Nino4 海温指数(3～4)	−0.41**	−0.37**	−0.40**	−0.36**
Nino4 海温指数(11～13)	−0.06	−0.07	−0.10	−0.12

注：* 和 ** 分别表示达到 0.05 和 0.01 显著性水平检验。

考虑到影响因子和 TC1 之间很好的相关关系，经过反复试验，最后建立了依据相关分析的华西秋雨主模态多尺度、多因子趋势预测模型。模型中选定的影响因子有 9 个，分别是南海副高强度指数和其 4～5 a、11～13 a 滤波序列；印缅槽指数、南方涛动指数、Nino4 区海温指数和相应的 4～5 a 滤波序列。首先将 9 个因子序列进行标准化处理，然后根据序列正负情况并结合其与 TC1 的相关关系，确定每年有利于华西秋雨偏强(偏弱)的因子个数。如：1959 年 8 月南海副高强度标准化值为−0.48，而其与 TC1 为负相关，所以认为南海副高强度为有利于华西秋偏强的因子。当有利于华西秋雨偏强的因子个数达到 5 个及以上时，则预测当年华西秋雨有偏强趋势，反之有偏弱趋势。为了方便比较，将每年有利于华西秋雨偏强的因子总个数减 5，即趋势预测序列值大于等于 0 对应华西秋雨偏强，小于 0 对应华西秋雨偏弱。

4.6　预测质量评定办法

4.6.1　评定方法

4.6.1.1　月季气温降水评定方法

月、季气候趋势预测采用六分类预测描述。在气候业务中，通常认为当气温、降水距平超过 1 个标准差时为异常(降水特多、特少；气温特高、特低)，当气温、降水距平超过 0.5 个标准差且小于 1 个标准差时为较异常(降水偏多、偏少；气温偏高、偏低)，小于 0.5 个标准差时为正常。因此该方法首先统计逐月逐站(四川 158 站)气温、降水分别为 0.5 和 1 个标准差的分布情况，并将其转化为降水距平百分率和气温距平。分析后认为过去业务评分中对气温使用 2 ℃和 1 ℃、对降水使用 5 成和 2 成来表征特多(高)特少(低)、偏多(高)偏少(低)是可行的。在此基础上，制定 Ps、Pc、Pg 方法。在这些方法中气候平均时段为 1981—2010 年。

(1)趋势异常综合评分(Ps)

该方法主要考虑预报的趋势项、异常项和漏报项。趋势以预报和实况的距平符号是否一致为判断依据，采用逐站进行评判。当预测和实况距平(距平百分率)符号一致时认为该站预测正确。异常是以考察预报对一级异常($50\%>X\geqslant20\%$，$-20\%\geqslant X>-50\%$；$2\ ℃>X\geqslant1\ ℃$，$-1\ ℃\geqslant X>-2\ ℃$)和二级异常($\geqslant50\%$，$\leqslant-50\%$；$\geqslant2\ ℃$，$\leqslant-2\ ℃$)的预报能力。采用逐站、逐级进行评判。

评分步骤如下：

1)逐站判定预报的趋势是否正确，统计出趋势预测正确的总站数 N_0；

2)逐站判定一级异常预报是否正确，统计出一级异常预测正确的总站数 N_1；

3)逐站判定二级异常预报是否正确，统计出二级异常预测正确的总站数 N_2；

4)没有预报二级异常而实况出现降水距平百分率$\geqslant100\%$或等于-100%、气温距平$\geqslant3\ ℃$或$\leqslant-3\ ℃$的站数(称为漏报站，记为 M)；

5)统计实际参加评估的站数 N，即规定参加考核站数减去实况缺测的站数；

6)使用公式

$$\mathrm{Ps}=\frac{a\times N_0+b\times N_1+c\times N_2}{(N-N_0)+a\times N_0+b\times N_1+c\times N_2+M}\times100 \tag{4.53}$$

式中，a，b 和 c 分别为气候趋势项、一级异常项和二级异常项的权重系数，本办法分别取 $a=2$，$b=2$，$c=4$。

(2)符号一致率评分(Pc)

该方法主要是以预报和实况的距平符号是否一致为判断依据，采用逐站进行评判。当预测和实况距平(距平百分率)符号一致时认为该站预测正确。

评分步骤如下：

1)逐站判定预测是否正确。假定 A 为预测(距平/距平百分率)，B 为实况(距平/距平百分率)

①当 $A \times B > 0$ 时，判定该站预测正确；

②当 $A \times B = 0$ 时，若 $A = 0$ 且 $B > 0$ 时，判定该站预测正确；

若 $B = 0$ 且 $A > 0$ 时，判定该站预测正确；

若 $A = B = 0$ 时，判定该站预测正确；

若 $A = 0$ 且 $B < 0$ 时，判定该站预测错误；

若 $B = 0$ 且 $A < 0$ 时，判定该站预测错误；

③当 $A \times B < 0$ 时，判定该站预测错误。

2)统计预测正确站数 N 和实际参加评估站数 M(有效实况资料站数)。

3)用下式计算得出一致率评分。

$$\mathrm{Pc} = 100 \times (N/M) \tag{4.54}$$

(3)分级评分(Pg)

1)单站检验评分规则：检验方法最高分为 100 分，最低分为 0 分。

①当预测与实况的距平符号和量级均一致时，评分为 100 分；

②当预测与实况的量级相差 1 个级别时，减 20 分；量级相差 2 个级别时，减 40 分；量级相差 3 个级别时，减 60 分；依次类推，减至 0 为止；

③当预测与实况的距平符号不一致时，在量级减分的基础上再减 20 分；减至 0 为止

④鼓励预报异常，当预报为异常级且实况与预报相差 1 个量级时，可以在上述得分的基础上再加 10 分。

2)单站六级评分制预测检验评分的各级得分见表 4.16。

表 4.16 降水、气温趋势预测六级检验评分制单站评分表

实况	预测					
	特少(低)	偏少(低)	正常略少(低)	正常略多(高)	偏多(高)	特多(高)
特少(低)	100	80+10	60	20	0	0
偏少(低)	80+10	100	80	40	20	0
正常略少(低)	60	80+10	100	60	40	20
正常略多(高)	20	40	60	100	80+10	60
偏多(高)	0	20	40	80	100	80+10
特多(高)	0	0	20	60	80+10	100

3)多站气候趋势预测检验总评分计算公式为：

$$\mathrm{Ps} = \frac{\sum_{i=1}^{N} \mathrm{Pg}_i}{N} \tag{4.55}$$

式中，Ps 为多站气候趋势预测评分，i 为单站的评分，为本省(区、市)参加评分的总站数。

(4)距平相关系数(Acc)

使用降水距平百分率、平均气温距平的预测值和观测值计算距平相关系数：

$$\text{Acc}=\frac{\sum_{i=1}^{N}(\Delta R_f-\overline{\Delta R_f})(\Delta R_0-\overline{\Delta R_0})}{\sqrt{\sum_{i=1}^{N}(\Delta R_f-\overline{\Delta R_f})^2\sum_{i=1}^{N}(\Delta R_0-\overline{\Delta R_0})^2}} \tag{4.56}$$

式中，ΔR_f、$\overline{\Delta R_f}$为降水距平百分率(或平均气温距平)的单站预报值及所有站点的预报平均值；ΔR_0、$\overline{\Delta R_0}$为降水距平百分率(或平均气温距平)单站观测值及所有站点的平均值；N 为实际参加评估的总站数。

注：若预报值为相同数值，则无法使用 Acc 进行评估。

4.6.1.2　月内强降水过程预测检验评分方法

基本符号术语(与《月内强降水过程预测业务规定》第四条规定的一致)。

P_m：某月降水量的常年值(多年平均值)，规定取 1981—2010 年的 30 年平均值；

P_i：某过程内的日降水量；

P_z：某过程的总降水量，即过程内逐日降水量的总和，$P_z=\sum_{i=1}^{N}P_i$ 其中 N 为过程日数；

P_a：为某过程平均日降水量，$P_a=P_z/N$；

P_c：为某过程降水的强度；

P_b：为某过程内的最大日降水量；

P_t：为强降水阈值，即界定某过程降水的强度是否为强降水过程的阈值，Pt 的确定，根据本地气候特点、服务需求使用绝对阈值($P_t=10/25/50$ mm)或相对阈值($P_t=P_m\times10\%$)。

4.6.1.3　Zs 检验评分方法

该评分方法主要考核强降水过程预测是否准确，不严格考核过程降水强度(量级)。在考核预测强降水过程对错时，为了既考虑服务的需求抓住最强降水，又考虑确定过程不易太复杂，且容易计算评估。考核重点为：

(1)过程降水强度是否达到强降水条件；

(2)是否预测出月内 10～30 天的 2 个最强降水日。

1)预测正确的过程数、空报过程数

所预测的强降水过程强度 P_c，满足强降水过程条件(即：$P_c\geqslant P_t$，或 $P_b\geqslant 3P_t$)，则认为本次过程预测正确，记为正确 1 次；否则不正确为空报，记为空报 1 次。

月内准确次数累计为正确数，月内空报次数累计为空报数。

2)漏报过程数

所预测的若干次强降水过程，均包含月内最强 2 次日降水，则无漏报。未包含最强 2 次日降水中的几次，则记为漏报几次，最多记漏报 2 次。月内漏报次数累计为漏报数。这里所指的 2 个最强降水日的实况降水量均要求大于等于 P_t。如果过程内没有日降水量大于等于 P_t 的情况，则记为无漏报数。

3)单站 Zs 评分的计算：

$$\text{Zs}=\frac{\text{预测正确的过程数}}{\text{预测正确过程数}+\text{空报过程数}+\text{漏报过程数}} \tag{4.57}$$

若：预测正确过程数＋空报过程数＋漏报过程数＝0，即实况没有出现强降水过程，也没有预测该站月内有强降水过程，则该站不作记分处理。

4)区域预测 Zs 评分

区域预测 Zs 评分＝区域内各考核站 Zs 的平均值。

4.6.1.4 Cs 检验评分方法

该评分方法是针对强降水过程预测正确、空报、漏报的天数进行评分。

(1)过程降水条件

指预测强降水过程中的每日降水量 P_i 都大于等于强降水阈值 P_t，即 $P_i \geqslant P_t$。

(2)预测正确的日数、空报日数和漏报日数

预测正确日数是指满足降水过程条件(即 $P_i \geqslant P_t$)的降水日包含在降水过程预测时段内的日数(容许偏差 1 日)。

空报日数指过程预测时段内未出现满足降水条件等级的日数。

漏报日数指未包含在过程预测时段内(偏差 2 日及以上)的满足降水条件等级的日数。

(3)单站 Cs 评分的计算

对应降水过程等级的单站 Cs 评分公式为：

$$Cs=\frac{\text{预测正确的日数}}{\text{预测正确日数}+\text{空报日数}+\text{漏报日数}} \tag{4.58}$$

若:预测正确日数＋空报日数＋漏报日数＝0，也就是说实况没有出现强降水过程，也没有预测该站有强降水过程，则该站不作记分处理。

(4)区域预测 Cs 评分

区域预测 Cs 评分＝区域内各考核站 Cs 的平均值。

4.6.2 评定结果

2010—2015 年，四川省各月的气温、降水预测 Ps 评分如表 4.17，各月基本超过全国平均值。

表 4.17 2010—2015 年四川省各月气温、降水预测 Ps 平均分

项目	1月		2月		3月	
	气温	降水	气温	降水	气温	降水
四川省评分	76.3	59.8	76.6	74.7	90	59.8
全国平均	72.6	65.7	74.5	62.9	78	63.5

项目	4月		5月		6月	
	气温	降水	气温	降水	气温	降水
四川省评分	90.6	65.1	76.4	63.2	82	64.2
全国平均	84.4	65.1	79.6	65.2	78	64

项目	7月		8月		9月	
	气温	降水	气温	降水	气温	降水
四川省评分	82.1	67.4	64	61	67.3	57.9
全国平均	78.1	68.5	75.7	66.7	80.4	61.2

项目	10月		11月		12月	
	气温	降水	气温	降水	气温	降水
四川省评分	84.3	59.3	76.3	62	79.5	64.5
全国平均	81.4	66.2	78.8	62.6	75.3	62.5

4.7 展望

随着现代气候业务的发展，短期气候预测业务取得长足进步。由于政府及相关部门决策服务的需求，要求气候预测日常业务的趋势预测逐渐转为客观化、定量化的精准预报，要求要素预报逐渐转化为灾害预报。但重点是要提高短期气候预测准确率和服务产品的可用性。

今后一段时期内，将以发展延伸期—月—季预测业务为重点，研发多模式降尺度解释应用技术，利用模式产品释用技术和统计相结合的方法，重点开展延伸期强降水、强降温、高温等重大天气过程的客观定量预测，开展月(季)内旱、涝、极端气候事件及其引发的次生灾害的预测，提升气候预测的服务能力。开展年度气象灾害和年景预测，重点预测年度的旱涝总趋势及发生时段。发展针对关键农事季节、重大活动期间的气候预测技术，开展气候预测业务产品的检验。

建立现代气候预测业务服务系统。以当前气候学研究成果中较为成熟的、先进的理论和方法为基础，采用现代化的技术，提高系统的自动化、可视化、网络化水平。通过深入地攻关研究和业务试验，完善现有的经验和统计的预测方法，研制有物理意义的多种新的短期气候预测方法，建立动力学与统计学方法相结合的预测业务系统，增强系统的综合决策能力和业务化水平。最终的短期气候预测业务系统，将是基于物理因子的分析、动力数值预报产品的释用以及科学的集成决策方法，使系统预测的物理性、客观性、稳定性和综合能力得到明显增强，从而提高预测的准确水平。

总之，短期气候预测是当今地球科学前沿的一个综合性、跨学科的重大问题，具有重要的科学价值和广泛的应用价值，愈来愈受到各国政府和有关部门的高度重视。短期气候预测业务系统的研究，应当紧紧围绕提高短期气候预测的能力和水平这个中心，沿着正确的技术路线和分析思路，不断拓宽研究领域，深化研究主题，力求在深度和广度上不断发展和完善。

参考文献

白虎志，马振锋，董文，2005. 青藏高原季风特征以及与中国气候异常的联系[J]. 应用气象学报，16(4)：484-491.

陈兴芳，宋文玲，2000. 冬季青藏高原积雪和欧亚积雪对我国夏季旱涝不同影响关系的环流特征分析[J]. 大气科学，24(5)：585-592.

陈云浩，史培军，李晓兵，2001. 不同热力背景对城市降雨(暴雨)的影响(Ⅲ)：一种基于人工神经网络的集成预报模型[J]. 自然灾害学报，10(3)：26-31.

龚道溢，朱锦红，王绍武，2002. 西伯利亚高压对亚洲大陆的气候影响分析[J]. 高原气象，21(1)：8-14.

李维京，陈丽娟，1999. 动力延伸产品释用方法的研究[J]. 气象学报，57(3)：338-345.

李永华，卢楚瀚，徐海明，等，2012. 热带太平洋—印度洋海表温度变化及其对西南地区东部夏季旱涝的影响[J]. 热带气象学报，28(2)：145-156.

林业部森林防火办公室，1995. 全国森林火险天气等级：LY/T 1172—1995[S]. 北京：中国标准出版社.

马振锋，高文良，杨淑群，2003. 青藏高原季风年际变化与长江上游气候变化的联系[J]. 高原气象，22(增刊)：8-17.

庞轶舒，马振峰，杨淑群，等，2017. 盛夏高原季风指数的探讨及其对四川盆地降水的影响[J]. 高原气象，36(4)：556-899.

施能,1995. 气象科研与预报中的多元分析方法[M]. 北京:气象出版社.

汤懋苍,梁娟,邵明镜,1984,等. 高原季风年际变化的初步分析[J]. 高原气象,3(3):76-82.

田俊,马振峰,范广洲,等,2010. 新的高原季风指数与四川盆地夏季降水的关系[J]. 气象科学,30(3):308-315.

韦志刚,罗四维,董文杰,等,1998. 青藏高原积雪资料分析及其与我国夏季降水的关系[J]. 应用气象学报,9(增刊):39-46.

魏凤英,2007. 现代气候统计诊断与预测技术(2版)[M]. 北京:气象出版社.

吴统文,钱正安,2000. 青藏高原冬春积雪异常与我国东部地区夏季降水的进一步分析[J]. 气象学报,58(5):570-581.

杨小波,杨淑群,马振峰,2014. 夏季东亚副热带西风急流位置对川渝地区降水的影响[J]. 高原气象,33(2):384-393.

尤卫红,段长春,赵宁坤,马振锋,2006. 夏季南亚高压年际变化的特征时间尺度及其时空演变[J]. 高原气象,25(4):601-609.

翟盘茂,李晓燕,任福民,等,2009. 厄尔尼诺[M]. 北京:气象出版社.

张庆云,陶诗言,陈烈庭,2003. 东亚夏季风指数的年际变化与东亚大气环流[J]. 气象学报,61(4):559-568.

LI C Y,1996. ENSO cycle and anomalies of winter monsoon in East Asia[C]. Workshop on El Nino,Southern Oscillation and Monsoon, ICTP, SMR/930-18, Trieste, 15-26 July.

MADDEN R A, JULIAN P R, 1971. Detection of a 40～50 day oscillation in the zonal wind in the tropical Pacific[J]. J Atmos Sci, 28(5): 702-708.

第5章　重大气象灾害的评估与区划

5.1　重大气象灾害评估内容及技术方法

四川省地形复杂,气象灾害繁多,重大气象灾害包括暴雨、干旱、高温灾害、低温灾害、秋绵雨等,灾害评估内容除灾害发生起始时间、结束时间、持续时间、影响范围、强度、历史排位的评估等常规监测评估指标外,重点评价这些灾害对国民经济建设,特别是高敏感、重点行业如农业、水资源、交通、能源等行业的影响评估。评估产品包括历史评估产品、实时评估产品和预评估产品。重大气象灾害评估工作对国民经济和社会各部门趋利避害、管理和降低气候风险、提供服务有着非常重要的意义。目前主要开展对区域性暴雨、干旱、高温灾害、低温灾害、秋绵雨灾害的评估工作。以下介绍各种灾害评估的内容、业务系统应用及评估的技术方法。

5.1.1　区域性暴雨

为及时准确地提供防灾减灾服务所需的暴雨洪涝评估产品,2015年开展了区域性暴雨天气过程灾前预评估、灾中跟踪评估、灾后综合评估工作。

5.1.1.1　评估产品制作要求及内容

(1)灾前预评估

根据省气象台天气预报,未来一周内全省将出现区域性暴雨过程,应在预报暴雨过程开始前两天内开展预评估。

灾前预评估内容包括:未来暴雨天气过程预报描述、预计可能影响的范围、平均降水量、降水强度、持续时间、过程综合强度、暴雨洪涝淹没分布及危害程度(预计灾害损失情况、预估经济损失严重程度)、防灾减灾措施建议等。

(2)灾中跟踪评估

根据省气象台天气预报,全省区域性暴雨天气过程已出现2天以上,预计未来还将持续2天以上,则应当滚动进行灾中评估。

灾中跟踪评估内容包括:区域性暴雨过程的开始日期,到目前为止的过程强度、范围,以及与历史暴雨过程的比较,已造成灾情损失,未来天气预报描述、可能影响范围及危害程度、防灾减灾措施建议等。

(3)灾后综合评估

全省区域性暴雨过程结束(省局重大暴雨天气预警解除)后5天内完成灾后评估报告,根据综合评估需要开展灾后实地调查,应在调查结束后3天内形成评估报告。

灾后综合评估内容包括：区域性暴雨过程的开始、结束日期、过程雨量、日最大雨量、过程强度、范围、过程持续时间、综合评估指数，暴雨洪涝淹没分布，以及相应的单项指标的历史排位，同时给出必要的图表(暴雨雨量、强度等空间分布，暴雨站次、排位等列表)，通过各种渠道搜集灾情信息，对暴雨过程进行综合评估和预评估检验。

5.1.1.2 业务系统应用

应用《四川气候监测评价业务平台》与《气候灾害监测评估业务系统》开展区域性暴雨过程的灾中和灾后评估工作，与《四川气候监测评价业务平台》相比《气候灾害监测评估业务系统》增加了区域性暴雨过程的预评估功能，并且《四川气候监测评价业务平台》对区域性暴雨过程的评估指数较《气候灾害监测评估业务系统》多，增加了暴雨开始时间、结束时间、平均降水量、暴雨强度、暴雨范围、持续时间和综合评估 7 种指数。

采用淹没模型来模拟暴雨淹没范围和水深，这一过程不仅能够结合临界面雨量得出“静态”的风险评估结果，还能针对每次暴雨灾害过程的不同时刻进行“动态”的评估。业务工作中采用德国 Geomer 公司开发的内嵌于 GIS 平台 ArcVIEW3. x 的扩展模块 FloodArea，基于 GIS 栅格数据，模拟洪水演进过程与动态风险制图。FloodArea 采用 ArcGRID 数据格式，基于数字高程模型进行水文—水动力学建模，淹没过程的水动力由二维不恒定流洪水演进模型完成。充分考虑了地形坡度和不同地表覆盖形态下地面糙度对洪水演进形态的影响；洪水以给定水位、给定流量和给定面雨量三种方式进入模型，并可根据水文过程线进行实时调整。每个运行时段相应淹没范围和水深都以栅格形式呈现和存储，可视化表达流向、流速和淹没水深等水文要素和时空物理场，为洪水淹没风险动态制图提供了有效工具。

预评估区域性暴雨过程造成的影响，可以通过“暴雨过程历史相似及灾情损失相关统计分析法”和“区域性暴雨灾害损失程度评估方法”实现；灾中和灾后的影响评估则通过实际灾情体现，所需的灾情信息主要通过中国气象局开发的“决策服务信息共享平台”网站以及民政、水利等政府相关单位获取，还可通过电视、广播、互联网等多媒体新闻搜集。

5.1.1.3 评估技术方法

(1)资料

包括 1951—2017 年四川省 156 个国家级地面站逐日降水量资料，地理信息资料，通过《四川省防灾减灾年鉴》《四川统计年鉴》《四川省气象灾情普查库》《中国气象灾害年鉴》《中国气象灾害大典 · 四川卷》获得的雨涝历史灾情资料，以及通过“决策服务信息共享平台”网站，民政、水利等政府相关单位，电视、广播、互联网等多媒体新闻搜集的实时灾情资料。

(2)区域性暴雨过程判定

为了排除孤立、分散性的暴雨站点，提出集中暴雨站点概念，并以此来判定区域性暴雨过程。

集中暴雨站点：如果 A 站的 24 h 雨量(R_{24})大于等于 50 mm，并且距离该站最近的 10 个站中，有 3 个及以上站点的 R_{24} 大于等于 50 mm，则 A 站为一个集中暴雨站点。

区域性暴雨日：如果集中暴雨站点数大于等于 15，则该日为一个区域性暴雨日。

区域性暴雨过程：出现 1 个或以上连续区域性暴雨日，则为一次区域性暴雨过程。

(3)开始、结束日期判定

区域性暴雨过程在时间上往往都有一定的持续性，而在开始或结束阶段其降水量也比较大，但是达不到暴雨量级，所以在开始、结束日期的判断中用大雨量级为标准。集中大雨站点：

如果A站的24 h雨量(R_{24})大于等于25 mm，并且距离该站最近的10个站中，有3个及以上站点的R_{24}大于等于25 mm，则A站为一个集中大雨站点。

区域性暴雨过程在空间上有一定的连续性，发生位置有时较为固定，有时也会随天气系统逐渐移动，所以要考虑到相邻两日降水落区的重合率问题。初步设定连续两日大雨站点重合率要在0.2～1.0之间，通过实验，发现取0.3时较为合理；另外发现个别站点出现连续强降水时，给日期识别造成较大误差，所以增加条件重合站点数必须达到一定数量，通过实验，发现当重合站数小于6时，开始结束日期最为合理。

区域性暴雨开始日期：首个区域性暴雨日(D)的集中大雨站数为N，$D-1$日集中大雨站数为M，N和M重合数为L，如果($L<6$)或者($L<0.3\cdot\min(N,M)$)，则D日为起始日，否则依次向前比较相邻两日的L，直到确定起始日期。

区域性暴雨结束日期：首个区域性暴雨日(D)的集中大雨站数为N，$D+1$日集中大雨站数为M，N和M重合数为L，如果($L<6$)或者($L<0.3\cdot\min(N,M)$)，则D日为截止日，否则依次向后比较相邻两日的L，直到确定截止日期。

(4)气象评价指标

平均降水量：

$$I_{\mathrm{pre}}=(P_1+P_2+\cdots+P_n)/n \tag{5.1}$$

式中，n为集中暴雨站数最多日的集中暴雨站数，P_j为其中第j个观测站点在本次区域性暴雨过程中的总降水量。

暴雨强度：

$$I_{\mathrm{pin}}=[\max(P_{24,1})+P_2+\cdots+P_n)]/n \tag{5.2}$$

式中，max()为取最大值函数，$P_{24,j}$为第j个观测站点在区域性暴雨过程中最大的24 h观测降水量。

暴雨范围：

$$I_{\mathrm{cov}}=n/N \tag{5.3}$$

式中，N为总观测站点总数。

持续时间：

$$I_{\mathrm{dat}}=m \tag{5.4}$$

式中，m为区域性暴雨过程开始日期到结束日期的持续天数(单位：d)。

综合评估指数：各个单项指标标准化序列的加权平均值。

区域性暴雨过程分类标准：按百分位法，以1981—2010年的区域性暴雨过程为样本，分别选取50，80和95百分位点的综合评估指数值(−0.2，0.7，1.2)，将其分为4种过程，即一般区域性暴雨过程，较大区域性暴雨过程，重大区域性暴雨过程和特大区域性暴雨过程，见表5.1。

表5.1　区域性暴雨过程分类标准

综合评估指数值	类型
<−0.2	一般区域性暴雨过程
−0.2～0.7	较大区域性暴雨过程
0.7～1.2	重大区域性暴雨过程
≥1.2	特大区域性暴雨过程

(5)灾害影响预评估方法

1)基于历史相似的区域性暴雨过程灾情损失评估方法

假设预评估的综合评估指数为 R，与历史区域性暴雨过程(2004—2016 年)进行比较，找到 R 相差最小的前 3 个过程(R_1，R_2，R_3)，再根据区域性暴雨过程灾情资料库(2004—2016 年)中的灾情资料，按照比例 $R_1\times50\%+R_2\times30\%+R_3\times20\%$，分别计算预评估灾情(受灾人口、农作物受灾面积、直接经济损失)，再按照灾情等级表，给出预估灾情等级(表 5.2)。

表 5.2 区域性暴雨灾害等级

灾害等级	受灾人口/万	农作物受灾面积/$\times10^3$ hm^2	直接经济损失/千万元
1(一般)	<10	<10	<10
2(较大)	10～100	10～100	10～100
3(重大)	100～500	100～200	100～1000
4(特大)	>500	>200	>1000

2)基于灰色关联度的单站暴雨灾害损失程度评估方法

根据各站归一化过程降雨量、归一化最大日降雨量和归一化持续天数计算暴雨综合强度指数和暴雨灰色关联度(β)，并运用“基于单站的暴雨综合强度指数(I)的灾损评估模型”或“基于单站的暴雨灰色关联度(β)的灾损评估模型”预估各站点的经济损失率(直接经济损失占 GDP 的百分比)、人口受灾率(受灾人口占总人口的百分比)和作物受灾率(农作物受灾面积占耕地面积百分比)。根据预估的经济损失率、人口受灾率和作物受灾率 3 项指标，通过灰色关联度计算进行灾度等级评定(灾度划分标准见表 5.3)。

①归一化指标序列

过程雨量、最大日降雨量和持续天数归一化方法：

归一化过程降雨量指标 I_a 计算公式为：

$$I_a=\sum_{i=1}^{d}\frac{R_i}{P_m} \tag{5.5}$$

式中，R_i 为某日降雨量，d 为日降雨量$\geqslant$5 mm 的天数，P_m 为该站所在区域的上限过程降雨量，取该区域所有台站 1961—2015 年各次暴雨过程的过程降雨量由小到大序列的 99.9 百分位值附近的整 10 数值，各区 P_m 值见表 5.3，当 I_a 大于 1 时，I_a 取 1。

归一化最大日降雨量指标 I_b 计算公式为：

$$I_b=R_0/R_m \tag{5.6}$$

式中，R_0 为暴雨过程的最大日降雨量，R_m 为该站所在区域的上限日降雨量，取该区域所有台站 1961—2015 年各次暴雨过程最大日降雨量由小到大序列的 99.9 百分位值附近的整 10 数值，各区 R_m 值见表 5.3，当 I_b 大于 1 时，I_b 取 1。

归一化持续天数指标 I_c 计算公式为：

$$I_c=D/D_m \tag{5.7}$$

式中，D 为暴雨过程持续天数，定义为第 1 个暴雨日与最后一个暴雨日之间的天数，当只有 1 个暴雨日时 $D=1$，D_m 为该站所在区域的上限暴雨过程天数，取该区域所有台站 1961—2015 年各次暴雨过程持续天数由小到大序列的 99.9 百分位值的整数值，各区 D_m 值见表 5.3，当 I_c 大于 1 时，I_c 取 1。

表 5.3　各区域暴雨标准与指标阈值

区域	暴雨阈值 R_f/mm	上限过程降雨量 P_m/mm	上限日降雨量 R_m/mm	上限持续天数 D_m/d
盆地	50	500	320	8
高原	25	250	100	8
山地	50	350	250	8

经济损失率、人口受灾率和作物受灾率归一化方法：

根据灾情数据记录的损失分布状况，以特大灾害所占比例小于 10% 为标准设定损失上限，由此得到人口受灾率、经济损失率、作物受灾率的上限分别为 50%、5%、50%，当某次灾害损失超过这个上限时就认定为特大灾害。将各次灾害的 3 个灾情指标分别除以其上限值得到新的灾情指标序列，对新序列中大于 1 的值取 1，由此得到归一化的灾情指标序列。

②灰色关联度计算

与传统的多因素分析方法相比，灰色关联度分析法对数据要求较低且计算量较小，因此该方法在灾情评估领域得到了较好的应用。灰色关联度计算方法如下。

将各指标进行归一化处理，得到各指标转换序列。

设定参考序列，计算各指标转换序列和参考序列的关联系数 $\lambda_m(i)$：

$$\lambda_m(i)=\frac{1}{1+\Delta_m(i)} \tag{5.8}$$

式中，$\lambda_m(i)$为第 m 项指标第 i 时刻的关联系数。$\Delta_m(i)=|U_0(i)-u(i)|$，($m=1,2,?,M;i=1,2,\cdots,n$)，表示参考序列 U_0 与比较序列 U 的第 m 项指标的第 i 个绝对差值。依据各项指标的关联系数，计算灰色关联度：

$$\alpha(i)=\frac{1}{M}\sum_{m=1}^{M}\lambda_m(i) \tag{5.9}$$

式中，$\alpha(i)$为全部指标第 i 时刻的灰色关联度，M 为选取的单项指标个数，本文 $M=3$。

灾度等级(G)根据经济损失率、人口受灾率和作物受灾率的灰色关联度大小按表 5.4 标准确定。

表 5.4　基于灰色关联度的灾度化分标准

灾度等级(G)	灾度名称	灰色关联度(α)
1	微灾	<0.6
2	小灾	0.6～0.7
3	中灾	0.7～0.8
4	大灾	0.8～0.9
5	特大灾	>0.9

③单站暴雨综合强度指数

单站暴雨综合强度指数 I 计算公式为：

$$I=0.38\ I_a+0.35\ I_b+0.27I_c \tag{5.10}$$

式中，I_a、I_b、I_c 分别为归一化过程降雨量指标，归一化最大日降雨量指标和归一化持续天数指标。

④暴雨灾害损失评估模型

基于暴雨综合强度指数(I)或者暴雨灰色关联度(α)计算暴雨灾害损失评估的灾损评估模型如表 5.5。

表 5.5　暴雨灾害损失评估模型

灾损评估指标	基于暴雨综合强度指数(I)的灾损评估模型	基于暴雨灰色关联度(α)的灾损评估模型
	回归方程	回归方程
经济损失率(E_d)	$E_d=13.44\times I-2.371$	$E_d=36.11\times\alpha-19.72$
人口受灾率(P_d)	$P_d=58.11\times I-6.646$	$P_d=154.5\times\alpha-80.76$
作物受灾率(S_d)	$S_d=61.41\times I-8.517$	$S_d=159.1\times\alpha-84.38$

3)基于淹没模型的中小河流流域暴雨洪涝灾情评估方法

2015 年起，四川省气候中心尝试采用半分布式水文模型(HBV)及 FloodArea 淹没模型，开展中小河流域暴雨洪涝灾害损失风险评估。即使用水文模型(HBV)，建立降水、流域面雨量和径流的关系，使用淹没模型，模拟淹没范围及水深分布，开展灾损风险评估。

①评估步骤

针对上述致灾过程，将暴雨洪涝灾害风险的评估分解为以下步骤：

a. 流域面雨量计算

以 GIS 技术提取目标河段的集水区域，以此区域作为面雨量研究范围，根据研究区特点，建立适用于研究区域内的面雨量算法，快速获取面雨量实时估算结果。

b. 暴雨致洪过程分析

使用 HBV 模型，以流域面雨量实时估算结果为输入条件，模拟河流径流量在降水过程中的变化。

c. 致灾临界气象条件的确定

基于过往典型灾害案例中的历史水位或防洪设施标准(警戒、保证水位等)，采用降水—径流模型进行反演分析，获取产生洪涝灾害的临界气象条件，应用该条件作为判断是否需要进行风险评估后续分析的阈值。

d. 基于 GIS 的洪水淹没动态模拟

利用基于 GIS 的水动力学模型 FloodArea，模拟不同暴雨情景下洪水的演进过程，提取洪水淹没面积、深度分布等要素，并结合历史洪水过程资料对模型模块以及相关参数进行优化和完善。

e. 灾损风险评估

以 FloodArea 模拟结果为基础，利用各类社会经济资料(行政区划信息、居民点、耕地面积、人口、社会经济数据等)、地面物理暴露数据资料(房屋建筑物、交通线、农作物分布等)及土地利用类型数据，结合实地调查，使用 GIS 技术，进行灾损风险评估。

②工作流程

a. 基础数据处理：获取面雨量估测或者预报资料，并处理成预设的数据格式，同时对承灾体数据、水利数据等进行更新；

b. 淹没风险模拟：将 HBV 模型计算的致洪面雨量和地理信息数据(以 DEM 为主)作为

输入数据，采用洪水淹没模型 FloodArea 进行淹没风险模拟，计算得到灾害影响范围及分布；

c. 承灾体叠置分析：将承灾体数据与淹没模拟结果进行空间叠置分析，开展承灾体物理暴露的风险识别；

d. 风险分析：结合以上关键技术和步骤，实时输出灾害风险范围和分布图以及灾损风险定量估计等业务产品。

5.1.2　干旱

5.1.2.1　评估产品制作要求及内容

当全省出现重大气象干旱过程时，或根据重大气象服务需要，应及时开展全程气象灾害评估工作，发布《全省气象干旱评估报告》。

评估内容：根据建立的干旱指数评估出现无旱、轻旱、中旱、重旱、特旱的站数，干旱的分布，发生、发展情况，干旱特点，干旱程度的综合评估，干旱期间气候概况分析及其对人员（受灾、饮水困难）、牲畜（饮水困难、死亡）、农业、水资源、城市供水、生态环境、能源供应等方面产生利弊影响的评估。

5.1.2.2　业务系统应用

《四川气候监测评价业务平台》中“干旱监测”功能模块和《气候灾害监测评估业务系统》中“灾害监测评估”功能模块下的“干旱”子模块都可以用于干旱监测评估。

相应的灾情信息主要通过中国气象局开发的“决策服务信息共享平台”网站以及民政、水利等政府相关单位获取，还可通过电视、广播、互联网等多媒体新闻搜集。

5.1.2.3　评估技术方法

(1)资料

1951—2017 年四川省 156 个国家级地面站逐日降水量和逐日平均气温资料，地理信息资料，通过《四川省防灾减灾年鉴》《四川统计年鉴》，四川省气象灾情普查库，《中国气象灾害年鉴》《中国气象灾害大典 · 四川卷》》获得的干旱历史灾情资料，以及通过“决策服务信息共享平台”网站，民政、水利等政府相关单位，电视、广播、互联网等多媒体新闻搜集的实时灾情资料。

(2)干旱发生、发展、持续、缓和、解除的判定

干旱发生：某时段降水量较气候平均值偏少，空气干燥，或蒸发引起土壤水分出现不足，对植被生长发育产生不利影响，气象干旱等级达到轻旱以上标准。

干旱发展：某时段降水量持续较气候平均值偏少，且土壤水分较前一段时间进一步减少，对植被影响较前期严重，气象干旱强度比前期加重，气象干旱等级至少加重一个等级。

干旱持续：某时段降水量与蒸发量基本维持平衡，前期由于降水量偏少导致的土壤水分不足仍然维持，对植被影响与前期相近，气象干旱等级与前期相同。

干旱缓和：出现自然降水，土壤水分较前一段时间增加，干旱对植被影响较前期减轻，气象干旱等级较前期至少减轻一个等级。

干旱解除：某时段出现较多自然降水，使土壤水分达适宜或偏湿状态，气象干旱等级达无旱或正常等级。

(3)气象评价指标

目前四川省气候中心建立了多指标、多方法的干旱监测评估技术体系。各干旱指数的计

算方法、等级划分标准、等级命名和使用方法等 3.1.3.3 有详细的介绍，不再赘述。

通过收集灾情资料，结合实地调查，重点评价干旱过程对农业、水资源、城市供水、生态环境、能源供应等社会经济产生利弊影响的评估。

农业干旱影响评估：农业干旱以土壤含水量和植物生长状态为特征，是指农业生长季节内因长期无雨，造成大气干旱、土壤缺水，农作物生长发育受抑，导致明显减产，甚至无收的一种农业气象灾害。它的发生有着极其复杂的机理，在受到各种自然因素如降水、气温、地形等影响的同时也受到人为因素的影响，如农作物布局、作物品种及生长状况等。农业干旱作为最大的气象灾害，严重影响农业生产。经常用的指标有土壤水分指标，一般情况下当土壤相对湿度小于 60%，认为有干旱发生，当土壤相对湿度小于 40%，认为有严重干旱发生。

水文干旱影响评估：水文干旱通常是用河道径流量、水库蓄水量和地下水位值等来定义，是指河川径流低于其正常值或含水层水位降低的现象，其主要特征是在特定面积、特定时段内可利用水量的短缺。水文干旱主要讨论水资源的丰枯状况，但水文干旱不同于枯季径流。水文干旱评估一般采用总水量短缺、累计流量距平、地表水供给指数等指标。

社会经济干旱影响评估：社会经济干旱是指由自然降水系统、地表和地下水量分配系统及人类社会需水排水系统这三大系统不平衡造成的异常水分短缺现象。社会经济干旱指标主要评估由于干旱所造成的经济损失。通常拟用损失系数法，即认为航运、旅游、发电等损失系数与受旱时间、受旱天数、受旱强度等诸因素存在一种函数关系。

5.1.3 高温

5.1.3.1 评估产品制作要求及内容

在出现高温天气过程或根据重大气象服务需要时开展高温天气监测评价工作，制作发布评估报告产品。

评估内容：对高温过程的持续时间、分布范围及高温日数、最长连续高温日数、日最高气温，达到或超历史极值高温、极端高温相应单项指标的排位、分布等进行描述，并给出相应的图表；对高温对人体健康、用电、农作物生长发育等的影响进行影响评估。

5.1.3.2 业务系统应用

运用《极端天气气候事件监测系统 V2.4》《四川气候监测评价业务平台》(或《气候灾害监测评估业务系统》)开展高温评估工作。《四川气候监测评价业务平台》主要使用“高温低温”功能模块下的“高温评估”子模块，结合“要素监测”功能模块下的“极值统计”子模块进行高温监测评估；《气候灾害监测评估业务系统》主要使用“灾害监测”模块下的“高温”子模块，结合“极值挑选”模块进行高温监测评估。《极端天气气候事件监测系统 V2.4》用于监测极端高温及极端连续高温日数。

相应的灾情信息主要通过中国气象局开发的“决策服务信息共享平台”网站以及民政、水利等政府相关单位获取，还可通过电视、广播、互联网等多媒体新闻搜集。

5.1.3.3 评估技术方法

(1)资料

1951—2017 年四川省 156 个国家级地面站逐日最高气温资料，地理信息资料，通过《四川省防灾减灾年鉴》《四川统计年鉴》，四川省气象灾情普查库，《中国气象灾害年鉴》《中国气象灾害大典(四川卷)》获得的高温历史灾情资料，以及通过“决策服务信息共享平台”网站，民政、水利等政府相关单位，电视、广播、互联网等多媒体新闻搜集的实时灾情资料。

(2)气象评价指标

高温日数：日最高气温≥35 ℃的天数。

极端高温：日最高气温达到或超过极端高温阈值称出现了极端高温。极端高温阈值计算为：选取气候标准期内每年最大两个日最高气温值，排序后取第三大值作为阈值。

极端连续高温日数：连续高温日数达到或超过极端连续高温日数阈值称出现了极端连续高温日数。极端连续高温日数阈值计算为：选取气候标准期内每年最大两次持续高温的天数，排序后取第三大值作为阈值。注意阈值计算过程中不可以将同一次过程记为两次，如果高温日数较少地区则不计算阈值。

(3)影响评估

根据高温天气的属性，重点分析高温对人体健康、用电、农作物生长发育等的影响进行评估。

人体健康高温影响评估：高温热浪对人类健康影响较大，但目前业务上开展这方面的服务还不是很多。夏季的高温高湿天气是造成热浪的主要原因，为了从气象要素的角度评价大气环境对人的影响，必须考虑到各个气象要素的综合作用。在各类评价气象条件对人体或人类活动影响的综合指标(也称生物气象指标)中，热指数是被普遍认可的指标之一(表5.6)。

表5.6 热指数分级标准

等级名称	分级标准	高危人群可能发生的热病
极端危险	>54.4 ℃	连续暴晒极易中暑
危险	40.6～54.4 ℃	易发生中暑、热痉挛或热疲劳，较长时间曝晒和/或从事体力活动容易中暑
十分注意	32.2～40.6 ℃	可能发生中暑、热痉挛或热疲劳，较长时间暴晒和/或从事体力活动可能中暑
注意	26.7～32.2 ℃	较长时间暴晒和/或从事体力活动容易疲劳

高温热浪对电力消耗的定量评估：基于城市日用电量资料，采用统计分析方法，建立逐日气象电量变化率与高温热浪指标之间的多元回归评估模型，用以评估气象条件对日用电量变化的影响。并基于评估模型和预测产品实现对未来日用电量波动的预测评估。

5.1.4 低温

5.1.4.1 评估产品制作要求及内容

在发生低温灾害或根据重大气象服务需要时开展低温灾害监测评价工作，制作发布评估报告产品。

评估内容：评估包括概况、特征分析及影响评估。概况包括低温灾害发生的时间、地点、事件描述。特征分析包括最低气温、平均气温、最大降温幅度、最大持续降温日数、达到或超过历史极值低温、极端低温的时空特征分析、历史对比，以及相应单项指标历史排位分析。影响评估包括对人员、农业、交通、电力、通信等行业及社会经济的影响。

5.1.4.2 业务系统应用

运用“极端天气气候事件监测系统V2.4”“四川气候监测评价业务平台”(或“气候灾害监

测评估业务系统”)开展低温评估工作。“四川气候监测评价业务平台”主要使用“高温低温”功能模块下的“低温评估”子模块,结合“要素监测”功能模块下的“极值统计”子模块进行低温监测评估;“气候灾害监测评估业务系统”主要使用“灾害监测”模块下的“低温”子模块,结合“极值挑选”模块进行低温监测评估。“极端天气气候事件监测系统 V2.4”主要用于对极端低温的监测。

相应的灾情信息主要通过中国气象局开发的“决策服务信息共享平台”网站以及民政、水利等政府相关单位获取,还可通过电视、广播、互联网等多媒体新闻搜集。

5.1.4.3 评估技术方法

(1)资料

1951—2017 年四川省 156 个国家级地面站逐日最低气温和平均气温资料,地理信息资料,通过《四川省防灾减灾年鉴》《四川统计年鉴》,四川省气象灾情普查库,《中国气象灾害年鉴》《中国气象灾害大典・四川卷)》获得的低温历史灾情资料,以及通过“决策服务信息共享平台”网站,民政、水利等政府相关单位,电视、广播、互联网等多媒体新闻搜集的实时灾情资料。

(2)气象评价指标

极端低温:日最低气温达到或低于极端低温阈值称出现了极端低温。极端低温阈值计算为:选取气候标准期内每年最小两个日最低气温值,排序后取第三小值作为阈值。

(3)影响评估

低温主要对居民生活、农业、交通、电力、通信等行业及社会经济产生影响。

低温对农业的影响评估:低温冷害主要是指作物在生长期间遭遇低于生育适宜温度,生理活动受到延迟或障碍,甚至某些组织遭到破坏的现象。目前对低温冷害指标的研究中主要采用六大类:生长季温度距平指标、生长季积温指标、生长发育关键期冷积温指标、作物发育期的距平指标、热量指数指标和玉米低温冷害的综合指标。这些指标分别在冷害监测评估中起着重要作用。以产量减少 5%～15%为一般低温冷害标准,以产量损失大于 15 %为严重低温冷害标准。

低温对交通运输的影响评价:交通运输业是国民经济的重要组成部分,与自然环境有着密切的关系,特别是对低温雨雪冰冻灾害造成的道路积雪、结冰等的反应比较敏感。目前在低温影响交通运输方面主要是定性分析,采用专家意见来确定某种气象灾害的发生概率及其对交通工程建设和营运的影响,如历史资料反查法、灾害预估分析法、假设状况分析法、安全性审查法、卫星和可操作性分析法等。

5.1.5 华西秋雨

5.1.5.1 评估产品制作要求及内容

在每年 9—11 月开展华西秋雨监测评价工作,当出现华西秋雨天气或根据重大气象服务需要,制作发布华西秋雨影响评估产品。

评估内容:评估华西秋雨的开始时间、结束时间、始期距平、终期距平、华西秋雨期长度、华西秋雨量、华西秋雨综合强度,分析华西秋雨期间的(最长连续)降水日数及降水量的空间分布特征;华西秋雨对农业生产和人民生活造成的影响进行评估。

5.1.5.2 业务系统应用

应用“华西秋雨监测系统”监测评估华西秋雨天气过程,并通过中国气象局开发的“决策服务信息共享平台”网站以及民政、水利等政府相关单位获取，还可通过电视、广播、互联网等多媒体新闻搜集灾情。

5.1.5.3 评估技术方法

(1)资料

1951—2017年四川省156个国家级地面站逐日降水量资料，地理信息资料，通过《四川省防灾减灾年鉴》《四川统计年鉴》《四川省气象灾情普查库》《中国气象灾害年鉴》《中国气象灾害大典·四川卷》获得的华西秋雨历史灾情资料，以及通过“决策服务信息共享平台”网站，民政、水利等政府相关单位，电视、广播、互联网等多媒体新闻搜集的实时灾情资料。

(2)华西秋雨开始期、结束期判定

秋雨日：自8月21日起，若某日监测区域内≥50%的台站日降雨量≥0.1 mm，则为该区域的一个秋雨日，否则为一个非秋雨日。

多雨期：自8月21日起，若监测区域内连续出现5个秋雨日(第2～4天中可有一个非秋雨日)，则多雨期开始，其第一个秋雨日为该多雨期开始日。此后若连续出现5个非秋雨日(第2～4天中可有一个秋雨日)，则该多雨期结束，并将第一个非秋雨日定为该多雨期结束日。在华西秋雨期内，可以出现一个或多个多雨期。

华西秋雨开始日：自8月21日起，若监测区域内的第一个多雨期出现，则该区域华西秋雨开始，并将第一个多雨期的开始日定为该区域华西秋雨开始日。

华西秋雨结束日：①11月1—20日，监测区域内若连续出现10个非秋雨日(第2～9天中可有两个秋雨日)，则秋雨结束，最后一个多雨期的结束日为该区域的华西秋雨结束日；②若条件①不满足，监测持续到11月30日，直至再无多雨期出现，则秋雨结束，最后一个多雨期的结束日为该区域的华西秋雨结束日。

特殊华西秋雨年：

1)如依据监测指标无法确定监测区域某年的华西秋雨起讫时间，但在秋雨监测时段内有明显的连续降水过程(过程期间秋雨日数占总天数的比例≥50%，过程长度≥10 d且没有连续5个非秋雨日)出现，则将第一个过程的开始日(过程中第一个秋雨日)定为该区域华西秋雨开始日，最后一个过程的结束日(过程中最后一个秋雨日的后一日)为其华西秋雨结束日。

2)若依据上述判别指标仍无法判别华西秋雨起讫时间，则该年度的华西秋雨为空雨季。

3)若在8月21日之前就已满足华西秋雨开始指标，且于8月31日前结束，则判定其为非华西秋雨；若一直持续到9月结束，则判定为秋雨开始，并将8月21日后的第一个秋雨日定为该区域华西秋雨开始日。

4)若某年秋雨一直持续到监测时段的最后一日(北区及其相关行政区为10月31日，国家级、南区及其相关行政区为11月30日)仍未结束，则将其监测时段最后一日前的第一个秋雨日的后一日定为该区域华西秋雨结束日。

(3)气象评价指标

华西秋雨期长度：监测区域的华西秋雨开始日至结束日之间的总天数为秋雨期长度(L)。

$$L=D_b-D_e \tag{5.11}$$

式中，D_e 为某监测区域某年华西秋雨结束日；D_b 为某监测区域某年华西秋雨开始日。

华西秋雨量：华西秋雨期间，区域内监测站点的台站平均降水量的累积值为该区域的华西秋雨量(R)。

$$R=\sum_{i=D_b}^{i=D_e}x_i \tag{5.12}$$

式中，x_i 为某监测区域某年秋雨期间第 i 天的台站平均降水量(mm)。华西秋雨强度：分别用华西秋雨期长度、华西秋雨量和华西秋雨综合强度3个指数来表征华西秋雨的强弱。

华西秋雨期长度指数(I_1)：是表征某监测区域某年的华西秋雨期长短的指标，其计算公式为：

$$I_1=(L-L_0)/S_L \tag{5.13}$$

式中，L 为某监测区域某年华西秋雨期的长度(天数)；L_0 为某监测区域的华西秋雨期长度的气候平均值；S_L 为某监测区域的华西秋雨期长度的气候均方差。

注：气候平均值为气候标准期1981—2010年的平均值。根据世界气象组织规定，气候标准期一般为最近30年平均，下同。

华西秋雨量指数(I_2)：是表征某监测区域某年华西秋雨量多少的指标，其计算公式为：

$$I_2=(R-R_0)/S_R \tag{5.14}$$

式中，R 为某监测区域某年的华西秋雨量；R_0 为某监测区域华西秋雨量的气候平均值；S_R 为某监测区域华西秋雨量的气候均方差。

华西秋雨综合强度指数(I_3)：由华西秋雨期长度指数和秋雨量指数等权求和的大小来确定，其计算公式为：

$$I_3=0.5\times I_1+0.5\times I_2 \tag{5.15}$$

式中，I_1 为某监测区域某年的华西秋雨期长度指数；I_2 为某监测区域某年的华西秋雨量指数。

华西秋雨强度等级：依据华西秋雨长度指数(I_1)、秋雨量指数(I_2)以及综合强度指数(I_3)的大小划分华西秋雨强度等级(表5.7)。

表5.7　华西秋雨强度等级划分

强度	显著偏强	偏强	正常	偏弱	显著偏弱
等级	1级	2级	3级	4级	5级
I_1	$I_1\geqslant1.5$	$1.5>I_1\geqslant0.5$	$0.5>I_1>-0.5$	$-0.5\geqslant I_1>-1.5$	$I_1\leqslant-1.5$
I_2	$I_2\geqslant1.5$	$1.5>I_2\geqslant0.5$	$0.5>I_2>-0.5$	$-0.5\geqslant I_2>-1.5$	$I_2\leqslant-1.5$
I_3	$I_3\geqslant1.5$	$1.5>I_3\geqslant0.5$	$0.5>I_3>-0.5$	$-0.5\geqslant I_3>-1.5$	$I_3\leqslant-1.5$

(4)影响评估

华西秋雨造成的洪涝灾害影响评价：洪涝通常是指由于江河洪水泛滥淹没田地和城乡，或因长期降雨等产生积水或径流淹没低洼土地，造成农业或其他财产损失和人员伤亡的一种灾害。华西秋雨异常年往往降水持续时间长、雨量大，极易引发秋汛。在暴雨洪涝评价中，不同时段雨涝评价的等级一般均划分为2级，即一般性洪涝和严重洪涝，但不同时段雨涝评价采用的指标和方法不同。洪涝评价采用指标为降水量、方法为百分位数法确定等级划分标准，80%～90%为一般洪涝，超过90%为严重洪涝。

华西秋雨对农业的影响评价：秋季是秋收秋种季节，华西秋雨异常偏强时往往严重影响四川省粮食生产，目前在华西秋雨影响农业的评估方面往往采用定性评估，主要搜集农作物受灾面积、绝收面积、粮食减产量等指标，结合华西秋雨强度进行评估。

5.1.6　暴雨山洪灾害风险评估

5.1.6.1　评估方法

暴雨山洪灾害风险评估主要针对山洪沟进行的。以历史灾情资料为基础，结合实地调查，确定致灾临界面雨量，使用FloodArea模型，计算山洪发生的范围，评估暴雨发生后，山洪灾害影响范围内存在风险的承灾体损失情况。

5.1.6.2　评估流程

(1)建立山洪灾害风险评估数据库

考察流域内山洪灾害的承灾体，确定山洪灾害可能影响的隐患点。通过对流域进行实地考察，收集流域内山洪灾害历史灾情、经济数据、地理信息数据及水文气象观测数据，识别灾害风险点，建立山洪灾害风险评估数据库。

(2)确定不同等级山洪灾害致灾临界降水量

通过现场调查，确定山洪灾害隐患点，例如水田、居民点、公路等，测量各隐患点与山洪沟的距离和高程差；叠加历史灾情资料，选取地势较低、灾情最为严重的受灾点作为上游流域山洪预警点，同时选取地势较高的受灾点作为对比。根据现场调查的结果，将山洪灾害等级分为高、中、低三级，将洪水漫沟水位确定为低风险临界水位，洪水淹没部分农田的水位设置为中风险水位，洪水淹没部分民房的水位作为高风险临界水位。通过基于GIS的水动力学模型对经历的洪水过程的淹没情况进行再现模拟，模拟不同受灾点逐时淹没深度与对应时刻累积面雨量，选取相关系数最高的时效作为致灾临界面雨量预报时效，确定不同风险等级致灾临界降水量阈值。

(3)山洪灾害风险评估

山洪灾害风险评估模型采用基于灾害预警的灾害评估方法，对可能淹没范围内的风险点、影响情况进行数量上的评估。即根据面雨量的监测和预报，当实况或预报流域面雨量大于山洪灾害致灾临界降水量时，启动淹没模型FloodArea模拟山洪可能淹没的范围，并按一定的比例尺进行栅格化，同时将承灾体数据库中的社会经济数据、风险点数据按同样比例进行栅格化，最后将两者进行叠加计算，从而评估出可能受影响的栅格点信息，并汇总统计，对山洪灾害可能造成的风险进行评估，重点评估可能淹没区内受灾人口，耕地面积以及经济损失等。

5.1.7　城市内涝灾害风险评估

城市内涝灾害风险评估分为内涝灾害实地调查、内涝灾害主要成因分析、城市内涝致灾临界降水条件确定、城市积涝淹没模型建立和灾害风险评估五个环节，各环节具体开展方法如下。

5.1.7.1　城市内涝实地调查

城市内涝调研工作内容包括：确定城市内涝点，对城市内涝点进行实地调查；将内涝点水浸资料与附近自动气象站雨量观测数据进行对比分析。通过城市内涝调研工作，制作内涝点灾害风险及防御明白卡，有助于全面掌握城市内涝点暴雨灾害的致灾因子危险性、孕灾环境、暴露性、承灾体脆弱性和防灾减灾能力，对城市内涝灾害风险评估和灾害防御具有重要作用。内涝点暴雨灾害风险及防御明白卡内容包括：

(1)内涝点所处的行政区域、面积、居住人口、主要产业和地理地形等基本信息

使用网络地图搜索服务等工具,对内涝点的地理位置、地形地势、经纬度、海拔高度等,对受灾面积和影响人口进行大致估算。重点地段定为人口集聚,流动性大的区域,如学校,商业区域、地铁/公交/BRT 车站、居民小区等。

当地排水管网状况:通过水务部门获取城市管网数据资料,实地考察排水管网状况,内涝点附近一般都有积水出口的河涌,要重点考察与其相连河涌的沿途情况。

(2)致灾风险等级

致灾风险等级确定主要考虑水浸点及附近人群密集程度和以往积水深度等因素,地铁/公交/BRT 车站出入口等流动人口密度大的地方在水浸发生时可能出现的混乱情况;交通要道上的水浸点易在城市内涝发生时导致交通瘫痪,需充分考虑以上位置的易损性。

(3)导致水浸的最小降水量

导致水浸的最小降雨量确定主要根据水务部门提供的水浸点深度记录和附近自动气象站雨量记录进行对比分析,居民点主要考虑水浸后是否影响市民出行,而交通要道等主要考虑小型汽车能够顺利通过的最高水位。

(4)主要易涝点

在水浸点影响区域容易出现水浸的地方称为主要易涝点,一般位于地势比较低洼处或积水不易排出处,主要根据水务部门提供的水浸记录和实地考察来确定。

(5)暴雨危险源

暴雨危险源是实地调查的重点。水浸点及附近的电气设备一旦漏电将造成人员伤亡等重大事故,水浸区域内是否存在危房也需注意。人口密集区域内排水管道入口是危险度极高的危险源。地下停车场等低洼区域容易遭遇水浸,河道两岸地势低洼地区也是潜在的暴雨危险源。

内涝灾害主要成因分析:城市内涝灾害通常是自然与人为因素相互作用的结果。内涝灾害主要是由强降水引发,降水时空分布不均、强降水次数、最大小时降水量和降水强度的增加都是城市内涝发生频率上升的原因。中心城区排水系统设计标准过低,周边地区排水管网建设滞后,排水管渠、泵站能力不足等问题是造成城市内涝灾害的主要人为因素。同时随着城市发展进程加快,地表硬质化程度提高,降低了地面原有的蓄、滞、渗水能力,增大了地下管网的排涝压力;雨污合流导致管道淤塞加剧,降低了管道排水能力。城市中心人口交通密集,建筑集中,为受城市内涝危害最为严重的地区。

5.1.7.2 城市内涝致灾临界降水条件确定

通过对近年来城市内涝灾害个例的调查,结合本地强降水的特点,采用 1 h,2 h 和 3 h 的面雨量来表征城市内涝灾害的致灾临界降水条件。求取致灾临界降水条件的方法有两种:

(1)历史灾情反推法

根据城市内涝历史灾情记录中的内涝发生时段、内涝地点、积水深度、积水面积和积水时长等信息,查找相应地点附近的区域自动气象站在对应时段内的降雨量记录和雷达定量估测降水等资料,建立面雨量与内涝灾情严重程度之间的对应关系,从而确定该地点的致灾临界降水指标。

(2)内涝模型

基于城市内涝数学模型,模拟不同降雨条件下城市易涝点的内涝积水深度及淹没面积,根

据模拟结果建立积水深度与降雨条件之间的相关关系，进一步确定各易涝点的致灾临界降水指标，再通过对易涝点的实地调查，细化和完善临界降水条件，确定城市内涝易涝点的致灾临界降水指标。

5.1.7.3 城市积涝淹没模型建立

城市内涝数学模型主要是基于水文动力学模型，通常以城市地表与明渠、河道水流运动为主要模拟对象，模拟地下排水管网内的水流，通过输入雨量数据、通道、单元特征数据、排水管网数据、单元初始水深等数据，输出积水位置、最大积水深度、积水历时等信息。模型计算中可根据实际情况对地下排水管网内的水流运动情况作适当简化，根据各不同区域设计最大排水能力和实地调查情况估计该区域实际最大排水能力，进而计算该区域实际地表径流汇聚量；按照道路分布计算排水管网排水效率，建立排水管网排水能力估算模型，从而计算城市不同降水情景下的积涝淹没情况。

5.1.7.4 城市内涝灾害风险等级判别标准

城市内涝不同易损性承灾体的风险等级判别标准如表5.8所示。

表5.8 不同易损性承灾体的风险等级判别标准

城市内涝等级		低风险	中风险	高风险
交通要道	积水深度	5～20 cm	20～60 cm	>60 cm
	灾害影响	机动车尚可行驶，但行车缓慢，影响道路交通畅通	交通部分阻断，小型车辆无法通行	交通完全阻断
商业区、居民社区	积水深度	5～20 cm	20～60 cm	>60 cm
	灾害影响	影响居民生活，可能造成财产损失	影响居民生活，造成部分财产损失	严重影响居民生活，造成较严重的财产损失
地上/地下停车场	积水深度	5～25 cm	25～60 cm	>60 cm
	灾害影响	对部分排气管较低车型可能影响	水深超过排气管高度，对发动机可能有影响，车厢内可能进水	水深超过进气口，发动机进水，车厢浸泡

5.1.7.5 城市内涝预警和灾害风险评估

(1)基于致灾临界降水指标的易涝点风险评估和预警

根据未来1 h,2 h,3 h的精细化定量降水预报数据、雷达定量降水估测和降水实况监测数据，根据易涝点致灾临界降水指标开展城市易涝点内涝灾害等级和受影响区域内不同承灾体易损性进行风险评估，达到一定灾害等级标准，发布相应的易涝点内涝灾害预警。

(2)基于内涝淹没模型的内涝灾害风险评估

利用未来1 h,2 h,3 h的格点降水预报数据、雷达定量降水估测和降水实况监测数据，根据城市积涝淹没模型，评估可能出现积水的地段、内涝地段的积水深度和历时，并根据内涝灾害风险等级判别标准，评估内涝灾害风险程度。根据模拟结果制作城市内涝灾害风险评估图，发布相应内涝灾害预警信息。工作流程如图5.1。

5.1.8 气象灾害评估分级处置标准

按照气象灾害灾情信息(包括人员伤亡、经济损失的大小)，将气象灾害分为特大型、大型、

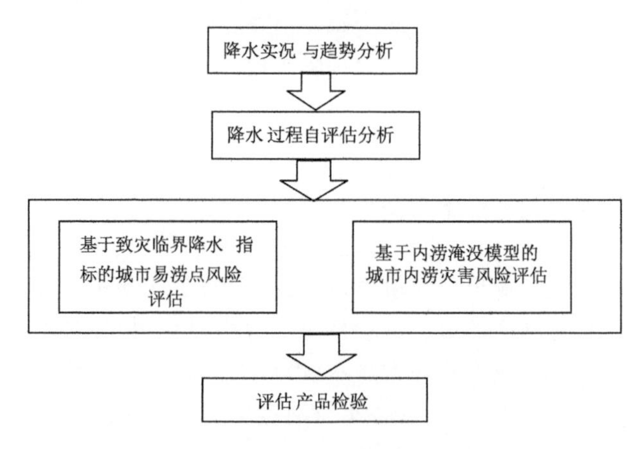

图 5.1 城市内涝灾害风险评估流程图

中型、小型、较小型 5 个等级，其评估分级处置标准见表 5.9。

表 5.9 气象灾害评估分级处置标准

等级	处置标准
特大型	因灾死亡 100 人以上，或者伤亡总数 300 人以上，或者直接经济损失 10 亿元以上
大型	因灾死亡 30 人以上 100 人以下，或者伤亡总数 100 人以上 300 人以下，或者直接经济损失 1 亿元以上 10 亿元以下
中型	因灾死亡 3 人以上 30 人以下，或者伤亡总数 30 人以上 100 人以下，或者直接经济损失 1000 万元以上 1 亿元以下
小型	因灾死亡 1 到 3 人，或者伤亡总数 10 人以上 30 人以下，或者直接经济损失 100 万元以上 1000 万元以下
较小型	因灾没有人员死亡，受伤 10 人以下，或者直接经济损失 100 万元以下

5.2 重大气象灾害评估实例

5.2.1 区域性暴雨天气过程评价实例

以四川省 2015 年“8 · 16”区域性暴雨天气过程灾前预评估和灾后综合评估为例。

灾前预评估：据省气象台预报，2015 年 8 月 16—18 日盆地中部和东北部，将出现一次较大范围降水天气过程，可能达到区域性暴雨过程。(1)暴雨过程历史相似预评估分析，这次暴雨天气过程影响范围广、强度大，为较大型区域性暴雨过程。(2)利用历史灾情数据和降水强度预报资料进行经济损失程度预评估分析，本次暴雨过程在高原与盆地过渡带、盆地西南部、盆地中部及东北部可能造成较重的经济损失，其中资阳、仁寿、简阳和渠县、大竹等地可能造成严重经济损失。(3)基于 FLoodArea 模型的淹没模拟预估，此次暴雨过程造成的潜在淹没区主要集中于江河沿线附近，其中达州和广安境内的渠江沿线，眉山境内的岷江沿线，遂宁境内的涪江沿线，乐山境内的大渡河沿线发生洪涝的可能性较大。

综合影响评估：此次过程全省共有 16 个市(州)56 个县站出现了暴雨，其中大暴雨 15 站。按区域性暴雨监测评价标准，本次区域性暴雨过程的平均降水量达 121.3 mm，降水强度为

89.4 mm/d,暴雨范围达 25%,持续时间为 3 d,暴雨综合评价指数为 0.88,根据区域性暴雨过程强度综合评价标准,本次区域性暴雨过程属于重大型区域性暴雨过程。据四川省民政厅截至 8 月 18 日 9 时统计,全省有成都、攀枝花、泸州等 10 市(州)24 个县(市、区)85.4 万人受灾,9 人死亡,1200 余间房屋倒塌,农作物受灾面积 1.93 万 hm^2,直接经济损失 2.1 亿元。本次暴雨天气过程影响范围大、局地强度大、损失较重。按气象灾害评估分级处置标准,此次灾害属于大型气象灾害。

预评估检验:(1)预报降水落区略偏南,暴雨过程预评估与降水实况基本吻合。(2)灾情等级评估与实况接近,但是具体数值差异较大,一是由于灾情损失与暴雨过程强度没有线性对应关系,另外后续可能还有灾情陆续上报。(3)淹没情况部分地区差异较大:简单对比模拟地区的淹没灾情信息,部分区域由于预报暴雨落区偏南,所以区域内江河沿线没有淹没灾情出现,其余地区均出现了不同程度超警戒水位和被淹的情况。

5.2.2　干旱评价实例

以四川省 2006 年的伏旱评估为例。2006 年盛夏,四川省气候异常,在遭受较为严重的春、夏旱之后,再次遭遇历史罕见的严重高温热浪和特大伏旱。根据国家气候中心气候影响评估室的具体要求,四川省气候中心派出工作组前往伏旱重灾区的遂宁、南充、广安、达州四市开展了相关工作。

伏旱概况:2006 年四川省伏旱的特点是发生时间早、影响范围大、持续时间长、强度最强、危害最重。伏旱于 7 月上旬初从盆地中部开始发生,截至 9 月 6 日,全省共有 126 个县(市)发生伏旱。其中,旱期在 30～39 d,达到严重伏旱的有 26 个县(市);40 d 以上,达到特大伏旱的有 53 个县(市)。另外,全省有 44 个县(市)连续发生春、夏、伏旱,出现了重复受旱情况,造成的危害和影响十分严重。在伏旱期间,降水量显著偏少,连续无雨日,气温异常偏高,日极端最高气温创新高,高温天气持续时间长。

综合影响评价:(1)四川省盆地大部分地方伏旱发生的频率在 40%以上,但从 1951 年以来,盆地出现特大伏旱的年份仅有 1972 年、1994 年、1997 年。根据《四川 500 年旱涝史》中的干旱灾害记载考证和数理推断进行综合分析评估推断:2006 年四川省发生的特大伏旱为 80 年一遇,干旱严重的川东地区为 100 年一遇。(2)高温热浪和特大伏旱给农业、工业、林业、旅游、人畜饮水、水利电力、能源耗费以及群众生活等方面造成了严重的危害和损失。据四川省救灾办统计,全省共有 1000 万人出现临时饮水困难,486 万人、596.6 万头牲畜出现严重饮水困难;全省作物受旱 3100 多万亩,成灾 1748.3 万亩,绝收 467 万亩,直接经济损失 88.7 亿元。

5.2.2.2　高温伏旱的影响

以 2012 年 8 月上中旬出现的高温天气监测分析为例。8 月 1—12 日,全省大部地区气温偏高 1～2 ℃,特别是 6 日以来出现持续高温闷热天气,有 44 站的高温(日最高气温在 35 ℃以上)日数为 5～7 d,有 18 站为 8～10 d。8 月以来,全省有 27 站的日最高气温在 38 ℃以上,主要分布于盆东北和盆南,8 月 12 日,平昌、达县日最高气温达到 39.7 ℃为全省最高;全省有 10 站(泸县、屏山、仁和、德昌、会东、会理、昭觉、木里、道孚、盐源)日最高气温突破同期历史极大值,有 19 站达到极端高温天气标准。

5.2.3 高温灾害评价实例

以 2016 年 8 月中下旬出现的高温天气监测分析为例。

过程概况：2016 年四川省夏季高温为偏重年份。2016 年 8 月 12—25 日，全省出现一段大范围的持续高温晴热天气，全省先后有 119 县出现高温天气，有 23 县出现日最高气温≥40 ℃酷热天气，8 月 21 日全省高温天气分布范围大，达到 115 站，达县(8 月 19 日)、渠县(8 月 25 日)的日最高气温达 41.5 ℃。全省平均高温日数 8 d，位居历史同期第 1 多位。全省有 84 站高温日数在 10 d 及以上，主要分布在盆东北、盆中、盆南及盆地西部偏东地区，其中金川、达县、开江、宣汉、盐亭、宜宾县高温日数达 15 d，全省最多。全省有 95 站高温日数位列本站历史同期第 1 多位。8 月 11—25 日全省平均连续高温日数 6.5 d，位列历史同期第 1 多位。全省有 60 站连续高温日数在 10～15 d，主要在盆东北、盆中及盆南地区。全省有 88 站连续高温日数位列本站历史同期第 1 多位。

综合影响评估：持续的高温少雨天气，造成局地伏旱偏重，其中阿坝州东南和西南部、南充南部等地有重度以上伏旱发生。全省干旱灾害造成 36.8 万人需要生活救助，其中 12.7 万人饮水困难。高温天气对大春作物的影响在不同地区有不同表现：对盆东北—盆中而言，8 月中旬，大部水稻已进入乳熟—成熟期，该阶段持续的高温天气有一定的高温逼熟效应，导致水稻千粒重下降，从而对产量造成一定的影响；而盆南稻区中稻已经收获，多为再生稻蓄留阶段，且盆南大部水分不亏缺，因此持续高温的影响不大。同时持续晴好天气有利于正处于成熟期的水稻的收晒。对旱地作物的影响则表现为高温少雨天气使得浅层土壤墒情迅速恶化，导致部分旱作物叶片枯萎，影响作物的生长发育。

5.2.4 低温灾害评估实例

以 2016 年四川省“1・19”低温雨雪天气过程监测评价为例。

过程概况：受北方强冷空气的影响，2016 年 1 月 19—25 日，四川省出现了今年首场寒潮天气过程。全省共有 147 县站日最低气温在 0 ℃以下，石渠最低至－28.0 ℃。全省共有 14 县站日最低气温突破历史最小值记录，主要出现在盆地区，温江本站最低气温降至－6.5 ℃。全省平均最低气温降幅为 9.6 ℃，降温幅度超过 10 ℃的有 64 县站，会东降了 16 ℃，为全省日最低气温最大降幅地区。

综合影响评估：本次降温降雨雪天气过程影响范围大、降温幅度大；盆地局地低温极端性强，部分地区雨雪天气明显，灾情损失较重。按冷空气过程监测业务规定(试行)评价，此次区域寒潮天气过程综合强度指数为 1.14，属于中等强度区域性过程。此次过程对交通运输、农业、畜牧业、人民生产生活等造成影响。据四川省民政厅统计，截至 1 月 25 日，自贡、泸州、内江等 8 市 23 个县(市、区)71.4 万人受灾，近 500 人紧急转移安置，1.7 万人需紧急生活救助；1300 余间房屋不同程度损坏；农作物受灾面积 3.02 万 hm^2，其中绝收 1300 hm^2；直接经济损失 2.2 亿元。按气象灾害评估分级处置标准，此次低温雨雪灾害为大型气象灾害。按气象灾害评估分级处置标准，此次低温雨雪灾害为大型气象灾害。

5.2.5 华西秋雨评估实例

以 2016 年入秋以来的连阴雨天气监测评价为例。

过程概况：9月1日入秋以来，全省大部雨日多、日照少，连阴雨天气明显。按华西秋雨监测业务标准，四川省于9月4日进入秋雨季，秋雨开始期接近常年水平。9月1—20日，全省平均降水量120.9 mm，偏多29%；全省平均最长连续降水日数为6.1 d；盆地中南部、川西高原中南部及攀西地区偏多偏强；全省共出现30站次暴雨天气，无大暴雨和特大暴雨，主要集中出现在甘孜州、凉山州、攀枝花、宜宾、绵阳、泸州、成都、眉山、遂宁9市(州)；全省共有7县站(新龙、道孚、炉霍、九龙、合江、仁和、屏山、珙县)降水量位居历史同期第1多位，珙县最多345.4 mm。

综合影响评估：9月18日以来全省局地出现强降水天气，部分地区遭受洪涝、泥石流、滑坡灾害，据四川省民政厅报告，攀枝花、泸州、乐山等5市(自治州)12个县(市、区)5.3万人受灾，7人死亡，10人失踪，5200余人紧急转移安置，8000余人需紧急生活救助；400余间房屋倒塌，2300余间不同程度损坏；农作物受灾面积1300 hm^2，其中绝收近100 hm^2；直接经济损失近8500万元。

5.3　四川省主要气象灾害风险区划

四川省受复杂地形以及大气环流的影响，全省自然灾害种类繁多，四川的气象灾害，主要有暴雨洪涝、干旱、高温、连阴雨、冰雹、大雾等。具有灾害频繁、波及面广、灾多灾长、多灾并发、旱涝交错的特点。四川是暴雨洪涝、干旱、浓雾等气象灾害的高发区，尤其是强降水引发的地质灾害更为突出，为全国多发省份。

四川气象灾害季节分布明显，春、夏两季较频繁，秋季次之，冬季最少。夏季主要气象灾害是暴雨、洪涝、干旱、高温、冰雹。春季气温变化最大，主要气象灾害是低温、连阴雨、冰雹、暴雨。秋季气象灾害主要以绵雨为主，冬季阴冷天气多，主要气象灾害是雾、降温、霜冻等。

5.3.1　气象灾害风险区划内容及方法

5.3.1.1　气象灾害区划概念

气象灾害风险是指气象灾害发生及其给人类社会造成损失的可能性。气象灾害风险既具有自然属性，也具有社会属性，无论自然变异还是人类活动都可能导致气象灾害发生。气象灾害风险性是指若干年(10年、20年、50年、100年等)内可能达到的灾害程度及其灾害发生的可能性。根据灾害系统理论(章国才，2010)，灾害系统主要由孕灾环境、致灾因子和承灾体共同组成。在气象灾害风险区划中，危险性是前提，易损性是基础，风险是结果。气象灾害风险是致灾因子危险性、孕灾环境敏感性、承灾体易损性和防灾减灾能力综合作用的结果，气象灾害风险函数可表示为：

$$气象灾害风险=f(危险性,敏感性,易损性,防灾减灾能力)$$

5.3.1.2　气象灾害区划定义

(1)气象灾害风险：指各种气象灾害发生及其给人类社会所造成的人员伤亡、财产破坏以及经济活动中断的预期损失。

(2)孕灾环境：指气象危险性因子、承灾体所处的地质地理环境，如地形地貌、海拔高度、山川水系、地形地貌等。

(3)致灾因子：指导致气象灾害临界气象条件，可以是一个指标，也可以是一些气象指标的组合，也可以是一个气象物理模型。

(4)承灾体：气象灾害作用的对象，是人类活动及其所在社会中各种资源的集合。

孕灾环境敏感性：指受到气象灾害威胁的所在区域外部环境对灾害或损害的敏感程度。在同等强度的灾害情况下，敏感程度越高，气象灾害所造成的破坏损失越严重，气象灾害的风险也越大。

(5)致灾因子危险性：指气象灾害异常程度，主要是由气象致灾因子活动规模(强度)和活动频次(概率)决定的。一般致灾因子强度越大，频次越高，气象灾害所造成的破坏损失越严重，气象灾害的风险也越大。

(6)承灾体易损性：指承灾体接受一定强度的气象灾害打击后受到损失的难易程度，它取决于承灾体本身的物理特性和灾害的类型，反映了承灾体本身抵御致灾因子打击的能力。如人员、牲畜、房屋、农作物、生命线等。一个区域人口和财产越集中，易损性越高，可能遭受潜在损失越大，气象灾害风险越大。

(7)防灾减灾能力：受灾区对气象灾害的抵御和恢复程度。包括应急管理能力、减灾投入资源准备等，防灾减灾能力越高，可能遭受的潜在损失越小，气象灾害风险越小。

(8)气象灾害风险区划：指在孕灾环境敏感性、致灾因子危险性、承灾体易损性、防灾减灾能力等因子进行定量分析评价的基础上，为了反映气象灾害风险分布的区域差异性，根据风险度指数的大小，对风险区划分为若干个等级。

5.3.1.3　气象灾害风险区划原则

气象灾害风险性是孕灾环境、承灾体脆弱性、防灾减灾能力与致灾因子综合作用的结果。它的形成既取决于致灾因子的强度与频率，也取决于自然环境和社会经济环境。

(1)以开展灾情普查为依据，从实际灾情出发，科学做好气象灾害的风险性区划，达到防灾减灾规划的目的，促进区域的可持续发展。

(2)区域气象灾害孕灾环境的一致性和差异性。

(3)区域气象灾害致灾因子的组合类型、时空聚散、强度与频度分布的一致性和差异性。

(4)根据区域孕灾环境、承灾体脆弱性以及灾害产生的原因，确定灾害发生的主导因子及其灾害区划依据。

(5)划分气象灾害风险等级时，宏观与微观结合，对划分等级的依据和防御标准做出说明。

(6)可修正原则：紧密联系当地社会经济发展情况，对当地承灾体脆弱性进行调查。根据当地社会经济的发展，以及防灾减灾基础设施与能力的提高，及时对气象灾害风险区划图进行修改与调整。

5.3.1.4　气象灾害风险区划资料及处理方法

(1)数据资料

气象资料：气象站1961—2010年有关气象资料。

社会经济资料：采用以县为单元的行政区域土地面积、年末总人口、耕地面积、国民生产总值(GDP)等数据。

基础地理信息资料：收集高程、水系、植被等地理信息数据。

(2)资料归一化处理

气象灾害的危险性、敏感性、易损性、防灾减灾四个评价因子又各包含若干个指标,为了消除各指标的量纲和数量级的差异,需对每一个指标值进行规范化处理。各个指标规范化计算采用公式如下。

对于正向指标:
$$D_{ij}=0.5+0.5\times\frac{A_{ij}-\min(i)}{\max(i)-\min(i)} \tag{5.16}$$

对于负向指标:
$$D_{ij}=0.5+0.5\times\frac{\max(i)-A_{ij}}{\max(i)-\min(i)} \tag{5.17}$$

式中,D_{ij}是j区第i个指标的规范化值;A_{ij}是j区第i个指标值;$\min(i)$和$\max(i)$分别是第i个指标值中的最小值和最大值。

5.3.1.5 技术路线及方法

(1)技术方法

气象灾害风险是由致灾因子危险性、孕灾环境敏感性、承灾体易损性和防灾减灾能力四个主要因子构成的,每个因子又是由若干评价指标组成。不同气象灾害的致灾因子危险性、孕灾环境敏感性、承灾体易损性应有所不同,根据自然灾害风险理论和气象灾害风险的形成机制,建立气象灾害风险评估概念框架:

$$FDRI=(VE^{we})(VH^{wh})(VS^{ws})(1.0-VR)^{wr} \tag{5.18}$$

式中,$FDRI$为气象灾害风险指数,用于表示风险程度,其值越大,则灾害风险程度越大;VE,VH,VS,VR分别表示风险评价模型中的孕灾环境的敏感性、致灾因子的危险性、承灾体的易损性和防灾减灾能力各评价因子指数;we,wh,ws,wr是各评价因子的权重。

利用四川省的常规站、自动站的气象要素资料,结合孕灾环境数据,主要考虑灾害性天气出现的时间、持续时间、地点和强度等方面分析致灾因子特征及其危险性;利用社会经济资料对灾害作用的承灾体进行分类,结合各灾种对各类承灾体的影响(脆弱性),分析承灾体潜在易损性。

确定评估因子权重的方法主要采用层次分析法,改变了已往过分依赖主观打分法确定权重的不足,做到主观与客观、定性与定量的结合,大大提高了灾害风险评估的客观性和合理性。首先确定4～5人专家组,将所有评价因子的判断矩阵表格发给每位专家,并说明矩阵的意义与判断方法;然后请各专家按选用的层次分析法的标度方法两两比较,得出各自的矩阵,并认真核实其准确性;然后把所有表格集中,采用统计方法综合分析数据并构造出综合对比矩阵,将结果公布给全体专家以征求意见,如此反复核对修改,直至得出满意的综合矩阵;最后利用层次排序法求矩阵的值并进行一致性(CI)、随机性(RI)与随机一致性比率(CR)的检验,以得到最终合理的权重。

(2)技术流程

气象灾害风险区划工作是基于灾害风险理论及气象灾害风险形成机制,通过对孕灾环境敏感性、致灾因子危险性、承灾体易损性、防灾减灾能力等多因子综合分析,构建气象灾害风险评价的框架、方法与模型,对气象灾害风险程度进行评价和等级划分,根据气象与气候学、农业气象学、自然地理学、灾害学、自然灾害风险管理等基本理论,采用风险指数法、GIS自然断点法、加权综合评价法等数量化方法,在GIS技术的支持进行气象灾害风险分析和评价,编制气象灾害风险区划图。气象灾害风险区划技术流程见图5.2。

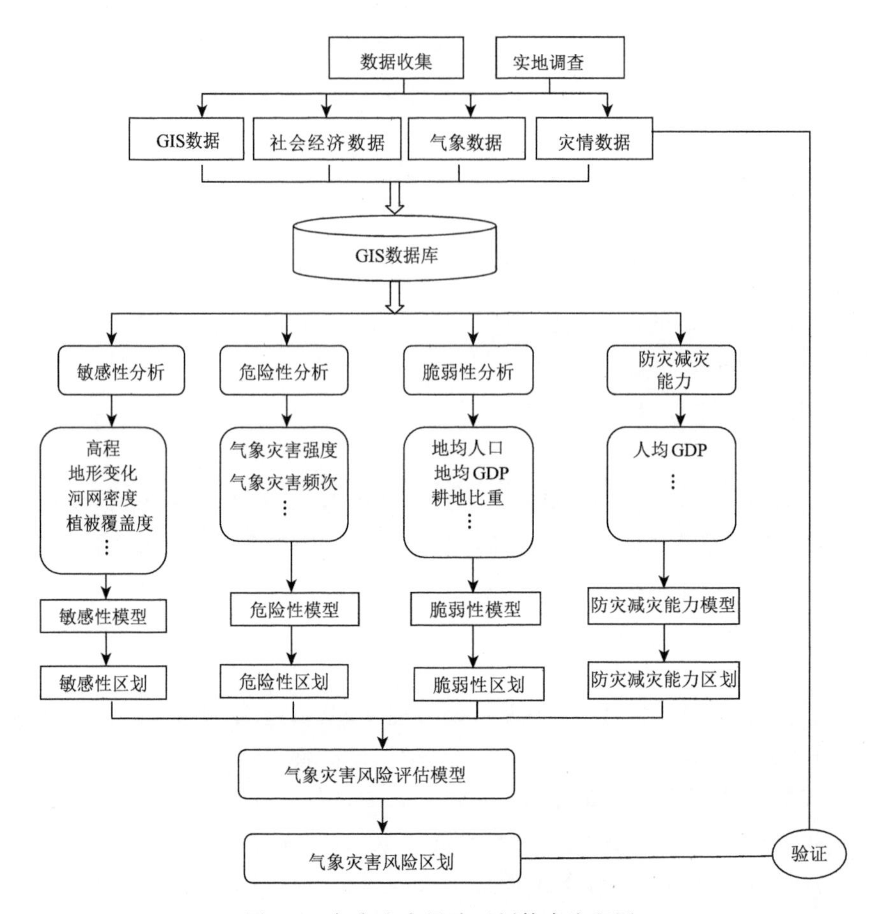

图 5.2　气象灾害风险区划技术流程图

5.3.2　暴雨洪涝灾害风险区划

暴雨洪涝风险区划(张婧 等,2009;郭永芳 等,2010;张京红 等,2010;郁凌华 等,2016)主要从致灾因子危险性、孕灾环境敏感性、承灾体易损性和防灾减灾能力 4 个方面进行综合分析得到。

(1)致灾因子危险性分析

降水致灾主要由于雨势猛、强度大冲毁农田水利设施,造成农房倒塌;或累积雨量大,使得积水难排,形成内涝;地墒饱和,下垫面对雨水的渗透力弱。对一地而言,雨涝灾害风险还与强降水发生的频次有关。对于流域而言,水位也是洪涝灾害发生的致灾因子之一。

过程降水量以连续降水日数划分为一个过程,一旦出现无降水则认为该过程结束,并要求该过程中至少一天的降水量达到或超过 50 mm,最后将整个过程降水量进行累加。

按照暴雨标准,统计本省盆地、攀西和高原各站历年各气象台站 1 d,2 d,3 d,……,10 d(含 10 d 以上)暴雨过程降水量。将上述台站的过程降水量作为一个序列,建立不同时间长度的 10 个降水过程序列。分别计算不同序列的第 98 百分位数、第 95 百分位数、第 90 百分位数、第 80 百分位数、第 60 百分位数的降水量值,该值即为初步确定的临界致灾雨量。利用不同百分位数将暴雨强度分为 5 个等级,具体分级标准为:60%～80%位数对应的降水量为 1

级，80%～90%位数对应的降水量为 2 级，90%～95%位数对应的降水量为 3 级，95%～98%位数对应的降水量为 4 级，大于等于第 98 百分位数对应的降水量为 5 级。

根据暴雨强度等级越高，对洪涝形成所起的作用越大的原则，确定降水致灾因子权重。暴雨强度 $M5,M4,M3,M2,M1$ 级权重分别为 5/15，4/15，3/15，2/15，1/15。用加权综合评价法计算不同等级降水强度权重与各站的不同等级降水强度发生的频次归一化后的乘积之和，即是站点的暴雨洪涝危险性指数 M：

$$M=\frac{5}{15}M5+\frac{4}{15}M4+\frac{3}{15}M3+\frac{2}{15}M2+\frac{1}{15}M1 \tag{5.19}$$

利用加权综合评价法、反距离加权内插法和 GIS 中自然断点分级法，将致灾因子危险性指数进行分级，得到四川省暴雨洪涝危险等级区划图（卿清涛 等，2013）。

（2）孕灾环境敏感性分析

从洪涝形成的背景与机理分析，孕灾环境主要考虑地形、水系等因子对洪涝灾害形成的综合影响。

高程数据从 GIS 数据中提取，地形起伏变化则采用高程标准差表示，对 GIS 中某一格点，计算其与周围 8 个格点的高程标准差：在 GIS 中采用 100 m×100 m 的网格计算地形高程标准差，高程越低、高程标准差越小，影响值越大，表示越有利于形成涝灾，孕灾的敏感性越高（表 5.10）。

表 5.10　地形高程及高程标准差的组合赋值

地形高程（m）	地形标准差（m）		
	一级（≤1）	二级（1～10）	三级（≥10）
一级（≤300）	0.9	0.8	0.7
二级（300～500）	0.8	0.7	0.6
三级（500～1000）	0.7	0.6	0.5
四级（≥1000）	0.6	0.5	0.4

水系因子中采用河网密度指数表示，将一定半径范围内的河流总长度作为中心格点的河流密度，半径大小使用系统缺省值，在 1∶5 万 GIS 数据中采用 100 m×100 m 的网格计算河网密度，再进行规范化处理，得到各县规范化的河网密度指数分布图。

考虑到孕灾环境中地形与水系对暴雨洪涝的影响程度相近，综合多方专家的意见，采用专家打分法将这两个因子各赋权重，通过 GIS 系统，得出全省暴雨洪涝孕灾敏感风险等级图。

（3）承灾体易损性分析

暴雨洪涝造成的危害程度与承受暴雨洪涝灾害的载体有关，它造成的损失大小一般取决于发生地的经济、人口密集程度。暴雨洪涝风险区划承灾体易损性通常考虑 GDP 密度、人口密度和耕地面积比重等评价指标。

采用层次分析等方法确定各指标的影响权重，根据加权综合法，计算承灾体的易损性，然后利用 GIS 系统得到承灾体易损性指数区划图。

（4）防灾减灾分析

防灾抗灾能力是受灾区对气象灾害的抵御和恢复程度，是为应对暴雨洪涝灾害所造成的损害而进行的工程和非工程措施。考虑到这些措施和工程的建设必须要有当地政府的经济支持，由于资料所限，这里主要考虑人均 GDP 和旱涝保收面积比例。

(5)暴雨洪涝风险区划

气象灾害风险区划是指在孕灾环境敏感性、致灾因子危险性、承灾体易损性、防灾减灾能力等因子进行定量分析评价的基础上,为了反映气象灾害风险分布的地区差异性,根据风险度指数的大小,对风险区划分为若干个等级。暴雨洪涝风险指数计算公式如下:

$$FDRI=(VE^{we})(VH^{wh})(VS^{ws})(1.0-VR)^{wr} \tag{5.20}$$

式中,$FDRI$ 为暴雨洪涝灾害风险指数,用于表示风险程度,其值越大,则灾害风险程度越大;VE,VH,VS,VR 分别表示风险评价模型中的孕灾环境的敏感性、致灾因子的危险性、承灾体的易损性和防灾减灾能力各评价因子指数;we,wh,ws,wr 是各评价因子的权重,由层次分析法决定其大小。

采用暴雨洪涝灾害风险评估模型计算暴雨洪涝灾害风险指数,利用 GIS 中自然断点分级法将暴雨洪涝风险指数进行分级,得到四川省暴雨洪涝区划图(图 5.3)。

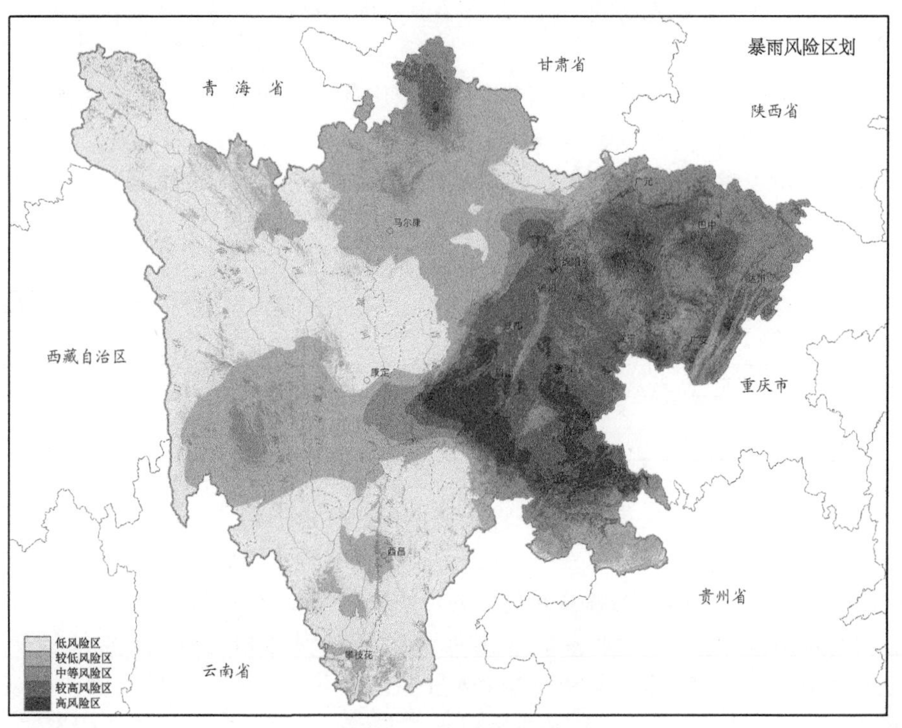

图 5.3　四川省暴雨洪涝灾害风险区划图

5.3.3　干旱风险区划

干旱风险区划主要考虑致灾因子危险性、孕灾环境敏感性、承灾体易损性和防灾减灾四个方面,选取不同强度干旱频率、地形地貌、河网密度、人口经济、有效灌溉面积等作为评价因子(陈红 等,2010)。

(1)致灾因子危险性分析

干旱的危险性主要由综合气象干旱指数 CI 表示,是利用近 30 d(相当月尺度)和近 90 d(相当季尺度)降水量标准化降水指数,以及近 30 d 相对湿润指数进行综合而得,该指标既反映短时间尺度(月)和长时间尺度(季)降水量气候异常情况,又反映短时间尺度(影响农作物)水分亏欠情况,该指标适合实时气象干旱监测和历史同期气象干旱评估。综合气象干旱指数

CI 由下式计算：

$$CI = a\,Z_{30} + b\,Z_{90} + c\,M_{30} \tag{5.21}$$

式中，Z_{30}、Z_{90} 分别为近 30 d 和近 90 d 标准化降水指数 SPI；M_{30} 为近 30 d 相对湿润度指数；

a 为近 30 d 标准化降水系数，由达轻旱以上级别的平均值，除以历史出现最小值，平均取 0.4；

b 为近 90 d 标准化降水系数，由达轻旱以上级别的平均值，除以历史出现最小值，平均取 0.4；

c 为近 30 d 相对湿润系数，由达轻旱以上级别的平均值，除以历史出现最小值，平均取 0.8。

当综合气象干旱指数 CI 连续 10 d 为轻旱以上等级，则确定为发生一次干旱过程。干旱过程的开始日为第 1 天 CI 指数达轻旱以上等级的日期。在干旱发生期，当综合干旱指数 CI 连续 10 d 为无旱等级时干旱解除，同时干旱过程结束，结束日期为最后 1 次 CI 指数达无旱等级的日期。

依据上述方法分别统计冬干、春旱、夏旱、伏旱、秋旱不同强度的频率，鉴于一年中不同时间的干旱影响不同，然后计算不同强度干旱的加权频率：根据冬干、春旱、夏旱、伏旱、秋旱的危害程度，其加权系数分别取 0.1，0.2，0.25，0.3，0.15，不同级别加权干旱频率计算公式如下：

$$M_i = 0.1\,D_{i1} + 0.2\,D_{21} + 0.25\,D_{31} + 0.3\,D_{41} + 0.15\,D_{51} \quad (i=1,2,3,4) \tag{5.22}$$

式中：$i=1,2,3,4$ 表示干旱级别，分别为轻旱、中旱、重旱、特旱 4 级干旱；

M_i 为某级干旱加权频率；

D_{i1}，D_{21}，D_{31}，D_{41}，D_{51} 分别为某级干旱冬干、春旱、夏旱、伏旱、秋旱频率。

将 M_i 按前述方法进行归一化处理，得到各级干旱加权频率。按照干旱强度等级越高，对干旱灾害形成所起的作用越大的原则，确定干旱致灾危险性因子权重，轻旱、中旱、重旱、特旱权重分别取 0.6，1.2，1.8，2.4。

干旱综合危险性指数 Ch 计算公式如下：

$$Ch = 0.6\,M1 + 1.2\,M2 + 1.8\,M3 + 2.4\,M4 \tag{5.23}$$

式中，$M1$，$M2$，$M3$，$M4$ 分别是 M_1，M_2，M_3，M_4 经归一化处理后的结果。

根据上式，计算全省各县的干旱综合危险性指数，然后利用 Arcgis 系统空间插值，将致灾因子危险性指数进行分等级区划，得到四川省干旱致灾因子危险性指数区划图。

(2)孕灾环境敏感性分析

从干旱形成的背景与机理分析，孕灾环境主要考虑地形、水系的综合影响。

地形：主要包括高程和地形变化，山区和丘陵区容易形成干旱。平原地区不易形成干旱。

水系：主要考虑河网密度和距离水体的远近。河网越密集，距离河流、湖泊、大型水库等越近的地方遭受干旱的风险越小。

利用四川省 1∶5 万 GIS 数据中直接提取 DEM 数据，在 Arcgis 系统中直接计算坡度，然后进行规范化处理，得到地形指数分布。由于各县的坡度变化范围较小，根据干旱灾害的特点，地形指数也只分两级，坡度小于 5°地形指数取 0.5，大于 5°取 0.8。地形指数越大，干旱灾害风险越大。

水系因子中采用河网密度指数表示，将一定半径范围内的河流总长度作为中心格点的河流密度，半径大小使用系统缺省值，在 1∶5 万 GIS 数据中采用 100 m×100 m 的网格计算河网密度，从而得到四川省河网密度，对其进行规范化处理(用负向指标公式进行计算)，得各县图干旱河网密度指数分布。

将地形、水系等影响指数经规范化处理后，按照各自对当地干旱的影响程度，将地形指数设为0.3，水系的权重设为0.7，采用加权综合评价法计算得到各格点孕灾环境的敏感性指数。

利用GIS中自然断点分级法得到四川省干旱灾害孕灾环境敏感性风险区划图。

(3)承灾体易损性分析评估

干旱承灾体易损性主要考虑人口密度、耕地面积比重和地均GDP等指标，使用层次分析法确定各指标的影响权重，计算各县干旱易损性指数，基于GIS，采用自然断点法得到承灾体易损性指数区划图。

(4)防灾减灾分析

防灾减灾能力是应对干旱灾害所造成的损害而进行的工程和非工程措施。考虑到这些措施和工程的建设必须要有当地政府的经济支持，由于资料所限，考虑人均GDP和有效灌溉面积比例。

(5)干旱风险区划

干旱灾害风险是孕灾环境敏感性、致灾因子危险性、承灾体易损性和防灾减灾4个因子综合作用的结果，考虑到各风险评价因子对风险的构成起作用可能不同，对每个风险评价因子分别赋予权重，由于各评价因子值均小于或等于1，为便于计算，均扩大10倍，之后根据下面计算公式求算干旱灾害风险指数，具体计算公式为：

$$DI = DH^{eh} \times DS^{es} \times DR^{er} \tag{5.24}$$

式中，DI为干旱灾害风险指数，用于表示风险程度，其值越大，则灾害风险程度越大；DH，DS，DR的值分别表示风险评价模型中的致灾因子的危险性、孕灾环境的敏感性、承灾体的易损性各评价因子指数；eh，es，er是各评价因子的权重。图5.4为四川省干旱灾害风险区划图。

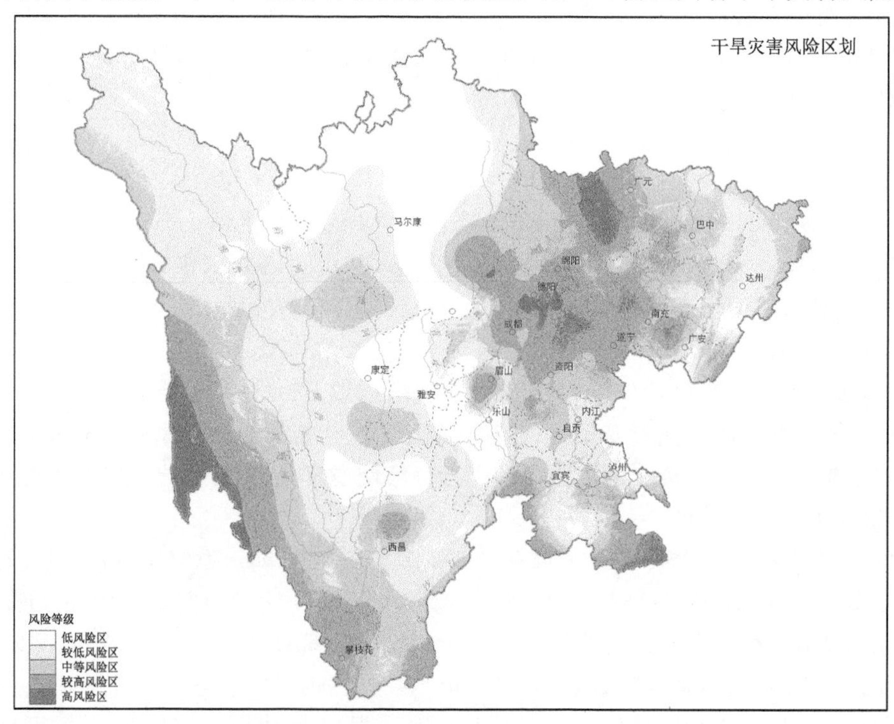

图5.4　四川省干旱灾害风险区划图

5.3.4　高温热害风险区划

高温风险区划主要考虑致灾因子危险性和承灾体易损性两个方面，选取≥35 ℃年平均日数、高温期频次、人口经济、耕地、GDP等作为评价因子。

高温日是指日最高气温≥35 ℃或日平均气温≥30 ℃的日子。高温热害是指夏季出现对人体不利和影响作物生长的高温。一般出现最高气温>30 ℃并伴有高湿时，人体已有不适的感觉。

(1)致灾因子危险性分析

从高温灾害的背景和机理出发，共选取≥35 ℃年均高温日数、高温期(高温日连续3 d或以上)频次为致灾因子危险性指标。

依照《DB 51/T 852—2008:农业气候适应性论证技术规范》，将高温分为一般高温、较重高温和严重高温3个等级，具体分级标准见表5.11。依据上述方法通过统计三种不同强度的高温日数来计算高温加权日数，根据不同等级高温热害的危害程度，其加权系数分别取0.3、0.3、0.4，从而得到高温加权日数计算公式：

$$M1=0.3\ D_1+0.3\ D_2+0.4\ D_3 \tag{5.25}$$

式中，$M1$为高温加权日数；D_1，D_2，D_3分别为一般高温日数、较重高温日数、严重高温日数。根据上述计算结果，得出四川省高温加权日数分布图。

表5.11　高温分级标准

区域	一般高温	较重高温	严重高温
成都、绵阳、德阳、雅安、乐山、眉山6市	35～37 ℃	37～40 ℃	>40 ℃
盆地其他市及凉山州和攀枝花市	35～38 ℃	38～40 ℃	>40 ℃

为能更合理构建高温危险性致灾因子，选取高温期(高温期是指高温日连续3 d或以上)出现频次作为致灾因子中另一重要分析指标，并将高温期出现频次按3～5 d、6～10 d、11～15 d和大于15 d划分等级，然后通过统计四种不同等级的高温期出现频次来计算高温期的加权频次，其加权系数分别取0.2、0.3、0.3、0.2，得到高温期加权频次的计算公式：

$$M2=0.2\ D_1+0.3\ D_2+0.3\ D_3+0.2\ D_4 \tag{5.26}$$

式中，$M2$为高温期加权频次；D_1，D_2，D_3，D_4分别为不同等级的高温期频次。

用高温加权日数和高温期加权频次作为致灾因子危险性指标。计算公式如下：

$$Ch=0.3\ M1+0.7\ M2 \tag{5.27}$$

式中，Ch为高温热害致灾因子危险性指标；$M1$，$M2$分别是高温加权日数与高温期加权频次。

根据上式，计算全省各县的高温热害危险性指数，然后利用Arcgis系统空间插值方法和自然断点分类方法，得到四川省高温热害危险等级区划图。

(2)承灾体易损性分析

高温承灾体易损性主要考虑人口密度和耕地面积比重、GDP密度三个因素。

由于每个承灾体在不同地区对高温热害的相对重要程度不同，因此在计算承灾体的易损性的权重时根据四川省实际情况，将人口密度、耕地比重、GDP密度三个评价指标的权重分别赋值为0.8、0.1、0.1，根据加权综合法，求算四川省县级承灾体的易损性。利用GIS空间插值法将综合承灾体易损性指数按5个等级分区划分，并基于GIS绘制综合承灾体易损性指数区划图，并进行相应描述。

(3)高温热害风险区划

考虑到各评价因子对高温风险的构成起作用并不完全相同,在征求水利、国土、农业、气象、气候等多方专家意见后,将高温灾害风险所涉及的因子权重系数加以汇总。然后根据高温灾害风险指数公式求算高温灾害风险指数,具体计算公式为:

$$FDRI = VH^{wh} \times VS^{ws} \tag{5.28}$$

式中,$FDRI$ 为高温灾害风险指数,用于表示风险程度,其值越大,则灾害风险程度越大;VH,VS 分别表示风险评价模型中致灾因子的危险性、承灾体的易损性各评价因子指数;wh,ws 是各评价因子的权重。图 5.5 为四川省高温热害风险区划图。

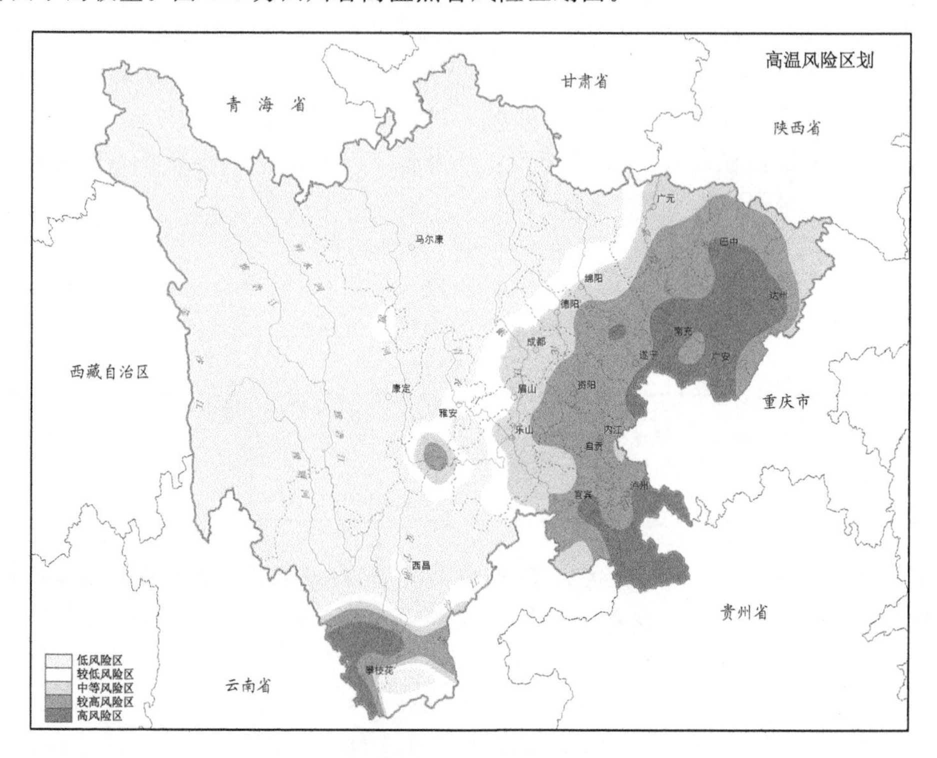

图 5.5 四川省高温热害风险区划图

5.3.5 秋绵雨灾害风险区划

秋绵雨是指秋季(9—11 月)连续 7 d 或以上,日降水量≥0.1 mm 的天气现象。秋绵雨是四川秋季气候的一个主要特点,也是四川秋季主要的气候灾害之一。由于其发生时段大部分地区正处于大春作物生长后期到收获期以及小春农作物播种期,因此连阴雨天气可导致农业生产的减产,同时对人民生活带来不利的影响。

秋绵雨灾害的风险区划主要从致灾因子危险性、孕灾环境敏感性、承灾体易损性三个方面进行综合分析。孕灾环境敏感性分析是通过地形与水系对秋绵雨灾害的影响程度进行分析;承灾体易损性主要考虑四川省耕地比重和 GDP 密度分布两个评价指标。在上述三个方面研究内容建立相关指标,利用加权综合与 GIS 自然断点法,得到四川省秋绵雨灾害风险区划。

(1)致灾因子危险性分析

从秋绵雨灾害的背景和机理出发,选取秋绵雨频次为致灾因子危险性指标。根据四川省地方标准《DB51/T582—2006:气候术语》秋绵雨分为较轻(<9 d)、一般(10～15 d)和严重(>15 d)3级。

(2)孕灾环境敏感性分析

秋绵雨主要危害对象是农业生产,因此选取坡度、河网密度作为孕灾环境敏感性指标。

考虑到孕灾环境中坡度与水系对秋绵雨的影响程度相近,综合多方专家的意见,将这两个因子各赋权重值为0.5,由此可以得到秋绵雨灾害孕灾环境敏感性指数,采用自然断点法,将四川省秋绵雨灾害敏感性划分为5个等级,得到秋绵雨灾害孕灾环境敏感性区划。

(3)承灾体易损性分析

承灾体的易损性主要考虑耕地面积比重和GDP密度。

由于每个承灾体在不同地区对秋绵雨灾害的相对重要程度不同,因此在计算综合承灾体的易损性时要考虑到它们的权重,根据多位专家的权重打分情况,再结合四川省实际情况,将耕地比重和GDP密度三个评价指标的权重分别赋值为0.4和0.6,根据加权综合法,求算四川省承灾体的易损性。利用GIS中自然断点分级法将综合承灾体易损性指数按5个等级分区划分,并基于GIS绘制综合承灾体易损性指数区划图,并加以描述。

(4)秋绵雨灾害风险评区划

经与相关专家讨论,在进行四川省秋绵雨风险区划时,致灾因子强度、承灾体敏感性和易损性参数的权重 wh, we, ws 分别取值0.45,0.1,0.45。

采用秋绵雨灾害风险评估模型计算各地秋绵雨灾害风险指数,利用GIS中自然断点分级法将秋绵雨风险指数按5个等级分区划分(低风险区、次低风险区、中等风险区、次高风险区、高风险区),并基于GIS绘制暴雨洪涝灾害风险区划图(图5.6)。

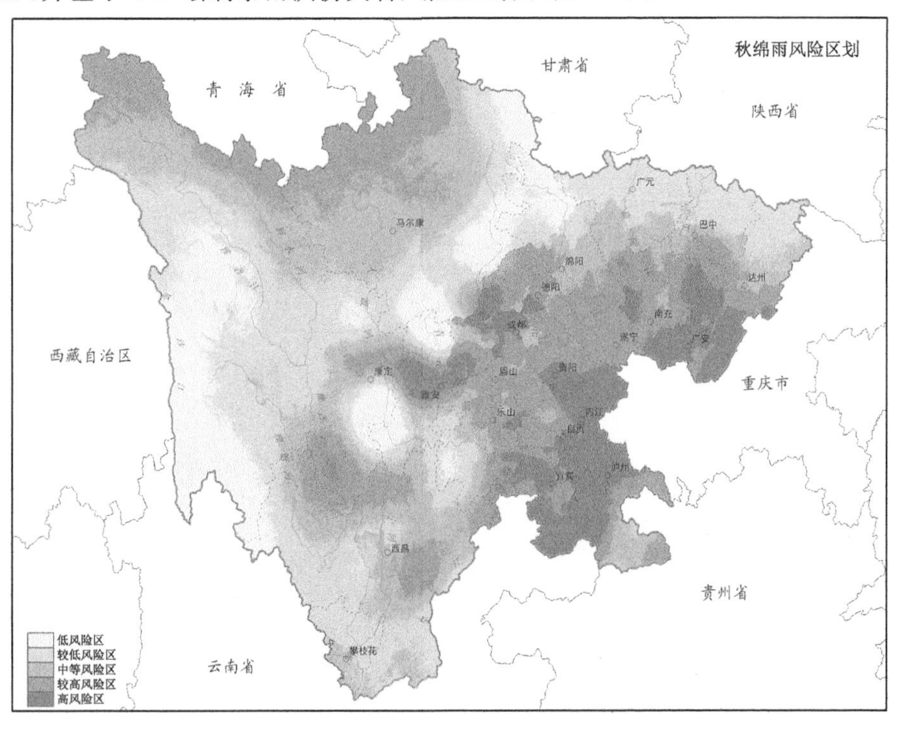

图5.6　四川省秋绵雨灾害风险区划图

5.3.6　雾、霾灾害风险区划

霾的观测标准不断变化，为了保证资料的客观性，采用 2015 年的气象行业标准的规定，以地面气象观测站的相对湿度、能见度以及天气现象等资料为基础，重新判识各站的轻度霾、中度霾和重度霾的日数，具体规定见表 5.12。

表 5.12　霾的分级

分级	轻度霾	中度霾	重度霾
水平能见度/ km	$3.0<V\leqslant 5.0$	$1.0<V\leqslant 3.0$	$V\leqslant 1.0$
相对湿度/%	<95		

雾日也进行分级统计，参照气象行业标准的规定，并根据实际能见度最小值，略做修改，分别统计各站雾、大雾、浓雾和强浓雾的日数，具体见表 5.13。

表 5.13　雾的等级划分标准

分级	雾	大雾	浓雾	强浓雾
水平能见度/m	$500\leqslant V<1000$	$200\leqslant V<500$	$100\leqslant V<200$	$V<100$
相对湿度/%	>95			

根据雾霾气象灾害的特点，将危险性和易损性分为致灾因子危险性、承灾体易损性、孕灾环境敏感性三个评价因子（卿清涛 等，2017）。具体流程如图 5.7 所示。

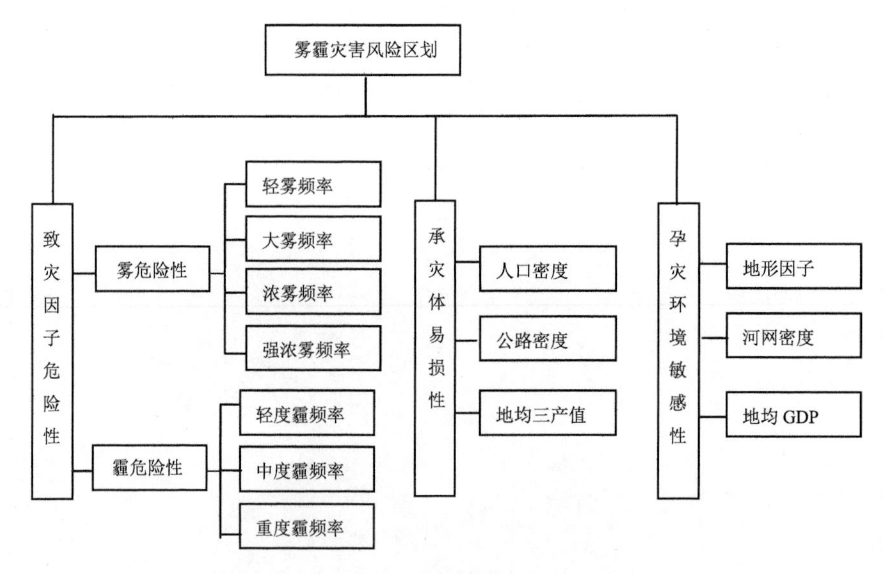

图 5.7　四川盆地雾霾风险区划指标体系

（1）雾霾致灾危险性因子

风险产生和存在与否的第一个必要条件就是风险源，在学术上，风险源的这种性质用致灾危险性来描述，代表气象灾害异常程度，主要是由气象致灾因子活动规模（强度）和活动频次（概率）决定的。一般致灾因子强度越大，频次越高，气象灾害所造成的破坏损失越严重，气象灾害的风险也越大。雾、霾致灾危险性因子由雾、霾致灾因子组成。

1)雾致灾危险性因子

雾天出现的概率基本反映了遭受雾灾的可能性,但不同强度的雾造成的影响显然不一样,雾致灾因子定义如下:

$$H_f = \sum Ff_i \times Wf_i \qquad (i = 1,2,3,4) \tag{5.29}$$

式中,H_f 为雾致灾危险性因子;$Ff_i(i=1,2,3,4)$分别是表中不同强度雾日的多年频率;$Wf_i(i=1,2,3,4)$为不同强度雾所对应的权重。

2)霾致灾危险性因子

根据不同等级霾的危险性,霾致灾因子定义如下:

$$H_h = \sum Fh_i \times Wh_i \qquad (i = 1,2,3) \tag{5.30}$$

式中,H_h 为霾致灾危险性因子;$Fh_i(i=1,2,3)$分别是表中不同强度霾日的多年频率;$Wh_i(i=1,2,3)$为对应的权重。

3)雾、霾致灾危险性因子

$$H=H_f \times Wf + H_h \times Wh \tag{5.31}$$

式中,Wf,Wh 分别是雾、霾致灾危险性因子的权重,其他参数意义同上。

(2)雾、霾灾害孕灾环境敏感性因子

孕灾环境敏感性指受到气象灾害威胁的所在地区外部环境对灾害或损害的敏感程度。在同等强度的灾害情况下,敏感程度越高,气象灾害所造成的破坏损失越严重,气象灾害的风险也越大。

雾、霾天气对于不同的自然环境和人类环境,其形成的灾害影响不同,根据雾、霾灾害的特点(吴兑,2011),主要影响因素包括:地形高程、河网密度、地均 GDP。地形海拔高度、水系与雾、霾天气的关系密不可分。四川盆底地势低矮,海拔 200～750 m,水系发达,河网密集,利于雾、霾天气的形成和维持。盆周山地海拔多为 1000～3000 m,主要为高峰山地,此类高海拔山地雾、霾天气发生概率较低。而起伏地形构成的沟垄、盆地、坡地等地形特别有利于雾、霾孕育。

此外雾、霾孕灾敏感性须考虑地均 GDP,地均 GDP 越大,经济越发达,排放的污染物相对更多,雾霾天气造成的危害也更大。

$$V= V_t \times W_t + V_w \times W_w + V_g \times W_g \tag{5.32}$$

式中,V 为雾、霾灾害孕灾环境敏感性因子;V_t,V_w 和 V_g 分别表示地形因子、河网密度和地均 GDP;W_t,W_w 和 W_g 分别表示 V_t,V_w 和 V_g 对应的权重。

(3)雾霾灾害承灾体易损性因子

有风险源不一定以为风险会真正出现,只有当风险源有可能危及风险承灾体时,才会产生灾害风险。根据雾、霾灾害的特点,雾、霾主要对人体、交通运输以及第三产业的危害相对较大。雾、霾发生时,大气层结稳定,污染不易扩散,近地层污染浓度高,对人体健康危害很大,不适宜外出活动;且出现雾霾天气时,能见度下降,对交通运输影响很大。因此选择人口密度、公路密度和地均三产业值作为雾、霾灾害承灾体易损性因子较为合适。

$$E= E_p \times W_p + E_r \times W_r + E_s \times W_s \tag{5.33}$$

式中,E 为雾、霾灾害承灾体易损性因子;E_p,E_r 和 E_s 分别表示人口密度、公路密度和地均三产业值，W_p，W_r 和 W_s 分别表示 E_p，E_r 和 E_s 对应的权重。

(4)雾、霾灾害风险区划

根据各地的实际情况，考虑其敏感性、危险性和易损性的关系，建立雾、霾灾害风险模型：

$$R=f(H,E,V,P)=H^{\alpha}\times E^{\beta}\times V^{\gamma}\times(1.5-P)^{\lambda} \quad (5.34)$$

式中，R 为雾、霾灾害风险指数，H 为致灾因子危险性，E 为承灾体易损性，V 为孕灾环境敏感性，P 为防灾减灾能力，以上各量都进行了规范化处理；$\alpha,\beta,\gamma,\lambda$ 分别为各评价因素的指数(权重)。采用自然断点法进行分级，将雾、霾灾害风险等级划分为高风险区、次高风险区、中等风险区、次低风险区和低风险区 5 个等级，得到雾、霾风险区划图，并进行相应的描述。

5.3.7 冰雹灾害风险评估

冰雹天气是由强对流天气系统引起的一种剧烈的天气现象，它出现的范围较小、时间较短，但来势猛、强度大，并常常伴随狂风、强降水、急剧降温等阵发性天气。自然灾害区划按自然灾害时空分布的差异性，分为不同的灾害区，按从属关系得出完整的区域灾害划分的等级系统，为区域防灾减灾提供科学依据。对冰雹灾害进行风险区划是根据研究区的冰雹灾害天气分布和危害程度的敏感性、危险性，并考虑其承灾能力及社会经济状况等易损性指标，将研究区的冰雹灾害划分为不同风险等级的区。以甘洛县为例，甘洛县冰雹风险区划主要考虑致灾因子危险性、孕灾环境敏感性和承灾体易损性三个方面，选取不同强度的冰雹频次、高程、人口经济等作为区划的评价因子。

(1)致灾因子危险性分析

冰雹致灾危险性指数冰雹致灾因子是冰雹灾害本身的危险性程度的反映，包括灾害发生频率、强度等。

根据不同强度冰雹造成灾害的程度，经对历史冰雹灾情整理后，与有关专家讨论，强、中、弱冰雹的影响系数分布取 0.5、0.3、0.2，冰雹灾害致灾危险性指数 Ch 计算公式如下：

$$Ch=0.5\,M1+0.3\,M2+0.2\,M3 \quad (5.35)$$

式中，$M1$，$M2$，$M3$ 分别经归一化处理后强、中、弱冰雹频次。

根据上式，计算冰雹致灾危险性指数，然后利用 Arcgis 系统空间插值方法，将致灾因子危险性指数按 5 个等级进行区划，得到四川省甘洛县冰雹灾害致灾因子危险性指数区划图，并进行相应的阐述。

(2)孕灾环境敏感性分析

孕灾环境通常被理解为风险载体对破坏或损害的敏感性。受该地区的地理环境影响，使得灾害发生的频率、强度等随着影响因子的不同发生变化。对于冰雹灾害主要环境敏感因子为地形因子，本项目主要考虑高程的影响。

地形因子中主要考虑高程因素。根据研究：一般认为在海拔 2000 m 以下时，降水是随海拔升高而增大，到海拔 2000 m 左右时，降水量最大，之后随海拔升高降水量减少，降雹有相似关系，在海拔 1000～1500 m 增加明显，2000 m 达到最大值(表 5.14)。利用四川省 1∶5 万 GIS 数据中直接提取 DEM 数据，然后在 Arcgis 系统中直接计算高程影响系数，再进行归一化处理，由此可以得到地形影响指数分布图。

表 5.14　高程影响系数

海拔高程/m	影响值
<1500	0.03
1501～1750	0.40
1751～2000	0.34
2001～2250	0.16
>2250	0.07

(3)承灾体易损性分析

冰雹承灾体易损性主要考虑人口密度、耕地面积比重和人均 GDP 三个因素。

根据耕地面积比重、人口密度以及人均 GDP 对冰雹的承灾能力，经专家打分，耕地面积比重的权重赋值为 0.4，人口密度和人均 GDP 各赋值为 0.3，基于 GIS 计算冰雹承灾体易损性，采用自然断点法将其分为 5 个等级，得到甘洛县冰雹承灾体易损性区划图，并进行相应的阐述。

(4)冰雹风险评估及区划

根据各地的实际情况，考虑其敏感性、危险性和易损性的关系，建立模型：

$$BI = BH^{eh} \times BS^{es} \times BR^{er} \tag{5.36}$$

式中，BI 为干冰雹灾害风险指数；BH，BS，BR 分别表示风险评价模型中的致灾因子强度、承灾体敏感性和易损性参数扩大 10 倍后的值；eh，es，er 是各评价因子的权重，根据专家意见，分布取 0.4，0.3，0.3。根据模型，对 3 个图层按栅格进行运算，采用自然断点法进行分级，将冰雹灾害风险等级划分为高风险区、次高风险区、中等风险区、次低风险区和低风险区 5 个等级，得到冰雹风险区划图(图 5.8)，并进行相应的描述。

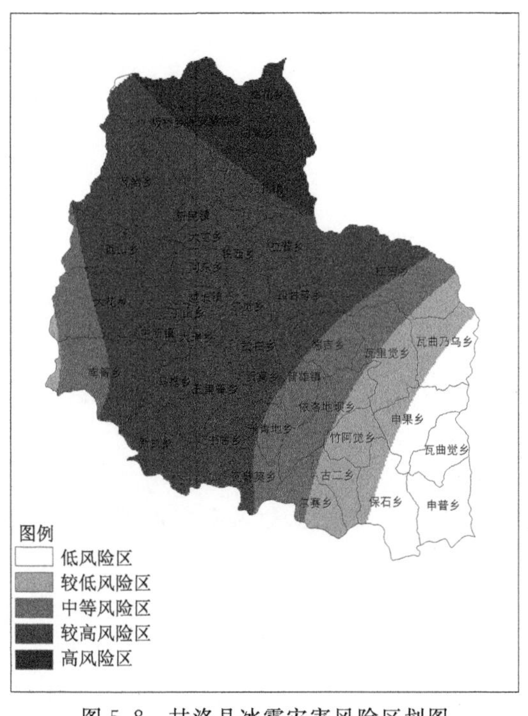

图 5.8　甘洛县冰雹灾害风险区划图

5.4 中小河流灾害普查

5.4.1 工作内容

(1)中小河流洪水和山洪灾害风险普查

根据《中小河流洪水和山洪灾害风险普查技术规范》,开展中小河流洪水、山洪灾害风险和隐患排查工作和基础资料的收集,建立中小河流洪水、山洪灾害基础数据库。以中小河流流域和山洪沟为单元,进行中小河流和山洪沟的地理信息数据、基本情况、气象水文资料、历史灾害普查、已有预警指标情况、防灾措施情况等普查数据的收集、整理、录入及上报工作;对重点无资料地区开展实地调查。

(2)泥石流、滑坡灾害风险普查

根据《泥石流和滑坡风险普查技术规范》开展泥石流、滑坡灾害风险和隐患排查工作和基础资料的收集,建立泥石流、滑坡灾害基础数据库。以县级行政单位为单元,全面普查县域村级暴雨诱发的泥石流、滑坡灾害,完成泥石流和滑坡地理信息数据、隐患点、预警点、致灾临界雨量、气象水文等普查数据的收集、整理、录入及上报工作,并针对重点无资料地区开展实地调查。

5.4.2 工作流程

(1)中小河流洪水和山洪的风险普查流程

1)流域的选取

流域的选取与确定可参考所有中小河流,或考虑本省山洪灾害信息,优先选择山洪重点防治区内的山洪沟。

2)收集方式

根据实际情况,分解普查任务,通过与水文、国土部门信息交换、资料收集等方式开展工作。各县在省市级的指导下,开展实地调查及通过信息交换、资料收集等方式获取暴雨引发的中小河流洪水、山洪的信息。

3)填表上报和逐级审核、汇总

根据普查实施技术方案,以流域内的县级行政区为单位,按照统一的技术、数据格式和要求填报普查表,以及录入相关信息,将普查信息进行整理、审核、并上报省级气候中心。省级对普查成果进行审核、汇总,建立省级中小河流洪水、山洪灾害风险的普查数据(库),绘制全省中小河流域、山洪沟分布图。

4)普查数据总汇总

四川省的普查成果进行普查数据总汇总,以及资料汇编、成果归档,建立四川灾害风险普查数据库。

技术流程图如图 5.9 所示。

(2)滑坡和泥石流的风险普查流程

1)灾害多发区的选取

制作历史暴雨频率和强度空间分布图,确定暴雨多发且强度较强区域;通过搜集相关数据

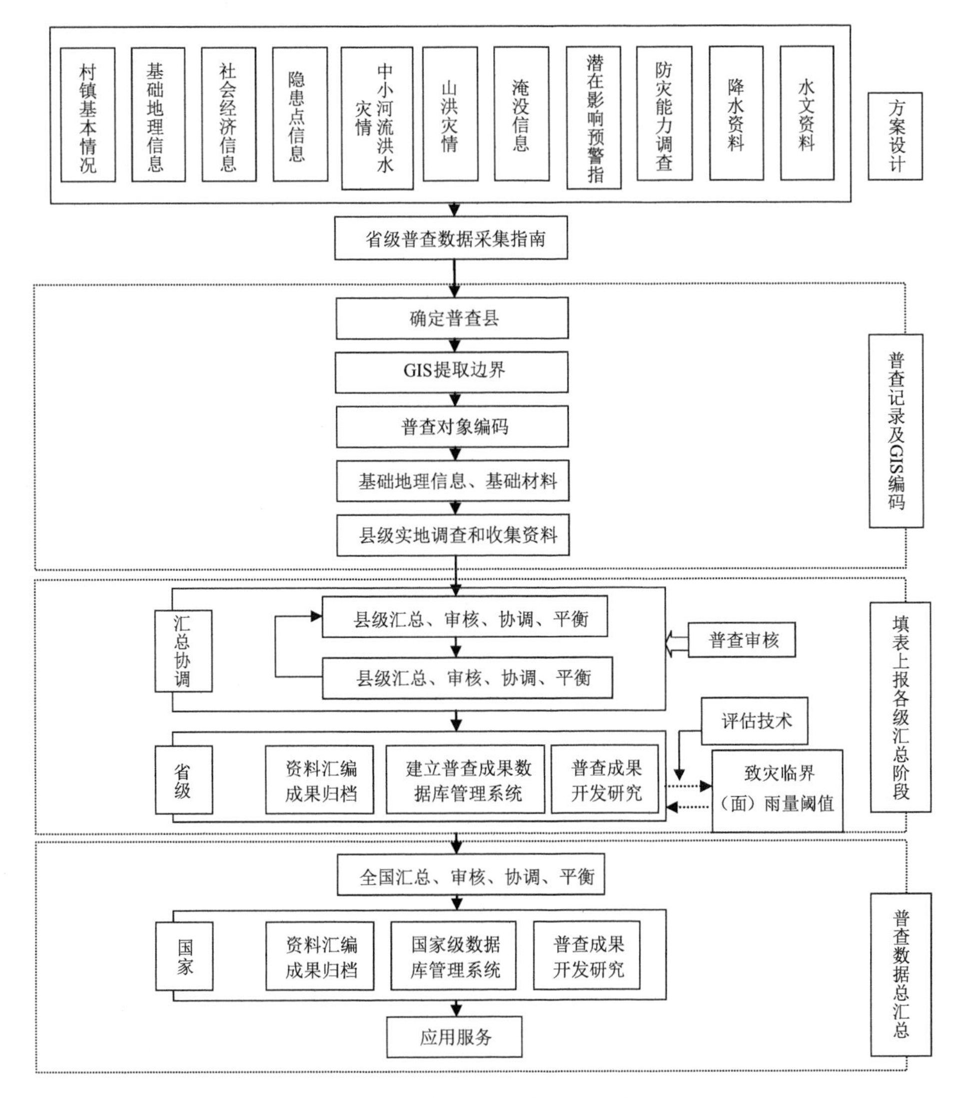

图 5.9　暴雨洪涝风险普查技术流程图

或制作本省泥石流、滑坡灾害分布图，确定泥石流、滑坡高风险区。

2)收集方式

根据实际情况，分解普查任务，通过与水文、国土部门信息交换、资料收集等方式开展工作。各县在省市级的指导下，开展实地调查及通过信息交换、资料收集等方式获取暴雨引发的泥石流、滑坡灾害的信息。由省级部门组织本省信息录入。

3)填表上报和逐级审核、汇总

根据普查实施技术方案，县级单位按照统一的技术、数据格式和要求填报普查表，以及录入相关信息，将普查信息进行整理、审核、并上报省级气候中心。省级部门对普查成果进行汇总、审核。建立省级暴雨诱发的泥石流、滑坡灾害风险的普查数据(库)，并匹配相应的图形文件；基于普查信息及技术指南完成全省泥石流、滑坡致灾临界雨量的确定。

4)普查数据总汇总

四川省气候中心对省级的普查成果进行全省普查数据总汇总，以及资料汇编、成果归档，建立四川省灾害风险普查数据库。

5)技术流程图(图 5.10)

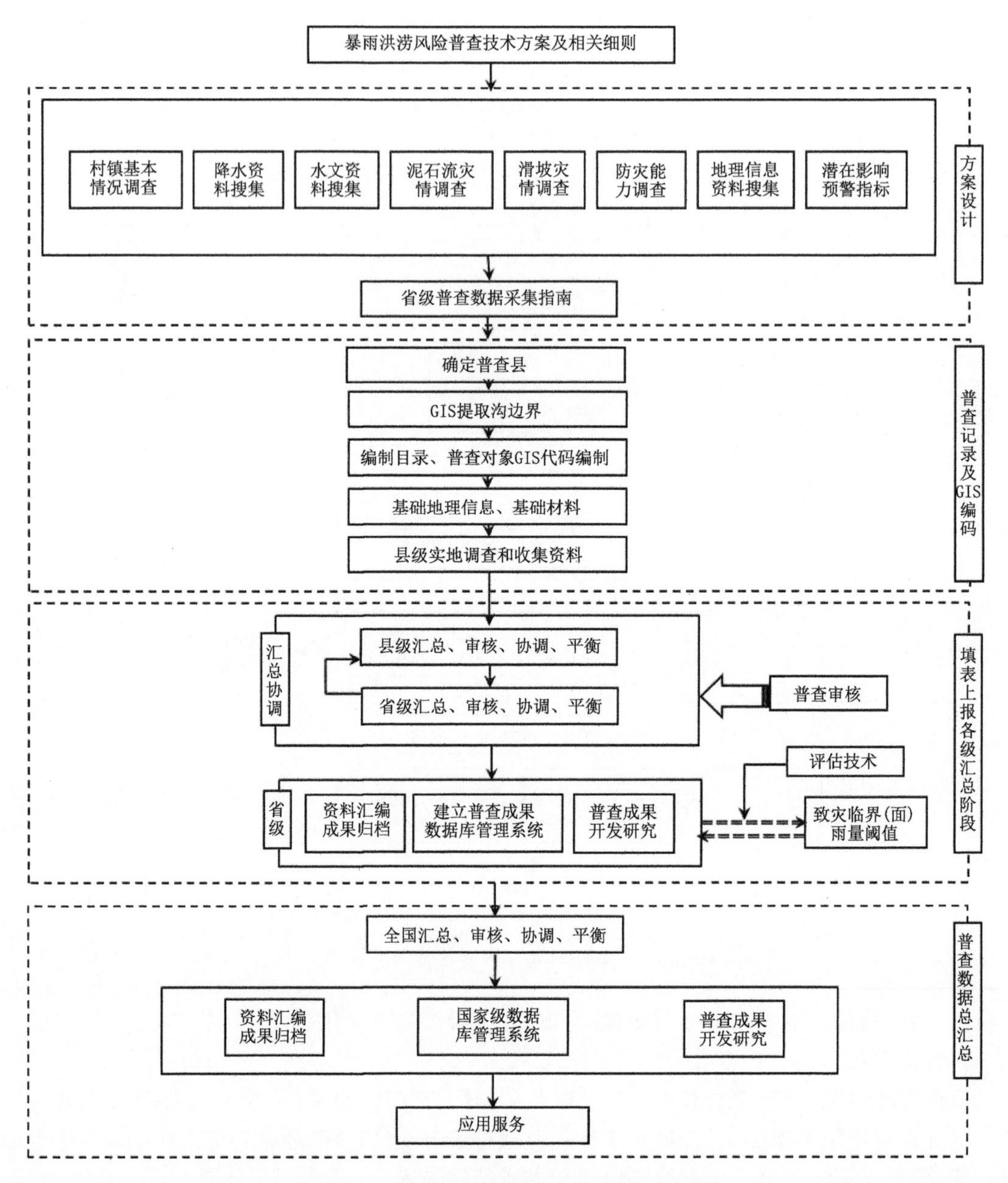

图 5.10　滑坡和泥石流风险普查技术流程图

5.4.3　常用技术指标和方法

(1)暴雨洪涝灾害风险普查技术指标

1)地理信息

①收集县域乡村及邻近县的行政区划图。

②收集县域河网水系图。

③收集县域1∶1万～1∶5万地形图或数字地形图和地质图。

④收集县域1∶1万～1∶5万土地利用图。

⑤收集中小河流洪水、山洪灾害重点防治区遥感影像资料。

⑥收集其他基础地理信息相关资料：主要包括流域边界、交通和基础设施、隐患点的分布情况。

2)基本情况

①普查流域内中小河流和山洪沟的基本情况，按照每条中小河流和每条山洪沟填写，建立档案。

②普查中小河流域和山洪沟的河道基本特征。

③普查中小河流和小流域的人口分布和社会经济情况。

④普查中小河流和小流域范围内的主要隐患点、各类交通和基础设施的情况。

⑤普查中小河流和小流域范围内的水利工程情况，包括堤防、水库等水利工程的分布及其基本情况和特征值等。

⑥普查中小河流和小流域范围内的土地利用情况。

⑦普查中小河流和小流域范围内的土壤类型信息。

3)气象、水文资料

统一按1∶25万比例尺绘制本省站网水系分布图，以全面了解区域内的气象、水文观测资料情况，并绘制站点分布图。

①收集区域内现有气象站的基本情况资料。

②收集区域内现有水文(位)站的基本情况资料。

③收集中小河流洪水、山洪灾害对应的区域内逐次致灾过程中各站点逐日、逐时的降水数据。

④收集水文数据。

4)历史中小河流洪水、山洪灾害普查

①普查历次中小河流洪水和山洪灾害的灾情损失情况，特别要对淹没情况进行调查。

②普查历年中小河流洪水和山洪灾害的灾情损失情况。

5)已有预警指标收集及致灾临界(面)雨量的研制

收集每个中小河流和山洪沟已有的预警指标情况，包括准备转移预警指标和立即转移预警指标。

研制每条中小河流、每条山洪沟致灾的临界(面)雨量。

6)防灾措施情况

收集防灾减灾措施信息。

(2)泥石流、滑坡灾害风险普查具体内容

1)收集本省已有泥石流、滑坡信息资料，了解发生背景及易发区分布情况。

①泥石流沟、滑坡点基本情况，包括地理位置、所属流域等信息。

②泥石流、滑坡相关主要参数、地质、地貌、物质组成等特征及信息。

③土地利用植被覆盖情况。

④收集遥感、影响资料信息。影响资料通过到现场进行调查、拍摄照片获取，并存档。

⑤降水量统计资料。

2)收集泥石流沟、滑坡点附近降水观测站信息及资料,包括:气象、水文、国土等部门。

3)统计雨量站降水历史极值。收集年气象报表 10 min、30 min、1 h、3 h、6 h、12 h、24 h 年最大值及出现时间,以及其他资料来源,统计各站有记录以来不同历时的极大值,及出现的时间。

4)收集整理全省历史逐小时降水资料或更高时空分辨率降水资料,包括:雷达降水估算资料。针对每次泥石流、滑坡灾害,统计分析前期和灾害发生前、发生时的降水特征。

5)收集和实地调查灾情损失及对社会经济相关行业的影响。

6)防治及监测措施。

7)泥石流沟、滑坡附近近期工程建设、人类活动和地震活动情况。

8)泥石流、滑坡的总体分析和判断。

9)调查灾害潜在影响的范围、人口及资产价值、重点关注等信息。

10)灾害预警指标。

针对每个泥石流沟和滑坡点,收集已有部门研制和应用的 1 个或多个预警点、不同时效(如:0.5 h、1 h、3 h、6 h、24 h 等)的基于降水量的预警指标信息。预警指标包括准备转移和立即转移,指标尽可能如实反映原有信息,并尽量收集参与预警降水量计算的站点信息。

(3)收集方式

根据实际情况,分解普查任务,通过与水文、国土部门信息交换、资料收集等方式开展工作,省级部门能够完成的,尽量在省级部门完成。

各县在省市级的指导下,开展实地调查及通过信息交换、资料收集等方式获取暴雨引发的泥石流、滑坡灾害的信息。由省级部门组织本省信息录入。

(4)填表上报和逐级审核、汇总

根据普查实施技术方案,县级单位按照统一的技术、数据格式和要求填报普查表,以及录入相关信息,将普查信息进行整理、审核、并上报省级部门。

气候中心对普查成果进行汇总、审核。建立省级暴雨诱发的泥石流、滑坡灾害风险的普查数据(库),并匹配相应的图形文件;基于普查信息及技术指南完成全省泥石流、滑坡致灾临界雨量的确定。然后将普查成果,包括数据、图形、报告等上报国家气候中心。

(5)普查数据总汇总

国家气候中心对省级的普查成果进行全国普查数据总汇总,以及资料汇编、成果归档,建立国家级灾害风险普查数据库管理系统(包括普查成果数据信息库和图表库)。

(6)山洪灾害实地调查

在实地调查前应充分做好基础背景准备工作,备好调查工具;确定需要调查的山洪沟后,按照隐患点为已受或可能受山洪影响的人口居住地的选取原则选择隐患点;对选取隐患点开展内容调查,顺序为山洪沟调查—隐患点调查—其他信息调查;调查方式采用咨询和实地测量结合的方式。

5.4.4 业务系统

中小河流暴雨洪涝灾害风险普查录入工作依托中国气象局的暴雨洪涝灾害风险普查网上录入系统进行数据录入(图 5.11)。系统中对中小河流、山洪、滑坡、泥石流进行分类录入和保存。通过该系统,可搜索查询录入记录数、完整率、数据质量以及详细的灾情数据。

图 5.11　暴雨洪涝灾害风险普查致灾阈值收集系统

5.4.5　目前成果

暴雨洪涝中小河流灾害风险普查工作从 2011 年开始，四川省气候中心通过制定实施方案，建立监督机制，加强培训和基层指导，开展基本信息资料收集，并进行网上填报，截至 2017 年底，共完成了全省 171 个县（区）的中小河流暴雨洪涝灾害风险普查任务，并按照要求完成了新旧暴雨洪涝灾害风险普查数据库的交替和更新，目前数据库信息覆盖全省 170 条中小河流、834 条山洪沟、1796 个泥石流和 4595 个滑坡点共计 67000 多条记录信息。

（1）中小河流洪水灾害损失记录情况

在三级流域的小河流洪水灾害记录中，广元昭化以上（25%）、青衣江和岷江流域（15%）、大渡河（13%）洪水灾害记录数最多，赤水河（1%）洪水灾害记录数最少；在五级流域洪水灾害记录中，清江河 24 条最多，赤水河、南桠河、田湾沟、东河、荥经河、蒙溪河、雅砻江和御临河各 1 条；单地最高记录为凉山州占 11%（7688 条），甘孜州（8%）和乐山市（7%）灾害记录数也较多（图 5.12）。

（2）山洪灾害损失记录情况

山洪灾害记录主要集中于凉山州、乐山市和广元市，三地山洪记录数占到总记录条数的 21%。单地最高纪录为凉山州（1700 条），占总记录数 8%，其次为乐山市（7%）和广元市（6%）（图 5.13）。

（3）滑坡泥石流灾害损失记录情况

滑坡灾害记录主要集中于成都市、凉山州和阿坝州。三地滑坡灾害记录数分别为 4597 条、3179 条和 2997 条，分别占总记录数为 18%、13%和 12%。泥石流灾害记录主要集中于甘孜州、阿坝州和凉山州（图 5.14）。三地泥石流灾害记录数分别为 2363 条、2360 条和 1159 条，分别占灾害总记录数的 33%、33%和 16%（图 5.15）。

（4）承灾体信息分析

承灾体和抗灾能力信息直接采用各县收集的汇总数据无法全面反映承灾体信息，本报告利用 2013 年社会统计年鉴数据以及 2010 年土地利用数据对四川省滑坡、泥石流承灾体信息进行了绘制。经综合统计，2012—2016 年，滑坡点在大巴山脉附近密集，盆地多平原丘陵区域较多，高原和高山三州地区也都有分布；泥石流点沿高原盆地交接处密集分布，高原和高山三州地区频率较大,盆地内分布较少。

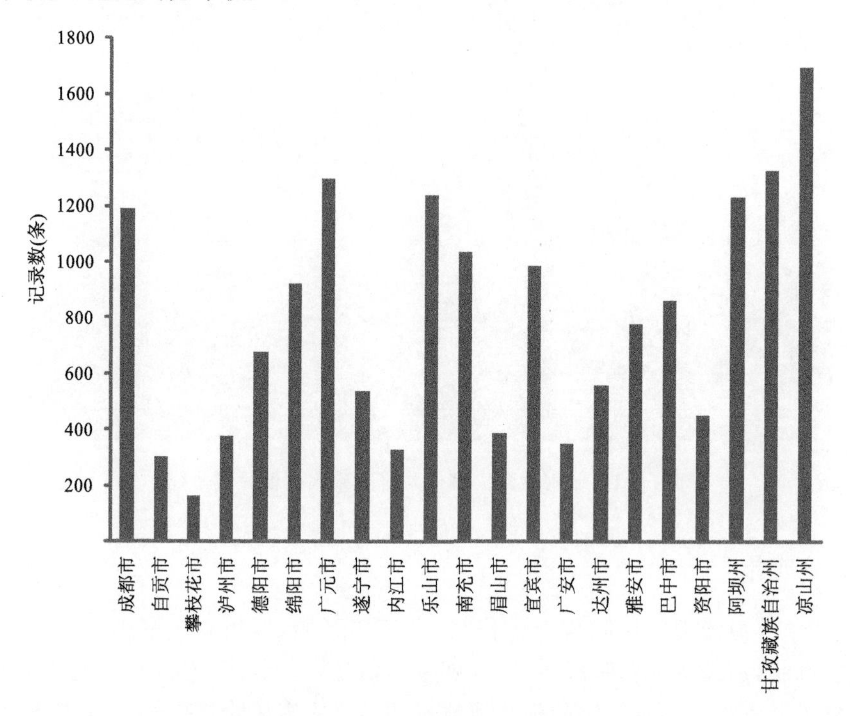

图 5.12 中小河流灾害统计图

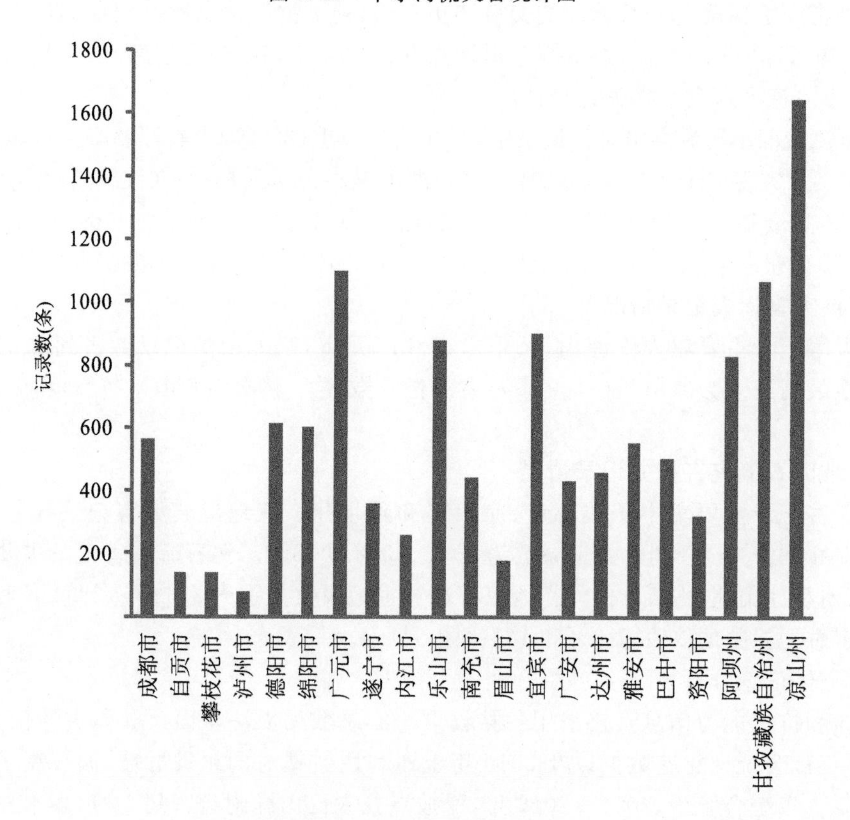

图 5.13 山洪沟灾害统计图

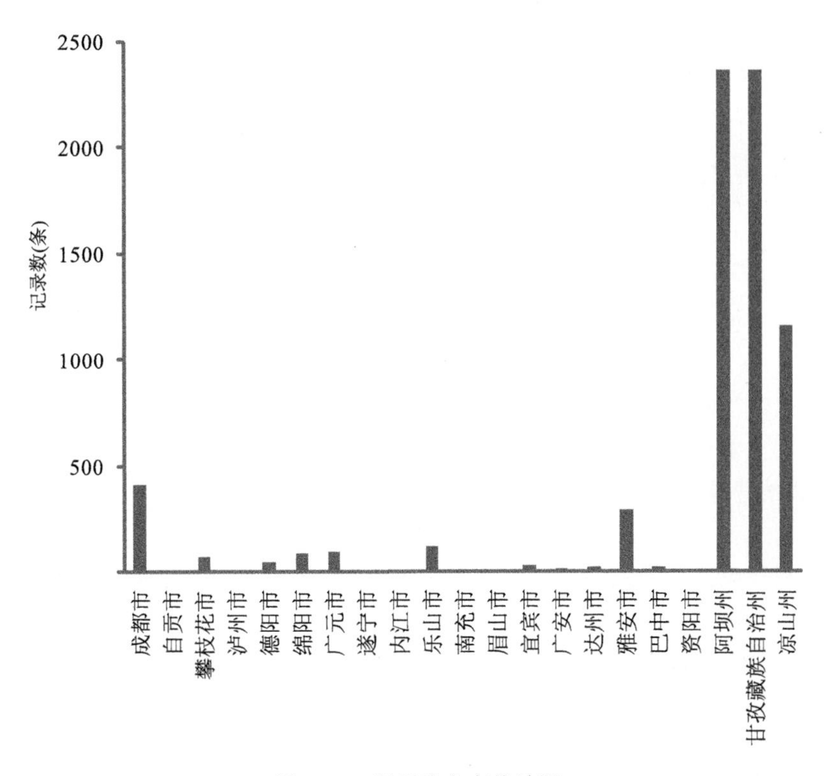

图5.14 泥石流灾害统计图

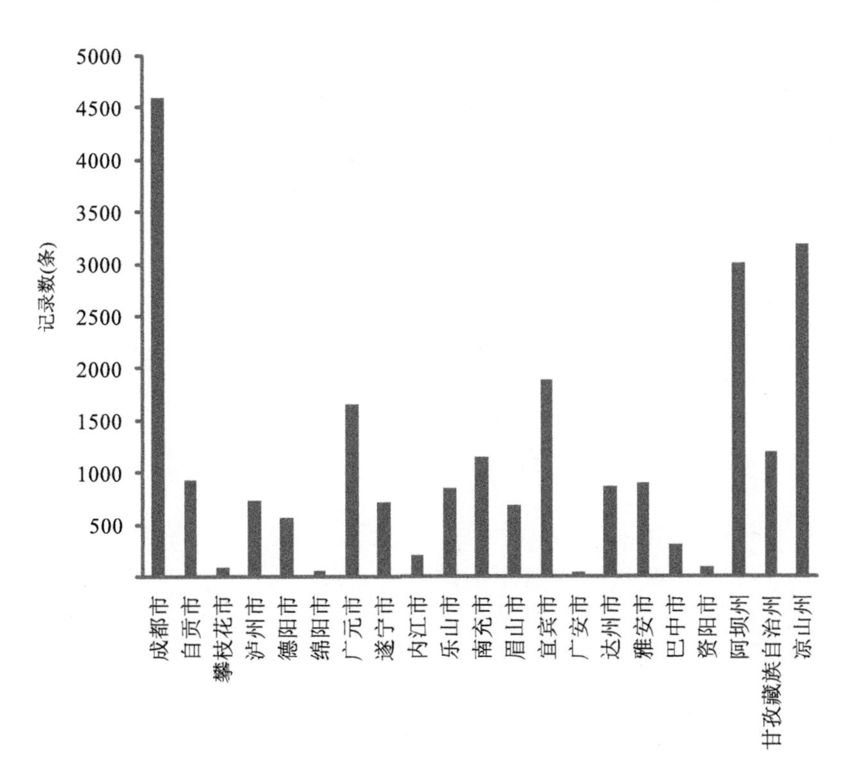

图5.15 滑坡灾害统计图

(5)抗灾能力

据2012—2017年普查结果分析，中小河流、山洪和泥石流滑坡地质灾害发生地防灾减灾措施总结如下。

1)中小河流

四川省各中小河流流域采取的防灾措施主要为：按期对堤防进行除险加固，利用钢筋笼、铁丝网保护堤坝，同时建立群防群测预警网络，对于风险较高的地区采取人工巡查，根据天气情况发出警告，组织居民撤离。出现决口时采取封堵决口措施和启动排水泵站紧急排水，同时对被洪水威胁地带的群众和物资实施紧急转移。

2)山洪沟

四川省各山洪沟隐患点采取的防灾措施主要为：建立监测通信及群测群防预警网络，气象及防汛部门发出预警信号后，人工观测预警点水位及流量，树立安全通道指示牌，采用电话、专用警报系统、锣鼓号等方式通知威胁地带的群众和物资实施转移。

3)泥石流沟

四川省各泥石流沟隐患点主要防治措施为：条件允许情况下对于受威胁地带居民采取整体搬迁避让措施。对仍有人居住的现存泥石流沟修建避绕、防护、排导、拦挡工程，同时结合生物工程(主要为植树造林)进行全流域综合治理。主要监测措施为：划分泥石流危险区和潜在危险区，采用群测群防方式，设立信息检测员，建立监测预警网络，利用警报系统及时组织威胁地带群众和物资转移。

4)滑坡

四川省各滑坡隐患点主要避灾措施为：对于条件允许的滑坡隐患点附近居民实行搬迁避让。竖立警示标牌，增设防护网。对部分滑坡隐患点实行工程治理，采用固结灌浆的方式防治坡体风化，修筑堡坎，修建排水沟截引地下水，进行地表排水，汛期设立专人对隐患点进行巡视，加强监测，利用群测群防网络及时组织群众转移避灾。

参考文献

陈红，张丽娟，李文亮，等，2010. 黑龙江农业干旱灾害风险评价与区划[J]. 中国农业通报，26(3)：245-248.

郭永芳，查良松，2010. 安徽省洪涝灾害风险区划及成灾面积变化趋势分析[J]. 中国农业气象，31(1)：130-136.

卿清涛，陈文秀，詹兆渝，2013. 四川省暴雨洪涝灾害损失时空演变特征分析[J]. 高原山地气象研究，33(1)：47-54.

卿清涛，徐金霞，马振峰，等，2017. 四川盆地区雾霾风险区划初探[J]. 西南大学学报自然科学版，39(9)：145-152.

四川省气象局，2006. 气候术语：DB51/T582—2006[S]. 成都：四川省质量监督局.

吴兑，2011. 灰霾天气的形成与演化[J]. 环境科学与技术，34(3)：157-161.

郁凌华，贾天山，沈安云，等，2016. 滁州市精细化暴雨洪涝风险区划[J]. 中国农学通报，32(35)：160-165.

张京红，田光辉，蔡大鑫，等，2010. 基于GIS技术的海南岛暴雨洪涝灾害风险区划[J]. 热带作物学报，31(6)：1014-1019.

张婧，郝立生，许晓光，2009. 基于GIS技术的河北省洪涝灾害风险区划与分析[J]. 灾害学，24(2)：51-56.

章国才，2010. 气象灾害风险评估与区划方法[M]. 北京：气象出版社：1-44.

第 6 章　气候服务

6.1　气候与农业

农业生产与气候条件关系十分密切，无论是种植业还是养殖业，农作物(生物)的正常生长发育、产量形成及品质优劣，都对气候条件有着具体要求。充分利用气候资源，遵循气候规律，对搞好农业结构调整、发展农业支柱产业和区域经济都具有十分重要的先导作用。农业气候区划工作是农业气象工作的重要组成部分，是气象部门参与当地农业结构调整的重要手段(DB51/T 852—2008)。

6.1.1　服务内容

应用“3S”(遥感技术，remote sensing，RS；地理信息系统，geography information systems，GIS；全球定位系统，global positioning systems，GPS)等技术手段，针对农业种植产品需要和惧怕的气候条件，当地是否满足所需的气候条件和避开不利气候条件，以及当地发展该项目的气候优势等进行研究，认定该项目在当地是适宜区、次适宜或不适宜种植区，并从气候角度出发提出发展规划和种植措施。

6.1.2　工作流程

农业气候适应性论证按以下工作步骤进行：实地调查研究/资料搜集→基础分析→统计计算分析→咨询研讨→修改完善→编制论证报告。具体流程见图 6.1。

(1)实地调查研究

对原适宜区进行气候条件调研；了解项目论证区域农业生产现状，包括农业的地理分布、农业生产结构、种植制度、栽培方式等；了解论证对象的主要农业气候问题。

(2)资料搜集

搜集项目论证区域常规气象站、区域气象站、气象哨、短期气候考察及山地剖面气候观测资料以及关于论证对象的最新科研成果和相关科技文献。调研走访有关专家和技术人员，征求论证意见，必要的地方进行实地布点观测。

(3)初步分析

利用资料，初步分析论证区论证对象的生物学性状，原适生区和论证区的气候差异，筛选农业气候适应性指标体系，分析论证对象的气候可行性，对论证对象的不同生态区域划分进行分析。

(4)计算分析

采用基本统计分析方法计算论证对象所需的气候因子序列,利用地理信息系统、全球定位系统和遥感技术,对影响论证对象开发(包括产量、品质和效益)的气候因素建立空间分布回归模型,模型以通过95%的信度检验为准,以农业气候相似性原理,兼顾自然地貌、农业生产现状及未来的相近性为原则,根据主导指标、辅助指标以及参考指标,初步得出区划结果。

(5)咨询研讨

组织有关管理人员、技术人员及相关部门专家召开讨论会,结合论证对象当前的种植分布情况,对得出的区划结果进行深入地讨论,广泛征求各方意见、建议。

(6)修改完善

进一步修订、凝练出科学、客观、适用的本地化的农业气候指标,丰富、完善论证结果,提升论证结果的科学性、适用性。

(7)编制农业气候论证报告

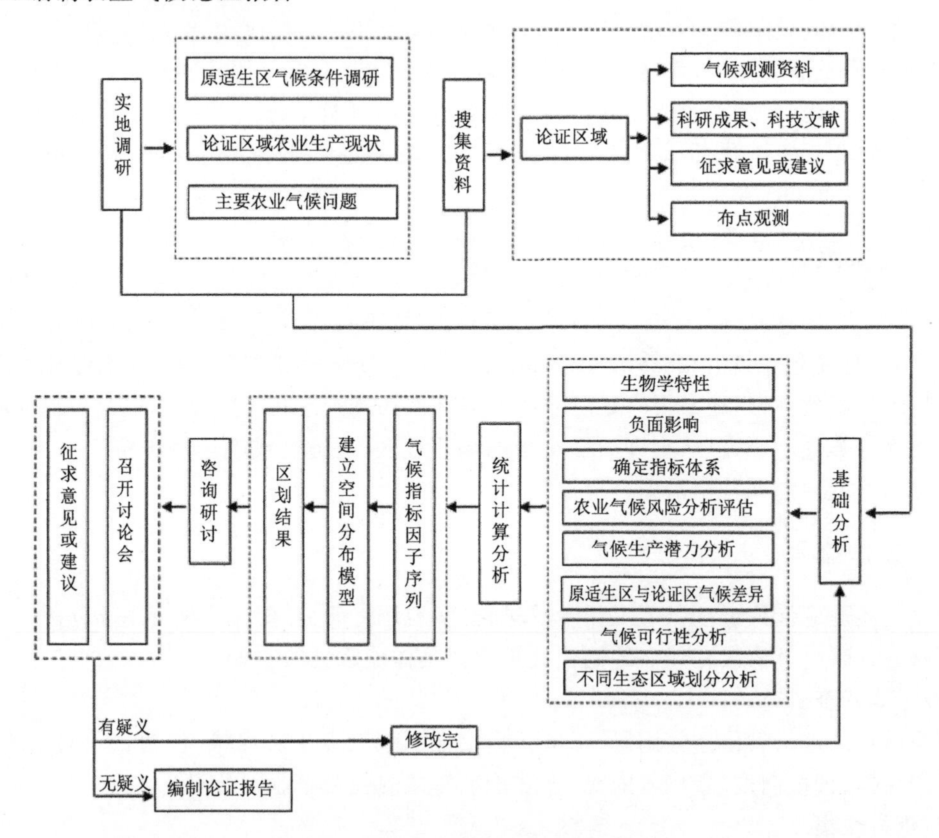

图6.1 编制农业气候论证报告流程图

6.1.3 技术方法

(1)确定区划因子和指标

分析农作物基本生长发育的气候条件和影响作物产量和品质的气候影响因子,例如:用生长期的积温、平均气温、降水量、日照时数、气温日较差等气候因子和影响生长发育的气象灾害因子,以及对作物种植有影响的地形(坡度和坡向)和土地利用类型等其他辅助因子,确定参与农业气候适应性论证的区划因子。

(2)制作区划因子格点数据集

根据区划指标,收集相关的光、温、水气象要素、农业数据、基础地理信息数据和遥感数据,计算具有作物生理意义的区划因子,利用区划软件或 ArcInfo 等地理信息软件中的空间分析推算模型法、梯度距离反比法(GIDW)、反距离加权法(IDW)等插值方法进行要素空间格点值的插值或推算,建立经纬度投影的区划因子格点数据集。

(3)制作精细化区划产品

按照区划指标,对精细化农业区划数据进行分级和归一化处理,应用论证对象周边气象站的整编气候资料以及与之相邻气象哨、短期气候考查及山地剖面气候观测资料,通过数理统计方法分别建立各指标要素的空间分布模型 $R=f(\lambda,\varphi,h,\cdots)$。其中 λ,φ 和 h 分别表示地理经度、纬度、海拔高度。利用地理信息数据和地理信息系统空间分析技术,将气候要素内插推算到小网格点上,估算出论证区域的气候资源状况,制作各指标要素的区划图,再根据论证对象的气候指标制作多层次立体和平面区划图。

(4)区划结果检验

通过专家咨询、实地考察等方式对区划结果进行检验,如果区划结果与实际情况不符,应调整区划指标或者区划方法重新进行区划,直至区划结果通过检验。

(5)撰写农业气候区划报告

农业气候区划报告的撰写,主要包括作物生长发育气候条件的分析、区划指标的提出、区划数据的说明、区划技术方法的说明、区划结果的分析和检验以及农业生产建议等内容。

6.1.4　典型案例

为了科学规划四川省乐山市井研县杂交柑橘的生产和布局,推动农业、农村经济的发展,四川省气候中心经过调研、考察和分析研究,基于 GIS 地理信息系统,完成了"井研县杂交柑橘种植农业气候区划",成果能对井研县的农业产业化布局和发展起到科学的指导作用。

井研县杂交柑橘气候区划的原则是:①当前井研县优质杂交柑橘生产主要问题是种植布局的区域性,因此本区划要为优质杂交柑橘种植的最佳效益提供农业气候适宜性分析;②优质杂交柑橘气候区划要能反映井研县优质杂交柑橘生产与气候的关系;③根据名优特新农产品由数量型向质量型转变的特点,井研县优质杂交柑橘气候区划充分考虑了影响品质的关键气候因子。

根据上述分析和区划原则,并综合参考有关方面的研究成果(略),在多次进行实地考察调研的基础上,采用年平均气温、杂交柑橘主要生长期的≥10 ℃年积温、极端低温、1 月平均气温、年降水量 5 个气候要素作为区划因子(表 6.1)。

表 6.1　井研县杂交柑橘种植农业气候区划指标

分区指标	适宜	次适宜	不适宜
年平均气温/℃	>17	16～17	<16
≥10 ℃的年积温/℃·d	>5600	5400～5600	<5400
极端低温/℃	>−1	−5～−1	<−5
1 月平均气温/℃	>7	6～7	<6
年降水量/ mm	>1100	900～1100	<900

区划以井研县及相邻气象站气象资料为基本资料，通过数理统计方法分别建立各指标要素的空间分布模型 $R=f(\lambda,\varphi,h)$（表 6.2）。其中 λ,φ,h 分别表示地理经度、纬度、海拔高度。利用 1∶25 万地理信息资料将各指标要素按 80 m×80 m×3 m 分辨率展开，再利用先进的地理信息分析技术，制作多层次平面区划图，根据区划指标将井研县优质杂交柑橘种植划分为适宜区、次适宜区及不适宜区。

表 6.2　各区划要素的空间分布推算模型

区划要素	推算模型
年平均气温	$T=57.023-0.194\lambda-0.611\varphi-0.004h$
≥10 ℃的年积温	$W=17960.642-35.999\lambda-267.253\varphi-1.559h$
极端低温	$T_{min}=64.653-0.124\lambda-1.709\varphi-0.005h$
1 月平均气温	$T_1=127.848-0.836\lambda-1.094\varphi-0.004h$
年降水量	$R=18178.75-178.247\lambda+52.661\varphi-0.239h$

注：表 6.2 中回归方程均通过 0.05 的显著性水平检验。

6.2　气候与水资源

6.2.1　服务内容

开发基于包括卫星遥感在内的多种技术手段的干旱监测产品，提高综合干旱监测及其影响评估能力；建立滚动的干旱监测评估业务，及时发布受旱范围、受旱程度和灾情损失情况；发展动力与统计相结合的干旱预测技术，开展农业、水利、城市以及社会经济干旱预警业务。建立流域水资源监测、预测和评估系统。面向水资源管理，全面改进流域气候监测、预测和影响评价业务。开展气候变化和人类活动对水资源影响的评估，提供水资源最佳利用和管理的策略。

四川气候业务中，面向水资源的服务主要有干旱与雨涝的监测、预警及趋势预测服务，直接服务于市政府和有关部门的防汛抗旱工作决策管理。尤其是月、季、年时间尺度的干旱和雨涝趋势预测，对水利工程的运营管理、科学调度具有重要的参考价值。

6.2.2　业务流程

面向水资源的气候服务业务工作流程包括：资料收集处理、预测与影响评价、内容编写、产品发布等几个方面。

（1）资料收集

资料内容包括：①本地要素资料：逐日和月降水量、气温实时资料；②逐日和月 500 hPa 高度场，月 850 hPa 风场、700 hPa 风场、500 hPa 风场环流资料和全球射出长波辐射（OLR-outgoing long-wave radiation）、海温场资料等；③国家气候中心动力月延伸模式和季海气耦合模式预测产品资料等；④全国统一使用的基础气候资料、气候诊断信息和基本气候监测指标等可通过气候业务内网查看或获取。

（2）预测与影响评价

业务人员通过对预测和预估时段的气候背景资料、各种影响气候物理信号的分析，运用

CIPAS,FODAS,MODES 系统、本地短期气候预测系统、气候预估模式等,通过各种预测及评估方法制作出未来气候趋势预测及影响评价内容,形成初步服务材料。

(3)产品发布

业务值班人员在与国家气候中心、区域气候中心及其他省(区、市)气候预测值班人员,以及水利工程相关人员会商后,由气候中心业务主管领导组织预测业务首席和相关预测人员进行研讨,形成预测服务产品。以重大信息专报或局专题报告报送市委、市政府,并在全市防汛抗旱工作会议、年度自然灾害防灾减灾工作会、全市年度安全生产会议上交流发言。或者以专业分析报告形式,提交给相应水利水电工程公司。

6.2.3　技术方法

(1)气候背景分析

采用线性倾向估计方法对研究区域年平均气温、降水量、日照时数、相对湿度做变化趋势分析,利用集中度和集中期表征降水量时间分配特征,探讨极端降水的时空分布特征。

降水集中度(PCD)和集中期(PCP):

$$CN_i = \sqrt{R_{xi}^2 + R_{yi}^2} / R_i \tag{6.1}$$

$$D_i = \arctan(R_{xi} + R_{yi}) \tag{6.2}$$

$$R_{xi} = \sum_{j=1}^{N} r_{ij} \times \sin\theta_j$$

$$R_{yi} = \sum_{j=1}^{N} r_{ij} \times \cos\theta_j$$

式中,CN_i 和 D_i 分别为研究时段内的降水集中度和集中期,R_i 为某测站研究时段内总降水量,r_{ij} 为研究时段内某候降水量,θ_j 为研究时段内各候对应的方位角(整个研究时段的方位角设为 360°),i 为年份(i=1961,1962,…,2012),j 为研究时段内的候序(j=1,2,…,N)。

由(6.1)和(6.2)式可知,PCD 能够反映降水总量在研究时段内的集中程度,如果在研究时段中,降水量集中在某一候内,则它们合成向量的模与降水总量之比为 1,即 PCD 为极大值;如果每个候的降水量都相等,则它们各个分量累加后为 0,即 PCD 为极小值。所谓 PCP 就是合成向量的方位角,它指示出每个候降水量合成后的总体效应。也就是向量合成后重心所指示的角度,反映了一年中最大候降水量出现在哪一个时段内。

(2)气候效应综合分析

水库的气候效应主要体现在地表下垫面由原来陆地改变为水体后,所带来的热力性质、辐射平衡、热量平衡和表面粗糙度等诸方面的差异,对库区水域周围的局地小气候产生一定的影响。从气象台站观测资料、卫星遥感、500 年旱涝指数等多方面对水库库区的气候效应进行综合分析;采用秩和检验方法对各气象要素比值的平均值进行水库蓄水前后差异性分析。

6.2.4　典型案例

该案例从大渡河流域基本气候特征、水电开发对大渡河的可能影响、未来长江上游气候初步预估三个方面入手,给出一些基本的观测和模拟结果,制作《大渡河流域水电开发对气候影响及未来变化预估分析报告》。

案例主要采用了两类观测资料:①大渡河流域有观测资料的 12 个区域自动站逐日降水资

料;②大渡河流域17个基本、基准站(汉源、石棉、金川、马尔康、丹巴)逐日降水资料,时间长度为1961—2010年。

大渡河流域6个水电站都无直接观测的气候要素变量,离长序列气象资料的基准站也较远,但是距离区域站却非常近。因此主要利用大渡河流域相关性较高的气候基本站、基准站及区域站,结合台站间距离(直线距离在10 km以内),先对离散点进行三角形化,然后采用格林样条插值法获得气象要素值。三角形化是把分析区域内的离散站点按照最优剖分原则(如剖分出来的三角形要尽可能均匀等)进行三角形剖分,以构成互不交叉的三角形网。在此基础上,进一步利用格林样条插值法,用多个全局格林函数进行加权叠加而解析地计算出插值曲面(曲线)。该方法有计算精度高、能稳定显示局部异常变化、可以抑制缺少数据控制地区的虚假变化等优点,所以分析结果能较好地反映要素场的真实分布。为了检验该方法的插值精度,以汉源站和马尔康站7月月均降水量资料进行检验,得到的检验结果见表6.3。

表6.3 汉源站和马尔康站7月月均降水量内插值与实测值的误差比较(单位:mm)

项目	汉源站	马尔康站
实测值	4.54	4.65
内插值	5.13	4.19
两者相差	0.59	−0.46
相对误差	12.4%	−9.9%

从表6.3可见,汉源站和马尔康站7月月均降水量插值结果与实测值比较接近,大部分日数的相对误差大多在15%以内。可见该方法的计算精度较高,内插结果可信,用该方法求取水电站所在地的气象要素值是可行的。

表6.4给出了所选气象站点的具体信息。从表6.4中可以看到,瀑布沟由汉源和黑马乡插值所得,大岗山由石棉与挖角乡插值所得,巴底由丹巴和马尔邦乡所得,金川由金川和咯尔乡所得,双江口由马尔康和木尔宗乡所得。由于猴子岩周围无区域自动站资料,因此猴子岩站直接用丹巴站来代替。

表6.4 所选气象站点信息表

电站	基准站	区域站
瀑布沟(102.8415°E,29.2058°N)	汉源(102.68°E,29.35°N)	黑马乡—甘洛(102.799°E,29.235°N)
大岗山(102.22°E,29.45°N)	石棉(102.21°E,29.14°N)	挖角乡—石棉(102.21°E,29.42°N)
猴子岩(102.06°E,30.53°N)	丹巴(101.88°E,30.88°N)	无区域站(丹巴本站代替)
巴底(101.87°E,31.10°N)	丹巴(101.88°E,30.88°N)	马尔邦乡—金川(102.00°E,31.24°N)
金川(102.06°E,31.54°N)	金川(102.04°E,31.29°N)	咯尔乡—金川(102.07°E,31.54°N)
双江口(101.92°E,31.79°N)	马尔康(102.14°E,31.54°N)	木尔宗乡—马尔康(101.70°E,31.86°N)

(1)大渡河流域气候

大渡河流域地跨五个纬度,四个经度,海拔高程相差很大,加之地形变化复杂致使流域内气候差异很大。流域气温和降水总的变化趋势是由北向东南增高和增加。同一气候区,气候随高程变化差异也很大,有“一山四季”的特点。

流域上游的河源地区属亚寒带及寒温带气候,长冬无夏,春季多大风,天气寒冷干燥。大渡河上游因地势高，又远离水汽源地，降水量较少，多年平均年降水量一般仅600～700 mm。

流域中游属亚热带湿润气候区，气候随高程的变化仍很明显。河谷地区四季明显。由于地形复杂，迎风坡与背风坡降水量差异较大，泸定—石棉—乌斯河的干流沿岸、支流流沙河及尼日河下游，因受焚风影响为一少雨区，多年平均年降水量在700 mm左右；右岸支流田湾河—松林河—南桠河中上游—尼日河上游一带为多雨区，多年平均年降水量在1200 mm以上；官料河、金口河、茅干河多年平均年降水量在1000 mm左右，峨边一带又为一低值区仅800 mm左右，龚咀以下降水量较丰，多年平均年降水量在1250～1600 mm。

流域下游有冬暖、夏热、秋凉和较为湿润的气候特点，下游地区由于水汽供应充足，降水量相当丰沛，多年平均年降水量在1300 mm以上。降水量主要集中在5—10月，其中又以6—9月最多。中、上游5—10月降水量占年降水量的80%～90%，下游为75%～80%。

近百年来，中国地表年平均气温呈显著上升趋势，并伴随明显的年代际变化特征。20世纪50年代以来中国的平均增温幅度为0.25 ℃/(10 a)。与全国变暖趋势一致，近60年来大渡河流域年平均气温呈现明显的增加的趋势，线性升温0.15 ℃/(10 a)，增温幅度小于全国变化趋势。

西南地区整体处于降水减少趋势，同时降水强度增大。大渡河流域年降水量近50年来整体表现为增加趋势，特别是2000年以来流域降水偏多，西南诸河的地表水资源总量略有增加趋势。流域上游区域干湿季节特征显著，下游流域降水基本为单峰型，峰值主要出现于西南季风极盛的7月、8月。

该流域水电开发重点关注的6个典型水电站中(表6.5)，双江口、金川、巴底、猴子岩分布在大渡河上游流域，主要位于横断山区(阿坝州)，所在区域属大陆性高原季风气候，干湿季分明；大岗山和瀑布沟位于大渡河下游流域，属四川盆地亚热带湿润气候区，四季分明。瀑布沟的年降水量接近740 mm，21世纪以来年降水量的变化相对稳定。大岗山的年降水量超过800 mm。猴子岩的年降水量约为600 mm，在近50年呈上升趋势，20世纪90年代中期以后整体降水偏多。巴底年均降水量接近600 mm，降水量年际变化较大，月、旬降雨分配极不均匀，月降水量呈"双峰型"，6月为最高峰，9月为次高峰，汛期日降雨量易出现局地暴雨。双江口水电站所在区域年均降水量不足800 mm，近10年来出现减少趋势。金川水电站所在区域属大陆性高原季风气候，干湿季分明，年均降水量为约为700 mm。6个典型水电站海拔高程相差较大，导致气象要素垂直差异大，立体气候特征十分明显，降水空间分布垂直差异较大。

表6.5　1971—2000年大渡河部分自动站点气温差异

站名	海拔/m	年平均气温/℃	年平均最高气温/℃	年平均最低气温/℃
瀑布沟	850	18.2	24.1	13.4
大岗山	955	15.6	22.7	10.8
猴子岩	1842	14.3	21.3	8.8
巴底	2075	14.2	21.1	8.9
金川	2253	12.2	20.8	6.5
双江口	2500	8.6	18.3	2.4

(2)水电开发对大渡河的气候效应综合分析

大渡河上水电开发，建设梯级电站，形成阶梯型水库，水库建成蓄水后，由于水体面积大幅增加，改变原有下垫面状况和土地利用类型，常年水面面积将大大增加，水体的效应将逐步显现；另外，大渡河所处的地区地形复杂，崇山峻岭，峡谷幽深，水库建成蓄水后河道水位上升，河岸两边的地形影响将相对减弱。这些改变将不同程度地影响到局地气候和生态环境的变化。

水库建成会使库区的热量平衡发生变化，从而影响一些气候要素的地理分布。研究表明，对大型水利工程建设响应较为敏感的气候要素是气温、风、蒸发和空气湿度，其次为降水、雷暴日、雾。水库对区域气候的可能影响范围从几千米到上百千米不等，主要取决于水库的形状和当地的局地地形。低山丘陵区大型水库影响范围相对较大，而河道型水库一般来说其影响范围较小。大渡河上水电开发形成的水库就属于河道型水库，其气候影响主要反映在狭长条带型水库南北两岸的有限范围内，其整体效应远不如圆形或椭圆形湖区水库，而具有更强的局地性。

大渡河上水电开发的尺度与三峡水库相比，无论是长度还是宽度上均远小于三峡水库，其气候影响的范围应该更小。利用高分辨率的数值模拟初步模拟结果表明，大渡河蓄水后气候影响主要表现在干流附近。

基于大渡河流域 6 个基本、基准气象站（雅安、峨眉山、汉源、石棉、甘洛和越西）1961 年 1 月 1 日至 2012 年 12 月 31 日逐日的平均气温、最高气温最低气温、降水资料，对大渡河地区水电站建设前后的气候进行了初步的对比分析。

瀑布沟水电站 2009 年 10 月开始蓄水，考虑到截流后气候的滞后响应，以 1980 年 1 月 1 日至 2009 年 12 月 31 日 30 年的各气象要素的平均值（最大值、最小值）为气候平均值作为研究基础。考虑到大渡河下游地形地貌特征，雅安与汉源之间有泥巴山的阻挡，而峨眉山站离库区较远、海拔较高，因此可选用此 2 个站作为瀑布沟库区周围北部的代表区域（T_{21i}），与库区的汉源站（T_{11i}）、石棉站（T_{12i}）作对比，可反映出大气候背景下局地气候的变化趋势和程度。同时选用海拔高度相近的甘洛站和越西站作为库区南部的代表站（T_{22i}），与库区的汉源、石棉站作对比，可反映出库区蓄水后同等地形地貌条件局地气候变化程度。具体方法如下：

$$T_i = T_{2ni} - T_{1\,mi} \qquad (i=1961,\cdots,2012;n=1,2;m=1,2) \tag{6.3}$$

式中，T_i 为某年 3 站平均的流域区域值与参考站甘洛气象要素的差值。

$$T_{kj} = \overline{T}3_{kj} - \overline{T}30_{kj} \qquad (k=1,2;j=1,\cdots,12) \tag{6.4}$$

式中，$k=1$ 时为汉源县或石棉县的气象要素平均值（最大值、最小值），$k=2$ 时为甘洛县的气雅安、峨眉山或者甘洛、越西的气象要素值（最大值、最小值）；j 为 12 个月的月序列；$\overline{T}3_{kj}$ 表示时间序列为 2010 年 1 月日至 2012 年 12 月 31 日 3 年的平均值（最大值、最小值）；$\overline{T}30_{kj}$ 表示时间序列为 1980 年 1 月日至 2009 年 12 月 31 日 30 年的气候值（平均值、最大值、最小值）。

从 52 年的日平均气温、极端气温、年降水量等气象要素地区差异年际变化中可以看出，瀑布沟库区周边北部、西北部地区的雅安和峨眉山日平均气温、极端气温呈线性增加趋势，通过了 0.05 显著性水平信度检验。雅安和峨眉山线性增温率分别为 1.2 ℃/(10 a)和 2.0 ℃/(10 a)，两个气象站平均线性增温率为 1.6 ℃/(10 a)。大渡河南岸附近的越西县温度变化不明显，甘洛和库区的汉源县、石棉县的三站平均气温呈二项式先降低再增加的趋势，从 80 年代开始以大于 3 ℃/(10 a)的线性速度增加。瀑布沟库区周边北部、西北部地区的雅安和峨眉山年降水量呈线性减小趋势，通过了 0.05 显著性水平信度检验。雅安和峨眉山线性增雨率分别为－2.63 mm/(10 a)和－8.09 mm/(10 a)，两个气象站平均线性增雨率为－5.36 mm/(10 a)。大渡河南岸附近的越西县年降水量的变化不明显，甘洛县年降水量增加的趋势较明显，达到 28.9 mm/(10 a)。汉源和石棉县的年降水量呈缓慢增加的趋势，90 年代后汉源县年降水量明显增加，达到 40 mm/(10 a)，而石棉县年降水量明显减少，为－10.1 mm/(10 a)。

从区域逐月平均气温变化幅度图(图 6.2)可以看出，瀑布沟水电站截流蓄水以来，大渡河下游区域、大渡河南岸与大渡河周边地区近 3 年的逐月平均气温变化显著。与库区北部的雅安和峨眉相比，汉源县的平均温度除了冬末 2 月和初春 3、4 月降低外，其余月份变化程度都比库区北部高，8 月份差值最大，偏高 1 ℃，同时也达到最大值 1.6 ℃，秋冬季温度增高也推迟了绿叶植物变黄落叶的时段。石棉逐月的平均温度除了夏季 6、7 月份变化幅度略低外，其他月份都比库区北部高，3 月份差值最大，高出 1.9 ℃，同时也达到最大值 2.2 ℃。与库区南部的甘洛和越西相比，汉源县的平均温度夏末 8 月至冬季 1 月增温幅度均较高，8 月相差最大，为 0.7 ℃，2—5 月温度变化程度均不如库区南部，为降温。石棉在秋末 10 月和冬春两季增温幅度较高，仍然是 3 月份达到最大差值 1.7 ℃，夏季 6—7 月温度明显降低，其他时段增温幅度不高。汉源和石棉对比库区南岸增温趋势不尽相同，汉源县的下半年增温程度较高，4、5 月增温幅度最大。

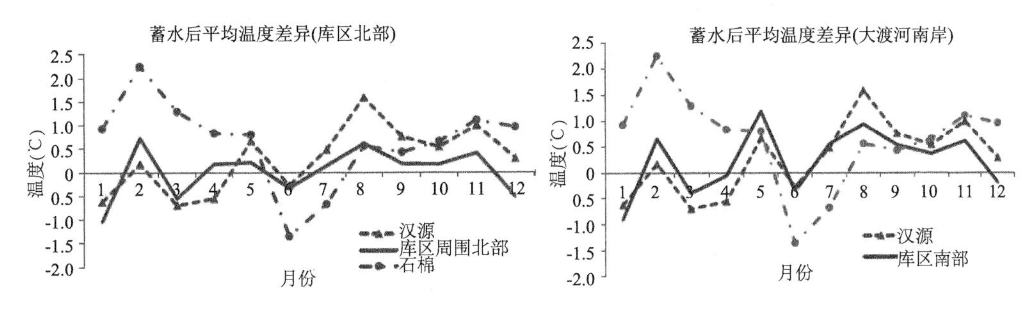

图 6.2　平均温度变化差异

与库区北部的雅安和峨眉相比，汉源县的逐月降水量在 7 月份明显增加，增值达到 61.3 mm，8 月份明显减小，减值达到－61.1 mm，其余月份变化幅度与常年相比不大，4 月和 9 月的降水量减小幅度不如库区北部。石棉逐月降水量变化趋势滞后于汉源，在 8 月份达到最大值54.3 mm，9 月份达到最小值－85.4 mm。与库区南部的甘洛和越西相比，汉源县的逐月降水量变化趋势与其基本一致，在 7 月份明显增加，达到 61.3 mm，8 月份明显减小，达到－82.4 mm，其余月份与常年相比不大，变化幅度均不如库区北部。石棉逐月降水量变化趋势仍滞后于汉源，在 8 月份达到最大值 54.3 mm，9 月份达到最小值－85.4 mm。说明蓄水后汉源降雨量有所增加。

6.3　气候与能源

6.3.1　服务内容

开展气候对能源影响的评价服务，建立监测和评估一体化的风能太阳能开发利用气象服务业务。铺设四川省风能、太阳能资源专业观测网，为四川省风能太阳能资源评估提供基础数据保障；建立四川省气候资源评估流程，开展规范化的风能太阳能资源监测业务，并开展风能、太阳能资源评估服务，为风电场、太阳能电站微观选址提供专业评估报告；进行风能资源和太阳能资源评估计算所需数据库和平台开发，为评估流程搭建方便快捷的渠道。

6.3.1.1 为地方政府提供的服务和应用

根据"四川省风能资源补充观测网建设"补充观测的工作成果，结合区域地理条件，四川省发改委能源局先后批准10余家企业在安宁河谷和盆周山区开展风能资源开发工作，其中有5家企业采用了气象局的测风点数据；四川省发改委能源局充分采纳《四川省风能资源开发建议书》《四川省"十二五"风能发展的规划建议》，携手中国水电顾问集团成都勘测设计研究院出台了《四川省新能源"十二五"发展规划》。根据四川全省企业汇交的风能数据、四川省风能资源观测网测得数据以及四川省太阳能资源观测网所得数据编写《四川省风能资源规划评估报告》《四川省太阳能资源评估报告》结果，为四川省能源局编写四川省"十三五"能源规划所采纳（杨振斌 等，2006）。

6.3.1.2 为地方企业提供的服务和应用

为华能昭觉、华能会理、华能布拖、华电、国电、中电投、天润等多家风电企业进行了风能资源评估分析，对风电场区域场址选择、风电场的预可研、可研报告编制以及招标施工图设计等工作提供了重要依据，目前多个相关风电场已得到省能源局核准，相关企业也将随着风能资源的开发取得可观的经济效益；为国电大渡河股份有限公司在丹巴县境内开展的风能资源详查和评估工作所开展的风能资源评估工作，为国电在当地进行风能资源开发提供了宝贵的气候可行性依据，避免了该公司在该地开发风能资源造成的经济损失；广元朝天区气象局协同气候中心为广元市政府开展了"广元风能资源评价"工作，评估结果被大唐公司采纳。目前，大唐公司芳地坪风电场一期30 MW成功获得核准。

6.3.2 业务流程

6.3.2.1 评估申请

在评估项目的申报或设计阶段，项目建设单位应向项目所在地具有评估资质的单位提出评估申请（苏志 等，2009），具体流程见图6.3。

6.3.2.2 评估开展

通过测风系统选址，获取和收集测风数据，经过原始数据检验，对其完整性和合理性进行判断，检验出不合理的数据和缺测的数据，整理出至少连续一年完整的风场逐小时测风数据，利用长期测站的观测数据对测风塔数据进行订正，最后根据《GB/T 18710—2002：风电场风能资源评估方法》要求进行参数计算并进行评估。

6.3.2.3 评估评审

评估报告编写完成后，项目建设单位应向项目所在地气象主管机构（气象局）提出评审申请，在四川省气象局官方网站或者向项目所在地气象主管机构（气象局）提交申请表格，开展报告评审相关工作。

6.3.2.4 审核批复

（1）评估报告不需要修改或者修改稿通过复核，则由项目所在地气象主管机构（气象局）在

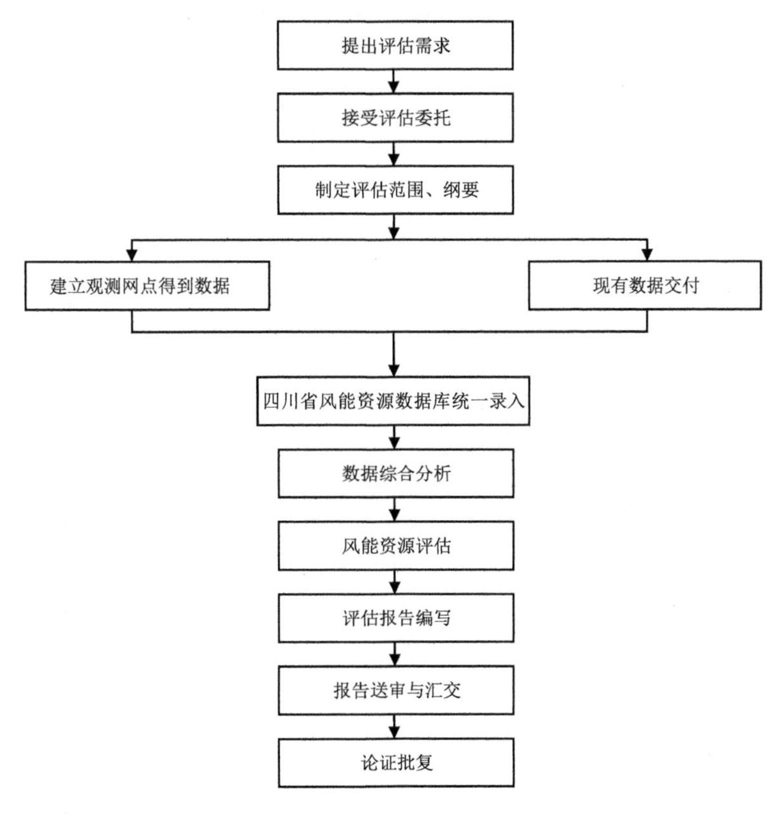

图 6.3　气候资源评估流程

5 个工作日内出具批复意见，对该评估给出总结性意见，并提出建议。

(2)评审通过的评估报告和专家评审意见，作为规划和建设项目论证、许可的技术依据。

6.3.3　技术方法

6.3.3.1　风能资源评估技术与方法

(1)不合理数据和缺测数据的处理

1)检验后列出所有不合理的数据和缺测的数据及其发生的时间。

2)对不合理数据再次进行判别，挑出符合实际情况的有效数据。回归原始数据组。

3)将备用的或可供参考的传感器同期记录数据，经过分析处理，替换已确认为无效的数据或填补缺测的数据。

(2)计算测风有效数据的完整率，有效数据完整率应达到 90%。

有效数据完整率按式(6.5)计算：

$$\text{有效数据完整率}=\frac{\text{应测数目}-\text{缺测数目}-\text{无效数据数目}}{\text{应侧数目}}\times 100\% \tag{6.5}$$

式中，应测数目为测量期间小时数；缺测数目为没有记录到的小时平均值数目；无效数据数目为确认为不合理的小时平均值数目。

(3)验证结果

经过各种检验，剔除掉无效数据，替换上有效数据，整理出至少连续一年的风场实测逐小时风速风向数据，并注明这套数据的有效数据完整率。编写数据验证报告，对确认为无效数据的原因应注明，替换的数值应注明来源。此外，宜包括实测的逐小时平均气温（可选）和逐小时平均气压（可选）。

(4)数据订正

数据订正是根据风场附近长期测站的观测数据，将验证后的风场测风数据订正为一套反映风场长期平均水平的代表性数据，即风场测风高度上代表年的逐小时风速风向数据。当地长期测站宜具备以下条件才可将风场短期数据订正为长期数据：

1)同期测风结果的相关性较好；

2)具有 30 年以上规范的测风记录；

3)与风场具有相似的地形条件；

4)距离风场比较近。

(5)风能资源长年代订正

利用气象观测站长年代风速资料，对测风塔一年的风速实测资料进行订正，对拟建风电场区域的风能资源进行长年代评估。

测风塔长年代风速订正$\overline{V}$的计算公式为：

$$\overline{V}=V\cdot(1-\eta) \tag{6.6}$$

长年代风功率密度$\overline{D_{\mathrm{WP}}}$的计算公式为：

$$\overline{D_{\mathrm{WP}}}=D\cdot(1-\eta)^3 \tag{6.7}$$

式中，D 为测风塔观测时段的风功率密度；η 为风速距平百分率。

(6)风向和风能密度分布

以 16 方位各风向频率描述风的方向分布特征。风向频率指设定时段各方位风出现的次数占全方位风向出现总次数的百分比。

风能密度计算公式为：

$$D_{\mathrm{WE}}=\frac{1}{2}\sum_{i=1}^{n}\rho\cdot v_i^3 \tag{6.8}$$

式中，D_{WE}为设定时段的风能密度（W · h/m^2）；n 为设定时段内的记录数；v_i 为第 i 记录风速（m/s）值，ρ 为空气密度，由空气密度公式给出。

风能密度分布是指设定时段各方位的风能密度占全方位总风能密度的百分比。

(7)风向频率、风能方向频率和风速频率计算

风向频率：根据风向观测资料，按 16 个方位统计观测时段内（年、月）各风向出现的小时数，除以总的观测小时数即为各风向频率。

风能方向频率（F）：根据风速、风向逐时观测资料，按不同方位（16 个方位）统计计算各方位具有的能量，其与总能量之比作为该方位的风能频率。

风速频率：以 1 m/s 为一个风速区间，统计代表年测风序列中每个风速区间内风速出现的频率。每个风速区间的数字代表中间值，如 5 m/s 风速区间为 4.6 m/s 到 5.5 m/s。

(8)风能资源评估的参考判据

风功率密度蕴含风速、风速分布和空气密度的影响，是风场风能资源的综合指标，风功率密度等级见表 6.6。应注意表 6.6 中风速参考值依据的标准条件（见表 6.6 的注 1、注 2）与风场实际条件的差别。

表 6.6　风功率密度等级表

风功率密度等级	10 m 高度		30 m 高度		50 m 高度		应用于并网风力发电
	风功率密度/(W/m^2)	年平均风速参考值/(m/s)	风功率密度/(W/m^2)	年平均风速参考值/(m/s)	风功率密度/(W/m^2)	年平均风速参考值/(m/s)	
1	<100	4.4	<160	5.1	<200	5.6	
2	100～150	5.1	160～240	5.9	200～300	6.4	
3	150～200	5.6	240～320	6.5	300～400	7.0	较好
4	200～250	6.0	320～400	7.0	400～500	7.5	好
5	250～300	6.4	400～480	7.4	500～600	8.0	很好
6	300～400	7.0	480～640	8.2	600～800	8.8	很好
7	400～1000	9.4	640～1600	11.0	800～2000	11.9	很好

注 1:不同高度的年平均风速参考值是按风切变指数为 1/7 推算的。

注 2:与风功率密度上限值对应的年平均风速参考值,按海平面标准大气压及风速频率符合瑞利分布的情况推算。

6.3.3.2　太阳能资源评估技术与方法

(1)气候学计算方法

太阳能资源的数量一般以到达地面的太阳总辐射量来表示。太阳总辐射量与天文因子、物理因子、气象因子等关系密切,在实际工作中通常利用半经验、半理论的方法,建立各月太阳总辐射量与相关因子之间的经验公式,计算各月太阳总辐射量,从而得到每年太阳能资源的数量。太阳总辐射是指水平面上单位时间、单位面积上接收到的太阳辐射,它包括直接辐射和散射辐射两部分,一般以 J/m^2、MJ/m^2 或 $kW \cdot h/m^2$ 表示。四川省地域辽阔,川西高原和四川盆地地形和气候差异太大,采用单因子计算,误差较大,平均相对误差可达 7%(徐渝江,1985;陈兵,1986;杨淑群 等,2007),本研究采用多因子、分区、分季的计算方法给出了四川省高原、盆地各自计算总辐射、直接辐射的计算公式与经验系数表如下:

总辐射计算公式:

高原:

$$Q = Q_0(b_0 + b_1 S + b_2 \lambda + b_3 \varphi + b_4 e) \tag{6.9}$$

盆地:

$$Q = Q_0(b_0 + b_1 S + b_2 \lambda + b_3 \varphi) \tag{6.10}$$

式中,Q_0 为月(或年)天文辐射量;S 为月(或年)日照百分率;λ 为经度;φ 为纬度;e 为水汽压;b_0—b_4 为经验系数,可利用最优子集回归、多元回归等方法计算求出。

(2)分布式模型计算方法

复杂地形上的地表太阳总辐射若忽略地表和大气之间的多次反射,可认为由太阳直接辐射、天空散射辐射和地形的反射辐射三部分组成,模型的建立也根据这三部分而建立。

1)直接辐射计算模型的建立

考虑结合气象观测站的日照百分率观测资料,建立水平面太阳直接辐射模型:

$$Q_b = Q \cdot f_b = Q(1-\alpha)\{1-\exp[-bs^c/(1-s)]\} \tag{6.11}$$

式中,Q 为水平面太阳总辐射量;f_b 为直接分量;a,b,c 为经验系数,代表水平面直接辐射占总辐射的比重;s 为日照百分率。

2)散射辐射计算模型的建立

局地地形对天穹各方向散射辐射有遮蔽作用。复杂地形中太阳散射辐射的计算模型为：

$$\begin{aligned} Q_{d\alpha\beta} &= Q_d[(Q_b/Q_0)R_b + V(1-Q_b/Q_0)] \\ &= Q_d[f_b k_t R_b + V(1-f_b k_t)] \end{aligned} \tag{6.12}$$

式中，$Q_{d\alpha\beta}$为复杂地形下太阳散射辐射；Q_d 为水平面太阳散射辐射，指不考虑地形影响情况下地面能够接收到的太阳散射辐射量；$k_t=Q/Q_0$ 为晴空指数；V 为地形开阔度，由地形特征所决定。

3)反射辐射计算模型的建立

地形的开阔度和周围山地的反射能力会影响被周围地形投射过来的太阳反射辐射量，其计算式为：

$$\begin{cases} Q_{\gamma\alpha\beta}=\alpha_S(Q_b+Q_d)(1-V)=Q\alpha_S(1-V) & V\leqslant 1 \\ Q_{\gamma\alpha\beta}=0 & V>1 \end{cases} \tag{6.13}$$

式中，$Q_{r\alpha\beta}$为地形反射辐射；α_s 为地表反照率，由下垫面性质所决定的。

4)总辐射计算模型的建立

实际复杂地形中地表接收的太阳总辐射由三部分组成：

$$Q_{\alpha\beta}=Q_{b\alpha\beta}+Q_{d\alpha\beta}+Q_{r\alpha\beta} \tag{6.14}$$

式中，$Q_{\alpha\beta}$为复杂地形下太阳总辐射；$Q_{b\alpha\beta}$为复杂地形下太阳直接辐射；$Q_{d\alpha\beta}$为复杂地形下太阳散射辐射月总量；$Q_{r\alpha\beta}$为地形反射辐射。

6.3.4 典型案例

以 2013 年气候中心开展的会理风能资源开展评估工作为例。评估严格按照《GB/T 18710—2002：风电场风能资源评估方法》和《QX/T 74—2007：风电场气象观测及资料审核订正技术规范》的要求开展。

(1)资料来源

会理县测风塔 2012 年 2 月 1 日—2013 年 1 月 31 日期间的 70 m 高度实测逐时风速资料。

(2)插补订正

观测年数据根据《GB/T 18710—2002：风电场风能资源评估方法》要求利用气象参证站进行订正。利用会理气象观测站 16 风向相关分析，对测风塔风速实测资料分别进行了订正，得到风电场各测风高度代表年数据。

(3)参证气象站风参数背景分析

1)风速年际和年内变化分析

会理气象站近 30 年年平均风速为 1.4 m/s。会理站近 1981—2010 年逐年平均风速变化情况如图 6.4(a)所示。会理站近 1981—2010 年平均风速月变化情况如图 6.4(b)所示。从会理气象站近 30 年及各月平均风速看，该地区多年平均风速为 1.4 m/s，冬春季风速较大，其中 3 月风速最大，为 2.2 m/s，7—9 月风速最小，都为 1.0 m/s。

会理气象站风向频率如图 6.5 所示。根据会理气象站多年气象资料统计，该地区主导风向为 S、出现频率为 9%，其次是 SSW 和 N，出现频率都为 8%。另外，静风频率较多，占到了 41%。

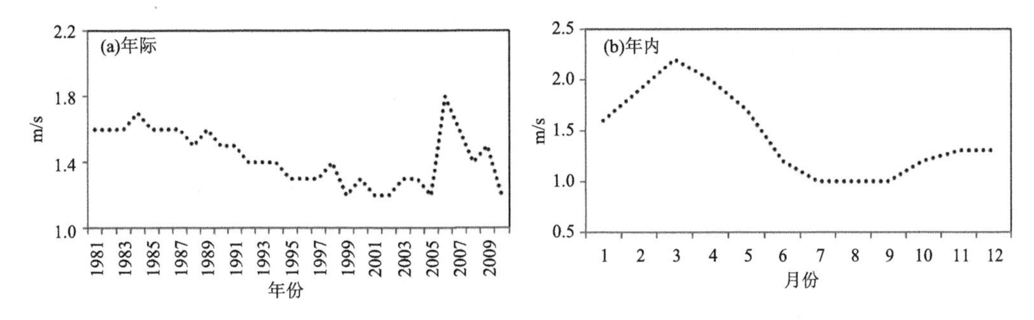

图 6.4　气象站风速年际和年内变化

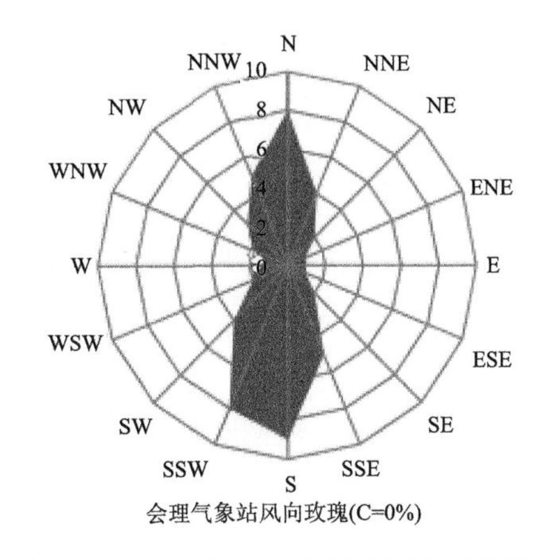

图 6.5　气象站近 30 年平均风向频率图

(4)实测点风速和风功率密度变化

测风塔平均风速和风功率密度月变化曲线如图 6.6 所示测风塔平均风速和风功率密度呈现出冬季较大,夏季较小的规律。测风塔平均风速和风功率密度月变化规律高度一致,在 11—3 月较高,最大值均出现在 3 月,分别为 14 m/s 和 1475 W/m^2。

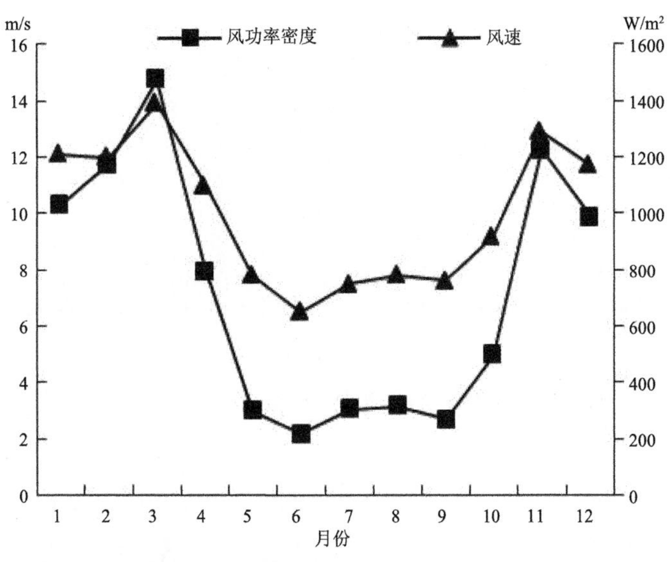

图 6.6　测风塔 70 m 高度风速和风功率密度月变化曲线图

测风塔平均风速和风功率密度小时变化情况如图 6.7 所示。测点风速和风功率密度均呈现出下午较大,上午较小的特点,15—16 时最大,8—9 时最小。测风塔风速日内最大分别为 12 m/s、11 m/s 和 13 m/s;测风塔 70 m 高度平均风速为 10.6 m/s;平均风功率密度为 865.82 W/ m²。

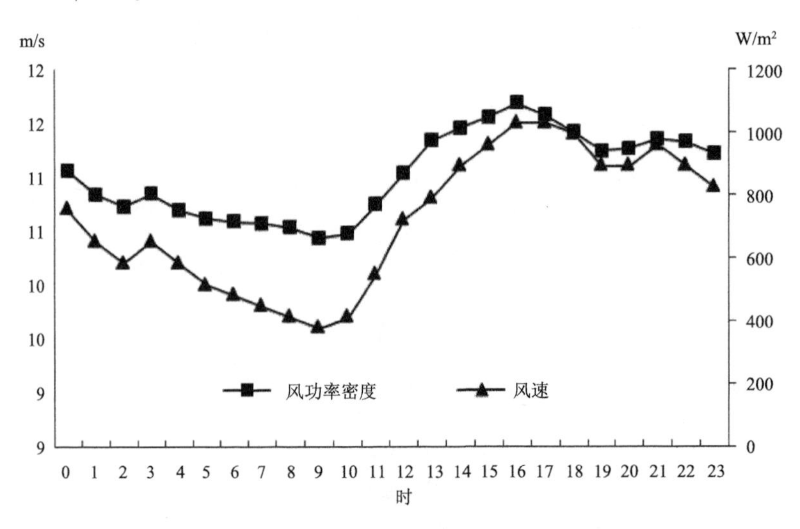

图 6.7 70 m 高度风速和风功率密度日变化曲线图

(5)风速频率分布

测风塔 70 m 高度各等级风速频率、小时数如图 6.8 所示。由图 6.8 可见,测风塔 70 m 有效风速出现频率之和为 94.7%,风速主要分布区间在 5～15 m/s,风能最大值出现在 7.6～8.5 m/s 区间。

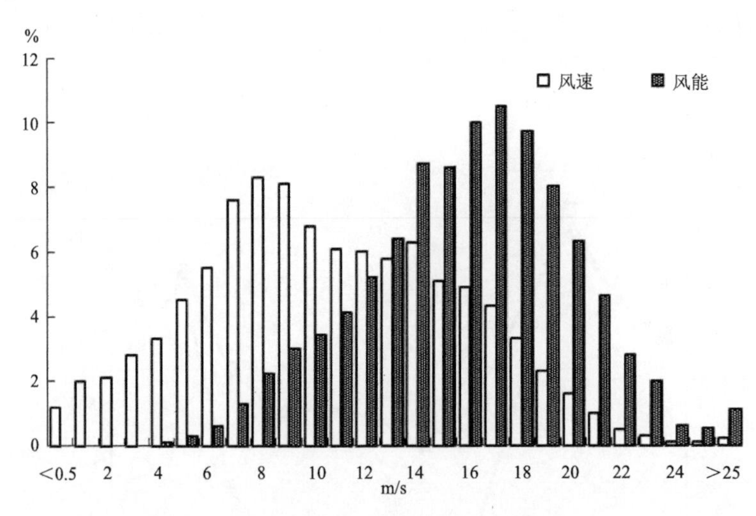

图 6.8 70 m 高度风速和风能频率分布直方图

(6)风向频率和风能密度百分率分布

各测风点各方向上 70 m 高度风向和风能密度百分率分布如图 6.9 所示。由图 6.9 可以看出,测风塔 70 m 风能密度和风向主要分布于 WSW 方向,风能密度为和 1339.6 kW · h/m²,频率为 39%；测点风能密度分布方向均和其风向分布一致，且风能分布较为集中，有利于风能资源的有效利用。

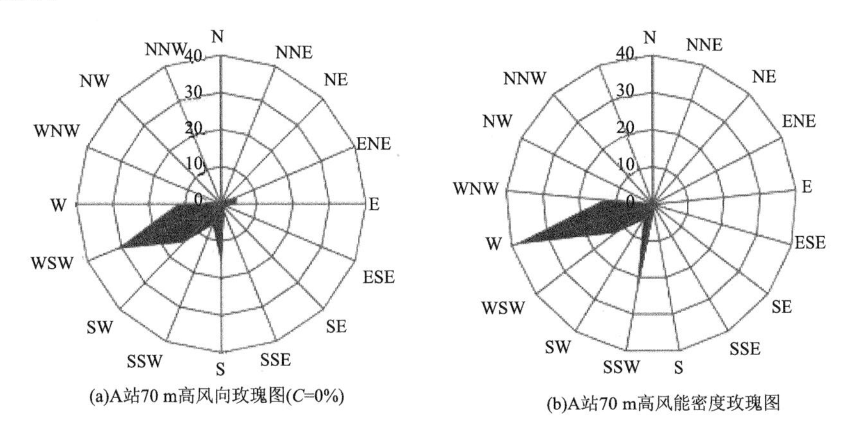

(a)A站70 m高风向玫瑰图(C=0%)　　(b)A站70 m高风能密度玫瑰图

图 6.9　70 m 高度风向和风能密度方向分布图

(7)风频曲线及韦布尔参数(表 6.7)

表 6.7　测风塔 70 m 高度风速韦布尔分布参数

观测塔名称(编号)	尺度参数 A/(m/s)	形状参数 K
会理测风塔	11.92	2.25

风速韦布尔分布曲线见图 6.10 所示，可以看出测风塔出现频率最高风速段则在 10 m/s 附近。

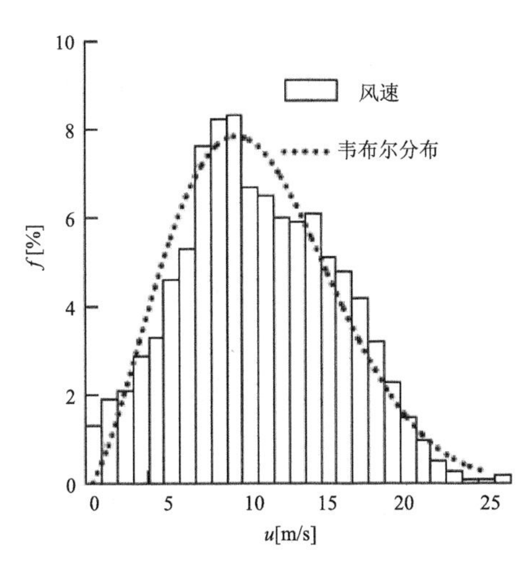

图 6.10　70 m 高度风速韦布尔分布曲线图

(8)结论

位于会理县的测风塔 70 m 高度代表年年平均风速和风功率密度分别为 10.6 m/s 和 865.82 W/m^2；根据《GB/T 18710—2002：风电场风能资源评估方法》风功率密度等级表规定，测风塔在 70 m 高度风能资源达到 6 级，应用于并网风力发电分别对应很好和好的等级，具有较好开发潜力。

6.4 气候与旅游

6.4.1 工作内容

以气候实况观测资料和气候模式系统产品为依据,分析研究区影响生态、旅游、人居气候因子,开展生态气候、旅游气候和人居气候的适应性评价;重点评估研究区旅游气候资源和气候舒适度,以及基于未来气候变化情景预估评估未来气候对生态环境、旅游环境和人居环境可能影响,并提出对策和建议。

6.4.1.1 旅游气候资源评估

旅游是一项探求知识,开阔眼界,调节生活的有益的文化体育活动。气候是一个地区发展旅游业的先决条件,是开展旅游活动的重要条件,独特的气候资源具有直接的造景和间接的育景功能。评估旅游气候资源就是通过分析气温、降水、日照、蒸发、湿度、风等各种气候要素状况特征,评估冷、热、干、湿、风、云、雨、雪、霜、雾等气象、气候条件对空间景观结构、自然风景季相变化影响,分析旅游气候资源优势(刘振礼 等,1996;杨桂华,1999;吴章文,2001)。

6.4.1.2 气候舒适度评估

旅游是以人为中心的一种活动,旅游者往往选择最佳的旅游季节和最舒适的气候环境进行旅游。因而,气候舒适期的长短是影响旅游发展的重要因素。气候舒适度的评估内容包括基于人类生物气象学的研究成果,采用衡量小气候对人体影响的生物气象指标开展气候舒适度评估。常用指标有:用以综合评价气温和相对湿度共同作用下人体热负荷的温湿指数(temperature-humidity index,HI)、用来衡量在皮肤温度为 33 ℃时皮肤表面热量损失的寒冷指数(cool index,CI),以及根据人类机体与大气环境之间热交换制定的评价在不同气候条件下人体舒适感的人体舒适度气象指数(body comfort meteorology index,BCMI)等。

6.4.1.3 气候变化的可能影响分析和对策

气候变化已经对生态系统和经济社会造成了严重影响,并受到社会的普遍关注。目前已观测到的许多生态系统的异常变化,都被认为与近期气候变暖、极端气候事件频发有关。气候变化问题已经超出一般的环境或气候领域,涉及能源、经济和政治等诸多方面。因此预估未来气候变化,探讨未来气候变化对生态系统和人类经济社会造成的影响,已成为气候影响评价的重要内容。评价内容主要包括基于历年气温、降水、日照等气象要素时空变化特征分析,搞清气候变化事实;运用气候模式开展未来气候变化情景预估模拟,基于不同情况预估未来气候变化趋势分析其影响,并提出应对气候变化的对策与建议。

6.4.2 服务流程

旅游气候服务是气候可行性论证工作重要内容之一。根据四川省人民政府要求,四川省气候可行性论证工作已纳入在线平台办理,并已开展试运行,实施主体是四川省气象局。其业务流程采用“三上二下”的工作模式,“三上”即网上申报、形式审查、审批报告回复为线上服务,“二下”即编制气候可行性报告、评审气候可行性报告为线下服务。具体流程如图 6.11 所示。

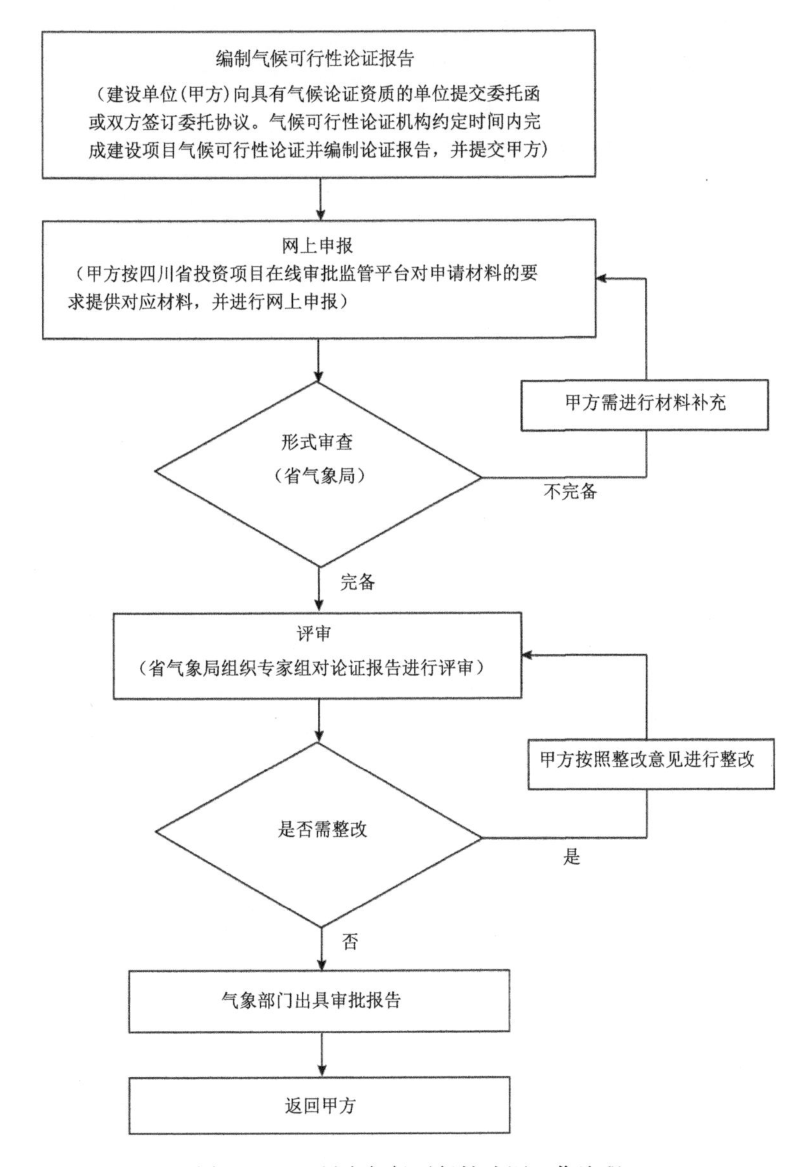

图 6.11　四川省气候可行性论证工作流程

6.4.3　技术方法

根据服务内容，旅游气候服务采用的技术方法可分为三大部分：一是气候及气候变化影响评估技术方法；二是未来气候变化预估分析方法；三是气候舒适度分析方法。前两部分在后面“第七章气候变化”章节有具体论述，下面重点介绍气候舒适度分析方法。

气候舒适度是指人们无需借助任何消寒、避暑措施就能保证生理过程正常进行的气候条件。气候舒适度评价有多种专项指标，常用指标及其计算方法如下。

6.4.3.1　温湿指数

在国际上，衡量高温气候状况对人体影响的生物气象指标，常用温湿指数 HI（temperature-humidity index）来表征，它是由 Tom 提出的，Bosen 又作了发展，它主要表征了在局地小气候环境中人体承受的热负荷。HI 原始公式为：

$$HI=T_F-(0.55-0.55RH)(T_F-58) \tag{6.15}$$

式中，T_F 为气温，单位为℉；RH 为空气相对湿度，单位为%，计算时以分数表示，如 50%则以 0.5 代入。HI 值愈高，则表明当地人体对气候的不适程度愈严重。不同地区、不同民族，同一指数反映的不适应程度不完全相同。但大量实验数据表明：HI 在 60～75 大部分人舒适；$HI>75$ 时近 50%的人不适；$HI>80$ 时大部分人感觉不适。为了使上述公式适应我国的实际情况，特将公式(6.15)的华氏温标(℉)和摄氏温标(℃)作如下变换：

$$T_F=(9/5)T_C+32 \tag{6.16}$$

式中，T_F 为华氏气温，单位为℉；T_C 为摄氏气温，单位为℃。将(6.16)式代入(6.15)式中，则有适合我国实际情况的人体气候不适应指数 HI 公式如下：

$$HI=(1.8T_C+32)-(0.55-0.55RH)(1.8T_C-26) \tag{6.17}$$

6.4.3.2 寒冷指数

衡量人体对室外寒冷环境的适应性则常用寒冷指数(cool index)。它是由 Bedford 提出的，后经 Siple，Court 及 Thomas-Boyd 等人的发展。寒冷指数适用于室外寒冷环境下，反映风速及气温对裸露人体的影响。公式为：

$$CI=\Delta t\cdot(9.0+10.9\sqrt{V}-V) \tag{6.18}$$

式中，Δt 为人体温度与环境气温之差，单位为℃，V 为环境风速，单位为 m/s，CI 为寒冷指数，即人体皮肤温度为 33 ℃时，体表单位面积散热量，单位为 kcal[①]/(m^2 · h)。寒冷指数 CI 与人体的感觉和反应见表 6.8。

表 6.8　不同寒冷指数时人体的感觉和反应

CI/(kcal/(m^2 · h)	人体感觉和反应
200	适宜
400	凉
600	很凉
800	冷
1000	很冷
1200	极度寒冷
1400	裸露皮肤冻伤
2000	裸露皮肤在 1 分钟内冻伤
2300	裸露皮肤在半分钟内冻伤

为了实际计算方便，对式(6.18)作如下变换：

$$\Delta t=T_B-T_C \tag{6.19}$$

式中，Δt 为人体温度与环境气温之差，单位为℃；T_B 为人体温度，单位为℃；T_C 为气温，单位为℃。如取人体皮肤温度为 33 ℃，则 $\Delta t=33-T_C$，代入(6.18)则有：

$$CI=(33-T_C)\cdot(9.0+10.9\sqrt{V}-V) \tag{6.20}$$

6.4.3.3 人体舒适度气象指数

人类机体对外界气象环境的主观感觉有别于大气探测仪器获取的各种气象要素结果。人

① 1 cal=4.1868 J

体舒适度气象指数是为了从气象角度来评价在不同气候条件下人的舒适感，根据人类机体与大气环境之间的热交换而制定的综合性的生物气象指标。

一般而言，气温、气压、相对湿度、风速 4 个气象要素对人体感觉影响最大。国内目前普遍采用的人体舒适度气象指数(body comfort meteorology index)，计算公式如下：

$$BCMI=(1.8T_C+32)-0.55\times(1-RH)\times(1.8T_C-26)-3.2\sqrt{V} \tag{6.21}$$

式中，T_C 为气温，单位为℃；RH 为空气相对湿度，单位为%计算时以分数表示，如 50%则以 0.5 代入；V 为风速，单位为 m/s，$BCMI$ 为人体舒适度气象指数，为无量纲量。而且，在实际应用中，给出了如表 6.9 的等级关系。

表 6.9　人体舒适度气象指数分级及对应的人体感觉

人体舒适度气象指数(BCMI)值	分级	人体感觉
>89	10 级	酷热，很不舒适
86～88	9 级	暑热，不舒适
80～85	8 级	炎热，大部分人不舒适
76～79	7 级	闷热，少部分人不舒适
71～75	6 级	偏暖，大部分人舒适
59～70	5 级	最为舒适
51～58	4 级	偏凉，大部分人舒适
39～50	3 级	清凉，少部分人不舒适
26～38	2 级	较冷，大部分人不舒适
0～25	1 级	寒冷，不舒适

当 $BCMI$ 等级为 4～6 级时，对应的人体感觉为：偏凉，大部分人舒适；最为舒适；偏暖，大部分人舒适。国际旅游界常将 $BCMI$ 等级为 4～6 级的总天数定义为“旅游舒适期”。并且规定，旅游舒适期>165 d 的地区为一类适宜旅游地区；旅游舒适期为 151～165 d 的地区为二类适宜旅游地区；旅游舒适期为 135～150 d 的地区为三类适宜旅游地区。

6.4.4　典型案例

以雅安生态气候城市论证为例(马振峰 等，2016)。

6.4.4.1　雅安生态旅游气候资源分析

(1)夏季气温适宜

随着全球气候变暖，夏天极端高温天气的频繁出现，追求凉爽宜人的气温条件是人们夏季外出旅游的重要动机之一。据 1971—2000 年(30 a)标准气候值夏季资料统计，雅安市夏季平均气温为 21.8～24.7 ℃，最低在宝兴，最高在汉源，正好处于最有利于人类延年益寿气温 23 ℃附近。现代医学临床研究发现，在 23 ℃气温时，人体消耗的氧气最少，新陈代谢率最低，心率血压平稳，心脏负担最轻，最有利于细胞及器官组织修复，人体抗病能力增强，器官组织衰老减缓，特别有利于患有慢性呼吸道疾病、心脏病的中老年人的康复。可见，雅安市夏季是不可多得的疗养胜地，对老人健康长寿十分有利。夏季日平均气温高于 28 ℃的日数：宝兴没有，天全、芦山、名山、荥经不足 1 d，雨城 5 d，石棉 3 d，汉源 11 d；平均最高气温为 26.9～30.2 ℃。最高气温高于 35 ℃(黄色预警的高温天气)的日数：宝兴没有，天全、名山、荥经不足 1 d，芦山、雨城 1 d，石棉 5 d，汉源 12 d。可见雅安夏季高温天气出现次数非常少，尤其是宝兴县，夏天更为凉爽。由标准气候资料算得雅安市夏季平均气温(23.5 ℃)比成都(24.5 ℃)还要低 1 ℃。由此可见雅安市夏无酷暑、气温平和,较为凉爽,具有很好的温度气候资源,加上较好的水墨自然景观,越来越成为游客心仪的避暑胜地。

(2)降水充沛,夜雨多

雅安市位于四川省西部,东邻川西平原,西接青藏高原,地处高原东南麓陡峭坡地边缘。北部的名山、雅安、天全一带的青衣江河谷,地形兼有“迎风坡”,“喇叭口”的特点。南部的大渡河贯穿东西,整个流域为高差很大的峡谷。在这一特定的地理和地形条件下,地形爬坡和常定性地形涡旋对暖湿气流的强迫性抬升和辐合造成雅安降水较多,无论是年雨量、雨日和暴雨日数,都是高原东部的最大值区,历来雅安素有“华西雨屏”“西蜀漏天”和“雨城”之称,杜甫曾诗曰“地近漏天终岁雨”。

雅安市的降雨为典型的午夜峰值型,强降雨基本都降在夜间,据 1971—2000 年(30 a)气候资料统计,雅安市年平均降水量为 912.1～1692.5 mm,降水日数为 140.7～231.8 d,其中全市年平均夜雨率(夜间降水量占全天降水量的百分率)却高达 71%～78%,而且各季节变化不大,是“巴山夜雨”现象最为突出的地区。唐朝诗人李商隐的夜雨寄北“君问归期未有期,巴山夜雨涨秋池。何当共剪西窗烛,却话巴山夜雨时”,说明川中夜雨,自古已知。

“雅雨”是雅安特有的一种局地性降水现象。雅安降水丰沛地区主要集中在青衣江河谷地区,较少地区主要集中在北端和南端的高原边缘地区,这些地区除冬季外,其余季节降水日数大多都在 50 d 左右。如今,如烟如丝的“雅雨”已成为雅安市生态旅游的品牌标志,也已成为造就这座滋润、充满神奇魅力城市不可或缺的重要元素,它形成了“水墨雅安”的自然景观。近年来外地游客到雅安来,都把在雅安“雨中漫步”作为享受“三雅”(雅雨、雅鱼、雅女)文化之首。

(3)紫外线辐射最少

紫外线指数 *URI* 是指一天当中太阳在天空中的位置最高时(也即中午前后),到达地面的太阳光线中紫外线辐射对人体皮肤的可能损伤程度。紫外线指数一般用 0～15 表示。通常规定,夜间紫外线指数为 0,在热带或高原地区、晴天无云时,紫外线最强,指数 15。可见紫外线指数值越大,表示紫外线辐射对人体危害越大,也表示在较短时间内对皮肤的伤害愈强。在实际预报中常将紫外线指数分为 5 级发布。紫外线指数值、分级及对人体的影响详见表 6.10。

表 6.10 紫外线指数值、分级及对人体的影响

紫外线指数 *URI* 值	分级	对人体的影响
>10	5 级	紫外线辐射最强,对人体极具伤害性,人们应减少外出时间(特别是中午前后),或采取积极的防护措施
7～9	4 级	紫外线辐射较强,对人体危害较大,应注意预防,外出应戴太阳帽、太阳镜或遮阳伞,也可涂擦一些防晒霜(SPF 指数应大于 15),在上午 10 时至下午 4 时这段时间最好不要到沙滩场地上晒太阳
5～6	3 级	紫外线辐射为中等强度,对人体皮肤有一定程度的伤害,外出时尽可能在阴凉处行走,除戴上太阳帽外还需备太阳镜,并在身上涂上防晒霜,以避免皮肤受到太阳辐射的危害
3～4	2 级	太阳辐射中的紫外线量比较低,对人体的影响比较小
0～2	1 级	太阳辐射中紫外线量最小,对人体基本没有什么影响,外出时戴上太阳帽即可

由于独特的地理地形条件所致，雅安市是全球层状云气候分布最高的地区。这就相当于常年在雅安市上空拉上了一个巨大的遮阳篷，使太阳紫外线强度大为削弱。

据 2003—2009 年，雅安市气象台开展紫外线指数等级预报以来的气象资料分析，雅安市北部的紫外线指数等级基本上都是 1～2 级，南部的紫外线指数等级基本上都是 1～3 级。

自古就有“雅安出美女”之说，现在“雅女”更是世界闻名，雅安姑娘大都身材窈窕、眉清目秀、皮肤如荷花般水灵和细腻，该地区紫外线强度弱，是天造“雅女”的原因之一。

6.4.4.2　雅安气候舒适度分析

(1)温湿指数

雅安市舒适程度较高，4—10 月大部分时间人体感觉舒适，其余时间绝大部分人感觉舒适。近十年与过去 30 年温湿指数基本一致，整个夏季(6—9 月)，宝兴、天全、芦山、雨城、名山、荥经、汉源和石棉的月平均人体气候不适应指数(HI)分别为：65～72、67～74、67～75、69～75、68～75、67～74、70～75、68～74。均无 $HI>75$ 的情况，说明雅安市夏季对大多数人来说是感觉舒适的，无“高温不适”气候。

(2)寒冷指数

据标准气候值资料统计，整个冬季(12 月—翌年 2 月)，宝兴、天全、芦山、雨城、名山、荥经、汉源和石棉的月平均寒冷指数(kcal/(m^{-2} · h))分别为：623～754、402～495、413～479、463～516、453～492、453～556、374～440、466～593。均无 $CI>800$ 的情况，除宝兴县“人体感觉和反应”可达“很凉”级别外，其余县、区“人体感觉和反映”都在“适宜”～“凉”之间。说明雅安市冬季无“严寒不适”气候，对大多数人来说感觉是舒适的。

(3)人体舒适度气象指数

雅安市北部县、区的旅游舒适期除宝兴县为 210 d 外，其余均为 240 d，汉源和石棉的旅游舒适期为 270 d，全市都为一类适宜旅游地区。“旅游最舒适期”(*BCMI* 等级为 5 级)的天数，宝兴、天全、芦山、雨城、名山、荥经、汉源和石棉分别达：120 d、150 d、90 d、120 d、120 d、150 d、150 d 和 180 d，而且“旅游最舒适期”基本上都出现在春末—秋初(5—9 月)。可见，雅安市真的是“天造的避暑胜地”。其他时间段也基本在 3 级以上，令人觉得清凉，只有少部分人不舒适。除了冬季让人觉得些许清凉外，其他时间段大部分人都觉得舒适，非常适合旅游(表 6.11)。

表 6.11　雅安市各县(区)1971—2000 年月平均人体舒适度气象指数(*BCMI*)等级

县(区)	1 月	2 月	3 月	4 月	5 月	6 月	7 月	8 月	9 月	10 月	11 月	12 月
宝兴	2	3	3	4	4	5	5	5	5	4	3	3
天全	3	3	3	4	5	5	5	5	5	4	4	3
芦山	3	3	3	4	5	5	6	6	5	4	4	3
雨城	3	3	3	4	5	5	6	5	5	4	4	3
名山	3	3	3	4	5	5	6	5	5	4	4	3
荥经	3	3	3	4	5	5	5	5	5	4	4	3
汉源	3	3	4	5	5	5	6	6	5	5	4	3
石棉	3	3	4	4	5	5	5	5	5	5	4	3

6.4.4.3　气候变化对雅安市的可能影响和对策

(1)雅安气候变化事实

根据对雅安市气象站1961—2006年气温、降水观测资料的分析,近50年雅安市年平均气温呈上升趋势,增暖率为0.10 ℃/(10 a),即50年上升了0.51 ℃,增暖速度低于四川省近50年年平均温度增暖率0.20 ℃/(10 a)。近50年雅安市年降水量呈减少趋势,降水量约减少了158 mm,大于全省的100 mm,其中20世纪90年代以前偏多为主,90年代以后以偏少为主。

(2)雅安气候变化情景预估

气温的区域变化预估:在SRES各种排放情景下,2011—2020年雅安的增温幅度与全省一样,均为0.6 ℃。在SRESA1B情景下,雅安整个区域增温幅度较小。2021—2030年,雅安的西北部将增温1～1.1 ℃,其余地区增温0.9～1.0 ℃;2031—2040年,雅安将增温1.4～1.5 ℃;而2041—2050年整个雅安降增温1.7～1.9 ℃(表6.12)。

表6.12　不同SRES情景下雅安10年平均温度变化值(单位:℃)

情景	2011—2020		2021—2030		2031—2040		2041—2050	
	四川	雅安	四川	雅安	四川	雅安	四川	雅安
SRESA1B	0.6	0.6	1.0	0.9	1.5	1.4	1.8	1.7
SRESA2	0.6	0.6	1.0	0.9	1.2	1.1	1.6	1.5
SRESB1	0.6	0.6	0.9	0.9	1.2	1.1	1.4	1.3

降水年代际变化预估:表6.13给出了雅安及四川未来10年降水距平百分率变化,可以看出,其变化趋势与四川省的降水变化基本相同。2011—2020年雅安及四川省降水距平百分率均在－2%～2%;2021—2030年除了SRESA2情景外,其他情景均呈现一致的降水增多的趋势;2031—2040年,各种情景的降水变化均不太一致;而2041—2050年各情景均表现降水一直呈现增加的趋势,只是增幅不同。

表6.13　不同SRES情景下,雅安10年降水变化(单位:%)

情景	2011—2020		2021—2030		2031—2040		2041—2050	
	四川	雅安	四川	雅安	四川	雅安	四川	雅安
SRESA1B	0	0	1	0	0	0	4	3
SRESA2	－1	－1	0	0	0	0	2	1
SRESB1	1	1	2	2	1	0	2	2

(3)气候变化对雅安旅游的影响

随着经济的快速发展和人民生活水平的不断提高,外出旅游已成为人们生活中必要的组成部分。旅游业兼具经济和社会功能,资源消耗低,带动系数大,就业机会多,综合效益好。

以变暖和变暖趋势加快为主要特征的全球气候变化正深刻地影响着人们的旅游文化生活。主要表现在:一是对主体——旅游者的影响主要体现在对其生理、心理及行为等方面的影响。这种影响也体现在游客的行为上,即他们在雅安的逗留时间便会减少,当然游玩兴趣也会大减,体验价值降低。二是对客体——雅安旅游资源的影响。气候变化对旅游资源的不利影响主要体现在对自然旅游资源的影响,雅安地区有很多珍稀物种,它们对环境变化的适应能力差,气候变化很可能导致珍稀物种的灭绝,这种损失是巨大的、无法挽回的,因为这些旅游资源一旦遭到破坏将无法再生。三是对介体——雅安的旅游活动能够发展到今天的大规模，与其旅游业的支持和拉动是紧密联系的。旅游业是个综合性产业，气候变化对旅游业的不利影响严重。如对雅安交通供给的影响，交通是连接游客和旅游目的地的纽带，是实现旅游活动的重要一环。气候变化对交通运输部门的影响也是直接的。因此，恶劣的气候对运输行业极为不利。四是对效益——持续性降雨会影响到游客的兴致，以致旅行团出现退团等纠纷事件，令已是淡季的旅游市场雪上加霜。如果在雅安出现因天气原因造成的人员及财产损失，那么对雅安旅游业的经济效益的影响将会是巨大的。

(4)应对气候变化的对策与建议

针对全球气候变暖加剧，极端气候事件频繁发生的大背景下，如何为雅安市"最佳生态气候城"所面对的气候变化事实提出应对措施，做到未雨绸缪是一个亟待解决的问题。结合雅安气候变化和生态系统的特点，提出以下适应性对策建议：

1)加强基础设施建设，提升应对气候变化的能力建设；

2)推进生态产业，增强适应气候变化能力；

3)优化经济结构，转变经济增长方式；

4)建立有效机制，提高公众意识；

5)治理污染，提高饮用水安全；

6)实施生态旅游、低碳旅游。

6.5　气候与城市规划

作为城市生态环境重要组成部分的城市气象与大气环境问题日益突出，特别是在气候变化背景下，极端气象灾害出现频率越来越高，从合理的城市规划建设以及防灾减灾角度出发，开展气候可行性论证和气象灾害风险评估，有利于达到人与城市的自然和谐。城市内涝已成为摆在城市治理者面前的一道难题，更是城市建设规划必须打破的壁垒。暴雨强度公式是科学、合理制定城市和重大工程区域给排水规划和工程设计的基础。近年来，在气候变化和城市化发展的背景下，区域短历时暴雨的时空分布和变化特征均发生了显著变化，城市下垫面高度硬化，过去排水系统设计标准远远不能满足需求，内涝已成为大中城市最为突出的灾害之一，不仅给人民群众生活带来了极大的不便，更屡屡造成巨大损失，引起政府的高度关注(张子贤，1995；周玉文 等，2011；许沛华 等，2012)

6.5.1　工作内容

合理根据当地气候条件和降水时空特征分布，做好城市暴雨强度公式编制和暴雨雨型分析工作，提高城市规划的合理性和科学性，为排水防涝工程设计及相应的规划建设和投资提供重要的参考，缓解城市内涝发生的频率和影响。过去受各种条件制约，四川大多数的中小城市都没有编制过本地的暴雨强度公式，城建部门在进行地下管网设计时，一般都是使用距离较远的大城市的暴雨强度公式，而降水具有较强的局地性特性，因此在"建城〔2014〕66 号"发布后，四川省盆地内的中小城市都开展了暴雨强度公式的编制工作，对优化城市排水渠道和地下管网规划、预防大面积渍涝灾害有非常重要的作用，也是提高城市防洪排涝能力和防灾减灾的现实需要。

6.5.2 工作流程

城市暴雨强度公式编制(修订)主要参考以下规范：

(1)《GB 50014—2006:室外排水设计规范》(2011 年版)

(2)《GB 50014—2006:室外排水设计规范》(2014 年版)

(3)《城市排水工程设计——暴雨强度公式编制技术指南》(中国气象局,2013 年 5 月)

(4)住房城乡建设部　中国气象局《城市暴雨强度公式编制和设计暴雨雨型确定技术导则》(2014 年 4 月)

(5)《地面气象观测规范》(气象出版社,2003 年 11 月)

(6)《QX/T 22—2004:地面气候资料 30 年整编常规项目及其统计方法》

(7)《气象资料统计规定》(气象出版社,1984 年 7 月)

(8)国务院办公厅《关于做好城市排水防涝设施建设工作的通知》(国办发〔2013〕23 号)

(9)中国气象局预报司《关于加强城市排水气候可行性论证工作的通知》(便函,2012 年 9 月 7 日)

(10)住房城乡建设部《城市排水(雨水)防涝综合规划编制大纲》(2013 年 7 月 12 日)

(11)住房城乡建设部中国气象局关于联合开展城市内涝预报预警与防治工作的合作框架协议(2013 年 8 月 12 日)

(12)《给排水设计手册(第 5 册)城市排水》(2003 版)

技术流程见图 6.12 所示。

6.5.3 技术方法

6.5.3.1 建立降水统计样本

编制城市暴雨强度公式的基础资料来源于当地自动气象站自动记录的逐分钟降水量资料,根据国家标准《GB 50014—2006:室外排水设计规范》(2014 年版)的要求,具有 20 年以上自动雨量记录的地区,排水系统设计暴雨强度公式应采用年最大值法,资料少于 20 年时,采用多样本法。

由于四川省气象站年限大多都在 50 年以上,因此选年最大值法建立暴雨样本:使用滑动平均法,选取 5 min,10 min,15 min,20 min,30 min,45 min,60 min,90 min,120 min,150 min,180 min 共 11 种降水历时逐年最大值,作为“年最大值法”暴雨强度公式的统计样本。

6.5.3.2 暴雨强度的重现期和频率

根据《GB 50014—2006:室外排水设计规范》(2014 年版)的规定,计算降雨重现期宜按 2 a,3 a,5 a,10 a,20 a,30 a,50 a,100 a 统计。

6.5.3.3 暴雨强度的概率分布曲线拟合及精度要求

根据《GB 50014—2006:室外排水设计规范》(2014 年版)中,年最大值法计算暴雨强度公式要求的重现期为 2 a,3 a,5 a,10 a,20 a,30 a,50 a,100 a,显然部分重现期大于资料年限,故采用理论频率分布曲线进行拟合调整,暴雨强度公式统计中,常用的理论频率曲线有 P-Ⅲ型分布曲线、指数分布曲线、耿贝尔分布曲线等,选用何种分布曲线关键是看分布曲线对原始数据的拟合程度,误差越小、精度越高的分布越具有代表性,拟合精度以绝对均方根误差和相对

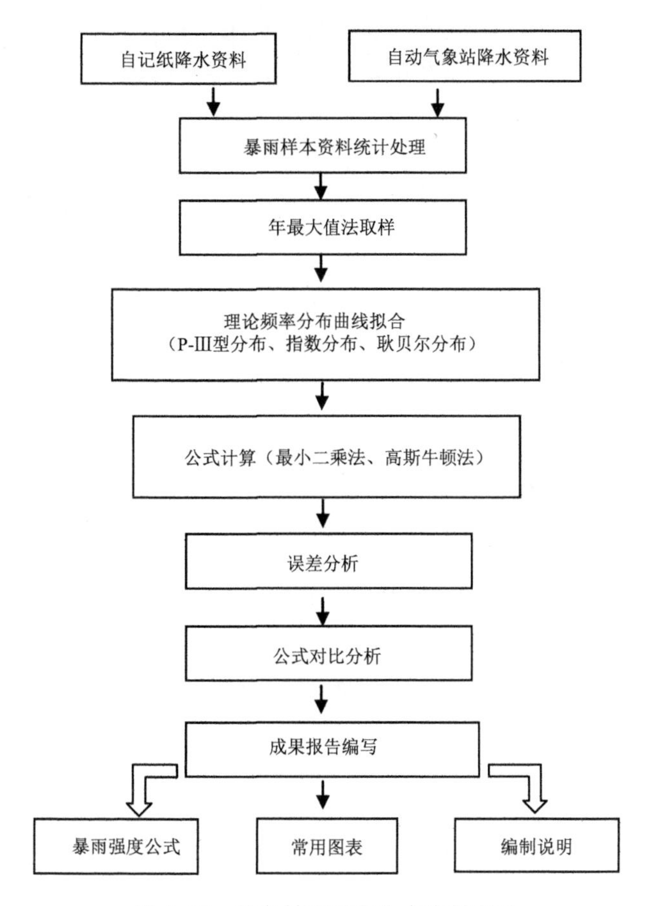

图 6.12　城市暴雨强度公式编制流程

均方根误差作为判断标准。

重现期在 2～20 a 时，宜按绝对均方根误差计算，也可以辅以相对均方根误差计算，在一般降雨强度的地方平均绝对均方根误差不宜大于 0.05(mm/min)，在较大降雨强度的地方平均相对均方根误差不宜大于 5%。

6.5.3.4　暴雨强度公式拟合

(1)暴雨强度公式的定义及参数介绍

依据《GB 50014—2006：室外排水设计规范》(2014 年版)，暴雨强度公式的定义为：

$$i=\frac{A_1\times(1+C\times\lg P)}{(t+b)^n} \tag{6.22}$$

式中，i 为降水强度(单位：mm/min)；P 为重现期(单位：a)；t 为降雨历时(单位：min)，取值范围为 1～180 min。重现期越长、历时越短，暴雨强度就越大；A_1 为雨力参数，即重现期为 1 a 时的 1 min 设计降雨量(单位：mm)；C 为雨力变动参数；b 为降雨历时修正参数，即对暴雨强度公式两边求对数后能使曲线化成直线所加的一个时间参数(单位：min)；n 为暴雨衰减指数，与重现期有关。

(2)暴雨强度公式参数估算方法

从(6.22)式可以看出，暴雨强度公式为已知关系式的超定非线性方程，公式中有 A_1，b，C，

n 这 4 个参数，显然常规方法无法求解，因此参数估计方法的设计和减少估算误差尤为关键。根据规范要求，运用最小二乘法、高斯牛顿法两种方法进行参数估算。

1)最小二乘法

①单一重现期公式拟合

由暴雨强度公式：

$$q=\frac{167A_1(1+C\lg P)}{(t+b)^n} \tag{6.23}$$

令 $A=167A_1(1+C\lg P)$，则得到一个简化的表达式，即为单一重现期公式：

$$q=\frac{A}{(t+b)^n} \tag{6.24}$$

式中，A 为雨力参数，即不同重现期下 1 min 的设计降水量(mm)。

对式(6.24)两边取对数，并令：

$$y=\ln q, b_0=\ln A, b_1=-n, x=\ln(t+b)$$

则公式可简化为一个一元线性方程形式：

$$y=b_0+b_1x \tag{6.25}$$

采用最小二乘法，可求出式(6.25)中的 b_0 和 b_1，则可求出 A，n。

由于式(6.24)中的 b 也是未知数，在此，推荐采用“数值逼近法”来处理：先给定一个 b 值，采用最小二乘法进行计算，得出相应的 A，n 值，同时求出其均方根误差 σ，不断调整 b 值，直至使其 σ 值达到最小时，从而得到最为合理的 A，b，n 值。同理，以此方法，可将 11 个降雨历时的单一重现期暴雨强度公式逐个推算出来。

②总公式拟合

对暴雨强度公式两端求对数：

$$\ln q=\ln 167A_1+\ln(1+C\lg P)-n\ln(t+b) \tag{6.26}$$

设 $y=\ln q-\ln(1+C\lg P)$，$b_0=\ln 167\ \mathrm{a}_1$，$b_1=-n$，$x=\ln(t+b)$，则上式可写为：

$$y=b_0+b_1x \tag{6.27}$$

以最小二乘法求出 b_1 和 b_2，从而可求出 A_1，n 以及 q'(拟合值)，同时求出总公式的均方根误差 $\bar{\sigma}$：

$$\bar{\sigma}=\frac{1}{m_0}\sum_{j=1}^{m_0}\left(\sqrt{\frac{1}{m}\sum_{i=1}^{m}(q_{ij}-q'_{ij})^2}\right) \tag{6.28}$$

式中，m 为 11 个历时，m_0 为 11 个重现期。取使 $\bar{\sigma}$ 最小的一组参数 A_1，b，n，即为最佳拟合参数。

2)高斯牛顿法

高斯牛顿法求解暴雨强度公式参数的具体步骤如下，使非线性模型线性化。暴雨强度公式：$q=\frac{167A_1(1+C\lg P)}{(t+b)^n}$，式中两个自变量：重现期 P，历时 t；四个待定参数 A_1，C，b，n。应用高斯牛顿法，对这 4 个参数非线性寻优，其方法步骤如下。

①由暴雨强度公式对 A_1，C，b，n 分别求偏导数：

$$\frac{\partial q}{\partial A_1}=\frac{167(1+C\lg P)}{(t+b)^n} \tag{6.29}$$

$$\frac{\partial q}{\partial C}=\frac{167A_1\lg P}{(t+b)^n} \tag{6.30}$$

$$\frac{\partial q}{\partial b}=\frac{-[167A_1(1+C\lg P)]N}{(t+b)^{n+1}} \tag{6.31}$$

$$\frac{\partial q}{\partial N}=\frac{-[167A_1(1+C\lg P)\ln(t+b)}{(t+b)^n} \tag{6.32}$$

②确定参数迭代初值 $\theta_{(0)}=(A_{1(0)},C_{(0)},b_{(0)},n_{(0)})'$。

③应用式(6.29)—(6.32)，$\theta_{(0)}$ 以及 m 组实测值$(T_i,t_i;i_i)$，$i=1,2,\cdots,m$，可计算偏导数矩阵 $J(\theta_{(0)})$以及 $f(\theta_{(0)})$。

$$J(\theta_{(k)})=\begin{bmatrix}\frac{\partial f_1(\theta)}{\partial\theta_1} & \frac{\partial f_1(\theta)}{\partial\theta_2} & \cdots & \frac{\partial f_1(\theta)}{\partial\theta_p}\\ \frac{\partial f_2(\theta)}{\partial\theta_1} & \frac{\partial f_2(\theta)}{\partial\theta_2} & \cdots & \frac{\partial f_2(\theta)}{\partial\theta_p}\\ \cdots & \cdots & \cdots & \cdots\\ \frac{\partial f_m(\theta)}{\partial\theta_1} & \frac{\partial f_m(\theta)}{\partial\theta_2} & \cdots & \frac{\partial f_m(\theta)}{\partial\theta_p}\end{bmatrix}_{\theta\sim\theta_{(k)}} \tag{6.33}$$

$$f(\theta_{(k)})=[\,f_1(\theta_{(k)}),f_2(\theta_{(k)}),\cdots,f_m(\theta_{(k)})]' \tag{6.34}$$

④由 $\theta_{(k+1)}=\theta_{(k)}+[\,J'(\theta_{(k)})\ J\ \theta_{(k)}]^{-1}\ J'(\theta_{(k)})\ [y-f(\theta_{(k)})]$可求得 $\theta_{(1)}$。

⑤再以 $\theta_{(1)}$ 作为初始值，重复步骤③、④，根据给定 δ 值(例如 $\delta=0.0005$)，经若干次递推迭代，可求得暴雨公式参数 θ 的估计值。

3)误差分析

为确保参数估算结果的准确性，要对暴雨强度计算结果进行误差分析，将计算得到的暴雨强度理论值和实测值的绝对均方根误差和相对均方根误差，与《GB 50014—2006：室外排水设计规范》(2011 和 2014 版)规定的精度对照。

平均绝对均方根误差：

$$\sigma=\sqrt{\frac{1}{n}\sum_{i=1}^{n}\left(\frac{R'_i-R_i}{t_i}\right)^2} \tag{6.35}$$

平均相对均方根误差：

$$f=\sqrt{\frac{1}{n}\sum_{i=1}^{n}\left(\frac{R'_i-R_i}{R_i}\right)^2}\times 100\% \tag{6.36}$$

式中，R'为 $i-t-P$ 三联表对应的降水强度 i 值，R 为暴雨强度公式计算出来的雨强，t 为降水历时，n 为样本数。

6.5.4 典型案例

以某县 1961—2016 年降水资料为基础，采用最大值法，利用城市暴雨强度公式编制系统，编制城市暴雨强度公式。

6.5.4.1 数据准备

采用最大值法，建立编制暴雨强度公式的数据样本，文件通常以站号命名，文件的后缀为 .ras。

6.5.4.2　样本资料的理论频率分布曲线拟合

将上述数据文件输入暴雨强度公式计算系统，选用P－Ⅲ分布、指数分布和耿贝尔分布曲线对降水样本资料进行频率调整，拟合曲线的误差见表6.14。

表6.14　年最大值法各降水历时样本的曲线拟合误差

	t/min	5	10	15	20	30	45	60	90	120	150	180	平均
P-Ⅲ分布	σ/(mm/min)	**0.08**	0.05	0.04	0.04	0.03	0.02	0.02	0.02	0.02	0.01	0.02	0.03
	f/%	2.80	2.70	2.10	1.90	2.70	2.60	2.30	3.60	2.90	2.70	2.70	2.64
指数分布	σ/(mm/min)	**0.16**	**0.17**	**0.15**	**0.13**	**0.11**	**0.09**	**0.09**	**0.06**	0.05	0.03	0.03	0.10
	f/%	**7.60**	**10.40**	**9.50**	**8.90**	**8.60**	**9.00**	**10.40**	**10.20**	**9.60**	**8.30**	**7.70**	**9.11**
耿贝尔分布	σ/(mm/min)	**0.08**	**0.09**	**0.07**	**0.06**	0.05	0.04	0.05	0.03	0.02	0.01	0.01	0.05
	f/%	3.80	**5.10**	4.20	3.60	3.90	4.50	**5.70**	5.10	4.10	3.20	2.80	4.18

从表6.14可以看出，三种分布曲线拟合结果中，P-Ⅲ分布最理想，耿贝尔分布次之，指数分布拟合结果较差。P-Ⅲ型分布中，除5 min绝对均方差不满足外，其余各历时的绝对均方差和所有历时的相对均方差均满足误差要求（σ(mm)≤0.05(mm/min)，f(%)≤5%），其平均绝对均方差和平均相对均方差分别为0.03 mm/min和2.64%；耿贝尔分布中，5 min，10 min，15 min，20 min绝对均方差不满足误差要求，10 min，60 min相对均方差不满足误差要求，其他历时的绝对均方差和相对均方差均满足误差要求，其平均绝对均方差和平均相对均方差分别为0.05 mm/min和4.18%；而指数分布中，5～90 min的绝对均方差均大于0.05 mm/min，相对均方差都超过5%，最大值达10.40%，两项指标平均值也不满足误差要求，所以后面暴雨强度公式参数的确定将不再对指数分布进行对比计算分析。

6.5.4.3　暴雨强度公式计算结果及误差分析

在用理论频率分布曲线对降水样本进行曲线拟合得到$i-P-t$三联表数据后，分别用最小二乘法、高斯牛顿法计算暴雨强度总分公式各参数及相应的公式误差。

(1)最小二乘法

利用皮尔逊分布和耿贝尔分布曲线得到的$i-P-t$三联表数据，分别用最小二乘法计算暴雨强度总、分公式各参数，并计算各重现期下相应的精度误差。

通过最小二乘法计算得到各分布曲线的暴雨强度总分公式如下。

1)P-Ⅲ分布

总公式：
$$q=\frac{7316.018\times(1+0.555\lg P)}{(t+30.890)^{0.903}}\quad(\text{单位}:\mathrm{L/(s\cdot hm^2)})\tag{6.37}$$

分公式：
$$q=\frac{167A}{(t+b)^n}\quad(\text{单位}:\mathrm{L/(s\cdot hm^2)})$$

或
$$t=\frac{A}{(t+b)^n}\quad(\text{单位}:\mathrm{mm/min})$$

P-Ⅲ分布——最小二乘法分公式参数表见表6.15。

表 6.15　P-Ⅲ分布——最小二乘法分公式参数表

P/a	167 a/[(L/(s·hm²)]	A/(mm/min)	b	n
1	4874.062	29.186	25.364	0.887
2	7455.047	44.641	27.138	0.892
3	8452.204	50.612	27.994	0.895
5	9544.050	57.150	28.990	0.898
10	9827.616	58.848	28.362	0.877
20	9515.326	56.978	27.277	0.848
30	9390.076	56.228	26.723	0.836
40	9310.417	55.751	26.348	0.828
50	9251.800	55.400	26.065	0.823
60	9205.541	55.123	25.836	0.819
70	9167.298	54.894	25.645	0.815
80	9134.566	54.698	25.481	0.812
90	9106.009	54.527	25.337	0.809
100	9080.792	54.376	25.208	0.807

2)耿贝尔分布

总公式：

$$q=\frac{5666.378\times(1+0.789\lg P)}{(t+28.804)^{0.881}}\quad(\text{单位}:\mathrm{L/(s\cdot hm^2)})\tag{6.38}$$

分公式：

$$q=\frac{167A}{(t+b)^n}\quad(\text{单位}:\mathrm{L/(s\cdot hm^2)})$$

或

$$t=\frac{A}{(t+b)^n}(\text{单位}:\mathrm{mm/min})$$

耿贝尔分布——最小二乘法分公式参数表见表 6.16。

表 6.16　耿贝尔分布——最小二乘法分公式参数表

P/a	167 a/[(L/s·hm²)]	A/(mm/min)	b	n
1	4649.280	27.840	24.355	0.877
2	6551.410	39.230	26.657	0.879
3	7537.378	45.134	27.386	0.880
5	8716.064	52.192	28.155	0.881
10	10084.128	60.384	28.714	0.880
20	11484.089	68.767	29.169	0.879
30	12236.758	73.274	29.327	0.878
40	12754.625	76.375	29.425	0.878
50	13149.914	78.742	29.496	0.877
60	13469.719	80.657	29.552	0.877
70	13738.088	82.264	29.598	0.877
80	13969.550	83.650	29.637	0.877
90	14172.956	84.868	29.671	0.877
100	14354.318	85.954	29.702	0.876

使用最小二乘法计算暴雨强度分公式和总公式各参数，不同分布模型误差各不相同。

分公式误差见表 6.17。

表 6.17　最小二乘法暴雨强度分公式误差一览表

分公式		重现期/a									
		1	2	3	5	10	20	30	50	100	2～20
P-Ⅲ分布	σ/[(mm/min)]	0.042	0.059	0.045	0.020	0.023	0.036	0.043	0.046	0.056	0.037
	f/%	4.815	5.000	3.619	1.347	1.635	2.457	2.657	2.733	3.168	2.812
耿贝尔分布	σ/[(mm/min)]	0.015	0.012	0.012	0.018	0.028	0.034	0.039	0.044	0.054	0.021
	f/%	1.822	1.120	1.056	1.303	1.820	2.061	2.353	2.361	2.688	1.472

通过表 6.17 可以看出，P-Ⅲ分布在重现期 2～20 a，平均绝对均方根误差为 0.037 mm/min，平均相对均方根误差为 2.812%，均满足误差要求；耿贝尔分布在重现期 2～20 a，平均绝对均方根误差为 0.021 mm/min，平均相对均方根误差为 1.472%。两种方法计算结果均比较理想。

总公式误差见表 6.18。

表 6.18　最小二乘法暴雨强度总公式误差一览表

总公式		重现期/a									
		1	2	3	5	10	20	30	50	100	2～20
P-Ⅲ分布	σ/[(mm/min)]	0.259	0.084	0.052	0.022	0.025	0.034	0.051	0.074	0.122	0.043
	f/%	26.49	8.64	5.49	1.83	1.84	2.56	3.14	4.03	5.60	4.07
耿贝尔分布	σ/[(mm/min)]	0.046	0.034	0.067	0.089	0.101	0.107	0.110	0.110	0.111	0.079
	f/%	7.30	2.23	4.87	5.97	6.29	6.26	6.23	5.84	5.72	5.12

通过表 6.18 可以看出，P-Ⅲ分布的总公式除重现期 5 a，10 a，20 a 外均不满足误差要求，而耿贝尔分布曲线的总公式仅重现期 2 a 满足误差要求。但 P-Ⅲ分布在重现期 2～20 a，平均绝对均方差为 0.043 mm/min，平均相对均方差为 4.07%，满足误差要求；相比而言，P-Ⅲ分布优于耿贝尔分布。

由于 P-Ⅲ分布和耿贝尔分布拟合误差均满足指标，在通过最小二乘法计算暴雨强度总分公式误差对比分析后，P-Ⅲ分布总分公式在重现期 2～20 a 均满足误差要求，所以推荐优先选择 P-Ⅲ分布，其次为耿贝尔分布。

(2)高斯牛顿法

利用 P-Ⅲ分布和耿贝尔分布曲线得到的 $i-P-t$ 三联表数据，分别用高斯牛顿法计算暴雨强度总、分公式各参数，并计算各重现期下相应的精度误差。

通过高斯牛顿法计算得到各分布曲线的暴雨强度总分公式如下：

1)P-Ⅲ分布

总公式：
$$q=\frac{5819.062\times(1+0.668\lg P)}{(t+28.782)^{0.883}}\quad(单位:L/(s\cdot hm^2))\tag{6.39}$$

分公式：
$$q=\frac{167A}{(t+b)^n}\quad(单位:L/(s\cdot hm^2))$$

或 $$i=\frac{A}{(t+b)^n}\quad(\text{单位:mm/min})$$

P-Ⅲ分布——高斯牛顿法分公式参数表见表6.19。

表6.19　P-Ⅲ分布——高斯牛顿法分公式参数表

P/a	167 a/[(L/s·hm²)]	A/(mm/min)	b	n
1	5819.062	34.845	28.782	0.883
2	6989.419	41.853	28.782	0.883
3	7674.034	45.952	28.782	0.883
5	8536.546	51.117	28.782	0.883
10	9706.903	58.125	28.782	0.883
20	10877.260	65.133	28.782	0.883
30	11561.875	69.233	28.782	0.883
40	12047.617	72.141	28.782	0.883
50	12424.387	74.398	28.782	0.883
60	12732.231	76.241	28.782	0.883
70	12992.510	77.799	28.782	0.883
80	13217.973	79.150	28.782	0.883
90	13416.846	80.340	28.782	0.883
100	13594.744	81.406	28.782	0.883

2)耿贝尔分布

总公式： $$q=\frac{6577.919\times(1+0.8401\lg P)}{(t+31.112)^{0.917}}\quad(\text{单位:L/(s·hm}^2))\tag{6.40}$$

分公式： $$q=\frac{167A}{(t+b)^n}\quad(\text{单位:L/(s·hm}^2))$$

或 $$i=\frac{A}{(t+b)^n}\quad(\text{单位:mm/min})$$

耿贝尔分布——高斯牛顿法分公式参数表见表6.20。

表6.20　耿贝尔分布——高斯牛顿法分公式参数表

P/a	167 a/[(L/s·hm²)]	A/(mm/min)	b	n
1	6577.919	39.389	31.112	0.917
2	8241.304	49.349	31.112	0.917
3	9214.322	55.176	31.112	0.917
5	10440.180	62.516	31.112	0.917
10	12103.565	72.476	31.112	0.917
20	13766.950	82.437	31.112	0.917
30	14739.968	88.263	31.112	0.917
40	15430.335	92.397	31.112	0.917
50	15965.826	95.604	31.112	0.917

续表

P/a	167 a/[(L/s · hm²)]	A/(mm/min)	b	n
60	16403.353	98.224	31.112	0.917
70	16773.278	100.439	31.112	0.917
80	17093.721	102.358	31.112	0.917
90	17376.371	104.050	31.112	0.917
100	17629.211	105.564	31.112	0.917

使用高斯牛顿法计算暴雨强度分公式和总公式各参数，不同分布模型误差各不相同，误差见表 6.21，表 6.22。

表 6.21　高斯牛顿法暴雨强度分公式误差一览表

分公式		重现期/a									
		1	2	3	5	10	20	30	50	100	2～20
P-Ⅲ分布	σ/[(mm/min)]	0.108	0.337	0.494	0.669	0.888	1.101	1.223	1.375	1.580	0.698
	f/%	13.31	41.55	62.58	85.18	114.01	142.10	158.30	178.05	205.25	89.08
耿贝尔分布	σ/[(mm/min)]	0.060	0.017	0.028	0.037	0.035	0.035	0.038	0.045	0.061	0.030
	f/%	8.31	1.85	2.00	2.55	2.66	2.72	2.92	2.79	3.24	2.36

表 6.22　高斯牛顿法暴雨强度总公式误差一览表

总公式		重现期/a									
		1	2	3	5	10	20	30	50	100	2～20
P-Ⅲ分布	σ/[(mm/min)]	0.150	0.021	0.043	0.085	0.078	0.051	0.042	0.053	0.106	0.056
	f/%	17.72	2.16	2.62	5.41	4.95	3.67	3.14	3.40	4.90	3.76
耿贝尔分布	σ/[(mm/min)]	0.025	0.057	0.089	0.106	0.112	0.113	0.112	0.109	0.105	0.096
	f/%	3.97	4.36	7.11	7.71	7.51	7.10	6.89	6.29	5.99	6.76

通过上面两表的误差可分析以看出，两种分布曲线的总公式误差均偏大，在分公式中，耿贝尔分布除低重现期(1 a)和高重现期(100 a)的误差不满足要求外，其余重现期在误差范围之内，且重现期 2～20 a 同样满足误差要求。

因此高斯牛顿法中，只有耿贝尔分布的分公式符合要求。

6.5.4.4　年最大值法暴雨强度公式结论

针对某县 1961—2016 年共 56 年降水数据，运用 P-Ⅲ分布、指数分布和耿贝尔分布曲线拟合，得出拟合误差 P-Ⅲ分布和耿贝尔分布满足要求，而指数分布拟合误差不满足要求；通过最小二乘法、高斯牛顿法分别对前两种分布曲线进行公式参数计算，并根据 $i-P-t$ 三联表数据得到各公式误差，综合对比分析不同组合误差，得出“P-Ⅲ——最小二乘法”这一组合误差符合要求，因此该组合结果是年最大值法的最理想的暴雨强度公式。

年最大值法暴雨强度公式如下。

(1)暴雨强度总公式

$$q=\frac{7316.018\times(1+0.555\lg P)}{(t+30.890)^{0.903}}\quad (单位:L/(s\cdot hm^2)) \tag{6.41}$$

上式中,平均绝对均方误差为 0.038 mm/min,相对均方误差为 3.41%。

(2)单一重现期暴雨强度分公式

$$q=\frac{167A}{(t+b)^n}\quad (单位:L/(s\cdot hm^2))$$

或

$$i=\frac{167}{(t+b)^n}\quad (单位:mm/min) \tag{6.42}$$

单一重现期暴雨强度分公式参数表见表 6.23。

表 6.23　单一重现期暴雨强度分公式参数表

P/a	167 a/[(L/s · hm²)]	A/(mm/min)	b	n
1	4874.062	29.186	25.364	0.887
2	7455.047	44.641	27.138	0.892
3	8452.204	50.612	27.994	0.895
5	9544.050	57.150	28.990	0.898
10	9827.616	58.848	28.362	0.877
20	9515.326	56.978	27.277	0.848
30	9390.076	56.228	26.723	0.836
40	9310.417	55.751	26.348	0.828
50	9251.800	55.400	26.065	0.823
60	9205.541	55.123	25.836	0.819
70	9167.298	54.894	25.645	0.815
80	9134.566	54.698	25.481	0.812
90	9106.009	54.527	25.337	0.809
100	9080.792	54.376	25.208	0.807

(3)任意重现期暴雨强度计算公式(表 6.24)

表 6.24　任意重现期暴雨强度计算公式表

P/a	区间	参数	公式
1～10	Ⅱ	n	$0.889+0.006\ln(P-0.312)$
		b	$26.376+1.724\ln(P-0.444)$
		A	$41.953+10.429\ln(P-0.706)$
10～100	Ⅲ	n	$0.902-0.021\ln(P-6.737)$
		b	$30.574-1.174\ln(P-3.422)$
		A	$60.426-1.334\ln(P-6.737)$

6.6 气候与重大工程

6.6.1 服务内容

重大工程项目在选址、设计、建设、运营的各个阶段都与天气、气候密切相关，因此，在项目选址时既要了解当地的气候背景、气候灾害对项目的影响、同时还要考虑当地的气象条件下，项目对周围环境产生的影响，比如有废气排放的项目，当地的气象条件是否有利于污染物的扩散稀释，是否会造成污染源地的污染等；在项目设计阶段，需要了解当地的气象灾害，如暴雨、大风、高温、低温的发生频率及其累年极端值，以便确定建设项目的气象参数，以免气象参数过大，造成设计成本浪费，或者气象参数偏小，规避不了气象灾害风险，给安全带来隐患。

四川省气候中心一直结合部门和社会各界的需求有针对性地提供项目气候可行性论证工作。主要开展的项目涉及风电场选址及建设规划、光伏电站选址及建设规划、机场选址、道路交通设施以及天文台站建设等重大工程项目的气象参数论证，另外还开展了特色城市论证、农业和经济作物的气候可行性论证等，挖掘利用各地的自然气候条件满足各类发展的需要。四川省气候中心开展社会可行性系列工作为四川省的经济发展、气候生态环境保护、重大工程建设方面提供了较好的服务。为重大工程开展的可行性论证工作避免了因气象因素不合适带来重大损失，为重大工程项目建设提供了科学参考和依据。

6.6.2 工作流程

在综合考虑各种建设项目与气候条件的关系的基础上，重大建设工程项目气候可行性论证的工作流程归纳为：基本情况调查与资料搜集、气候背景分析、气候灾害影响评估、最终报告编制等。

(1)基本情况调查与资料收集

收集项目所在地及其最近气象台站的经度、纬度、海拔高度等资料，调查项目周围的地形地貌特征；调查项目对周围大气环境的影响情况；调查项目对气候资料的需求情况，按照调查结果准备相应的资料。

(2)气候背景分析

用近 5～30 a 的资料，分析各月、季、年气温、降水、湿度、日照、蒸发、风向风速、雨日、暴雨日数、大风日数等基本气候要素的特点。

(3)气候灾害影响评估

用气象站建站至项目被论证的当年的资料。分析对项目影响较高的灾害如暴雨、高温酷暑、低温冷害、大风、雷暴、冰雹等出现的频率、出现集中期、历史极值及其影响程度。

(4)咨询探讨

组织设计相关行业的技术人员、部门专家针对最终得出的分析结果，探讨其合理性、可行性，广泛征求各方意见，汇总后得出一致性结论。

(5)编制报告

按照要求进行比较全面系统的分析探讨评估后，针对综合评价分析得出的结果，最终得到气象条件可行性结论，并完成报告的编写。

6.6.3　技术方法

工程项目的气候论证技术方法主要是对于短期资料序列的订正延长、当地天气背景分析、基本气候背景分析方法(如气候要素的平均状态、气候要素的稳定性、气候要素的极端状况)等方面。

(1)短资料序列的订正延长

为使分析更加客观真实,利用参证站与临时观测站同期考察气象资料,需对短期观测资料进行订正、延长,使各观测站资料在时间上同步。一般采用差值订正法、比值订正法、一元回归订正法、条件回归订正法、多因子相关图解法、分离综合法等方法对临时观测站的气象资料进行订正延长。

一元回归订正法:设 X 为基本站,具有 N 年资料;Y 站为订正站,有 n 年资料;$n<N$,并且 n 年包括在 N 年内,需要将订正站 n 年资料订正到 N 年。

订正的基本公式为:

$$Y_N = Y_n + (R \cdot Q_Y / Q_X) \cdot (X_N - X_n) \tag{6.43}$$

式中,X_n,Y_n 分别为基本站和订正站 n 年平行观测时期内的平均值;X_N,Y_N 分别为基本站和订正站 N 年观测资料的平均值;Q_X,Q_Y 分别为基本站和订正站 N 年平行观测时期内年的标准差;R 为基本站和订正站在 n 年内观测资料的相关系数。

(2)天气背景分析

主要指影响本区域的强影响天气系统,如副热带高压、印缅槽等(主要取决于地理位置与地形),分析强影响天气系统的季节性发生频率、持续时间、强度变化范围及其随时间的变化情况。

(3)基本气候背景分析

1)主要气候要素的平均状态,计算气温、降水、湿度、日照、风等各气候要素的平均值(一般为最近 30 a),对平均值进行分析,说明其变化特征。

2)主要气候要素的稳定性,计算上述基本气候要素的变率,包括绝对变率和相对变率,分析其长年变化特征及其对当地的影响。

气象要素的长期变化趋势一般采用线性趋势分析方法,其气候倾向率由最小二乘法获得,计算公式为:

$$\hat{X}_i = a + b \cdot t_i \qquad (i=1,2,3,\cdots,50) \tag{6.44}$$

式中,$\hat{X}_i$ 为要素的拟合值;a 为回归常数;b 为回归系数,$b\times10$ 称为气候倾向率,表示气候要素每 10 a 的变化量;i 为自然数列,代表时间序号,起始年 1961 年为 1,结束年 2010 年为 50。

年际波动程度分析:气象要素的标准差和离散系数都可用来衡量其年际波动程度,但标准差与样本均值有关,当两组样本的均值存在显著差异时,用标准差便不能确定哪组数据的离散程度更高,而离散系数既考虑了样本标准差大小又考虑了样本均值大小,便于两组数据离散程度的比较,本报告采用离散系数来衡量气象要素的年际波动程度,其计算公式为:

$$C_v = \sigma / \bar{x} \tag{6.45}$$

式中,C_v 为离散系数,C_v 绝对值越大,表示气象要素的年际波动越大,反之则表示年际波动越小。σ 为标准差,$\bar{x}$ 为气象要素多年平均值,其计算公式分别是:

$$\sigma = \sqrt{\frac{1}{n}\sum_{i=1}^{n}(x_i - \bar{x})^2} \qquad (i = 1,2,\cdots,n) \tag{6.46}$$

$$\bar{x} = \frac{1}{n}\sum_{i=1}^{n}x_i \qquad (i = 1,2,\cdots,n) \tag{6.47}$$

式中，x_i 为气象要素历年序列值，n 为资料年数，在此 $n=50$。

3)主要气候要素的极端状况，采用 P-Ⅲ分布或极值Ⅰ型的概率分布进行不同重现期极端最值的推算。

①P-Ⅲ分布

P-Ⅲ型分布的概率密度函数为：

$$f(x)=\frac{\beta^{\alpha}}{\Gamma(\alpha)}(x-b)^{\alpha-1}\mathrm{e}^{-\beta(x-b)}\,(b\leqslant x<\infty) \tag{6.48}$$

式中，$\Gamma(\alpha)$为伽马函数：

$$\Gamma(\alpha) = \int_{0}^{\infty}x^{\alpha-1}\mathrm{e}^{-x}\mathrm{d}\,x \qquad (\alpha,\beta>0) \tag{6.49}$$

三个原始参数 α,β,b 经适当换算，可以用 3 个统计参数 σ,C_v,C_s 表示：

$$\alpha=\frac{4}{C_s^2} \tag{6.50}$$

$$\beta=\frac{2}{\bar{x}C_vC_s} \tag{6.51}$$

$$b=\bar{x}\left(1-\frac{2C_v}{C_s}\right) \tag{6.52}$$

式中，C_v 为离差系数；C_s 为偏差系数；$\bar{x}$ 为均值。这 3 个统计参数可以通过矩法进行初步确定。使用矩法计算 3 个统计参数公式如下：

$$\bar{x} = 1/n\sum x_i \tag{6.53}$$

$$C_v = \sqrt{\frac{\sum(k_i-1)^2}{n-1}} \tag{6.54}$$

$$C_s = \frac{\sum(k_i-1)^3}{(n-3)C_v^3} \tag{6.55}$$

将这些待定参数用统计参数表示代入 P-Ⅲ型曲线的方程式中，则方程式可以写成：

$$y=f(\bar{x},C_v,C_s,x) \tag{6.56}$$

P-Ⅲ型概率密度函数就确定了，给一个 x 值，可以计算一个 y 值，从而可以绘出概率密度曲线。在频率分析计算中，需要绘制理论频率曲线，也就是要根据指定的频率求相应的特征值 x_p，它可以通过下列积分求得：

$$P(x\geqslant x_p) = \frac{\beta^{\alpha}}{\Gamma(\alpha)}\int_{x_p}^{\infty}(x-b)^{\alpha-1}\exp[-\beta(x-b)]\mathrm{d}x \tag{6.57}$$

随机变量标准化的形式为

$$\Phi = \frac{x-\bar{x}}{\bar{x}C_v} \tag{6.58}$$

式中，Φ 为离均系数。则 $x=\bar{x}(1+\Phi C_v)$，$\mathrm{d}x=\bar{x}C_v\mathrm{d}\Phi$，将 x 和 $\mathrm{d}x$ 代入式(6.58)，化简后得：

$$P = \frac{2^{\alpha} C_s^{1-2\alpha}}{\Gamma(\alpha)} \int_{\Phi}^{\infty} (C_s\Phi + 2)^{\alpha-1} \exp\left[-\frac{2(C_s\Phi + 2)}{C_s^2}\right] \mathrm{d}\,\Phi \tag{6.59}$$

式中的被积函数只含有一个待定参数 C_s，因为其他两个参数都包含在 Φ 中。可见，其相应计算的关键在于解决 Φ 值的大小。

6.6.4　典型案例

开展的机场场址气候可行性论证工作，是机场场址选择、飞行程序及方案设计、确定飞行跑道、机场及飞行安全运行的重要基础性科学依据，也是机场工程建设可行性研究必不可少的前提条件和基础论证，从选址论证时充分考虑气象条件，为机场建成后的顺利运营提供了科学指导；天气条件会成为机场能否高效顺畅运营的重要因素，本工作不仅帮助选定受天气影响较少的场址，还可为机场航班时刻申请、航班编排提供依据，为机场顺利运营打下基础（赵树海，1994；郭虎道，2001；王永忠，2006；刘峰 等，2007；李雨，2009；彭笑非，2010；丁立平，2010）。2010 年以来，四川省气候中心先后对简阳预选新机场、宜宾机场迁建、巴中预选机场、泸州云龙机场选址、达州机场迁建选址、攀枝花机场地形影响等从各个不同方面开展了气象条件分析工作。

6.6.4.1　泸州云龙机场风切变特征分析

泸州云龙机场位于四川省泸州市泸县云龙镇，为全省第三大航空港，场址海拔 330 m，距泸县气象局直线距离 4.5 km 左右。按照民航飞行区近期 4 d 远期 4E 级、军用三级机场标准建设。云龙机场将实现辐射川南并兼顾黔北、渝西、滇东地区，成为四川乃至西部重要的支线机场。

低空风切变是飞机起飞和着陆阶段一个极为重要的航空气象问题，具有时间短、尺度小、强度大的特点，在机场建设气候可行性论证中，低空风切变的观测研究工作是很重要的组成部分。鉴于泸州云龙机场无探测风场以及风切变的资料，利用云龙机场附近的气象台站观测资料、探空资料和 NCEP 再分析资料，依据气象学、气候学、航空气象、数理统计等原理，对泸州云龙机场区域风切变特征进行了分析。低空风切变的强度标准，涉及的因素很多，它同气象条件，飞机性能以及飞行员的技术水平等有关。但是，以对飞行的危害程度作为出发点来进行强度分类，则是较为一致的。研究主要集中于水平风垂直切变和垂直风的垂直切变。

（1）水平风切变

水平风的垂直切变强度标准：根据国际民航组织所建议采用的水平风的垂直切变强度标准，如表 6.25 所示。这里的空气层垂直厚度取 30 m 一般认为 0.1(1 m/s)以上的垂直切变就会对喷气式运输机带来威胁。航空气象学中，低空风切变通常指近地面 600 m 高度以下的风切变，是向量值，反映空间两点之间风速和风向的变化。

表 6.25　水平风的垂直切变强度标准

强度等级	30 m 垂直厚度数值标准/(m/s)
稍有影响	0～2
影响较大	2.1～4
影响很大	4.1～6
造成严重伤害	＞6

由于根据热成风原理，风速将随高度的增加而增大，因此 1000 hPa 与 925 hPa、925 hPa 与 850 hPa 厚度值算出来的风速结果要大于厚度为 30 m 的数值，也就表明研究中通过两层风速差所得结果应该要大于实际风速。主要分析 2006—2012 年平均 $V_{925-1000}$ 以及 $V_{850-925}$ 的逐候水平风垂直切变强度变化特征。

$V_{925-1000}$ 主要反映出云龙机场上空 600 m 高度的水平风垂直切变，$V_{925-1000}$ 平均风速的垂直切变强度基本在 0.8 m/s 以内，其中冬、春季水平风垂直切变强度较大，夏、秋季水平切变强度相对较小；最大风速垂直切变在 1.2 m/s，其强度等级处于稍有影响的等级；$V_{850-925}$ 反映了机场上空 600 至 1500 m 高度的水平风垂直切变，$V_{850-925}$ 平均风速垂直切变强度基本在 3.5 m/s以内，全年的季节变化相对较弱；$V_{850-925}$ 最大风速垂直切变在 5 m/s 左右，切变强度也相对较弱。因此云龙机场的水平风垂直切变是比较小的，适合于飞机的安全起降。

(2)垂直风切变

垂直风的切变强度，在相同的空间距离内主要由垂直风本身的大小来决定，对飞行安全危害最大的是强下降气流。根据藤田(1981)的建议，提出一种称之为下击暴流的数值标准，即从下降气流速度来确定。表 6.26 列出了下击暴流的数值标准。

表 6.26　垂直气流切变强度标准

	下击暴流
91 m 高度以上的下降速度	<3.6 m/s

为得到云龙机场上空的垂直风速，采用将等压面上的垂直风速插值到云龙机场上空，以此来分析垂直速度的垂直切变特征。由于垂直速度(ω)为 P 坐标下计算所得，因此 ω 正值代表下沉运动，下沉气流越接近地面，气温越高，水汽越不容易凝结成雨。负值代表上升运动，上升气流容易形成降水。

从 2006—2012 年平均的逐候各层垂直风速等值线图可以发现冬、春两季高层以下沉气流为主，低层以上升气流为主，夏秋季以下沉气流为主，最大值出现在低层的 5 月和 9 月。总体从全年可以看出，整个低层以上升运动为主，不易出现强下降气流，对飞行安全非常有利。

近 6 年云龙机场低层(600 m 以下)的平均和极大垂直下沉风速在 0.17 Pa/s 以内，而平均和极大的垂直上升风速在 0.12 Pa/s 以内，即垂直风速的上升或下沉速度小于 0.2 m/s。对照下冲气流的数值标准(表 6.26)，云龙机场下沉气流的垂直切变对机场起降影响不大。

虽然上升气流的垂直切变对飞行安全影响不大，但其往往对应着强降水和雷暴天气的发生，其带来的风险也不能忽视。因此，对云龙机场雷暴的特征进行了分析，从侧面印证上升气流的垂直切变是否对机场有较大的影响。云龙机场区域的年平均雷暴日数为 28 d 左右，主要发生在春、夏、秋三季，冬季几乎无雷暴。全年雷暴主要出现在 2—11 月，12 月至翌年 1 月无雷暴出现。雷暴现象主要集中在 4—8 月，分别占全年的 14.5%、11.3%、11.7%、26.1%、24%，月最多雷暴天数出现在 7 月份，为 7.4 d，这也从侧面印证了垂直气流的上升运动也不会对机场造成较大的影响。

(3)风切变对机场影响的综合评价

低空风切变被国际航空和气象界公认为是飞机起飞和着陆阶段一个极为重要的航空气象问题，在机场建设气候可行性论证中也是很重要的组成部分。利用云龙机场附近的气象台站观测资料、探空资料和 NCEP 再分析资料，对泸州云龙机场区域风切变特征进行了分析。结果表明云龙机场上空的低空风切变基本满足常年飞行的基本要求，出现影响安全飞行的风切变可能性较小。

云龙机场低层600 m及其以下附近地区，平均和极端的水平风垂直切变在1.2 m/s以内，明显小于2 m/s，符合水平风垂直切变的“稍有影响”；600～1500 m高度的水平风垂直切变，在5 m/s左右，切变强度也相对较弱；平均和极端的垂直风下沉和上升气流速度在0.2 m/s以内，远小于下冲气流3.6 m/s的数值标准，垂直风的垂直切变较小，同时该区域属于少雷暴区。

由于云龙机场缺乏实时的近地层风场观测资料，研究主要基于模式插值资料进行计算，因此可能会与实测资料存在一定的误差，建议今后采用探测设备进行风场以及风切变观测后开展更精准的风切变特征分析。

6.7　气候与扶贫

科技成果的生命在于应用，从气候适宜性角度分析，根据贫困县脱贫攻坚、产业布局、防灾减灾的需求，经过实地调研，从气象为农服务、气象防灾减灾服务等方面开展科学论证，合理利用当地特色气候资源，遵循气候规律，科学调整农业产业布局，优化农业产业结构，协助贫困地区探索集体产业发展模式，引导群众建立产业合作组织，增加集体产业造血能力，造福”三农”，通过科学论证，在气象灾害防御、优化农业产业布局上减少盲目性，少走弯路，提高农业产业化效益。

6.7.1　服务内容

应用科学的技术手段，弄清当地气候资源现状和潜力，按照国家相关标准对当地的气候资源开发潜力进行科学评估；从气候、土壤适宜性角度对当地名特优产业布局调整进行可行性论证，划分出适宜区、次适宜或不适宜区；采取以点带面的方式，在当地进行经济作物种植示范园气候、土壤适应性观测和研究；针对当地主要气象灾害开展气象灾害风险区划，提高当地防灾减灾能力，减小气象灾害损失，为迁民避灾，气象灾害防治规划等提供参考。

6.7.2　工作流程

按以下工作步骤进行：实地调查研究/资料搜集→基本概况分析→报告内容编写→咨询研讨→修改完善→形成报告。

(1)实地调查研究

对当地进行调研；了解项目开展区域的基本概况、主要气候资源、农业生产现状，主要气象灾害等内容。

(2)资料搜集

搜集当地气象、农业、林业、水利、当地地方志、政府工作报告、最新科研成果和相关科技文献等尽可能全面的资料。调研走访有关专家和技术人员，征求论证意见，必要的地方进行实地布点观测。

(3)概况分析

利用资料，初步分析研究区域的基本概况、气候特点、特色气候资源、农业生产现状以及主要气象灾害等内容。

(4)报告编写

采用基本统计分析、数值模拟等方法，利用 GIS、遥感等技术按照提纲编写报告。

(5)咨询研讨

组织专家、技术人员及当地相关部门召开讨论会，结合当地实际情况，对得出的结果进行深入地讨论，广泛征求各方意见、建议。

(6)修改完善

根据意见进行进一步修改完善、凝练出科学、客观的评估及区划结果，提升内容的科学性、合理性、适用性。

(7)最终形成报告

6.7.3 技术方法

根据服务内容，采用的技术方法可分为四大部分：一是基本气候特征；二是气候资源分析；三是气候农业适宜性；四是气象灾害分析。这四部分技术方法在前面章节均有具体论述，下面简单介绍气象观测资料订正方法。

气象观测资料一般采用差值订正法、比值订正法、一元回归订正法、条件回归订正法、多因子相关图解法、分离综合法等。根据选用资料少、订正误差小、计算过程简便而精度又能满足要求等原则，采用一元回归订正法：设 X 为基本站，具有 N 年资料；Y 站为订正站，有 n 年资料；$n<N$，并且 n 年包括在 N 年内，需要将订正站 n 年资料订正到 N 年。

订正的基本公式为：

$$Y_N=Y_n+(R\cdot Q_Y/Q_X)\cdot(X_N-X_n) \tag{6.60}$$

式中，X_n，Y_n 分别为基本站和订正站 n 年平行观测时期内的平均值；X_N，Y_N 分别为基本站和订正站 N 年观测资料的平均值；Q_X，Q_Y 分别为基本站和订正站 N 年平行观测时期内年的标准差；R 为基本站和订正站在 n 年内观测资料的相关系数。

6.7.4 典型案例

旺苍县地处四川盆地北缘，米仓山南麓，县内居住着汉、羌、彝、藏、回、苗、侗等民族，北部地貌群峰雄踞，南部崇山突兀，腹部丘坝相间，溪河交错。由于地理环境差异，县内南、北、中三类地区经济文化发展极不平衡，尤其是北部高寒山区，集中了全县 58%的贫困乡镇和 82%的贫困人口。因此，1986 年旺苍被列为全国重点扶贫开发县，1994 年被列为国家"八七"扶贫攻坚县，2002 年再次被列为国家扶贫工作重点县。

6.7.4.1 旺苍县气候资源分析

对旺苍境内的风能、太阳能资源进行数值模拟，并对照相关标准进行资源等级划分，结果显示：虽然目前旺苍县全域风能资源还未达开发标准，但随着未来风电开发技术的提高，在风能资源相对较好的旺苍县中部和北部的海拔较高山区，仍然存在开发利用的可能性；旺苍县太阳能资源虽等级一般，但在米仓山走廊东部地区资源相对丰富，可在居民楼房和平顶以及户外空地建设安装中小型分布式发电系统或太阳能路灯等设施，自发自用，解决当地居民自用电问题。

(1)风能资源

运用 WRF 模式系统，采用 ARWpost 后处理软件并行计算进行风能资源的数值模拟，将数值模拟结果结合GrADs系统和GIS地理信息系统分析完成旺苍县风能资源评估。

模拟结果显示旺苍县风能资源分布和地形关系很大。分布于旺苍米仓山走廊以北的北部山区海拔较高地区风能资源相对较好；海拔较低地区峡谷风能资源较差。所模拟的70 m高度风速在4.5 m/s以上区域分布于旺苍县区域内大部分海拔800 m以上山区；旺苍中部和北部山区1500 m以上高海拔山区存在风速5 m/s以上区域。风功率密度分布情况和风速分布特点几乎一致。风功率密度大于110 W/m^{2}以上区域存在于旺苍县中部和北部海拔较高山区。

根据《GB/T 18710—2002：风电场风能资源评估方法》，虽然70 m处模拟风速和风功率密度能达到目前开发要求的区域还比较少，但在旺苍中部和北部的海拔较高山区显示仍然存在风能资源相对较好的地区。在不久的将来，通过增设实地观测塔，以及随着风电开发技术的提高，在该区域仍然有风能资源可进行开发的可能。

(2)太阳能资源

基于四川省100 m×100 m分辨率的高程模型数据(digital elevation model，DEM)和地面气象观测资料，结合遥感反演地表反照率，对旺苍县复杂地形下的太阳辐射进行分布式模拟计算，为旺苍县太阳能资源的开发和利用提供理论数据和参考依据。

根据太阳能资源评估标准，对旺苍县太阳能资源进行评估，结果显示，旺苍县辐射资源分布和地形有很大关系，海拔较低的河谷和平地辐射资源相对较高，海拔较高的山地辐射资源相对较低。1981—2000年旺苍县年平均总辐射为3511 MJ/m^2，模拟最小值2118 MJ/m^2，最大值4044 MJ/m^2。总辐射分布同地形密切相关，米仓山走廊、南山和北山海拔较低的平地区域，总辐射多在3400 MJ/m^{2}以上。

根据旺苍县太阳能资源分布评估结果，建议在少量太阳能资源丰富且地形平坦的米仓山走廊西部地区，可适当建设中小型分布式发电设施；在地形陡峭且交通不便的山区，可在居民楼房和平顶以及户外空地建设安装中小型分布式发电设施系统，鼓励居民自发自用，解决当地居民自用电问题，以及安装太阳能路灯等设施，合理利用太阳能资源。

6.7.4.2　扶贫主导产业气候适应性区划

自精准扶贫工作启动以来，旺苍县着力把茶叶、核桃、中药材、畜禽"四大产业"作为扶贫主导产业来抓。从气候适宜性角度分析：旺苍县除海拔较高的高山地区和海拔最低的河谷地带，中部和北部大部分地区都适宜种植核桃；茶叶的适宜区主要位于旺苍县西南部及米仓山走廊西侧；猕猴桃在旺苍县海拔较低的南部最适宜生长。

(1)茶树精细化农业气候区划

旺苍县茶树精细化区划(图6.13)从茶树的适应性和茶树的优质效益两个层面考虑，采用全年降水量、春季降水量、全年日照时数和≥10 ℃积温作为区划指标，划分出适宜区、较适宜区和不适宜区。

旺苍县境内热量、光照、水分等条件均能充分的满足茶树各生育期需求的地区较少。茶树种植适宜区呈条带状零星分布于旺苍县的西南部及河谷地区。中部至北部河谷地区也有条带状适宜种植区分布。其余区域适宜种植区面积较小。

除海拔较高的米仓山走廊北部部分地方和南部九龙乡局部地方外，旺苍县大部均为茶树种植的次适宜区。该区域日照、热量、水分条件都能基本满足茶树生长的需要。这一区域总体上可以通过改良品种和改善种植条件，理论上能够达到适宜区的生长状态。

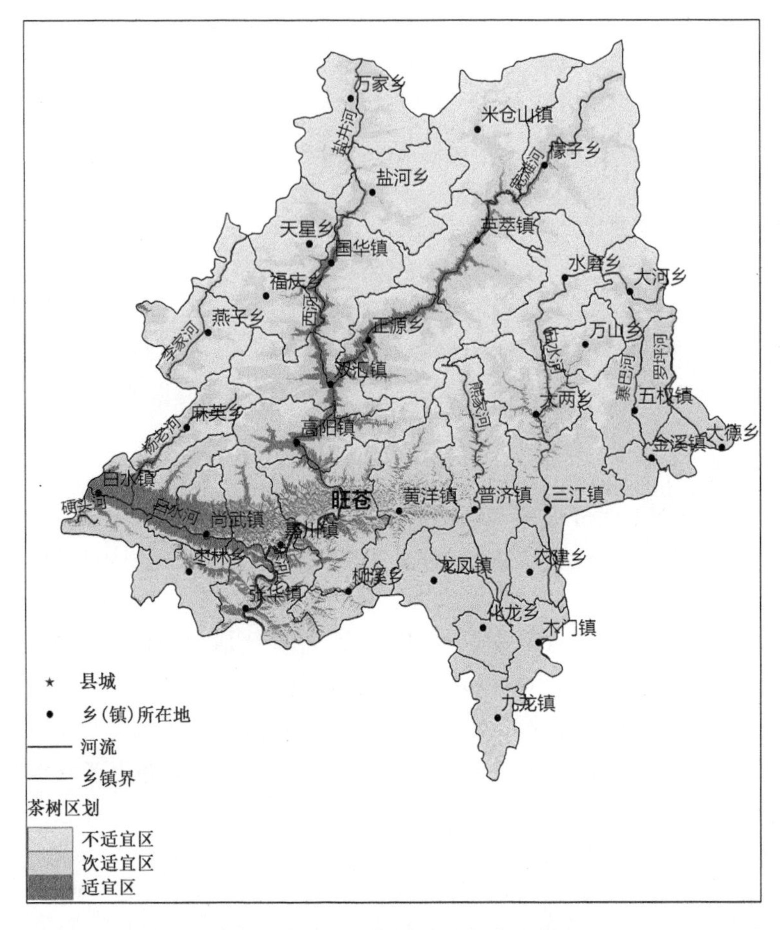

图 6.13　旺苍县茶树种植气候区划图

不适宜发展茶树种植产业的区域主要分布在海拔较高的米仓山走廊北部部分地方和南部九龙乡，米仓山走廊北部区域年日照过高，不符合茶树耐荫喜弱光的特性，因此不适宜茶树种植。旺苍县南端地区，春季降水量过低，水分条件不能满足茶树的生长，不宜在上述区域盲目种植茶叶。

根据区划结果，建议地方在发展茶树种植产业时，需按照实际情况，划区分块，设置茶园道路。因地制宜建立蓄、排、灌水利系统；注意改善茶园生态环境条件，选择适宜的树种营造茶园防护林、行道树网或遮阴树。注意引进品种的适应性能，做好多品种合理搭配，选择合适的引种季节。加强苗期管理，及时进行除草、抗旱、防冻、施肥和病虫害防治等工作。加强茶园管理，修剪，中耕锄草，使茶园通风透光，减少病害发生。切实搞好茶树病虫害的科学防治。

(2)核桃精细化气候区划

以核桃生产的优质、高产、高效为目的，参考相关研究成果，采用影响核桃生长、品质的年平均气温、年降雨量、年日照时数、≥10 ℃积温因素为区划因子，为旺苍县核桃种植划分出最适宜区和不适宜区(图 6.14)。

旺苍县核桃种植的最适宜区主要分布在米仓山走廊北部，沿海拔较低的高山河谷地带呈条带状分布。米仓山走廊北侧核桃种植适宜区分布面积较广，但相对零散。米仓山走廊南侧

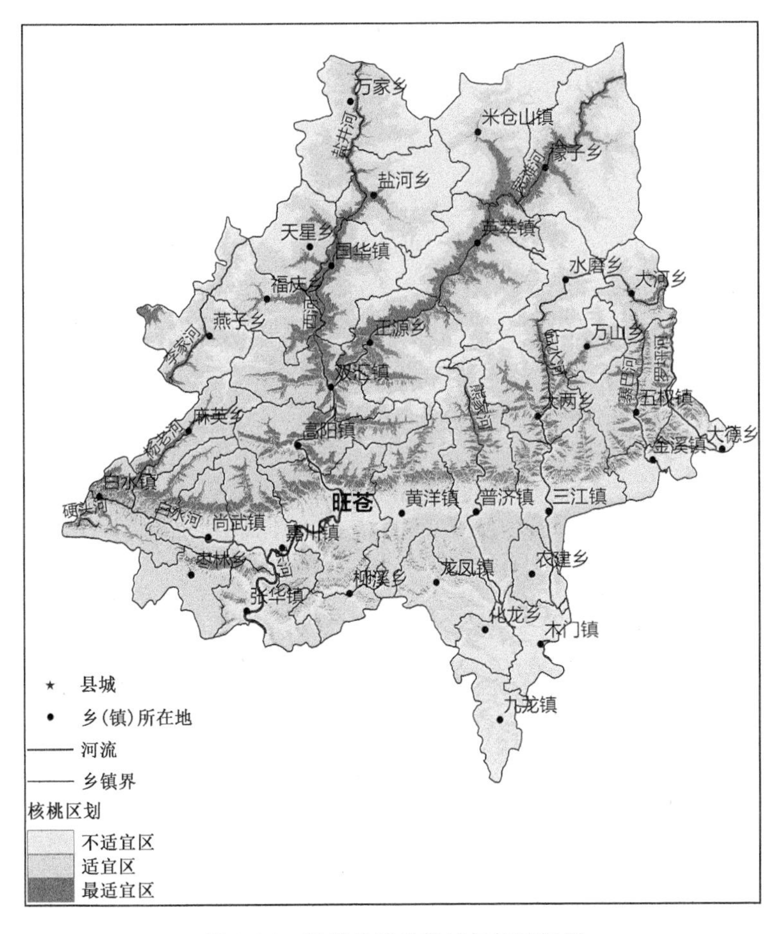

图 6.14　旺苍县核桃种植气候区划图

仅存在零星适宜区。这一区域年平均温度为 14～16 ℃,年降水量为 1000～1200 mm,年日照时数为 1250～1300 h,>10 ℃积温在 4000 ℃ · d 以上,能够满足核桃种植所需的气象条件,适宜发展核桃种植产业。

不适合发展核桃种植产业的地区主要集中在米仓山走廊中部一线及米仓山走廊北部高海拔地区,呈线条状。旺苍县南端也有分布,这一区域虽然日照和水分条件适宜核桃的生长,但由于海拔较低,温度偏高,热量条件不利于核桃的种植。

针对旺苍县核桃种植的规划,建议地方发展核桃种植产业时:(1)加快适宜旺苍栽培的核桃良种的培育;(2)加强系统引种试验研究。以气候、立地条件、海拔等为设计因素系统地开展相邻亚区核桃良种引种驯化工作,分析不同栽培品种在旺苍的丰产适应性;(3)促进栽培管理技术体系的建立与推广。积极拓展科技支撑单位与种植企业合作渠道,开展核桃栽培管理技术研究与推广工作,加快形成适宜旺苍的核桃栽培管理体系和技术推广。

(3)猕猴桃精细化农业气候区划

以猕猴桃生产的优质、高产、高效为目的,采用影响猕猴桃生长、品质的年降雨量、年≥10 ℃积温、果实膨大至成熟期(5—8 月)的日照时数、果实糖分转化期(7 月下旬—8 月中旬)的平均气温作为区划因子,划分出猕猴桃种植适宜区、次适宜区和不适宜区(图 6.15)。

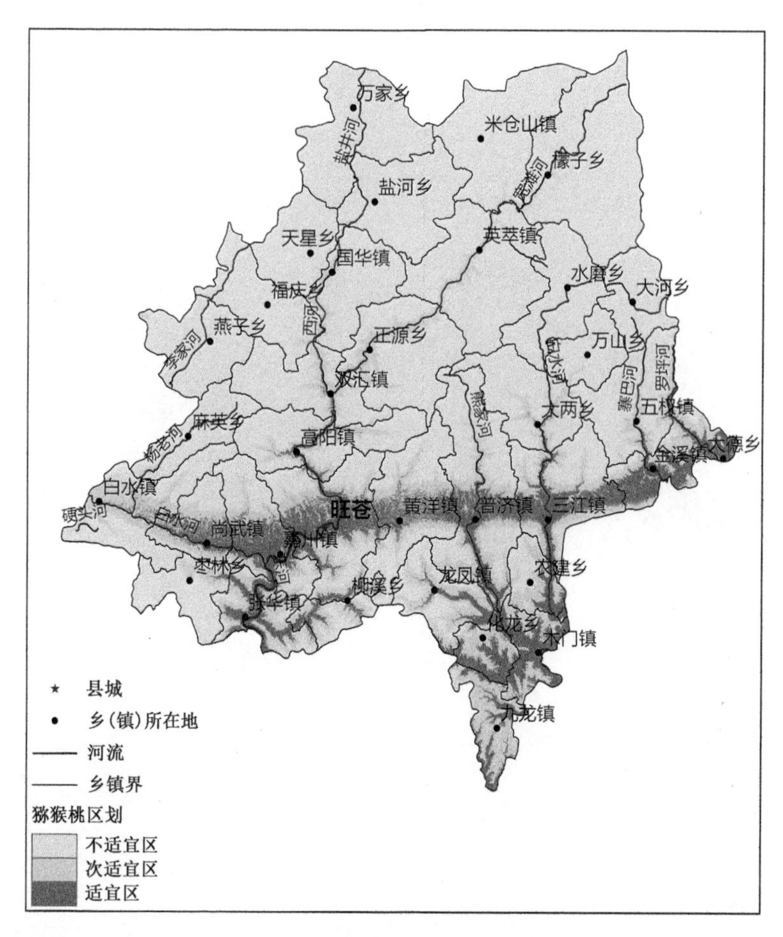

图 6.15　旺苍县猕猴桃种植气候区划图

旺苍县适宜发展猕猴桃种植产业的地区分布于旺苍县米仓山走廊一带及旺苍县南部区域，该区域内有充沛的日照，良好的热量条件和水分条件，能够充分满足猕猴桃各生育期的需求，是旺苍县内猕猴桃种植的适宜区。同时米仓山走廊北侧沿河谷地区也有小面积种植适宜区，呈带状分布。

旺苍县猕猴桃种植的次适宜区面积较小，米仓山走廊南部区域猕猴桃种植次适宜区与适宜区分布大致相似，呈条带状分布于最适宜区周围，上述区域猕猴桃果实膨大期至成熟期光照条件及糖分转化期的热量条件都较好，但是水分条件和积温未达到最佳水平，整体农业气候条件能够满足猕猴桃的基本生长需求。

不适宜发展猕猴桃种植产业的区域涵盖了旺苍县的北部及中部的大部乡镇，以及南部的部分地方。南部部分地方由于海拔较低，年累积降水量不足 1000 mm，水分条件不能满足猕猴桃的生长需求。北部及中部大部地方，由于海拔较高，年≥10 ℃积温在 4500 ℃ · d 以下，热量条件影响了猕猴桃的正常生长。

根据区划结果，建议地方在发展猕猴桃种植产业时，注意因地制宜，科学选址，加大科普宣传力度、统筹规划，正确引导农民或业主在规划适宜区种植，提高猕猴桃产量和品质。

6.7.4.3　气象灾害风险区划

旺苍县全境土地利用类型以林地为主，耕地（旱地与水田）及居民用地均分布于河道附近及山谷地区，承灾体暴露度较高，其中米仓山走廊两侧和旺苍县西南部地区受暴雨影响更为明显，在 30 a 一遇及以上强度的暴雨影响下易发生破圩及河岸漫顶，需加强洪灾防御工事建设。旺苍县地质灾害风险区主要集中在县城所在的东河镇及周边的白水镇、尚武镇、枣林乡、张华镇、嘉川镇一带，米仓山走廊北部也有零星区域属于地质灾害高风险区如图 6.16 所示。

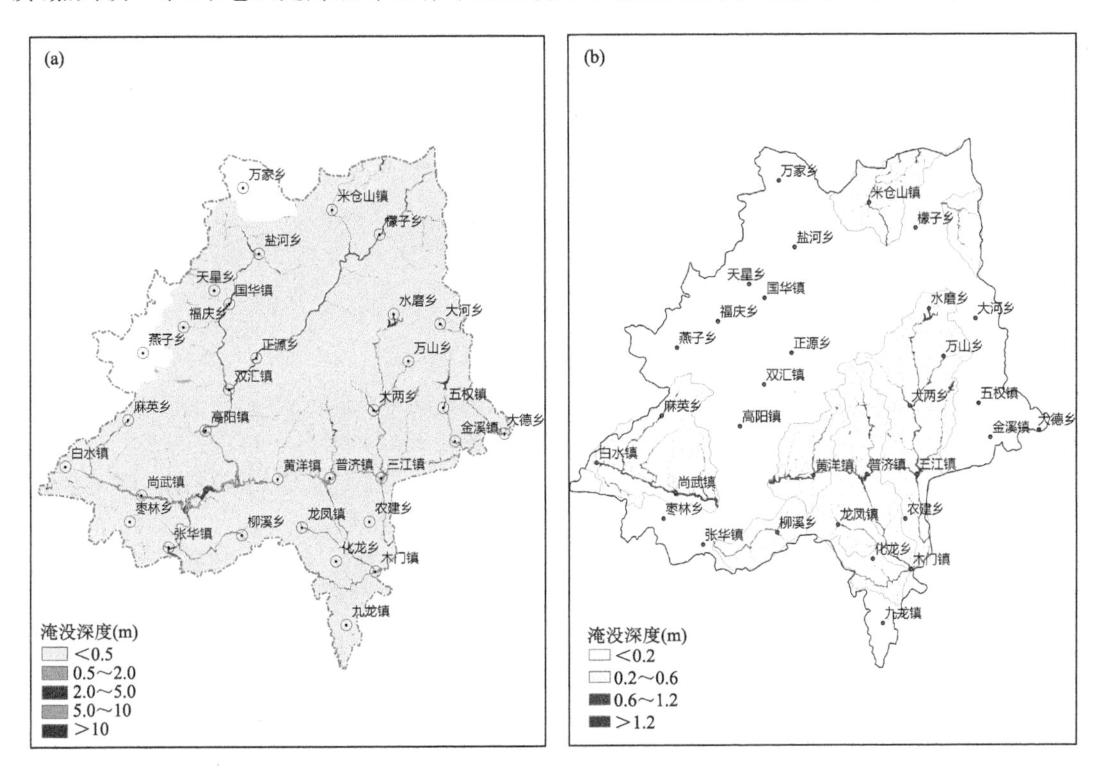

图 6.16　旺苍县百年一遇暴雨诱发中小河流洪水(a)、山洪(b)淹没范围示意图

（1）中小河流洪水及山洪

根据暴雨洪涝风险评估方法，使用水文模型和淹没模型对旺苍县全境进行不同降雨情景下的洪水淹没模拟，结果显示，5～10 a 一遇的洪水大部分地区淹没深度不足 3 m；而 50 a 及 100 a 一遇洪水，淹没深度超过 5 m 的地区大大增加。旺苍南部的米仓山走廊一带山洪沟淹没较深，灾情最为严重。

米仓山走廊南侧的东河镇、尚武镇、嘉川镇及东侧的三江镇、金溪镇一线，由于地形原因导致受暴雨灾害影响较为明显，河水水位上涨后形成河岸漫顶，进而形成内涝，对城镇耕地及居民用地造成威胁。同时旺苍县居民点、公共设施及交通要道均位于这一区域，承灾体数量较多，灾损敏感性较高，一旦出现水浸将导致交通堵塞，应加强暴雨灾害预警服务和洪涝灾害防御工程的建设。

（2）地质灾害

旺苍县地质灾害风险区主要位于县境内海拔较高，坡度较陡的河谷地带，其中地质灾害风险较高的区域集中在县城所在的东河镇，及周边的白水镇、尚武镇、枣林乡、张华镇、嘉川镇一带，上述区域处于旺苍县行政，经济中心及交通枢纽地带，人口密度较大，居民用地和耕地占比较高，交通要道、商业区、居民社区、医院、学校、公益设施等易损性承灾体密集，发生地质灾害时损失较大。米仓山走廊北部也有零星区域属于地质灾害高风险区，这一区域人口密度约为80～140 人/ km^{-2}，土地利用类型以林地为主，居民区及耕地多位于河道两侧及山谷地区。当地国土地质部门需对地质灾害隐患点加强巡查，对危险区域进行山体加固等防灾措施，发现险情及时组织相关群众撤离。气象部门及时根据未来天气状况发布预警信息，最大程度避免灾损。

参考文献

陈兵，1986. 四川省太阳辐射计算的线性拟合公式初探[J]. 四川气象(4):24-26.

丁立平，2010. 低空风切变对飞行的影响及应对措施[J]. 指挥信息系统与技术，(1):77-81.

郭虎道，2001. 低空风切变对飞行的影响[J]. 高原山地气象研究，21(3):20-21.

李雨，2009. 雷暴对飞行的危害和管制指挥策略[J]. 空中交通管理(1):38-40.

刘峰，刘式达，文丹青，2007. 广州白云机场"7·21"低空风切变天气过程综合分析[J]. 北京大学学报(自然科学版)，43(1):23-29.

刘振礼，王兵，1996. 旅游地理学[M]. 天津:南开大学出版社:132-133.

马振峰，郭海燕，等，2016. 中国生态气候城市·雅安[M]. 北京:气象出版社.

彭笑非，2010. 低空风切变对飞机进近着陆的影响分析[J]. 科技经济市场(7):34-36.

上海市政工程设计研究总院，2012. 室外设计排水规范(2016 年版):GB 50014—2006[S]. 北京:中国计划出版社.

四川省气象局，2008. 农业气候适应性论证技术规范:DB 51/T 852—2008[S]. 成都:四川省质量监督局.

苏志，李秀存，周绍毅，2009. 重大建设工程项目气候可行性论证方法研究[J]. 气象研究与应用，30(1):37-39.

藤田 T T，1981. 下击暴流[M]. 北京:气象出版社.

王永忠，2006. 雷暴低空风切变中大雨对飞行的影响[J]. 南京气象学院报，29(1):136-140.

吴章文，2001. 旅游气候学[M]. 北京:气象出版社.

徐渝江，1985. 四川省总辐射气候学计算及时空分布[J]. 四川气象(4):27-29.

许沛华，陈正洪，李磊，等，2012. 深圳分钟降水数据预处理系统设计与应用[J]. 暴雨灾害，31(1):83-86.

杨桂华，1999. 旅游资源学[M]. 昆明:云南大学出版社.

杨淑群，詹兆渝，范雄，2007. 四川省太阳能资源分布特征及其开发利用建议[J]. 气候资源分析，27(2):15-17.

杨振斌，2006. 中国风能资源评估报告[M]. 北京:气象出版社.

张子贤，1995. 用高斯一牛顿法确定暴雨公式参数[J]. 河海大学学报，23(5):106-110.

赵树海，1994. 航空气象学[M]. 北京:气象出版社.

中华人民共和国国家质量监督检验检疫总局，2002. 风电场风能资源评估方法:GB/T 18710—2002[S]. 北京:中国标准出版社.

周玉文，翁窈瑶，张晓昕，等，2011. 应用年最大值法推求城市暴雨强度公式的研究[J]. 给排水，37(10):40-44.

第7章　气候变化

气候变化(climatic changes)是指气候平均状态随时间的变化，即气候平均状态和离差(距平)两者中的一个或两个一起出现了统计意义上的显著变化。具体表现为描述气候状态的各种气候要素(温度、降水、相对湿度、风速等)随时间的变化。从气候系统的角度理解，气候变化是指气候系统各组分状态(如海温、海平面、大气成分、冰雪冻土等)随时间的变化。气候变化有自身显著的特点：一是多时间尺度特征，具有年际、年代际、百年、千年以及更长时间尺度的变化。二是空间变化的差异性，表现为在全球气候系统变化的大背景下，各地气候响应变化的特点不同，或在时间上不同步或变化的程度不同。三是气候变化的原因极其复杂，不同时空尺度的变化影响原因不同，既有自然因素的作用，也有人类活动的影响。四是气候变化的影响广泛深远，气候变化影响经济社会发展和人类生活的各个方面。诸如现代人类社会发展所面临的水资源、粮食生产、环境保护、可持续发展等问题都与气候变化问题有关。这也是近几十年来，气候变化由一科学问题逐步演变为一个经济、政治外交热点问题的根本原因所在。

气候变化业务主要围绕国家整体目标和区域经济社会发展的需求，开展气候变化资料信息的收集和整理，开展气候变化检测、预估和影响评估，制作气候变化业务服务产品，为政府提供气候变化决策信息。四川气候变化业务起步于2009年，开展了本省气候变化事实的分析和趋势预估研究，并重点参与了《西南地区气候变化评估报告》《四川省气候综合图集》《雅安——中国生态气候城市》的编研，业务与服务能力建设初见成效。

7.1　业务内容

气候变化业务主要有气候变化资料处理、事实检测、气候变化预估与气候变化影响评估等方面的内容。建立集气候变化事实检测、趋势预估、影响评估和应对政策措施于一体的业务体系，形成综合业务能力；开展四川地区当前和历史气候变化事实的检测，提供决策服务产品；开展四川地区未来5～10年及更长时间尺度的基本气候要素和极端气候事件的预估，适时发布预估产品；开展气候变化对四川农业、水资源、能源、人体健康等敏感经济社会领域和区域影响的综合评估，研究气候变化适应和减缓，适时发布四川局地气候变化影响专题或综合评估报告，为地方政府做好气象防灾减灾和应对气候变化工作提供科学依据。

7.1.1　气候变化资料处理

气候变化业务，对资料有着特殊的要求，一是需要有观测时间较长，质量较高的气候资料数据，这是气候变化事实检测分析的结果客观、真实的根本保证。二是需要有经济社会发展领域的历史信息，以支持气候变化影响的综合评估分析，能有效提高影响评估的客观化、定量化水平，增强气候变化决策服务的针对性与实用性。

气候变化业务中的资料问题也恰在于上述要求并不能得以满足，经济社会发展方面的资料相对难以收集，缺少量化的连续性的资料数据。就气候资料序列而言，均一性问题比较突出。这里特别强调四川气候资料的均一性问题，这一问题对气候变化业务来说尤其重要。造成四川气候资料非均一性的原因，归纳起来主要有观测台站搬迁、观测仪器的更新、观测时次的变化以及台站周围环境的变化等。

四川境内地理条件复杂，台站搬迁选址难度大，因台站搬迁造成的同一台站名号下的气象观测资料非均一性问题相当严重，而且有些站已多次搬迁。值得注意的是，近 10 余年因地震灾害重建搬迁过的台站，又因四川城市化快速发展和台站综合条件改善等因素，而面临新一次的搬迁。台站搬迁，对四川气候资料均一性的影响最大。

对汶川站年平均气温采用 SNHT、Buishand range test、Pettitt test、TPR4 种方法进行均一性检验，得出的统计量均未通过 1%显著性水平检验。Von Neumann ratio 比率检验法计算得出统计量为 0.201(<1.36)，也未通过 1%的均一性检验。根据台站沿革资料可知，1977 年 7 月 1 日，该站由威州镇姜维城“山腰”迁至汶川县城南部边缘处。由图 7.1 可知，SNHT，Buishand range test，Pettitt test，TPR 的统计序列的最大值均出现在 1977 年附近，很可能受 1977 年迁站影响，汶川站平均气温资料具有不均一性。

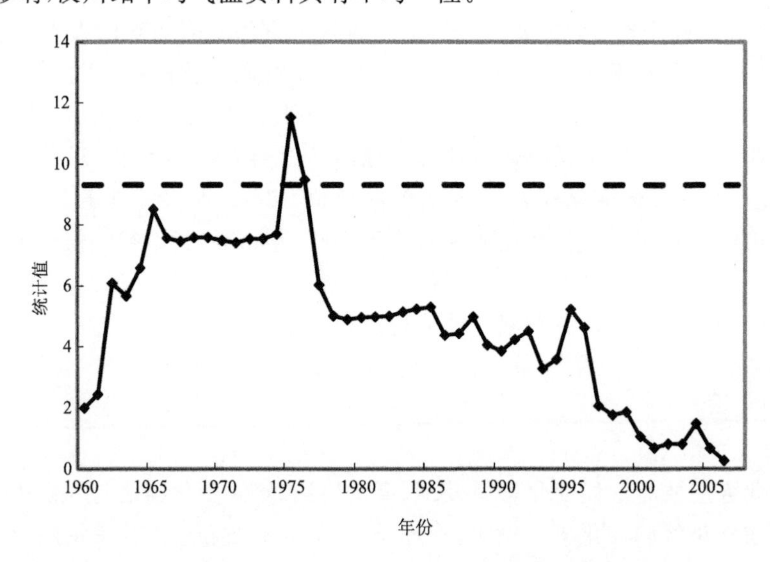

图 7.1 汶川站年平均气温采用 TPR 方法的均一性检验结果

气候观测仪器的更新，是造成气候资料非均一性的另一主要原因。气候资料观测技术不断发展进步，自动化程度越来越高，气候多种要素的观测仪器都有变化。四川 2000 年之后，气候要素观测先后由人工改为自动观测，资料的均一性也受到明显影响。

气候资料不同观测时次(每日 24 次、4 次)的日平均统计方法的不同，会影响资料的均一性。过去气候资料统计，以每日四次(02 时、08 时、14 时、20 时)观测资料统计为基准，未来基本气象要素采用 24 次统计成为一种可能，统计方法不同造成的资料非均一性应予以注意。以若尔盖站 2004 年 6 月气温观测资料为例(图 7.2)，24 次与 4 次统计的日平均气温的差值平均为0.16 ℃，范围为−0.4～1.0 ℃。24次统计累计月平均气温为11.0 ℃，4次统计累计月平均气温为10.7 ℃，二者相差0.3 ℃，这对气候变化事实检测来说影响是不能忽视的。

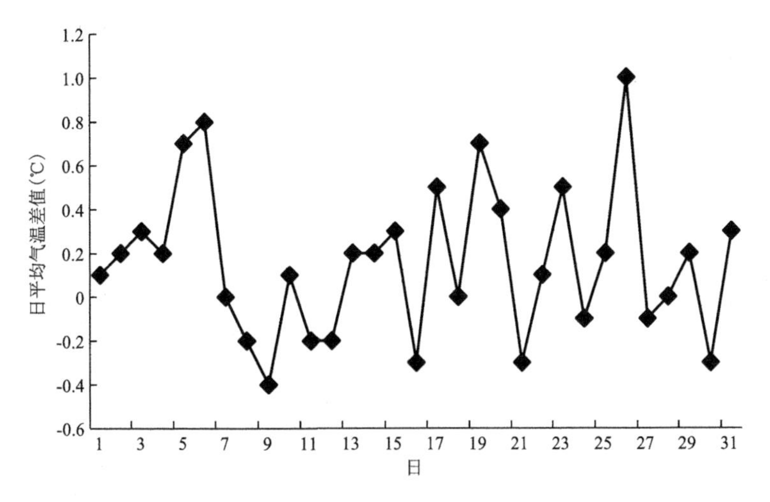

图7.2　2010年7月若尔盖站24次与4次统计日平均气温差值(℃)

从上面分析可知，四川气候变化业务面临的气候资料的质量问题突出，建立一套适用于气候变化研究的高质量标准化数据集的技术难度高，任务也十分艰巨。

7.1.2　气候变化事实检测

气候变化的事实检测分析，是区域气候变化业务服务工作的基础。气候变化检测对象，一是基本气候要素，如气温、降水、日照时数、能见度、风速、气压、蒸发量、相对湿度等；二是极端天气气候事件，如极端高温、干旱、强降水、低温等；三是海温、气压场、风场及多种大气环流指数等。气候变化检测有多种方法，如简单的指标和序列法、最佳指纹法和多元回归法等，其主要工具是数理统计方法。

7.1.3　气候变化预估

未来气候变化的趋势受人类社会的发展途径影响很大，气候变化对生态系统和社会经济的影响评估是选择适应和减缓气候变化战略的基础。构建未来社会经济变化的情景，利用气候模式对未来人类活动引起的气候变化进行情景预估，评估气候变化对农业、自然生态系统、水资源、环境等的影响，以减少气候变化的影响、脆弱性和适应性评估的不确定性。

7.1.4　气候变化影响评估

评估气候变化对主要经济部门、自然生态系统和区域的影响，包括分析已经观测到的影响及变化趋势，并对未来的影响进行评估，以便为采取适应气候变化的行动提供依据；同时还需要分析不同系统、不同地区对气候变化影响的脆弱性，提出适应气候变化影响的措施，并评估增强适应气候变化的能力。目前主要开展的有气候变化对水资源、农业、自然生态系统、电力、航运、旅游、人体健康等方面的影响、脆弱性和适应性评估，以及气候变化影响适应性措施的综合评估。

7.2 气候变化常用技术方法

省市级气候变化业务处于建立发展的阶段，重点开展的工作是气候变化事实的检测分析。目前常用的技术方法，主要是气候时间序列信号诊断分析的统计方法，譬如用于气候变化线性趋势、转折突变和周期阶段性分析的一些方法。

7.2.1 趋势分析

气候变化趋势分析，是从气候时间序列信号中检测趋势性变化的过程。检测气候变化趋势的常用做法是用年总量、年平均或月、季总量来构造气候时间序列，这样就消除了固有的周期性分量。然后再作统计处理，消除或削弱循环变化分量和随机扰动项。这就可以将趋势分量显现出来，业务常用的气候趋势的诊断方法有：线性倾向估计、滑动平均、累积距平和二项式加权平均平滑法（魏凤英，2007）。

7.2.2 突变和转折

气候系统内部动力结构发生演化或外界的扰动过大，将导致系统的状态在相空间中不再趋向于原来的吸引子而是趋向于新的吸引子即发生了突变，是气候系统所具有的非线性表现形式之一（Dai et al.，2004）。气候突变主要体现在两个方面：(1)时间尺度既包括百年际、千年际及以上尺度，如冰期与间冰期的交替，小冰期与中世纪暖期的转换等，也包括年代际尺度的气候突变。(2)气候要素统计特征量的变化幅度主要包括均值突变、方差突变、频率突变、趋势突变等。因此，不同尺度和不同统计特征量的气候突变，须有相应的检测方法和技术。

业务常用的突变检测方法有滑动 t 检验法、克拉默（Cramer）法、山本（Yamamoto）法、曼一肯德尔（Mann-Kendall）法、BG（Bernaola-Galvan）分割算法（魏凤英，2007）。目前业务中用滑动 t 检验法检测序列的均值突变，用曼一肯德尔（Mann-Kendall）法检测序列的趋势突变。

7.2.3 周期分析

气候系统是大气一海洋一冰雪圈相互耦合的复杂系统，全球增暖的背景下，人类活动的加剧，气候系统受自然变率作用的同时又增加了人为变率的影响，这就必然导致气候系统是具有多层次性和多尺度性的复杂系统。代用资料和观测资料等作为气候系统复杂性的外在表现形式，必然也包含了多层次性、多尺度性等信息（封国林 等，2007）。气候诊断分析中，气候信息的提取主要有 4 个用途（魏凤英，2007）：(1)从假定的人为因素或外部作用中将自然变率的类型识别出来；(2)利用检测出的气候信息推断物理概念模型，建立气候模式；(3)利用识别出的气候信息，比较模式模拟与观测资料的基本特征，以此验证气候模式的有效性；(4)利用气候信息本身的变化规律预测系统未来的演变趋势。

周期分析常用的方法主要有功率谱（power spectrum）、最大熵谱（maximum entropy spectrum）、小波分析（wavelet Analysis）、谐波分析和经验模态分解（empirical mode decomposition，EMD）。

7.3 四川气候变化

IPCC第五次报告指出(IPCC,2013),全球平均气温在1971—2010年以0.09～0.13 ℃/(10 a)升高,尤其在近62年以来全球气温以0.12 ℃/(10 a)快速增加,全球范围的冰川逐渐消退,温室气体的浓度也上升到了前所未有的水平。在全球变暖的情况下,各地气候要素变化具有地域差异,本节利用四川省1961—2016年156个台站经过质量控制的逐日基本要素观测资料,对四川省气候变化观测事实做出科学评估。

7.3.1 气温和降水气候变化

7.3.1.1 气温

1961—2016年,四川省年平均气温呈显著的上升趋势(图7.3),增温速率为0.15 ℃/(10 a),并伴随较明显的年代际变化特征。1997年之前四川省年平均气温大多低于常年值,之后气温出现明显的上升趋势,50多年来最暖的10个年份,均发生在2000年以后。

四川三大区域的监测结果显示(图7.3),1961—2016年,四川省各地年平均气温均表现出一致的增暖趋势,其中川西高原年平均气温增温速率最大,平均为0.21 ℃/(10 a),2004年以后连续12年平均气温高于常年值。攀西地区2016年气温较常年偏高0.9 ℃;盆地地区是省内升温速率最低的区域,平均增温速率为0.13 ℃/(10 a)。

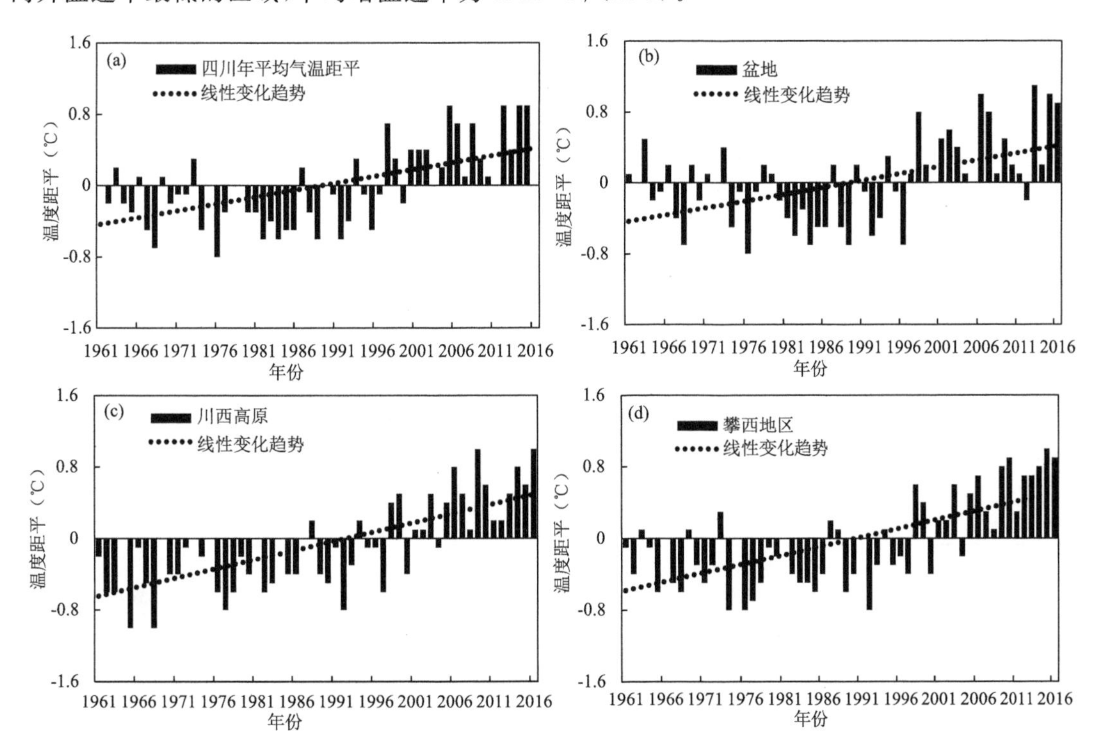

图7.3 1961—2016四川省及三大区域年平均气温距平变化

(a)四川省;(b)盆地;(c)川西高原;(d)攀西地区

从全省各季节平均气温的变化来看(图 7.4),四季平均气温均呈变暖趋势,秋、冬季平均气温上升趋势最明显,分别升高了 0.23 ℃/(10 a)、0.20 ℃/(10 a),特别是秋季,在 1976 年以后的增温率达 0.42 ℃/(10 a);春季平均气温升高了 0.16 ℃/(10 a),近 20 年升温趋势最明显,1976 年以后的增温率达 0.59 ℃/(10 a);夏季平均气温升高了 0.10 ℃/(10 a),气温升高幅度为四季中最小(表 7.1)。

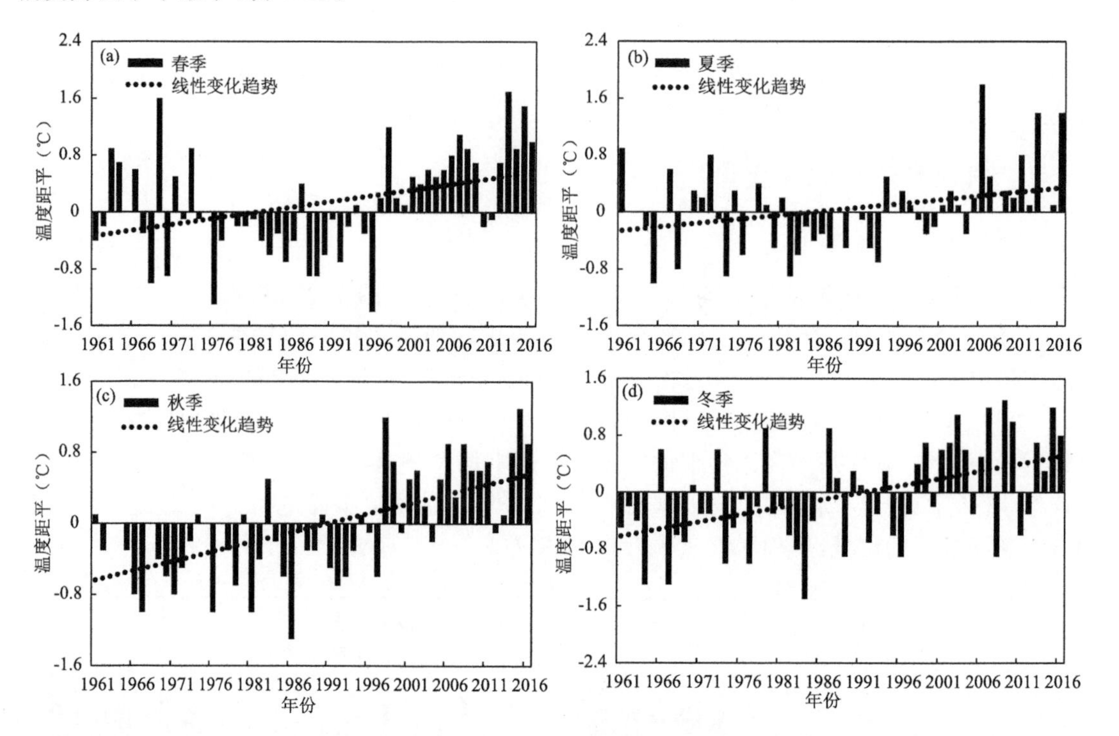

图 7.4　1961—2016 四川省四季平均气温距平变化
(a)春季;(b)夏季;(c)秋季;(d)冬季

表 7.1　1961—2016 年四川省平均气温气候变化倾向率(℃/(10 a))

	年	春	夏	秋	冬
四川省	0.15	0.16	0.10	0.23	0.20
盆地	0.13	0.13	0.07	0.19	0.12
川西高原	0.21	0.14	0.19	0.21	0.32
攀西地区	0.20	0.29	0.22	0.31	0.39

1961—2016 年,四川省年平均最高气温也呈显著的上升趋势(图 7.5),增温速率为 0.21 ℃/(10 a),高于年平均气温的升高速率。年平均最高气温在 20 世纪 70 年代后期至 90 年代初期偏低,90 年代后期开始呈显著的上升趋势,其中 1992 年后气温上升速率为 0.55 ℃/(10 a)。

1961—2016 年,年平均最高气温的区域变化与年平均气温较为一致,增暖幅度攀西地区最大,川西高原次之,盆地区最小。攀西地区年平均最高气温增温速率平均为 0.36 ℃/(10 a),川西高原平均为 0.22 ℃/(10 a),盆地地区平均增温速率仅为 0.19 ℃/(10 a)。

全省秋季平均最高气温上升趋势最为明显，冬春季次之，夏季上升幅度在四季中最小。但具体到各区域，其季节变化趋势有所不同，盆地地区平均最高气温增暖趋势在秋季和春季表现得较为显著，升温速率为 0.24 ℃/(10 a)；攀西地区的平均最高气温冬季呈最为明显的上升趋势(0.44 ℃/(10 a))，秋季其次(0.40 ℃/(10 a))，夏季增温趋势最小；川西高原冬季平均最高气温的增暖趋势最为显著(0.32 ℃/(10 a))，夏、秋季次之，春季增温速率最小(表 7.2)。

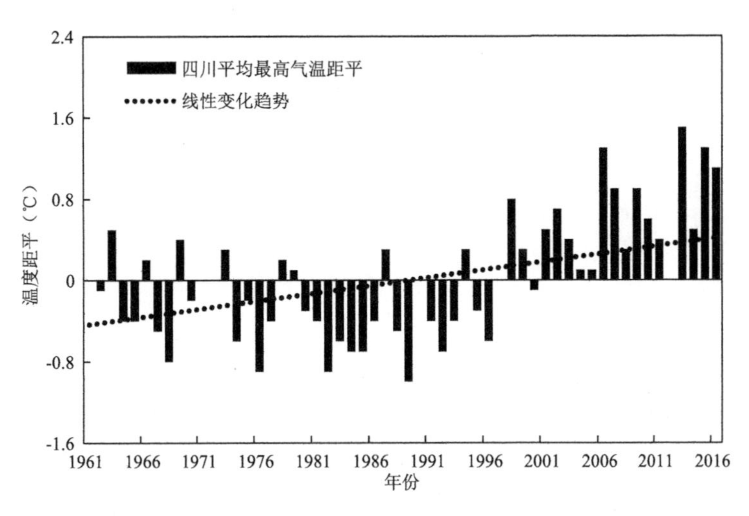

图 7.5　1961—2016 四川省年平均最高气温距平变化

表 7.2　1961—2016 年四川省平均最高气温气候变化倾向率(℃/(10 a))

	年	春	夏	秋	冬
四川省	0.22	0.23	0.17	0.27	0.21
盆地	0.19	0.24	0.13	0.24	0.11
川西高原	0.22	0.10	0.22	0.22	0.32
攀西地区	0.36	0.27	0.20	0.40	0.44

1961—2016 年，四川省年平均最低气温呈显著的上升趋势(图 7.6)，平均为 0.23 ℃/(10 a)。不同于年平均气温和年平均最高气温，年平均最低气温在 20 世纪 60 年代到 70 年代没有明显的下降趋势，因而整体上升趋势较之年平均气温和年平均最高气温更为明显，上升过程从 90 年代开始有加快趋势(1992 年后升温速率为 0.32 ℃/(10 a))。

四季平均最低气温均呈明显增暖趋势，且增暖幅度大于平均气温和平均最高气温。1961 年以来四川省平均最低气温整体上呈现冬季升温最为明显，秋季上升幅度次之，春夏季上升速率相对较小。值得注意的是，攀西地区的平均最低气温变化在四季的表现与其他区域有所不同，其春季上升速率高于夏、秋季的上升速率(表 7.3)。

1961—2016 年，省内三大区域年平均最低气温均呈上升趋势，攀西地区和川西高原区增暖幅度较大，升温速率分别为 0.34 ℃/(10 a)和 0.32 ℃/(10 a)，盆地地区变化最小，平均为 0.17 ℃/(10 a)。

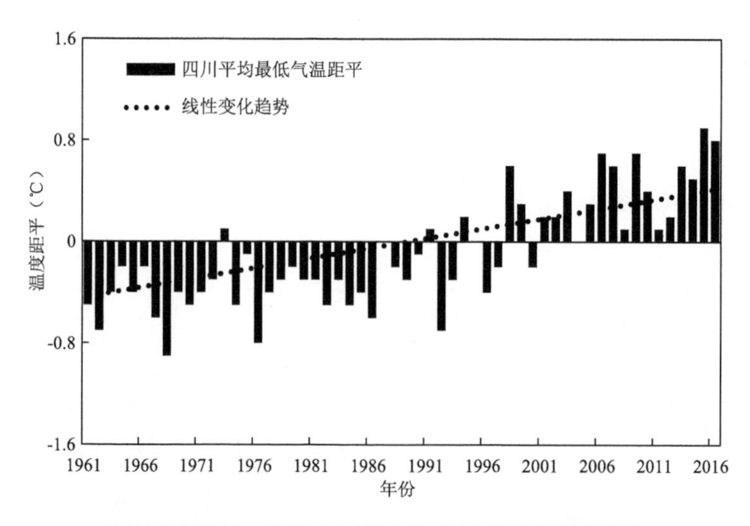

图 7.6　1961—2016 四川省年平均最低气温距平变化

表 7.3　1961—2016 年四川省平均最低气温气候变化倾向率(℃/(10 a))

	年	春	夏	秋	冬
四川省	0.23	0.20	0.17	0.25	0.29
盆地	0.17	0.13	0.13	0.22	0.20
川西高原	0.32	0.27	0.27	0.30	0.44
攀西地区	0.34	0.36	0.25	0.30	0.43

空间分布显示年均气温呈现东北部和中部偏高，西北部偏低的分布特征；变化趋势空间分布显示攀西地区年平均气温增温速率最大，川西高原次之，盆地区升温速率最低(图 7.7)。

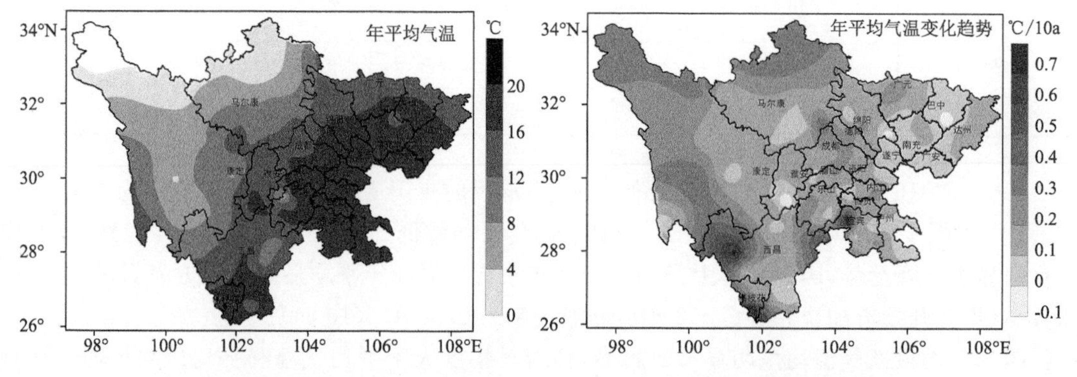

图 7.7　1961—2016 年四川年均气温多年平均值及变化趋势分布图

7.3.1.2　降水

1961—2016 年，全省年降水量总体呈减少趋势(图 7.8)，速率为－11.6 mm/(10 a)。20 世纪 90 年代前期降水减少趋势显著。全省年降水量年代际波动明显，60 年代和 70 年代降水量以偏多为主，90 年代以后以偏少为主。

全省三大区域的年降水量监测表明(图 7.8)，1961—2016 年，盆地年降水量与全省降水量变化趋势一致，即呈显著的减少趋势，速率为－19.2 mm/(10 a)，其中 20 世纪 60 年代和 70 年代盆地年降水量以偏多为主，其余年代以偏少为主。川西高原年降水量总体呈增加趋势，速率为－7.7 mm/(10 a)，在 70 年代中期以前降水量以偏少为主，70 年代中期以后以偏多为主。攀西地区年降水量总体线性变化趋势不明显，2001 年以来除 2007 年和 2015 年、2016 年降水量偏多外，其余年份降水量均偏少，在 2011 年为历史最低值(偏少 3 成)。

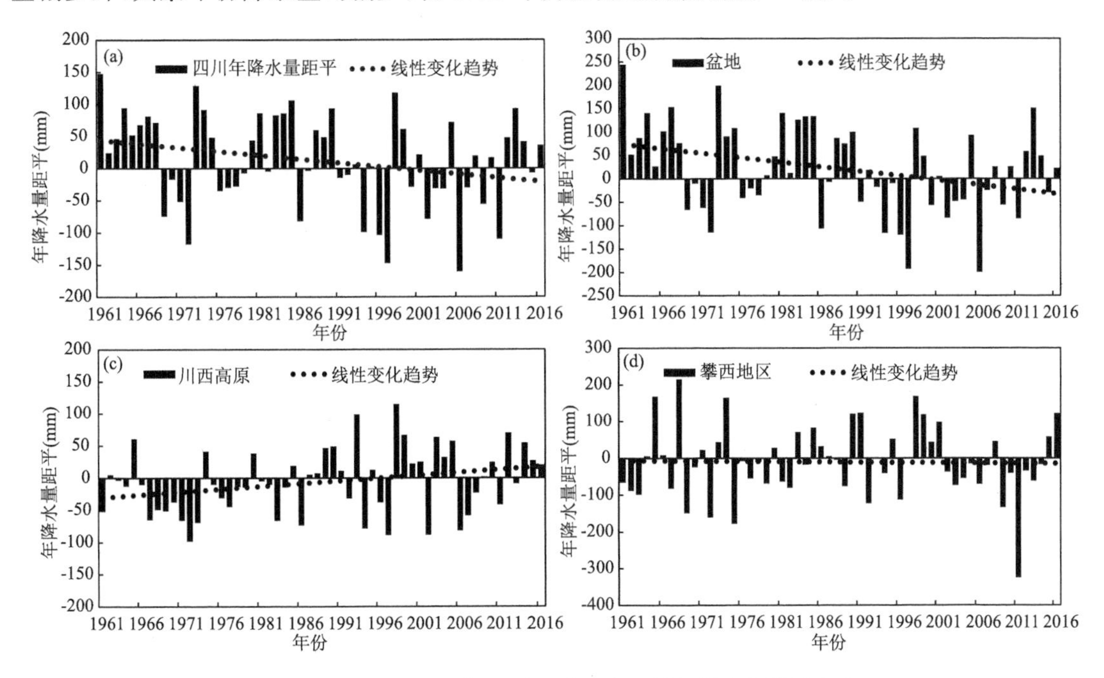

图 7.8　1961—2016 年四川省及三大区域年降水量距平变化

(a)四川省；(b)盆地；(c)川西高原；(d)攀西地区

空间分布显示降水量呈现出西北部偏少，东部和中部偏多的分布特征，其中高值中心出现在盆地西南部的峨眉山，低值中心出现在川西高原的巴塘；变化趋势空间分布显示川西北高原和川西南山地大部地区略有增加，盆地大部地区呈减少趋势，盆地东北部降水量略有增加(图 7.9)。

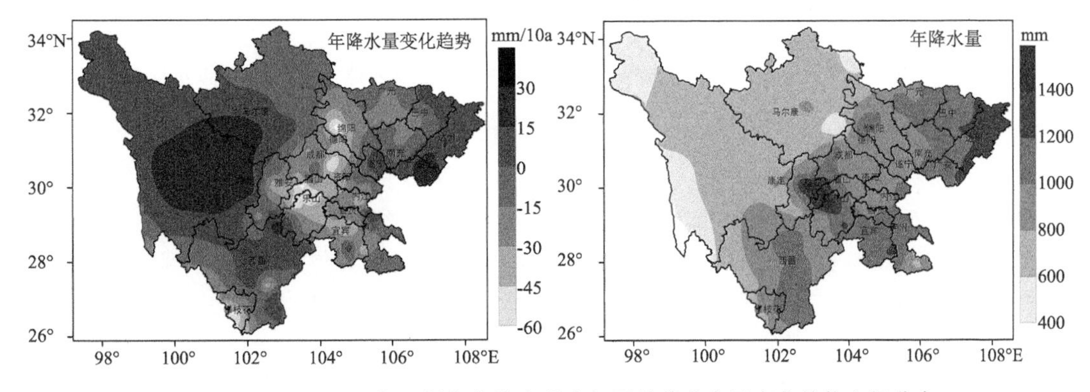

图 7.9　1961—2016 年四川年均降水量多年平均值分布及变化趋势空间分布

7.3.2 空气相对湿度

1961—2016 年，全省平均相对湿度呈线性减小趋势（图 7.10），速率为－0.5%/(10 a)，1979 年以后全省平均相对湿度减小趋势显著（线性变化率为－2.3%/(10 a)）。20 世纪 60 年代、70 年代和 90 年代平均相对湿度以高于常年值为主，70 年代和 2000 年后以低于常年值为主。

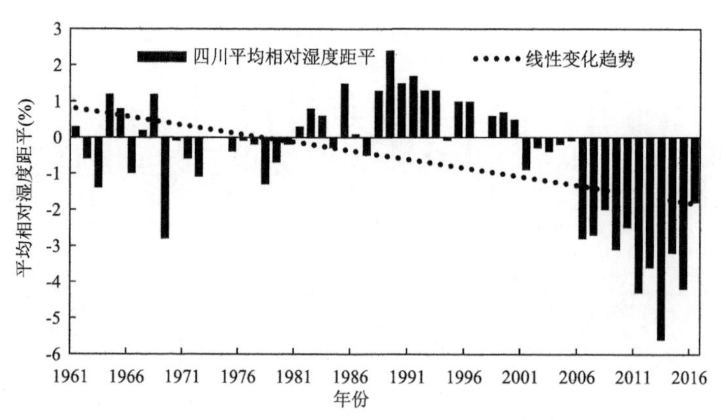

图 7.10　1961—2016 年四川省平均相对湿度距平变化

空间分布显示相对湿度呈现出东南部偏高，西南部偏低的分布特征，其中高值中心出现在盆地西南部的沐川，低值中心出现在川西高原的得荣；空间分布显示相对湿度除盆地东北部地区及川西高原北部地区呈增加趋势外，其余大部地区呈现减少趋势（图 7.11）。

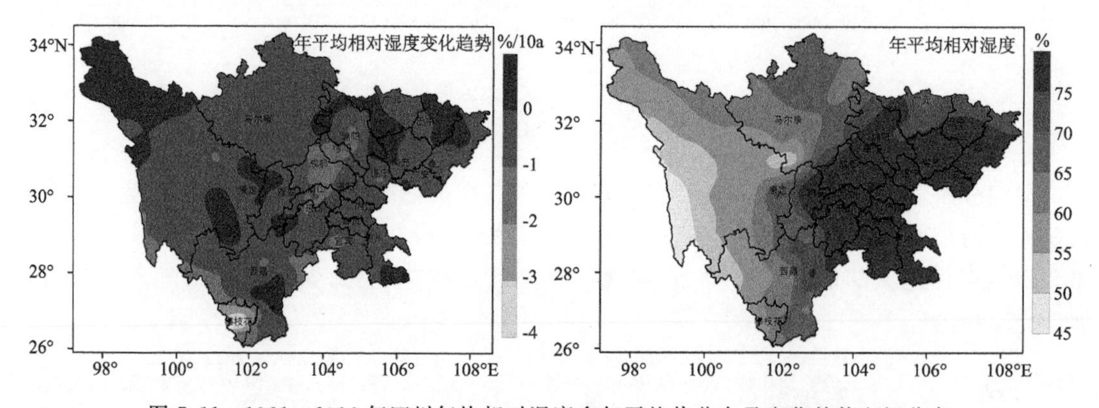

图 7.11　1961—2016 年四川年均相对湿度多年平均值分布及变化趋势空间分布

7.3.3 平均风速

1961—2016 年，全省平均风速总体呈线性减小趋势（图 7.12），速率为－0.06(m/s)/(10 a)。20 世纪 60 年代到 70 年代初期平均风速线性为波动增大趋势，而之后到 90 年代表现出显著减小趋势，2002 年以后平均风速有波动增大趋势。1995 年以前平均风速均大于常年值，1995 年以后基本小于常年值。

空间分布显示风速呈现出西南部偏大，东北部偏小的分布特征，其中高值中心出现在川西高原的茂县，低值中心出现在盆地西北部的平武；空间变化趋势分布显示除攀西地区略有增加外，其余大部地区呈明显减少趋势（图 7.13）。

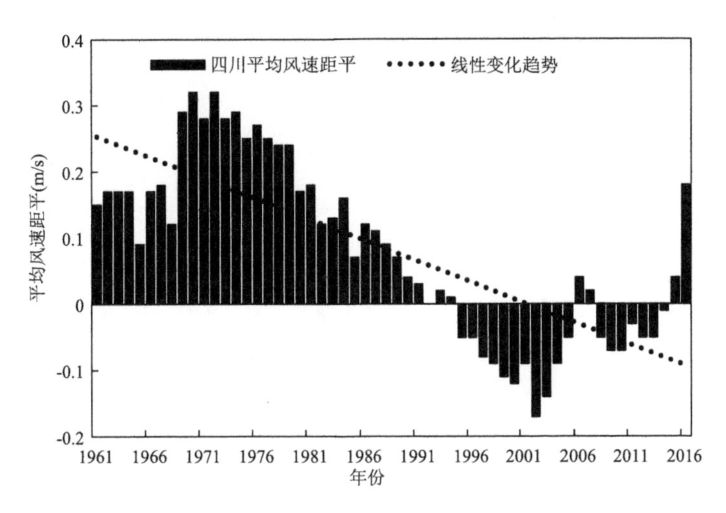

图 7.12　1961—2016 年四川省平均风速距平变化

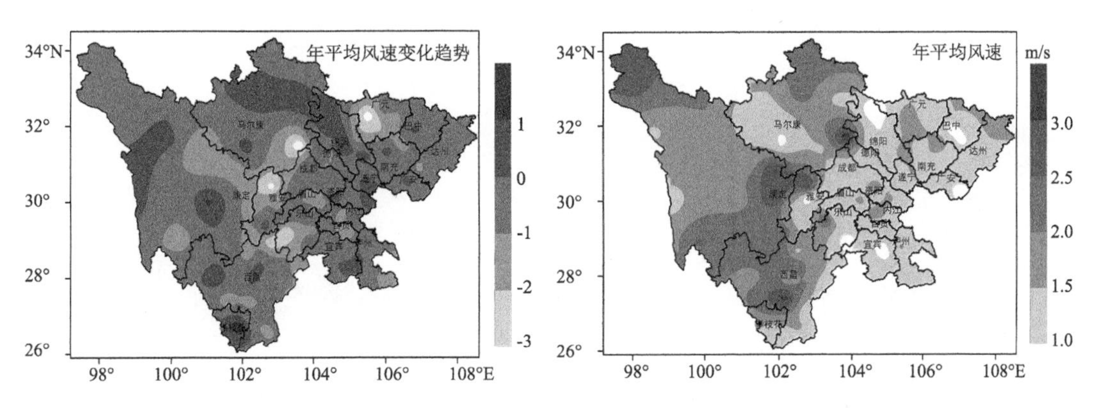

图 7.13　1961—2016 年四川年均风速多年平均值分布及变化趋势空间分布

7.3.4　日照时数

1961—2016 年，全省年日照时数总体呈减少趋势（图 7.14），速率为－11.3 h/(10 a)，1972 年以前，年日照时数以高于常年值（1393.1 h）为主，1972 年以后年日照时数绕常年值呈波动变化。1971 年、1977 年和 2013 年为排名前三的日照时数偏多年，1979 年、2005 年和 1991 年为排名前三的平均日照时数偏少年。

空间分布显示日照时数呈现出西多东少的分布特征，其中高值中心出现在攀西地区的攀枝花，低值中心出现在盆地西南部的宝兴；空间变化趋势分布显示除攀西地区及川西高原西南部略有增加外，其余大部地区呈减少趋势（图 7.15）。

7.3.5　极端事件气候变化

7.3.5.1　高温事件——高温日数

1961—2016 年，四川高温日数呈显著增多趋势，平均速率为 1.1 d/(10 a)，尤以 20 世纪 90 年代中期以后增多更为明显（图 7.16）。

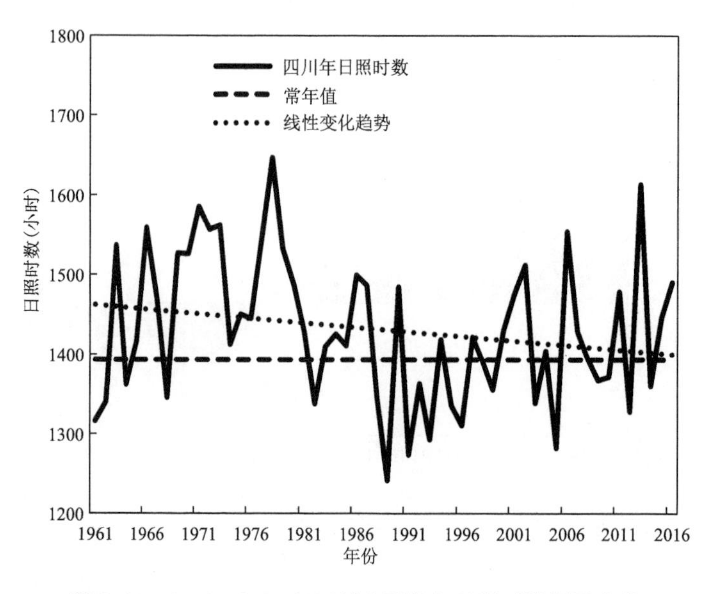

图 7.14 1961—2016 年四川省平均年日照时数距平变化

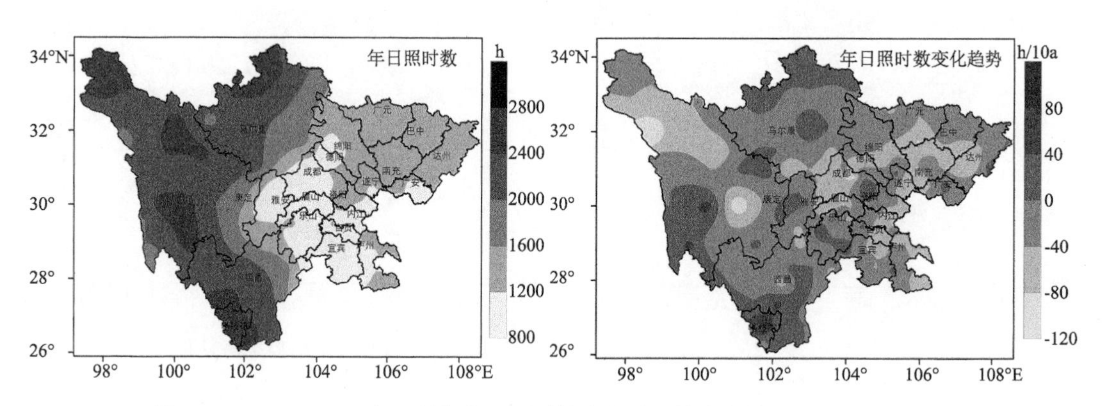

图 7.15 1961—2016 年四川年均日照时数多年平均值分布及变化趋势空间分布

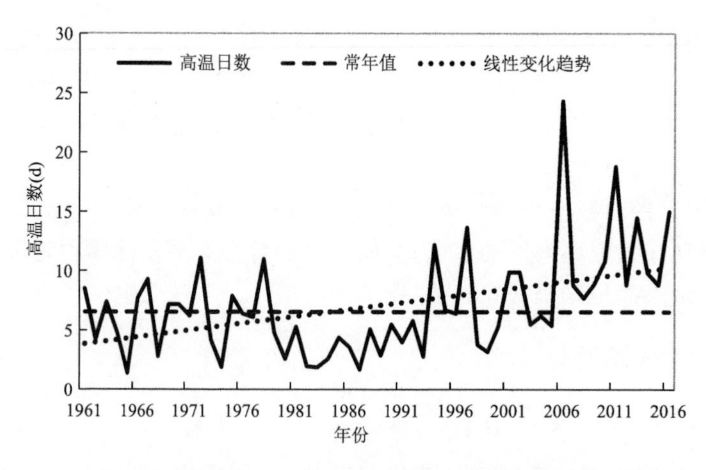

图 7.16 1961—2016 年四川高温(≥35 ℃)日数变化

7.3.5.2　高温事件——极端最高气温

1961—2016年，四川极端最高气温呈显著升高趋势，平均速率为0.25 ℃/(10 a)，20世纪90年代之前均在42 ℃以下，90年代和21世纪初10年各有一年超过42 ℃(1995年和2006年)，2011年达到43.5 ℃为1961年来的最高值(图7.17)。

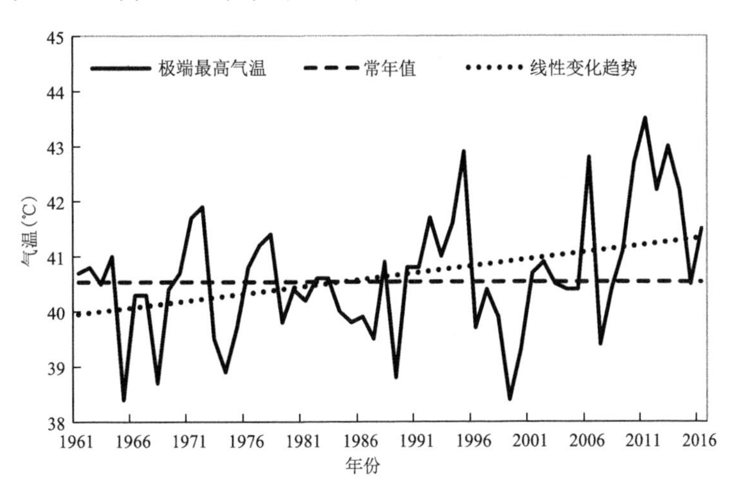

图7.17　1961—2016年四川极端最高气温变化

7.3.5.3　低温事件——低温日数

1961—2016年，四川低温日数呈显著减少趋势，平均速率为－2.0 d/(10 a)。20世纪90年代中期之前低温日数多高于常年值，90年代中期之后，除2008年和2011年外，均少于常年值(图7.18)。

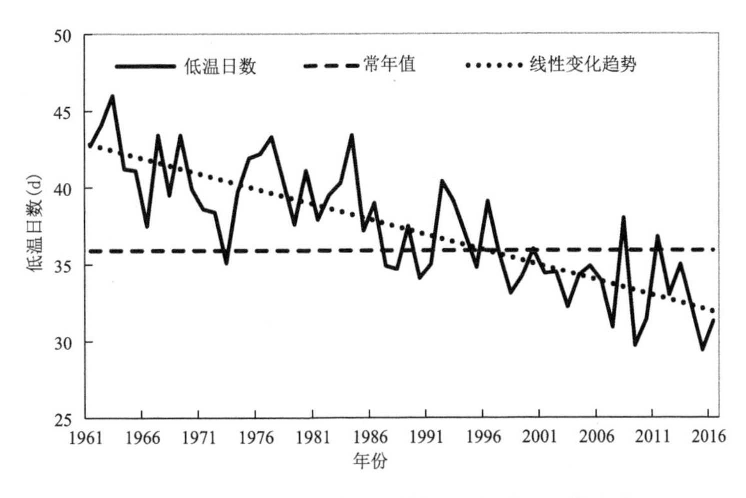

图7.18　1961—2016年四川低温(≤0 ℃)日数变化

7.3.5.4　低温事件——极端最低气温

1961—2016年，四川极端最低气温呈显著升高趋势，平均速率为0.62 ℃/(10 a)，20世纪70年代前期和90年代前中期是极端气温最低的时期，进入21世纪后极端最低气温明显升高(图7.19)。

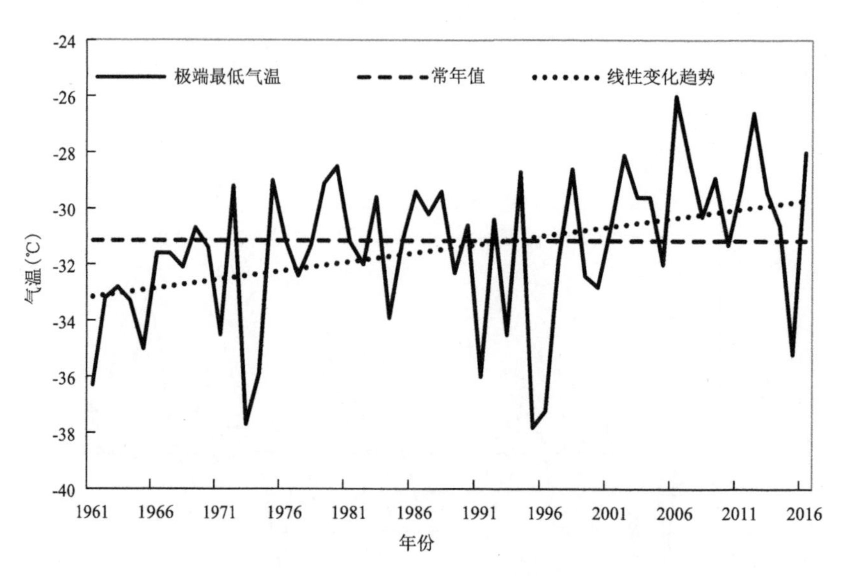

图 7.19　1961—2016 年四川极端最低气温变化

7.3.5.5　极端降水事件——暴雨日数

1961—2016 年，四川暴雨日数呈略微减少趋势，平均速率为－0.06 d/(10 a)，年代际变化特征明显，20 世纪 80 年代属暴雨多发期，1998 年是暴雨最多的一年(全省平均暴雨日达 3.8 d))(图 7.20)。

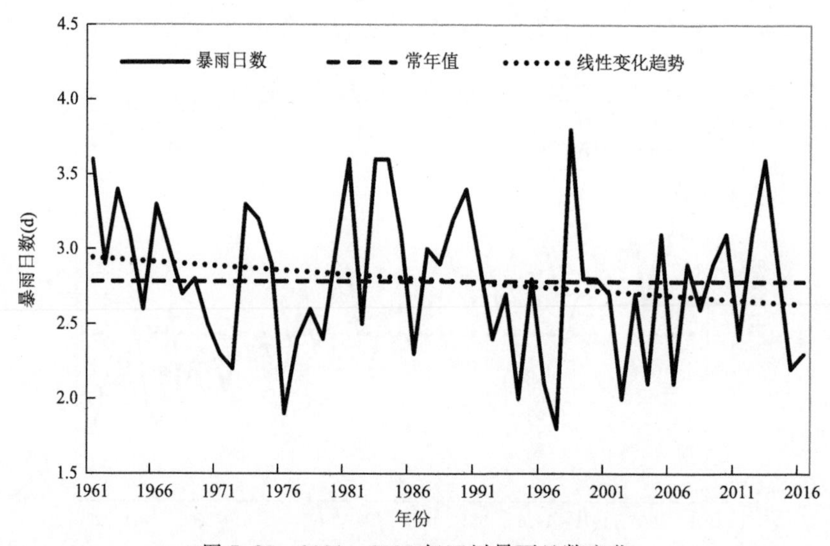

图 7.20　1961—2016 年四川暴雨日数变化

7.3.5.6　极端降水事件——日最大降水量

1961—2016 年，四川日最大降水量未发生显著变化，平均速率为 3.2 mm/(10 a)，但阶段性变化特征明显，20 世纪 90 年代中期属日最大降水量高值时段，近 56 年来日最大降水量前三位分别为 524.7 mm(1993 年 7 月 29 日峨眉)，415.9 mm(2013 年 6 月 30 日遂宁)，410.8 mm(1996 年 7 月 28 日洪雅)(图 7.21)。

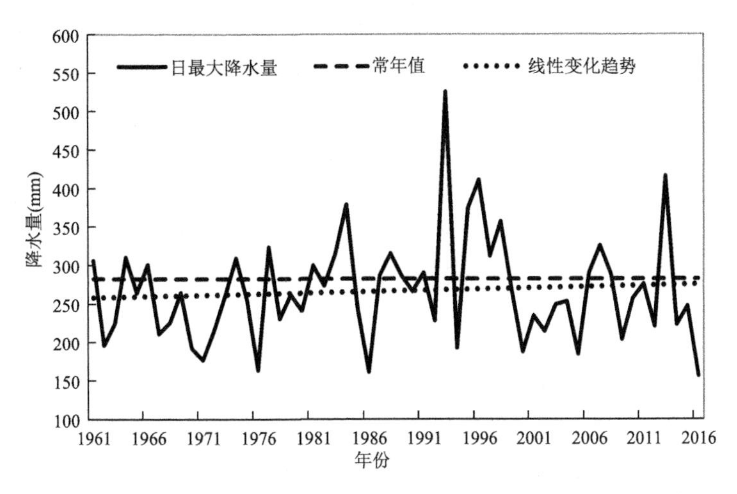

图 7.21　1961—2016 年四川日最大降水量变化

7.3.6　四川盆地气候变化原因

7.3.6.1　自然原因

(1)海温异常

海温是影响气候变化的一个重要因子,许多研究学者已经研究了北太平洋地区、西太平洋地区、印度洋地区海温异常对我国气候的影响机理,其变化通过影响哈得来环流、沃克环流,影响到东亚季风、西太平洋副热带高压等的变化,进而影响到我国的区域气候。

黄荣辉等(1994)指出,热带西太平洋暖池热状况与我国夏季天气、气候变化密切相关;当西太平洋暖池海温偏暖(冷),菲律宾周围对流活动偏强(弱),引起副热带高压偏北(南)。李跃清等(1999)研究表明,四川盆地气温在 20 世纪 70 年代中期发生了一次突变,由偏暖阶段进入偏冷阶段。其中,50 年代最暖,80 年代最冷,这种偏冷趋势在夏季最显著;热带西太平洋海温同样在 70 年代中期发生了一次突变,由偏暖阶段进入偏冷阶段,也是 50 年代最暖,80 年代最冷,这种偏冷趋势同样在夏季最显著;热带西太平洋海温在变化趋势上与四川盆地气温变化具有同位相关系;热带西太平洋海温异常偏暖(冷),引起西太平洋副高位置偏西(东)偏北(南),使四川盆地总云量偏少(多),造成四川盆地气温异常偏暖(冷);热带西太平洋海洋热状况的变化,通过影响西太平洋副高、四川盆地云量等变化是造成四川盆地气温异常的重要原因之一。

(2)高原积雪

青藏高原由于平均海拔在 4000 m 以上,可以直接加热对流层中层大气,并且位于低纬,青藏高原独特的热力和动力作用强烈影响着东亚乃至全球的大气环流,可以认为青藏高原冬季多雪,是引起中国东部夏季降水出现“南涝北旱”的一个重要原因。青藏高原积雪增加将导致亚洲夏季风减弱或爆发推迟,这是通过积雪一季风关系实现的。对反射率和融雪的相对重要性,尚未有一致意见。高原积雪作为一种重要的陆面强迫因子,和副热带高压、南亚高压、冬夏季风、ENSO、海温等影响四川盆地天气气候的因子有密切关系。在全球变暖的背景下,青藏高原积雪却出现了增加。

朱玉祥等(2007)揭示了青藏高原冬季积雪影响我国夏季降水的可能物理机制。青藏高原冬季多雪,会导致青藏高原地面感热热源减弱,这种热源的减弱在冬季导致冬季风偏强,可以影响到我国华南、西南及孟加拉湾地区。同时,由于高原热源的减弱可持续到夏季,成为东亚夏季风和南亚夏季风减弱的一个原因。青藏高原春夏季热源减弱,使得海陆热力差异减小,致使东亚夏季风强度减弱,输送到四川盆地西部的水汽减少,而到达四川盆地东部的水汽却增加;同时,高原热源减弱,使得副热带高压偏西,夏季雨带在四川盆地东部维持更长时间。导致近20年来四川盆地东部降水偏多,四川盆地西部降水偏少。

(3)大气环流异常

四川盆地气候变化与大气环流的作用有密切的联系,影响四川盆地的主要天气系统是西太平洋副高、南亚高压和季风系统。天气系统的年际和年代际变化,直接影响四川盆地的气候变化。西太平洋副热带高压:过去许多研究分析了西太平洋副高与四川盆地夏季气候的关系,结果表明,西太平洋副热带高压和四川盆地夏季降水关系密切。具体表现为:西太平洋副高夏季的南北变化影响四川盆地夏季降水,当夏季西太平洋副高偏北时,有利于盆西降水偏多。西太平洋副高偏南时,盆东夏季降水将偏多。近20年来,西太平洋副高有持续偏强、偏南的趋势,可能是造成四川盆地东部夏季降水偏多,四川盆地西部夏季降水偏少的主要原因。

南亚高压:过去大量研究表明,南亚高压中心位置的东西和南北振荡变化对四川盆地夏季旱涝有直接影响。夏季南亚高压的南北变化和东西振荡均会影响四川盆地夏季降水。在盛夏时,如果南亚高压脊线长时间偏南,四川盆地东部降水偏多,西部降水偏少;如果脊线长时间偏北,四川盆地西部降水偏多,东部降水偏少。如果南亚高压中心环流位于105°E以东时,副高588 dagpm线位于重庆一带,则四川盆地西部多降水或暴雨天气,四川盆地东部及重庆地区则易干旱;反之,如果南亚高压表现为西部型,四川盆地东部及重庆处于副高西侧西南气流中,多降水或暴雨天气,四川盆地西部干旱。近20年来,南亚高压东脊点位置偏西,中心位置逐渐偏西偏南,不利于四川盆地西部降水的发生。

季风:四川盆地地处东亚季风区,夏季降水深受季风强弱变化的影响。大量研究表明,东亚夏季风和冬季风均呈减弱趋势,在这种情景下,四川盆地气温和降水必然有着相应的变化。弱东亚冬季风有利于四川盆地冬季温度偏高;弱东亚夏季风,对应四川盆地东部夏季降水偏多,四川盆地西部夏季降水偏少。20世纪80年代以来东亚夏季风减弱,伴随夏季风的南来水汽的北扩、西扩强度也减弱,大部分水汽只能被输送到四川盆地东部,不能进一步向北、向西扩展,导致四川盆地西部地区水汽输送不足,最终导致四川盆地东部夏季降水增加,四川盆地西部夏季降水减少。

7.3.6.2　人为原因

(1)大气气溶胶

陈隆勋等(2004)发现,自20世纪50年代以来我国存在一个以四川盆地为中心的变冷带,四川盆地的气温在40年代出现高值中心以后,气温不断下降,直至80年代达最低值,与全球80年代的普遍增暖形成了鲜明对比,认为工农业发展造成的气溶胶增加是四川盆地气温变冷的主要原因。通过研究四川省变冷中心的形成机制发现该地区到达地面的太阳总辐射、日照时数及能见度明显减少,人类活动造成的大气气溶胶对低层大气的反向散射是四川盆地底层大气变冷的主要机制。

周秀骥等(1998)研究表明,气溶胶的辐射强迫与气溶胶的分布和云覆盖的关系密切。在我国主要表现为两块明显的大值区:一为青藏高原北侧到黄河中上游及河套地区;二为四川盆地、贵州北部到长江中游以南地区。由于气溶胶的影响,中国大陆地区地面气温均有所下降,但各地降温程度不等。郑小波等(2011)分析发现,中国大气气溶胶光学厚度(aerosol optical depth,AOD)值最大中心在四川盆地。对于不同月份,AOD分布也有许多差异,四川盆地在各月均是大值中心。

综上,大量研究表明AOD年平均分布以四川盆地为大值中心向四周减少。数值模拟表明,由于气溶胶的影响,四川盆地降温最为明显,可达－0.4 ℃。因而,四川的变冷区主要可由人类活动污染造成的,AOD增加得以解释。从20世纪80年代中后期以来,四川盆地持续升温,但是升温趋势不明显,可能是大气气溶胶的影响部分抵消了升温幅度。

(2)城市化

城市化发展对区域气候的影响越来越受到人们的关注。丁一汇等(1994)在研究我国近百年来的温度变化后指出,我国绝大多数城市的增温幅度明显大于同期全国平均气温的增加幅度。城市热岛效应使城市上空空气对流发展旺盛,容易产生强对流天气。郝丽萍等(2007)分析得出,在20世纪80年代末90年代初,成都市气候发生了转折性的变化,出现了明显的热岛效应和干岛效应,这与成都市的城市化进程有着非常紧密的联系,成都市区近十多年来的持续快速升温与成都市90年代以来越来越显著的城市热岛效应密切相关。

成都市区和成都地区年平均气温的变化总趋势是一致的。20世纪90年代以前成都市区气温和成都地区气温差别不大。90年代后期开始,成都市区气温明显高于整个成都地区年平均气温,尤其是2000年后年平均气温差最大值达0.7 ℃。出现这样大的气温差可能的原因有2个:一是与全球气候变暖的大背景有关;二是由于城市中建筑面积的不断扩大以及生产生活中排放的废气、废液、废渣和燃烧时发出的热等有关,人为改变了城市的下垫面环境,影响了下垫面的热量平衡过程,形成了城区不同于郊区的特有气候特征,出现热岛、干旱岛等现象。

成都市的城市建设在1990年前发展非常缓慢,1990年以后则进入了快速发展的阶段,特别是20世纪90年代末城区面积增长较快,2003年市区建成区面积已从1990年的74.4 km^2增至382.5 km^2。这与成都市区与近郊区县年平均气温之差的变化的三个时段是一一对应的。2003年成都市工业废气的排放总量由1990年的763亿 Nm^3 上升至1052亿 Nm^3;而1970—2003年,成都市区的人口一直呈上升的趋势,1970年为202.8万人,到2003年已达到452.6万人,人口增加了一倍以上。工业废气的排放总量的增加以及市区人口的增多对成都市的城市热岛效应也有较大的关系。成都市年平均气温、最高、最低气温的热岛效应贡献率分别达46%、9%、33%。49年来的增温主要是1987年以来全球变暖的快速增温所致,成都市的热岛效应是在1993年开始凸显出来,进入21世纪增温进一步加剧。

由以上的分析可知,成都市20世纪90年代以后城市规模的快速扩大带来的城市热岛效应,对成都市气温持续上升有着相当重要的贡献,是90年代以后成都市城市气候特征愈加显著的重要影响因素。此外,成都市区人类活动频繁,向大气中排放了大量的温室气体、气溶胶及其他颗粒物,一方面增加了降水的凝结核,另一方面也加剧了成都市的热岛效应。在水汽充沛的条件下,城区上空增多的凝结核以及相对较高的下垫面温度,有利于形成较郊区更多的降水。

综上,随着经济活动增加,人类活动也急剧增加,城市化进程加速发展,加暖了城市大气而形成城市热岛效应,影响了气候变化。

7.4 四川未来气候变化预估

为了预估四川气候变化，本节选用了区域气候模式 Reg CM4.0，单向嵌套 BCC_CSM1.1 全球气候系统模式所得到的模拟结果对未来 50 年气候变化进行预估分析，包括历史气候模拟(Historical)和 RCP4.5、RCP8.5 情景下未来气候变化预估数据。RCPs 是 IPCC5 选用的新一代的温室气体排放情景，称为“典型浓度目标”(Representative Concentration Pathways, RCP)，主要包括 RCP8.5、RCP6.0、RCP4.5 和 RCP2.6 四种情景。

在区域气候模式模拟能力评估和未来四川气候变化分析时，主要使用的数据包括：(1)四川地区 156 个地面气象台站观测的气温和降水资料；(2)《中国地区气候变化预估数据集》Version3.0 中发布新版本区域气候模式的模拟和预估数据。在气候模式对四川气温、降水变化模拟能力进行评估的基础上，给出了不同 RCPs(RCP4.5 和 RCP8.5)情景下四川地区 2050 年前气温和降水的可能变化。气温和降水的变化均与基准年(1971—2000 年)的气候平均值进行对比。

7.4.1 区域气候模式对四川气温降水变化模拟能力评估

7.4.1.1 模式对四川气温模拟评估

图 7.22 给出了 1961—2005 年区域气候模式对四川地区逐月气温的模拟和观测值，可以看出模式模拟的平均气温与观测值逐月变化呈现较好的一致性，但是存在系统冷偏差，模拟值较观测值平均偏低 6.3 ℃左右。

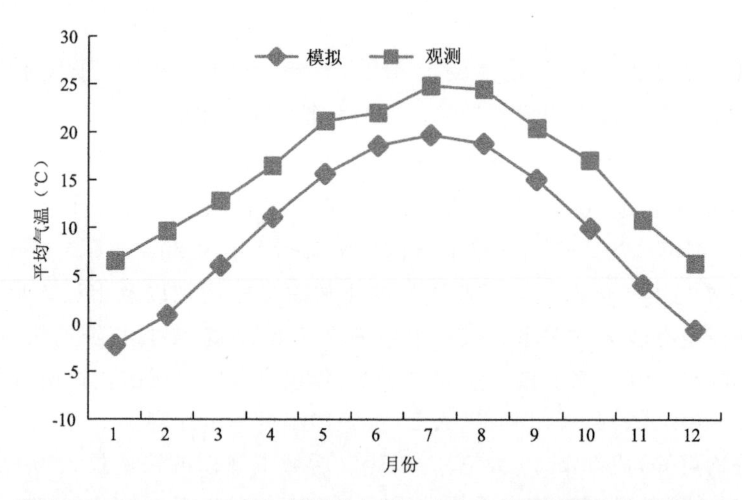

图 7.22 1961—2005 年四川平均气温年内变化的观测值和模拟值对比

为了分析区域模式对四川年平均气温的模拟能力，图 7.23 给出了四川 1961—2005 年年平均气温观测值与模拟值距平曲线。在 20 世纪 70 年代中期以前模式模拟气温偏低，尤其是 60 年代中期与观测值差异较大，70 年代中期到 2000 年，模式对气温的模拟效果较好，模拟出了 1990 年后的快速升温变化。

从空间分布(图 7.24)上看，区域气候模式能够较好模拟出气温从四川盆地向川西高原逐

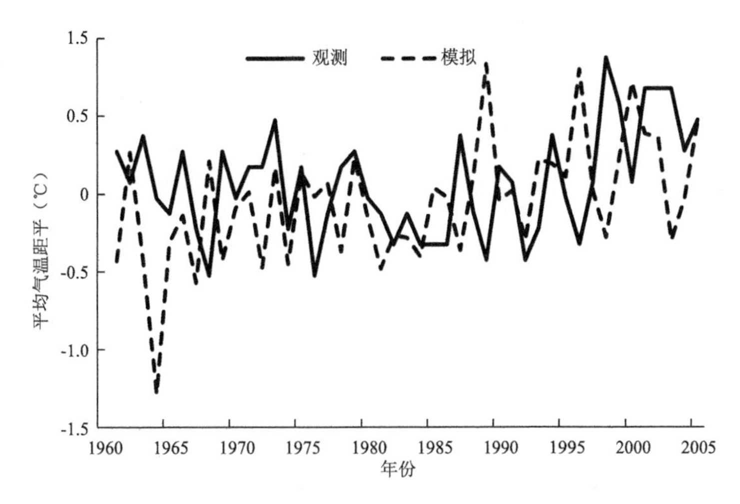

图 7.23　观测和模拟的 1961—2005 年地面平均气温距平年际变化曲线

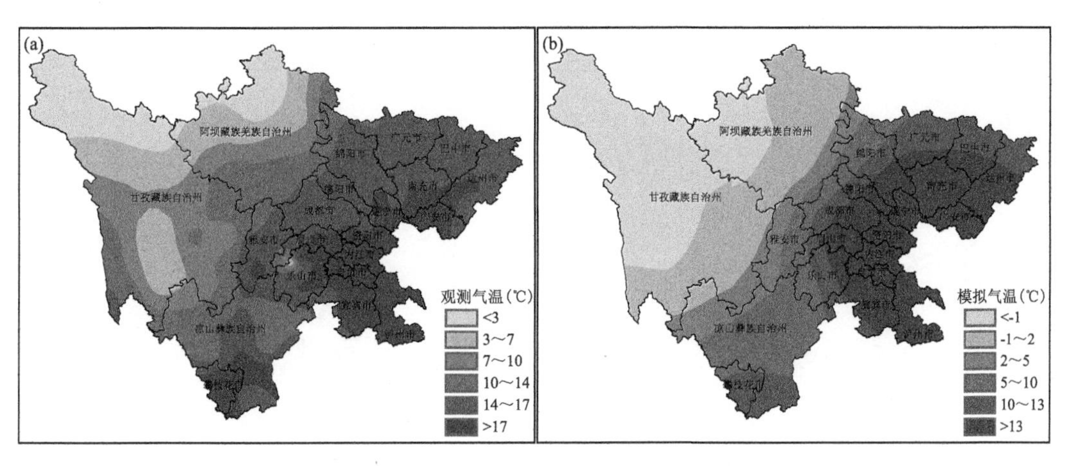

图 7.24　1961—2005 年四川地面平均气温空间分布图(单位:℃)
(a)平均气温观测值;(b)平均气温模拟值

渐降温的空间分布型,即四川盆地暖,川西高原冷的分布特征。但是模拟值存在系统性冷偏差,尤其在四川盆地大部和攀西地区偏冷 3 ℃左右,甘孜南部偏低 3～6 ℃。这也是系统误差产生的主要原因,是由于模式对青藏高原大地形模拟的不确定性造成的。平均最高气温和最低气温的分布型与平均气温相似,也整体存在系统性冷偏差。

7.4.1.2　模式对四川降水模拟评估

图 7.25 给出了观测和模拟的降水月变化和年变化对比值,通过比较可以看出模式模拟的四川降水模拟值与观测值序列呈现较好的一致性,能够反映出四川降水的年变化特征,但是模拟的降水系统性偏高,尤其是冬春季降水偏多一倍左右,说明夏秋季模拟的不确定性低于冬半年。从降水年际变化比较上可以看出,区域气候模拟基本模拟出了四川降水在近 40 余年呈现下降的趋势,且年代际变化特征明显,即 20 世 60 年代和 70 年代降水偏多,90 年代降水偏少,到 2000 年后又表现增加的趋势。

空间分布(图 7.26)上来看,区域气候模式在四川盆地的降水模拟较好,量级和范围

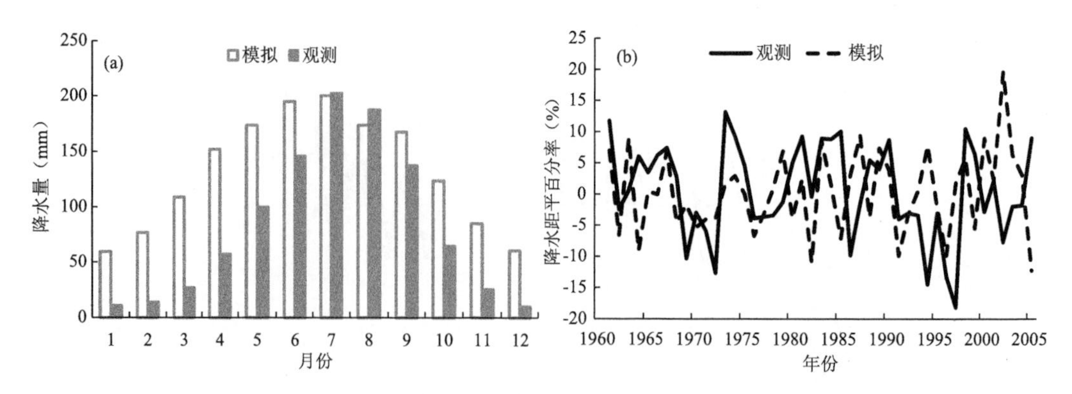

图 7.25　1961—2005 年四川降水量月变化(a)和年变化(b)的观测值和模拟值对比图

相当，而川西高原模拟偏高。模式在四川盆地与川西高原的海拔梯度较大的过渡地带出现了降水异常大值中心，是观测值的 1 倍多，可能是由于模式对青藏高原地形的不确定性造成的。

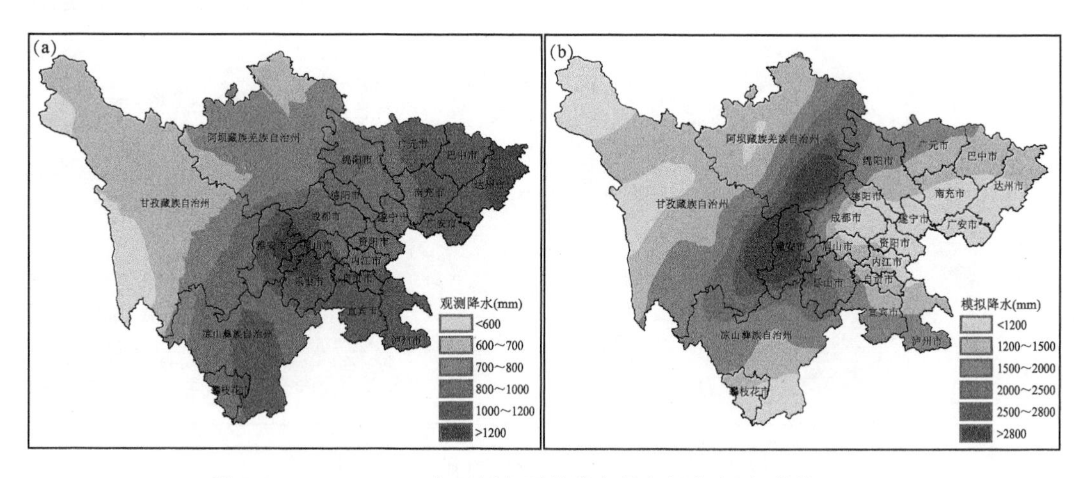

图 7.26　1961—2005 年四川年平均降水量空间分布图(单位：mm)

(a)观测值；(b)模拟值

7.4.2　四川未来 50 年气候变化预估

7.4.2.1　年平均气温预估

图 7.27 给出了不同排放情景下未来 50 年四川年平均气温距平变化趋势。RCP4.5 和 RCP8.5 排放情景下四川气温均表现出显著升温的趋势，增温速率为 0.19～0.33 ℃/(10 a)。RCP8.5 比 RCP4.5 情景下增温幅度更大，尤其在 2020 年之后表现明显。

表 7.4 给出了未来 50 年不同年代四川气温距平变化，可以看出，RCP4.5 和 RCP8.5 两种排放情景下均表现出增温的趋势，线性变化趋势分别为 0.19 ℃/(10 a)和 0.33 ℃/(10 a)。在 2030 年前，两种排放情景下四川增温幅度变化较一致，增加幅度为 0.6～1.0 ℃，而到了 2030 年后，RCP8.5 较 RCP4.5 情景下增温幅度变大，在 2041—2050 年间，增温达到 1.7 ℃。

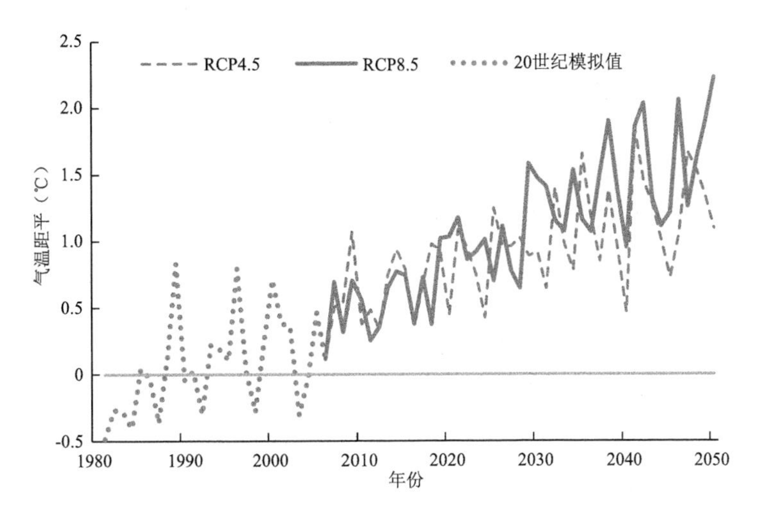

图 7.27　不同排放情景下未来 50 年四川年平均气温距平变化曲线

表 7.4　未来 50 年不同阶段四川气温距平

年代	RCP4.5		RCP8.5	
	平均气温/℃	降水/%	平均气温/℃	降水/%
2011—2020	0.7	1.9	0.6	2.6
2021—2030	0.9	−0.1	1.0	5.1
2031—2040	1.0	2.6	1.3	−1.3
2041—2050	1.3	1.8	1.7	0.84
趋势(℃/(10 a),%/(10 a))	0.19	0.72	0.33	−1.4

对于气温变化的空间分布特征，图 7.28 给出了模式预估的 RCP4.5 情景下未来 30 年不同年代平均气温分布。四川未来气温空间分布特征基本一致，整个四川在未来 30 年不同年代均表现出增暖，增暖幅度表现出一定的区域差异，川西高原增温幅度较大，四川盆地增温较小。

7.4.2.2　年平均降水预估

从图 7.29 中可以看出，四川未来降水在不同排放情景下表现不同，RCP4.5 排放情景下四川降水表现出增加的趋势，线性变化趋势为 0.72%/(10 a)，而 RCP8.5 情景下降水表现出减少的趋势且易发生极端旱涝事件，线性变化趋势为−1.4%/(10 a)。

图 7.30 给出了 RCP4.5 排放情景下未来不同年代四川降水的空间分布，可以看出，降水在不同年代均表现出增加的趋势，尤其在四川盆地西部表现明显，且不同年代降水变化的范围不同。在 21 世纪 20 年代甘孜州西部和四川盆地偏多 2%～6%，在 21 世纪 30 年代四川盆地西部和南部以及川西高原东部偏多 4%～10%，而在 21 世纪 40 年代，降水分布型与 21 世纪 30 年代相似。

7.4.2.3　未来极端气候指数变化预估

对未来极端降水天数百分比的比例(R95P)预估可见，四川中部与南部为极端降水天数百

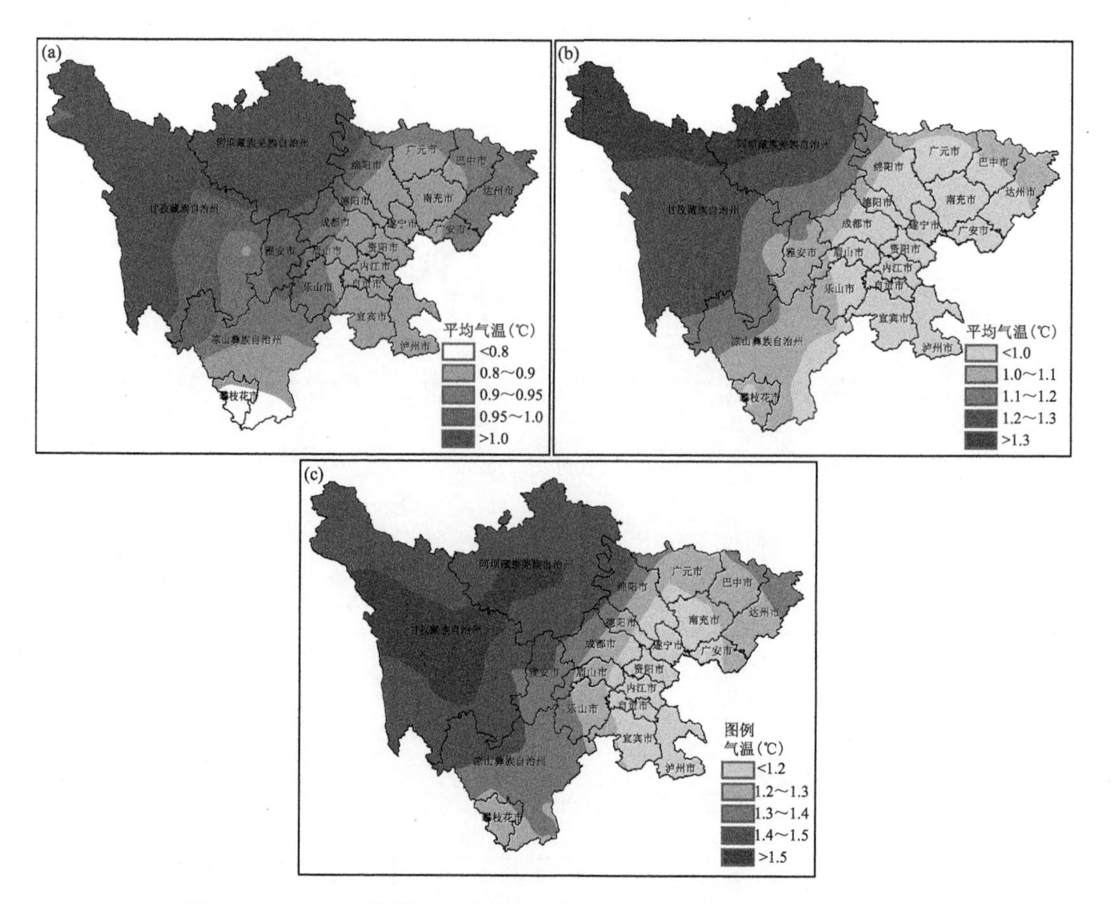

图 7.28　RCP4.5 情景下未来不同年代四川平均气温距平分布(单位:℃)
(a)2021—2030 年;(b)2031—2040 年;(c)2041—2050 年

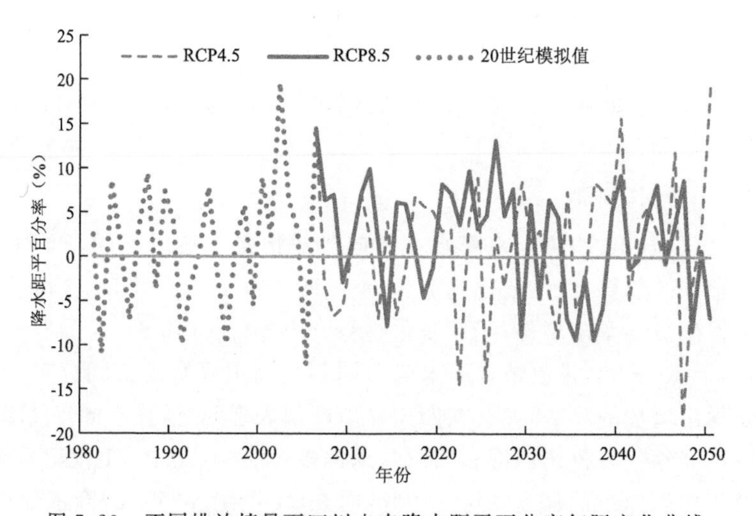

图 7.29　不同排放情景下四川未来降水距平百分率年际变化曲线

分比的比例(R95P)低值区,多年平均位于 50%以下;青藏高原西部地区为相对高值区,极端降水天数百分比的比例(R95P)多年平均为 65%~80%,应在未来考虑加以防范。未来四川

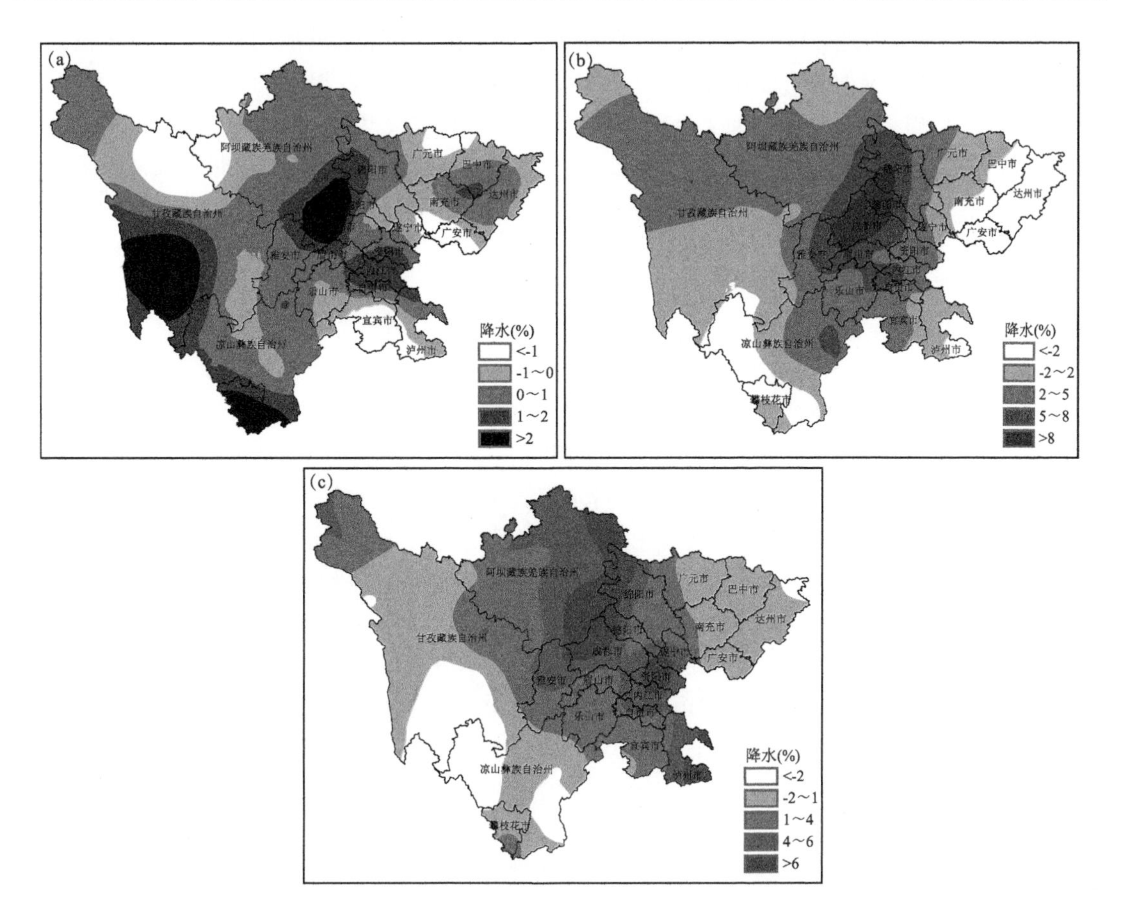

图 7.30　RCP4.5 情景下未来不同年代四川降水距平百分率分布(单位:%)
(a)2021—2030 年;(b)2031—2040 年;(c)2041—2050 年

中部中雨天数较多,为 60～80 d,最大值大于 80 d,四川西部和东部中雨天数较少,为 20～30 d。四川中部大雨天数较多,为 10～25 d,四川西部和东部大雨天数较少,为 2～6 d。四川中部和西南部暴雨天数较多,为 1.5～3 d。预估未来连续干旱日数可见,在四川中部最大连续干旱天数少于 12 d。

7.4.2.4　未来主要气象灾害风险变化预估

未来高温热浪持续天数最高的区域位于四川北部、中部,最长天数均达到 30 d 以上,四川西部和东部地区最大热浪持续天数少于 15 d。未来中雨的连续降雨日数最长的区域位于四川中部,最长连续降雨天数均达到 5～8 d 以上,需加强洪涝防备工作;四川西部和东部地区最长连续降雨日数较少,为 1～3 d。未来大雨的连续降雨日数最长的区域位于四川中部,最长连续降雨天数均达到 2.5～5 d 以上,四川西部和东部最长连续降雨日数较少。

7.4.3　四川气候变化不确定性分析

7.4.3.1　气候变化事实的不确定性来源

(1)资料的不确定性

历年的各种观测资料在用于气候变化研究时,会因观测仪器改变、台站的迁移、观测规范的修改等产生系统偏差，进而影响气候变化相关研究结果，而观测台站的迁移和观测规范的改变也同样会带来系统偏差(王绍武 等，2001)。站址迁移对观测数据均一性的影响很大，尤其是对极端气温、雨量、风速等气象要素(吴增祥，2005)。台站环境、观测仪器类型及安装高度、地表裸露程度，观测方法的变动，对观测记录的均一性也有较大的影响。对四川气候变化事实的分析，选取了156个台站资料，其中四川省年均气温、降水序列都均一的台站有20个，占总数的12.5%。序列不均一原因中，因迁站导致的有29个，更换仪器引起的有19个。再次证实，迁站是引起序列间断的主要原因之一。而对于不明原因的断点序列，必须通过更加详细的历史沿革资料判断其真实性，进一步说明台站历史沿革资料的重要性。

(2)城市化影响的不确定性

气候变化评估所用台站资料均来自于国家级气象站(指国家基准气候站和国家基本气象站)的地面气温观测记录。国家站多位于城镇附近，其地面气温记录可能受到增强的城市化影响。不少学者从台站或区域尺度上对此进行了评价，发现国家站中各类城镇站记录的地面气温趋势中，在很大程度上还保留着城市化的影响，大城市站受到的影响更明显(赵宗慈 1991)。丁一汇等(1994)指出测站环境变化特别是城市化的影响是造成气候变化分析中资料不确定性的重要因素。目前研究表明，在城市台站和局地尺度上，多数研究均发现城市化对地面气温序列影响明显；区域尺度的研究结果存在较大的差异，但采用严格遴选乡村站资料的分析都得到了城市化影响很明显的结论。在我国国家级气象台站年平均地面气温的上升趋势中，至少有27.3%可归因于城市化影响；目前的研究仍然存在一些问题和困难，其中包括研究覆盖的区域和时间段有限、乡村站遴选标准不统一、城市化影响偏差订正方法有待完善等(任玉玉 等，2010)。

四川地区平均的各类台站年平均气温呈现不同程度的上升趋势，城市站、国家站的增温速率均高于乡村站。大中城市站和国家站的年平均热岛增温率分别为0.086 ℃/(10 a)和0.052 ℃/(10 a)，其增温贡献率分别达57.6%和45.3%。与大多数地区不同，四川区域的增温速率虽然偏小，平均热岛强度变化比许多地区弱，但其相对贡献明显，表明城市化对该区域气温趋势的绝对影响较弱，但相对影响较强(唐国利 等，2008)。因此城市化的发展，对区域气候变化趋势分析结论带来一定程度不确定性。辐射和风速同样受到较大影响。

7.4.3.2 气候变化预估的不确定性

气候变化的不确定性是一个非常重要的问题，它决定着气候变化评估和预估的可靠性与准确度。鉴于地球气候系统的复杂性，现阶段人类对其的理解有限，因此国际上现有各种不同复杂程度的气候模式本身亦存在着较大的不确定性，目前气候变化预估结果给出的只是一种可能变化的趋势和方向，还包含很大的不确定性。产生不确定性的原因很多，归纳起来主要有：(1)对气候系统过程与反馈认识的不确定性：气候系统本身极其复杂，目前尚无法完全了解气候变化的内在规律。对碳循环中地球物理化学过程认识及各种碳库估算、各种反馈作用及其相对地位的认识存在不确定性。(2)可用于气候研究和模拟的气候系统资料不足：海洋、高山、极地台站分布稀少，因而从站网布局、观测内容等方面都不能满足气候系统和气候变化模拟的要求。目前使用的地面温度观测记录大部分来自大城市，对城市化的热岛效应考虑不足。(3)温室气体的气候效应认识不足：从以往的气候历史看CO_2与温度的关系，一些学者研究认为历史上CO_2的变化要落后于温度的变化(Monnin et al.，2001；Fischer et al.，1999；Petit et al.，1999)。在气候模式模拟预估过程中，各种强迫因子的强度只能给出一个可能的变化范围,同时各种参数化方案也会引起预估结果的不确定性问题。不能排除气候的自然变率是造成气温升高主要原因的可能性。气候长期自然变化的噪音和一些关键因素的不确定使得定量确定人类对全球气候变化影响仍存在一定困难。(4)气候模式的代表性和可靠性:由于对气候系统内部过程与反馈缺乏足够认识,导致了气候模式对这些过程与反馈的描述存在不确定性。首先,气候模式采用有限时空网格的形式来刻画现实中的无限时空,而用次网格结构的物理量参数化代替真实的物理过程,影响利用气候模式预估未来气候变化的可信度(Shackley et al.,1998)。其次,准确的初边值难于获得。气候模式还存在另一类不确定性问题,主要包括模式的计算稳定性、参数化的有效性、物理过程描述的合理性等,也就是目前通常说的模式不确定性问题。(5)未来温室气体排放情景的不确定性包括:温室气体排放量的估算方法存在不确定性;政府决策对温室气体排放量的影响不确定;未来技术进步和新型能源的开发与使用对温室气体排放量的影响不确定;目前排放清单不能完整反映过去和未来温室气体排放状况。正是由于未来温室气体和气溶胶排放存在不确定性,同时由于模拟的复杂性和成本限制,进一步增加了未来气候变化预估的不确定性。

作为对未来气候变化进行定量预估的有效工具,气候模式已具有较好的可靠性。尽管如此,利用气候模式预估未来气候变化仍存在大量的不确定性。IPCC 报告(2013)认为,未来气候变化预估的关键不确定性,主要来自平衡气候敏感度、碳循环反馈的不确定性,此外不同气候模式对云反馈、碳循环反馈等机制的描述差别很大,也增加了不确定性. 另外,现阶段地球气候系统模式中各种次网格过程的参数化方案也同样存在很大的不确定性,也同样会影响利用气候模式预估未来气候变化的可信度。尽管大部分气候模式对降水总量的模拟较好,但是不能再现降水频率和强度的空间分布,大部分模式高估了“小雨”(日降水量为1.0～9.9 mm/d)出现的频率,却低估了“强降水”(日降水量≥10 mm/d)的强度。诸多证据表明,无论是大气环流模式,还是海气耦合模式,尽管它们对全球、半球和大陆尺度的气候变化有较强的模拟能力,但是其对区域尺度过去气候变化的再现能力非常有限。四川区域气候类型多,地形地貌复杂,局地因子影响较大,所以造成此地区的多变气候类型,气候的地域差异很大,在很大程度上降低了气候模式在区域的适用性,增加了对区域气候变化情景评估的不确定性。

此外对于当前气候变化预估中,还有一个重要问题是关于多模式集合计算方法。使用不同的多模式集合方法,对预估结果也有一定的影响。国家气候中心发布的《中国地区气候变化预估数据集》Version1.0 和 Version2.0 中分别提供了简单集合平均(ME)和加权平均(reliability ensemble averaging,REA)得到的中国地区气温降水预估数据(Xu et al.,2010;Filippo et al.,2002,2003)。由 ME 和 REA 得到的全球气候模式集合平均值之间存在一定差别(许崇海,2010)。对于空间变化,REA 能够反映出更多的局地信息,并且对降水的影响大于气温;从中国地区区域平均的气温降水时间变化来看,两种集合方法在整体变化趋势上相同,但是也存在一定差别。

(1)排放情景的不确定性

现阶段对未来社会发展和排放情景的估计也不完全准确,从而使得未来气候变化趋势的估计也存在较大不确定性。同一种模式在不同排放情景下未来气候变化预估结果是不一样的。未来的气温降水模拟结果的不一致性,主要是由于前人的研究基于不同的模式结果,而不同模式之间的模拟能力又存在较大的差异。在全球变暖背景下,绝大多数模式预估结果表明在未来百年我国大部分地区夏季降水将会显著增加。21 世纪初期,我国东部和青藏高原地区夏季降水有所增加，其中长江中下游和高原地区模式间一致性较高，而其他地区不确定性大；大多数模式预估的西南和西北地区夏季降水将会减少。到了中期，东部地区夏季降水增加幅度明显变大，模式间预估结果的一致性也在显著增强；而西南区域，夏季降水相对20世纪末开始逐渐增加，但模式间存在较大的不确定性；到了21世纪末期，除了新疆南部地区降水仍然减少外，我国其他地区夏季降水显著增加，另外从15个模式模拟的未来百年我国不同区域夏季降水的变化趋势分析，除了西北西部地区模式间不确定性较大外，其他地区绝大多数模式都一致模拟出了夏季降水显著增加的趋势。多模式模拟的我国未来百年夏季降水的这些变化特征在温室气体高、中、低不同排放情景下基本一致，模式对未来气候变化的预估主要是基于未来温室气体不同排放情景下所进行的一种可能性分析(陈活泼 等，2012)。

(2)影响评估方法和模型的不确定性

来源于四个方面：①目前人类社会对气候变化对各种生态系统的影响及系统之间相互作用的了解不够全面，模型不能准确反映气候变化对各系统的综合影响；②影响评估模型中考虑的因素不全面。目前采用的影响评估模型中大多只考虑气候因素如气温、降水变化及 CO_2 浓度的升高的影响，技术进步和政策变化在评估模型中则很少涉及；③在评价模型中主要考虑了气候变化对生产力的影响，很少考虑气候变化对贸易、就业以及社会经济的综合影响；④很少涉及适应措施对减轻脆弱性的作用。

(3)研究文献的不完善造成的不确定性

在编写区域影响评估报告中，采用的主要技术方法之一是文献综述。由于文献作者在分析类似问题时所使用的资料站点、资料年代、研究区域、研究方法不同产生分析结论的差异，造成评估结论的不确定性。针对区域某些问题可使用的文献有限，也会带来一定不确定性。

7.4.3.3　气候变化影响评估的不确定性

参照IPCC不确定性描述方法(孙颖，2012)，在定性描述气候变化某个结论的不确定性时，IPCC第五次评估报告根据证据的类型、数量、质量和一致性(如对机理认识、理论、数据、模式、专家判断)，以及各个结论达成一致的程度，评估对某项发现有效性的信度。信度以定性方式表示。一般使用“证据数量的一致性”和“科学界对结论的一致性程度”两个指标。本报告参照IPCC不确定性描述方法，通过分析结论在图7.31中的位置来判断其不确定性特征。在图7.31中，左下位置A的不确定性最大，右上位置I的不确定性最小。

(关于某个特定研究结果)的一致性水平 ↑			
	一致性高 证据量有限G	一致性高 证据量中等H	一致性高 证据量充分I
	一致性中等 证据量有限D	一致性中等 证据量中等D	一致性中等 证据量充分F
	一致性低 证据量有限A	一致性低 证据量中等B	一致性低 证据量充分C

证据量(独立研究来源的数量和质量) →

图7.31　不确定性的定性定义

(引自：IPCC第五次评估报告主要作者关于采用一致方法处理不确定性的指导说明)

观测到的气温和降水变化结论一致性高，证据量充分；其他观测到的气候变化事实结论一致性高，证据量中等。观测到的四川区域气温和降水变化的结论，由于各项研究一致性高，研究证据充分，因此结论应处于图 7.31 中 I 的位置：一致性高，证据量充分。其他观测到的气候变化趋势，虽然通过资料质量控制、均一化检验选取代表站点等已将资料误差尽可能降到了最低。但由于不同资料序列覆盖的长度代表性不同，以及不同研究方法的差异对分析结果会产生影响，其结论应处于图 7.31 中 H 的位置。

未来气温和降水的预估结论为一致性中等，证据量中等。未来气候变化趋势预估不确定性主要来自排放情景和模式模拟精度的不确定性。气候模式建立在公认的物理原基础上，能够模拟出当代气候和再现过去的气候和气候变化特点，是进行气候变化预估首选工具，可以得到较可靠的预估结果，但其中也存在着较大的不确定性。气候模式对过去变化的再现能力，是衡量它对未来预估结果可靠性的一个重要标尺。区域气候模式，和全球气候模式类似，在进行变化预估时，其不确定性首先来源于温室气体排放情景，包括温室气体排放估算方法、政策因素、技术进步和新能源开发等方面的不确定性；其次是气候模式发展水平限制引起的对气候系统描述的误差，以及模式和气候系统的内部变率等。在区域尺度上，气候变化预估的不确定性则更大，一些在全球模式中有时可以忽略因素如土地利用和植被改变、气溶胶强迫等，都会对区域局地尺度气候产生很大影响。区域气候模式结果的可靠性，很大程度上取决于全球模式提供的侧边界场可靠性，全球模式对大的环流模拟产生的偏差，会被引入到区域模拟中，在某些情况下放大。四川地形地貌复杂，川西高原到四川盆地过渡点的海拔垂直梯度大，且局地因子对气候影响较大，所以造成四川东西部气候差异较大，在很大程度上增加了对区域气候变化评估的不确定性。此外，目前观测资料的局限性也在区域模式检验和发展中增加了不确定，如当前区域气候模式的水平分辨率正在向 15～20 km 和更高分辨率发展，而现有观测站点的密度和格点化资料的空间分辨率都较难满足这些模拟的需要。因此未来气温和降水的预估结论，应处于图 7.31 中 E 的位置。

对敏感领域影响评估的结论一致性中等，证据量中等。对于敏感领域的影响评估，主要基于出版文献。由于一些领域研究文献较少，同时各个文献中评估方法、研究所采用的资料和年代的不同，结果也有所差别。同时，气候变化影响评估模型仍然具有不确定性。对此部分的评估结论，应处于图 7.31 中 E 的位置：一致性中等，证据量中等。

7.5　气候变化影响评估

气候变化影响评估，是开展气候变化决策服务的科学基础。评估气候变化对主要经济部门、自然生态系统和区域的影响，包括分析已经观测到的影响及变化趋势，并对未来的影响进行评估，以便为采取适应气候变化的行动提供依据；同时还需要分析不同系统、不同地区对气候变化影响的脆弱性，提出适应气候变化影响的措施，并评估增强适应气候变化的能力。目前主要开展的有气候变化对水资源、农业、自然生态系统、电力、航运、旅游、人体健康等方面的影响、脆弱性和适应性评估，以及气候变化影响适应性措施的综合评估。下面主要介绍对农业、水资源和能源的影响评估。

7.5.1　气候变化对农业的影响评估

全球气候变化带来一系列问题，变化幅度已超出地球本身自然变动范围，对人类生存和社会经济构成严重威胁。农业是一个涉及社会、经济、自然资源与环境等多方面复杂的系统，对气候环境的依赖性很强。因此，气候变化将直接或间接地影响与农业生产有关的要素而对农业生产产生多方面的影响，主要包括气候要素变化对作物生产的影响，二氧化碳浓度增加对农作物的影响，气候变化对农作物光合作用、产量、品质的影响，气候变化对作物种类、地理分布、种植制度、农业灾害以及农业成本的影响等方面(郭建平，2015)。

7.5.1.1　气候变化对农业的影响评估方法

综合国内外文献，研究气候变化的影响通常有3类方法：一是实验室模拟或现场观测试验方法；二是历史相似或类比法；三是利用计算机进行数值模拟和预测的方法。第3类方法是当前最有前途、进展最为迅速的方法(李克让 等，1999)。从气候变化对农业影响来看，目前采用的方法主要集中在观测试验和模型模拟影响两方面(赵俊芳 等，2010)。观测试验多采用田间试验和环境控制试验两种方法，其中环境控制试验是在野外设立封闭或顶部开放温室，通过人为控制 CO_2 浓度研究对作物的影响(孙白妮 等，2007)。国外早期的研究多采用环境控制试验(Chaudhuri et al.，1990)，因为这种方法重复性好，能为研究者提供稳定的环境(Finn and Brun，1972)。我国有关 CO_2 浓度增加对农作物直接影响的研究起步较晚(蒋高明 等，1997)，20世纪90年代一些学者开展了通过田间试验进行 CO_2 浓度和光合作用关系的试验研究(王春乙，1993；郭建平 等，1999)。直接田间试验的方法可以获取许多重要数据，用来检验假设或评价因果关系等，是一种重要的研究方法。但该方法耗时、耗财力，特别是对模拟未来气候变化后环境温度和降水等条件发生变化情况下多作物品种的长期试验非常困难，因此，在使用中存在很大的局限性(陈鹏狮 等，2009)。

鉴于田间试验方法的局限性，利用计算机进行数值模拟和预测研究是目前定量化研究气候变化及其影响的较科学和理想的方法。模型模拟包括统计分析(回归模型)和动态数值模拟(气候模式与农业评价模式相嵌套)两种方法。统计学方法在大数定律和统计假设检验的基础上，根据生物量与气候因子的统计相关建立数学模型。20世纪70年代以来，随着长期观测试验的进行和人们对作物生长过程认识的不断深化以及作物模式研究的不断发展和完善，大气环流模型(GCM)和作物模式相连接逐渐发展成为评价气候变化对农业影响的最基本、最有效的方法(陈鹏狮 等，2009)。

国外学者研究气候变化与作物的关系多采用作物模型，结合不同的气候或天气模式，评价气候变化对作物影响并给出建议和对策。目前，国外具有代表性的作物模型有美国农业部开发的 CERES(Crop Environment Resource Synthesis)(Jones and Kiniry，1976)系列以及荷兰的 WOFOST(Worl d Food Studies)(Boogaard and van，1997)系列模型，国内则有 RCSODS (Rice Cultivational Simulaton，Optimization and Decision－Making System)(高亮之和金之庆，1994)和 Wheat Grow(曹卫星和罗卫红，2000)等模型。国内外在这方面已有大量报道，Christian 等(2005)将 GCM 模拟的天气数据及观测站的天气数据分别输入到作物模型 SARRA—H(System for Regional Analysis of Agro-Climatic Risks—Habille)中，建立了比较合理的作物模型；Easterling 等(1992)在 EPIC(Erosion-Productivity Impact Calculator)模型中加入 CO_2 对作物光合作用和蒸散作用的影响，探讨美国 MINK(Missouri Iowa Nebraska Kansas)气候变化对地区作物影响；Gregory 等(2007)利用作物模型研究了气候变化对希腊玉米生育期和产量的潜在影响；David 等(2006)利用多种气候模式和作物统计模式研究了气候变化对美国加利福尼亚多年生作物的影响。

近年来，我国在应用作物模型进行气候变化对农作物影响的研究领域也取得了显著成果。王馥棠(1993)利用3种大气环流模式预测未来气候情景下我国主要作物水稻、小麦和玉米产量的可能变化，并指出作物产量下降的主要原因是大气中CO_2浓度倍增时，温度升高、作物发育速度加快和生育期缩短。张建平等(2007)利用WOFOST作物模型，结合气候模型BCC-T63输出的未来气候情景资料，模拟分析了未来气候变化对东北地区玉米产量的影响，表明气候变化将严重影响东北粮食产量。金之庆等(1996)利用CERES-Maize模拟了全球气候变化对我国玉米生产的可能影响，并评价了当CO_2倍增时，气候变化对我国各地玉米产量和灌溉需要的可能影响。尚宗波(2000)利用玉米生长生理生态学模拟模型(MPESM)，模拟评价了沈阳地区玉米生长对各种气候因子变化的敏感性，全球气候变化背景下沈阳地区春玉米的生长趋势以及产量变化情况，研究表明，在未来气候变化背景下沈阳地区玉米平均产量会有5%～30%的降幅。冯利平等(1997)建立了气候变化背景下我国华北冬小麦生产影响评估模型，探讨气候异常对华北冬小麦的可能影响。

7.5.1.2　气候变化对农业气候资源的影响

农业气候资源的数量及其配置直接影响农业生产过程，并为农业生产提供必要的物质和能量。农业气候资源主要包括光资源、热量资源和水分资源。气候变化对农业生产的影响，首先表现为对农业气候资源的影响，由于农业气候资源在数量和配置上发生了变化，导致对农业生产过程的影响，并最终影响农业种植制度、品种布局以及生长发育和产量形成。因此，系统分析气候变化背景下农业气候资源演变趋势及空间分布格局，不仅有利于合理利用农业气候资源，还将为调整农业结构和种植制度提供一定的科学依据。

(1)四川水稻生育期内农业气候资源的时空分布

1961—2015年，水稻各生育期的平均气温、平均最高气温和平均最低气温空间分布总体呈南低、北高的特点；水稻各生育阶段温度均是孕穗到开花期最高，移栽到孕穗期最低。近50年来各生育期及全生育期年平均气温、平均最高气温和平均最低气温总体呈升高的变化趋势，通过显著检验的站点有90%以上呈升高的趋势；在升高速率上，孕穗到开花期的升高速率最快，而开花到成熟期的升高速率最慢。水稻各生育期内平均气温日较差总体呈南北高、中部低的分布特点，与全生育期一致。近50年来水稻全生育期平均日较差变化趋势为－0.2～0.41 ℃/(10 a)；平均日较差在移栽到孕穗期和孕穗到开花期总体呈上升趋势，而开花到成熟期的平均气温日较差呈下降趋势。

水稻各生育阶段年平均总辐射量分布不一致，移栽到孕穗期整体呈南高、北低的分布特点，与全生育期一致；孕穗到开花期呈西高、东低的分布特点；开花到成熟期盆地中部最高、盆地东部最低的分布特点。近50年来水稻全生育期平均总辐射量的气候倾向率为－57.3～19.3(MJ/m^2)/(10 a)，全区平均－17.7(MJ/m^2)/(10 a)；研究区域内水稻各生育阶段及全生育期总辐射量总体均呈下降的趋势，且通过显著性检验的站点大部分呈下降趋势；除开花到成熟期外，正值主要出现在川西南地区，而其他地区以负值为主；总辐射量在开花到成熟期下降速率最快，孕穗到开花期最慢。

水稻全生育期降水量总体呈南北西高、东低的分布，移栽到孕穗期呈南部东北高、中部低的分布，孕穗到开花期整体呈西部高、东部低的分布，开花到成熟期整体呈西北高、东部南部低的分布；降水量在移栽到孕穗期最大，孕穗到开花期最小。近50年来水稻全生育期年降水量变化趋势为－46.4～33.6 mm/(10 a)，整体呈下降的趋势，负值主要出现在盆地的西部及南部地区；降水量在开花到成熟期总体呈下降趋势，而移栽到孕穗和孕穗到开花期呈增加趋势。

水稻全生育期有效降水量总体呈南部和西部高、东低的分布特点，移栽到孕穗期呈南高、北低的分布特点，孕穗到开花期呈西部南部高、东部低的分布特点，开花到成熟期整体呈西高，东低的分布特点。近50年来水稻全生育期有效降水量变化趋势为－11.1～6.3 mm/(10 a)，整体呈下降的趋势，呈下降的区域主要出现在盆地的西部、南部地区以及川西南的南部地区；水稻各生育阶段有效降水量总体均呈下降的趋势，开花到成熟期下降速率最快。

水稻全生育期参考作物蒸散量总体呈南部和北部地区最高，中部地区较低的分布特点；移栽到孕穗期呈南高、西低的分布特点，孕穗到开花期在西部、东北等地区较高，而在东部地区最低，开花到成熟期在东北角及西部最低，而在东北中部及东部地区较高。近50年来水稻全生育期参考作物蒸散量变化趋势为－18.8～12.9 mm/(10 a)，整体呈下降的趋势；水稻各生育阶段参考作物蒸散量总体均呈下降的趋势，开花到成熟期下降速率最快。

水稻全生育期需水量在南部和北部高、中部低的分布特点，移栽到孕穗期呈南高、北低的分布特点，孕穗到开花期在西部、西北等地区较高，而在东部地区最低，开花到成熟期整体呈现东北角最低，而在盆地中部及南部地区较高。近50年来水稻全生育期需水量变化趋势在－20.5～13.7 mm/(10 a)，整体呈下降的趋势；水稻各生育阶段需水量总体均呈下降的趋势，呈下降趋势的区域主要出现在盆地地区，且开花到成熟期下降速率最快。

水稻全生育期缺水率呈带状分布，东高西低的变化趋势，移栽到孕穗期呈西低，南部、北部及东部高分布特点，孕穗到开花期呈东北部地区高，中部、西部及南部部分地区低的分布特点，开花到成熟期的年均缺水率分布和全生育期类似，在稻区的西部低、东部高。近50年来水稻全生育期缺水率变化趋势在－2.0～3.5%/(10 a)，整体呈略有上升的趋势；水稻各生育阶段缺水率总体均呈上升的趋势，开花到成熟期上升速率最快(图7.32)。

(2)四川玉米生育期内农业气候资源的时空分布

1961—2015年，玉米全生育期及各生育期热量资源整体呈升高的趋势，在播种—拔节期呈升高速率最快。全生育期平均温度值相对高的区域集中在盆北及盆西部分区域，相对低值的区域在盆西北及攀西的北部部分区域；平均最高气温和平均最低气温的低值区在盆西沿山一带和攀西北部部分区域。拔节—成熟期平均气温气候倾向率负值主要出现在盆东北及盆南部分区域；全生育期和各生育期平均最高气温的分布特征是盆北、盆南及攀西南部部分区域相对较高；各生育期平均最低气温播种—拔节期分布特征是盆北及盆西部分区域相对较高；拔节—乳熟期分布特征盆地北部部分区域及盆中大部值相对较高；乳熟—成熟期盆地自西向东增加。全生育期平均日较差的变化趋势农区除攀西大部，盆地南部、中部、西部局部区域呈现降低趋势，其余为升高趋势。各生育期平均日较差在播种—拔节期、拔节—乳熟期、乳熟—成熟分布特征都是攀西明显高于盆地。

玉米全生育期总辐射量盆地呈现从西北到东南逐步减小的趋势；攀西农区总辐射量呈现从南到北减小趋势。各生育阶段总辐射量播种—拔节期最大，乳熟—成熟期最小。全生育期总辐射量的变化趋势农区大部呈减少趋势，各生育阶段的总辐射量呈减小趋势。

玉米全生育期总降水量盆地西部最多，盆地中部及南部部分区域相对较少；各生育期总降水量的分布在播种—拔节期盆西、盆南及盆北部分区域较多，拔节—乳熟期分布特征和播种—拔节期大体相反，乳熟—成熟期盆周沿山一带值相对较高。全生育期总降水量攀西及盆地东北大部区域呈现增多趋势。各生育阶段的总降水量总体偏少，在播种—拔节期呈升高趋势。

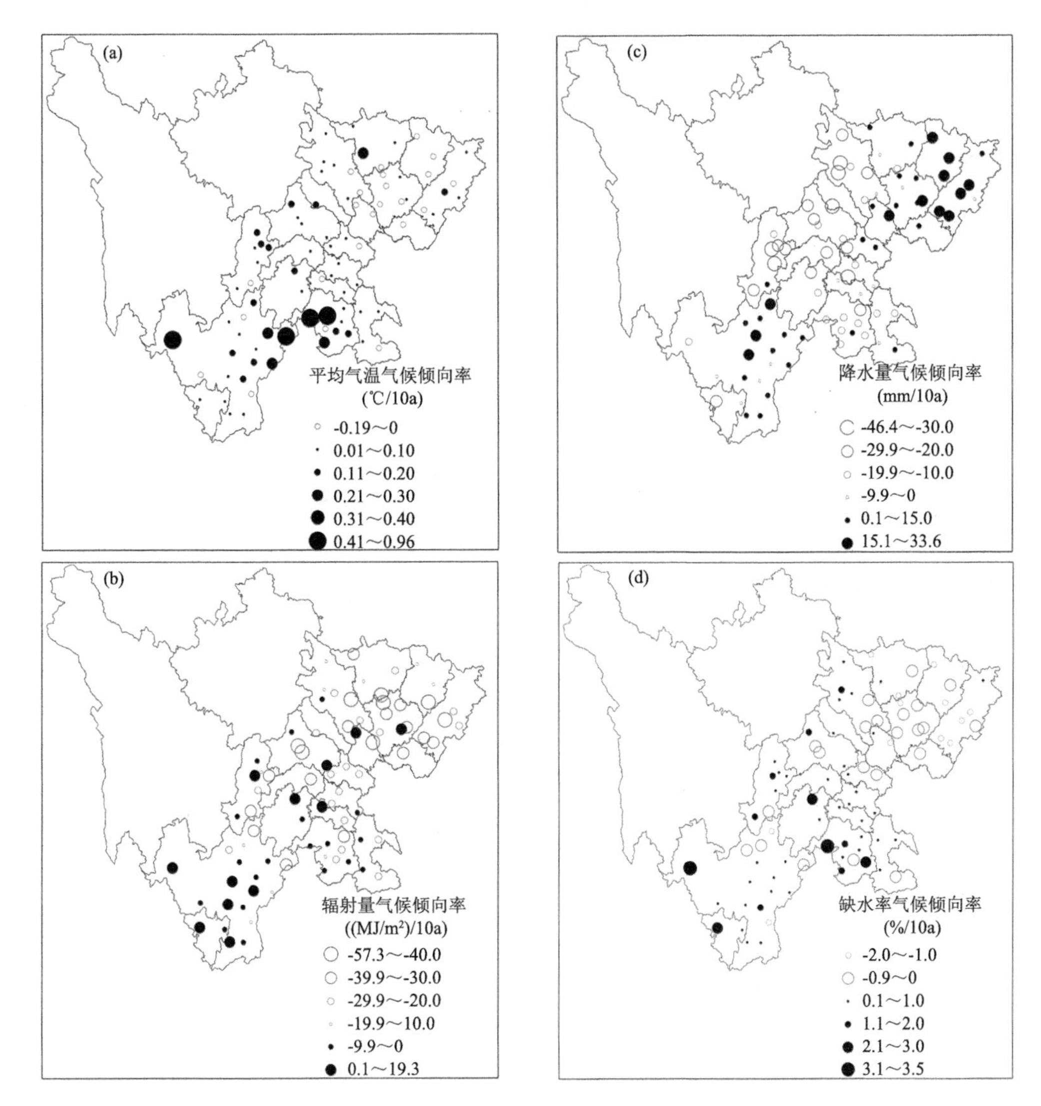

图7.32　1961—2015年水稻生育期平均气温(a)、总辐射量(b)、降水量(c)和缺水率(d)的气候倾向率分布

玉米全生育期需水量攀西农区最多，其次是盆西北及盆西南大部。各生育阶段需水量播种—拔节期需水量最大，乳熟—成熟期需水量最小。全生育期需水量盆地农区局部增多，其余大部减少趋势明显；攀西农区北部部分区域增多，其余大部减少，各生育阶段的需水量总体呈现减小趋势。

玉米全生育期参考蒸散量攀西农区最多，最少区域集中在盆南及盆东局部区域。各生育阶段参考蒸散量播种—拔节期参考蒸散量最大，乳熟—成熟期参考蒸散量最小。全生育期参考蒸散量的变化趋势盆地农区大部呈减少趋势；攀西除北部部分区域增加，其余呈现减少趋势，各生育阶段的参考蒸散量总体呈现下降趋势。

玉米全生育期有效降水量攀西农区和盆地西南部最多，最少区域集中在盆地中部。各生育阶段有效降水量乳熟—成熟期最少，拔节—乳熟期最多。全生育期有效降水量的变化趋势攀西大部及盆地东北部局部区域为正值,其余大部是负值。各生育阶段的有效降水量总体呈现降低趋势。

玉米全生育期缺水率最大区域集中在攀西大部及盆中老旱区。各生育阶段缺水率播种—拔节期缺水率最大,乳熟—成熟期缺水率最小。全生育期缺水率的变化趋势农区除盆北、盆东及攀西大部区域为负值,其余大部是正值。各生育阶段的缺水率有增有减,存在空间差异(图7.33)。

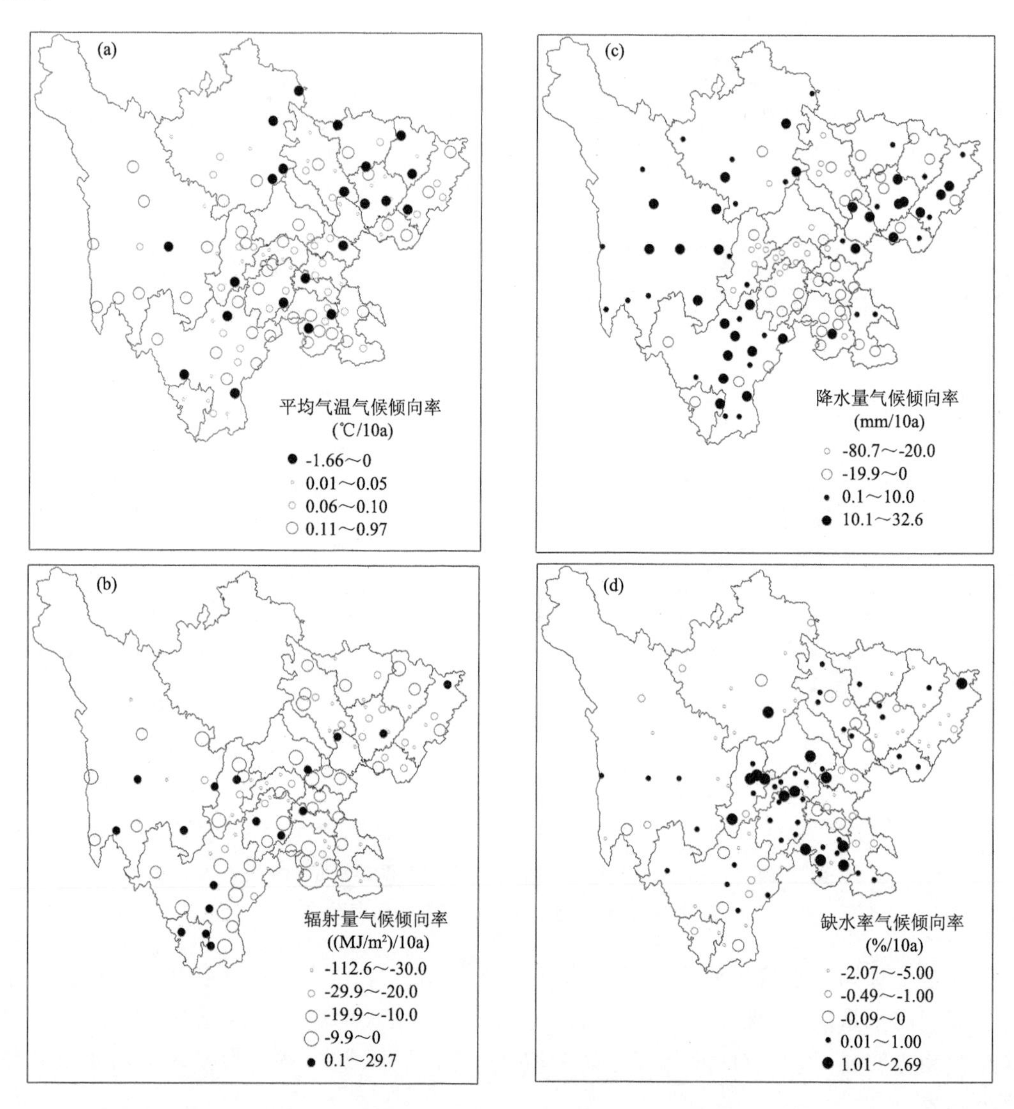

图 7.33　1961—2015 年玉米生育期平均气温(a)、总辐射量(b)、降水量(c)和缺水率(d)的气候倾向率分布

(3)四川冬小麦生育期内农业气候资源的时空分布

1961—2015 年,冬小麦全生育期平均气温、最高气温和最低气温盆地和攀西农区均呈现由南至北逐渐降低的分布特点。各生育阶段平均气温、最高气温和最低气温乳熟—成熟平均温度最大,播种—拔节最小。全生育期平均气温、最高气温和最低气温的变化趋势盆中及盆南

局部区域呈下降趋势，其余地区均呈升高的趋势。各生育阶段的平均气温、最高气温和最低气温总体均呈升高的趋势，在拔节—乳熟呈升高速率最快。冬小麦全生育期平均日较差攀西农区大都为 11～17 ℃，盆地 5～9 ℃。各生育阶段平均日较差乳熟—成熟最大，播种—拔节最小。全生育期平均日较差的变化趋势盆南及盆北局部区域呈上升趋势，其余地区均呈下降的趋势；攀西农区东部及南部部分区域呈现上升趋势，其余为下降趋势。

冬小麦全生育期总辐射量盆地呈现从西北到东南逐步减小的趋势；攀西农区呈现从西南到东北逐步减小趋势；各生育阶段总辐射量播种—拔节期最大，拔节—乳熟期最小。各生育阶段的总辐射量在盆地呈下降趋势，而在攀西地区呈升高趋势。

冬小麦全生育期总降水量盆地呈现从周边到中间逐步减小的趋势；各生育阶段总降水量乳熟—成熟总降水量最大，拔节—熟期总降水量最小。全生育期总降水量的变化趋势盆地农区除盆北大部、盆中部分区域及盆南局部呈减少趋势，其余呈增多趋势，各生育阶段的总降水量总体变化幅度不大，在拔节—乳熟期以减少趋势为主。

冬小麦全生育期需水量攀西农区最多，其次是盆西北及盆西南大部；各生育阶段需水量播种—拔节期最大，拔节—乳熟期最小。全生育期需水量的变化趋势盆地农区除盆北、盆西及盆南部分区域呈增加趋势，其余呈减少趋势；攀西大部增多趋势明显；各生育阶段的需水量有增有减，存在空间差异。

冬小麦全生育期参考蒸散量攀西农区最多，最少区域集中在盆南及盆东大部；各生育阶段参考蒸散量播种—拔节期最大，拔节—乳熟期最小。全生育期参考蒸散量的变化趋势盆地农区大部呈减少趋势；攀西大部增多趋势明显；各生育阶段的参考蒸散量有增有减，存在空间差异。

冬小麦全生育期有效降水量攀西农区最少，最多区域集中在盆南及盆西大部；各生育阶段有效降水量乳熟—成熟期最大，拔节—乳熟期最小。全生育期有效降水量的变化趋势农区除盆南、盆西及攀西北部部分区域为正值，其余大部是负值；各生育阶段的有效降水量有增有减，存在空间差异。

冬小麦全生育期缺水量在攀西农区多于盆地；各生育阶段缺水量播种—拔节期缺水量最大，乳熟—成熟期缺水量最小。全生育期缺水量的变化趋势农区除盆北、盆西及盆南部分区域为负值，其余大部是正值；各生育阶段的缺水量有增有减，存在空间差异(图 7.34)。

7.5.1.3　气候变化对农作物产量的影响

气候变化对作物的影响最终表现在产量上，气候变化的正负效应全球分布不均匀。高纬度地区将从气候变暖中受益，可耕作土地面积增加，国内生产总值(GDP)随之增长；低纬度地区气候变化将减少土壤水分，降低农业和林业的生产力，商品生产受到影响，GDP 降低；而气候变化对中纬度地区的影响是多样的，随地区或气候变化情景的改变而改变。

(1)气候变化对四川水稻产量的影响

1971—2012 年，水稻产量对不同生育阶段不同气候因子的响应存在差异。平均气温上升 1 ℃、日较差上升 1 ℃、降水量下降 100 mm 和辐射量下降 100 MJ/m^2 对产量的影响如下：全生育期内，平均气温变化对水稻产量影响显著的面积最大，占种植总面积的 7.05%，产量的变化在−6.72%～5.74%，产量降低的区域占总种植面积的 6.95%，辐射次之，降水量最小。从各个生育阶段来看，移栽到孕穗期日较差升高 1 ℃对水稻产量影响显著的面积最大，占总种植面积的 10.73%，且以负面影响为主。

受到气候变化的影响，近 30 年来研究区域内气候变化对水稻产量影响显著的区域约为总

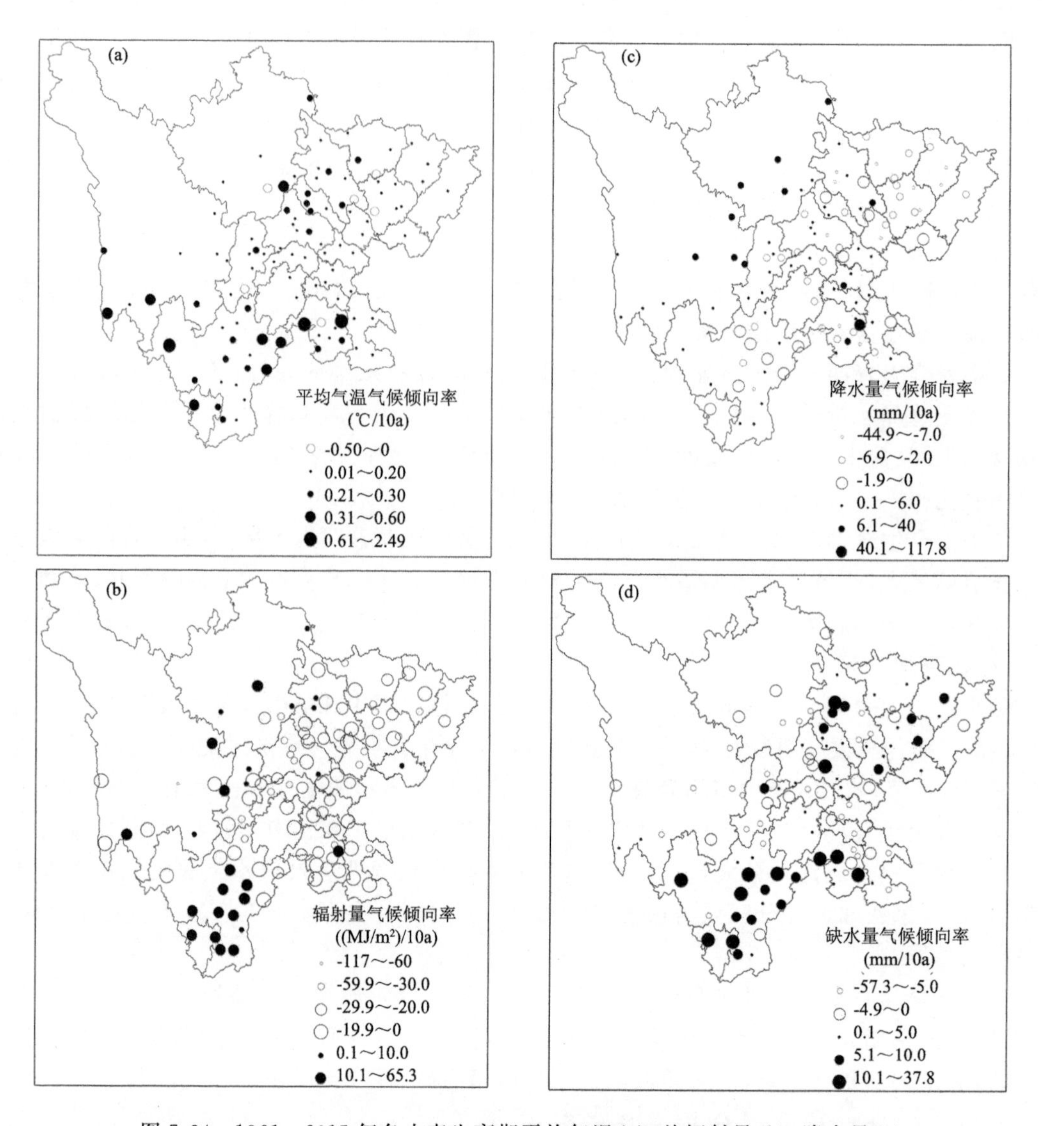

图 7.34　1961—2015 年冬小麦生育期平均气温(a)、总辐射量(b)、降水量(c)和缺水量(d)的气候倾向率分布

面积的 47.6%，产量变化为－11.77%～24.55%；在 20.3%的种植面积上的气候变化导致水稻产量降低，主要分布于四川盆地南部、西部和东北的部分地区。研究区域内平均气温作为主要贡献因子对产量的影响最大，约占总种植面积的 16.7%，降水量、辐射量次之，平均日较差最小。辐射量作为主要贡献因子对产量的负面影响最大，占总种植面积的 7.4%；平均日较差和平均气温次之，降水量最小。

总体来看，1971—2012 年平均气温上升 1 ℃、日较差上升 1 ℃、降水量下降 100 mm 和辐射量下降 100 MJ/m² 对四川水稻产量的影响分别为－2.20%、3.35%、1.41%和－2.72%；整个气候变化对四川水稻平均产量的影响为 1.97%(图 7.35)。

(2)气候变化对四川玉米产量的影响

1971—2012 年，玉米产量随着平均气温和日较差分别上升 1 ℃、降水量和辐射量分别下

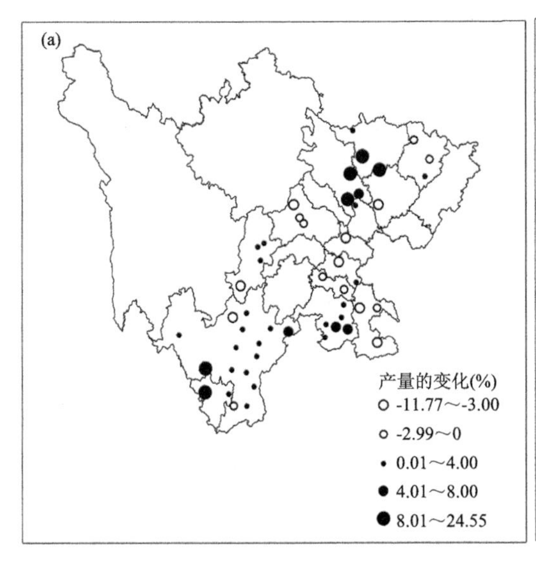

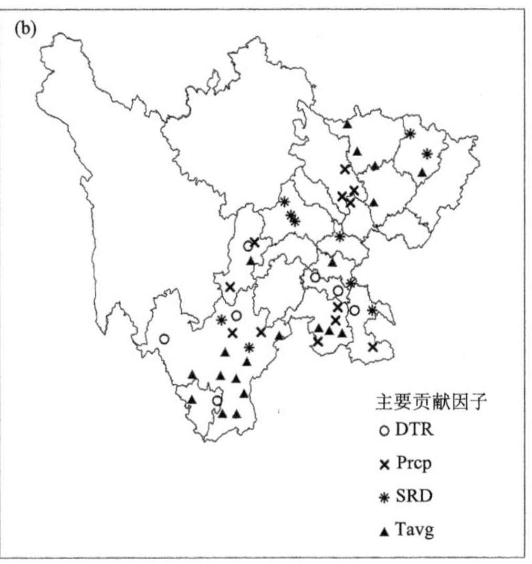

图 7.35　1971—2012 年气候变化对水稻产量的影响(a)和主要贡献因子(b)

(DTR 为气温日较差；P_{rcp} 为降水量；SRD 为辐射量；T_{avg} 为平均气温)

降 100 mm 和 100 MJ/m² 产生了显著变化，全生育期日较差升高导致产量显著变化和降低的面积均最大，分别占整个区域玉米播种面积的 27.0%和 27.5%，平均气温次之。从不同生育阶段看，播种至拔节期日较差升高 1 ℃对玉米产量影响显著的面积最大，占总面积的 29.5%，且以负面影响为主。

受到气候变化的影响，近 30 年来研究区域内气候变化对玉米产量影响显著的区域约为总面积的 67.3%，产量变化为－25.8%～13.9%；49.7%的播种面积上气候变化导致玉米产量降低，主要分布在盆西、盆中和盆南地区。平均气温作为主要贡献因子导致玉米产量显著变化和降低的面积最大，分别占播种面积的 25.1%和 20.1%；日较差次之。

总体来看，1971—2012 年平均气温上升 1 ℃、日较差上升 1 ℃、降水量下降 100 mm 和辐射量下降 100 MJ/m² 对四川玉米产量的影响分别为－6.37%、－3.97%、－2.34%和 3.51%；整个气候变化对四川玉米平均产量的影响为－3.14%(图 7.36)。

(3)气候变化对四川冬小麦产量的影响

1971—2012 年，冬小麦产量伴随平均气温和日较差上升 1 ℃、降水量和辐射量分别下降 100 mm 和 100 MJ/m² 发生了反应，全生育期降水量下降导致产量显著变化的面积最大，占整个区域播种总面积的 6.5%；而辐射量下降导致产量降低的面积最大，占播种总面积的 2.4%。从各个生育阶段来看，播种到拔节期辐射量下降对冬小麦产量影响显著的面积最大，占播种总面积的 9.4%，且以负面影响为主。

受到气候变化的综合影响，近 30 年来研究区域内气候变化对冬小麦产量影响显著的区域约为总面积的 40.0%，产量变化为－23.0%～9.5%；14.0%的播种面积上气候变化导致冬小麦产量降低，主要分布在川西北高原大部及盆西、盆南和川西南的部分地区。日较差作为主要贡献因子引起冬小麦产量显著变化的区域面积最大；降水量作为主要贡献因子造成产量下降的面积最大。

总体来看，1971—2012 年平均气温上升 1 ℃、日较差上升 1 ℃、降水量下降 100 mm 和辐

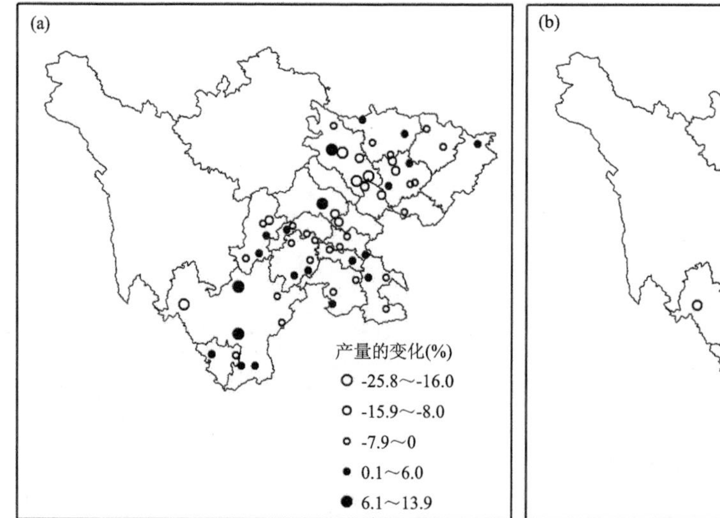

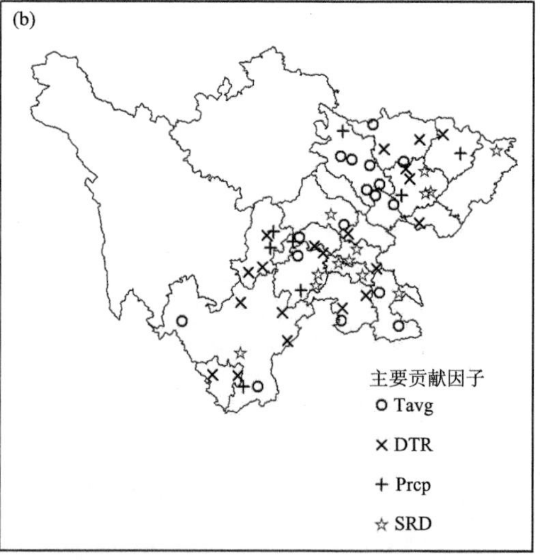

图 7.36　1971—2012 年气候变化对四川玉米产量的综合影响(a)和主要贡献因子(b)
(DTR 为气温日较差；P_{rcp}为降水量；SRD 为辐射量；T_{avg}为平均气温)

射量下降 100 MJ/m² 对四川冬小麦产量的影响分别为 3.74%、3.73%、6.21%和−4.72%；整个气候变化对四川冬小麦平均产量的影响为−0.70%(图 7.37)。

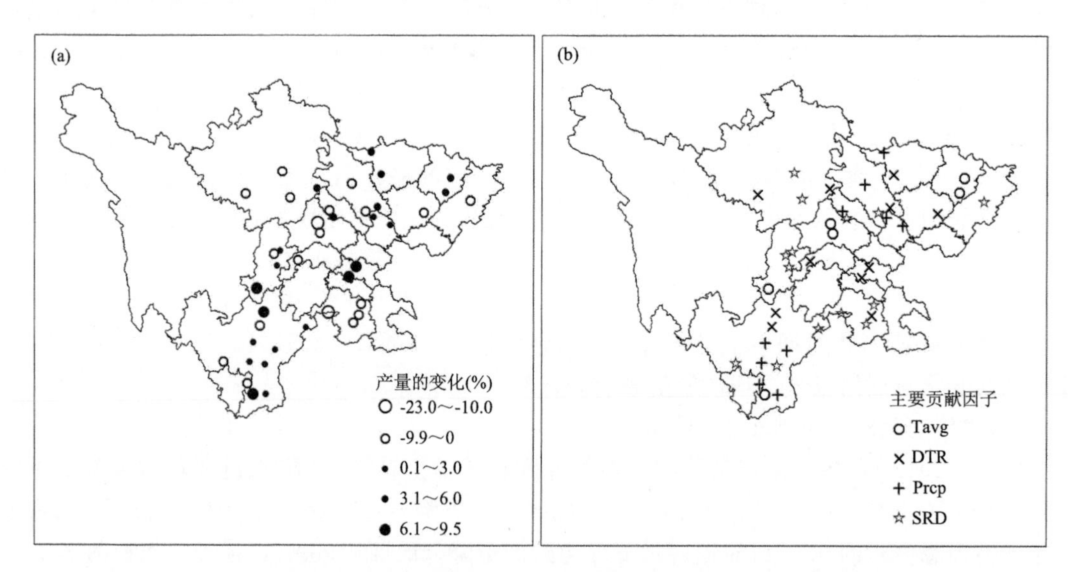

图 7.37　1971—2012 年气候变化对四川冬小麦产量的综合影响(a)和主要贡献因子(b)
(DTR 为气温日较差；P_{rcp}为降水量；SRD 为辐射量；T_{avg}为平均气温)

7.5.1.4　气候变化对作物生产潜力的影响

农业气候生产潜力是评价农业气候资源优劣的依据之一，农业气候生产潜力的大小取决于光、温、水三要素的数量及其相互配合协调的程度。

(1)气候变化对四川水稻生产潜力的影响

1961—2015 年，四川省水稻生育期内光合生产潜力的空间分布呈北低南高中部最低，光温生产潜力呈现北高南低,气候生产潜力为南北低中间高的空间变化趋势。

气候变化背景下,1961—2015年日照时数的减少使四川水稻光合生产潜力在大部地区呈现减少的趋势,减少最明显的区域主要分布在盆中大部、盆北及盆西,尤其从20世纪70年代开始减少趋势尤为显著。1961—2015年来四川水稻光温生产潜力除川西南山地部分区域出现增加趋势外,其余大部都是减少趋势,减少趋势较大的区域主要在盆东北局部,且减少速率明显小于光合生产潜力,主要由于大部农区增温趋势明显,农业生长季活动积温增加显著,出现正效应。1961—2015年四川省水稻气候生产潜力除川西南山地部分区域及盆东局部出现增加趋势,其余大部都呈减少趋势,减少趋势较大的区域主要在除盆东北、川西南山地大部及盆东南部分区域外的所有水稻种植区。盆东北大部及盆中部分区域气温条件较好,光温生产潜力值相对较高,在该区域水稻高温热害发生概率相对较高,应适当延迟作物播种及移栽期,避免抽穗扬花期遭受损失;考虑在有水源保证的地方,加快水利建设,扩大稻田面积,特别是盆中浅丘区。

1961—2015年,四川省水稻具有一定的增产潜力,气候变化背景下增产潜力呈下降趋势,表明随着农业科学技术的发展,生产力不断提高,理论产量仍有一定差距。未来生产中应加快大中型水利工程建设的步伐,发展节水灌溉,强化作物栽培措施,适时早播,充分利用热量资源。

(2)气候变化对四川玉米生产潜力的影响

1961—2015年,四川盆地玉米平均光合生产潜力为15279～17773 kg/hm^2,总体呈现东北向西南减小的趋势;近50多年来光合生产潜力的气候倾向率为－707～－64 kg/(hm^2·10 a),所有站点均呈现减少的趋势。1961—2015年,平均光温生产潜力为7779～12210 kg/hm^2,总体呈现东北向西南减小的趋势;近50多年来光温生产潜力的气候倾向率为－404～－32 kg/(hm^2·10 a),所有站点均呈现减少的趋势。1961—2015年,平均气候生产潜力为5777～9096 kg/hm^2,总体呈现西南向东北减小的趋势;近50多年来气候生产潜力的气候倾向率为－407～34 kg/(hm^2·10 a),大部分站点呈现减少的趋势。

1961—2015年,四川盆地玉米光合生产潜力、光温生产潜力和气候生产潜力总体均呈下降趋势,表明平均气温的升高、日照时数的减少和降水量的变化不利于四川盆地玉米产量的提高。但是,实际产量与作物生产潜力相比还存在较大差距,因此,如果在品种、生产技术及气象灾害防御等方面有所改善,四川玉米产量仍存在提升的空间。

7.5.2　气候变化对水资源的影响评估

四川位于亚热带范围内,受复杂的地形和不同季风环流的交替影响,雨量丰沛,河流和湖泊众多,水资源丰富,对众多亚洲重要河流的水源涵养和河流水文调节具有重要作用。在全球气候变化背景下,高原的积雪、冰川、冻土和湖泊等地表特征的变化都会影响到长江、黄河等大江大河的水资源分配,四川区域水资源安全战略地位十分突出。

四川区域水资源安全形势具有如下特点:(1)水资源总量丰富,但时空分布不均。汛期降雨径流占全年的70%～75%,枯期仅占全年的15%～30%。水资源与降水空间分布一致,部分地区水资源短缺,四川省水资源量西部高山高原小于东部盆地,盆地边缘区小于盆地腹部和盆地东部山区。(2)洪灾干旱严重。四川区域盛行亚热带季风气候,汛期山洪频发,洪灾严重。枯期降水较少,干旱易发,甚至造成人畜饮水困难。(3)水土流失和水污染不断加剧。由于受高原、高山特殊的气候和地质成因等影响，四川区域水土流失范围不断加大，流失程度不断加重。随着社会经济的发展，人口集居地和经济发达地区的水资源普遍受到了不同程度的污染，水污染总体呈上升趋势。

7.5.2.1　评估框架

气候变化对水文水资源影响评估基本遵从“未来气候情景设计—水文模拟—影响研究”的模式，具体可归纳为：(1)设计或选定未来气候变化情景；(2)选择、建立并验证水文水资源模型；(3)以气候变化情景作为水文模型输入，模拟分析区域水文循环过程和水文变量；(4)评估气候变化对水文水资源的影响，根据水文水资源的变化规律和影响程度，提出适应对策和措施。要全面了解气候变化对水资源及相关领域的影响，就必须要进行多学科的全面研究，把环境、生态、经济、社会等各子系统以及它们之间的相互联系和作用结合起来综合考虑，将气候变化、社会经济发展、水资源、农业、生态系统等方面的研究有机结合，构建一个有效的研究框架(图 7.38)。

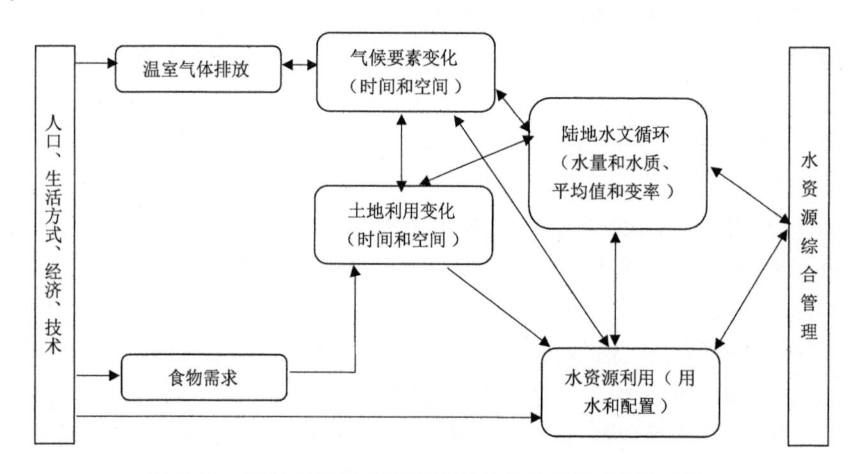

图 7.38　气候变化对水资源及相关领域的影响研究框架

7.5.2.2　评估模型

(1)经验统计模型

根据径流自身变化规律或与相关影响因子诸如降水、气温和太阳黑子等的响应关系建立径流预测统计模型，主要有自回归模型、门限回归模型、多元回归模型、人工神经网络模型和不确定性模型等，经验统计模型使用较为方便，且能定量做出径流预测，但较少考虑影响因素之间的内在物理联系。

(2)概念性水文模型

概念性水文模型是以水文现象物理过程为基础进行构建，可研究气候与径流相互作用的因果关系，并可分析不同气候条件下流域水资源对气候变化的响应特征。常用的概念性水文模型包括新安江模型、水箱模型、SACRAMENTO 模型和 SCS 模型等，这类水文模型在进行水文规律研究和解决实际生产问题中发挥着重要的作用。

(3)分布式水文模型

分布式水文模型是根据流域地形条件、土壤性质、植被覆盖、土地利用情况和降水特性等的不同，将整个流域划分为若干个水文模拟单元，在不同水文模拟单元中采用不同的特征参数以更加准确的反映该水文模拟单元的水文特性,然后通过产汇流原理构建而成。目前具有代表性的分布式水文模拟模型主要有TOPMODEL,SHE,SWAT,HBV和VIC模型等(徐宗学等,2010)。

如何选择适宜的水文模型:根据WMO对各种模型的比较结果来看,几乎所有模型都能较好的模拟湿润流域的水文过程;对于干旱区域,水量平衡模型模拟结果较好;而资料有限地区,简单模型的计算结果优于复杂模型。在实际研究应用中,可以将统计的、半分布式、分布式的水文模型结合在一起使用,首先使用Simple Model对流域的降水—径流关系等数据进行初步分析,之后按照流域面积大小来选择不同的水文模型。若流域面积在3000 km^{2}左右的可以使用SWAT模型或SWIM模型,而HBV模型则可以应用在各种面积的流域,而对于流域数据资料不足地区可以使用ANNs模型等。

7.5.2.3 气候变化对四川省水资源的影响

1961—2005年,长江流域年降水量变化趋势并不明显(杨桂山 等,2009),岷江、嘉陵江年降水量呈减少趋势,金沙江流域年降水呈增加趋势(曾小凡,2008;陈媛,2010)。岷江流域夏季降水量呈显著的减少趋势,四川南部地区夏季降水量呈微弱的增长趋势。降水日数在四川盆地呈减少趋势。过去50年,长江流域的极端降水事件(极端强降水和干旱)的频率和强度呈增加趋势,干旱范围在逐步扩大,但不明显,年最大洪峰流量在长江流域上游没有显著变化趋势。

(1)降水的变化

四川省1961—1990年和1991—2010年两个时段的降水量平均状况及气候倾向率的空间分布特征整体表现为盆地大部降水减少,川西高原和攀枝花地区降水增加,区域内降水量减少最明显的地区是盆地的雅安、乐山、成都和宜宾等地,此区大部也是全省年降水量最高的地区;而增加最为明显的地区是新龙、理塘、稻城等地,此地为年降水量最少的地区。

(2)蒸发的变化

长江上游年蒸发量呈明显下降趋势,20世纪70年代起迅速下降,80年代开始变化较平缓,90年代下降幅度明显增大;在春、秋季均呈现显著的下降趋势,在夏、冬季表现为相反的变化趋势,但上游源头区金沙江流域则呈增加趋势。

参考作物蒸散量(ET_0)既是热量平衡的重要组成分量,也是水分平衡的重要组成分量。研究表明,四川省年参考作物蒸散量的空间分布呈现与降水量不同的特征,川西高原大于盆地东部,盆地中、西部最低,川西南山地最高。与1961—1990年相比,1991—2010年ET_0小于900 mm的区域向盆地东部和高原西部扩展,面积增大了5.95×10^4 km^2;ET_0除木里、峨眉山、绵阳、平武、潘松、若尔盖等少数地方在增加外,全省其余地区均表现为减少,但减幅小于降水量的变化。

(3)径流的变化

径流的年内分配很不均匀,各流域月最大径流与最小径流的比值变化为3～52倍。盆地腹部径流年内变化最大,外围山地及西部高山高原变化较小。过去50年,长江全流域径流量虽无明显增多或减少趋势,但根据对寸滩、屏山、李家湾和北碚水文站年径流时间序列的分析(结果见表7.5),长江上游及其支流岷江、沱江和嘉陵江的年径流量有显著的下降趋势,而支流金沙江的年径流量变化趋势不显著。

表 7.5　年径流序列趋势性检验成果

河名	金沙江	岷江	沱江	嘉陵江		长江上游
控制站	屏山	高场	李家湾	北碚		寸滩
资料	1940—2004	1940—2004	1952—2004	1943—2003	1983—2003	1893—2003
趋势性	不显著	下降趋势	下降趋势	不显著	下降趋势	下降趋势

7.5.2.4　气候变化对长江上游水资源的影响

(1)水资源总量

近年来,受全球气候变暖的影响,气温的升高一方面会加快冰川融雪速度,另一方面增加了流域蒸散发,二者的变化对长江上游水资源量造成影响。李林等(2004)利用长江上游直门达水文站1963—2001年径流量及同期该流域气象资料,发现近40年来长江上游径流量呈减少趋势,其中以秋季径流量减少最为明显;长江上游流域夏季降水量减少、年平均气温升高和蒸发增大引起的气候干旱化趋势是造成径流量减少的主要原因,其中降水量是影响径流量的最主要因子;夏季降水量的减少与秋季径流量的减少关系密切,而秋季径流量的减少最终影响到了年径流量的减少。卢璐等(2016)以长江上游金沙江流域为研究对象,发现金沙江流域的气温具有显著的升高趋势,年均气温线性增加率为0.0252 ℃/a,其中,冬季升温最为显著;受降水、气温、积雪和冰川等因素变化的影响,金沙江流域的流量总体上呈增加趋势,然而,近20年具有明显的减少趋势;年和季节降水量与径流具有较好的正相关性,尽管年气温与流量具有不显著的负相关性,但由于气温和降水的季节同步性,季节气温与径流呈现出较好的正相关性。白路遥等(2012)分析了长江源区的气候特征,用降水与蒸发的差值作为水资源量的代表,分析了气候变化对水资源的影响。结果表明长江源区在最近10多年水资源量有明显增多现象,近10多年长江源区气温显著增加,导致更多冰川融化,这可能是近年来长江源水资源量增多的原因。李林等(2004)发现季节性融水占高山冰雪融水量和雨水量总和在长江上游年径流总量中的比重逐年增加,汛期径流总量与非汛期径流总量的比值在下降,汛期径流总量占年径流总量的比重也在下降,说明该流域雨水对流量的补给在减少而积雪融水对流量的补给在增加。长江上游流域近40年来降水量呈减少趋势,其气候倾向率为−0.78 mm/(10 a),气温以0.19 ℃/(10 a)的速率升高,年蒸发量以5.06 mm/(10 a)的速率增大,二者加剧年径流量的减少。

除气温变化影响,降水量的变化也是影响长江上游水资源量的重要因素。戴仕宝等(2006)对长江水资源的特征进行了分析,研究发现1954—2004年流域平均降水量呈现下降趋势;长江上中游降水量的减少是导致宜昌、汉口水文站的径流量呈现下降趋势的主要原因,而大通水文站径流量呈上升趋势与汉口—大通间降水量增加有关;大通站1950—2004年的最小、最大月均径流量均呈上升趋势;长江水资源总量的变化主要受控于气候的变化。长江水资源总量尚未发生巨大的变化。冯明等(2006)分析了降水和温度变化对湖北境内长江干流径流量的影响,提出112°E是长江流域温度变化的分界线,年平均温度在此线以东的湖北省及下游的大部分地区为增温或变暖为主,在此线以西的湖北省及上游的大部分地区为降温或变冷为主。还发现不同季节中各流域降水对宜昌水文站流量影响的程度各异,如冬季金沙江最显著、春季是乌江、夏季是长江干流、秋季是嘉陵江。张增信等(2010)发现45年来长江流域春季、秋季降水下降,而夏季、冬季降水增加,其中上游秋季和中下游夏季、冬季降水变化都通过了

95%显著性水平检验。近年来，长江流域降水的季节分配不均，长江流域洪涝较多的时期，夏季降水一般显著增加；而干旱发生时，秋季降水一般下降显著。20世纪80年代中期以来，长江上游干旱化趋势加重，而中下游洪涝增多，这种旱涝并存的格局加剧了长江流域的旱涝灾害。

由于气温、降水、人类活动等的影响，长江上游径流量总体呈现出减少的趋势。王渺林(2007)研究发现岷江高场和嘉陵江北碚站的径流显著减少，长江上游干流寸滩站径流则稍微减少。从年内分配上看，9—11月份减少较多。寸滩站径流减少主要受岷江和嘉陵江流域降水量减少和人类活动的影响。夏军等(2008)对长江上游流域径流变化的研究结果表明，除金沙江流域径流微弱增加外，其他流域径流都有一定程度的减少趋势，其中岷江流域高场、横江流域横江、沱江流域李家湾、嘉陵江流域小河坝、武胜、北碚等站的径流显著减少，长江上游干流控制站寸滩站径流则微弱减少。舒卫民等(2016)对三峡水库入库径流年内变化规律和年际变化规律进行对比分析，结果表明三峡水库入库径流具有以9年为周期的年际变化特性，年内分配更加平稳。近10年三峡水库来水持续偏枯的原因主要是降雨和上游水库蓄水的影响。认为未来三峡入库流量年内分配过程将更加均匀。杨娜等(2016)认为近年来丹江口入库径流的减少主要受春季和秋季径流减少的影响，在春季径流的减少总量中，气候变化的贡献度为67%，人类活动为33%；秋季径流的减少总量中，气候变化的贡献度为88%，人类活动为12%。气候变化是导致丹江口入库径流减少的主要原因。刘波等(2018)定量评价了气候变化和人类活动对长江上游重庆段径流变化的贡献率，发现与基准期(1961—1990年)相比较，影响评价期(1991—2011年)气候变化和人类活动对3个水文站年径流减少量的贡献率分别约为25.2%～35.2%和64.8%～74.8%。

(2)气候变化对长江上游水资源影响的观测事实

1)年降水量变化

长江上游年降水量为1131.9 mm(年降水量为1971—2010年平均降水量)。1998年为历年最多，为1433.9 mm；2001年为历年最少，为862.5 mm。1960—2015年，长江上游年降水量整体表现为弱的减少趋势，变化速率为−7.5 mm/(10 a)。长江上游年降水量自20世纪60年代以来，主要经历了先升后降再升的阶段，年降水量的年际波动较大。20世纪末和21世纪初长江上游年降水量的变幅明显较其他时段大，该时段内出现了年降水量历史最大年和历史最小年。从逐年代距平来看(表7.6)，20世纪80年代降水量较平均多38.8 mm，21世纪00年代较平均少30.8 mm。

表7.6　长江上游年降水量逐年代距平变化

年代	距平值/mm	年代	距平值/mm
1960年代	11.8	1990年代	−7.7
1970年代	14.1	2000年代	−30.8
1980年代	38.8	2010—2015年	−13.2

注：距平为相对于1971—2010年平均值，为1131.9 mm。

空间分布特征方面，长江上游年平均降水量由西北向东南递增。长江源头地区降水量较小，仅为240 mm左右，流域东南部四川盆地、长江干流等地区，降水量较大，其中四川盆地西部的部分地区降水量超过1600 mm。

2)季节降水量变化

长江上游春季降水量以20世纪70年代及90年代为节点，呈现上升—下降—上升趋势。夏季降水量在1960—1995年呈上升趋势，1995年后呈缓慢下降趋势，近年来呈缓慢上升趋势。秋季降水量变化与春季类似，呈现上升—下降—缓慢上升趋势，但秋季总体变化速率较明显，为−8.4 mm/(10 a)。冬季降水量变化与春季恰恰相反，在1960—1973年呈下降趋势，1973—2000年呈上升趋势，近年来呈下降趋势。长江上游1960—2015年各季降水量变化及逐年代距平变化如表7.7所示。

表7.7　长江上游1960—2015各季降水量逐年代距平变化(单位:mm)

年代	春季	夏季	秋季	冬季
1960年代	−4.1	−17.2	34.7	−0.4
1970年代	28.8	−56.1	43.4	−2.7
1980年代	−22.0	54.2	9.4	1.1
1990年代	6.2	5.0	−22.5	0.0
2000年代	−7.9	−9.3	−17.6	4.6
2010—2015年	1.1	−41.4	39.7	−12.8

注:距平为相对于1971—2010年平均值。春季1971—2010年平均值为308.3 mm;夏季1971—2010年平均值为493.9 mm;秋季1971—2010年平均值为263.5 mm;冬季1971—2010年平均值为65.5 mm。

3)月降水量变化

长江上游1960—2015年各月降水量逐年代距平变化如表7.8所示。其中，7月、8月、9月三月年代际波动较大，7月降水量最大值为344.3 mm(2007年)，最小值为69.7 mm(1971年)；8月降水量最大值为309.3 mm(1998年)，最小值为32.6 mm(2006年)；9月降水量最大值为284.1 mm(1973年)，最小值为72.0 mm(2002年)。

表7.8　长江上游1960—2015各月降水量逐年代距平变化(单位:mm)

年代	1月	2月	3月	4月	5月	6月	7月	8月	9月	10月	11月	12月
1960年代	−4.3	0.3	6.9	−15.6	4.6	−20.5	−9.2	12.5	13.4	9.2	12.1	2.5
1970年代	−1.1	−2.0	0.9	11.9	16.0	1.5	−25.8	−31.8	47.2	−2.7	−1.1	1.1
1980年代	0.1	−3.6	−9.8	−6.7	−5.5	−1.0	35.7	19.5	4.7	4.4	0.3	0.8
1990年代	2.0	2.9	5.8	−3.7	4.0	0.7	4.7	−0.4	−23.1	−2.1	2.6	−1.2
2000年代	0.0	4.5	2	−1.2	−8.7	−4.6	−12.9	8.2	−17.6	1.5	−1.4	−0.4
2010—2015年	−3.8	−9.1	9.5	−11.7	3.4	−10.2	−28.7	−2.5	37.3	−5.3	7.7	0.3

注:距平为相对于1971—2010年平均值。1月为20.1 mm;2月为24.7 mm;3月为47.3 mm;4月为106.0 mm;5月为154.9 mm;6月为181.2 mm;7月为172.8 mm;8月为139.9 mm;9月为123.4 mm;10月为93.2 mm;11月为47.0 mm;12月为21.4 mm。

4)最大连续30 d降水量变化

选取连续30 d的总降雨量的最大值作为分析降水量逐年变化的一个指标，称为最大连续30 d降水量。

最大连续30 d降水量的最大值为358.0 mm，出现在2007年7月4日至8月2日；最小值为149.6 mm，出现在1961年7月6日至8月4日；平均值为253.0 mm(该平均值为

1971—2010 年最大连续 30 d 降水量平均值）。总体来说，最大连续 30 d 降水量在平均值附近呈现出波动变化趋势，年代际距平变化见表 7.9。

表 7.9　长江上游最大连续 30 d 降水量逐年代距平变化

年代	距平值/mm	年代	距平值/mm
1960 年代	−8.1	1990 年代	−11.1
1970 年代	0.3	2000 年代	−2.5
1980 年代	13.2	2010—2015 年	−16.2

注：距平为相对于 1971—2010 年平均值，为 253.0 mm。

5）年降水日数变化

降水日数是指日降水量≥0.1 mm 的雨日数。长江上游地区年降水日数较多，平均年降水日数为 152.5 d（平均年降水日数为 1971—2010 年平均降水日数），各地年降水日数为130～170 d。其中 1983 年为历年最多，达 171.3 d；2013 年为历年最少，仅 131.6 d。1960—2015 年，长江上游年降水日数呈缓慢减少趋势，总体变化速率为−1.5 d/(10 a)。

根据中国气象局的规定，将 24 h 内的降雨量作了统一划分，根据 24 h 降雨量分为：微量（<0.1 mm）、小雨（0.1～9.9 mm）、中雨（10.0～24.9 mm）、大雨（25.0～49.9 mm）、暴雨（50.0～99.9 mm）、大暴雨（100.0～200.0 mm）、特大暴雨（>200 mm），表 7.10 统计了年小雨、中雨、大雨、暴雨以上日数过程线及逐年代距平值，其中小雨日数变化与年降水日数变化趋于一致，中雨、大雨、暴雨日数均在平均值上下小幅度波动，说明影响年降水日数的主要原因是年小雨日数的变化。

表 7.10　长江上游年降水日数逐年代距平变化

年代	年降水日数	小雨日数	中雨日数	大雨日数	暴雨日数
1960 年代	−0.3	−1.0	0.8	−0.1	−0.1
1970 年代	1.4	0.3	0.9	0.3	0.0
1980 年代	5.0	4.1	0.4	0.1	0.3
1990 年代	−0.2	0.1	−0.5	0.0	0.1
2000 年代	−4.8	−3.5	−0.8	−0.2	−0.2
2010—2015 年	−5.5	−4.4	−1.0	−0.1	0.2

注：距平为相对于 1971—2010 年平均值。1971—2010 年年降水日数平均值为 152.5 d，小雨日数平均值为 120 d，中雨日数平均值为 21.6 d，大雨日数平均值为 8.3 d，暴雨日数平均值为 3.0 d。

6）潜在蒸散发

潜在蒸散发量是水分充分供应条件下的蒸散发量，与气温、风速、辐射等气候条件密切相关。长江上游年平均潜在蒸散发量的空间分布特征有别于气温和降水量。在源头地区，由于海拔较高、气温较低、年内结冰期相对较长、辐射能量较低，年潜在蒸散发量相对较小，约为1000 mm 左右，部分地区仅为 850 mm。在金沙江中下游及横断山区北部，蒸散发量缓慢增加，但这里海拔高度仍然高于 2400 m，气温较低，能量供应仍相对有限，该地区年蒸散发量普遍为 1000～1200 mm，仅有部分站点高于 1200 mm。横断山区南部，由于气温高，日照时间长，辐射能量较大，潜在蒸散发量有所增加，这一地区年潜在蒸散发量高于 1400 mm，个别站点甚至高于 1600 mm。向下游进入乌江流域及四川盆地，海拔高度迅速降低，尽管气温有所增加，但由于该地区多阴雨，日照时间短，辐射量供应有限，年潜在蒸散发量又有所降低，在四川盆地附近，潜在蒸散发量仅有 900 mm。

1960—2015 年期间多年平均潜在蒸散发量为 1100 mm，呈缓慢减小趋势，下降速率约为 2.8 mm/(10 a)。年潜在蒸散发量还表现出年代际变化特征，在 20 世纪 70 年代至 80 年代初期相对较高，在 80 年代末至 90 年代相对较低。

7)径流

长江上游径流量呈现出明显的递减趋势，景元书等(1998)分析了近 80 年气候变化对长江干流区径流量的影响。以分组频率法找出了各站的枯水年、平水年、丰水年。丰枯水年降水量距平百分率分别为 22.6%～30.8%及－22.1%～－29.4%，径流量为 6.4～9.6%及－2.7～－7.0%。近年来，有学者发现长江上游径流呈现出增加趋势，齐冬梅等(2013)研究发现 21 世纪前长江源区径流量总体上呈明显的递减趋势，而在最近 10 多年水资源量有明显增多现象，其原因可能是近 10 多年长江源区气温显著增加，导致更多冰川融化，同时进入 21 世纪后长江源区降水增加。

对于长江流域不同区域，张晓娅(2014)研究发现年径流量随降水量频繁振荡，最大和最小值之比达 1.9；流域内分区间存在差异，北域(岷江、嘉陵江和汉江)人类活动的影响居主导地位，径流量下降约 15%；中域(金沙江以下干流两翼"未测区")则以气候变化的影响占优，径流量上升约 9%；西域(金沙江流域)径流量减少 4%；南域(乌江、洞庭湖和鄱阳湖流域)径流量上升 2%。

8)气候变化与人类活动对年径流量变化的贡献率

在整个研究期，阐明降水是否持续主导入库径流变化十分必要，皮尔逊相关系数可以直观地说明年、月降水量与径流量之间的关系。年降水量与年径流量的相关系数在各期略有变化，但始终通过 1%的显著性水平检验。在月尺度上，基准年绝大部分月份(3 月、4 月、6—11 月)的降水与径流之间呈显著正相关关系。第一影响评价期与基准期变化不大，只有 2 月和 12 月未通过显著性检验。然而，在第二影响评价期，各月降水与径流之间的相关关系普遍减弱，仅在 8 月保持住了显著相关关系，汛期 6 月的相关系数几乎为零。

观察降水、径流的年内分配特征在不同时期的演变也可以反映两者之间的关系变化。分析结果表明：降水的不均匀程度普遍高于径流，正常反映了流域下垫面对降水的调蓄作用；降水的 CDI 和 NDI 指标由基准期到第一影响评价期有所下降，进入第二影响评价期转为上升；然而，实测入库径流并没有随降水变化，而是在第一影响评价期达到峰值，在第二影响评价期转为下降。

综合皮尔逊相关系数和年内分配特征的分析结果，可以发现单纯考虑降水因素并不能很好地描述径流变化，特别是在第二影响评价期，还应当考虑其他因素(蒸散发、人类活动等)的影响。

(3)未来气候变化对长江上游水资源的可能影响

基于 IPCC 第 4 次评估报告中分析使用的 24 个全球气候模式的输出产品结果显示，A1B、A2 和 B1 三种典型排放情景下长江流域未来 100 a 气温呈显著的增温趋势；未来100 a内(2001—2100 年)，长江流域降水量总体上呈增加趋势。未来前 30 a 的径流量变化不明显但呈略微减小趋势，2060 年后流域径流量呈显著增大趋势(金兴平 等，2009)。在前 50 a 假定 CO_2 倍增的情景下，径流量明显增加。长江流域降水量在 2020 年前以减小为主，2020—2040 年间降水量开始增加，2060 年后降水量呈明显增大趋势。与之对应，长江流域地表径流在未来 20～30 a 间呈略微减小趋势，2060 年之后呈明显增大趋势(金兴平 等，2009)。如果在 2050 年

左右出现 CO_2 倍增，气温升高 1～2 ℃，降水量可能增加 10%～20%，可以预计长江流域径流量对气候变化（主要是降水的变化）比较敏感，并且其增加幅度可能超过降水量的增加幅度。

21 世纪前 50 年在 A2、A1B 和 B1 等 3 种排放情景下，长江流域多年平均径流深相差不大，但不同排放情景下年径流深变化趋势有所不同，且年际变化特征较为明显。就全流域 50 年总体趋势而言，A2 情景下地表水资源量呈波动且缓慢减小的趋势，A1B 情景下变化趋势不明显，B1 情景下增加趋势通过了置信水平大于 99%的显著性检验，且线性倾向率达到每 10 年增加 2.1 mm。年代际变化波动幅度较大，21 世纪前 30 年，3 种情景下流域平均年径流深均呈下降特征，30 年代后表现出不同程度的增加，其中 B1 情景下年径流深增加幅度最大。3 种排放情景下 2001—2050 年长江流域多年平均年径流深空间分布特征基本相同。长江上游四川省境内西侧，西南—东北走向一带径流深较大，属于丰水区，并在四川盆地中部呈现一定的减小特征。长江源头地区、上游干流云贵高原西北部一带，多年平均年径流深相对较小。A2 排放情景下长江上游源头年地表水资源量呈现出增加的趋势，上游大部地区年径流深呈不同程度的减小趋势，横断山脉南缘及云贵高原西部地区径流深减小的趋势通过了置信度为 99%的检验。A1B 排放情景下长江源头地表水资源量呈减小趋势，而青藏高原东侧年径流深增加趋势显著，且通过了置信度为 90%的检验。B1 排放情景下全流域接近 90%的地区地表水资源量呈现增加趋势（刘波 等，2008）。

7.5.2.5　气候变化对若尔盖生态区水资源的影响

（1）气候变化对若尔盖生态区水资源影响的观测事实

若尔盖国家级生态功能保护区位于四川省境内的黄河流域区，其主导生态功能是水源涵养，同时具有径流调节、生物多样性保护、水土保持、沙化控制、调节局部区域小气候、环境自净及固碳等辅助生态功能。其中若尔盖湿地面积约 4.6 万 hm^2，是青藏高原湿地面积最大、最典型的高寒沼泽湿地，也是世界上面积最大的高原湿地。同时，若尔盖处于长江、黄河上游源区，其特殊地理位置奠定了它成为长江、黄河水源涵养的主要地位。近年来，随着全球气候变化和社会经济发展，生态系统极为脆弱的湿地面临着前所未有的威胁和干扰。气候变暖，引起蒸发加大，地下水位下降，降水减少，造成湿地面积减小。自 20 世纪 60 年代以来，若尔盖草原正以每年 11.65%的速度沙漠化。

研究选取若尔盖生态区及周边各方向的气象站观测资料，包括四川省的若尔盖，甘肃省的玛曲以及青海省的久治在内的 20 个台站，涵盖了若尔盖湿地国家级自然保护区。

1）观测到的降水和蒸发变化

1961—2012 年间，若尔盖生态区及周边降水量年际变化显著，线性变化呈弱增加趋势（图 7.39），主要经历了减少—增加—减少的变化过程，年代际波动明显，2000 年后偏少；年蒸发量在 1970—2012 年呈现显著增加的趋势，变化率为 1.76 mm/a，2000 年以后偏多。若尔盖生态区及周边的降水量干湿季分明，夏季降水占了全年降水的 50%，且季节降水年际变化差异较大，除秋季表现为减少趋势外，其他各季均为增加趋势；蒸发量四季均呈现增加趋势，但春季不显著。

若尔盖生态区及周边区域的北部、西部和南部降水表现为增加趋势，以碌曲和金川为中心的区域降水增加显著，线性变化率为 1.5～2.5 mm/a；而中部和东部降水减少，线性变化率为 1.0～1.6 mm/a。年蒸发量在近 30 余年间表现为北增南减的变化趋势。岷县—九寨沟一带线性增加趋势显著，达 10.0～11.2 mm/a，而马尔康—黑水以南除了理县表现为略微增加以外，其他各地均为显著减少的变化趋势，尤其是汶川和小金，分别为 10.12 mm/a，

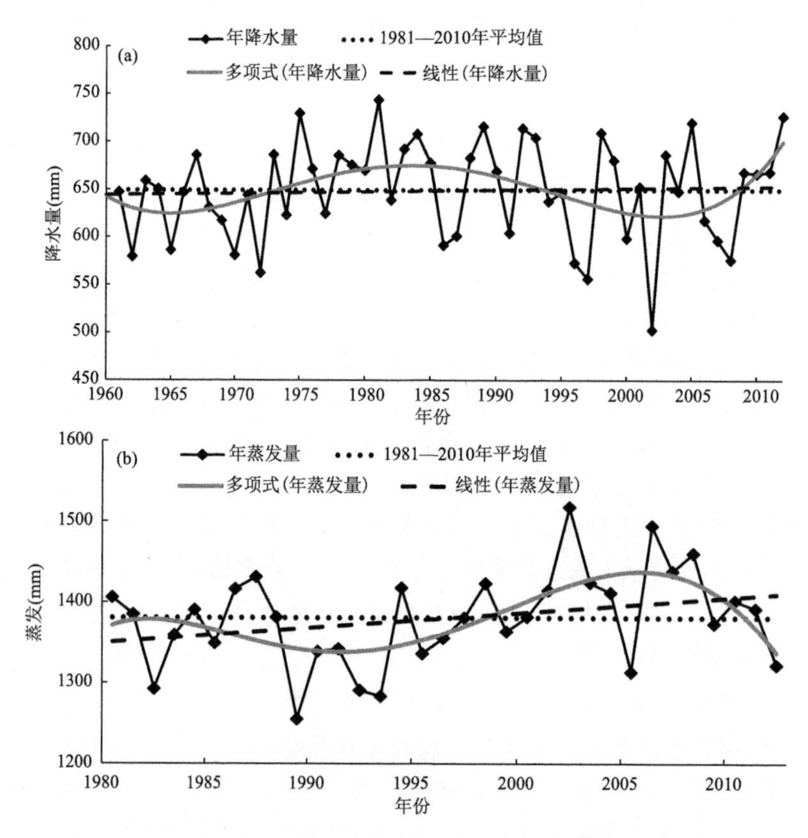

图 7.39　若尔盖生态区及周边 1961—2012 年年降水量(a)
与 1970—2012 年蒸发量(b)年际变化图(单位:mm)

17.41 mm/a。

2)观测到的气温变化

1961—2012 年若尔盖生态区及周边的年平均气温呈显著增加趋势,线性升温 0.02 ℃/a。从时间序列上来看,若尔盖生态区及周边的平均气温年际变化较大,2006 年为历年最高(7.0 ℃),1976 年为历年最低(6.1 ℃),整体经历了先减少后增加的变化趋势;区域年最高气温与平均气温类似,整体呈现升温趋势,速率为 0.01 ℃/a。60 和 70 年代偏低,90 年代偏高,尤其是 2000 年后,最高气温升温明显。同期年平均最低气温以 0.03 ℃/a 速率增温,其中 60—90 年代偏低,90 年代后期偏高。

各季平均气温均呈上升趋势,其中秋季和冬季升温幅度最大,分别为 0.02 ℃/a 和 0.03 ℃/a。年均最高气温、最低气温的季节差异与年平均气温相似,均呈上升趋势,其中秋、冬季升温幅度最大,特别是冬季最低气温上升速率达 0.04 ℃/a。由此可见,秋季和冬季气温变化对年变化起主要作用。

若尔盖生态区及周边年平均、最高、最低气温变化趋势的空间分布显示,区域整体均呈现升温趋势,平均气温以岷县—若尔盖—金川升温显著,变化率大于 0.03 ℃/a,升温幅度最大的区域主要位于南部的金川,速率为 0.04 ℃/a。最高气温升温幅度最大的区域分别位于金川和九寨沟,速率均为 0.06 ℃/a;最低气温除北部久治和迭部部分区域外,其余大部区域均升温显著,变化率大于 0.04 ℃/a,且升温幅度最大的区域主要位于色达,速率均为 0.06 ℃/a。

3)观测到的径流变化

对1970—2012年黑河若尔盖站径流量实测数据统计分析，如图7.40所示，近30年该区域年平均流量呈现波动下降趋势，气候倾向率为$1.4\times10^7\ m^3/(10\ a)$，径流量多年平均值为$7.34\times10^7\ m^3$，经历了偏多—偏少—偏多3个阶段变化，其中90年代中后期到2000年为径流量偏少阶段，平均年径流量为$6.15\times10^7\ m^3$。年均径流量距平显示，正负距平出现年份分别为17 a和16 a，说明流量的变化相对稳定，丰枯转换较平衡。其中1990年之前径流量以正距平为主，其后以负距平为主。同时四季平均径流量均呈现下降趋势，其中秋季平均径流量的减幅最明显，达到$-0.37\times10^7\ m^3/(10\ a)$。

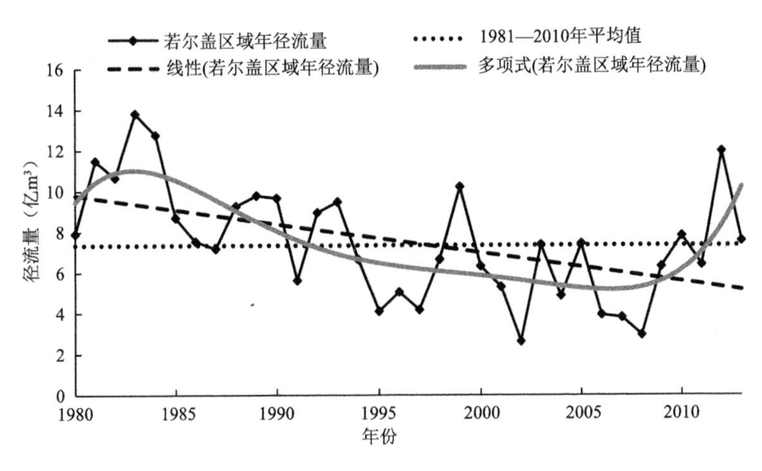

图7.40　1970—2012年若尔盖水文站年平均流量变化

1970—2012年若尔盖水文站变差系数C_v为0.37，由于若尔盖区域河流是以冰雪消融和降水补给为主的混合型河流，其上游高山冰雪对水资源具有调节作用，所以河流的补给来源比较稳定，表现为河水流量年际间的变率较小，径流量的年际分布比较均匀，C_v值较小。然而由于气候变暖，蒸发加大，冰雪融水和自然降水量逐年减少，造成河水迅速递减，径流量总体上呈减少的趋势，尤其是20世纪90年代以来。进一步分析差积曲线，同样发现若尔盖区域年平均流量呈现下降趋势，但2007年之后流量有增多。

(2)若尔盖水资源变化的气候归因

1)径流量与降水的相关分析

以往的研究认为青藏高原东部气候变化对若尔盖水资源有显著影响，因此本文选取主要气象因子进行相关研究。图7.41为标准化处理后的若尔盖年径流量和年降水量变化曲线。由图7.41可见，径流量和降水量年际波动具有较好的一致性，相关系数为0.73，而且波动起伏对应关系良好，正负值一致的年份有26年，一致率高达77.7%。

为进一步讨论降水与径流量的关系，表7.11给出了各季节、汛期、非汛期以及年降水量与对应径流量的相关关系，可以看到：

夏季降水量与径流量的关系最为显著，同时秋季径流量与降水量相关关系更为显著，说明夏季降水量很大程度决定着径流量的丰枯，而秋季径流量对降水量的响应最为敏感。对比1970—2012年降水量和径流量的变化情况发现，夏季降水量减幅最大(-0.4 mm/(10 a))，同期秋季径流量减幅最大($-3.7\times10^7\ m^3/(10\ a)$)，因此夏季降水量的减少与秋季径流量的减少

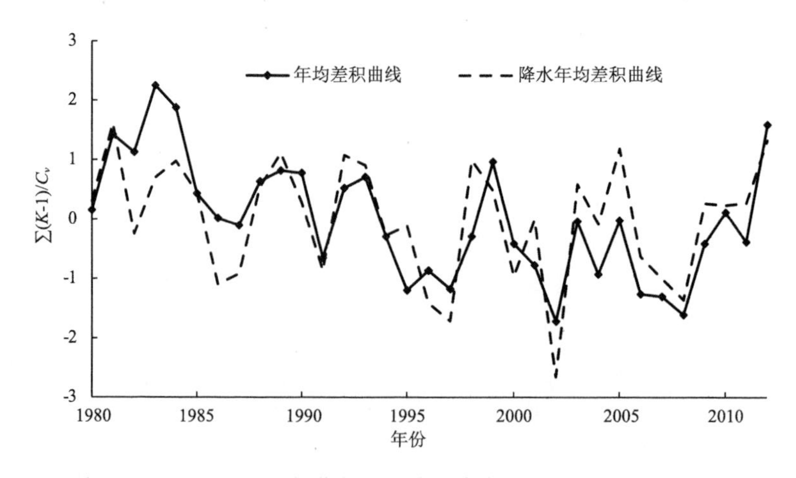

图 7.41　1970—2012 年若尔盖流域年降水量和径流量标准化曲线

关系密切，且秋季径流量的减少也影响了年径流量的变化趋势。

同期相关关系中，以夏、秋季降水量与径流量最为显著，表明在若尔盖水文站所在的黑河流域湖沼面积为 3302 km^2，占流域面积的 43.4%，地面沼泽对径流的滞缓作用利于降水在径流的汇集，该区域径流系数为 0.35，同样表明夏、秋季降水能较快的补给至河道，使径流量对降水的响应较敏感，从而在夏、秋季二者变化基本同步。

秋季径流量与汛期降水的关系较显著，这是由于汛期 5—9 月，高山积雪融水和湖沼水源滞留都起到了保持径流的作用，从而使一定量降水被暂时存储起来，形成秋季流量的主要补充成分，因此在 9—10 月，该流域出现了第二次径流峰值。

表 7.11　降水量与径流量的相关系数

径流量	降水量						
	春	夏	秋	冬	汛期	非汛期	年
春	0.23	0.12	0.41*	0.02	0.25	−0.04	0.22
夏	0.06	0.74***	0.29	−0.32	0.34*	−0.11	0.27
秋	−0.15	0.62***	0.60***	−0.23	0.69***	−0.24	0.17
冬	−0.07	0.42*	0.47**	−0.12	0.51**	−0.03	0.47**
汛期	0.03	0.70***	0.27	−0.33	0.70***	−0.19	0.30
非汛期	−0.11	0.47**	0.64***	−0.19	0.29	−0.17	0.20
年	−0.02	0.77***	0.44**	−0.23	0.70***	−0.06	0.74***

注 1：上标 *、** 和 *** 分别表示通过了 0.05，0.01 和 0.001 显著性水平检验。

注 2：以上相关系数中，当降水量统计期间落后于流量统计期间时，均为相应时期内当年降水量与滞后一年的流量的相关系数。

2）径流量与气温的相关分析

气温作为热量指标对径流量的主要影响表现在以下几个方面：一是影响冰川和积雪的消融，二是影响流域总蒸散量，三是改变流域高山区降水形态，四是改变流域下垫面与近地面层空气之间的温差，从而形成流域小气候。以往的研究发现，若尔盖区域气温的升高会使冰雪融水增加，同时也加大流域蒸发量，但是由于冰雪融水的补给比重较低，因而其综合结果必然对降水增加造成的流量增加起到一定的削弱作用。对比若尔盖年径流量和气温变化相关性，由图7.42可见：年径流量和年均、最高、最低气温均有明显的反相关关系，二者相关系数分别为－0.45、－0.52、－0.23，表明气温的升高对年径流量的减少起了增强作用。表7.12列出了气

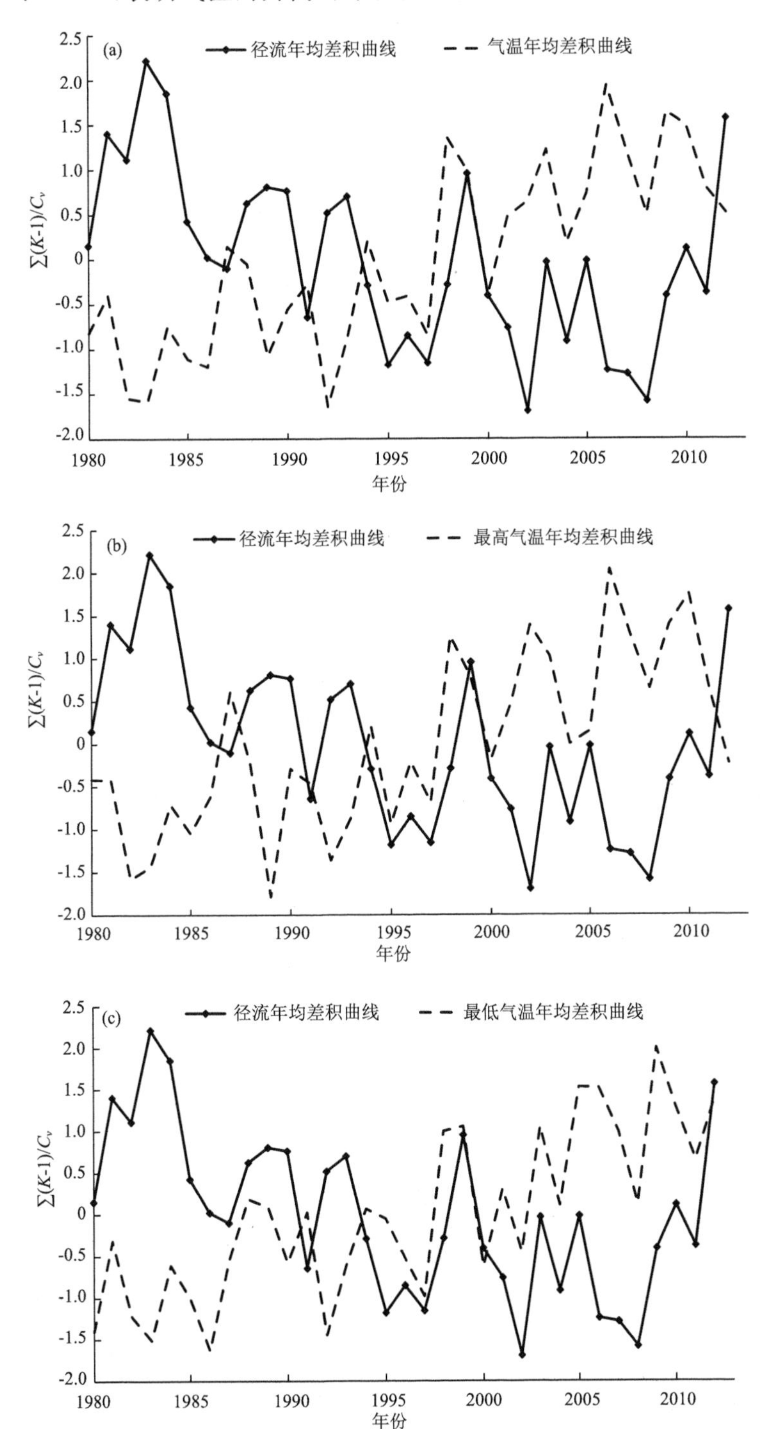

图7.42　1970—2012年若尔盖流域年均(a)、最高(b)、最低(c)气温和径流量标准化曲线

温与径流量的相关关系，其中春、冬季平均气温对春季径流量相关系数值较高，达到信度95%以上的显著性水平，说明由于冬春季气温升高，土壤中的冻结层融化，使地表水下渗增多，地表径流量减少；夏季最高气温与同期夏季、汛期以及年径流量相关性较高，表明气温升高，若尔盖区域蒸发量增加，植被生长处于旺季，对水的需求和滞留作用增加，导致了地表径流减少显著；前期冬季最低气温对同期春季和秋季径流量作用显著，同时秋季的最低气温与同期冬季和非汛期径流量存在正相关关系，表明秋、冬季最低气温对径流量的影响具有一定的持续性。

表7.12　气温与径流量的相关系数

径流量	年平均气温				最高气温				最低气温			
	春	夏	秋	冬	春	夏	秋	冬	春	夏	秋	冬
春	−0.51**	−0.24	−0.29	−0.43*	−0.62***	−0.23	−0.50**	−0.36*	−0.13	−0.16	−0.07	−0.39*
夏	−0.16	−0.33	−0.17	−0.27	−0.23	−0.50**	−0.21	−0.26	−0.03	0.05	−0.10	−0.32
秋	−0.44**	−0.37*	−0.25	−0.35*	−0.40*	−0.52**	−0.37*	−0.27	−0.37*	−0.07	−0.07	−0.46**
冬	−0.50**	−0.27	−0.22	−0.25	−0.49**	−0.29	−0.40*	−0.27	−0.37*	−0.14	0.01	−0.16
汛期	−0.31	−0.41*	−0.27	−0.41*	−0.37*	−0.57***	−0.30	−0.37*	−0.16	0.00	−0.17	−0.46**
非汛期	−0.49**	−0.32	−0.07	−0.30	−0.47**	−0.43*	−0.27	−0.22	−0.36*	−0.07	0.11	−0.43*
年	−0.41*	−0.42*	−0.23	−0.36*	−0.45**	−0.59***	−0.33	−0.31	−0.25	−0.03	−0.09	−0.37*

注1：上标*、**和***分别表示通过了0.05，0.01和0.001显著性水平检验。

注2：以上相关系数中，当气温统计期间落后于流量统计期间时，均为相应时期内当年气温与滞后一年的流量的相关系数。

3）径流量与蒸发量的相关分析

流域蒸发量是地表水资源平衡中的主要支出项，蒸发量的增大，必然加大地表水资源的消耗，导致河流径流量的减少。若尔盖流域自1970年以来，年蒸发量以17.6 mm/(10 a)的速率显著增大，且阶段性变化明显，在2000年以前主要以偏少为主，尤其是20世纪70年代后期到90年代中期，而在2000以后表现为偏多。季节上来看，若尔盖生态区的蒸发量除春季外，其他季节均较明显。其中以夏季蒸发量的增大最为显著，增幅达到7.6 mm/(10 a)。结合前文，因气温的升高而导致年蒸发量的增大，对降水增加所引起的径流量增大起到了削弱作用。由图7.43看出，该区域径流量与蒸发量呈显著负相关关系，相关系数为−0.55。表7.13具体分析了各季节、汛期、非汛期以及年蒸发量与对应径流量的相关关系，其中夏季年蒸发量对各季节，特别是汛期的径流量产生了明显的削弱作用，与汛期相关系数达到−0.62。

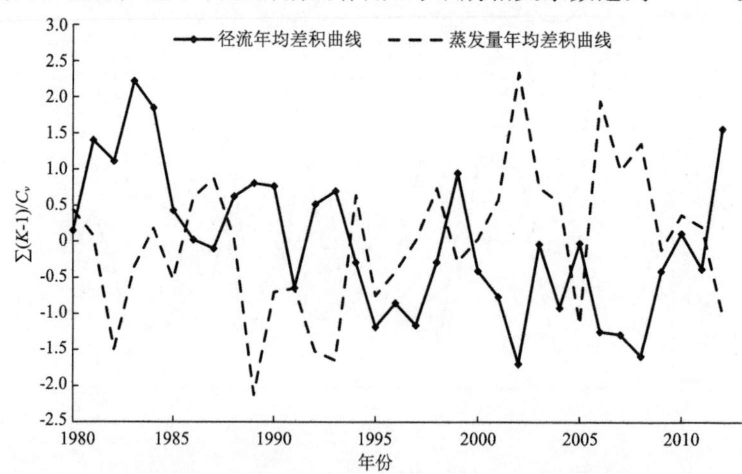

图7.43　1970—2012年若尔盖流域年均蒸发量和径流量标准化曲线

蒸发量呈显著增大趋势，与平均气温的年际变化相符，特别是 2000 年以后，蒸发量对径流量的影响，实际是气温升高加剧流域蒸散量的具体体现。因此非汛期径流量的增加，既包括了气温升高所产生的蒸发量增大对年径流量增加的削弱作用，也包括了升温可能使流域冰雪融水增加，加大冰雪融水的补给成分（李林 等，2006），进而使径流中雨水补给和冰雪融水补给的比重发生了一定程度上的变化，这正是上文中峰型年度及丰枯率的多年变化所反映出的物理意义。

表 7.13　蒸发量与径流量的相关系数

径流量	蒸发量						
	春	夏	秋	冬	汛期	非汛期	年
春	−0.62***	−0.17	−0.62***	−0.31	−0.54***	−0.39*	−0.45**
夏	−0.07	−0.57***	−0.20	−0.09	−0.21	−0.12	−0.21
秋	−0.11	−0.44**	−0.29	−0.07	−0.12	−0.47**	0.09
冬	−0.30	−0.22	−0.40*	−0.32	−0.40*	−0.31	−0.30
汛期	−0.13	−0.62***	−0.23	−0.07	−0.25	−0.64***	−0.19
非汛期	−0.27	−0.37*	−0.29	−0.20	−0.21	−0.34*	0.04
年	−0.20	−0.60***	−0.27	−0.12	−0.55***	−0.63***	−0.20

注 1：上标*、**和***分别表示通过了 0.05，0.01 和 0.001 显著性水平检验。

注 2：以上相关系数中，当蒸发量统计期间落后于流量统计期间时，均为相应时期内当年蒸发量与滞后一年的流量的相关系数。

4）气候变化对径流量的综合影响

综上所述，近 30 年若尔盖生态区在气候变化背景下，降水量有递减趋势，气温明显升高，蒸发量有增加趋势，导致了该地地表水资源量呈现显著减少趋势。主要气象因子均对该区域水资源有一定的影响，但若尔盖生态区地表水资源的变化是受到多气象因子共同作用的结果，为体现以上各因子对该区域径流量的综合影响，利用逐步多元回归方程建立气候变化对若尔盖生态区地表水资源影响的评估模型：

$$Q=-11.951-2.113T_{min}+1.215P-0.797E \tag{7.1}$$

$$q=11.777+0.642t_{min}+0.207p+2.373e \tag{7.2}$$

式(7.1)、式(7.2)分别为 1970—2012 年若尔盖生态区及周边主要气候因子依年平均径流量的原始序列回归方程和标准化序列回归方程，式中，Q，q 为年均径流量（$10^7\ m^3/s$）；T_{min}，t_{min} 为年均最低气温（℃）；P，p 为年降水量（mm）；E，e 为年蒸发量（mm）。回归方程复相关系数为 0.73，$F=21.417(>F_{0.01}=4.5)$，说明回归方程及各因子的方程贡献是显著的。根据(7.1)式，建立 1970—2012 年若尔盖生态区域年平均径流量实测值与方程模拟值的拟合曲线，由图 7.44 可见，多数年份拟合较好，平均相对误差为 31.7%，表明该方程用于估算若尔盖生态区年均径流量具有较高的可信度，同时也表明气候变化是影响该区域水资源变化的最主要因素。

由气候变化对若尔盖地表水资源影响的评估模型可得：

若尔盖生态区年均径流量随降水量的增加（减少），蒸发量的减少（增加）以及最低气温的降低（升高）而增加（减少）。

在降水量、蒸发量以及最低气温三个因子中，降水量作为地表水资源主要供给项，对径流量的贡献最大，蒸发量作用较小。

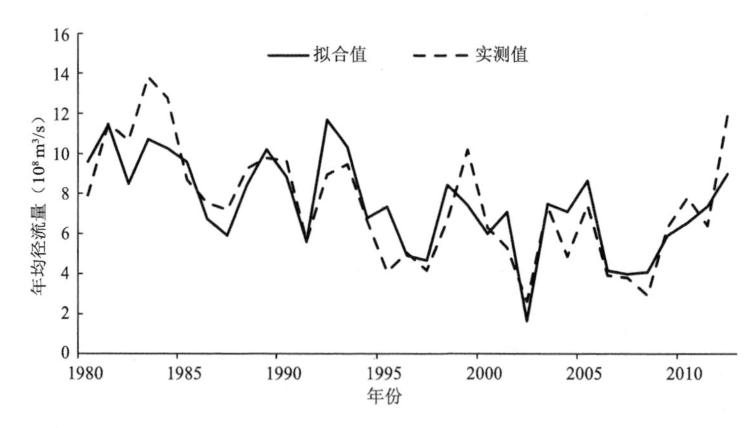

图 7.44　1970—2012 年若尔盖水文站年均径流量实测值与模拟值对比曲线

近 30 年来，由于该区域年降水量减少导致径流量减少 1.37 m^3，占实际径流量减少的 27.2%；最低气温升高引起的径流量减少 2.71 m^3，占实际径流量减少的 55.5%；蒸发量增大引起径流量减少 0.15 m^3，占实际径流量减少的 3.0%；累计径流量减少 4.34 m^3，实际该区域径流量减少 5.06 m^3，实际值较理论值减少 0.73 m^3，该减少量可能与人类活动和湿地退化等因素有关。

(3)未来气候变化对若尔盖水资源的可能影响

为了预估未来若尔盖气候变化特征，四川省气候中心选用 Reg CM3 区域气候模式预估数据，包括高排放(RCP8.5)和中等排放(RCP4.5)两种温室气体排放情景下 2016—2050 年的逐日气温和降水量。在两种排放情景下，2016—2050 年若尔盖年平均气温均呈上升趋势；两种排放情景下的降水量变化存在差异，RCP8.5 情境下年降水量呈增多趋势，而 RCP4.5 情境下呈减少趋势。未来气温的升高和 RCP4.5 情景下降水量的减少可能导致若尔盖生态区径流量存在进一步减小的风险，这将加剧生态系统的不稳定性，严重影响若尔盖生态系统安全(图 7.45)。

7.5.3　气候变化对湿地甲烷排放的影响评估

湿地是陆地生态系统的重要组成部分，在全球碳循环与全球气候变化中占有重要的地位。此外，湿地是甲烷(CH_4)的重要排放源。CH_4 是重要的温室气体之一，其对温室效应的相对贡献约为 20%，重要性仅次于 CO_2。在过去的 150 多年，大气中 CH_4 的浓度增加了 150%，在所有温室气体中增幅最大(IPCC，2013)。气候变化会影响湿地甲烷排放，冻土湿地碳循环对气候变化的响应最为敏感，且与气候变暖之间存在正反馈的机制。中国自然湿地面积约占世界湿地总面积的 10%，其湿地甲烷排放量约占世界湿地甲烷排放量的 1.4%～3.2%(Chen et al.，2013)。中国自然湿地面积(除河流、湖泊外)50%位于青藏高原，属于高海拔多年冻土区。由于气候变暖，我国大部分地区的多年冻土退缩趋势明显。研究表明，青藏高原近 40 年来冻土温度升高，导致冻土层普遍减薄约 5～7 m，部分区域冻土完全融化，冻土下界上升明显；位于欧亚大陆南界的我国东北地区的冻土退缩强烈，与末次冰期极盛区相比，南界已经北移了约 100～150 km。

1978—2008 年，中国湿地面积减少了 33%。过去 50 年间青藏高原人口数量增加了 2 倍，人为活动导致青藏高原湿地生态系统大面积退化，高寒湿地在自 20 世纪 50 年代至今损失了

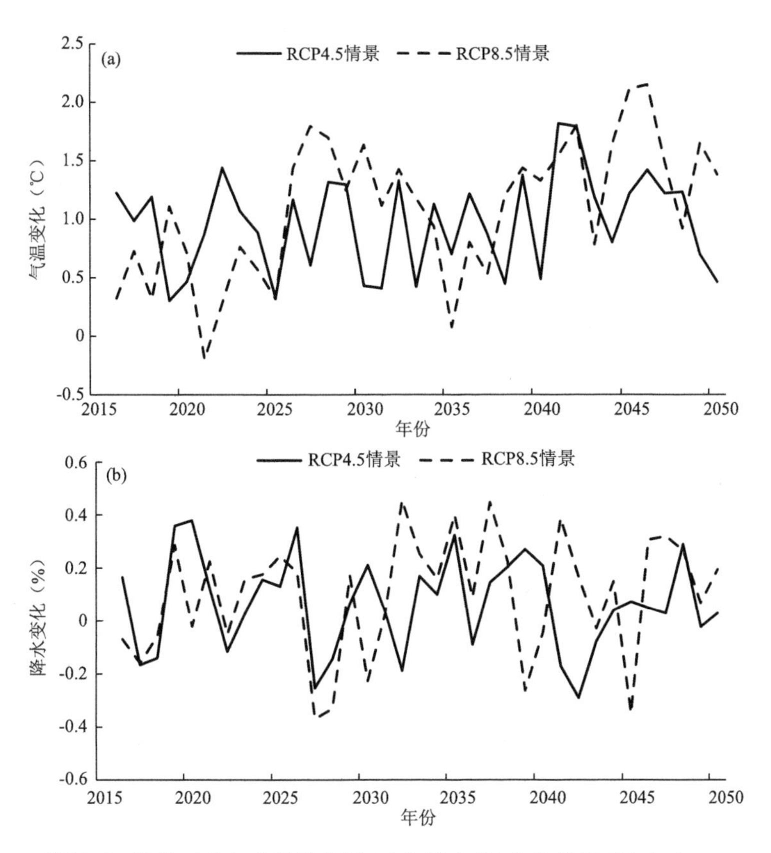

图 7.45　不同 RCP 情景下若尔盖平均气温(a)和降水(b)变化曲线(相对于 1971—2005 年)

约 1/3。以青藏高原为核心的世界第三极地区对气候变暖及周边人类活动的影响有敏感响应，同南极和北极一样受到科技界的高度重视。气候变暖和人类活动无疑会对青藏高原高寒湿地 CH_4 排放产生重要的影响，但目前对这一影响却尚未有区域尺度上系统、完整的研究。因此，研究气候变暖对青藏高原湿地 CH_4 排放变化的影响不仅能够提高我国湿地碳收支评估的科学性，促进陆地生态系统碳收支科学发展，而且对我国管理温室气体和应对气候变化至关重要。

7.5.3.1　评估模型

$CH_{4\ m}OD_{wetland}$模型是模拟自然湿地 CH_4 产生、氧化和排放过程的模型。它是在稻田 CH_4 排放模型的基础上改进，进而用于湿地生态系统的。$CH_{4\ m}OD$ 的基本假设：CH_4 基质主要源于植物的根系分泌物以及加到土壤中的有机物的分解；CH_4 的产生率取决于 CH_4 基质的供应以及环境因子的影响；植物传输是主要的 CH_4 排放途径，然而在植物生长初期，气泡排放起重要的作用(图 7.46)。

然而，自然湿地同稻田之间存在着一些差别：植物生长方面，水稻在成熟后会被收割走，但是湿地植物在生长季后期地上部分植物会逐渐衰老，且湿地植物地下生物量远大于水稻；产 CH_4 底物方面，湿地植物死亡后以凋落物的形式进入土壤，此外，湿地生态系统在地表累积了大量的有机质。因此，在自然湿地中，除了根系分泌物，凋落物和土壤有机质的分解同样是产

CH_4 基质的重要来源；环境影响因子方面，土壤的氧化还原电位(Eh)是重要的环境影响因子，在稻田 CH_4 排放模型中，Eh 是由稻田水管理方式决定的，而在自然湿地 CH_4 排放模型中，Eh 是由地表水深决定的，自然湿地中氧化还原电位的变化较为缓慢。

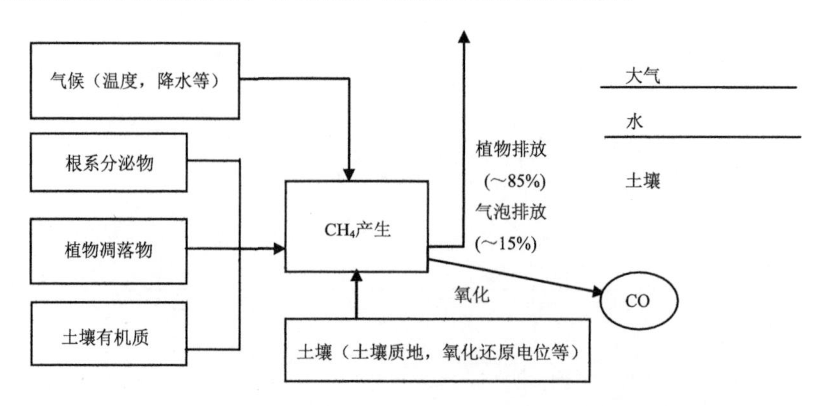

图 7.46　自然湿地 CH_4 产生、氧化、排放过程的概念模型图

7.5.3.2　青藏高原 CH_4 排放的时空变化特征及综合温室效应

(1)气温、降水变化趋势

青藏高原湿地也出现相同的气候变化特征。青藏高原湿地年平均气温呈显著上升趋势，上升速率为 0.2 ℃/(10 a)。其中 20 世纪 60 年代气温最低，达到－1.63 ℃，2000 年后的平均气温达到了－0.46 ℃。气温最低值出现在 1967 年，为－2.24 ℃，最高值出现在 1998 年，为－0.08 ℃。降水量年际间的变化十分显著，干旱年份和湿润年份交替出现，年降水量变化总趋势以 71 mm/(10 a)的速率增加。1985—1989 年以及 2000 年以后的年降水量均超过300 mm/a，为降水量较高的年代，20 世纪 50 年代末期的降水量最低，仅为 256 mm/a(表 7.14)。

表 7.14　青藏高原气候及 CH_4 排放通量年际变化趋势

年	气温/℃	降水/mm	CH_4 均值/[g/(m² · a)]	CH_4 最大值/[g/(m² · a)]	CH_4 最小值/[g/(m² · a)]
1950—1954	－1.29	295.59	6.38	7.66	5.32
1955—1959	－1.51	255.85	5.86	6.96	4.86
1960—1964	－1.57	281.02	5.90	7.04	4.88
1965—1969	－1.69	275.93	5.66	6.78	4.68
1970—1974	－1.39	285.77	5.92	7.08	4.90
1975—1979	－1.57	292.36	5.86	6.98	4.88
1980—1984	－1.43	299.59	5.98	7.14	4.98
1985—1989	－1.13	301.97	6.32	7.56	5.26
1990—1994	－1.20	275.51	6.00	7.12	4.96
1995—1999	－0.73	294.83	6.52	7.78	5.40
2000—2004	－0.48	321.76	7.02	8.38	5.78
2005—2009	－0.55	314.74	6.92	8.24	5.74
2010—2014	－0.35	319.20	6.55	7.74	5.41

(2)CH_4 排放通量变化趋势

由于气候变暖的驱动作用,CH_4 排放通量呈显著增加趋势,增加速率为 0.16 $(g/m^2)/(10\ a)$。CH_4 排放通量呈现明显的年际和年代际变化特征。其中 CH_4 排放通量最高的时期为 2000—2004 年,达到 7.02 $(g/m^2)/a$,主要是由高温、高降雨量导致的,最低值出现在 1965—1969 年,为 5.66 $(g/m^2)/a$,主要是低温,低降雨量造成的(表 7.15)。

(3)CH_4 排放总量变化趋势

尽管 CH_4 排放通量呈上升趋势,但是由于湿地面积的减少,青藏高原 CH_4 排放总量呈线性减少趋势。青藏高原湿地面积从 20 世纪 50 年代初期的 4.77 Mhm^2 减少至 2010 年代初期的 3.20 Mhm^2,减少了 33%。50 年代初,青藏高原 CH_4 排放总量为 0.29Tg(0.23～0.35 Tg),至 2010 年初,CH_4 排放总量为 0.21 Tg(0.17～0.25 Tg),减少了 0.08Tg(表 7.15)。

表 7.15　青藏高原湿地面积及 CH_4 排放总量年际变化趋势

年	湿地面积/$\times 10^6\ hm^2$	CH_4 排放总量/Tg	CH_4 总量最大值/Tg	CH_4 总量最小值/Tg
1950—1954	4.77	0.29	0.35	0.23
1955—1959	4.74	0.27	0.32	0.21
1960—1964	4.71	0.27	0.32	0.21
1965—1969	4.68	0.26	0.30	0.20
1970—1974	4.65	0.27	0.31	0.20
1975—1979	4.60	0.27	0.33	0.21
1980—1984	4.18	0.27	0.33	0.21
1985—1989	3.64	0.25	0.31	0.19
1990—1994	3.42	0.24	0.28	0.19
1995—1999	3.43	0.26	0.31	0.20
2000—2004	3.39	0.22	0.27	0.17
2005—2009	3.28	0.22	0.27	0.18
2010—2014	3.20	0.21	0.25	0.17

(4)CH_4 排放空间变化特征

CH4 排放通量的高值区出现在青藏高原东缘,最大值达到了 40$(g/m^2)/a$。CH_4 排放通量自东南至西北呈现递减趋势,在青藏高原西北部,CH_4 排放通量仅为 5$(g/m^2)/a$。与 20 世纪 50 年代早期相比,2010 年初期,青藏高原绝大部分地区的 CH_4 排放通量均增加了 0～2$(g/m^2)/a$。在某些中部地区,增加量达到了 2～5$(g/m^2)/a$,而在东北部边缘,却出现了减少趋势,减少量为 0～2$(g/m^2)/a$。

区域 CH_4 排放量的空间分布与 CH_4 排放通量相似,CH_4 排放总量高值区出现在青藏高原东缘,达到 8 g/a。而西北部的 CH_4 排放量较低,仅为 2 g/a。至 2010 年代初期,绝大部分地区的 CH_4 排放量均呈现减少趋势,减少量达 0.5 g。减少最为剧烈的地区出现在东北部地区,减少量高达 1.5 g。

(5)CH_4 排放的综合温室效应变化

研究结果表明,1950—2014 年,青藏高原湿地由于 CH_4 排放导致的增温效应达 4～10Tg

CO_2_ eq/a。过去 60 年间，青藏高原湿地综合 GWP 呈线性降低趋势，降低速率为－0.02 Tg-CO_2_eq/a，这主要是由于 CH4 排放量的降低。综合 GWP 从 1950 年的 7.75 Tg CO_2_eq/a (6.00～9.25 Tg CO_2_eq/a)降低至 2014 年的 4.82(4.02～5.72 Tg CO_2_eq/a)。

7.5.3.3　气温、降水对青藏高原 CH_4 排放通量的影响

1950—2014 年青藏高原 CH4 排放通量时间变化趋势与年均气温和降水有显著正相关。年均气温从 1950 年初至 2010 年末升高了 0.93 ℃，极大地促进了 CH_4 排放通量的增加。CH_4 排放通量在 20 世纪 60 年代达到最低值，与该时段的低温相对应。21 世纪 00 年代的高降水量是 CH_4 排放通量出现高值的主要因素之一。

2017—2100 年青藏高原湿地气温、降水呈增加趋势。在 RCP 2.6，RCP 4.5，RCP 8.5 排放情景下，2017—2100 年青藏高原湿地年平均气温呈显著上升趋势，上升速率分别为 0.06 ℃/(10 a)(R^2＝0.23，P＜0.001)，0.25 ℃/(10 a)(R^2＝0.86，P＜0.001)，0.7 ℃/(10 a)(R^2＝0.99，P＜0.001)。降水量年际间的变化十分显著，干旱年份和湿润年份交替出现。在 RCP 2.6，RCP 4.5 和 RCP 8.5 排放情景下，年降水量变化总趋势分别以 1.5 mm/(10 a)(R^2＝0.12，P＜0.001)，2.5 mm/(10 a)(R^2＝0.29，P＜0.001)和 6.5 mm/(10 a)(R^2＝0.75，P＜0.001)的速率增加。

7.5.3.4　未来气候变化对青藏高原 CH_4 排放的影响

青藏高原未来 CH_4 排放通量呈显著增加趋势。在 RCP 2.6，RCP 4.5 和 RCP 8.5 排放情景下，2017—2100 年青藏高原湿地 CH_4 排放通量增加速率分别为 0.06 (g/m^2)/(10 a)(R^2＝0.31，P＜0.001)，0.2 (g/m^2)/(10 a)(R^2＝0.90，P＜0.001)以及 1.0 (g/m^2)/(10 a)(R^2＝0.98，P＜0.001)。

空间分布上，CH_4 排放通量自东南至西北呈现递减趋势。在 RCP 2.6，RCP 4.5 和 RCP 8.5 排放情景下，甲烷排放分别上升了 0.15 Tg，0.25 Tg 和 0.73 Tg。自 2017—2100 年间，在三个排放情景下，青藏高原累积排放增量为 7.92 Tg，12.57 Tg 和 25.25 Tg。2017—2100 年，由于 CH_4 排放升高所导致的增温效应达 4.0～18.8Tg CO_2。

气温、降水和 NPP 是导致青藏高原 CH_4 排放通量增加的主要驱动力。CH_4 排放通量的时间变化趋势与年均气温、降水和 NPP 有显著正相关(P＜0.001)。在 RCP 2.6，RCP 4.5 和 RCP 8.5 排放情景下，气温自－6 ℃分别上升至－4 ℃，－2 ℃和 1 ℃，CH_4 排放通量从 3.5(g/m^2)/a 分别上升至 5.5 (g/m^2)/a，6.5 (g/m^2)/a 和 12 (g/m^2)/a。在三个排放情景下，降水量的增加也明显促进了 CH_4 排放通量的升高，降水量每增加 10 mm，CH_4 年排放通量分别增加 0.1 g/m^2，0.3 g/m^2 和 1.1 g/m^2。预测的 CH_4 排放通量与 NPP 亦呈现明显的正相关(P＜0.001)，在 RCP 2.6，RCP 4.5 和 RCP 8.5 排放情景下 NPP 升高 10 g/cm^2，CH_4 年排放通量分别增加 0.5 g/m^2，0.6 g/m^2 和 0.8 g/m^2。

参考文献

白路遥，荣艳淑，2012. 气候变化对长江、黄河源区水资源的影响[J]. 水资源保护，28(1)：46-50.

曹卫星，罗卫红，2000. 作物系统模拟及智能管理[M]. 北京：华文出版社.

曾小凡，翟建青，姜彤，苏布达，2008. 长江流域年降水量的空间特征和演变规律分析[J]. 河海大学学报(自然科学版)，36(6)：727-732.

陈隆勋,周秀骥,李维亮,罗云峰,朱文琴,2004.中国近 80 年来气候变化特征及其形成机制[J].气象学报,(5):634-646.

陈鹏狮,米娜,张玉书,等,2009.气候变化对作物产量影响的研究进展[J].作物杂志(2):5-9.

陈媛,王文圣,王国庆,王顺久,2010.金沙江流域气温降水变化特性分析[J].高原山地气象研究.30(4):51-56.

戴仕宝,杨世伦,2006.近 50 年来长江水资源特征变化分析[J].自然资源学报,2006(4):501-506.

丁一汇,戴晓苏,1994.中国近百年来的温度变化[J].气象(12):19-26.

封国林,龚志强,支蓉,2007.气候变化检测与诊断技术的若干新进展[J].气象学报,66(6):792-905.

冯利平,高亮之,1997.小麦生育期动态模拟模型的研究[J].作物学报,23(4):417-424.

冯明,纪昌明,王丽萍,等,2006.气候变化及其对湖北长江水文水资源的影响[J].武汉大学学报(工学版),(1):15-25.

高亮之,金之庆,1994.作物模拟与栽培优化原理的结合－RCSODS[J].作物杂志(3):4-7.

郭建平,2015.气候变化对中国农业生产的影响研究进展[J].应用气象学报,26(1):1-11.

郭建平,高素华,1999.CO_2 浓度倍增对春小麦不同品系影响的试验研究[J].资源科学,21(6):25-27.

郝丽萍,方之芳,李子良,等,2007.成都市近 50 a 气候年代际变化特征及其热岛效应[J].气象科学,(6):648-654.

黄荣辉,孙凤英,1994.热带西太平洋暖池上空对流活动对东亚夏季风季节内变化的影响[J].大气科学,(4):456-465.

蒋高明,韩兴国,林光辉,1997.大气 CO_2 浓度升高对植物的直接影响——国外十余年来模拟试验研究之主要手段及基本结论[J].植物生态学报,21(6):479-502.

金兴平,黄艳,杨文发,等,2009.未来气候变化对长江流域水资源影响分析[J].人民长江,40(8):35-38.

金之庆,葛道阔,郑喜莲,等,1996.评价全球气候变化对我国玉米生产的可能影响[J].作物学报,22(5):513-524.

景元书,缪启龙,杨文刚,1998.气候变化对长江干流区径流量的影响[J].长江流域资源与环境(4):3-5.

李克让,陈育峰,1999.中国全球气候变化影响研究方法的进展[J].地理研究,17(2):214-219.

李林,王振宇,秦宁生,等,2004.长江上游径流量变化及其与影响因子关系分析[J].自然资源学报,19(6):694-700.

李跃清,李崇银 1999.近 40 多年四川盆地降温与热带西太平洋海温异常的关系[J].气候与环境研究,(4):388-395.

刘波,陈刘强,周森,等,2018.长江上游重庆段径流变化归因分析[J].长江流域资源与环境,27(6):1333-1341.

卢璐,王琼,王国庆,等,2016.金沙江流域近 60 年气候变化趋势及径流响应关系[J].华北水利水电大学学报(自然科学版),37(5):16-21.

齐冬梅,张顺谦,李跃清,等,2013.长江源区气候及水资源变化特征研究进展[J].高原山地气象研究,33(4):89-96.

任玉玉,任国玉,张爱英,2010.城市化对地面气温变化趋势影响研究综述[J].地理科学进展,29(11):1301-1310.

尚宗波,2000.全球气候变化对沈阳地区春玉米生长的可能影响[J].植物学报,42(3):300-305.

舒卫民,李秋平,王汉涛,等,2016.气候变化及人类活动对三峡水库入库径流特性影响分析[J].水力发电,42(11):29-33.

孙白妮,门艳忠,姚风梅,2007.气候变化对农业影响评价方法研究进展[J].环境科学与管理,32(6):165-167.

孙颖,秦大河,刘洪滨,2012.IPCC 第五次评估报告不确定性处理方法的介绍[J].气候变化研究进展,8(2):150-153.

唐国利,任国玉,周江兴,2008.西南地区城市热岛强度变化对地面气温序列影响[J].应用气象学报,19(6):722-730.

王春乙,1993.OTC-1型开顶式气室中CO_2对大豆影响的试验结果[J].气象,19(7):23-26.

王馥棠,1993.CO_2浓度增加对植物生长和农业生产的影响[J].气象,19(7):7-13.

王渺林,2007.长江上游流域径流变化[J].水土保持研究,14(5):110-112.

王绍武,龚道溢,2001.对气候变暖问题争议的分析[J].地理研究,(2):153-160.

魏凤英,2007.现代气候统计诊断与预测技术[M].北京:气象出版社.

吴增祥,2005.气象台站历史沿革信息及其对观测资料序列均一性影响的初步分析[J].应用气象学报,(4):461-467.

夏军,王渺林,2008.长江上游流域径流变化与分布式水文模拟[J].资源科学,30(7):962-967.

徐宗学,程磊,2010.分布式水文模型研究与应用进展[J].水利学报,41(9):1009-1017.

杨桂山,马超德,常思勇,2009.长江保护与发展报告[M].武汉:长江出版社.

杨娜,赵巧华,闫桂霞,等,2016.气候变化和人类活动对丹江口入库径流的影响及评估[J].长江流域资源与环境,25(7):1129-1134.

张建平,赵艳霞,王春乙,等,2007.气候变化情境下东北地区玉米产量变化模拟[J].中国生态农业学报,16(6):1447-1452.

张晓娅,杨世伦,2014.流域气候变化和人类活动对长江径流量影响的辨识(1956—2011)[J].长江流域资源与环境,23(12):1729-1739.

张增信,张金池,盛日峰,2010.长江流域降水的季节变化对流域水资源的影响研究[J].青岛理工大学学报,31(1):67-72.

赵俊芳,郭建平,马玉平,等,2010.气候变化背景下我国农业热量资源的变化趋势及适应对策[J].应用生态学报,21(11):2922-2930.

赵宗慈,1991.近39年中国的气温变化与城市化影响[J].气象,(4):14-17.

朱玉祥,丁一汇,徐怀刚,2007.青藏高原大气热源和冬春积雪与中国东部降水的年代际变化关系[J].气象学报,(6):946-958.

郑小波,周成霞,罗宇翔,等,2011.中国各省区近10年遥感气溶胶光学厚度和变化[J].生态环境学报,20(4):595-599.

周秀骥,李维亮,罗云峰,1998.中国地区大气气溶胶辐射强迫及区域气候效应的数值模拟[J].大气科学,(4):3-5.

BOOGAARD H L,VAN DIEPEN C A, 1997. User's Guide for the WOFOST 7.1 Crop Growth Simulation Model and WOFOST Control Center 1.5[Z]. Wageningen:Win and Staring Centre, 1-40.

CHAUDHURI U N,KIRKHAM M B,KANEMASU E T, 1990. Root growth of winter wheat under elevated carbon dioxide and drought[J]. Crop Science,30:753-757.

CHRISTIAN B,BENJAMIN S,MAUD B,et al, 2005. From G CM grid cell to agricultural plot scale issues affecting modeling of climate impact[J]. Philosophical Transactions of the Royal Society of London, 360: 2095-2107.

DAI X G, FU Z B, WANG P, 2004. Interdecadal change of atmospheric stationary waves and North China drought[J]. China Phys,14(4):750-757.

DAVID B L,CHRISTOPHER B F,KIMBERLY N C,et al, 2006. Impacts of future climate change on California perennial crop yields:Model projections with climate and crop uncertainties[J]. Agricultural and Forest Meteorology, 141:207-217.

EASTERLING W E, NORMAN J R, 1992. Preparing the erosion productivity impact calculater (EPIC) model to simulate crop response to climate change and the direct effects of CO_2[J]. Agricultural and Forest

Meteorology, 59:17-34.

FINN G A, BRUN W A, 1972. Effect of atmospheric CO_2 enrichment on growth, nonstructural carbon hydrates content and root nodule activity in soybean[J]. Plant Physiology, 69:327-331.

GREGORY J C, WILLIAM K, CHRISTOPHER L, et al, 2003. Response of soybean and sorghum to varying spatial scales of climate change scenarios in the Southeastern United States[J]. Climatic Change, 60: 73-97.

IPCC, 2013. Climate Change 2013: the Physical Science Basis. Contribution of Working Group 1 to the Fifth Assessment Report of the Intergovernmental Panel on Climate Change[M]. Cambridge, United Kingdom and New York, NY, USA: Cambridge University Press.

JONES C A, KINIRY J R, 1976. CERES-Maize: A Simulation Model of Maize Growth and Development[M]. TX: Texas A & M University Press: 194.

NEMEC J, SCHAAKE J, 1972. Sensitivity of water resources to climate variations[J]. Hydrological Sciences Journal, 27: 327-343.